Claudii Ptolemaei
opera quae exstant omnia

VOLUME 2:
OPERA ASTRONOMICA MINORA

EDITED BY
JOHAN LUDVIG HEIBERG

CAMBRIDGE
UNIVERSITY PRESS

CAMBRIDGE
UNIVERSITY PRESS

University Printing House, Cambridge, CB2 8BS, United Kingdom

Published in the United States of America by Cambridge University Press, New York

Cambridge University Press is part of the University of Cambridge.
It furthers the University's mission by disseminating knowledge in the pursuit of
education, learning and research at the highest international levels of excellence.

www.cambridge.org
Information on this title: www.cambridge.org/9781108063661

© in this compilation Cambridge University Press 2014

This edition first published 1907
This digitally printed version 2014

ISBN 978-1-108-06366-1 Paperback

CAMBRIDGE LIBRARY COLLECTION

Books of enduring scholarly value

Classics

From the Renaissance to the nineteenth century, Latin and Greek were compulsory subjects in almost all European universities, and most early modern scholars published their research and conducted international correspondence in Latin. Latin had continued in use in Western Europe long after the fall of the Roman empire as the lingua franca of the educated classes and of law, diplomacy, religion and university teaching. The flight of Greek scholars to the West after the fall of Constantinople in 1453 gave impetus to the study of ancient Greek literature and the Greek New Testament. Eventually, just as nineteenth-century reforms of university curricula were beginning to erode this ascendancy, developments in textual criticism and linguistic analysis, and new ways of studying ancient societies, especially archaeology, led to renewed enthusiasm for the Classics. This collection offers works of criticism, interpretation and synthesis by the outstanding scholars of the nineteenth century.

Claudii Ptolemaei opera quae exstant omnia

Best known for his 1906 discovery of lost texts in the Archimedes Palimpsest, Danish scholar Johan Ludvig Heiberg (1854–1928), professor of classical philology at Copenhagen, published numerous editions of ancient mathematicians, including Archimedes and Apollonius of Perga (also reissued in this series). Between 1898 and 1907, he published in three parts the extant astronomical works of Ptolemy, active in second-century Alexandria. The Ptolemaic system, his geocentric model of the universe, prevailed in the Islamic world and in medieval Europe until the time of Copernicus. Volume 2, published in 1907, contains a brief preface and a substantial prolegomena in Latin, followed by the Greek text of Ptolemy's shorter astronomical works, including *Phaeis aplanon asteron*, a treatise on the phenomena of the fixed stars, and *Hypotheseis ton planomenon*, his planetary hypotheses representing the most influential statement of his geocentric model, provided here with a facing-page translation into German.

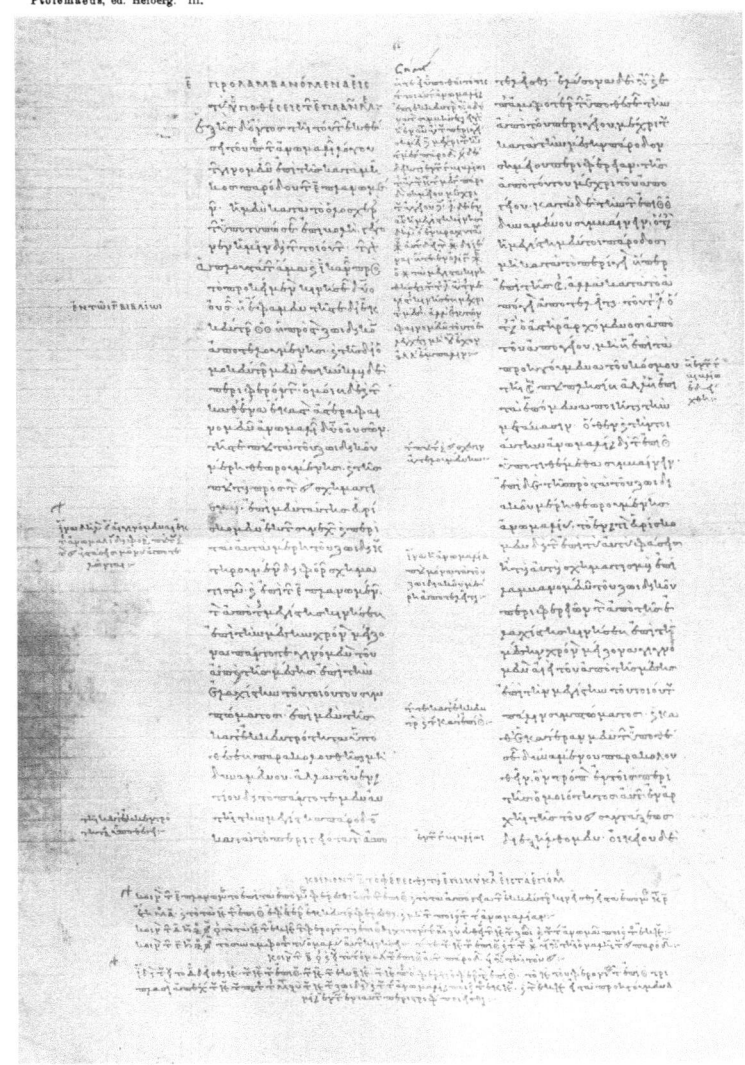

Cod. Vatic. Gr. 1594 fol. 185ᵛ.

CLAUDII PTOLEMAEI
OPERA QUAE EXSTANT OMNIA
VOLUMEN II

OPERA ASTRONOMICA
MINORA

EDIDIT

J. L. HEIBERG
PROFESSOR HAUNIENSIS

ACCEDIT TABULA PHOTOTYPICA

MDCCCCVII
LIPSIAE
IN AEDIBUS B. G. TEUBNERI

LIPSIAE: TYPIS B. G. TEUBNERI.

PRAEFATIO

In recensendis opusculis, quae hoc uolumine comprehenduntur, his subsidiis usus sum:

I. Φάσεις ἀπλανῶν ἀστέρων

A — cod. Vaticanus gr. 318, chartac. s. XIV, 8ᵛᶜ (titulus antiquus in fronte adglutinatus: „Gemini introductio in meteora et alia eiusdem et aliorum 209". adest etiam index Vaticanus). praemittuntur duo folia non numerata uarie conscribillata (I: „the Barbier". „Joannes Metellus Sequanus scripsi", alia. IIᵛ catalogus bibliothecae alicuius*) a librario codicis scriptus). continet: f. 1—48 Geminum (u. Gemini Elementa astronomiae ed. Manitius S. VII), f. 49—65 μέθοδοι εὔχρηστοι πρὸς τοὺς ἀπὸ μορίων πολλαπλασιασμοὺς κατὰ τὸν τῆς Ҳνομίας (h. e. ἀστρονομίας) κανόνα πλέον τῶν ἄλλων μεθόδων σώζουσαι τὴν ἀκρίβειαν πᾶσαν (in indice Vaticano Pappo tribuuntur)**), f. 66—72 figuras tabulasque nonnullas (f. 72ᵛ ἄγραφα ζ′), f. 73—95 excerpta e Syntaxi Ptolemaei (u. infra); seq

---

*) Ψαλτήριον, εὐχολόγιον. ἕτερον τὰ φιλόσοφα Βλεμμύδου, ἰατροσόφιον. ἕτερον τοῦ Πρόκλου. ἕτερον Παύλου. ἕτερον ἡ γεωγραφία Πτολεμαίου, πρόχειρον ἀστρονομίας μικρόν. ἕτερον πρόχειρον μετ᾽ ἐξηγήσεως. ἕτερον ἔχον καὶ τὰς δύο Ҳᵘ (h. e. ἀστρονομικάς) τήν τε πρόχειρον καὶ τῆς μεγάλης συντάξεως. ἕτερον ἐξηγητικὸν περὶ τῶν κεφαλαίων Ἐπικτήτου. ἕτερον Γεμίνου περὶ τῶν μετεώρων ἤγουν τῶν φαινομένων. ἕτερον Πτολεμαίου ἀποτελεσματικόν. ἕτερον γεωμετρία μετὰ τῆς στερεωμετρίας. ἕτερον τετράδια ιβ ἀπολελυμένα Θέωνος ἐξήγησις. ἕτερον ἡ μεγάλη ψηφηφορία τοῦ Πλανούδη. ἕτερον ἑρμήνεια Στεφάνου Ἀλεξανδρέως περὶ τῶν προχείρων· ὁμοῦ βιβλία ιη̄.
**) Fol. 65ᵛ mg. inf. m. 2: πάππου ιε´, ut f. 48ᵛ γεμίνου μή.

a*

folium uacuum non numeratum, in quo uerso: *Πτολεμαίου*
$\overline{κγ}'$, et f. 96—99 Synt. V, 1; fol. 100ʳ uacat; f. 100ᵛ—112
alio atramento *Θεοφίλου συλλογὴ περὶ κοσμικῶν καταρχῶν*,
f. 113—117 uacant, f. 118 (inc. quaternio $\overline{ιϛ}$) — 136ʳ
Φάσεις (f. 136ʳ inf. *πτολεμαίου πάλιν ιθ φύλλα*), f. 136ᵛ
κανόνιον ἀπλανῶν ἀστέρων καὶ ἐκφανῶν τοῦ ,ϛῶλθ ἔτους
(a. 1331), f. 137 notulae uariae, f. 138—151ʳ uaria astronomica cum figuris (*τῆς ἀράχνης* maxime), f. 151ᵛ—153
notulae uariae (f. 144ʳ mg. sup. legitur computatio quaedam frumenti: *τὸ σῖτον τὸ εὑρισκόμενον εἰς τὸ κάστρον
τῆς $\overline{ιδ}$ $\overset{o}{N}$· τὸ εἰσαχθὲν . . . τὴν $\overline{ιε}$ ἀπ . . . μ$\overset{o}{}$ ϋ παρὲξ τοῦ
ἀπὸ τῆς μόρρας μ$\overset{o}{}$ ρ'. ἀπὸ τῶν ἐκλείστρων μ$\overset{o}{}$ $\overline{σος}$· κριθῆς μ$\overset{o}{}$ λ' καὶ ἀπὸ τῆς μόρρας κριθῆς μ$\overset{o}{}$ κ' καὶ ἐρεβίνθου
μ$\overset{o}{}$ ιε' καὶ ἀπὸ τῆς γέρρας ἐρεβίνθου μ$\overset{o}{}$ λ'. ἠφέθη δὲ
καὶ . . . εἰς τὴν ἀκρωνησίαν πρὸς τὸν λεόντιον μ$\overset{o}{}$ $\overline{τ}$.* —
contuli ipse Romae 1899.

B — cod. Vatic. gr. 1594, u. I p. IV.

C — cod. Savilianus 11 (u. Catalogi librorum mss. Angliae
et Hiberniae p. 300), cuius collationem dedit Fabricius (Bibliotheca Graeca, Hamb. 1708, III p. 420 sqq.).
sed uereor, ne nimis saepe errauerit; nam apographum
eius, quod ipsum in manibus typothetarum fuit,*)
nunc in bibliotheca Uniuersitatis Hauniensis seruatur
(Fabric. 95, 4ᵗᵒ), quo serius inspecto non sine indigna-
tione cognoui, iis locis, ubi C aliquid utile habere mihi
uisus esset, apographum Hauniense plerumque cum
erroribus codicis A conspirare. cum Fabricius de cod.
Saviliano nihil aliud nouisse putandus sit, quam quod
apographum eum doceret, has scripturas apographi non
dubito etiam codici C tribuere: p. 16, 12 *μέσον* (comp.),

---

*) Hoc adparet et ex foliis maculatis et ex notis margi-
nalibus, uelut ad III p. 7, 23 *ἐῷα*: „4 Neue Zeile“, cfr. Fabricius p. 425. Titulus est: „Ex cod. ms. Bibliothecae Savilianae,
qui cum exemplari suo (del. et supra scr. Vatic. al. manu)
est collatus observationibus in marg. positis“. Etiam in Saviliano est: collat. cum exemplari Vaticano.

14 ἤ om.; 19, 9 ιγ´ non habet; 27, 27 ἀκρασίχ; 36, 4
Εὐδόξῳ καί; 39, 19 ἀργέστης; p. 36, 9 in mg. nihil,
nec hoc fortasse ex uerbis Fabricii concludendum erat
(„μέσος al. μέγας" p. 440); μέγας enim coniectura esse
potest Fabricii, ut p. 51, 16; 62, 6. dubius est locus
p. 19, 20, ubi apographum ita habet m. 1: ἑῷος δύνει
ἀνατέλλει. relinquitur igitur unus locus nullius momenti,
p. 38, 11, ubi apographum re uera ἄρχεται habet, et
p. 65, 13 ἀφορισμένων (non ἀφωρισμένων), quod fortuitum esse potest; quare sine ullo damno et C et apographum Fabricii missa facere possumus cum reliquis
codicibus, quibus in hoc opere edendo hucusque usi sunt
uiri docti (u. Prolegom. cap. II^a).
D — cod. Vatic. Gr. 216, f. 27^r—39^v, de quo u. infra
    cap. II^a cod. 4; unam emendationem recepi p. 15, 7.
Bonauentura — Claudii Ptolemaei inerrantium stellarum
    apparitiones ac significationum collectio, libellus mire
    elegans . . . a. Fed. Bonaventura Urbinate latinitate
    donatus scholiisque nonnullis illustratus. Urbini 1592.
Petauuius — Uranologium . . . cura et studio Dionysii
    Petavii, Lutet. Paris. 1630, p. 71 sqq.
Ideler — Ueber den Kalender des Ptolemaeus, Abhandl. d. hist.-
    philol. Klasse der k. preuß. Akademie der Wissenschaften
    aus den Jahren 1816—17, Berlin 1819, p. 163 sqq.*)
Halma — Chronologie de Ptolémée, Paris 1819, p. 13 sqq.
Unger — Philologus XXVIII (1869) p. 11 sqq.
Wachsmuth — Joannis Laurentii Lydi liber de ostentis
    et Calendaria Graeca omnia, iterum ed. C. Wachsmuth,
    Lipsiae 1877, p. 197 sqq. A Wachsmuthio etiam paucas
    emendationes Hercheri sumpsi. Coniecturarum Wachs-
    muthii una et altera, Ungeri complures per codices a
    me usurpatos confirmatae sunt. coniecturas meo iudicio
    uel prauas uel inutiles abieci.

---

*) Idelerus uiam huius opusculi emendandi monstrauit.
Cfr. etiam Boeckh, Ueber die vierjährigen Sonnenkreise der
Alten, Berlin 1863, p. 226 sqq.

II. Ὑποθέσεις τῶν πλανωμένων

A — archetypus codicum Vaticani gr. 208, Marcianorum
323 et 324, qui aut periit aut latet, sed ex tribus
illis apographis sine ulla dubitatione restitui potest.
cod. Vatic. gr. 208, chartac. s. XIV uariis manibus
scriptus, continet: f. 1—4ʳ opusculum astronomicum
sine titulo (in indice Vaticano praefixo: σύντομος διδα-
σκαλία περὶ τῶν ἰσημερινῶν καὶ καιρικῶν ὡρῶν, ἔκθεσις
αἰτίας, δι᾽ ἣν τὰ νυχθήμερα τοῦ ἔτους ἀνώμαλά ἐστιν),
f. 4ᵛ uacat (seq. 1 folium uacuum non numeratum),
f. 5—20 Ἰσαὰκ μοναχοῦ τοῦ Ἀργυροῦ πραγματεία νέων
κανονίων συνοδικῶν τε καὶ π͞𝄴 (h. e. πανσελην᾽ακῶν)
μεταποιηθέντων ἀπὸ τῶν ἐν τῇ συντάξει καὶ συστάντων
πρός τε ἔτη ῥωμαικὰ καὶ πρὸς τὴν διὰ Βυζαντίου μεσημ-
βρινήν, ἔτι δὲ καὶ χρονικὴν ἀρχὴν ἐχόντων τὸ ͵ϛ͞ω͞ος ἔτος
(h. e. 1368) ἀπὸ τῆς τοῦ κόσμου γενέσεως, f. 21—22
Θέωνος Ἀλεξανδρέως εἰς τοὺς προχείρους κανόνας τῆς
ἀστρονομίας παράδοσις (ad Epiphanium, fragmentum),
f. 23—132 Κλαυδίου Πτολεμαίου πρόχειροι κανόνες
(cum scholiis u. Proleg. cap. III),*) f. 133—186ʳ Pto-
lemai Tetrabibl. (συμπερασματικά), f. 186ᵛ uacat (mg.
sup. m. 1: ν͞β), f. 187—191ʳ περὶ τῶν καλουμένων
κέντρων ἐπαναφορῶν τε καὶ ἀποκλιμάτων καὶ τῆς ἑκάστου
τῶν ι͞β τόπων ὀνομασίας τε καὶ δυνάμεως, f. 191ᵛ uacat,

---

*) Haec pars codicis eiusdem prorsus generis est ac cod.
Paris. gr. 2342, qui in monte Atho scriptus est (u. Apollonii
Pergaei opp. II p. LXIX). Filigrana chartae duo sunt, ea fere,
quae apud Keinzium, Die Wasserzeichen des XIV. Jahrh.
(München 1896), tab. XXII nr. 223—26 et tab. XXX nr. 286—87
repraesentata sunt. numeri quaternionum in fol. 21—196 suo
ordine positi (α — κ͞β in fol. ult.), 197ʳ κ͞γ, 208ᵛ κ͞β m. 1 mg.
sup., κ͞γ mg. inf. postea add., 209ʳ κδ, 218ᵛ κδ, 219ʳ κε, 230ᵛ
κε (itaque duo seniones interposito quinione). praeterea folia
singularum scriptionum numerantur f. 132ᵛ ρλε, f. 186ᵛ (u.
supra), cfr. f. 230ᵛ σλα φυλλ, eodem fere modo, quo in Vatic. 318,
quem ipsum quoque Athoum esse suspicor. cfr. Catalog. codd.
astrol. Gr. V p. 63 sq.

f. 192—195 Ptolemaei Κάρπος, f. 196 τοῦ ἁγίου Ἰω̃
τοῦ Χρυσοστόμου ἐκ τῶν εἰς τὸν Ἰερεμίαν τὸν προφήτην,
f. 197—199 duo fragmenta astronomica duabus manibus scripta, f. 200—205 Ptolemaei Ὑποθέσεις (scriptura
plerumque ita euanuit, ut difficillima sit lectu),
f. 206—207ʳ ὥσπερ προεισαγωγὴ εἰς τὰς τῶν ἀστέρων
ψηφοφορίας, f. 207ᵛ—208 tabulae astronomicae,*)
f. 209—218 Ἰωάννου γραμματικοῦ Ἀλεξανδρέως περὶ τῆς
τοῦ ἀστρολάβου χρήσεως καὶ τί τῶν ἐν αὐτῷ γεγραμμένων
ἕκαστον σημαίνει, cum indice fol. 219 a m. 1, f. 220—225
Ἰσαὰκ μοναχοῦ τοῦ Ἀργυροῦ μέθοδος κατασκευῆς ἀστρολαβι-
κοῦ ὀργάνου, f. 226ʳ uacat, f. 226ᵛ tabulae astronomicae
imperfectae (seq. duo folia uacua non numerata), f. 227ʳ
uacat, f. 227ᵛ—230 (ordine et positione peruersa) ad
Elementa Euclidis notata quaedam, quae edidi Hermes
XXXVIII p. 350 sq.**) — contuli ipse Romae 1899.

---

*) f. 207ᵛ κανόνιον κ̄δετηρίδων τῶν ε ἀστέρων ἀπ᾽ ἀρχῆς
τοῦ ͵ϛωπδ´ (a. 1376).
**) Quas ibi omisi notas non mathematicas, hic referam.
f. 228ʳ: εἰς τὸ δ´. ἐὰν ᾖ τοῦτο ὁμολογούμενον τὸ τὰς ἀρετὰς
εἶναι ἀντικειμένας ταῖς κακίαις, παρακολουθεῖ δὲ ὡς ἐπίπαν
ταῖς ἀρεταῖς τὸ εὐδαιμονίας ͵αὐτὰς εἶναι ποριστικάς, καὶ αἱ
ταύταις ἄρα ἀντικείμεναι κακίαι εἶεν ἂν κακοδαιμονίας πρό-
ξενοι. ἔστωσαν ἐπὶ τῆς παρούσης ὑποθέσεως ἀρετὴ μὲν ἡ δικαιο-
σύνη, ἀντικειμένη δέ τις αὐτῇ (τις αὐτῇ corr. ex ταύτῃ m. 1
κακίη ἔστω (supra scr. m. 1) ἡ ἀδικία· λέγω τοίνυν, ὅτι οἱ μὲ)
δικαίως ζῶντες εὐδαίμονές εἰσιν οἱ δὲ ἀδίκως κακοδαίμονες. μν
γάρ, ἀλλ᾽, εἰ δυνατόν, ἔστωσαν οὗτοι εὐδαίμονες· καὶ ἐπὶ τῶη
ἐναντίων ἐναντία ἐστὶ καὶ τὰ τέλη καὶ τὰ παρακολουθήματαν
οἶον νόσου καὶ ὑγείας ἤ τε τῶν στοιχείων συμμετρία καὶ ἀσυμ-
μετρία καὶ τὸ εὖ ἢ κακῶς ἔχειν τὸ σῶμα· ἐναντίχ δὲ ταῦτα
ἀλλήλοις τό τε δίκαιον καὶ τὸ ἄδικον· εἶεν ἂν καὶ τὰ παρα-
κολουθήματα τούτοις ἐναντία. ἀλλὰ καὶ ὅμοια· ὅπερ ἄτοπον.
οὐκ ἄρα ἀληθές ἐστι λέγειν τοὺς ἀδίκως ζῶντας εὐδαιμονεῖν·
τοὐναντίον ἄρα κακοδαίμονές εἰσιν. f. 227ᵛ: ἐὰν δύο ἢ καὶ πλείω
τινά τινι (euan.) ὑπάρχῃ ἐξ ἀνάγκης, καὶ τῷ ἀπ᾽ αὐτοῦ δὴ
παρωνυμουμένῳ ὑπάρξει ταῦτα κατὰ τὸν αὐτὸν τρόπον. ὑπ-
αρχέτωσαν γὰρ τῇ ὑγείᾳ ἐξ ἀνάγκης ἤ τε τῶν στοιχείων πρὸς
ἄλληλα συμμετρία καὶ τό εὐδαιμονεῖσθαι· λέγω, ὅτι καὶ τῷ ὑγιαίνοντι ζώῳ κατὰ τὸν αὐτὸν τρόπον τὰ τοιαῦτα ὑπάρξει. μὴ
γάρ, ἀλλ᾽, εἰ δυνατόν, μὴ ἔστωσαν ταῦτα ἐν τῷ ὑγιείνοντι ζώῳ.

cod. Marcian. 323, chartac. s. XV, de quo u. Catalogus codd. astrologorum Graec. II (Bruxelles 1900) p. 2 sqq.*) Hypotheses habet f. 471—478. contuli Venetiis 1899.

 cod. Marcian. 324, chartac. s. XIV—XV, u. ibid. p. 4—16. Hypotheses habet f. 192ᵛ—197. contuli Venetiis 1899.

B — cod. Vaticanus Gr. 1594, u. I p. IV. Praeterea unam et alteram scripturam bonam recepi ex his codicibus, quos inspexi aut contuli a. 1899—1900:

C — cod. Paris. gr. 2390, u. I p. V et infra cap. I.

D — cod. Vatic. gr. 1038, u. infra cap. I cod. 14. a B pendet.

E — cod. Ambros. C 263 inf., nunc 903, chartac. s. XVI, olim Pinelli, u. Martini et Bassi, Catalogus codd. gr. Bibliothecae Ambrosianae, Mediolani 1906, p. 1011 sqq. Hypotheses habet f. 113—121ʳ. ab A pendet.

F — cod. Ambros. H 57 sup., nunc 437, membran. s. XIV, u. Martini et Bassi l. c. p. 527 sq.**) Hypotheses habet f. 58—65. ad B adcedit.

Bainbridge — Procli Sphaera, Ptolemaei de Hypothesibus Planetarum liber singularis nunc primum in lucem editus . . . ill. Joh. Bainbridge, Londini 1620.

καὶ ἐπεὶ τῇ ὑγείᾳ ἡ νόσος ἀντίκειται (supra scr.: ἀναγκ⌐), οὐχ ὑπάρχει δὲ τῷ ὑγιαίνοντι ἤ τε πρὸς ἄλληλα συμμετρία καὶ τὸ εὖ ἔχειν, τὸ ἐναντίον ἄρα ὑπάρξει τό τε ἀσυμμέτρως ἔχειν τὰ στοιχεῖα πρὸς ἄλληλα καὶ τὸ κακῶς διακεῖσθαι τὸ σῶμα. ἀλλὰ τοῦτο μέν ἐστι τὸ νοσεῖν, ἐκεῖνο δὲ τὸ ὑγιαίνειν· ἡ νόσος ἄρα τῇ ὑγείᾳ ταὐτόν ἐστιν· ὅπερ ἄτοπον. οὐκ ἄρα τὰ ὑπάρχοντά τινι ἐξ ἀνάγκης καὶ τῷ ἀπ' αὐτοῦ δὴ παρωνυμουμένῳ οὐχ ὑπάρξει· ἐὰν ἄρα δύο ἢ καὶ πλείω τινὰ καὶ τὸ ἑξῆς τῆς προτάσεως.

 *) Cfr. Abhandlungen zur Geschichte der Mathematik IX p. 172 sqq.

 **) Ibi codex saeculo XV ineunti tribuitur; sed canonem regum f. 145 a manu prima ultra Andronicum III et Johannem filium non progreditur (1328—90); horum annos, Manuelem II, Johannem VII, Constantinum XII addidit alia manus, tertia ὁ ἀμήρας ὁ μούρατ. in oriente scriptus est.

Halma — Hypothèses et époques des planètes de C. Ptolémée . . . par Halma, Paris 1820.

Interpretationem Germanicam libri I confecit
Ludouicus Nix ad duos codices Arabicos a se descriptos:

A — cod. Musei Britannici CCCCXXVI, bombyc. scr.
a. 1242, u. Catalogus codd. mss. orientalium, qui in
Museo Britannico asservantur, p. 205 sqq.

B — cod. Leidensis MXLV, u. Catalogus codd. orientalium Bibliothecae Academiae Lugduno-Batavae aucto-
ribus P. de Jong et M. J. de Goeje, III p. 80.

hanc partem interpretationis absoluerat preloque prae-
parauerat ipse Nixius, cum morte praematura abreptus
est non sine graui horum studiorum damno. alterius
libri interpretationem adumbrauerat ille quidem, sed
multos locos operis difficillimi in dubio reliquerat, et
de hac parte inedita ideoque maioris momenti despe-
rassem, nisi uiri doctissimi Franciscus Buhl, collega
Haunieusis, et Paulus Heegaard, dr. phil., opem mihi
tulissent, ille linguae Arabicae, hic astronomiae peritissimus; eorum scientiae et auxilio beneuolenti deberi,
quod interpretatio libri II, quantum fieri potuerit, emendata prodeat, grato animo confiteor. in qua re magno
auxilio fuit, quod M. J. de Goeje, u. cl., Bibliothecae
Leidensi praefectus, summa liberalitate permisit, ut cod.
Leidensis Hauniam mitteretur. sic quoque difficultates
obscuritatesque remanent, non solum propter ipsarum
rerum subtilitatem linguaeque ambiguitatem, sed etiam
quia figurae in cod. Leidensi omissae, in cod. Britannico corruptae sunt; quas dedimus, restituit Paulus
Heegaard, qui etiam in textu litteras figurarum persaepe corruptas uel incertas emendauit*); ubi litterae,
quas tenor demonstrationis flagitat, cum ductibus codicis nullo modo conciliari poterant, emendationem in

---

*) Litterarum indiculo notatarum, quae omnino necessa-
riae sunt, pauca tantum eaque incerta uestigia in codicibus re-
manserunt.

notis dedimus (scripturae discrepantes plerumque codicis Britannici sunt). idem uir doctus, ut uiam libri difficillimi intellegendi aperiret, conspectum eius breuem scripsit, quem infra edimus.

III. Inscriptio Canobi.

A — cod. Marcianus gr. 313 (in Syntaxi C), de quo u. I p. IV sq., fol. 28^v—29^r. contuli Venetiis 1899.

B — cod. Paris. gr. 2390 (in Syntaxi F), de quo u. I p. V et infra Prolegom. cap. I, fol. 13^v—14^v. contuli Parisiis 1899.

C — cod. Vaticanus gr. 184 (in Syntaxi G), de quo u. II p. III, fol. 23^v—24^v. contuli Romae 1899.

Bullialdus — Cl. Ptolemaei tractatus de iudicandi facultate et animi principatu ed. Bullialdus, Paris. 1663, p. 234 sqq.*)

Halma — l. c. p. 57 sqq. Cfr. praeterea Cl. Ptolemaei Harmonicorum libri tres ed. J. Wallis, Oxonii 1682, p. 274, et Carolus v. Jan, Philolog. LII p. 35.

IV. Προχείρων κανόνων διάταξις καὶ ψηφοφορία

A — cod. Paris. Gr. 2390, u. I p. V. contuli 1899.

𝔅 — cod. Laurentian. XXVIII 7, chartac. s. XIV, u. Bandini II p. 16 sqq. Diataxin habet f. 33—40^v. contuli 1899.

horum codicum scripturas omnes dedi; ceteri cum scriptura recepta plerumque consentiunt, ubi nihil adnotatum est, nisi quod errorum leuium nullam rationem habui. de ceteris codicibus, quorum tres saepius, duos, scilicet EF, rarissime adhibui, ea tantum ualent, quae nominatim adlata sunt.

ℭ — cod. Ambros. Gr. H 57 sup., nunc 437, u. supra p. VIII. Diataxin habet f. 45—54^v. contuli 1900. adcedit ad 𝔅.

*) Numeros in nota p. 155 correxit Bullialdus.

D — cod. Vatic. Gr. 1038, u. infra cap. I cod. 14. inspexi Romae 1899. ad A adcedit.

E — cod. Paris. Gr. 2397, chartac. s. XVI, u. Omont, Inventaire II p. 252. Diataxin habet f. 19—27^r. inspexi Parisiis 1899. pendet a $\mathfrak{B}$.

F — cod. Marcian. Gr. 314, membran. s. XV, u. Catatalogus codd. astrolog. Gr. II p. 2.*) Diataxin habet f. 209—215^r. contuli Venetiis 1900. adcedit ad A.

G — cod. Laurentian. XXVIII 47, de quo u. infra cap. I cod. 4. inspexi Florentiae 1899. ad A adcedit.

Halma — Commentaire de Théon d'Alexandrie sur les tables manuelles astronomiques de Ptolémée, Paris 1822, p. 1—26.

V. Περὶ ἀναλήμματος.

Graeca e cod. Ambros. Gr. L 99 sup., nunc 491 (u. Martini et Bassi p. 593), palimpsesto, qui saeculo VII uulgo tribuitur, sed sine dubio antiquior est, edidi Abhandlungen zur Geschichte der Mathematik VII p. 1—30, unde ea nunc paullo emendatius repetiui; foliorum palimpsestorum descriptio u. ibid. p. 4—6. interpretationem Latinam Guilelmi de Morbeca sumpsi a cod. Vaticano Ottobon. lat. 1850, membr. s. XIII, f. 55—57, quem descripsi Abhandlungen zur Geschichte d. Mathem. V p. 3—4. ibidem p. 8 sqq. demonstraui, codicem Ottobon. ab ipso Guilelmo scriptum ipsumque archetypum interpretationis esse**); quare in ea edenda ne literulam quidem mutaui, in notis criticis correctiones tantum ipsius auctoris ad-

---

*) Ibi saeculo XIV ineunti tribuitur, quod propter naturam pergameni non credo. specimen scripturae u. ibid. post p. 224. a Morellio, Bibl. ms. p. 195, saeculo XII tribuitur, a Zanettio saeculo XIV, sed in exemplari Marciano catalogi Zanettiani adscriptum: „XV calligr.".

**) Itaque alios codd. non quaesiui. interpretatio eadem exstat in cod. Ambros. lat. R 109 sup., excerpta (Savilii) in cod. Savil. 9.

tuli, mutationum Commandini*) nullam rationem habui.
hanc interpretationem edidi Abhandl. z. Gesch. d. Mathem.
VII; postea locos nonnullos Romae inspexi. in Graecis his
siglis usus sum:

( ) inclusae sunt litterae dubiae,

⟨ ⟩ litterae, quae prorsus euanuerunt.

VI. Planisphaerium

In hac interpretatione, quae sola exstat, edenda his
codicibus usus sum:

A — cod. Reginensis lat. 1285, membran. s. XIII. continet haec: f. 1—8^r liber in scientia astrolabii (editione Abileacim de Macherit, qui dicitur Almacherita),
f. 8^r—13 regule omnium planetarum, f. 14—20 introductorius liber, qui et pulueris dicitur, in mathematicam
disciplinam, f. 21—36^r canones in motibus celestium
corporum, f. 36^r—38^r de constitutione astrolabii,
f. 38^r—41^r de. opere astrolabii, f. 41^r—42 fragmentum
sine titulo, f. 43—58^v liber in summa de significatio-
nibus individuorum cet., f. 58^v—99^v libri coniunctionum
Albumassar (tractatus VIII), f. 99^v—102^v chronologica
sine titulo, f. 103—138^r liber IV tractatuum ptolomei
alfilludhi in scientia iuditiorum astrorum, f. 138^{r-v}
scientia proiectionis radiorum, f. 139—152 prologus
alcal introductorius alcabici ad iudicia astrorum interpretatus a Johanne Yspalensi, f. 153—162^r planisperium Ptolomei Hermanni secundi translatio. — contuli
Romae 1903.

B — cod. Vaticanus lat. 3096, s. XIV--XV. continet:
f. 1—3^r liber Esculei de ascensionibus, f. 3^r—14^r
Ptolemaei Planisphaerium, sine titulo, f. 14^v—140^r liber
Geber expositionis Almagesti, f. 140^v—143^r planisperium
Jordani, f. 143^r—144 tractatus Jortani, quem trans-

---

*) Claudii Ptolemaei liber de analemmate, a Fed. Com-
mandino Urbinate instauratus et commentariis illustratus,
Romae 1562.

tulit alhebit, f. 145—163 centiloquium Ptolomei,
f. 164ʳ uacat, f. 164ᵛ tabula astrologica. — contuli
Romae 1903.
C — cod. Paris. lat. 7214, membran. s. XIV, u. Catalogus codd. mss. Bibliothecae Regiae IV p. 327. Planisphaerium habet f. 211—217. — contulimus initium
ego, reliquam partem A. A. Bjoernbo, olim discipulus.
D — cod. Paris. lat. 7399, membr. s. XIV, u. Catalogus
codd. mss. Bibl. Reg. IV p. 351. Planisphaerium habet
f. 1—12ʳ. — inspexit Bjoernbo.
E — cod. Bodleianus Auct. F. 5, 28, membran. s. XIII,
f. 129—136ʳ. contulit Bjoernbo.
F — cod. Dresdensis Db 86, membran. s. XIV, u. Curtze,
Zeitschr. f. Mathem. u. Phys. XXVIII, hist. Abth.
p. 1 sqq. Planisphaerium habet f. 214—219ʳ. inspexi
1904.
   codicum AB scripturas in adparatu dedi omnes, nisi
quod minutias quasdam orthographicas neglexi, uelut litteras c et t, e et ae, u et v, n et m permutatas, consonantes non geminatas, numeros arabicos pro Romanis,*)
similia. e codd. CE omnes scripturas, quae alicuius
momenti essent, adtuli solis erroribus manifestis omissis.
codicum DF scripturas in praefatione interpretis infra
cap. IIf edita omnes notaui, in ipso opere ex F nihil
omnino, ex D admodum pauca memorabiliora, ita ut de
eo ex silentio nihil concludere liceat. in editionibus antiquis**) nihil fere, quod ad emendationem utile esset, inueni. infra in cap. IIf de interprete disputabitur, et de
notis interpretis Arabis in omnibus codicibus obviis, a
me autem omissis, nonnulla addentur.

---

   *) AC semper Romanos, B plerumque Arabicos habet.
   **) Ed. pr. cum Arato aliisque Basil. apud Jo. Walder,
1536; deinde cum Planisphaerio Jordani commentarioque F. Com-
mandini Venetiis 1558. Ptolemaei Planisphaerium exstat etiam
in cod. Paris. lat. 7377 B s. XV (a bibliopega diuulsum). sed
quod in cod. Paris. lat. 7413 s. XIV continetur planisphaerium,
non Ptolemaei est sed Jordani, ut in cod. Paris. lat. 8680
fol. 57ᵛ—61ʳ.

VII. De fragmentis nihil habeo, quod addam. restat
inquisitio de tabulis manualibus Ptolemaei, ad quam cap. III
e codicibus nonnulla contribuam.

In uoluminibus prioribus hos errores correctos uelim:
I¹ p. 5, 2 in adparatu pro A² scribendum A¹ et ita dein-
ceps usque ad p. 49 (locos enumeraui infra cap. I).
I¹ p. 8, 9 in adparatu pro C³ scribendum C², item p. 13, 14;
I² p. 40, 18; 42, 5; 593, 23 (u. infra cap. I).
I¹ p. 25, 20 in adparatu pro A¹ scribendum A.
I¹ p. 32, 15 in adparatu ἐπεζευχθείσης, non ἐπιζευχθεί-
σης, habet B³.
I¹ p. 34, 4 pro ἴση ἐστὶν scribendum ἐστὶν ἴση.
I¹ p. 100, 15 in adparatu pro B² scribendum B³, item
I² p. 458 et p. 465 (de figura).
I¹ p. 208 in adparatu addendum: 22. τοιαύτη] αὐτῇ a.
I¹ p. 211 in adparatu scribendum: (44.) ο (pr.)] νθ BC,
et deinde delendum (46.) θ] νθ B.
I¹ p. 217 figura inuersa est.
I¹ p. 225, 22 in adparatu scribendum: τῷ ἴσῳ τῇ B.
I¹ p. 460 in adparatu addendum: 5. κανονίων] κανώ-
νων D.
I² p. 9, 4 pro λαμβάνει e DG recipiendum ἀπολαμβάνει
(cum Manitio).
I² p. 32, 1 τοε] e D(G) recipiendum τοθ (cum Manitio).
I² p. 55 in adparatu ante ξδ´ addendum: 17.
I² p. 62, 3 in adparatu scribendum ἐλ BC.
I² p. 118, 10 in adparatu scribendum: κα A¹BCD (pro κδ).
I² p. 236, 20 in adparatu pro μγδ C² scribendum μγδ C².
I² p. 483 in mg. linearum numeri 10, 15, 20 singuli uno
loco inferiores positi sunt.
I² p. 498, 22 in adparatu pro θ] ο B scribendum: ρξθ]
ρξο B.
I² p. 605 in adparatu delendum: 13. δωδεκατημορίων
— τὰς τῶν] om. A¹? (nam haec uerba habet A).

praeterea in hoc uolumine:

II p. 16, 16 in adparatu scribendum: ὁ—17. $\angle'$].
— p. 17, 1 in adparatu scribendum: 1. ὁ—2. $\overline{ιε}$].
— p. 18, 20 in adparatu ante ὡρῶν addendum: **20.**
— p. 19, 5 scribendum: Στεφάνου.
— p. 20, 1 in adparatu scribendum: ὡ ρ ῶ ν ιγ $\angle'$].
— p. 23, 7 pro ιδ' et ιε' scribendum $\overline{ιδ}$ et $\overline{ιε}$.
— p. 26, 1 in adparatu pro 1. scribendum **2.**
— p. 28, 7 in adparatu scribendum: — **8.** δύνει.
— p. 50, 2 scribendum Χηλῆς.
— p. 51, 16 in adparatu scribendum: 16. καί (alt.)].
— p. 55, 8 in adparatu pro 8. scribendum **9.**
— p. 70, 1 in adparatu scribendum: ʽΥποθέσεων] B, περὶ ὑποθέσεων A.
— p. 71, 14 scribendum: zukommt, und.
— p. 72, 5 in adparatu pro 5. scribendum **3.**
— p. 75, 1 scribendum: umfaßt, so.
— p. 78, 10 pro $,\overline{ηφκη}^{σιν}$ scribendum $,\overline{ηφκγ}^{σιν}$.
— p. 79 in adparatu addendum: 15. $,\overline{ευνη}$] Bainbridge cum Arabe, $,\overline{ευη}$ AB.
— p. 85 in adparatu addendum: 13. $\overline{τμη}$] $τμ\overline{ζ}$ Bainbridge cum Arabe.
— p. 89, 11 in adparatu pro 11. scribendum **10.**
— „ — 30 in adparatu scribendum: 42 Bainbridge cum Arabe.
— p. 103, 21 in adparatu pro A scribendum B.
— p. 167, 14 in adparatu pro C scribendum ℭ.
— p. 169, 12 pro o scribendum $\overline{o}$.
— p. 181, 9 scribendum δυτικῆς.
— p. 265 ad fragm. 6 addendum: cfr. supra p. 189, 17 sqq.

Scr. Hauniae mense Februario MDCCCCVII.

J. L. Heiberg.

Ad Hypothesium librum II Pauli Heegaard introductio.

Sicut veri simile est, iam ipsum Ptolemaeum, ut erat aeui deflorescentis, has res uerbosius quam clarius exposuisse, item dubitari nequit, quin obscuritas operis maximam partem interpreti Arabi tribuenda sit, cui difficillimum fuerit uocabula technica astronomiae Graecae sua lingua exprimere.

Primum Ptolemaeus Pythagoreorum Platonisque de motu simplici sententiam Aristotelisque de motibus naturalibus doctrinam maxime secutus satis obscure exponit, a quibus principiis profectus motus caelestes explicare conetur; summa rationis systema est Eudoxi leuiter mutatum. sphaeras quasdam partim solidas partim cauas intra se deinceps positas sibi fingit, ita ut circum suam quaeque diametrum aequabili motu circumferantur. quod ita facillime fieri potest, si singulae in sphaera comprehendenti e duobus cardinibus inter se oppositis suspensae finguntur, circum quos aequabiliter moueantur, de quorum cardinum natura ac ratione subtilius, quam par erat, multis uerbis disputat Ptolemaeus. ratio eius a similibus antiquiorum systematis, uelut Eudoxi et Calippi, ea re differt, quod nonnullae sphaerarum excentricae finguntur, aut ita ut centrum terrae mundique contineant, aut ut non contineant, quales sunt epicycli. praeterea Ptolemaeo aliquanto paucioribus sphaeris opus est quam prioribus; in primis sphaeras Aristotelis, quae ἀνελίττουσαι uocantur, reiicit. octo sphaerarum, quae motrices adpellantur, ab oriente ad occidentem circum axem mundi feruntur; quibus negotium est, ut corporibus caelestibus motum quotidianum impertiant. ultima earum sphaeram stellarum fixarum comprehendit, et intra eam circum idem centrum ceterae motrices positae sunt sphaeras septem planetarum ferentes. iam sibi proponit Ptolemaeus axes, circum quos omnes hae sphaerae cirsumferuntur, ita collocare, ut motrices illae octo circum axem mundi ad occidentem ferri

possint, quasi inter se sine interuallo coniunctae sint,
ceterarum sphaerarum circum alios axes circumlationibus
non turbatae summa rationis hoc propositum efficiendi
e figura 1 satis adparet, qua motus stellarum fixarum
illustratur: sphaera stellarum fixarum $\gamma\varepsilon$ cum prima
motrice $\alpha\gamma$ in polis γ, δ coniuncta est, secunda motrix $\varepsilon\eta$
ad $\gamma\varepsilon$ in polis ε, ζ adnexa. iam si uterque axis $\gamma\delta$, $\varepsilon\zeta$
ad planum zodiaci perpendicularis est, duae motrices illae
circum axem mundi $\alpha\eta\vartheta\beta$ circumferri possunt, quasi inter
se sine interuallo sint coniunctae, sphaera autem stellarum
fixarum ab iis non impedita circum axem $\gamma\zeta$ circumferri,
quo motu praecessio explicatur. similiter ceterarum
motricum circum axem mundi circumlationes ab iis solutae
ac liberae fiunt, quae motus proprios septem planetarum
efficiunt.

praeter hanc rationem Ptolemaeus aliam quoque exponit, ubi pro sphaeris partes sphaerarum substituuntur;
ea autem, quod ad mathematicam rationem adtineat, a
priore parum differt.

omnibus sphaeris uel partibus sphaerarum enumeratis,
quas totum systema ex duabus illis rationibus contineat,
Ptolemaeus tabularum quarundam usum explicat, quae sine
dubio ad calcem libri adiectae fuerunt; quarum ope status
planetarum quolibet temporis momento computari poterant
ex singulis tabulis numeris petitis, qui statum singularum
sphaerarum illo tempore indicarent.

PROLEGOMENA

Cap. I.

De codicibus Syntaxeos.

Praeter codices ABCDEF, de quibus u. uol. I¹ p. III—V, et GHK, de quibus u. uol. Iᶻ p. III—IV, hosce noui codices Syntaxeos:

1) Cod. Ambrosianus E 132 sup., nunc 320 (Martini et Bassi p. 366), chartac. scr. a. 1474 (in fine fol. 250ʳ: *ἐτελειώϑη ἡ βίβλος ἥδε ἐν μηνὶ ἰᾱʳ κ͞ϛ πρὸς ἑσπέραν τοῦ ͵ϛϠπβʹ ἔτους N͞ ͞ζ*, in primo folio: ex insula Chio adductus 1606. fuit ex libris Michaelis Sophiani; cfr. Legrand, Bibliographie Hellénique II p. 175 sq.). continet Syntaxin.

2) Cod. Ferrariensis Bibliothecae communalis 178 (NA8), chartac. saec. XIV continet Syntaxin. In pagina ultima inter alia legitur manu a librario aliena: *τῇ ιδʹ τοῦ Μαίου τῆς αˢ N ὄντος μου ἐν ῾Ρόδῳ συνώδευσεν ὁ Ἄρης τῷ Διὶ ἑσπέρας.*

3) Cod. Laurentianus XXVIII 1 membr. saec. XIV, u. Bandini II p. 9 sq continet fol. 1ᵛ tabulas astronomicas duas, fol. 2—14ᵛ *προλεγόμενα τῆς μεγάλης συντάξεως*, 14ᵛ—15ʳ *ϑῶ σωτῆρι Κλαύδιος Πτολεμαῖος ἀρχὰς καὶ ὑποϑέσεις μαϑημάτων*, 15ᵛ indicem libri I Syntaxeos, 16ʳ *ὅρια τῶν πέντε πλανωμένων κατὰ Πτολεμαῖον*, 16ᵛ scholium, 17—22 ¹) manu Demetrii Cydonii astronomica quaedam, 23—167ʳ Syntaxin cum scholiis nonnullis, 168—171 Ptolemaei *Προχείρων κανόνων διάταξις καὶ ψηφφφορία*, 172—177ʳ scholia ad hoc opusculum, 177ᵛ—180ʳ Ptolemaei Hypotheses, 180ᵛ—184ʳ Ptolemaei *Φάσεις*, 184ᵛ—186 Ptolemaei *Περὶ κριτηρίου καὶ ἡγεμονικοῦ*, deinde Theonem in Syntaxeos libros I—II, Euclidis Elementa et Data. In primo folio legi-

---

1) fol. 20—21ʳ uacant. fol. 17ʳ adscriptum: mea sunt ista.

tur: iste liber est (*corr in* erat) Demetrii Chidonii Greci, et
est astronomica.

4) Cod. Laurentianus XXVIII 47 continet fol. 1—42 Syntaxeos
libros I—III in charta occidentali saec. XV, 43—269 Syntaxeos
libros IV—XIII cum scholiis, alia manu saec. XIV in charta
orientali[1]), 270—278ʳ Ptolemaei Προχείρων κανόνων διάταξις
καὶ ψηφοφορία cum eodem additamento, quod in coc. praecedenti fol. 172—177 (fol. 278ᵛ—288ʳ), 288ᵛ—291ʳ figuras notu-
lasque, 291ᵛ—303ᵛ Ptolemaei Φάσεις, 303ᵛ—310 Ptolemaei Περὶ
κριτηρίου καὶ ἡγεμονικοῦ, 311ʳ tabulam eo pertinentem, 311ᵛ—319ʳ
Ptolemaei Hypotheses, duas figuras, quarum alteri adscriptum:
ὁρίζοντος καταγραφὴ τοῦ διὰ Βυζαντίου. cfr. Bandini II p 70.

5) Cod. Laurentianus LXXXIX sup. 48, Gaddianus, chartac.
saec. XIV—XV. continet fol. 1—4ᵛ Κατασκευὴ καὶ χρῆσις
κυκλικοῦ ἀστρολάβου, 4ᵛ—6 τοῦ Βαρλαὰμ πῶς δεῖ ἐκ τῆς μαθηματικῆς τοῦ Πτολεμαίου συντάξεως ἀκριβέστερον ἐπιλογίζεσθαι
ἡλιακὴν ἔκλειψιν (saec. XV), 7—19ʳ alia manu (saec. XIV)
prolegomena in Syntaxin et fol. 20—168ʳ Ptolemaei Syntaxin
cum scholiis, 169—192ʳ alia rursus manu (saec. XV) Logisticam
Barlaami. cfr. Bandini III p. 412 sq.

6) Cod. Marcianus· Graecus 302, chartac. saec. XV. continet
praeter Euclidis Elementa I—XV, Data cum Marino, Theodosii
Sphaerica, Euclidis Phaenomena, Catoptrica, Barlaami Logisticam et commentarium in Elem. II: fol. 265—494ʳ Syntaxin sine
scholiis. teste Morellio Bibliotheca manuscr. p. 178 maxima
ex parte a Bessarione scriptus est; alia manus scrips.t fol. 47ʳ
inde a uersu 12 — fol. 156 (Elem. VI 33 ad finem). apud Henri-
cum Omont Inventaire des mss. gr. et lat. donnés . . . par
Bessarion (Paris 1894) p. 30 est nr 244 + 245.

7) Cod. Marcianus Graecus 311 saec. XIII—XIV :n charta
orientali. continet prolegomena in Syntaxin (προλεγόμενα εἰς
τὴν μεγάλην σύνταξιν) fol. 2—25, Syntaxin cum scholiis nonnullis
fol. 26—341. lacunae codicis a uermibus male habiti expletae
foliis chartaceis, quorum filigranum ei simile est, qʰod apud
Keinzium, Die Wasserzeichen des XIV. Jahrh. (München 1896)
tab. XI nr. 126 figuratum est. chartacea haec sunt: fol. 1 duas

---

1) Eadem manus in eadem charta reliquam partem codicis
scripsit. ad tabulas Synt. VI 3 hac manu adscriptum: ἐν ἔτει
‚ϛωϛς ἀπὸ τῆς τοῦ κόσμου παραγωγῆς (a. 1388) ἀπὸ Ναβονασσάρου
εἰσὶν ιἵ ·//. ‚βϱλς Μϛ̅³ τνγ.

tabulas astronomicas continens, fol. 2, 12—25, 59 (Synt. I¹ p. 126, 2 τμήματος — 130, 15 τόν τε), 66 (p. 150, 23 ὥστε — 154, 12 αὐτοῦ), 112 pars inferior (p. 283, 39; tabulae ad annum ‚βσλβ productae sunt, sed expletae ad ‚αϱνβ tantum), 113—116 (p. 284—297, 15 αὐτός), 123 (p. 318, 9 ἐστίν — 322, 2 ὁμοκέντϱου), 165—67 (p. 463, 16 ἐπὶ δέ — 469), 170 (p. 476, 16 διά — 480, 12 ἄϱα τό), 184 (p. 524, 15 φανεϱῶν — 528, 4 πόσων), 191—341 (libb. VII—XIII). in parte chartacea scholia nulla. tabulae I¹ p. 210 sqq., 282 sqq. (etiam pars bombycina folii 112), 466 sqq., 519 sqq. alia manu expletae sunt codici G simillima; tabula p. 211 ad annum ‚βσπς, p. 285 ad ‚αϱνβ, p. 469 ad ‚βσκς siue 1479 prosequitur (cfr. cod. 13). in fine: Κλανδίου Πτολεμαίου μαθηματικῆς συντάξεως τέλος.

8) Cod. Marcianus Graecus 312, membr. saec. XIV. continet fol. 2—259 Syntaxin cum scholiis. praemittitur folium sine numero continens propositionem geometricam cum figura alia manu scriptam. idem librarius praeter scholia nonnulla marginalia fol. 1ʳ notas quasdam addidit et suppleuit fol. 41 (scholia et tabulas astronomicas), 55—56 (item; f. 56ᵛ tabula I¹ p. 211 ad annum ‚βσιδ siue 1467 producitur), 61, 64, 70, 72, 78—80, 88 (scholia) chartacea, praeterea scripsit in membranis fol. 147ʳ col. 1—151ʳ (I² p. 10, 6 τὸν καλούμενον — 28, 8 τηϱήσεων), 188—204 (p. 250, 1—332, 22 ϱ̄κ̄), 239ᵛ—242 (p. 481, 2 ἑκατέϱας — 502, 13 τούτων ἀπο-) et in charta fol. 243—59 (p. 502, 13 ad finem); fol. 260—261ʳ tabulas figurasque astronomicas addidit. fol. 1ʳ alia manus saec XIV notulas quasdam adpinxit, uelut
uerba aliquot latina cum interpretatione Graeca (essem cum εἴην ὅτε γέγονα γεγονώς ἦν ἢ ἐτύγχανον fúerim factus eram vel fueram, al.), deinde epigramma in Ptolemaeum et monocondylion: Νικηφόϱου τοῦ Γϱηγοϱᾶ. adiacent epistulae nonnullae Morellii et Halmae de catalogo stellarum huius codicis conferendo, et cura Veludii Bibliothecae Marcianae olim praepositi adglutinata est nota d. 29 Nov. 1883 scripta, qua C. H. F. Peters, Obseruatorio Collegii Hamilton (Lightfield, Clinton New York) praepositi recte significat, in catalogo stellarum numeros longitudinis omnes correctos et 17 gradibus maiores factos esse numeris Ptolemaei, qui sub rasuris adhuc adparent; unde colligit doctus astronomus correctiones eas anno fere 1358 factas esse; si enim praecessionem 50″ statuerimus, erit 17° = 50″ ⨯ 1224 et 1224 + 134 = 1358. uerum quoniam ex hoc codice pendet cod. 11 a. 1336 scriptus, corrector aetatem Ptolemaei non ad annum 134 sed ad superiorem aliquem ret-

tulit. crediderim, eum a 100 sumpsisse, ita ut ad annum 1324 perueniamus. qui annus cum in tempus Nicephori Gregorae incidat, non dubito, quin is codicem suum ad statum sui temporis redegerit. filigranum partis chartaceae u. apud Keinz, Die Wasserzeichen des XIV. Jahrh., München 1896, tab II nr. 24 (a. 1317).

9) Cod. Mutinensis Bibliothecae Estensis II F 9, chartac. scr. a. 1488. continet fol. 1ʳ „n 1260“, 2ᵛ indicem Latinum, 3ʳ zodiacum et tabulam astronomicam, 3ᵛ duo scholia, 4ʳ epigramma in Ptolemaeum, indicem I¹ p. 3—4, 5, fol. 4ᵛ scholia, 5—257ʳ Syntaxin (non Quadripartitum), deinde Carpum Ptolemaei et Epistulam Petosiridis aliaque astrologica, cfr. Studi Italiani di Filologia classica IV p. 494 nr. 174. fol. 257ᵛ legitur: Γεώργιος ὁ Βάλλας Πλακεντῖνος ἐξέγραψε ἐν ᾿Ενετίαις ἔτει ἀπὸ θεογονίας α̅ϋ̅π̅η̅ Ποιανεψιῶνος ἑνδεκάτη (ἐν- eras.) ἱσταμένου.

10) Cod. Neapolitanus Bibliothecae Borbonicae III C 13, membr. scr. a. 1558. continet fol. 1—23 prolegomena in Syntaxin, 24—28ᵛ κατασκευὴ καὶ χρῆσις κυκλικοῦ ἀστρολάβου, 28ᵛ—32 Barlaam πῶς δεῖ κτλ. (u. nr. 5), 33—64ʳ Barlaami Logisticam, 65—265 Syntaxin. fol. 64ʳ mg. inf.: ἐνιαυτῷ χιλιοστῷ πεντήκοντα ὠκτώ — ,αφνη.

11) Cod. Neapolitanus Bibliothecae Borbonicae III C 19, membr. scr. a. 1336, eadem manu, qua nr. 2. continet Syntaxin. in fine: ἐτελειώθη τὸ παρὸν βιβλίον κατὰ μῆνα σεᵖᵗᵘ τῆς τετάρτης N ἔτους ,ςωμδ.

12) Cod. Vaticanus Graecus 179, in charta crassa saec. XV, cuius filigranum id est, quod habet Keinz, Die Wasserzeichen des XIV. Jahrh. (München 1896), tab. II nr. 22, nisi quod folium antefixum aliud praebet ei simile, quod ib. tab. XXXI nr. 296 reperitur. continet Syntaxin omissa maxima parte catalogi stellarum.

13) Cod. Vaticanus Graecus 198, chartac. saec. XIV. continet fol. 1 excerpta e Photio de Nicomacho (τοῦ ἁγιωτάτου — corr. in ἀθλιωτάτου — Φωτίου ἐκ τῆς πραγματείας αὐτοῦ τῆς λεγομένης μυριοβίβλου κεφάλαιον ρ̅π̅ϛ̅), fol. 2—33 Nicomachi Arithmeticam, in mg. commentarium Philoponi et Soterichi, 34 quattuor figuras, 35—89 Ptolemaei Harmonica. in mg. commentarium Porphyrii, 90—93ʳ Nicomachi Harmonica, 93ᵛ ad 94ʳ uacua, 94ᵛ κανόνια συνόδων καὶ π̅ζ̅ ἐν τῇ μεγάλῃ συντάξει τοῦ Πτολεμαίου τὰ λοιπά, ἅπερ μέχρι τῶν καθ᾿ ἡμᾶς

χρόνων¹) εἰσὶν ἀπὸ τοῦ τέλους τῶν ὧν ἐξέθετο ὁ Πτολεμαῖος (tabulas I¹ p. 466—469 ab anno Nabonassari ,αρχϛ ad ,βσχϛ, h. e. 1479), 95—125 Manuelis Bryennii Introductionem harmonices, 126 notas astronomicas, 127—136 prolegomena ad Syntaxin (Θέωνος καὶ ἑτέρων σοφῶν καὶ μαθηματικῶν ἀνδρῶν προλεγόμενα εἰς τὴν μεγάλην σύνταξιν Πτολεμαίου, des. κατὰ τὸ δυνατόν), 137—138ᵛ notas astronomicas, 138ᵛ τοῦ μεγάλου σαχελλαρίου τοῦ Μελιτηνιωτοῦ πῶς διὰ τῆς τῶν κ͞ᵃ ψηφοφορίας ἀπὸ τοῦ τοῦ ♄ ὑψώματος αἱ ἠνυσμέναι τοῦ ἡλίου ὧραι ἡμεριναὶ λαμβάνονται, epigramma in Ptolemaeum, indicem I¹ p. 3—4, 5, fol. 139—317 Syntaxin cum scholiis, 318—336ᵛ τοῦ σοφωτάτου Νικολάου Καβασίλα in libr. III Syntaxeos, 336ᵛ—341ʳ Barlaami πῶς δεῖ κτλ., al., 341ʳ—342 notas astronomicas, 343—374ʳ Theonem in Syntaxeos lib. I (Θέωνος Ἀλεξανδρέως ὑπόμνημα εἰς τὴν Πτολεμαίου σύνταξιν. εἰς τὸ ᾱ τῆς Πτολεμαίου μαθηματικῆς συντάξεως, f. 361ʳ Θέωνος Ἀλεξανδρέως τῶν εἰς τὸ ᾱ τῆς Πτολεμαίου μαθηματικῆς συντάξεως τὸ δεύτερον), 374ʳ—392ʳ eiusdem in lib. II (f. 392ʳ inf.: τὸ τρίτον οὐχ εὑρίσκεται), 392ᵛ—406ᵛ eiusdem in lib. IV, 407—421ʳ Pappum in Syntaxeos lib. V (408ᵛ in V 2: ὥστε ἐν τῷ μέσῳ μηνιαίῳ ρόνῳ, deinde rubro colore: ζῆᵗ τὰ ἀκόλουθα μέχρι τῆς ἀρχῆς τῶν ἐν τῷ μετὰ τοῦτο τὸ φύλλον, εἴπερ εὑρεθείη, καὶ εἰ εὑρεθείη, γραφήτωσαν ἐν ἄλλῳ τόπῳ· ἐνταῦθα γὰρ οὐ κεκρίκαμεν τόπον τοῖς εὑρεθησομένοις ἐᾶσαι· οὔτε γὰρ ἴσμεν, εἰ εὑρήσομεν, οὔτε πόσον τὸ λεῖπον, ἵνα τὸν ἱκανὸν αὐτῷ καὶ μὴ περισσότερον τόπον ἐάσωμεν: — μετὰ δὲ τὸ τέλος τοῦ παρόντος ε̄ βιβλίου εὑρήσεις ἑτέρου ἐξηγητοῦ, οἶμαι τοῦ Θέωνος, σχόλια, ἐν οἷς καὶ²) τὰ λείποντα ἐνταῦθα ἐν τοῖς παροῦσι τοῦ Πάππου σχολίοις, f. 409ʳ mg. λειᵖ, | καὶ ταῦτα ἐν τῷ ε̄ κεφαλαίῳ), 421ᵛ—424ᵛ scholia ad Syntaxeos libr. V (f. 421ᵛ: ταῦτα τὰ σχόλιά εἰσιν, οἶμαι, τοῦ Θέωνος), 425—468 Theonem in Syntaxeos libb. VI—X (425ʳ tres tabulas, de quibus f. 426ʳ: ἐγράφη τὰ κανόνια πρὸ τῆς ἀρχῆς τῆς παρούσης ἐξηγήσεως τοῦ ϛ̄ βιβλίου, 425ᵛ Θέωνος Ἀλεξανδρέως ὑπόμνημα εἰς τὸ ϛ̄ τῆς συντάξεως | περὶ συνόδων καὶ πανσελήνων | inc. διεξελθόντες περὶ

---

1) Hinc concludi non potest, codicem saec. XV scriptum esse; nam tabula, de qua agitur, facili negotio ad quemlibet annum continuari potest, et Ptolemaeus ipse in ea computanda suum tempus egressus est.

2) ἐν οἷς καί supra scr. m. 1.

τῶν ἐν τῷ ε̄ ¹), mg. sup. ἰστέον, ὅτι ἐν ἄλλῳ βιβλίῳ οὕτως ἔχει
ὡς τὰ ἀπὸ τῶν ἐντεῦϑεν, ἐν ἄλλῳ δὲ ἄλλως, καϑὼς καὶ ἡμεῖς
πάλιν ἐγράψαμεν μετὰ ταῦτα ἀπ᾽ ἄλλης ἀρχῆς, 427ᵛ Θέωνος
Ἀλεξανδρέως εἰς τὸ ε̄ τῆς Πτολεμαίου μαϑηματικῆς συντάξεως,
inc. διεξελϑόντες περὶ τῶν ἐν τῷ ε̄, des. 436ᵛ ἡμεῖς ἐν τούτοις
αὐτὴν προλαμβάνωμεν, deinde post spatium uacuum: ἐπεὶ τοίνυν
ἐν τῷ μέσῳ μηνιαίῳ χρόνῳ, des. 450ᵛ τε καὶ πλανωμένων ἀστέρων
πραγματείαν ²), 451ʳ τοῦ ³) αὐτοῦ ὑπόμνημα εἰς τὸ ϛ̄ τῆς συντάξεως, 452ᵛ τοῦ αὐτοῦ ὑπόμνημα εἰς τὸ ὄγδοον τῆς συντάξεως,
456ᵛ τοῦ αὐτοῦ εἰς τὸ ἔνατον τῆς συντάξεως, 464ᵛ τοῦ αὐτοῦ
ὑπόμνημα εἰς τὸ ῑ τῆς συντάξεως, 468ᵛ post notas quasdam
chronologicas ad a. ͵ϛωπβ siue 1374 relatas (qui annus etiam
in notis f. 516ᵛ occurrit): λείπει ἐνταῦϑα τὰ λοιπὰ τὰ εἰς τὸ ῑ,
τὸ ῑᾱ ὅλον καὶ τὰ ἀπ᾽ ἀρχῆς τοῦ ῑβ̄, καὶ ζήτει ταῦτα, εἴ γε καὶ εὑρίσκονται), 469—78 + 485ᵛ—500 Theonem in Κανόνας προχείρους
(inc. ἡ μὲν λογικωτέρα, pleraque in mg. ad tabulas adscripta;
478ᵛ mg. inf.: ζηᵗ τὰ ἑξῆς τοῦ βιβλίου μετὰ φύλλα ζ̄), 479—485ᵛ
Theonem in Syntaxeos libr. XII—XIII (479ʳ mg. sup.: τοῦ ῑβ̄
βιβλίου, 480ᵛ τοῦ αὐτοῦ ὑπόμνημα εἰς τὸ ῑγ̄ τῆς συντάξεως,
des. 485ᵛ ἀποστάσεων κατάληψις, deinde τὰ ἑξῆς οὐχ εὑρίσκονται,
διὸ καὶ ἠμέληται), 501—514ᵛ Procli Hypotyposes, 514ᵛ—515ʳ
notas astronomicas, 515ᵛ initium libelli Philoponi Περὶ τῆς τοῦ
ἀστρολάβου χρήσεως, 516 notas astronomicas. totum genus codicis simillimum est codici Paris. 2342, quem Athoum esse
demonstraui Apollonii opp. II p. LXIX, nec dubitari potest, quin
hic quoque codex fructus sit eorum studiorum saec. XIV maxime
in monte Atho florentium, quae l. c. significaui. ex notis supra
adlatis adparet, scriptorem possessoremque codicis, hominem
aliquem astronomiae studiosum, commentaria Theonis tum dis-
persa, et quae ad lacunas eorum supplendas ex commentariis
Pappi et Cabasilae saec. XIV metropolitae Thessalonicensis peti
possent, colligere uoluisse compluribus codicibus usum (cfr.
fol. 443ʳ ζήτει ἐν διωρϑωμένῳ βιβλίῳ τὴν τοῦ Θέωνος κχταγραφήν·
ἐν γὰρ τοῖς πρότερον ἡμῖν εὑρημένοις πᾶσίν ἐστι ἐσφαλμένη).
in hoc labore obseruauit, scholia in mg. codicis Syntaxeos,

---

1) Des. 427ᵛ τῆς συξυγίας μ°ʳ ϱα λγ́ λϛ.
2) Haec quoque ad lib. VI pertinent; errauit, qui f. 436ᵛ
graphio cerussato adscripsit: Θέωνος εἰς τὸ ϛ̄.
3) Supra add. eadem manu Θέωνος.

quem fol. 139—317 descripserat, addita ex Theone magna ex
parte excerpta esse eaque de causa partes excerptas non repetiuit sed ad scholia illa lectorem relegare satis habuit. cuius
rei ratio ut perspicua sit, exempla nonnulla adferam. fol. 466^v
desinit in τυγχάνων ὁ ἀστήρ p. 402, 16 ed. Basil., tum sequitur
rubro colore: καὶ τὸ ἐξῆς ζη^τ ἐν τοῖς σχολίοις μέχρι τέλους, mg. ἐν
κεφ. ϛ τοῦ ī ἐν ση. ⊞, fol. 467^v post εὐθεῖαν p. 404, 3 rubro
colore additur: ζη^τ τὸ ἐξῆς ἐν τοῖς σχολίοις μέχρι τέλους ἐν ση.
⌗, mg. ζη^τ εἰς τὸ ζ κεφάλ. τοῦ ī ἐν ση. ⌗; et fol. 274^r ad
Synt. X 7 scholium legitur eodem signo praeditum.

14) Cod. Vaticanus Graecus 1038, membr. saec. XIII—XIV
de priore parte codicis u. Euclidis opp. V p. V—VI; habet
fol. 137—323^r Syntaxin, fol. 323^v—328^v Ptolemaei Προχείρων
κανόνων διάταξιν, 328^v—331^r additamenta ad eum libellum,
331^v uacat, 332—333 notam astronomicam, 334—336^r uacant,
336^v—342^r Ptolemaei Φάσεις, 342^r—345^v Ptolemaei Περὶ κριτηρίου καὶ ἡγεμονικοῦ, 346^r uacat, 346^v—350^v Ptolemaei Hypotheses,
351 uacat, 352—384 Ptolemaei Tetrabiblon in fine mutilum.

15) Cod. Ottobonianus Graecus 110, chartac. saec. XVI. continet Syntaxeos libb. I—VI, 6 p. 486, 11 τήν fol. 1—114 (fol. 115
ad 133^r catalogo stellarum praeparata, sed non expleta). quamquam deest nomen Ducis ab Altaemps, non dubito, quin per
manus eius a Sirleto in bibliothecam Ottobonianam peruenerit;
nam inter codices Sirleti (Miller, Catalogue d'Escurial p. 323
nr. 11) refertur codex mutilus Syntaxeos; cfr. Battifol, La Vati-
cane de Paul III à Paul V, Paris 1890, p. 57 sqq.

16) Cod. Reginensis Graecus 90, „ex codicibus Joannis
Angeli Ducis ab Altaemps", chartac. saec. XV. continet fol. 1—8
prolegomena ad Syntaxin, 9—359 Syntaxin cum scholiis nonnullis. fuit sine dubio Sirleti; cfr. Miller l. c. p. 323 nr. 8 et
Battifol l. c. p. 58.

17) Cod. Parisinus Graecus 2391, bombyc. saec. XV (u.
Omont, Inventaire II p. 252). continet Syntaxin et tabulam
chronologicam ann. 1123—1492. sed ea manu recentiore addita
est, et omnino dubito, an hic codex potius saeculo XIV tribu-
endus sit; nam et charta id filigranom habet, quod apud Keinz,
Die Wasserzeichen des XIV. Jahrh., tab. XIX nr. 202 figuratum
est, et scriptura similis est cod. 2. fuit Palatii ueteris Constan-
tinopolitani, ut adparet ex sigillo Turcico fol. 1^r mg. inf. adposito, et inde a. 1688 Parisios uenit (u. Villoison, Not. et Extr.
d. manuscr. VIII² p. 18 et 32).

18) Cod. Parisinus Graecus 2392, chartac. saec. XV, u. Omont II p. 252. continet fol. 1—3 (et in folio praemisso uerso) tabulas nonnullas astronomicas, 4—278 Syntaxin cum multis scholiis ad libros VI priores; praemittitur epigramma et imago Ptolemaei Syntaxin scribentis (inscribitur Πτολεμαῖος Κλαύδιος ὁ ποιητής), in fine: τῆς πραγματείας τοῦ Πτολεμαίου πέρας | τέλος τῆς συντάξεως | ἡ βίβλος αὕτη τῶν ἐμῶν χειρῶν πόνος | τὰ δ' ὅθλα (supra scr. ἢ μισθοὺς δὲ) δοῦναι τυγχάνει σου, Χριστέ μου, fol. 279 uacat, 280—315 Procli Hypotyposes, in fine: δόξα σοι, ὁ θεός, ἀμήν | ἡ βίβλος αὕτη τῶν ἐμῶν χειρῶν πόνος | μνημεῖον οὖσα τῆς ἐμῆς ὧδε πλάνης | ū, 316ʳ tabulam astronomicam.

19) Cod. Parisinus Graecus 2393, chartac. scr. a. 1518, u. Omont II p. 252. continet Syntaxin tabulis inde a libro V non expletis. subscriptio: ⟨Μ⟩ιχαῆλος Δαμασκηνὸς ὁ Κρὴς τῷ φιλέλληνι καὶ φιλολόγῳ κυρίῳ Ἰωάννῃ Ἰακώβῳ τῷ Ἀρηγονίδῃ καὶ ταύτην τὴν τοῦ Πτολεμαίου θείαν καὶ μεγάλην μαθημετικὴν σύνταξιν ἐν Μαντούῃ τῇ αὐτοῦ πατρίδι ἐξέγραψα ἐν ἔτει ἀπὸ τῆς τοῦ σωτῆρος ἡμῶν ιυ Χριστοῦ σαρκώσεως ͵αφιη μηνὸς Ὀκτωβρίου ϛ.

20) Cod. Parisinus Graecus 2394, chartac. scriptus a. 1733, u. Omont II p. 252. continet Syntaxin et alia astronomica. subscriptio p. 627: πέρας εἴληφεν ἡ παροῦσα βίβλος ἥδε δι' ἐμῆς χειρὸς Ἰωάννου τοῦ ἐκ κώμης Σλατίστης (uel ἐλατίστης = ἐλαχίστης?) πενίᾳ συζῶντος κατὰ μῆνα Ὀκτώβριον τοῦ ͵αφλγ⁰ᵘ ἔτους ἀπὸ τῆς τοῦ κυρίου ἡμῶν κατὰ σάρκα ἐπιδημίαν ἀντιγραφεῖσα παρὰ πρωτοτύπου χειρὶ κἀκείνης γεγραμμένης ἐν ἔτει τῷ σωτηρίῳ ͵ασχ'''. archetypus fuit in bibliotheca Constantini Maurogordati, principis Valachiae, quae nunc non exstat (u. Omont, Missions archéol. franç. en Orient, Paris 1902, II p. 683).

21) Cod. Parisinus Graecus 2395, chartac. saec. XVI, u. Omont II p. 252. continet Syntaxin omissis tabulis omnibus usque ad lib. XI (etiam catalogo stellarum). alia manus multa correxit et fol. 1 adscripsit: πίναξ | Κλαυδίου Πτολεμαίου μαθηματικῆς συντάξεως βιβλία ιγᵅ, ὧν ὁ ἔσχατος ἐπίλογος λείπει. καὶ πλέον οὔ | nr. 29 quintae.

22) Cod. Coislinianus Graecus 172, membr. saec. [XIV]—XV, u. Omont III p. 148. eadem manu scriptus, qua cod. 17. continet fol. 1—40 Ptolemaei Harmonica a Nicephoro Gregora emendata (Montfaucon, Bibliotheca Coisliniana p. 227), fol. 41 ad 268 Syntaxin. in prima pagina legitur: βηβλήω τῆς ἁγίας λάβρας τοῦ ὁσίου θεοφόρου πρὸς ἡμῶν Ἀθανασίου τὸ ἐν τὸ Ἄθων.

23) Cod. Vesontinus 11, chartac. saec. XVI, u. Omont III
p. 363 nr. 16. continet Syntaxeos librum I.
24) Cod. Scorialensis Ω- I- 1, chartac. scr. a. 1523, u. Miller,
Catalogue des mss. grecs de la bibliothèque de l'Escurial
p. 453 sq. continet fol. 4—5 notas aliquot ad Syntaxin (inter alia
epigrammata et indicem libri I), 6—117 Syntaxin cum hac sub-
scriptione (Miller p. 454): *Δωνᾶτος ὁ Βοντουρέλλιος ἐξέγραψεν
ἀπὸ ἀντιγράφου, ὃ πρὶν μὲν κτῆμα ὑπάρχον τοῦ Γεωργίου τοῦ
Βάλλα (καὶ γὰρ ὁ αὐτὸς ἐγεγράφει τῇ ἰδίᾳ χειρὶ) ὕστερον τοῦ
ἐπιφανεστάτου ἄρχοντος Ἀλβέρτου Πίου τοῦ Καρπαίου ἐγένετο,
ἔτει ἀπὸ θεογονίας ͵αφκγ Σκιρροφοριῶνος ἑβδόμῃ μεσοῦντος
ἐν Κάρπῳ τοῦ αὐτοῦ Ἀλβέρτου ἐκβληθέντος ἤδη τῆς ἰδίας ἀρχῆς
ὑπὸ τοῦ σκορπίου τοῦ μιαρωτάτου τῶν ζῴων*[1]); fol. 118—181
Ptolemaei Geographiam, 182—206 Tetrabiblon, 207—208 de
decanis, 209 Carpum, 209ᵛ—211 de luna, 212 sq. de astrolabo.
25) Cod. Monacensis Graecus 159, chartac. saec. XV compluribus manibus scriptus. continet fol. 1—65 Diogenem Laer-
tium, 66—96 Hieroclem in Carmen aureum, 97—144 Syntaxeos
libb. XI—XIII p. 593, 15 τῶν, 145—152 Syntaxeos lib. I p. 16,
6—35, 3 γ̄ (initium nunc legi nequit), fol. 153 sqq. Sextum
Empiricum.
26) Cod. Monacensis Graecus 212, chartac. saec. XV. continet Syntaxin cum scholiis paucissimis (ad libb. I—II).
27) Cod. Oxoniensis Selden. 39, membr. saec. XIV—XV eadem
manu scriptus, qua codd. 17 et 22. continet Syntaxin. fol. 2ʳ
mg. inf.: liber Dn̄i Johannis [ras.] militis; in fine: *ἐνταῦθα
λάβε τέρμα σφαιρικῶν, ξεῖνε, | ἔργον μέγιστον σοφιῆς οὐρανίου |
Ἀλεξανδρῆος Κλαυδίου Πτολεμαίου, | τὸ μέροψιν λεῖπεν ... δόξης*.
Quos codices omnes ipse examinaui praeter codd. 23 et 24.

Iam de codicum cognatione uideamus, et primum de
BC codicibus BC.
codices BC ex eodem archetypo descriptos esse, quaeuis
fere pagina demonstrat summo in erroribus consensu, etiam in
minimis, uelut I¹ p. 22, 5; 41, 14; 47, 13; 70, 1; 238, 16; 241, 7;
296, 20, 22; 297, 7; 314, 20; 315, 2 al., et absurdis ut I¹ p. 19,
21; 206, 24; 252, 14; I² p. 90, 11; 254, 10. huc ii quoque loci
adnumerandi sunt, ubi alter errorem habet, alter correctus est,

---

1) A Carolo V imperatore.

ita ut pristina scriptura non adpareat, ut B I¹ p. 51, 33; 54, 4;
93, 9; 98, 15; 113, 10; 122, 21; 214, C I¹ p. 33, 13; 131, 7; 149, 7
(uterque p. 152, 11), ne plura. imprimis originem testantur
communem communes et omissiones singulorum uocabulorum
I¹ p. 43, 7; 90, 18; 115, 6; 153, 14; 269, 16; 305, 5; 341, 3, et
lacunae maiores ob homoioteleuta I¹ p. 33, 2; 37, 11, 15; 39,
18—19; 43, 13; 45, 6; 66, 17; 70, 14; 73, 13; 75, 20; 82, 21; 95,
9—10; 102, 17; 119, 19 ¹); 357, 12; 386, 2, cfr. I¹ p. 249, 13 et I²
p. 485, 5, et dittographiae I¹ p. 93, 2; I² p. 369, 12; 396, 19; 403,
14, et interpolationes I¹ p. 294, 15 (τὴν δευτέραν glossa est ad
ταύτην lin. 16), I² p. 192. 19, et glossae marginales I¹ p. 25, 21;
44, 10; 88, 17, cfr. I² p. 51, 18; 84, 19 et I¹ p. 64, 12; 65, 4, 18;
66, 5; 67, 1, 8; 68, 23; 69, 21; 70, 17; 118, 5; 119, 1²; 125, 5;
148, 10 (cfr. 147, 11); 154, 10; 1b5, 11; 164, 22 ²); I² p. 63, 14, 19;
66, 7, 8 al. neque enim C ex B descriptus esse potest, ut inter
alios his locis adparet: I¹ p 36. 11; 43, 9; 60, 16; 74, 16; 93,
13; 149, 5; 150, 11; 152, 11; 161, 6, 14; 169, 11; 174, 29; I²
p. 463, 15; 472, 2, 3; 486, 16; 492, 1. interdum error archetypi
statim animaduersus et manu prima correctus est, in C I¹
p. 36, 2; 66, 14; I² p. 411, 2 ³), saepius in B: I¹ p. 27, 22; 71, 23;
77, 11; 78, 10; 88, 21; 101, 1; 322, 22; I² p. 403, 8 (ιc et κ permutauit C); 478, 14; supplementum lacunae I¹ p. 71, 1 postea
aliunde petitum est. interdum error recte animaduersus ex
ingenio suo male correxit librarius, uelut I¹ p. 22, 12; 88, 23;
96, 20; 517, 11; I² p. 116, 16; 122, 14. omnino librarius codicis
B haud raro liberius agit, uelut in stellarum catalogo in singulis sideribus summas stellarum de suo in aliam formam

---

1) Eius modi lacunae initio tantum frequentes sunt; sensim igitur librarius archetypi ab iis cauere didicit.

2) Hic C pro δ legit α´, quia p. 160, 14; 162, 10; 164, 5
notas eodem pertinentes neglexerat; inde etiam p. 165, 20 in
numero erratum est.

3) De correctionibus, quales sunt I² p. 221, 42; 222, 11, 20,
23, 25, 27, 28, 35, 40, 43, 44; 224, 11 sq.; 228, 19, 20, 2ε; 230, 14,
31, 41, 44; 234, 9, 25 sq.; 236, 14, haereo; nam prorsus similes sunt
iis, quas C² fecit p. 221, 49; 232, 8, 27 sq.; 236, 13, 20, 30; 238,
7 sq.; 240, 4 sq.; 242, 6 sq.; 244, 7 sq.; 246, 6 sq.; 248, 12 sq., et
aliunde petitae esse uidentur. cfr. tamen I² p. 226, 12; 469, 4;
476, 13; 480, 12; 481, 23; 492, 2, 6, ubi fortasse B scripturas
uariantes iam in archetypo adscriptas neglexit; cfr. I· p. 312, 4.

redegit (I² p. 39, 11; 42, 6 cet.; cfr. etiam p. 65, 17) et in numeris, quos in titulis diligentius quam ceteri et fortasse contra
archetypum addit (u. I¹ p. 89, 15; 92, 16 cet.), ordinem insolitum
ε̄ι pro ῑε̄ sim. praefert (u. I¹ p. 68, 14; 80, 1 al., cfr. p. 122, 17
η̄λ). quare ueri simile est, eorum locorum, ubi B cum A uel
D in uera scriptura, C cum altero in errore conspiret, nonnullos in B coniectura correctos esse; eius generis sunt I¹ p. 202,
21; 382, 13; 435, 2; 458, 13; I² p. 47, 17; 128, 17; 138, 9 ¹); 341,
20; 382, 2, et hoc necessario factum est locis paucissimis, ubi
B solus omnium uerum habet (I¹ p. 153, 7; I² p. 48, 8; 173, 10;
186, 9; 220, 4), nisi casus aliquis intercessit ut I² p. 62, 2; 74, 6
(hic quidem p. 88, 14 rei rationem ostendit).²) alibi discrepantia
inter BC eo modo orta esse uidetur, quem iam supra significaui, scriptura uarianti, quae iam in archetypo adscripta erat,
a B uel neglecta uel recepta, sicut oculis uidemus factum I¹
p. 65, 16; 160, 1; I² p. 93, 11; 140, 12; 342, 6; 415, 5 et in lacuna
I¹ p. 34, 15; ad hoc genus refero I¹ p. 38, 11—12; 92, 8 (cfr. A);
168, 10; 470, 30 (cfr. 29); 537, 12; I² p. 343, 4.³) uerum longe
maxima pars discrepantiarum casui debetur, nec mirum est, in
scripturis uariantibus mendosisque, quales in omnibus codicibus
sexcenties occurrant, interdum etiam duos codices fortuito con-
gruere. nullius prorsus momenti est uariatio inter ἀεί et αἰεί
I¹ p. 5, 19; 7, 3; 10, 21; 11, 6; 12, 9; 16, 3; 269, 8; 368, 4, inter
γίνομαι et γίγνομαι I¹ p. 6, 20; 13, 2, 7; 26, 22; 28, 9; 257, 19;
352, 11, inter δ' et δέ et similia I¹ p. 13, 10; 83, 4; 294, 3;
364, 14; 420, 12, inter συν- et συμ- et similia I¹ p. 29, 21; 276,
18; 405, 15; I² p. 107, 8; 188, 25; 194, 25, inter ληψ- et λημψ-

---

1) Hic etiam in A error statim correctus est; cfr. lin. 13,
ubi CD eodem modo errauerunt.   etiam p. 130, 13 uerum coniectura restitutum esse potest.

2) Scrupulum mouet I¹ p. 294, 6—7, ubi BD eandem habent
interpolationem, et I¹ p. 65, 13, ubi fortasse cum BD scribendum
ὑποθεματίων.   communis interpolatio codicum BD certa est I²
p. 190, 19 (ex lin. 21), I¹ p. 531, 7 (cfr. lin. 2).

3) Cfr. etiam I² p. 84, 18; 582, 11.   eodem modo explico I²
p. 104, 12 (cfr. p. 103, 7, 15; 105, 11); 144, 13 (cfr. p. 143, 19); 152,
8—9 (cfr. p. 151, 16); 168, 8 (cfr. p. 166, 17; haec stella non
numeratur, quia iam p. 124, 2 numerata est), ubi summa stellarum cum scripturis praecedentibus uariat; in Argus sidere
alicubi pro γ' scriptum fuit ς'.

I¹ p. 268, 11, in ν adponenda uel omittenda I¹ p. 9, 1 al., inter β̄ et δεύτερος et similia I¹ p. 508, 18 al., in nomine Nabonassari I¹ p. 257, 7; I² p. 29, 19; 32, 10; 33, 12; 391, 17; 419, 13; 424, 5; 425, 5 al.; nam in talibus uel licentia uel consuetudo librariorum regnat. neque plus ponderis habent itacismi I¹ p. 42, 11; 124, 6; 207, 5; 209, 22; 273, 10; 355, 15; 406, 11; 476, 4; I² p. 359, 18; 576, 5, ο et ω permutatae I¹ p. 28, 22; 113, 22; 140, 1; 307, 22; 331, 15; 353, 23; 406, 21; 432, 9; 456, 20; 458, 16; I² p. 29, 7, 11; 30, 9, 11, 12; 36, 12; 142, 6; 154, 13, numeri falso coniuncti uel diducti I¹ p. 271, 11; I² p. 41, 13; 54, 6 al., cfr. I² p. 108, 16; 164, 8 al., litterae similes permutatae I¹ p. 60, 31; 80, 35; 100, 6; 321, 9; I² p. 41, 20; 144, 6; 220, 7; 222, 20; 246, 15; 442, 16, haplographiae I¹ p. 421, 11; I² p. 116, 3; 182, 12; 207, 2; 218, 12; 429, 7; 459, 14, cfr. I¹ p. 33, 12; 124, 13; 127, 6; 265, 14; 385, 8; 484, 12; 541, 6; I² p. 214, 9 et lacuna ob homoioteleuton orta in AB I² p. 354, 13—14; eiusmodi enim errores procliues sunt omnibus librariis. eadem de causa nihil tribuo ponderis erroribus, quales sunt πρό-πρός I¹ p. 8, 5 (AC); 268, 22 (BD), litterarum ordo permutatus I¹ p. 75, 19 (BD), I² p. 195, 17 (BD), minutiaeque scribendi I¹ p. 24, 21 (CD); 42, 10 (CD); 86, 17 (AC); 110, 1 (CD), 13 (CD); 124, 17 (AC); 191, 17 (CD); 205, 15 (CD); 277, 7 (AC); 312, 13 (CD), cfr. p. 429, 2 (AC); 464, 3 (CD); 497, 16 (AC); I² p. 7, 2 (AC); 463, 11 (AC); 493, 3 (AC); 537, 16 (AC). hic illic compendia nocuerunt, uelut μ̄̊ I¹ p. 101, 3 (AC); 253, 2 (BD); 371, 1 (AC); I² p. 218, 19 (BD), cfr. I¹ p. 35, 13 (AB); aliaque similia I¹ p. 263, 6 (AC); 330, 12 (AC); I² p. 31, 20 (AC); 357, 1 (AC); 384, 3 (AB); 446, 19 (AC). reliquuntur haec neque tam multa neque tam grauia uel sibi constantia, ut easum excludant, cum causa errandi plerumque adpareat:

AC I¹ p. 110, 3; 370, 21; I² p. 338, 9; I² p. 192, 11 (cfr. lin. 9); I² p. 186, 9; 341, 20; 387, 12; 488, 7.

BD I¹ p. 354, 3; 453, 3; marginalia om. I² p. 56, 11; 58, 5; 146, 10; 156, 6; 166, 16.

CD I¹ p. 231, 2; 282¹, 39; 420, 19; I² p. 18, 20; 206, 13; 303, 2; 406, 10; 451, 7, et loci aliquatenus similes I p. 28, 5; 188, 4; 191, 2; 394, 5; τε om. I¹ p. 485, 1; I² p. 33, 5.

AB I² p. 375, 4.

praeterea commemorandum est, I² p. 336, 10; 517, 5 uerba ἑξῆς ἡ καταγραφή eodem loco in C cum iusta causa, in A sine causa addita esse, quod, quoniam A ex C descriptus esse nequit, aut casu factum est aut ab archetypo transsumptum. memorabilis

est etiam codicum AC in eadem littera similis titubatio I²
p. 486, 15. casu factum est, ut C solus uerum seruauerit I¹
p. 111, 6; I² p. 41, 14 (in numeris).
    proprios errores haud ita multos habet B (praeter grauiores,
quos supra p. XXVII posui, ex libris I—II speciminis causa hos
adfero: p. 32, 3; 34, 8; 36, 9; 44, 13; 66, 6; 87, 7, 22; 102, 9; 118,
23; 120, 4; 124, 4; 134, 2; 144, 3, 11; 145, 10, 14; 146, 1; 156, 6;
161, 6; 169, 24; 174, 16; 175, 24; 177, 6; 178, 19; 180, 13; 182, 20;
186, 7), C uero plurimos (in libris I—II: p. 4, 10; 6, 14; 7, 19;
8, 3, 18; 9, 14; 13, 15; 15, 19; 16, 1; 20, 20; 21, 3, 20; 23, 3, 5, 22;
26, 9; 32, 16; 38, 4; 41, 22; 43, 4; 45, 5, 22; 47, 11; 52, 3; 54, 39;
60, 7, 8; 62, 14; 65, 15; 67, 3; 68, 13; 75, 1; 84, 8; 89, 10; 91, 17,
23; 92, 18; 95, 22; 99, 2, 15; 100, 10, 22; 103, 13, 17; 106, 13;
108, 17; 109, 9; 112, 6; 113, 15; 115, 7; 118, 8, 19; 122, 18; 127,
4, 17; 128, 12, 20; 129, 10; 130, 6; 134, 12, 16, 18; 138, 9, 28, 36;
140, 28, 33, 35, 38, 39, 40; 142, 7; 143, 3, 8; 144, 9, 16, 24; 146, 12;
148, 5; 149, 4; 150, 4; 152, 21; 155, 19; 156, 11; 157, 6 ¹), 7, 8;
158, 13; 159, 14; 160, 5; 162, 5, 8; 163, 1, 12, 19, 20; 164, 22; 165,
16, 17, 21; 167, 13, 20; 169, 9; 171, 6, 23; 173, 4; 174, 22, 24, 28,
30; 175, 14; 179, 26; 180, 7, 9, 15, 29; 181, 17; 182, 5, 6; 184, 8,
29; 185, 26; 186, 15; 187, 9, 16; 188, 9, 18, 21), saepissime ob itacismum et ob ο ω confusas (ex libris I—II: p. 9, 15; 26, 8; 30, 22;
64, 4; 104, 12; 105, 3; 117, 9; 125, 10; 136, 39; 138, 1, 39; 142,
23; 159, 11; 188, 18 — p. 8, 14; 28, 8; 30, 13; 32, 8; 47, 14; 68, 3;
78, 9; 88, 16; 90, 13; 98, 1, 2, 21; 102, 9; 103, 3; 104, 12; 105, 4,
17; 106, 7, 20; 107, 12, 13; 145, 14; 149, 14; 150, 4, 5; 154, 22;
156, 6; 172, 21; 189, 2). desunt tabulae I¹ p. 286—87, 292—93,
544 et ex parte p. 284—85, 390—91, praeterea ὁριζόντων καταγραφή (in I¹ extr.) et I² p. 452, 8—459, 8; 522, 1—524, 10; 593,
24 ad finem. fol. 228 et 235 transposita sunt, u. I² p. 126, 6;
170, 1. una manus omnia scripsit (cfr. I¹ p. 203, 22). quae cor-
C² rexit manus recentior, siue duae fuerunt eiusdem aetatis (I²
p. 31, 2 κεράτων C, supra scr. αι C², deinde additum ων atramento rauo), codicem sequitur codicibus DG similem. cum
utroque concordat I¹ p. 126, 4; 376, 20; 415, 18; 427, 2; I² p. 26,
6, 7; 27, 15; 30, 15; 31, 21; 33, 20; 195, 11; 254, 10; 255, 5; 339, 1;
345, 9; 403, 5; 432, 15; 460, 13; 465, 20; 473, 21; 529, 17; 563, 17
(in minutiis I¹ p. 23, 6; 93, 6, 8; 94, 13, 15; 99, 18; 122, 7; 450,

---

1) Sine dubio in archetypo fuit E ut in B; in C excidit
post δέ.

17; dubia sunt I² p. 33, 19 *ἦν*] ras. 5 litt. G; 34, 11 *τε*] *δέ* in ras. G), cum D²G I² p. 259, 2; 417, 3, cum D solo ⁻¹ p. 95, 18; 159, 12; 162, 3; 523, 6; I² p. 23, 8, 11; 25, 19; 31, 2; 32 2; 228, 11; 352, 7; 379, 2—3; 464, 10; 466, 1; 495, 7?; 501, 6; 503, 1; 511, 2; 553, 2; 588, 2, cum D² I¹ p. 205, 15; 226, 23; 464, 23; I² p. 252, 18; 338, 22; 509, 8; 572, 13, cum G solo I¹ p. 25 22; 75, 20 (*περιφερείας* om. G); 147, 6; I² p. 77, 19; 79, 2—4; 230, 3; 236, 8; 245, 47 *μδ*; cfr. I¹ p. 275, 5 *-λήσου-* e corr. G¹; cum AG I² p. 221, 29; 246, 6 *κδ* (cum A I² ϝ 237, 43; 591, 8, cum AB I² p. 339, 15), cum BG I¹ p. 38, 14 (cum B² I¹ p. 40, 5). quae propria habet, coniecturae debentur plerumque falsae (I¹ p. 4, 10 *αὐτὸ τοῦτο*; 8, 15; 35, 17; 38, 16; 41, 23; 91, 2; 95, 10; 96, 20; 9ʷ, 9; 147, 3; 237, 13; 246, 16; 247, 13; ⁻320, 22; 368, 4; 402, 1; 454, 20; I² p. 10, 2—3; 345, 21; 361, 16; 430, 3; 531, 21; 533, 4; *ἄλλης* I¹ p. 473, 9 ex scriptura codicum DG corruptum esse potest); cfr. notae in stellarum catalogo additae I² p. 38, 14; 42, 18 similes- que usque ad p. 164, 9, quae casu tantum cum A consentiunt, et alius generis p. 50, 18; 52, 3 cet. usque ad p. ‚62, 2.¹) in numeris interdum uerum inuenit (I² p. 221, 49; 233, 28; 239, 44; 246, 6 *λδ*), sine dubio computatione sua; cfr. correctiones I² p. 221, 42 sq. (u. supra p. XXVII not. 3); 233, 37 sq. et I¹ p. 94, 20; 110, 19; I² p. 483, 22.

manus recentissima cum D consentit I¹ p. 65, 22 (cfr. p. 64, C³ 23); 75, 19, cum B¹ I¹ p. 37, 12, 15; propria habet I¹ p. 21, 15; 32, 16; 34, 8; 35, 13; 40, 10; 43, 14; 82, 21; 515, 8. cum editione Halmae aliquo modo coniuncta est; nam correctio I¹ p. 517, 9 et signum post *τοιούτων* lin. 11, quod finem pag. 424 ed. Hal- mae indicat, eidem manui debetur.

C iam medio aeuo in Italia fuit; nam hic illic notas Lati- nas habet saeculo, ut uidetur, XIV scriptas, uelut ad I² p. 298, 13 *βουβῶσι*: extremis partibus iuxta pudenda infernis, ad p. 310, 24 *Προτρυγητῆρι*: trigitir ·/. uidemiator iñ pro- trigitir añ eū, ad p. 321, 1 *ἀκρωνύκτους*: acronictos qđ in termino noctis primo vel extremo. num postea Bessa- rionis fuerit, pro certo adfirmari non potest; neque enim nomen

_____

1) Etiam p. 40, 18; 42, 5 additamenta consimilia C², non C³, tribuenda sunt. idem de I¹ p. 8, 9; 13, 14 ualere puto, quas correctiones iam cod. Marc. 311 habuit. ne I² p. 592, 23 quidem nota manui C³ debetur. omnino distinctio inter C³ et C⁻ atra- mento rauo incerta est.

eius prae se fert, et in inuentario eius (ed. H. Omont, Paris 1894)
unus tantum codex membranaceus Syntaxeos adfertur (nr. 258
item Almajestus in pergameno), qui sine dubio cod.
Marc. 312 est; in eo enim fol. 2ʳ legitur: κτῆμα Βησσαρίωνος
καρδηναλέως τοῦ τῶν Τούσκλων. Parisios eum sub Napoleone
portatum fuisse, testatur signum Bibliothecae Francogallicae
fol. 1 adpositum.

B Leonis illius fuit, qui saeculo IX studia mathematica
Constantinopoli instaurauit (u. Bibliotheca mathematica 1887
p. 33 sqq.); nam in fine libri XIII legitur manu antiqua: + τοῦ
ἀστρονομικωτάτου Λέοντος ἡ βίβλος. imago scripturae (fol. 185ᵛ)
huic uolumini adiuncta est.

B¹ manibus correctus est quattuor. initio manus prima atramento rauo (eodem, ut uidetur, quo nota illa de Leone scripta
est) errores nonnullos correxit (I¹ p. 13, 9; 15, 17; 19, 21; 37, 11,
15; 38, 18; 39, 18; 43, 7, 13; 44, 6, 13; 45, 6; cum D conspirat
p. 37,12,15; 39,20; 43,13,14); p. 38,14; 39,20 de suo interpolauit.

B² deinde manus recentior (I¹ p. 39, 20), sed satis antiqua,
numeros aliquot mutauit (I¹ p. 34, 16, 18; 36, 4, 7, 8; 51, 33;
52, 12, 15; I² p. 220, 3), errores correxit, coniecturas proposuit,
plerumque falsas (I¹ p. 35, 18; 40, 5; I² p. 396, 8), probas I¹
p. 63, 31; 65, 11. cum D conspirat I¹ p. 27, 7; 35, 8; 64, 22;
66, 18?; 83, 10; 197, 7; 202, 3; 240, 16. compendia explicauit I¹
p. 34, 14; 96, 21, si recte distinxi.¹)

B³ multo frequentior est alia manus ipsa quoque recentior
neque tamen recentissima, quae codice usa est codicibus
DG simili. cum utroque consentit I¹ p. 110, 13; 122, 7;
123, 3; 195, 1, 14; 196, 16; 208, 11; 221, 6; 232, 12;
233, 1; 256, 15; 257, 7; 261, 14; 263, 9; 312, 5; I² p. 542,
18, praeterea cum D et G ad similitudinem eius correcto I¹
p. 32, 15; 126, 4 (nisi quod G τὸ ΛΚΝ habet); cfr. I¹ p. 113, 4
(ante γ̄ eras. ϛ̄ G), 5 (-β̄ ιβ̄ e corr. G); 188, 2 (τε corr. in δέ
m. 2 G) et loci incerti I¹ p. 111, 3 (Γ seq. ras. 1 litt. G); 519²,
20 (ιβ δ⁶] ras. G). sed I¹ p. 38, 13 (ἔστι G); 195, 13 (λ G?);
270, 7 (προειρημένῳ G) cum D solo contra G facit, I¹ p. 110, 19;
197, 13; 199, 7; 203, 1; 212, 21; 214, 15; 222, 4; 253, 11, 34; 278, 18;
320, 3; I² p. 230, 3; 440, 12 cum G solo contra D; cfr. I¹ p. 73,
14 (δοθῇ om. G, sed pro ΑΒ hab. ΒΑ); 74, 9 (θεώρημα κατὰ
διαίρεσιν supra scr. G); 106, 1 (δίμοιρον in ras. G, supra scr. γ'),

―――――――
1) Idem enim facit B³ I¹ p. 41, 1; 75, 3; 77, 9; 221, 2; 279, 1.

3 ($\overline{I_0}$ in ras. G); 122, 4 ($\overline{\delta}$] $\bar{\gamma}$ post ras. 1 litt. G), 10 ($\bar{\delta}$] $\bar{\gamma}$ in ras. G);
163, 19 ($\tau\varrho\iota\gamma\acute{\omega}\nu\dot{\omega}$ ins. G); 214, 1 ($\varkappa\alpha\nu\acute{o}\nu\iota\nu\nu\ \mathring{\eta}\mu\varepsilon\varrho\tilde{\omega}\nu\ \varkappa\alpha\tau\grave{\alpha}\ \overline{\mathring{\iota}\mathring{\eta}\mu\varepsilon\varrho\nu\nu}$ G);
242, 19 ($B\varDelta\varDelta$, -B- et -A- in ras., G). et I^1 p. 270, 7 neque D
neque G$\overline{\cdot\iota}$ $\overline{\nu\beta}$ habet, quod B^3 $\dot{\varepsilon}\nu$ $\ddot{\alpha}\lambda\lambda\omega$ inuenerat. quare neutro
eorum utitur B^3. propria habet B^3 pauca bona (I^2 p. 112, 12, et
in numeris I^2 p. 227, 43, 48; 228, 11; 462, 15 = D^2), pleraque uel
praua uel superflua (ut in numeris I^1 p. 49, 22, 43; 111, 10, 17,
22; 123, 11 = C^2; 279, 3; 542, 1; I^2 p. 39, 5; 110, 7; 440, 7), quae
e codice illo petita esse possunt (cfr. in primis errcr I^1 p. 542,
11), sed maxima ex parte coniecturae speciem prae se ferunt
(I^1 p. 29, 22; 31, 5 = D^3; 31, 12; 34, 5; 42, 7 = D^3; 119. 16; 194, 3;
195, 2; 392, 22; 449, 14; 513, 4; I^2 p. 101, 17 et additamenta
inutilia I^1 p. 80, 4; 134, 4; 142, 20; 169, 15; 253, 11, 54; 260, 23;
278, 1; I^2 p. 185, 5). praeterea B^3 figuras aliquot (cfr. I^2 p. 304)
suppleuit (I^2 p. 253, 256, 258, 260 al.), quibus locus relictus
erat (I^1 p. 100, 15; nam ibi quoque sicut I^2 p. 458, 465 pro B^2
nunc reponendum puto B^3) eademque lacunam I^1 p. 224, 14—228,
20 expleuisse uidetur. hic quoque ad G proxime adcedit (G = B
p. 224, 18; 225, 2, 3, 11; 226, 10, 13, 14, 15; 227, 6; 228, 2, 3; G
correctus = B p. 225, 1 $\varDelta H$ seq. ras. 1 litt., 5 $E K$ seq. ras. 1 litt.,
22 $\tau\tilde{\omega}$ $\mathring{\iota}\sigma\omega$ supra scr.; 226, 1 $\mathring{\upsilon}\varphi$' corr. in $\dot{\varepsilon}\varphi$'; 227, 16 $\overset{\sigma\upsilon\mu\beta\acute{\eta}}{\pi\acute{o}\iota\eta\sigma\nu\mu\varepsilon\nu}$,
postea add. $\sigma\varepsilon\tau\alpha\iota$)[1]); cum D hic non consentit B^3, nisi ubi DG
congruunt (p. 225, 5 $\ddot{\alpha}\pi\varepsilon\varrho$, 17, 22 $\varkappa\alpha\grave{\iota}$ $\delta\iota\alpha\sigma\tau\acute{\eta}\mu\alpha\tau\iota$; 22^{r}, 2, 10, 21;
228, 19), et discrepantiae inter G et B^3 leues sunt (p. 224, 17
$\tau\acute{o}\nu$] $\overset{\iota}{\tau}$ e corr. G; 225, 12 $\overset{\iota\alpha\nu}{\omega\mu\alpha\lambda\iota\alpha\nu}$ G, 19 $\varkappa\iota\iota\nu\acute{\eta}$] corr. ex $\varkappa\iota\nu\varepsilon\iota$ G;
226, 4 $\bar{\gamma}$] $\tau\varrho\varepsilon\tilde{\iota}\varsigma$ G, 12 $\dot{\varepsilon}\varkappa\alpha\tau\acute{\varepsilon}\varrho\dot{\alpha}$] supra scr. G, 13 $\mathring{\eta}$ $\delta\acute{\varepsilon}$] e corr. G,
$\varDelta\Theta$] -Θ e corr. G, $B\varDelta Z\Theta$ G, -Θ e corr.; 227, 13 $\sigma\upsilon\mu\beta\alpha\acute{\iota}\nu\nu\upsilon\sigma\iota\nu$ G,
sed postea corr., 18 $\mathring{\eta}\nu$] seq. ras. 1 litt. G; 228, 11 $\mathring{\eta}$] supra scr. G,
16 $\varepsilon\mathring{\upsilon}\vartheta\varepsilon\acute{\iota}\alpha\varsigma$] seq. — in ras. 8 litt. G) excepta p. 228, 7 $\ddot{\varepsilon}\sigma\tau\alpha\iota$ G
($\dot{\varepsilon}\sigma\tau\iota$ B). manus denique recentissima et perrara est et nul- B^4
lius momenti (I^1 p. 137, 35, 36; I^2 p. 15, 14).

B episcopo Laelio Ruino „die 14. Januarii 1604" donatus
est a Fabiano nescio quo (fol. 284^v; ibidem legitur: visto p mi
J a n e t o S a l u z a), a. 1622 deinde emptione in bibliothecam
Vaticanam peruenit (fol. 1^r: e m p t u s e x l i b r i s M^r L e l i i
R u i n i $\overline{epi}$ B a l n e o r e g i e n^s 1622. cfr. Carini, La Biblioteca
Vaticana p. 80).

----

1) Ex his locis sequitur, B non ex H suppletum esse, qui
p. 226, 1 $\mathring{\upsilon}\varphi$' habet, p. 227, 16 $\pi\nu\iota\acute{\eta}\sigma\nu\mu\varepsilon\nu$.

iam de archetypo codicum BC uideamus.

litteris maiusculis eum scriptum fuisse uocabulis non diremptis, ostendunt hi errores: C I¹ p. 13, 15; 88, 15; 107, 16; 112, 15; 168, 11; 261, 22; I² p. 9, 11, BC I¹ p. 22, 12; 158, 21; I² p. 254, 10 — C I¹ p. 359, 8; 369, 15; I² p. 32, 21; 365, 2. nec compendiis carebat, u. B I¹ p. 75, 3; 201, 19; 221, 7 (διά); 204, 11; 205, 3 (ὥρα, cfr. AC p. 262, 2), C I¹ p. 281, 1; 372, 6; 381, 25 al. (̄ = ν); I² p. 8, 20 (εἶναι); 35, 1; I¹ p. 416, 4 al. (κατά); cfr. I² p. 35, 10; 94, 12, ubi compendia et scripta et resoluta sunt; BC I¹ p. 84, 6 (ἄρα); I² p. 560, 22; 592, 10 (περιφέρεια, cfr. I¹ p. 73, 10 et AC I² p. 335, 11). non diligentissime scriptus erat; praeter uitia grauiora supra p. XXVI posita ex libro I hos errores omnium generum notaui: p. 3, 5; 10, 7, 13; 21, 2; 23, 3; 27, 21; 28, 15; 31, 14; 44, 6; 46, 22; 48, 20; 50, 9, 21; 54, 11; 56, 27, 29, 46; 60, 35; 74, 22; 75, 18; 80, 12, 17, 45; 84, 16. multo rarius uera scriptura ab eo solo seruata est: I¹ p. 42, 1; 48, 24; 175, 27; 192, 16; 202, 3; 288², 46; 299, 3; 470, 11; I² p. 67, 19; 68, 13; 72, 13; 87, 2; 99, 14; 101, 5, 13; 129, 12; 137, 3; 142, 6; 154, 12; 164, 16; 220, 8; 226, 16, 41; 418, 7; 433, 4; 438, 8, 10; 441, 41; 442, 8, 18, 50; 444, 5, 24; 507, 28; 560, 19; 585, 30, semper in numeris praeter I¹ p. 42, 1; 192, 16; 299, 3; I² p. 418, 7, quae futtilia sunt; I¹ p. 202, 3 deest A.

ad hanc classem pertinet introductio ex Theonis aliorumque commentariis excerpta (u. Hultsch, Pappus III p. XIVsqq.; Boll, Studien über Claudius Ptolemäus p. 128 sqq.). continetur in B fol. 1—8: προλεγόμενα τῆς Πτολεμαίου μεγάλης συντάξεως (in mg. sup. m. rec.: Θέωνος καὶ ἑτέρων σοφῶν καὶ μαθηματικῶν ἀνδρῶν προλεγόμενα εἰς τὴν μεγάλην σύνταξιν τοῦ Πτολεμαίον), in c. τὴν ἀστρονομίαν ἐν τοῖς πρὸς Σύρον, des. οὕτω δὴ καὶ ἕξ λ^α πL 𝓉 ξ̄ Δ'Δ' ποιεῖ ꞇ ϛϛ (deest finis). plenius in C fol. 1—28ʳ, sed initio mutila, in c. ἕτερον λῆμμα. δοθέντων δύο ΔΔ, des. ἐσπουδάζετο κατὰ τὸ δυνατόν; sequitur in C fol. 28ᵛ—29ʳ inscriptio Canobi, fol. 29ᵛ nota, quam mox dabo, fol. 30ʳ Δωροθέου Σιδωνίου τῶν ἑπτὰ ἀστέρων ὀνόματα ἐπίθετα, u. Catalogus codicum astrologorum Graecorum II p. 81—82.[1]) notam illam fol. 29ᵛ post prolego-

---

1) Praeter codices, quos infra inter progeniem codicum BC recensebo, prolegomena illa exstant in cod. Paris. Gr. 453 chartac. saec. XVI—XVII, fol. 67—76 et iterum fol. 78—85, e B

mena ¹) habent etiam F et G. quamquam iam antea edita est
(u. Catalogus codicum astrologorum Graecorum II p. 81), hic
eam cum adparatu repetam, quia ad originem archetypi codicum BC illustrandam maximi momenti est; nam, quamquam
nunc in B deest, propter FG, quorum cum B necessitudinem
postea monstrabo, dubitari nequit, quin olim et in B, cuius
folia aliquot auulsa sunt (u. I¹ p. IV), et in communi archetypo
fuerit. ²)

Ταῦτα ἀπὸ τοῦ ἀντιγράφου τοῦ φιλοσόφου ἐγράψα.

εἶδον ῾Ηλιόδωρος σιϑ ἀπὸ Διοκλητιανοῦ Παχὼν ϛ ἐπὶ ζ a. 498
ὥρα νυκτερινῇ β τὸν τοῦ Ἄρεως ἐφαψάμενον τοῦ Διὸς ὡς μηδὲν
αὐτῶν εἶναι μεταξύ.

σιϑ Μεχὶρ κζ ἐπὶ κη ἐπεπρόσϑησεν ἡ σελήνη τῷ τοῦ Κρόνου a. 502
ἄστρῳ ἐπὶ ὥραν ā ἔγγιστα. μετὰ δὲ τὴν ἀνακάϑαρσιι λαβόντες 6
ἀπὸ ἀστρολάβου τὴν ὥραν ἐγώ τε καὶ ὁ φιλώτατος ἀδελφὸς εὕ
ραμεν ὥρας καιρικὰς ε̄ L΄Δ΄, ὡς εἰκάζειν ἡμᾶς, ὅτι κατὰ τοῦ
κέντρου τῆς σελήνης ἦν περὶ ε̄ η΄ ὥρας· ἐξεφάνη γὰρ διὰ τῆς

C fol. 29ᵛ, F fol. 14ᵛ, G fol. 24ᵛ. — 2. εἶδον] F², ἰϑον CFG.
3. Ἄρεως] G, comp. CF. Διός] comp. CFG. 5. Μεχείρ C.
σελήνη] comp. CFG, ut semper. τῷ] τῶν G. Κρόνου] ccmp. CFG.
6. ἄστρῳ] F, comp. CG. ὥραν] ὥρας F, comp CG, ut semper.
ā] C, ϑ FG. μετά] κατά F. 7. φιλώτατος] F, φιλάτατος C,
φίλτατος G. 8. ὅτι] comp. C. 9. περί] π̅ CG, παρά F.

descripto (des. ποιεῖ καὶ ξξ ξξ), cod. Paris. Gr. 2396 chartac.
saec. XIV—XV (u. Omont II p. 252) fol. 3, inc. τὴν ἀστρονομίαν
ἐν τοῖς πρὸς Σύρον, des. τῇ ΑΗ ἴση ἡ (u. Hultsch, Pappus III
p. 1140, 3), Ambros. C 263 inf., nunc 903, chartac. s. XVI,
fol. 153—184 Διοφάνους Προλεγόμενα τῆς συντάξεως, des. ἐσπου
δάζετο κατὰ τὸ δυνατόν.

1) F fol. 1—14 Προλεγόμενα τῆς μεγάλης συντάξεως. G
fol. 10—23, ... μενα εἰς ..., des. κατὰ τὸ δυνατόν, deinde post
ornamentum: ἐπὶ πολλαπλασιασμῶν καὶ μερισμῶν, ut C, tum
f. 23—24ᵛ inscriptio Canobi.

2) Cfr. Bullialdus, Astronomia Philolaica (Paris. 1645) I
p. 246, 278, 326 sq. 346, II p. 172.

διχοτομίας τῆς περιφερείας τοῦ πεφωτισμένου αὐτῆς μέρους·
ἦν δὲ ὁ τρίτος κύκλος μ̅ β∠' ἔγγιστα.
τοῦ θείου τήρησις.

ὑπέδραμεν ἡ σελήνη τὸν τῆς Ἀφροδίτης ἀστέρα ἔτει Διοκλητι-
a. 475 ανοῦ ϱϞβ Ἀθὺρ κ̅α̅ φαινόμενον ἀπὸ συνόδου Ἀθήνησιν ἐπέχουσα
6 τοῦ Αἰγόκερω μ̅ ι̅γ̅, τοῦ δὲ ἡλίου ἀπέχουσα μ̅ μ̅η̅.
τοῦ θείου τήρησις.

a. 508 σκε̅ Θὼθ λ̅ ὤφθη ὁ τοῦ Διὸς ἀστὴρ οὕτως πλησιάσας τῷ
ἐπὶ τῆς καρδίας τοῦ Λέοντος, ὥστε αὐτὸν ἔλασσον γ̅ δακτύλων
10 αὐτοῦ πρὸς βορρᾶν διεστάναι, καὶ τότε τὸ ἐλάχιστον ὤφθη δι-
εστηκώς.

a. 509 σκε̅ Φαμενὼθ ι̅ε̅ εἰς ι̅ς̅ εἶδον τὴν σελήνην ἐπομένην τῷ
λαμπρῷ τῶν Ὑάδων μετὰ λύχνου ἀφὴν ὡς δακτύλους τὸ μή-
κιστον ϛ̅, ἐδόκει δὲ καὶ ἐπιπεπροσθηκέναι αὐτῷ. ἐπέβαλλεν γὰρ
15 ὁ ἀστὴρ τῷ περὶ τὴν διχοτομίαν μέρει τῆς κύρτης περιφερείας
τοῦ πεφωτισμένου μέρους, ἦν δὲ τότε ἡ ἀκριβὴς σελήνη περὶ
τὰς ι̅ς̅∠' μ̅ τοῦ Ταύρου.

a. 509 τῷ αὐτῷ σκε̅ Παυνὶ θ̅ι̅ μετὰ ἡλίου δυσμὰς ὁ τοῦ Ἄρεως
συνῆψεν τῷ τοῦ Διὸς ὡς δοκεῖν αὐτοῦ διεστάναι εἰς μὲν τὰ
20 προηγούμενα δάκτυλον α̅, πρὸς δὲ νότον δακτύλους β̅, καίτοι

---

1. π̅φερείας C, comp. G. αὐτῆς] αὐτοῦ CFG.   2. τρίτος] γ̅ C,
Γ̅ FG. κύκλος] comp. CFG.   3. θείου] θείου ἡ F.   4. ἐπέ-
δραμεν F. Ἀφροδίτης] comp. CFG. ἀστέρα] F, comp. CG.
5. συνο C G, comp. F. Ἀθήνης G. ἐπέχουσαν F, ἐπεχ̅ C.
6. Αἰγόκερω] comp. CFG. ἡλίου] comp. CG. μοίρας G.
8. Διός] comp. CFG. ἀστήρ] F, comp. CG. τῷ] τῶν G.
9. Λέοντος] comp. FG. ἔλασσον] comp. C, χ FG.   10. βο-
ρᾶν G. ἔλασσον G.   12. εἶδον] F, ἴδον CG. ἐπομένη G, ἐπομ̅ C.
τῷ] τὴν τῷ F, τῶν G.   13. λαμπρῶν] δακτύλ̂ C, δακτύλ. F,
δακτῦ G.   14. ἐπιπροσθηκέναι CFG αὐτῶν G.   15. ἀστήρ]
F, comp. CG. τῷ] F, τό C, τῶν G. περί] C, παρά FG.
περιφερείας] comp. G.   16. περί] π̅ G.   17. Ταύρου] C,
comp. FG.   18. θ̅ι̅] ἐννεακαιδεκά C. ἡλίου] comp. CFG.
Ἄρεως] G, comp. CF.   19. συνῆψε FG. τῷ] τῶν G. Διός]
comp. CFG. αὐτοῦ] C, αὐτῷ F, αὐ G.   20. δακτύλ. CF,
δακτῦ G. α̅] δ̅ G. πρός] comp. C. δακτύλ. CF, δακτῦ G.

τῶν ἀπὸ τοῦ κανόνος καὶ τῆς συντάξεως ἀριθμῶν τῇ κ̅γ̅ τοῦ
αὐτοῦ μηνὸς δεικνύντων αὐτοὺς ἰσομοίρους, ὅτε πλεῖστεν παραλ-
λάττοντες ὤφθησαν.

ἀπὸ Διοκλητιανοῦ σ̅κ̅ς̅ ὤφθη ὁ τῆς Ἀφροδίτης ἀστὴρ προ- a. 509
ηγούμενος τοῦ τοῦ Διὸς ὡς δακτύλους η̅, τῇ δὲ κ̅η̅ ἑπόμενος ὡς 5
δακτύλους ι̅· κατὰ δὲ πλάτος οὐδὲν ἐδόκουν διαφέρειν. κατὰ
μέντοι τὰς ἐφημερίδας ἐχρῆν τῇ τριακάδι φαίνεσθ̣αι αὐτοὺς
συνάπτοντας· τότε δὲ πλεῖστον διεστῶτες ὤφθησαν.

itaque Heliodorus, filius Hermiae et Aedesiae, frater Am-
monii, philosophus Neoplatonicus in suo Syntaxeos exemplari
adnotauerat unam obseruationem Procli magistri su: (nam is
est ὁ θεῖος, et uerba τοῦ θείου τήρησις utroque loco ad obseruationem a. 475 pertinere, ostendunt temporum rationes)[1]), unam
cum fratre Ammonio, de cuius studiis astronomicis u. Dama-
scius, vita Isidori 79, quinque a se solo factas, et ab eius di-
scipulo aliquo scriptus erat archetypus codicum BC. ab eodem
Heliodoro composita esse prolegomena illa, uerisimiliter inde
coniecit Paulus Tannery (Bulletin des sciences mathématiques
1894 p. 19 sqq.), quod in iis nominatur Syrianus magister et
adfinis Hermiae. eiusdem doctrinae est nota I¹ p. 350, 12 in
hac classe addita. et omnino archetypus noster si minus
ipsum exemplar Heliodori at certe recensionem Syntaxeos saeculo VI apud Neoplatonicos Alexandrinos tractatam repraesentat.

restat, ut progeniem codicum BC persequamur.

primum constat, codicem A ex B suppletum esse I² a
p. 10, 5—28, 8; 250, 1—332, 22; 599, 5—608, 10 (huius partis
p. 599, 5—601, 16; 603, 23—606, 2 etiam a manu 1 exstant);
nam ubi B ab archetypo discedit, A eum in his partibus

---

1. ἀριθμῶν] F, ϛ̂ϛ̂ C, ἀριθμοῦ G.   2. α̅ῦ̅ G.   μηνός] μ̅ᴴ CG,
μ̅ᵒⁱ F.   αὐτούς] C, αὐτῶν FG.   ἰσομῦε̣ C   παραλάττοντ G,
παλλάττοντ̣ C, παραλλάττοντ̅ᵘ F.   3. ὤφθησεν C.   4. Ἀφροδίτης]
comp. CFG.   ἀστήρ] F, comp. CG.   5. Διός] comp. CFG.
δακτύλᵘ C, δακτύλων F, δακτ̂ῦ G.   6. δακτύλᵘ C, δακτύλ. F,
δακτ̂ῦ G.   πλάτος] om. G.   δοκοῦν CFG.   8. συνάπτοντες C.
δέ] om. G.

---

1) U. Paulus Tannery, Bulletin des sciences mathém. 1884
p. 321 sqq.

sequitur (p. 11, 16; 12, 15; 13, 20; 14, 8; 15, 20; 21, 3, 7, 8;
23, 11; 24, 13; 26, 8; 252, 16; 254, 16; 255, 6, 8; 258, 19, 22;
259, 4; 261, 5, 19; 262, 21; 266, 8; 270, 9; 274, 18; 277, 4;
279, 6, 20; 280, 5; 284, 1, 7; 285, 19; 289, 13; 290, 13; 295, 2, 12;
296, 6; 299, 7, 19; 303, 10; 306, 5; 307, 10; 309, 2, 14; 313, 1,
3, 17; 314, 15; 315, 5, 11, 20; 316, 23; 318, 24; 322, 18; 324, 16;
326, 5; 328, 10; 329, 4; 601, 17; 604, 8, 11, 12; 606, 6, 7, 9, 10,
15, 16; 607, 21, 23, 25, 27, 29, 30; 608, 1; cfr. compendia male
resoluta p 25, 19; 292, 16 uel non intellecta p. 328, 17, 19;
p. 320, 16 signa permutandi neglecta). quae propria habet,
plerumque errori librarii debentur (p. 256, 14, 27; 259, 4; 260, 11;
263, 9; 265, 15, cfr. p. 266, 3; 267, 17; 283, 14; 288, 10; 294, 1, 9;
p. 267, 1, 7, cfr. p. 272, 17; p. 267, 14, cfr. p. 268, 2; p. 269, 9; 272,
14; 275, 4, 12, cfr. p. 310, 23; 311, 13; p. 276, 16; 279, 3; 281, 18;
282, 11; 286, 2; 291, 6; 298, 14; 300, 11; 303, 16; 305, 5; 307, 20;
310, 24, cfr. p. 274, 12, ubi in simili errore cum C fortuito
conspirat; p. 319, 5; 330, 19; 601, 3). errores pusillos interdum
correxit (p. 19, 2; 20, 11; 254, 7; 263, 11; 601, 6; p. 23, 5;
303, 7; p. 19, 22, si collationi fides est), et librarium corrigentem deprehendimus p. 262, 19; 265, 23; 301, 19; cfr. p. 23, 11,
ubi errorem codicis B p. 21, 7 propagauit. in orthographicis
libere agit, uelut in *v* finali ponenda uel omittenda, in elidendo,
in numeris, nec mirum, eum in his minutiis hic illic fortuito
cum C uel D concurrere (p. 15, 4; 18, 6 — p. 289, 6; 297, 1 —
p. 26, 15; 272, 5; 316, 14; 322, 14, 16, 18; 323, 18, 21; 324, 1,
3, 4; pro Γο semper scribit ω'). in errore fortuito semel cum D
conspirat (p. 310, 10).

F   ex B praeterea pendere cod. F [1]), demonstrat consensus

---

1) Continet fol. 1—14ʳ prolegomena, inscriptionem Canobi,
in fine Πτολεμαίου ἀρχαὶ καὶ ὑποθέσεις ut C, 14ᵛ notam de
Heliodoro (supra p. XXXV), titulum et indicem Syntaxeos lib. I,
fol. 15 —146 Syntaxin cum scholiis complurium manuum,
147—150ʳ Ptolemaei Προχείρων κανόνων διάταξις καὶ ψηφοφορία, 150ʳ—154 appendicem ad hunc libellum, 155 figuras,
156—159ʳ Ptolemaei Hypotheses (158—159ʳ alia manu), 159ᵛ
scholia alia manu, 160—164ʳ Ptolemaei Φάσεις rursus alia
manu, 164ʳ—167ᵛ Ptolemaei περὶ κριτηρίου eadem manu,
168—235 Theonem in Synt. I—II iisdem manibus, 236—60
Theodosii sphaerica, 261—64 Autolycum de sphaera mota,
265—75 Euclidis Optica, omnia eadem manu, qua fol. 158—159ʳ.

errorum in B demum ortorum I¹ p. 36, 11; 60, 16; 210, 9;
284¹, 4, 22, 26, 41; ²7, 34; 389, 8 (scholium); 393, 15; 480, 14;
I² p. 11, 16; 12, 15; 13, 20; 15, 20; 20, 11; 21, 7; 24, 13; 26, 8;
254, 7 (τά add. m. 2), 16; 255, 6 (νεύουσι mut. in νεύουσαν
m. 2); 270, 9; cfr. I¹ p. 22, 12 δὲ παράδο- e corr. m. 2; 43, 9
ἐπί e corr.; I² p. 254, 10 ἐπιπέδῳ κινεῖσθαι e corr. m. 2.¹)
correctiones codicis B habuit I¹ p. 32, 15; 33, 2; 310, 3 (= B³);
38, 14 (= B¹); 27, 7; 35, 18 (= B²), cfr. I¹ p. 240, 16 τμήματα
τῶν ἀνωμάλων κανονοποιίας: - γρ^{ται} οὕτως περὶ τῶν κατὰ μέρος
τῆς ἀνωμαλίας ἐπισκέψεων m. 1; neglexit autem I¹ p. 15, 17;
25, 5; 34, 18; 35, 8; 39, 18—20 (om.); 44, 13; 479, 3. etiam
in lacuna I¹ p. 224, 14 sqq. in B postea suppleta cum eo concordat (p. 224, 18, 20, sed -λ- eras.; 225, 1, 2, 3, 5 EK, sed ὅπερ,
11, 17, 22; 226, 10, 13, 14, 15; 227, 2, 6, 10, 21; 228, 2, 3, 19;
p. 227, 15—16 οὕτω ποιήσομεν in ras m. 2).

ex F rursus descriptus est cod. 3 (fallitur Curtius Wachs-   Laur.
muth, Laur. Lydus² p. LIV); nam quae librarius codicis F pec-   28, 1
cauit, pleraque omnia in cod. 3 repetuntur, uelut I p. 4, 17 ἐκ
τῆς] om. F, m. 2 cod. 3; 7, 7 γε] τε F et 3, sed corr.; 7, 16 τό
(sec.)] om. F et 3; 10, 17 ὡς] om.; 11, 1 αὐτῷ] αὐτῶν, 10 λαμβάνειν, 18 ἀνακάπτειν, 19 ἀνακάπτοντα; 13, 7 γιγνομένης (-ς
del. F), 10 προσάγειν, 18 μέν] om.; 15, 17 τὰ ἄστρα ἀνατέλλοντα;
16, 10 ἀναφαίνεται] ἀναφέρεταί τε καὶ ἀναφαίνεται, 11 κυρκό-
της, 14 τισιν] τισιν ἤ; 17, 10 ἤ] ἦ εἰς; 18, 20 διδοχοτομεῖν, τοῦ
ὁρίζοντος δυναμένου; 20, 6 καλουμένης; 24, 4 γελοιότατόν; 27, 24
ἡγεῖσθαι μίαν; 28, 23 ἀποτελεῖσθαι (e corr. F); 32, 10 ἐπί] ἐπὶ
τῆς; 68, 13 πόλοι] λοιποί (corr. F mg. m. 2). adcedit documen-
tum certissimum. in F enim quattuor scholiis (in lib. I: εἰδέναι
χρή — πρὸς τὰ ¯κδ ιε´ ιζ΄΄, εἰδέναι δεῖ — Πτολεμαίῳ δοκεῖ,
in II: ἐπειδὴ ἐνταῦθα — ὁ ¯ριγ λζ´ νδ΄΄ πρὸς τὸν ¯ρκ, ἐπειδὴ
καντανῦθα — Πτολεμαίῳ δοκεῖ) ea manu scripta, quae totum
codicem correxit, additum est: ἐμόν, et haec ipsa scholia cod. 3

fortasse saec. demum XIV scriptus est; nam tabulae I¹ p. 211
tres lineae additae sunt, quarum ultima ad annum ,βρς (1359)
refertur, manu si non prima at primae simillima.

    1) Hinc adparet. A ex F correcto suppletum non esse,
quod ex I² p. 16, 22; 18, 6 (τοιοῦτο corr. in τοιοῦτον F²) suspi-
cari possis. nullam omnino rationem intercedere inter Aʳᵉᶜ·
et F, ostendit I² p. 24, 19—20 (mg. B, om. F, in textu A).
cum B contra A facit F I² p. 13, 11; 15, 6; 21. 19; 23, 5, 11; 27, 8.

habet cum titulo a Demetrio Cydonio adscripto: τοῦ Βρυεννίου
(semel τοῦ Βριεννίου). itaque F olim Josephi Bryennii monachi
Cnopolitani erat, qui Demetrio Cydonio amico (u. Krumbacher,
Gesch. d. byzant. Litterat.² p. 488) eum describendi copiam fecerat.
Vat. 198   cod. 13 a B pendere, dubium non est; errores enim eius
habet I¹ p. 206, 5, 17; 210, 9; 224, 18; 225, 3, 11, 22; 226, 10,
13, 14 (ȳ om.); 227, 2, 21; 228, 3; 519², 17; I² p. 254, 16 (10 ϑεῖ-
σϑαι). sed ex ipso B descriptus esse non potest propter interpolationem ¹) cum F communem I¹ p. 16, 10 ἀναφέρεταί τε καὶ
ἀναφαίνεται (ἀναφαίνεται rubro colore supra scr. 13, sed eras.).
uerum ex F descriptus non est, u. I¹ p. 15, 17 τὰ ἄστρα
ἀνατέλλοντα B, τὰ ἄστρα ἀνατέλλοντα F, ἀνατέλλοντα τὰ ἄστρα 13;
p. 18, 20 δυναμένου τοῦ ὁρίζοντος] 13, τοῦ ὁρίζοντος δυναμένου F;
39, 18 ἐστίν — 20 ἐστίν] 13, mg. B¹, om. F; 200, 13 ἢ τῆς] 13,
om. F. itaque necesse est, aut communem archetypum codd. F
et 13 statuamus ex B descriptum aut codicem inter B et cod. 13
intermedium, in quo et interpolatio codicis F I¹ p. 16, 10 recepta
fuerit et si quae alia sunt eiusdem generis, ut I¹ p. 199, 10
λογισμούς] BF, ἐπιλογισμούς 13 (= G et D corr.). et hoc ueri
similius est, quia F etiam scripta minora Ptolemaei continet
sine dubio a B sumpta (in cod. 13 non insunt).

et eius modi apographum codicis B uel correctum uel
interpolatum etiam alia de causa adsumere cogimur; neque
enim aliter explicari potest, quae ratio inter cod. 13 et E²)

---

1) Orta est ex errore scribendi, qualem I¹ p. 10, 7 in BC
deprehendimus.

2) Continet: fol. 1—13ʳ Θέωνος καὶ ἑτέρων σοφῶν καὶ
μαθηματικῶν ἀνδρῶν προλεγόμενα εἰς τὴν μεγάλην σύνταξιν τοῦ
Πτολεμαίου (inc. τὴν ἀστρονομίαν, des. κατὰ τὸ δυνατόν),
fol. 13ᵛ ἐπίγραμμα ἠρωελεγεῖον εἰς τὸν σοφώτατον Πτολεμαῖον
(I¹ p. 4, ἔφυν]ἐγώ, ἐφήμερος, διοτρεφέος), indicem capitum
libri I, fol. 14—151 Syntaxin cum scholiis, fol. 152 uacuum;
deinde alia manu f. 153—87 Theonem in Synt. I—II, f. 188—92
uacua, f. 193—202ᵛ Theonem in Synt. IV, f. 202ᵛ—216ᵛ Pappum in V (204ᵛ—205 uacant), f. 216ᵛ—239 Theonem in libb. VI
et VIII, f. 240—51 Theonem in libb. VII et X, f. 252—55 uacua,
f. 256—61 Theonem in libb. XII—XIII, f. 262—64 uacua; tum
manu Bessarionis (u. Morelli, Bibliotheca ms. p. 191) f. 265--86
Cabasilam in Synt. III, f. 287—87ᵛ Barlaami opusculum περὶ
τοῦ πῶς δεῖ ἐκ τῆς μαθηματικῆς τοῦ Πτολεμαίου συντάξεως ἐπι-

intercedat. nam primum hos duos codices artissima necessi- Marc.
tudine coniunctos esse, ex plurimis scripturis eorum propriis 310
constat, quae plerumque licentiam quandam interpolandi prae
se ferunt, uelut I¹ p. 200, 16 ἀνειλῆφϑαι; 202, 3 τ'] om.; 204, 19
τήν] τὴν μέν; 205, 12 ἔγγιστα ἔτεσι; 206, 3 ἔγγιστα (cfr. D) τοῦ
μεσονυκτίου τοῦ εἰς τὴν ιβ'; 206, 18 τῷ ιβ'] ιβ' μέρει; 207, 9—10
περιέχει ὁ ἐνιαύσιος χρόνος, 21 τοῦτο δὲ γίνεται] τουτέστιν,
25 τῷ] om.; 209, 1 δεδειγμένης, 18 τοῦ ἡλίου κινήσεως, 19 ἕκαστον μὲν ἐπὶ στίχων πάλιν; 210, 1 β' — κινήσεως] Ƨ. ἔκϑεσις
κανόνων τῶν τοῦ ∮ μέσων κινήσεων, 2 ἀποχῆς — με] κανόνιον
ὀκτωκαιδεκαετηρίδων; 218, 18 καὶ ἐπὶ μὲν τῆς; 222, 15 ΕΔΘ]
ΕΘΔ, 16 Ε Θ Δ] ΕΔΘ, 20 ἐστιν] om.; 224, 20 ἐπειδήπερ; 225, 3
Α⅃Γ] ΑΔΓ, ἡ δὲ ὑπὸ ΑΚΗ (ΑΘΗ 13) τῇ ὑπὸ ΔΑꞰ, 4 ὁμοία]
ὁμοία ἐστί, 5 ΕΚΗ] ΕΗ, 6 ΖΗ] ΗΖ, ὅπερ ἔδει δεῖξαι] om.;
226, 8 ὁμοία] ἡ ὁμοία, 11 ἐπεί] καὶ ἐπεί, 13 ΔΘ] ΘΔ, 14 ἴσαι
ἄρα εἰσίν] καὶ ἴσαι ἔσονται, γωνίαι] γωνίαι ἐπεὶ καὶ αἱ ἐναλλάξ·
αἱ τρεῖς ἄρα (hoc supra scr. m. 1 E) γωνίαι (cfr. B), 15 ΖΒΚ]
ΖΒΚ ἴσαι ἀλλήλαις εἰσίν; 227, 6 γίνοιντ' ἄν (cfr. B), 10 Β⅃ΘΖ,
22 δηλονότι γινομένην; 228, 2 ΔΖ] ΖΔ; p. 519 add. titulum:
H̄. ἔκϑεσις τῶν ἐκλειπτικῶν κανονίων ἡλίου καὶ ϲελήνης 13,
ἔκϑεσις τῶν ἐκλειπτικῶν κανονίων E; in fine operis uterque:
τέλος τοῦ καϑόλου βιβλίου τῆς συντάξεως. adcedunt loci, ubi
communis error in cod. 13 postea correctus est, I¹ p. 201, 9
αὐτοί] om. E, supra scr. 13; 207, 1 τετηρημένην] om. E, supra
scr. 13; 217, 8 νοήσωμεν] om. E, 13, ἐὰν νοήσωμεν supra scr.
rubro colore m. 1 cod. 13 (cfr. ἀναφαίνεται illud supra scr.
p. 16, 10); 222, 13 ἐστιν] om. E, supra scr. 13; 222, 18 ΕΒΔ]
ΕΒΖ E et supra scripto Δ 13; 223, 1 συστῆναι E et supra scr.
ἥσασϑαι 13; 227, 16 γενήσεται] δειχϑήσεται E et supra scr.
γενήσεται 13; 228, 6 αὐτόϑεν] om. E, supra scr. 13. rursus
alii loci sunt, ubi error codicis B in cod. 13 iam in textu
correctus est, in E uero in mg. uel in ras., I¹ p. 14, 1 καὶ
ὁμοιομερέστερος] 13, om. B, mg. E; 22, 12 παράδοξον] 13, in
ras. E, λοξόν B; 204, 11 ὥραν] 13, in ras. E, ἡμέραι B; 221, 6

λογίζεσϑαι ἡλιακὴν ἔκλειψιν, f. 287ᵛ—288ʳ τοῦ αὐτοῦ περὶ τοῦ
αὐτοῦ ἀκριβέστερον, f. 288ᵛ uacat. fuit Bessarionis (u. Omont,
Inv. des mss. gr. et lat. donnés . . . par Bessarion p. 30 nr. 247)
et est saec. XIV—XV. filigrana chartae ea sunt, quae habet
Keinz, Die Wasserzeichen des XIV. Jahrh. tab. XXXVII nr. 357
et XXIX nr. 273.

μείζονα] B, ἐλάσσονα B³ et 13, ἐλάσσ- in ras. E; 225, 2 ἴσαι] 13,
in ras. E, ὅμοιαι B; cfr. p. 200, 13 τοῦ ἡλίου κινήσεως] B,
τοῦ ἡλίου
κινήσεως　　　E, κινήσεως τοῦ ἡλίου 13. ex his locis
concluseris, codicem 13 apographum esse codicis E. at hoc
etiamsi per temporum rationem liceat (quamquam haec certe
pars codicis E potius cum Morellio p. 190 saeculo XV tribuenda), tamen aliis locis refutatur, in primis interpolato illo
ἀναφέρεταί τε καί I¹ p. 16, 10, quo caret E; cfr. praeterea I¹
p. 5, 5 πολλῶν καὶ καλῶν ὄντων] 13, πολλῶν ὄντων καὶ καλῶν E;
9, 24 ἀστέρων] 13, om. E; 11, 3 πρός] 13, καί E, 6—7 ἄστρων
ἑώρων] 13, om. E; 12, 13 ἐστὶν αἰεί] 13, ἀεί ἐστιν E. rursus
autem iidem illi loci pro certo demonstrant, codicem 13 antigraphum codicis E non esse; cfr. I¹ p. 201, 21 τοιαύτη] E,
τοιᾷδε 13; 202, 17 ὡς] E, om. 13; 204, 14 καί—16 δ̄] E, om. 13;
206, 10 ῡῑϑ̄] E, ῡῑα 13; 208, 16 τάς] E, τά 13 et in primis I¹
p. 10, 7 φερομένους] 13, φαινομένους BE; 39, 20 ἴση ἐστίν] ἴση
ἐστί 13, ἐστιν ἴση B¹E; 200, 9 δόξειε] 13, δόξει BE; 225, 1 ΔΗΘ]
13, ΔΗ BE; 228, 2 ΔΒΕ καὶ ἡ] 13, om. BE. hi loci, quibus E
a B propius abest quam cod. 13, eodem modo explicandi sunt,
quo ii, quos paullo antea attuli, ubi error codicis B postea
correctus erat in E, cum cod. 13 statim in textu uerum prae-
beret; scilicet correctio in communi archetypo facta a librario
codicis E neglecta est primo, postea demum recepta; cfr. quod
de I¹ p. 226, 14 supra adnotaui. si igitur communem archetypum statuerimus, hi quoque loci facilius explicantur: I¹ p. 8, 5
προσγεγονώς] E, πρ(ογεγονώς B, προγεγονώς 13; 9, 3 περί] BE,
τὸ περί 13 et A (correctione ab E neglecta); 18, 14 ὑπαντήσειεν] E,
ἀπαντήσειεν 13 (= cod. 3), 19 σφαίρας] comp. 13, om. E; 20, 2
ἡμικυκλίου] E, ἡλίου 13 (ex comp. ortum), 10 πανταχῇ] E,
πανταχοῦ 13 (= cod. 3); 209, 15 καὶ ἀφελόντες ὅλους κύ-
κλους] om E, 14 διὰ — τῆς in ras. 13, κανονογραφίας — 15
ὅλους mg.

archetypus communis pleraque uitia codicis B retinebat;
locis supra p. XL adlatis E quoque cum B congruit praeter I¹
p. 519², 17 (λγ), unde adparet, eum ex B suppleto descriptum
fuisse; cfr. I¹ p. 203, 1 δύναται] B, δύνηται 13, E, B³; 222, 4
ἀνωμάλου] B, ἀνωμάλου κινήσεως 13, E, B³ (sed p. 208, 10 ἡμερῶν non habent). nonnulla iam in eo ita correcta erant, ut
in utroque reciperentur, ut I¹ p. 201, 3 φαινόμενα; 202, 3 γε;
205, 3 ὥραν, 11 λείπουσαν τό; 207, 21 ὁ; 522, 30 ρμδ̄ (e corr. 13);

PROLEGOMENA XLIII

I² p. 255, 6 νεύουσαν; ἐπιλογισμούς I¹ p. 199, 10 habet etiam E. in cod. 13 hic illic correctiones exstant in E non receptae; cfr. praeter locos iam adlatos I¹ p. 217, 18, ubi supra διότι rubro colore add. ὅτι, p. 221, 9 πρῶτον] ᾱᵒᵛ supra scr πρότερον (p. 219, 18 ἐκκειμένων] supra scr. m. 1, hab. E). cod. E de suo errorem sustulisse (I¹ p. 519², 17), iam uidimus; πολλῶν ὄντων καὶ καλῶν I¹ p. 5, 5 et ἀεί ἐστιν p. 12, 13 ex H petita esse possunt; cfr. praeterea I¹ p. 216, 3 καί] τοῦ καί E; 219, 4 et 9 ἀπὸ τοῦ Z ὡς] ὡς ἀπὸ τοῦ Z, 14 τε] om.; 220, 5 μέντοι] μέντοι γε, 10 ἐν] om., 22 τόν] τὸν μέν; 222, 8 ἐστιν] om.; 228, 22 ἐπεί] ἐπεὶ οὖν, πρός] πρὸς τήν, 23 πρός] (bis) πρὸς τήν; 229, 2 ἐστιν] ἄρα εἰσί, 9 ἡ HΘ καὶ ἡ ΛM, 14 διὰ τοῦτο] om., 19 ὁ] φαίνηται ὁ, 20 φαίνηται] om., 21 τοῦ] om.; 230, 19 AZB] AZB τῇ ὑπὸ ZBE, 20 ΓZΔ] ΓZΔ τῇ ὑπὸ EΔZ, quibus locis de cod. 13 nihil mihi notum est.

cum origine codicum 13 et E, qualem ·hic expcsui, satis bene conciliatur ratio commentariorum Theoninorum, quae uterque praebet. nam primum necessitudinem aliquam inter eos esse, inde concludi potest, quod etiam E notas duas habet iis similes, quas p. XXII ex cod. 13 adtuli, fol. 251ᵛ λείπει ἐνταῦθα ἕως τέλους τοῦ ῑ, τὸ ῑᾱ ὅλον καὶ ἀπὸ τῆς ἀρχῆς τcῦ ῑβ, καὶ ζήτει ταῦτα, εἴ γε δὴ καὶ εὑρίσκονται, fol. 265ʳ mg. sup. τὰ εἰς τὸ ῱γ ἀπὸ φωνῆς τοῦ Θέωνος οὐχ εὑρίσκεται, et uterque eadem opuscula Cabasilae et Barlaami habent (praeterquam quod prolegomena cum eodem titulo, indicem libri primi epigrammaque prorsus eodem modo praebent), uterque Theonis in ibb. I—II commentaria (quae sola habet F) seorsum collocat. sed neque cod. 13 ex E descriptus esse potest propter totum genus, nec, si librarius codicis E ipsum cod. 13 habuisset, commentarium in lib. VII post lib. VIII collocasset (nam in cod. 13 suo ordine sequuntur) hac nota addita fol. 239ᵛ: μὴ θαυμάσῃς ἐνταῦθα, εἰ πρὸ τοῦ ἐβδόμου κεῖται τὸ ῆ. διὰ γὰρ τὸ σποραδὴν ταῦτα συνάγειν ἡμᾶς ὡς μὴ ἐντυχόντας ἐνὶ βιβλίῳ τὰ πάντα συνημμένως ἔχοντι τοῦτο γέγονεν. ex qua concludendum, etiam librarium codicis E in commentariis Theonis colligendis occupatum fuisse iisdem subsidiis usum, quae librario codicis 13 praesto erant. suspicor, eum hoc fecisse iussu Bessarionis, qui ipse Cabasilae in lib. III commentarium in fine codicis addidit, cum non contigisset Theonis quidquam in hunc librum inuestigare, et archetypum illum, in quo restitutio operis Theonis incepta esset, a Nicolao Cabasila profectum ésse.

Monac.   a B pendet etiam cod. 26. nam non modo cum BC con-
212   sentit I¹ p. 6, 5; 10, 7 (φε- e corr.), 13; 14, 1 (καὶ ὁμοιομερέστερος supra scr.); 20, 18 (τοῦ τῆς e corr.); 21, 2; 22, 12 (παράδο-
in ras.); 66, 17 (πρὸς τὸν ὁρίζοντα mg.); 192, 16; 195, 15; 201, 3
(φαινόμενα e corr.); 205, 11; 206, 2; 207, 21; 350, 12 (adnot.);
470, 11; 472, 5; 478, 3, 6 ; 530, 5, sed etiam menda codicis B
propria praebet I¹ p. 11, 3; 36, 11; 195, 6, 12; 205, 3; 206, 4 (ἐπί
om.), 5, 17; 216, 17 (κατά seq. ras. 2 litt.); 218, 18; 460, 2; 474,
15; 477, 13; 480, 14, 24; 523, 18; 528, 16; 531, 2 et in parte
manu recenti suppleta p. 224, 18; 225, 1, 2, 3, 5, 22; 226, 10, 13,
14, 15; 227, 2, 6, 10, 16, 21; 228, 2, 3; cum B correcto concordat
l¹ p. 29, 22; 31, 5 (μελήσαντες); 32, 15; 34, 5; 64, 22; 195, 2, 13,
15, 18; 196, 16; 197, 3; 199, 7; 202, 3; 203, 1; 208, 11; 221, 6;
222, 4; 471, 31 (ἀποχῆς); cfr. p. 6, 16 ἐλπίσαι] -αι in ras. (ἐλπίσς B);
15, 17 τὰ ἄστρα ἀνατέλλοντα, τὰ ἄστρα postea ins. in spatio
uacuo. sed ex ipso B descriptus non est; nam I¹ p. 199, 10
ἐπιλογισμούς habet cum D E et 13, p. 519 titulum ἔκθεσις τῶν
ἐκλειπτικῶν κανονίων cum E; cfr. p. 11, 3 πρός] καὶ E, κατά E²
et 26 (e compendio ortum, cfr. p. 19, 10 πρός] κατά 26); 466, 8
μγ (alt.)] 26, 13, E, μ- eras. B; 469, 41 ονε] 26, 13, ονη BC;
479, 3 κ] 26, 13, E; 522, 30 ρμδ] 26, E, e corr. 13, ρμα BC. habet
igitur cum archetypo codicum 13 et E necessitudinem aliquam,
quamquam inde descriptus non est, quippe qui scripturas eorum
communes p. XLI collectas non habeat; cfr. I¹ p. 21, 2 τό (alt.)]
BC, 26, om. 13, E; 466, 6 ιε] 26, ις BCE, in ras. 13; ib. 13 κϑ]
26, κε BCE; 519², 17 λγ] 26, νγ B, 13. cum F correcto I² p. 254,
10 κινεῖσθαι habet; cfr. I¹ p. 33, 4 τῶν] τῆς 26, F; I² p. 254, 7 κατὰ
τά] 26, F², κατὰ BF; 255, 6 νενόυυσαν] F², νενόυσιν B, νενόυσι
26, F; sed ab eo dissentit I¹ p. 7, 16 (τό sec. habet); 10, 18 (ὡς
hab.); 11, 1 (αὐτῶν F, αὐτό 26); 18 (μέν hab.); 16, 10 (ἀναφαίνεται). propria praebet I¹ p. 193, 9 ἐπί] τοῦ 𝟒 ἐπί, 10 φέ-
ρουσαν; 206, 7 καθά; 207, 19 ἰδίων] οἰκείων, 20 καί om.; 208, 24
δοκούσας. cum D titulum I¹ p. 191, 14 ad p. 190, 15 transponit
et p. 229, 6 αἱ ὑπὸ ΑΔΒ καὶ ὑπὸ ΑΘΚ καὶ ὑπό habet. inde a
fol. 134 (I¹ p. 460) alia manus eiusdem temporis incipit. in fine
operis add. τέλος τῆς Πτολεμαίου μαθηματικῆς συντάξεως. τῷ
συντελεστῇ τῶν καλῶν θῶ χάρις. quoniam igitur in cod. 26
uestigia et codicum 13, E et codicis F inuenimus, uerisimile
est, eum ab apographo codicis B ad hos correcto pendere.

Laur. 89   cum his codicibus aliquo modo coniunctus est cod. 5. nam
sup. 48   cum codd. E et 13 solis in fine libri IV hunc ordinem habet:

τέλος τοῦ $\overline{\delta}$ τῆς συντάξεως, notam I¹ p. 350, 11 in adparatu adlatam, indicem libri V, et in fine libri XIII: τέλος τοῦ καθόλου
βιβλίου τῆς συντάξεως. praeterea eadem scholia habet, quae
E ¹) (Morelli, Bibliotheca ms. p. 191; de scholiis codicis 13 nihil
notaui, sed eadem eum habere ueri similimum est), in titulo I¹
p. 519 ἔκθεσις τῶν ἐκλειπτικῶν $\overbrace{\varkappa^{\tilde{a}}\varkappa^{\tilde{a}}}$ $\oint$ καὶ ℂ´ ad cod. 13 adcedit. cur indicem libri I omiserit, ex loco, quem in codd. E
(p. XL not.) et 13 (p. XXII) obtinet, facile explicatur. et ex B
eum pendere, adparet ex I² p. 254, 16 ἡλίκαι καί, cfr. I¹ p. 466, 6
ις, 13 κε; I² p. 254, 10 θεῖσθαι, omnia ut BCE et 13; ⁻¹ p. 519²,
17 νγ = B et 13; I² p. 190, 19 δέ τι = BD; 192, 19 ἐπιμεσου-
ράνημα καὶ τὸ ὑπὲρ γῆν τούτου φαινόμενον γίνεται ἀληθινόν,
cfr. BC. cum E et 13 a B discedit I¹ p. 201, 3 φαινόμενα; 205, 3
ὧραν, 11 τό; 207, 21 ό; 522, 30 ρμδ; I² p. 255, 6 νεύουσαν; I¹
p. 480, 14 $\overline{\varkappa}$, τότε; cfr. quod I¹ p. 14, 1 καὶ ὁμοιομερέστερος habet.
rursus cum B contra E et 13 consentit I¹ p. 15, 17 τὰ ἄστρα
ἀνατέλλοντα; 199, 10 λογισμούς; 202, 3 τε. iam hinc adparet,
eum neque ex E, 13 neque ex archetypo eorum neque e cod. 26
deriuatum esse; cfr. I¹ p. 11, 3 πρός] 5, 13, καί E, κατά 26;
p. 11, 6—7 ἄστρων ἑώρων] 5, 13, 26, om. E; 16, 10 ἀναφαίνεται]
5, 26, E, ἀναφέρεταί τε καὶ ἀναφαίνεται 13; p. 223, 1 συστήσα-
σθαι] 5, συστῆναι E et 13 m. 1 (I¹ p. 5, 14 πρώτης] eras. 5, om. E;
9, 24 ἀστέρων] om. 5, E). et hoc magis etiam ea re confirmatur,
quod in lacuna codicis B postea suppleta I¹ p. 224, 14—228, 20
non ut ceteri codicem B sequitur; nam his tantum locis ab
editione discrepat: p. 224, 18 μέσην] μέσης; 225, 22 διαστήματι
— ΔΘ] καὶ διαστήματι τῷ ΔΘ ἴσῳ; 226, 11 ἐπεί] καὶ ἐπεί, 13
ΒΔΖΘ, 22 κύκλου] om.; 227, 5 ὑπό (alt.)] om. hoc neque ita
explicari potest, ut ipsum codicem 5 ex B nondum mutilato
descriptum esse putemus, quoniam saeculo XIII, cum F descri-
beretur, lacuna illa et orta et suppleta erat (u. supra p. XXXIX),
neque ita, ut archetypum codicis 5 statuamus e B descriptum
sed correctum; nam scriptura modo adlata p. 225, 22 apertissime
ex huius modi correctione archetypi orta est τῷ $\overset{\acute{\iota}\sigma\omega}{\varDelta\Theta}$, quare
ueri simile non est, in eodem archetypo hoc uno loco scrip-

---

1) Sed inde, quod fol. 4ᵛ—6 idem Barlaami opusculum continet, nihil concludendum; nam fol. 1—6 postea demum (saec. XV)
codici adiecta sunt. in parte antiqua inter alia etiam filigranum supra indicatum (Keinz tab. XXXVII nr. 357) monstrat.

turam codicis B suppleti corrigendo introductam esse, ceteris omnibus corrigendo oblitteratas. ergo sequitur, ut cod. 5 ex apographo codicis B nondum mutilati descriptus esse existimandus sit, in quo errores nonnulli sublati paucaque quaedam ad archetypum codicum E et 13 mutata fuerint. ne I¹ p. 206, 5, 17; 210, 9 quidem cum BE, 13, 26 in erroribus consentit. I¹ p. 479, 3 μγ̄ καὶ κ̇ habet ut E, 13, sed mg. m. 1 η̇ ,ο μγ' γ'' (cfr. B). cum A et 13 concordat I¹ p. 9, 3 τὸ περί, ab A dissentit I² p. 351, 20—21; 494, 17; 597, 13, a D uero I² p. 180, 7; 182, 13, 19. errorum propriorum speciminis causa hos adfero: I² p. 602, 10 διάστασιν ποιῆται, 13 περί] κατά, 17 ὀρθήν] ὀρθὴν γωνίαν; 603, 3 γίνεται] φαίνεται; 604, 17 πάλιν om.; 605, 8 δωδεκατημορίων — 9 τὰς τῶν om., 12 ὁμοίως om.; 605, 7 ἐπὶ σελίδια γ̄] μετὰ τὸ ᾱ τὸ ^{ον}/ περιέχον τὰς τῶν ῑβμορίων ἀρχὰς ἐπὶ ^α/ β̄, 12 ε̄] δ̇. I² p. 604, 11 διὰ τοῦτο δέ habet cum H.

Vat. 1038   praeterea a B deriuatae sunt partes quaedam codicum H, 4, 8, 14. nam primum cod. 14 a B pendere, iam ex subscriptione libri XIII: Κλαυδίου Πτολεμαίου μαθηματικῆς συντάξεως βιβλίον γ̄ι | ᾱ β̄ γ̄ δ̄ ε̄ ς̄ ζ̄ η̄ θ̄ ῑ ῑα ῑβ ῑγ (om. F) ueri similiter concludi potest, et confirmat consensus cum scripturis codicis B propriis, uelut I¹ p. 284¹ 26 (corr. m. 2); 292¹ 24, ²18; 302, 5; 348, 6 (subscriptio); 349, 2 (titulus); 446, 14. uerum prior pars codicis cum B non consentit (uelut I¹ p. 10, 13; 14, 1; 206, 17), sed aperte ex G descripta est. certissimo documento est I¹ p. 9, 4, ubi in G supra ἐπι- additum est signum ⟋ ad scholium respiciens, quo non intellecto inter ἐπι- et συμβαινόντων spatium uacuum reliquit, item p. 11, 1 μὲν⸌ G, μέν sequente lacuna 14, p. 11, 23 καί compendio ad similitudinem signi ☾ deformato, ἡ σελήνη 14 (corr. m. 2), p. 11, 23 in ἐπιφανείᾳ desinit f. 82ᵛ G paruulo spatio, ut fit, relicto, ἐπιφανείᾳ sequente lacuna 14. praeterea plurimae scripturae discrepantiae iis solis uel cum paucis communes sunt, cum librarius imperitus codicis 14 omnes minimos errores archetypi religiose seruauerit; u. I¹ p. 4, 11 εὕρη, 15 τῷ] τό; 5, 2 ἐπιλανθανόμεθα, 7 αὖ corr. ex ἄν; 6, 5 τῷ] τό (corr. 14 m. 2), 13 εἴπη, 14 παντελής (παντελές 14 m. 2), 16 αὐτό, 19 παράσχῃ; 7, 4 συνέργοι (συνεργεῖν 14 m. 2, συνεργοῦ G²), 6 καταστοχάζεσθαι καλῶς, 26 τό] om. (add. 14 m. 2); 9, 10 ad ὅλα supra scr.: καθ' ἕκαστον κλῖμα G, in textu 14 sed eras.; 11, 25 ταῦτα (corr. 14 m. 2); 12, 9 ὄντα] ἔχοντα; 13, 22 ἐπιμονήν (corr. 14); 14, 7 πάντων, 8 σχημάτων] σωμάτων, 18 ὡς καθ' ὅλα μέρη] om.,

23 τῆς] om.; 15, 2 πρός] ἐπί, 11 ὑπολάβῃ, 24 πρός] ἐπί (corr. 14
m. 2); 16, 1 πρός] ἐπί; 17, 11 συμπίπτῃ; 18, 1 παρά] περί, 4
τινῶν μέρη, 6 συμβαίνῃ, 10 τῷ] τό (corr. 14 m. 2). 13 οὖσαν;
19, 11 πρός] καὶ πρός, 17 προχωρῆσαι, 18 αὐταῖς (eorr. G), 24
πρός] καὶ πρός; 20, 8 τε] om., 11 τῶν] ταῖς (corr. 14 m. 2), τηρή-
σεσι (corr. 14 m. 2); 200, 11 αὐτοῖς (corr. 14 m. 2), 12 ἤ] eras. G,
om. 14; 201, 12 ἐάν] ἐὰν μή, 13 ἰσημερινὰ καὶ τροπικά, 16 ἤ καί]
καί, 22 φαίνονται; 202, 2 δέ] δ᾽ ἐστίν, ἐστίν] om., 6 μακροτέρου]
μακροῦ τούτου (corr. 14 m. 2), 10 ἡ τοιαύτη ἔγγιστα ἀκριβῶς;
203, 8 τῶν] τόν (corr. 14 m. 2), 13 τούτοις] τούτας (corr. 14 m. 2);
204, 6 δ᾽] τετράδα (corr. 14 m. 2), 15 ἐπιβαλουσῶν; 205, 1 ἔτη
ὁμοίως, ἀπό] ἔτει ἀπό, 5 ἐπιβαλουσῶν, 12 ἔσται (corr. G²); p. 200,
15 τῶν^β ἐκλείψεων μέσους^α χρόνους G, unde χρόνους τῶν ἐκλείψεων μέσους 14. correctiones codicis G saepe iam cod. 14 ob oculos habuit, uelut I¹ p. 14, 21 πάλιν] G², 14, om. G; 22 ἄλλους] G²,
14, om. G; 15, 7 τῶν] 14, in ras. maiore G²; 18, 19 σφαίρας]
14, e corr. G²; 25 τοῦ τοῦ] 14, alt. supra scr. G²; 200. 18 ἔνεστιν]
14, corr. ex ἔστιν G²; 201, 1 ἐκκειμένας] 14, corr. ex ἐγκειμένας
G²; 201, 3 φαινόμενα] G, φαινομένας 14, G²; 24 τῆς] 14, corr.
ex τοῖς G²; 203, 2 τοσοῦτον] 14, corr. ex τοσούτων G²; 5 τοῦ
(alt.)] 14, corr. ex τῷ G², τινι] 14, corr. ex τι G²; 8 οὖν] 14,
corr. ex οὐ G²; 13 ὑπ᾽] 14, corr. ex παρ᾽ G²; 16 προκειμένην]
14, supra scr. G²; 204, 13 πάσας] 14, deinde eras. ἡμέρας; 206, 2
γεγονέναι] 14, corr. ex γενομένην G; 3 ἐγγύς] 14, eorr. ex ἔγγιστα G². I¹ p. 206, 5 θερινῆς τροπῆς] τροπῆς θερινῆς 14 cum B
casui debetur, cum in G θερινῆς supra scriptum sit. scripturas
codicis B non habet I¹ p. 266, 24; 269, 16; 280, 7; 281, 3; cum DG
consentit I¹ p. 264, 1; 266, 1 (ὅ in ras. G), 5 (supra γῆς add. C, interpolatione signo᾽ ᾽deleta G²); 267, 7 (μηδέ G, τοῦ ἡλίου μέτρων 14,
τ. ἡ. μῶ ων G), 8; 269, 14; 270, 3, 12; 273, 12 (μὲν οὖν τὴν προ-
τέραν, οὖν om. GD), et ubi G a D discedit, codicem G sequitur (I¹ p. 265, 3 ὑποθέσεων hab. G, 14; 266, 20 γίνεσθαι;
267, 5 alt. μήτε] μὴ δέ G, 14; 268, 11 ἐν αὐταῖς 14, ἐν ταῖς
αὐταῖς G corr. in ἐν ταύταις, τ- euan.; 269, 4 ποιούμεθα G,
14, D³; 269, 9 τό hab. G, 14; 270, 7 προειρημένῳ G, 14 contra
DB³¹); 273, 16 δ̄ ∠´ δ´ 14 et G, ∠´ in ras. maiore. sed inde
a tabulis I¹ p. 282 ad partes codicis B transit; nam praeter

---

1) B³ neglexit etiam p. 284², 1 ϑ = B; sed p. 312, 5 τετραγώνου habet cum DGB³; p. 301, 6 γε cum D et B correcto
(τε G); p. 269, 8 τόν corr. ex τῶν = B².

locos supra adlatos etiam p. 282¹, 7 μς (corr. ex ρμς G), 16 μη
(corr. ex νη G), ²26 ρξε (corr. m. 2; ρξς G, -ς in ras.); 284¹, 4
λζ (ita e corr. G), 41 συς (corr. ex τυς G), 42 ρϟγ (-ϟ- in ras. G),
²7 ρμε (-ε e corr. G), 34 λε (-ε e corr. G); 292², 23 ις (sic e
corr. G), ubi G ad similitudinem codicis B correctus est, hunc
siue solum siue cum C sequitur (p. 282¹ etiam columnam ς'
usque ad lin. 13 habet cum BC et G correcto) et deinde BC
contra GD, ut p. 294, 14, 15 (τὴν δευτέραν del.; ἀποδείξεως τῇ
δευτέρᾳ χρησόμεθα), 23 (λαβόντες GD); 296, 20 (ἐπιζευχθωσαν,
sed corr.); 300, 16 (ς' hab., om. G); 301, 18 (ἐγκεκλισμένος, -σ-
del.); 454, 20; 455, 1 (τῆς; ἀπὸ τῆς DG); cfr. p. 284², 35 β ·= BDG;
294, 6 καὶ τῆς αὐτῆς = BDG; 295, 3 ἀποχήν = BCDG; 310, 13
μοιρῶν om. = BCD (hab. G). itaque ab I¹ p. 282 archetypum
mutauit librarius cod. 14, fortasse correctionibus codicis G motus.
uestigia codicis B iam I¹ p. 277, 20; 278, 3; 279, 8 deprehendimus, ubi cod. 14 ordinem uerborum codicis D non praebet,
quamquam G eum sequitur. nullius momenti est I¹ p. 453, 20
καί] καὶ αἱ cum CG, 23 γάρ] G, om. 14, supra scr. D².

Laur.   etiam cod. 4, qui in parte priore cum B nihil commune
28, 47 habet, ut I¹ p. 10, 7, 13; 14, 1, 17; 16, 19; 20, 3, 18; 21, 2; 205,
10, 11; 206, 5, 17; 207, 21 scripturas ceterorum praebet, postea
ad B adcedit. et hic quidem, ut exspectaueris, archetypus cum
charta manuque mutatur. nam I¹ p. 260, 1; 261, 19 nondum
B sequitur (p. 263, 19 o om. cum A solo), sed iam p. 266, 24;
269, 20 lacunas codicis B habet, p. 269, 16 πάντα om. cum BC
(αὐτά post τά ins. m. 2), I² p. 596, 4; 597, 8; 601, 21; 604, 12
cum B solo consentit, in fine libri XIII eandem subscriptionem
habet quam B et cod. 14 soli. quoniam in scriptis minoribus
a cod. 14 pendere nequit, relinquitur, ut ab initio libri IV p. 264
ipsum B archetypum habuerit. mirum est, quod p. 266, 5 uestigium codicis G deprehendi uidetur; ibi enim pro σελήνης cod. 4
γῆς praebet, quod e scriptura codicis G correcti supra adlata
ortum esse uidetur neglecto compendio ((supra addito; cfr.
quae per se nihil ualent scripturae p. 265, 13 μηδ'] μὴ ꝺ 4, G;
266, 12 ἀλλά] ἀλλ' 4, GD. de cognatione partis prioris postea
uidebimus.

Marc.   cod. 8 iam ipsa manuum ratione apographum codicis A
312 esse arguitur; nam quae postea suppleta sunt I² p. 10, 6—28, 8;
250, 1—332, 22 (u. supra p. XX), ea ipsa sunt, quae in A exciderunt et manu recenti addita sunt. supplementa uero illa
recentia cod. 8 a B sumpsit; cum eo enim congruit I² p. 11,

16; 12, 15; 13, 20; 19, 16; 254, 10, 16; 270, 9. ex eodem fonte
deinde ultimam partem inde a I² p. 481, 2 totam¹) petiit; nam
ubique scripturas codicis B praebet, ut p. 481, 23; 482, 20; 483,
15; 492, 1, 2, 7; 494, 6; 506, 13, 23; 507, 10; 513, 13; 518, 4;
520, 3; 522, 6, 10; 531, 12; 537, 11; 538, 17; 541, 20; 546, 11
(ἔσται om.); 554, 22; 555, 3; 556, 20; 558, 2; 565, 8; 578, 20;
587, 14;·590, 3, 6 (περί); 591, 1, 5, 7; p. 486, 16—17 dittographiam
non habet, sed τὸ δ᾽ ὑπ᾽ αὐ- in ras. sunt, p. 507, 5 να, sed -α
in ras.; 554, 21 o] om. loci contra B emendati nullius momenti
sunt (p. 26, 7 πρό; 255, 8 τῆς; 503, 8 καί; 504, 10 κατὰ τά; 505,
15 ἐπί; 506, 32 ρϞη, 33 ρϞβ; 511, 21 τῆς ἐφαπτομένης). cum
B contra a facit p. 256, 14 πρός om., 27 τῶν om.; 274, 3 ὄντος
om.; nec ex F descriptus esse potest propter subscriptionem:
Κλαυδίου Πτολεμαίου μαθηματικῆς συντάξεως βιβλίον τρισκαι-
δέκατον, quam habet B, omisit F; I² p. 255, 6 νεύουσι habet
cum Fa (νεύουσιν B), non νεύουσαν cum F².

Antequam de codice H quaerimus, paucos codices tractabimus, qui ex codicibus modo examinatis deriuati sunt.

e cod. 14 descriptus est cod. 15; soli enim in his conspirant Ottob.
erroribus: I¹ p. 6, 5 καὶ δι᾽] διὰ καί; 7, 2 ἄδηλοτ] ἄτακτον ¹¹⁰
(deinde οὔτε ἄδηλον in ras. 14, κείμενον· οὔτε ἄτακτον mg. 15);
11, 6 τῶν] καὶ τῶν; 18, 11 ἀντίκεινται. cum G et cod. 14 congruit p. 6, 13 εἴπη, 16 αὐτό, 19 παράσχῃ; 8, 22 τὸν τόπον, al.
minutias nonnullas correxit, ut p. 17, 17 τούτων] 15, τούτούτων
14; p. 18, 15 κλιμάτων] 15, κλημάτων 14.

porro codicem 10 e cod. 5 descriptum esse, certissimum Borbon.
est; uterque enim soli fere hos errores praebent: I¹ p. 4, 17 ¹¹¹ C 13
ἐνθάδε] ἔνθα; 7, 4 συνεργεῖν] seq. spatium uacuum; 8. 17 τάξεως]
συντάξεως (συν- del. 5); 9, 11 προσαγορευομένων πλανήτων, 24
ἀστέρων] om., 10, 3 φέρεται] κινεῖται; 12, 13 αἰεί] om.; 13, 13
τε] supra scr., 14 εὐκινητότατον] εὐκινη^{ττ;} τό 5, εὐκινη^{τετ´} τό
10; 14, 8 σχημάτων] om., 13 σχῆμα] τὸ σχῆμα, 15 τε] om.; 16, 13
ἀποδείκνυσιν] om.; 17, 22 γε] om. et eadem prorsus continent. in fine lib. XIII τέλος τοῦ καθόλου βιβλίου τῆς συντάξεως
etiam 10.

---

1) Quoniam initio cum AD uel D contra BG consentit
p. 481, 2 τῶν, 12 διευκρινημένου et memorabiliter lin. 5 η̄, fieri
potest, ut hos uersus non ex B, sed ex antigrapho mutilo de-
sumpserit, quod suppleuit.

Regin.
90

ex erroribus modo enumeratis hos habet etiam cod. 16:
I¹ p. 8, 17; 9, 11; 10, 3; cfr. p. 12, 9 τί] τίν' 5 et 16; 17, 21 αὐτῷ]
αὐτῶν 5, αὐτ 16, qui loci sufficiunt ad necessitudinem quandam
codd. 5, 10, 16 demonstrandam. sed quoniam cod. 16 p. 4, 17;
9, 24; 12, 13; 13, 14; 14, 6, 13; 16, 13; 17, 22 cum nostris codd.,
non cum erroribus codicis 5 conspirat, e cod. 5 descriptus
non est; cfr. I¹ p. 17, 21 καί] 16, om. 5; 19, 24 τῷ ἡλίῳ] 16, τοῦ
ἡλίου 5. uerum ne codd. 5 et 10 quidem ab eo pendent; u. I¹
p. 5, 5 καί] 5, om. 16; p. 5, 16 ζητητικόν] 5, ζητικόν 16; 6, 1
ποιότητος — καί] 5, mg. m. 2 cod. 16; 6, 15 τό] 5, om. 16; 6,
18 προσέρχοιτο] 5, προσέχοιτο 16; 7, 9 ἀιδίους δέ] 5, καὶ ἀιδίους
τε 16; 8, 12 μή] 5, om. 16; 9, 1 ταῖς] 5, om. 16. itaque cod. 16
ab archetypo codicis 5 deriuatus esse uidetur; id quod confirmat
omissio indicis libri I titulusque prolegomenorum communis (= E
et B m. rec., u. p. XXXIV). minutiis paucis, quas cum codice
14 communes habet (I¹ p. 5, 7 αὖ] in ras. 16, ἄν 14; 5, 23 τό]
om. 16, supra scr. 14 m. 2; 6, 14 παντελές 16 ut 14 m. 2; 8, 1
εἴδη 16 ut 14 m. 1), non multum tribuerim ponderis. sed in
extrema parte ad D adcedit, cuius errorem proprium habet I²
p. 182, 13, praeterea p. 182, 12 καὶ διηρημένης om. = CD et cum
GD p. 180, 7 ἡλιακοῦ; 182, 19 παρακειμέναις τῶν; 192, 19 φαινόμενον om. unde archetypum mutauerit, non indagaui; cum
D non consentit I¹ p. 199, 10 λογισμούς; 222, 10; 233, 1. cum
cod. 5 habet I¹ p. 200, 9 δόξῃ, sed discrepat p. 201, 7 ἔγγιστα
ἰσημερινῶν; 202, 11 τηρήσεων (ἰσημερινῶν ἔγγιστα et παρατηρήσεων cod. 5), nec titulum I¹ p. 519 additum nec subscriptionem
eius habet errores codicis B (C) non habet I¹ p. 466, 6 ιε, 8 μγ,.
13 κϑ; 480, 14 x̄, τότε; 519², 17 λγ; I² p. 254, 10 νοεῖσθαι, 16
ἡλίκαι; 255, 6 νενόυσαν. contra BDG habet I¹ p. 225, 22 διαστήματι δὲ τῷ ΔΘ; 227, 16 γενήσεται. ab erroribus codicis A
liber est I² p. 351, 20; 494, 17.

H   restat cod. H, quem I² p. IV saeculis XIV et XV tribuere
non debueram; est enim totus saec. XIII—XIV scriptus¹), sed
manibus et charta uarius; manus diuersae eiusdem generis
etiam in cod. Vat. 203 occurrunt (u. Apollonii opp. II p. XI).

---

1) Cfr. Euclidis opp. V p. VIII. ad tabulam I¹ p. 211 addidit in mg. ἐν τῷ ͵ϛωμ' ἔτει (h. e. a. 1332) ρ̄ιϑ λγ' ιε" μγ'''
λβ'''' νδ''''' ο'''''' et in mg inf. ἐν τῷ ͵ϛωμ' ἔτει τ̄ιζ κγ' ιε" μγ'''
λβ'''' νδ''''' ō.

fol. 1—38, 92—233 chartacea sunt (filigranum quod uocant, pyrum est cum duobus foliis, quod ex annis 1340—61 adfert Keinz, Die Wasserzeichen des XIV. Jahrhunderts, tab. XXXVII nr. 357—59), folia 39—91 bombycina (h. e chartae orientalis sine filigrano). manus pulchra et adcurata scripsit foll. 67—72ᵛ col. 2 (duas tertias partes) Syntaxeos I¹ p. 188, 1—222, 8 -φερεία ἑ-. tabulae I¹ p. 210—15 tamen manu neglegenti codici G simili scriptae sunt, sicut omnino omnes fere tabulae Syntaxeos; eadem manus ductu paullum diuerso scripsit fol. 39—46 et alio atramento fol. 47—66ʳ et rursus alio atramento fol. 66ᵛ Syntaxeos libb. I—II ad p. 187, fol. 72ᵛ col. 2 ultimam tertiam partem et fol. 73—91 Syntaxeos lib. III p. 222, 8—V p. 398, 5 περίγειον (index libri V, tituli omnes, fol. 91ʳ col. 2—91ᵛ alia manu alioque atramento scripta). denique complures manus eiusdem aetatis sed ductus diuersi scripserunt fol. 1—30 Elementorum lib. XV (u. Euclidis opp. V̄ p. VIII), Theonem Smyrnaeum, Sereni scholium (Sereni opp. p. XVIII), Procli Hypotyposes, 31—38 Διοφάντους προλεγόμενα τῆς συντάξεως (inc. τὴν ἀστρονομίαν, des. κατὰ τὸ δυνατόν), ad librum IV Syntaxeos in mg. commentarium Theonis, fol. 92—97ᵛ col. 2 Syntaxeos librum V p. 398, 5—459, fol. 97ᵛ col. 2 scholium Pappi ad lib. VI, fol. 98—110 Pappum in lib. VI, fol. 111—129 Theonem in lib. VI, fol. 130—186 Syntaxeos libb. VI—XIII, fol. 187 τῶν ἀσαφῶς εἰρημένων Πτολεμαίου καὶ δυσπαρακολουθήτως ἐν τῇ αὐτοῦ τετραβίβλῳ ἐπὶ τὸ σαφέστερον καὶ εὐπαρακολούθητον μεταχείρησις (in mg. sup. Bessario: εὕρηται ἔν τινι ἀρχαίῳ βιβλίῳ γράμμασι μέντοι νεωτέροις τοῦ Πρόκλου εἶναι τὴν εἰς τὴν Πτολεμαίου τετράβιβλον ὑπογεγραμμένην ἐξήγησιν); de ceteris u. Morelli, Bibliotheca manuscr. p. 184. fol. 234ᵛ: σῶτερ ἰυ̅ ἐπίσκεψαι τὴν ἀσθενοῦσάν μου ψυχὴν (supra scr.) καὶ ἴασαί με κείμενον ἐν τῷ βόθρῳ τῆς ἁμαρτίας ὡς μόνος ἀγαθὸς καὶ φιλάνος.

horum omnium foll. 67—72 ex B pendent; in hac enim parte omnes errores codicis B proprios deprehendimus, uelut I¹ p. 188, 10; 190, 2; 195, 6, 12; 197, 12 (μή om.); 200, 17 (δῖμς B, οἱ μή H); 210, 9; 214, 31 (η, sed corr. m. 2); 220, 5, 10; 222, 7, cfr. p. 196, 2 γ̅] e corr.; 212, 3 τ] e corr.; 214, 26 ϑ] e corr.; 218, 17 ΑΚ] ΕΚ. hoc ultimo loco correctionem B³ non habuit; idem factum uidemus p. 188, 2; 193, 1; 195, 1, 13 (λ′ supra scr. m. 2); 197, 13 (καί om.; 210, 47; contra cum B³ conspirat p. 196, 16 (συμφωνεῖ om.); 210, 6;

LII PROLEGOMENA

212, 21 ¹); 214, 14; 221, 6; 222, 4, cum B² p. 197, 7. scripturas
codd. BC uel ABC communes habet p. 191, 18; 195, 12, 15, 20;
196, 7, 21; 212, 1, 2; 219, 24; cum D contra B p. 216, 20 μέσων
praebet. reliqua pars codicis ad DG adcedit, uelut statim
p. 222, 10 = D, p. 222, 19 KZ] KZ, ἐπεὶ καὶ ἡ KZ ἔγγιον τοῦ
κέντρου = G. sed de hac re infra pluribus tractabimus. hic
unum tantum moneo, H I¹ p. 224, 14—228, 20 rursus cum B
consentire, quia B hic manu recenti ex G, ut demonstraui, suppletus est; scripturas codicum BG habet p. 225, 1, 2, 3, 5 (ἄπερ),
17, 22; 226, 10, 13, 14 (αἱ ἐναλλὰξ αἱ, γ̄ om.), 15; 227, 2, 6, 10, 21;
228, 2, 3, 19; sed sicubi inter se discedunt, H cum G stat, u.
p. 227, 16 γενήσεται] ποιήσομεν G¹H, συμβήσομεν B; 228, 7 ἐστίν]
ἔσται GH, ἐστί BF; 11 ἢ] B, supra scr. G, om. H; correctiones
codicis G item non habuit H p. 227, 16, ubi supra scr. συμ-
βη(σεται add. G²); 226, 1 ὑφ'] H, corr. in ἐφ' GB³.

Marc.
311
ex C sola pars bombycina codicis 7 descripta est, et id quidem postquam C correctus erat. errores in C demum ortos habet
solus I¹ p. 8, 18; 60, 8, 31; 197, 12; 201, 21; 203, 23; 205, 2, 4;
207, 12; 224, 16; 226, 10, 11, 13, 23; 229, 24 (-Δ eras.); 232, 20;ˈ
233, 1; 236, 10; 254, 9; 257, 7; 259, 7; 261, 6, 23; 262, 3, 21; 301,
19; 322, 20, et p. 6, 14; 7, 19; 260, 21; 261, 22, ubi error correctus est; cfr. p. 25, 22 mg. γρ. παραλλαγήν m. 1, p. 34, 15 πάλιν
— 16 ν̄ε̄ mg. m. 1; = C² p. 10, 7; 22, 12; 155, 15; 202, 20; 230,
16 ἐλάσσον
α
; 237, 3; 244, 15; 247, 13; = C³ p. 8, 9 (corr.); 32, 16;
64, 23; 65, 22; 255, 3 (BΔΓ corr. ex BΓΔ). epigramma p. 4, 5
hoc loco habet ut C (πίμπλαμαι ex πίπλαμαι). pars chartacea codicis ad G adcedit, uelut I¹ p. 321, 10 πάλιν δ' ἐπεί,
11 τῶν ΛΔ καὶ ΔM, τῆς KM τετραγώνου, 16 post ,γ̄χ̄ add. τοῦ
ἐπ' (ἀπ' m. rec. G) αὐτῆς τετραγώνου; cfr. p. 476, 3, 4, 9 (bomb.)
= C, p. 477, 3, 5 (chart.) = G; p. 126, 2 post σφαίρας in bomb.
postea add. ἀναφορά = G, ante τῆς in chart. om.; p. 150, 20 ϑ
ἔγγιστα post add. = G. quo gradu, infra quaeremus. ²) huius
igitur classis stemma efficitur hocce:

1) Ex hoc loco adparet, codicem H ex F descriptum
non esse, quippe qui errorem eius ἀπὸ τὴν μεσημβρίαν non
praebeat.
2) Notam I¹ p. 350, 12 hoc loco habet. ex scholiis haec
notaui: ad I¹ p. 13, 9 ἐκ τῶν ὀπτικῶν Ἀρχιμήδους, ad. p. 17, 6
κείμενον· ἴσον ἀπέχειν.

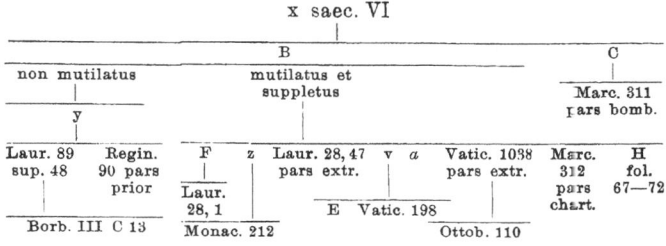

Codicem A quae scripserunt ab initio duae manus, ita la- A
borem inter se partitae sunt, ut altera¹) primam partem scrip-
serit ad I¹ p. 487, 17 et praeterea I² p. 106, 1—219, 20 (initio
atramento manus A¹ usa, non suo), tabulas p. 220—49 (u. p. 220,
6), p. 332, 22—488, 5, A¹ uero I¹ p. 487, 17 — I² p. 10, 5;
28, 8—106, 2; 219, 11—19; 488, 5—601, 16; 603, 23—606, 2. prorsus periisse I¹ p. 200, 7—209, 21 indicemque I¹ p. 3—4, 5, et I²
p. 10, 5—28, 8; 250, 1—332, 22; 601, 16—603, 23; 606, 3—608, 10
manu recenti (a) suppletas esse, iam dictum est. utraque manus
statim multos errores corrigit (uelut I¹ p. 10, 14, 16; 11, 18;
12, 8; 20, 15; 21, 10; 27, 19; 28, 7; 91, 4; 109, 9; 144, 1; 151, 14;
160, 19; 193, 21; 233, 1, 18; 237, 7, 10; I² p. 367, 16; 371, 1 cet.;
I² p. 572, 2; 573, 3; 574, 22 al.), nec, ut uidetur, semper ex
archetypo, sed aut de suo aut ex alio codice; nam saepius
mendum in A statim correctum etiam in aliis codicibus reperitur, uelut I¹ p. 27, 6; 50, 14; 123, 24; 153, 19; 218, 12; 241, 14;
277, 7; 517, 11; 535, 18; I² p. 85, 13, 14; 115, 10; 137, 18; 138, 9;
139, 12; 149, 4; 153, 14; 401, 14; 488, 8; 556, 20; 575, 6, et interdum aperte fallitur (I¹ p. 29, 22; 51, 29; I² p. 32, 12; 153, 13;
474, 3).

manus A raro corrigit, quae scripserat A¹ (I¹ p. 509, 23 et
fortasse p. 514, 6); cfr. I² p. 371, 9, ubi A¹ scripturam manus A
mutauit et deinde A rursus litteram obscuratam renouauit; ita-

1) Quam I¹ p. IV falso A² signaui. sigla A² initio manus
A¹A³ comprehendi; nunc pro A² repositum uelim A¹ [I¹ p. 5, 2;
7, 26; 9, 12; 11, 22; 16, 8; 18, 16; 19, 21; 20, 14; 21, 12, 16; 23,
6, 13; 25, 1; 33, 12, 14; 34, 16, 17; 36, 6, 7; 37, 15; 47, 13; 49, 32,
quamquam fortasse unus et alter locus potius manui A³ tribu-
endus est. I¹ p. 25, 20 pro A¹ scribendum A.

que coniuncta opera in codice describendo utebantur. librarium
A¹ A¹ correctoris munere fungi, ostendunt plurimae emendationes
eius in partibus ab A perscriptis. plerumque minutias corrigit
(I¹ p. 7, 26; 11, 22; 33, 14; 34, 17; 42, 16; 66, 12; 67, 24; 73, 2;
99, 18; 100, 6; 102, 23; 112, 13, 17; 115, 19; 116, 21; 125, 21;
138, 4; 143, 2, 11; 154, 7; 156, 10; 194, 23; 196, 7; 221, 19; 228,
21; 245, 17; 247, 7; 253, 34; 256, 6; 262, 21; 263, 9; 271, 1; 272,
22; 300, 18; 303, 20; 304, 17; 306, 15; 309, 21; 320, 14; 324, 6;
333, 26; 338, 15; 342, 5, 8; 345, 4; 353, 24; 361, 16; 366, 24; 368,
4; 423, 3; 428, 11; 464, 7; 483, 3; I² p. 118, 17; 152, 16; 189, 2;
191, 4; 195, 20; 336, 14; 337, 8; 342, 1; 354, 13; 381, 15; 389, 22;
401, 13; 408, 20; 409, 24; 410, 14; 429, 9; 434, 9; 454, 5; 458, 22;
467, 6; 470, 21; 474, 14; 479, 10); cfr. rasurae I¹ p. 25, 1; 37, 15;
89, 20; 93, 5; 102, 2; 115, 12; 131, 7; 142, 24; 158, 17; 166, 3;
168, 14; 171, 21; 192, 6; 196, 1; 222, 2; 267, 12; 274, 22; 334, 2;
340, 12; 341, 3; 347, 16; 358, 24; 418, 16; 419, 18; 437, 11; 454,
12; I² p. 217, 17; 337, 21; 344, 2; 346, 3; 465, 20; 467, 8; 473, 21,
dittographiae deletae I¹ p. 379, 21; 464, 14; I² p. 335, 22; 404, 16,
orthographica (o et ω permutatae, itacismi) I¹ p. 9, 12; 16, 8;
20, 14; 21, 16; 148, 3 — I¹ p. 19, 21; 191, 15; 236, 3; 240, 13;
266, 24; 273, 15; 277, 20; 302, 21; 372, 6; I² p. 467, 5; 487, 7,
compendia in litteras mutata I¹ p. 5, 2; 21, 12; 36, 6. paullo
maiora nec sine ope archetypi facta haec sunt: I¹ p. 36, 7;
49, 32; 67, 20; 112, 18; 237, 16; 278, 4; 347, 12; 359, 1; I² p. 139,
14; 187, 17; 219, 9; 240, 7; 366, 9; 466, 14; 487, 17, et lacunae
omissionesque expletae I¹ p. 41, 23; 70, 15; 76, 2; 82, 6; 84, 2;
94, 19; 102, 15; 108, 11; 124, 15; 125, 3; 126, 20; 144, 11; 199, 10;
228, 22; 235, 23; 238, 1—2; 304, 4; 351, 2; 382, 13; 409, 13;
439, 4; 457, 12; I² p. 192, 21; 215, 8; 343, 9; 432, 9; 434, 8; 482,
10. interdum scripturam falsam cum aliis codicibus communem
correxit, uelut I¹ p. 33, 12; 49, 47; 61, 32; 456, 17; I² p. 334, 23;
449, 14, nec desunt correctiones falsae, ut I¹ p. 23, 13; 47, 10;
128, 18; 172, 4; I² p. 210, 16; 478, 14 ¹) et cum D conspirantes
I¹ p. 347, 17; 464, 2, cum C I¹ p. 278, 14, cum BC I² p. 476, 1,
cum omnibus I² p. 119, 10. et alium codicem usurpatum esse,
adparet ex I¹ p. 18, 16; 34, 16. memorabile est genus correctionum ad diremptionem litterarum pertinens constantiaque
insigne I¹ p. 219, 3; 301, 2; 329, 9; 379, 14; 394, 8; 397, 7; 438, 4;

---

1) Etiam correctio orthographica I¹ p. 23, 6 arbitrio debetur;
I² p. 203, 10 fortasse πρόρησις retinendum.

I² p. 171, 19; 218, 2 — I¹ p. 270, 19; 277, 10; 327, 19; 339, 15; 344, 6; 352, 2; I² p. 192, 15; 193, 4; 346, 12; 467, 20; I¹ p. 334, 6; 383, 21; 483, 18; cfr. I¹ p. 256, 13; I² p. 371, 9 (discrepant I¹ p. 304, 24; 445, 2). ¹)

de A³ parum constat. paucissima ei tribui et nullius fere A³ momenti (I¹ p. 4, 14; 15, 3; 41, 3; 87, 8; 94, 12; 132, 17; 134, 4; 146, 1, 5; 148, 14; 170, 6; 173, 10; I² p. 124, 3; maiora I¹ p. 34, 15; 159, 15; 192, 16). errat I¹ p. 38, 12; 84, 14 et cum D p. 188, 15; sola uerum habet I¹ p. 140, 9.

A⁴ satis multa correxit, sed leuia tantum, uelut I¹ p. 45, A 17; 47, 16; 65, 13; 88, 17; 89, 9; 90, 20; 108, 1, 6; 124, 14, 17; 142, 22; 146, 17; 152, 6; 171, 10; 217, 8; 223, 25; 227, 4; 236, 1; 239, 25; 241, 15, 17, 23; 242, 8, 17, 21; 244, 18; 259, 13; 266, 5; 272, 13; 275, 4; 276, 3; 290¹, 44; ²37; 297, 7; 298, 8; 308, 12, 16; 312, 3, 4; 316, 14; 345, 2; 352, 5, 6; 354, 2; 360, 23; 369, 15; 375, 10; 379, 13; 380, 22; 404, 4; 417, 11, 22; 418, 2; 446, 9; 464, 14; 472, 9; 474, 20; 481, 10; 529, 20 (cfr. I² p. 124, 2; 187, 17; 352, 6); 532, 1; 533, 13; 541, 8; 542, 13; I² p. 6, 12; 30, 16; 82, 18; 161, 13; 166, 9; 199, 17; 215, 4; 224, 42; 244, 18, 24; 340, 15; 347, 3; 352, 15; 356, 17; 357, 1; 370, 13, 14; 379, 4; 382, 13, 16, 17; 383, 4; 389, 20; 397, 7; 403, 3, 23; 405, 4; 412, 21; 414, 17; 420, 19; 423, 8; 424, 11; 425, 9; 435, 3; 451, 21; 455, 13; 458, 21; 460, 14; 468, 6; 488, 10; 491, 3, 9; 493, 3; 496, 19; 502, 4; 516, 10; 526, 16 (cfr. p 535, 5, 6, 18; 560, 6; 567, 15; 595, 6 al.); 541, 3; 542, 5; 545, 7; 556, 17; 562, 23; 571, 6; 580, 11; 584, 29; 590, 6; 594, 1; 605, 10. paullo grauiora haec tantum inueni: I¹ p. 53, 45; 74, 16; 382, 13; 397, 14; 410, 21; 414, 17; 466, 44; 509, 15; I² p. 161, 10; 354, 14; 369, 13; 384, 3; 440, 12; 563, 11; 570, 22; 574, 4. hic illic cum aliis codicibus conspirat, raro in uera scriptura (I¹ p. 320, 3 = B³; I² p. 574, 17 = D), saepe in falsa (I¹ p. 123, 11 = B³ C²; 126, 4 = D; 376, 20 = D; 513, 4 = Bᶜ; I² p. 141, 12 = D; 152, 8 = C; 468, 11 = D). saepius pro arbitrio scripturam mutat interpolatue (I¹ p. 118, 23; 162, 17; 164, 13; ²) 166, 19; 222, 14, 15, 18; 236, 2; 260, 21; 303, 3; 312, 3; 413, 13; 438, 8; I² p. 141, 16; 244, 29; 469, 3, 5; 486, 17, 18, 20;

---

1) In iis, quae ipsa scripsit, eodem genere corrigendi utitur I¹ p. 490, 22; 501, 4; I² p. 3, 22; 37, 1; 496, 13. cfr. A⁴ I¹ p. 388, 23; 392, 12; 422, 19.

2) Cfr. p. 164, 18 B³ C² et p. 165, 5.

519, 2; cfr. I² p. 110, 19; 579, 9 et notae scholiorum similes
I¹ p. 110, 4; 253, 11, 34; I² p. 36, 4; 517, 5). quam recens
sit A⁴, cum ex I² p. 226, 28 adparet, ubi uocabulo Latino utitur, tum ex eo, quod etiam in partibus manu *a* scriptis nonnulla correxit (I² p. 24, 13; 26, 7; 250, 1).

librarium codicis A non diligentissimum fuisse, ex erroribus supra colleclis, quos A¹ ex archetypo correxit, intellegitur.
et credibile est, menda minora, siue ab A³ A⁴ correcta siue
non animaduersa sunt (I¹ p. 74, 18; 87, 23; 95, 10, 11; 97, 10;
115, 7; 124, 20; 154, 9; 174, 12; 175, 16; 176, 18; 178, 14;
180, 8; 181, 19; 182, 28; 184, 27;¹) 185, 5; 192, 18; 219, 10;
261, 7; 263, 19; 271, 9; 282, 23, 31; 290, 7, 11; 307, 22; 309,
16; 315, 1; 330, 9;²) 356, 1; 371, 4; 402, 3, 17; 418, 8, 12;
442, 4, 29; 476, 10; 490, 10; 491, 6; 494, 22; 497, 5; 519², 4;
525, 10; 526, 2; 534, 21; 541, 19; I² p. 29, 19; 35, 2, 8; 56,
12; 58, 16; 78, 2; 80, 16; 94, 11; 102, 16; 119, 13; 124, 8;
136, 16; 142, 12, 16; 144, 6; 152, 8; 167, 7; 171, 10; 179, 21;
181, 20; 182, 26; 183, 6; 187, 2, 17; 190, 13, 22; 196, 17; 197,
13, 16; 198, 15; 212, 13; 213, 16; 220, 32, 34; 226, 44; 228,
17; 236, 7; 338, 4; 339, 10; 346, 21; 354, 18; 357, 9; 377, 11;
397, 12; 403, 9, 12; 409, 22; 410, 16; 412, 2; 415, 15; 422, 1;
425, 8; 440, 32; 444, 24; 450, 1; 461, 3; 467, 20; 469, 4; 477,
12; 479, 1; 480, 12; 481, 23; 482, 21; 483, 15; 489, 5; 494, 12;
496, 13; 498, 7; 499, 20; 500, 10; 507, 18; 509, 8; 514, 14, 15;
527, 19; 575, 15; 577, 9; 579, 9; 584¹, 26; 586, 8), librario, non
archetypo, deberi; pleraque enim eiusdem prorsus generis sunt
atque ea, quae supra in A³ et A⁴ collegi. idem sine dubio de
plerisque errorum ob *o* et *ω* permutatas et ex itacismo ortorum
iudicandum est; nam haud raro in scribendo ab ipso librario
correcti sunt, uelut I¹ p. 238, 5; 296, 13; 429, 7 — I¹ p. 121,
5; 146, 6; 298, 1 al. exempla, siue emendata (maxime ab A¹)
siue relicta, siue propria codicis A siue cum uno alteroque
ceterorum communia, haec collegi, ut cognoscatur codicis anti-
quissimi in hoc genere mendositas: *o* et *ω* permutatarum I¹
p. 9, 12; 16, 8; 20, 14; 21, 16; 80, 1; 107, 1; 148, 3; 158, 10;

---

1) Cfr. p. 184, 28; 185, 6, 17; 186, 9, 20, 21, 26, 29, 32 (B);
187, 7, 9, 16.

2) Cfr. de hoc genere errorum, de quorum in A demum
origine dubitari nequit, p. 52, 16; 105, 16; 332, 22; 416, 2;
450, 6; 472, 19; I² p. 357, 11; 400, 2; 409, 2.

192, 24; 220, 22; 251, 14; 269, 16; 270, 12; 435, 14; 445, 17;
464, 3; 473, 24; 486, 6; 496, 14; 513, 4; 523, 10; 546, 6; I²
p. 8, 6; 29, 7; 30, 9, 11, 12; 31, 11, 13, 17; 36, 12; 40, 12;
42, 2, 11; 46, 3; 48, 4, 18, 19; 50, 2; 52, 5, 6; 54, ¯8; 68, 20;
70, 6; 72, 7; 78, 5, 14, 15; 80, 9; 82, 4, 7; 84, 5; 86, 2; 88,
6, 11, 17, 19; 90, 2, 9, 12, 17; 94, 18; 96, 19; 98, ¯9; 102, 4,
5; 104, 3; 108, 14; 112, 14; 114, 7; 116, 14; 118, ¯; 120, 18,
21; 122, 6, 19; 124, 6, 12; 126, 5; 128, 6; 130, 8; ¯34, 8 sqq.;
136, 8, 16; 142, 6; 144, 17, 18, 19; 148, 8,´10; 150, 4, 7; 152,
13; 173, 2; 192, 20; 216, 11; 348, 18; 375, 21; 435, 12; 453,
11; 494, 5, 11; 499, 1, 19; 514, 14; 526, 1, 6; 527, 1, 3, 13;
528, 9; 531, 21; 535, 2; 536, 18; 539, 14; 542, 8: 544, 10;
571, 6; 588, 10; 594, 24; 599, 1;¹) cfr. de ε et αι permutatis
I² p. 78, 13. itacismi I¹ p. 19, 21; 20, 11; 31, 13; 76, 7; 99,
11; 124, 6; 146, 4; 147, 20; 170, 6; 191, 15; 196, 12; 209, 22;
236, 3; 240, 13; 266, 24; 273, 15; 277, 8, 20; 298, 23; 302, 17,
21; 305, 22; 343, 9; 365, 4; 372, 6; 380, 2; 385, 20; 403, 14;
407, 12, 17; 420, 3; 428, 25; 437, 12; 444, 8, 18; 457, 8; 464,
14; 474, 7; 485, 3; 489, 26; 493, 15; 497, 16; 500, 16; 505, 13;
523, 12; I² p. 82, 17; 191, 9; 192, 10, 21; 193, 10, 16; 204, 13;
209, 19; 350, 6; 352, 15; 355, 2; 359, 18, 19; 380, 2; 397, 17,
23; 414, 1; 428, 6, 10; 431, 1; 432, 4; 456, 4; 464, ¯, 22; 467,
5; 483, 4; 487, 7; 488, 1; 489, 16; 490, 17; 491, 7; 514, 14;
528, 11; 534, 5; 535, 10; 539, 9; 553, 12; 565, 2; 57¯, 22; 576,
5; 581, 10, 13; 582¹, 3, 4; 582², 3, 4; 584, 2, 3; 586, 3; 597,
21; 601, 6. cfr. loci, ubi ι falso addita est, I¹ p. 28, 2: 32, 22;
111, 3; 198, 17; 259, 13; 296, 22; 341, 18; I² p. 176, 16; 428, 3,
quamquam interdum iam in archetypo fuisse uidetur (I¹ p. 11, 3
ἀπωτέρωι = BC, ut I² p. 176, 22; 179, 6; cfr. I² p. 463, 11
= C; 480, 15 = BC; 537, 16 = C; de αἰετός — ἀετός cfr. I²
p. 74, 9, 10, 12 al. γέννυ pro γέννυ I² p. 7, 2). praeter errores
ubique frequentes in numerorum signis dirimendis uel coniun-
gendis (I¹ p. 83, 2; 109, 4; 111, 6; 128, 7; 129, 20; 131, 21;
464, 23; 465, 4, 17 al.), in numeris uel signo uel uerbo scribendis (I¹ p. 131, 16; 132, 11; 152, 16 cet.), similibusque, inconstantiam in nominibus Ναβονάσσαρος et Κάλιππος (u. index

---

1) Quare perexigua est auctoritas formae πήχεος in stellarum catalogo traditae I² p. 62, 2; 86, 16; 114, 18; 132, 13;
160, 4, praesertim cum in textu, ubi nullus compendii usus,
πήχεως traditur I² p. 175, 18; 176, 1; 267, 14; 268, 2.

nominum), in γίγνομαι — γίνομαι ¹), ἀεί — αἰεί scribendis, ²) titulum (I¹ p. 4, 6) numerosue capitum omissos (I¹ p. 10, 3;
14, 17; 16, 19; 20, 3 cet.) uel positos non dubito etiam errores
ex scriptura maiuscula ortos plerosque ipsi librario tribuere; nam
saepe eos statim correxit, uelut I¹ p. 58, 2; 121, 4; 129, 11;
148, 18; 156, 11; 162, 13; 224, 15; 256, 13; 369, 7; 397, 3;
401, 6; 420, 13; 434, 15; 474, 23; 485, 18; 487, 2; I² p. 85, 3;
182, 2; 214, 8; 217, 18; 373, 8; 379, 11; 418, 7; 463, 5; 591,
11; errores eiusmodi ab A¹ correcti I¹ p. 347, 12; 366, 24; non
correcti I¹ p. 136, 12; 159, 9; 174, 24; 180, 21; 284², 38; 290²,
43; 384, 5; 442, 35; I² p. 67, 17; 105, 11; 109, 15; 110, 3;
220, 20; 222, 3, 12, 20, 44; 232, 42; 242, 9; 246, 26; 424, 11;
442, 16, 25; 444, 23; 447, 11; 506, 32; 507, 19, 25.

eodem modo iudicandum de erroribus, qui ex compendiis
male intellectis originem ducunt, uelut I² p. 38, 9; 39, 13;
40, 11, 22; 108, 8; 158, 8; 162, 17; 164, 6; 224, 2 (= C, cfr.
p. 230, 2 = C; 248, 2 = CD); 522, 11; 584², 1; κατά I¹ p. 11,
22; 199, 21; 408, 5; 422, 5; I² p. 162, 12; 387, 21; 446, 19;
503, 7; πρός I¹ p. 8, 5; 245, 12; I² p. 178, 15 (utrobique statim
correctum), cfr. I² p. 489, 12. ad compendium litterae ν, quod
seruatum est I¹ p. 353, 23; 446, 2, 9; 531, 10; 537, 21; I²
p. 8, 23; 31, 20 (= C) (cfr. I¹ p. 122, 9; I² p. 546, 15; in extrema linea I¹ p. 6, 8; 271, 21; I² p. 416, 1; 453, 11), refero
errores, quales sunt I¹ p. 67, 24; 155, 3, 9; 161, 23; 196, 13;
263, 9; 272, 22; 379, 13; 451, 14; 479, 8; 516, 20; 540, 10; I²
p. 158, 16; 364, 15; 550, 6; 597, 11, et inconstantiam in ν
epagogico uel ponendo uel omittendo (cfr. I¹ p. 20, 18; 110,
10; 111, 21; 247, 11; 311, 4; 506, 4 al.); in archetypo more
antiquo ν epagogicum saepissime etiam ante consonantes positum erat, quod, ut par est, retinui. item in uocalibus non
elidendis antiquiorem memoriam codicum secutus sum, qui ne
in hoc quidem genere sibi constant, u. I¹ p. 34, 9; 83, 1, 3, 4;
92, 2, 3; 117, 17; 171, 6; 244, 1; 479, 1; I² p. 174, 1; 422, 6;
475, 20; 528, 17; 562, 11; 576, 5; 597, 2.

---

1) Archetypum γίγνομαι praetulisse, adparet ex I¹ p. 168, 24.
2) Eodem pertinet ὃς ἐάν pro ὃς ἄν, quod I¹ p. 188, 17
in omnibus codd. traditum est, p. 97, 18; 144, 12; 257, 12;
524, 2 in omnibus praeter D, p. 445, 15 in AC; et quoniam
Ptolemaeo abiudicari non potest, p. 97, 18; 144, 12; 188, 17;
257, 12 ἄν recipere non debueram.

iam ad archetypum codicis A delapsa est disquisitio; quo de nunc amplius quaerendum.

compendiorum usum, quem iam ostendimus, comprobant loci, ubi A cum aliis codicibus, maxime BC, ipsa compendia seruauit, non solum in catalogo stellarum, ubi ratio spatii angusti detruncationem uerborum ad similitudinem papyrorum coegit (cfr. ad I^2 p. 38; u. I^2 p. 90, 7, 8, 12, 14; 108, 2, 11 114, 19; 120, 4; 150, 10; 164, 19; 166, 6, 9, 18 al.), sed etiam alibi, uelut σελήνη I^1 p. 326, 18; 502, 4; I^2 p. 382, 15; ἥλιος I^2 p. 387, 13; 595, 2; 599, 5, 19; 601, 9; περιφέρεια I^2 p 335, 11; 560, 22; 592, 10; 593, 1; 604, 9; τετράγωνον I^2 p. 366, 3; ἄρα I^2 p. 356, 12; 566, 3; cfr. praeterea I^1 p. 263, 6; I^2 p. 214, 5, 6; 532, 21; 569, 5.

uestigia antiquioris scribendi generis seruauerat in συνκρι-μάτων I^1 p. 23, 3 et similibus p. 29, 21; 84, 14; 220, 19; 259, 10; 261, 22; 267, 11; 405, 15; 452, 9; 495, 18; I^2 p. 190, 9; 529, 10; 530, 2; 531, 2, et in κατάλημψις I^1 p. 265, 14; 268, 11; I^2 p. 3, 6.

cum archetypo codicis D propius coniunctus erat. locos potiores, ubi BC contra AD in mendis consentiunt, supra p. XXVII posui; hic addam locos omnes ex libris II—IV, quibus AD uerum seruauerunt: I^1 p. 87, 14; 90, 18; 93, 2, 9; 95, 9; 98, 7, 15; 99, 4; 102, 11, 17; 105, 21; 106, 10, 21; 109, 22; 110, 3, 6; 111, 9; 112, 18; 114, 25; 115, 6; 119, 11, 19; 120, 16, 19; 122, 17, 21; 131, 7; 134, 5, 16, 36; 136, 3, 14, 19, 34, 35, 38, 39; 138, 28, 32; 148, 8; 153, 14; 154, 23; 155, 6; 153, 21, 22; 159, 19; 160, 1; 164, 18; 166, 1; 174, 10, 19, 24, 25, 31; 175, 10, 19, 20, 23, 25; 176, 17, 28, 30; 177, 5 ff., 26; 178, 12, 16; 180, 21; 181, 7, 9, 10, 26; 182, 12, 17, 21; 183, 6, 15; 185, 16; 186, 1; 187, 16; 191, 16; 193, 1; 195, 15; 210, 6, 19, 30, 36, 44; 212, 1—2, 15; 214, 3, 14, 26, 31; 221, 12; 230, 16; 238, 16; 241, 7; 244, 15; 246, 2, 14; 247, 5; 249, 9, 13; 252, 14; 253, 12; 269, 4, 16; 275, 7; 280, 11; 282^1, 7, 12, 14, 28; ^{2}, 28; 284, 5; 290^1, 8, 26; ^{2}, 36, 37, 45; 294, 15; 296, 20, 22; 297, 7; 301, 18; 305, 5; 306, 7, 21; 307, 16; 308, 11; 312, 1; 314, 20; 315, 2; 322, 22; 331, 11; 335, 20; 341, 3, 18; 344, 19. quibus locis menda communia habeant AD, ex iis, quae p. XXXIV congessi, perspici potest. minora quaedam, uelut I^1 p 97, 12, 17; 131, 21; 272, 13; 513, 3; I^2 p. 32, 20; 74, 7 (cfr. p. 94, 9—10);[1]

---

1) Hi duo errores ex confusione uersuum orti sunt.

76, 5; 541, 5; 549, 20, quorum nonnulla in A statim correcta sunt, casui tribuenda.

uerum tamen non raro A cum BC, h. e. cum archetypo eorum, aberrat, ita ut D solus ueram scripturam teneat; u. I¹ p. 46, 11; 55, 10; 87, 8; 99, 10; 121, 5; 128, 17; 155, 4; 191, 18; 195, 1, 14; 234, 1; 240, 15; 247, 6; 261, 17, 19; 267, 8; 301, 5; 321, 10; 360, 1; 461, 8; 470, 31; 510, 22; 513, 8; 540, 7; 545, 7; I² p. 4, 3; 30, 15; 31, 2, 21; 32, 12; 33, 19; 34, 11; 154, 4; 175, 13, 16; 179, 4; 180, 7; 183, 17; 186, 7; 187, 18; 198, 15; 199, 2; 203, 18; 204, 9; 206, 19; 209, 5; 214, 9; 345, 9; 351, 11; 352, 7, 12; 354, 22; 357, 4, 11; 363, 8; 373, 5, 23; 379, 4; 420, 3; 422, 1; 423, 17; 424, 7; 425, 9; 427, 8; 455, 13; 461, 11; 463, 2; 467, 22; 472, 3, 5; 474, 16; 478, 17; 479, 1; 480, 8; 481, 2; 483, 12; 488, 10; 497, 5; 504, 3, 20; 511, 14; 533, 14; 535, 17; 541, 1; 542, 18; 543, 20; 545, 2; 553, 4; 560, 10; 570, 1; 571, 12; 572, 17; 573, 17; 574, 10, 14, 17; 595, 22; 600, 13 (fortasse etiam I¹ p. 328, 23 et, quos nunc addo locos, I¹ p. 43, 2 ὑπὸ τό; 94, 6; 328, 1; 489, 13; I² p. 9, 4); lacunae maiores expletae I¹ p. 538, 7; I² p. 383, 24; 534, 8;[1]) interpolationes omissae I¹ p. 97, 15; I² p. 501, 16; leuiora sunt I¹ p. 168, 19; 277, 8; 313, 20; 360, 23; 385, 20; 420, 7; 486, 21; 491, 15; 492, 15; I² p. 34, 15, 18; 44, 10; 80, 9, 16; 212, 8, 13; 336, 11; 339, 1; 366, 1; 410, 15; 418, 6; 474, 4; 494, 18; 526, 1; 530, 18; 568, 4, 7; 592, 9; dubia I¹ p. 328, 23; I² p. 529, 17 et propter correctiones in aliis codicibus statim factas I¹ p. 96, 20; 99, 4; 301, 6; 426, 15; 456, 17; I² p. 69, 6; 224, 43; cfr. I¹ p. 520, 27, ubi numerus uerus in D prima manu in falsum ceterorum codicum mutatus est. I¹ p. 74, 16 quae D recte in textu habet, in B prima manu in mg. sunt (om. AC), p. 84, 5 in BC (om. A), p. 241, 14 in A¹B (om. C); I² p. 128, 18 interpolationem omisit D, quam BC in textu, A supra scriptam habet, I¹ p. 82, 2; 88, 17 interpolationem, quam A in textu, BC in mg. habent, p. 89, 3 quam A¹BC in mg. habent; de I¹ p. 364, 19, ubi B in textu interpolationem praebet, quam A¹C supra scriptam habent, dubitari potest ob fortuitam lacunam in D (I¹ p. 36, 18 uero D interpolatus est, cum interpolatio in A omissa, in BC in mg. sit). certissimi sunt loci quidam, ubi ABC a D discrepantes numeros praebent, quos falsos esse computando efficere possumus; eius generis hos no-

---

1) Fortasse etiam I¹ p. 266, 5.

taui: I¹ p. 175, 24; 176, 28; 180, 19; 187, 27; 244, 8; 309, 12;
466, 29; 508, 17 (cfr. p. 520, 10); I² p. 55, 5;¹) 99, 10;²) 105,
11;³) 151, 16;⁴) 220, 37, 50; 222, 35; 244, 44; 246, 7, 14; 363,
23; 366, 15; 403, 5; 440, 31; 476, 16; 477, 7; 483, 21; 522, 13
(his locis adnumerandum esse I¹ p. 48, 20 *νδ*, recte monuit
Fridericus Hultsch, Das Weltall II p. 52. etiam I² p. 32, 1
uerum esse τοϑ, intellexit Manitius). quare etiam in catalogo
stellarum contra A B C numeros longitudinis latitudinisque, quos
solus D praebet, recipere non dubitaui, ubi uerisimilicres uide-
bantur,⁵) u. I² p. 40, 6; 47, 15; 49, 13; 69, 6; 73, 15, 17; 75,
7, 13; 77, 9; 79, 15, 18, 19; 93, 11; 103, 3, 7, 8, 10, 15: 109, 11;
113, 7, 10; 115, 20; 117, 9, 15; 119, 3; 123, 9; 127, 3; 129, 4;
133, 4; 137, 17; 139, 12; 141, 5, 11; 143, 19; 147, 12, 19; 149,
5; 151, 6, 10; 155, 10; 157, 4, 13; 161, 5; 163, 16. :n numeris, maxime catalogi stellarum, saepius A ita cum D uel G
consentit, ut scriptura codicum B C supra addita sit, plerumque duobus punctis signata, u. I¹ p. 470, 17; I² p. 65, 11; 69, 16,
22; 71, 14, 16; 75, 6; 79, 17; 81, 11; 83, 9; 85, 19; 89, 3, 5;
91, 3; 93, 8, 15; 97, 11; 101, 12; 115, 6; 119, 8; 125, 11; 127,
5, 6, 8; 129, 6; 131, 9; 133, 8; 135, 3, 5; 137, 3, 7 154, 9;
155, 18; 159, 12; 161, 16; 163, 5; 165, 19; 169, 12; 220, 18,
34; 222, 23, 28; 224, 13, 22, 39; 226, 28, 29, 47, 48; 228, 11,

1) Hic praeter scripturam *γ ∟′ γ′* etiam *γ′* pro *δ′* uerum
est; nam summa p. 56, 6 ita demum constat.
2) Cfr. summa p. 100, 8, quae aliter effici non potest.
3) Numeri summae p. 104, 12, quales non modo in D sed
etiam in B sunt, ad scripturam codicis D solam adccmmodati
sunt; quales in A C sunt, concordant cum scripturis A B C hic
et p. 105, 11, sed eae a rerum natura abhorrent.
4) Consentit cum scriptura codicum B D p. 152, 3.
5) Semper mente tenui, me non catalogum stellarum ad
usum astronomorum edere, sed Ptolemaei, qualis ex memoria
codicum probabiliter restitui posset. itaque nullam scripturam
praetuli, quod ad rerum naturam propius adcederet, nisi per-
pensis rationibus palaeographiae et errandi probabilitate; iis
demum permittentibus illam secutus sum. uelut non dubito,
quin corrupti sint *μδ* p. 41, 9, *ν Γβ* p. 55, 5, *ιζ* p. 155, 18;
etiam p. 73, 13—17 in latitudine turbatum est. D secutus non
sum p. 51, 14; 57, 18; 73, 7 (*γ′* alt.); 77, 8 ob rationem stellarum uicinarum.

19; 232, 8, 27, 28; 234, 4, 9, 23; 236, 8, 30, 40; 238, 7, 32,
36, 48; 242, 10, 12; 244, 7, 21, 27, 40, 47; 246, 12, 15, 31, 32;
248, 12; 436, 12, 16, 44, 47; 438, 16, 21, 28, 48; 440, 7, 10,
21, 29, 33, 35, 36 (in D ut saepius error fortuitus), 48; 442,
21, 45, 49; 444, 21, 24, 25, 27, 33, 39, 46, 49; 506, 13, 23, 24,
26, 27, 28; 507, 14, 23; 522, 6, 10; 582¹, 34, 43; ², 11; 584¹,
33, 38; ², 41; 586, 43, et in erroribus I¹ p. 176, 6; I² p. 67, 19;
69, 13; 73, 13; 87, 2; 91, 10; 95, 7; 101, 5; 107, 8; 129, 12;
143, 6; 149, 10; 220, 8; 226, 12, 41; 244, 8; 438, 8, 10, 45;
440, 34, 41; 442, 8, 18, 50: 444, 30; 507, 28; 584¹, 30; cfr.
p. 93, 11. multo rarius scripturam codicum B C in textu habet,
alteram codicis D supra additam, u. I¹ p. 131, 17; I² p. 155,
12; 236, 13; 248, 38, cfr. I¹ p. 92, 8. hoc quoque fit, ut A
solus uerum praebeat supra scripta ceterorum scriptura falsa,
u. I¹ p. 92, 11; I² p. 71, 18; 73, 13; 135, 6; 137, 19; 149, 17;
232, 35; 440, 35; 584¹, 21. quaeritur igitur, utrum haec ipse
addidit librarius codicis A collato archetypo codicum B C, an
ab archetypo codicis A transsumpserit. .iam ex iis, quae p. XXVIII
dixi, adparet, eius modi scripturas uariantes iam antiquitus
adscriptas esse et in omnibus codicibus nostris ferri; et hoc
ualde confirmatur locis, quales sunt I¹ p. 94, 11, 16; 105, 13;
I² p. 476, 5; 490, 2; 491, 19, ubi iam in uno et altero codice
obscuratum est, quid sibi uellent illae scripturae duplices.
alibi quoque in A hoc genus corrigendi inuenitur (I² p. 145, 9;
165, 2; 228, 7; 236, 17; 248, 14; 436, 39; 440, 40, nec in numeris tantum, u. I² p. 68, 14 sq.; 84, 18; 454, 1), sine dubio ex
archetypo. testimonia manus correctricis nostris codicibus
longe antiquioris habemus non modo literas I² p. 116, 15—17;
122, 14—16 in A C adscriptas, quibus corrector aliquis ordinem
stellarum suo arbitrio mutare uoluit, sed etiam ξ illud, h. e.
ζήτει,¹) locis dubiis adscriptum non solum in B C (I² p. 81, 11:
83, 9; 85, 19; 87, 2; 93, 8, 11, 15; 95, 7; 127, 8), sed etiam
in A (I² p. 121, 22; 123, 4; 125, 14, 18; 135, 15; 137, 4, 7, 19);
quod ad exemplar redire, unde et A et archetypus codicum B C
fluxerit, ostendit consensus I² p. 113, 12; 121, 12; 125, 11;
129, 6; 131, 7, 11; 133, 5, 8; 135, 3, 6; 141, 12; p. 131, 6;
135, 5 scriptura uarians in A addita corrupta est; debuit esse
$\overset{a}{\iota\delta}$, non $\overset{\varDelta}{\iota\delta}$, et $\overset{\cdot\varsigma\cdot}{\gamma}$, non $\overset{\cdot\varGamma\cdot}{\gamma}$. cfr. de figuris I² p. 544, 549, 552,
558, 563.

---

1) Notum est, in codicibus Latinis ita usurpari *quaere*.

segregatis supra p. LVI erroribus, qui ad archetypum referri non possunt, restat, ut ea menda codicis A propria colligamus, quae quin archetypo tribuamus nihil obstat, quamquam sine dubio eorum quoque nonnulla ipsius librarii sunt. eius generis igitur haec notaui: I¹ p. 9, 3; 31, 3; 42, 1; 61, 40; 79, 5; 87, 10; 156, 16; 497, 6; I² p. 205, 10; 244, 29; 351, 1; 454, 9; 503, 12; 516, 11; 532, 2;¹) 548, 12, 22; 557, 4; 569, 13, interpolationem I¹ p. 30, 15 (cfr. p. 82, 2; 88, 17),²) lacunas I¹ p. 40, 12; 352, 6; 438, 8; I² p. 351, 20; 494, 17.

bonas scripturas proprias habet A his locis: I¹ p. 34, 11; 112, 3; 159, 16; 175, 7, 10; 211, 44; 218, 12; 229, 2; 245, 14; 268, 15; 295, 3; 352, 5 (cfr. p. 351, 21; 352, 23); 359, 15; 420, 12; 448, 10; 450, 20; 454, 20; 537, 14; I² p. 36, 23; 40, 15; 48, 19; 55, 9; 78, 5(?); 95, 11; 112, 14; 119, 10; 123, 12; 147, 18³); 178, 19; 229, 26, 37; 237, 43; 247, 36; 352, 1; 361, 22; 431, 12; 514, 10 (cfr. D); 572, 13; 597, 13 (adcedunt loci, ubi cum G solo uerum praebet, quos infra in examinatione eius codicis colligam). lacunam solus (nam de G incertum est) explet I¹ p. 398, 15, 17; interpolatione caret I¹ p. 236, 2; I² p. 60, 6. eum secutus sum non modo in ν epagogico ponendo similibusque minutiis, sed etiam I¹ p. 77, 19; 322, 23 (cfr. p. 323, 1, 3); 543, 9, ubi res ratione diiudicari nequit; debueram fortasse I¹ p. 279, 17, ubi nunc praefero: καὶ ταῦτα δὴ τὰ ἡμερήσια· λαβόντες οὖν ἑκάστου. I² p. 550, 13 propius a uero abest quam ceteri.

codex A, qui Mediceus est, a Jano Lascari, sine dubio ex oriente, asportatus est; fol. 2ʳ in mg. superiore legitur: Franciscus Attar Cyprius Prestanᵐᵒ viro Jano Lascari. in inuentario librorum eius (Nolhac, Mélanges d'archéol. et d'histoire VI p. 256) signatur: Πτολεμαίου ἡ μεγάλη σύνταξις, παλαιὸν, δευρα . . νον n⁰ 30 della 4. codices eius plerique ad Ridolfum cardinalem transierunt, sed in catalogo bibliothecae Ridolfianae (Montfaucon, Bibliotheca bibliothecarum II

---

1) Casu factum est, ut error e scriptura minuscula ortus uideri possit.

2) Cfr. I¹ p. 22, 7—8; 66, 7, ubi A interpolationem in D et BD ex scholio ortam non habet; similis ratio est p. 25, 21; I² p. 192, 19—21.

3) De his locis ex stellarum catalogo petitis u. quae dixi p. LXI not.

p. 774) noster non reperitur; nam n. 30 (sed quintae capsae, u. infra p. LXXII) praeter Syntaxin etiam Serenum continet. quare putauerim, eum postea ad Catharinam de Medicis peruenisse uel ad Petrum Strozzi, emptorem bibliothecae Ridolfianae (a. 1550), cui illa successit a. 1558 (u. Delisle, Le cabinet des manuscrits I p. 209 sq.).

Ex A mutilato descriptam esse primam partem codicis 8, Marc. supra p. XLVIII uidimus. cum A congruit I p. 216, 1 (γ' add. 312 m. 2); 218, 12; 219, 24 ($\check{\epsilon}\chi\eta$ e corr. m. 1), et index libri I postea additus est.

Ferrar. e cod. 8 descriptus est cod. 2; in catalogo enim stellarum 178 eas mutationes habet, quas Nicephorus Gregoras in cod. 8 fecit (u. supra p. XX), ut I² p. 39, 4 ο ο ς'] $\iota\zeta\,\varsigma'$, 5 $\iota\vartheta\,L'$, 6 $K\alpha\varrho$-$\varkappa\acute{\iota}\nu o\upsilon\;\gamma$, 7 $K\alpha\varrho\varkappa\acute{\iota}\nu o\upsilon\;\iota\alpha\;\varGamma o$, 8 κ $\varGamma o$, 9 $\varLambda\acute{\epsilon}o\nu\tau o\varsigma\;\delta\;\varsigma'$, 10 $\varLambda\acute{\epsilon}o\nu\tau o\varsigma$ $\iota\gamma\,\varsigma'$, 11 $\varLambda\acute{\epsilon}o\nu\tau o\varsigma\;\bar{o}$, et soli has scripturas praebent: I¹ p. 203, 12 $\tau\tilde{\omega}\nu$ om.; 205, 15 $\tau\tilde{\omega}\nu$] $\tau\acute{o}\nu$; 207, 14 $\tau\varrho\iota\alpha\varkappa o\sigma\iota o\sigma\tau\tilde{\omega}$] τ' 8, $\bar{\tau}$ 2; 207, 21 $\dot{\alpha}\pi o\delta\epsilon\acute{\iota}\varkappa\nu\upsilon\mu\iota$; 208, 7 $\tau\acute{\alpha}$] $\tau\acute{o}$; 210, 5 $\lambda\vartheta$] $\lambda\vartheta$; 218, 7 $\varkappa\acute{\upsilon}\varkappa$-$\lambda o\upsilon$, 17 $K A$. haec omnia in parte uetustiore codicis 8; in recentiore cod. 2 ita ab eo discedit, ut ad A propius adcedat, u. I² p. 594, 13 $\tau\tilde{\omega}\nu$] 2, $\tau\acute{o}\nu$ 8; 596, 21 $\tau\acute{\eta}\nu$ (pr.)] 2, $\tau\acute{o}$ 8; 597, 11 $\pi\epsilon\varrho\acute{\iota}$] 8, $\pi\varrho\acute{o}\varsigma$ 2 (= AB); 601, 13 $\pi\epsilon\varrho\acute{\iota}$] 2, $\pi\alpha\varrho\acute{\alpha}$ 8; 602, 4 $\pi\varrho o$-$\varkappa\epsilon\iota\mu\acute{\epsilon}\nu\alpha\iota\varsigma$] 2, $\pi\varrho o\varkappa\epsilon\iota\mu\acute{\epsilon}\nu\alpha\varsigma$ 8; 604, 8 $B\varDelta$] A, $B\varDelta$ 2 (= Ba), $B\varDelta$ 8. fortasse hic pristinum statum codicis 8 nondum resarcinati repraesentat.

Borbon. e cod. 2 rursus descriptus est cod. 11 ab eodem librario; III C 19 nam errores in cod. 2 demum ortos habet I¹ p. 21, 4 $\delta\acute{\epsilon}$ om.; 25, 3 $\varkappa\acute{\iota}\nu\eta\sigma\iota\nu$ om.; 28, 10 $\dot{\omega}\varsigma$ om.; 31, 5 $\gamma\epsilon$ om.

ex A praeterea pendent codd. 17, 18, 19, 20, 21, 22; nam in parte ex B suppleta manu a errores praebent, quos a demum commisit, uelut I² p. 13, 11 $\dot{\alpha}\pi\acute{o}$; 15, 6 $\varkappa\alpha\tau\acute{\alpha}$ om.; 27, 8 $\bar{\epsilon}$ (= Ba I² p. 11, 16; 15, 20; 254, 10 ¹), 16; = Da I² p. 16, 22; 18, 6; ubi Ba inter se dissentiunt, cum a faciunt, uelut I² p. 23, 5; 24, 19). alibi quoque, ubi collati sunt, cum A in mendis eius propriis conspirant, uelut I¹ p. 282¹, 23 $\varrho\varkappa\zeta$ 17, 18, 19, 22; p. 384, 5 $\varsigma\alpha$ omnes (corr. 17, 22); 387, 1 $\varLambda E$ 17 (corr. m. 1), 18, 19, 20, 21. unde adparet, consensum eorum cum a non ita explicandum esse, ut a ex aliquo eorum descriptum esse putetur, id quod etiam his locis demonstratur (cod. 20 recentior est): I² p. 250, 18 $\varkappa\iota\nu\acute{\eta}\sigma\epsilon\omega\varsigma$] a, 19, 21, om. 17, 22;

---

1) $\vartheta\epsilon\tilde{\iota}\sigma\vartheta\alpha\iota$ mut. in $\vartheta\acute{\epsilon}\sigma\vartheta\alpha\iota$ 18.

p. 250, 12 ἕκαστον] a, om. 18; p. 251, 15 γιγνόμενον] a, γενόμενον 18; p. 251, 25 ἐκ] a, ἐπί 18; I² p. 10, 19 ἐπομένον] a,
om. 19; p. 10, 22 εἰσίν] εἰσί a, om. 19; I² p. 10, 23 οἱ (alt.)] a,
om. 21; p. 19, 19 γ'] a, καὶ γ' 21.

ex I² p. 250, 18 κινήσεως] om. 17, 22 et cod. 6 colligi
potest, hos tres codices inter se artius coniunctos esse, nec
dubium esse potest, quin agmen ducat cod. 17, his locis collatis: I¹ p. 85, 4 ποιησάμενοι] A, ποιησάμενοι 17, 22, πιιούμενοι 6; Paris.
p. 208, 7 οἶμαι 17, ἡμῖν 6, 22; p. 216, 20 μέσον] A, μέcων corr. ex   2391
μέσον 17, μέσων 22 et 6; p. 218, 15 γινόμενος] A, mut. in γενόμενος 17, 22, γενόμενος 6; p. 221, 6 μείζονα] A, 17, 22, ἐλάσσονα
in ras. 6; p. 222, 12 ὑπό] A, del. 17, om. 22, 6; p. 222, 14 ΘΔΖ]
A, 6, corr. ex ΔΘΖ m. 2 cod. 17, ΔΘΖ A⁴, 22; p. 225, 2 ἴσαι]
A, 17 6, ὅμοιαι 22 et supra scr. m. 2 cod. 17; p. 226, 11 ἐπεί] A,
comp. καί ins. 17, καὶ ἐπεί 22, 6; p. 226, 15 ΖΒΚ] A, ἴσαι
ins. 17, ΖΒΚ ἴσαι 22, 6; p. 226, 14 εἰσὶν αἱ τρεῖς γωνίαι] A, 17,
post εἰσίν ins. αἱ γωνίαι, ἐπεὶ καὶ ἐναλλάξ mg. 17, εἰσὶν αἱ
γωνίαι, ἐπεὶ καὶ ἐναλλὰξ αἱ τρεῖς γωνίαι 22, 6; p. 227, 20 περι-
φέρειαν] A, 17, ὁ ΕΖ mg. 17, περιφέρειαν ὁ ΕΖ 22, 6; p. 229, 5
ὑπό (alt.)] om. A, supra scr. 17, hab. 22, 6; p. 230, 19 ΑΖΒ] A, 17,
τῇ ὑπὸ ΖΒΕ supra add. 17, ΑΖΒ τῇ ὑπὸ ΖΒΕ 22, 6; p. 230, 20
ΓΖΔ] A, 17, τῇ ὑπὸ ΕΖΔ supra scr. 17, ΓΖΔ τῇ ὑπὸ ΕΖΔ
22, 6; I² p. 255, 6 νεύουσι A, νεύουσι 17, νεύουσαν 22, 6. codicum 22 et 6 neuter ex altero descriptus est, ut hi loci demonstrant: I¹ p. 218, 3 ἐφ' — 4 ἀστήρ] 17, 22, om. 6; p. 219, 15
τὰς ὑποθέσεις] 17, 6, om. 22; p. 222, 16 ἐστιν ἴση] 17, 22, ἴση
ἐστίν 6; p. 223, 15 κύκλος] 17, 6, om. 22; p. 226, 22 τήν] 6, mut.
in τῇ 17, τῇ 22; p. 228, 22 ἐπεί] 17, 6, καὶ ἐπεί 22; p. 229, 6
ἡ (alt.)] 6, del. 17, om. 22; p. 229, 7 ἡ] 6, del. 17, om. 22. nihil Marc.
igitur relinquitur, nisi ut uterque ex cod. 17 descriptus sit, id 302
                                                                    Coisl.
quod confirmant et errores communes I¹ p. 27, 6 πάντα om., 172
24 καὶ τὴν αὐτὴν ἡγεῖσθαι; 29, 10 πρὸς ἄρκτους om.; 41, 4
ΑΒΓΔΕ; 216, 20 τοῦ] τῷ¹) et omnium trium cum A tum consensus (I¹ p. 282¹, 23; 290¹, 7, ²43) tum discordia (I¹ p. 282¹, 31,
ubi cod. 17 sine dubio computando uerum restituit). e cod. 6
has praeterea scripturas cum A consentientes notaui: I¹ p. 284², 17,
38; 384, 5 (corr. m. 2); I² p. 11, 16; 15, 20; 220, 20; 222, 12;

---

1) ἐν τῷ lin. 19 delere uoluit cod. 17 linea transuersa, sed
hanc rursus deleuit; ἐπιπέδῳ in ras. minore est.

236, 7, 18; 254, 10, 16; 256, 14; 262, 21; 263, 9; 269, 9; 270, 9; 275, 12; 276, 16 (*κς* in ras.); 277, 4; 281, 18; 282, 11; A correctum sequitur I¹ p. 244, 8, 29, 47; I² p. 276, 13; sed I² p. 274, 3 correctionem neglexit cum cod. 17. I² p. 264, 9 pro compendio lacunam habet (aliud supra scripsit). cod. 17 codicem A sequitur I² p. 48, 17; 136, 3, 4; 242, 9; 258, 22 (hic etiam de cod. 6 constat), A correctum I² p. 136, 3; 242, 10; 244, 40. I² p. 222, 3 *α* habet pro *λ* cum A, sed correxit (quare *λ* cod. 6, *α* 22); 280, 5 *πρὸς ὅ* cum *α*, sed *ὅ* deletum (quare *πρός* 6, 22). ab A discrepat I² p. 384, 3, ubi *ὀρθαί* facili coniectura addidit sicut C et cod. 18. I² p. 13, 20 *τὴν τῆς* habet cum Ba, *τήν* uel coniectura uel casu omittit et 6 et 22. indicem I¹ p. 3—4, 5 cum A omittunt 17, 20, aliunde habet cod. 6 fol. 265ʳ (fol. 265ᵛ incipit lib. I). interpolationes codicis 17 supra adlatae sine dubio ex F desumptae sunt; nam I¹ p. 225, 2; 226, 14, 15; 227, 21 cum eo concordant, et p. 208, 7 ex nullo alio sumi poterat $\left(\overset{\gamma\varrho.\,\tau\dot{\eta}\ \tilde{\iota}\nu}{o\dot{\iota}\mu\alpha\iota}\ F\right)$. p. 230, 19 cum E conspirat (*τῇ ὑπὸ Z E B* F), sed ib. lin. 20 ab eo discedit (*τῇ ὑπὸ E Δ Z* E). quod p. 226, 11 *καὶ ἐπεί* a m. 1 in textu habet ut E, casui tribuo; eandem interpolationem p. 228, 22 de suo habet cod. 22.[1])

Seld. 39   e cod. 17 porro descriptus est cod. 27, sicut exspectandum erat, quoniam, ut etiam cod. 22, eidem librario debetur; u. I¹ p. 6, 19 *ἄν*] om. 17, 27 (6, 22); 73, 10 *ὅπερ ἔδει δεῖξαι*] om. 17, 27 (22); 203, 7 *φιλομαθίας* 17, 27 (6, 22); 205, 8 *τῆς — ἐπουσίας*] om. 17, 27 (6, 22); 208, 11 *ἡμερῶν* post *ἐπουσίας* supra add. 17, habet 27. nec e cod. 22 descriptus est, quoniam I¹ p. 208, 14 *ὑπάρχειν τῷ μαθηματικῷ* habet cum cod. 17 ceterisque, non *τῷ μαθηματικῷ ὑπάρχειν* cum cod. 22, neque e cod. 6; nam p. 202, 24 *γε* habet cum cod. 17 ceterisque, quod omisit cod. 6. proprios errores habet I¹ p. 7, 18 *ἦθος*] *εἶδος*; 201, 11 *καταλαμβανόμε ν α*; 209, 10 *λ̄*] *λ̄ ἔγγιστα*; quare codd. 6, 22 ab eo deriuati non sunt.[2])

---

1) Codd. 6, 22, 27 e cod. 17 descriptos esse consentaneum est, antequam in manus Turcarum uenerit, quod sine dubio 1453 euenit. itaque, si cod. 6 a Bessarione scriptus est, hoc fecit ille, cum iuuenis adhuc in Graecia, maxime Constantinopoli, degeret (u. H. Vast, Le Cardinal Bessarion, Paris 1878, p. 17 sqq.).

2) Indicem I¹ p. 3—4, 5 habet aliunde suppletum (p. 2, 7 *ἐστι*, 15 *τῷ* om.; 5, 3 *ἰσημερινοῦ καὶ τοῦ λοξοῦ κύκλου.* numeros habet).

codd. 18, 19, 20, 21 cum cod. 12 coniunctos esse, demonstrat in erroribus propriis consensus I¹ p. 194, 21 *ἀνισότητά
τινα*; 200, 23 *τῆς σελήνης*; 202, 16 *τὸ αὐτό*] τοῦτο; 209, 21
πρῶτα] *πρῶτον*; 218, 20 *ἀκολουθεῖν* (corr. m. 2 codd. 19, 21);
231, 20 *συνάγεσθαι πάλιν*. et cod. 12 ipsum quoque ab A
deriuatum esse, ostendunt menda huius propria in cod. 12 Vat.179
obuia I¹ p. 9, 3 (etiam in 18, 19, 20, 21); 30, 15 ⌐etiam in
18, 19); 31, 3 (cod. 18, 19, 20); 40, 12—14 (corr. mg.); 79, 5
(cod. 18, 19, 20, 21, corr. 21); 156, 16 (cod. 18, 19, 20, 21;
263, 19; 352, 6; 438, 8 *B H*—9 *αὐτῶν*] *BH*, *HΔ* = A⁴; 497, 5, 6;
I² p. 351, 1 (cod. 19, 20, 21), 20—21 (cod. 19, 20, 21); 494, 17 (cod. 19,
20, 21); 516, 11; 532, 2 *κυκλυσμοῦ*; 548, 12 (cod. 19, 21); 22; 569, 13
(cod. 19, 21); 604, 8 (cod. 19, 20, 21).¹) indicem I¹ p. 3—4, 5
cum A om. 12, 19, postea add. in folio praemisso 21 et imperfectam 18 (om. p. 3, 4—16, p. 4, 4).

itaque dubium non est, hos quinque codices ab A oriundos
esse, sed uidendum, quo gradu.

iam primum ex I¹ p. 201, 11 *καταλαμβανόμεθα*] *καταλαμ-
βανόμεν* | 12, *καταλαμβάνομεν* 18, 21 (e corr. 12) adparet, codd. 18
et 21 e cod. 12 pendere. neque cod. 21 ex 18 descriptus est,
u. I¹ p. 5, 15 *ἐκλαμβάνοι*] 12, 21, *ἐκλαμβάνει* 18; p. 8, 11 *τά*] 12, 21,
om. 18; p. 11, 6 *δέ*] 12, 21, om. 18; p. 14, 8 *σχημάτων συνεστήσατο*] 12, 21, *συνεστήσατο σχημάτων* 18; p. 20, 14 *ᾠδήποτε*] 12, 21,
οἰῳδήποτε 18; p. 15, 18 *καί*] 12, 21, om. 18; p. 15, 21 *καί*] 12, 21,
om. 18; p. 193, 10 *αὐτήν*] 12, 21, *αὐτὴν ὥραν* 18; p. 201, 5
συμπαραλαμβανομένης] 21, *συμπλαμβανομένης* 12, *συμπεριλαμβα-
νομένης* 18; p. 206, 19 *οὕτως*] 12, 21, *οὕτω* 18; p. 207, 20 *βιβλίῳ*] 12, 21, *βίβλῳ* 18; p. 8, 17 et 10, 3 titulus in 12 euanuit
rubro colore scriptus, om. 18, habet 21. et codd. 12, 21 aliquando in eadem bibliotheca inter se uicini erant; notae enim
bibliothecarii p. XXV e cod. 21 adlatae prorsus similem habet
cod. 12 fol. 2ᵛ: *πίναξ. Κλαυδίου Πτολεμαίου μαθηματικῆς συντάξεως βιβλία τρισκαίδεκα καὶ πλέον* οὖ n° 28. hae notae ad
bibliothecam Ridolfi cardinalis referuntur; nam in inuentario
eius (Montfaucon, Bibliotheca bibliothecarum II p. 774) legimus

––––––––––

1) De codd. 18, 19, 20, 21 ea tantum notata habeo, quae
dedi, ita ut ex silentio nihil concludendum sit. addo, codd. 19,
20, 21 cum *a* in erroribus conspirare I² p. 604, 11, 12, cod. 20
cum A I¹ p. 40, 12—14, cum A⁴ I² p. 244, 29 (p. 220—49 om.
codd. 19 et 21).

inter codices mathematicorum: N. 28 Cl. Ptolemaei mathe-
matica syntaxis libri ⟨1⟩ 3. N. 29 idem opus. et Matthaeus
Devarius, qui cum Nicolao Sophiano catalogi illius auctor est
(Legrand, Bibliographie Hellénique I p. CLXXXVII), notas eius-
dem generis adposuit in aliis codicibus eiusdem originis, u.
Omont, Fac-similés de manuscrits grecs des XVᵉ et XVIᵉ siècles,

Paris.
2395 tab. 40². ¹) iam hinc ueri simile est, codicem 21 ex ipso cod. 12
in bibliotheca Ridolfi descriptum esse, id quod etiam scripturae suadent.²) manu posteriore multa mutata sunt, pleraque
ad cod. F, uelut I¹ p. 20, 3 ἔχει] ἐπέχει F, 21 (in quo tituli,
qui in cod. 12 euanuerunt, m. 2 additi sunt); p. 34, 5 ἔφαμεν,
p. 203, 24 καί] 21, mg. τάς, mg. γρ. τάς F²; p. 208, 11 ἡμερῶν
τξε; p. 225, 22 τῷ ΘΔ supra scr. ἴσῳ τῇ; p. 240, 16—17 om.,
m. 2: ε̄÷ περὶ τῆς πρὸς τὰ κατὰ μέρος τμήματα τῶν ἀνωμαλιῶν
κανονοποιίας: ∼ γρᵃⁱ περὶ τῶν κατὰ μέρος τῆς ἀνωμαλίας ἐπισκέψεων. et cod. F ipse quoque Ridolfi fuit; nam Mediceus
est (cfr. supra p. LXIV) et in inuentario supra citato sic recen-
setur: N. 33 Prolegomena magnae syntaxeos, Ptolemaei magna
syntaxis libri 13, alia quaedam eiusdem, Theonis Alexandrini
in magnam syntaxin, Theodosii sphaerica, Autolyci de sphaera
mota. sed corrector codicis 21 etiam codicem G usurpauit;
u. I¹ p. 207, 6 ἐξ] 21, mg. ἔκ τε, p. 223, 11 mg. ὥστε ἡ ὑπὸ
τῶν ΑΕΒ γωνία τῆς ὑπὸ τῶν ΒΕΓ ὑπερέχει δυσὶ ταῖς ὑπὸ
ΕΒΖ, utrumque ut G in textu. omnino homo peritus fuit,
uelut ad I¹ p. 209, 4 λᾱ, ubi cod. λς habet, non modo γρ. λα⁗
adnotauit, sed etiam: εὑρίσκω λα⁗⁗ ἔγγιστα, καὶ συμφωνεῖ τοῖς
ἑπομένοις. epilogus I² p. 608 casu periit, tabula p. 607 ultimam
paginam (fol. 261ᵛ) totam occupante.

Paris.
2392   de cod. 18 locus est dubitandi. nam quamquam plerumque codicem 12 sequitur, est, ubi meliora habeat, uelut I¹
p. 5, 22 καταγιγνόμενον] 18, καταγινόμενον 12, 21; p. 6, 20
ἀναμφισβητητῶν] 18, ἀναμφισβήτων 12, 21; p. 7, 25 δή] 18, δέ
12, 21; p. 17, 11 παρακεχωρηκυῖα] 18, παρακεχωρηκυίαν 12, 21
(corr.); p. 17, 21 αὐτῷ] 18, αὐτῶν 12, 21 (corr.); p. 18, 4 τά] 18,

---

1) Quo modo cod. 12 ex bibliotheca Ridolfi in Vaticanam
peruenerit, nescio; sed non omnes codices eius in bibliothecam
Regiam transiisse constat, u. Blume, Iter Italicum III p. 215.

2) Etiam ob genus scripturae in Italia scriptus esse uidetur.
charta filigranum habet apud Keinz l. c. tab. IV nr. 46 reprae-
sentatum.

τάς 12, 21; p. 18, 12 δέ] 18, om. 12, 21 (corr.); p. 18, 14 ὑπαν-
τήσειεν] 18, ἀπαντήσειεν 12, 21; p. 207, 3 ἔτει] 18, ἔτι 12, ἔτη 21
(corr.); I² p. 384, 3 ὀρθαί] 18, om. 12, 21 cum A. sed cum
nihil horum eius modi sit, ut librario mediocriter docto in
mentem uenire non potuerit¹), etiam codicem 18 apographum
ipsius codicis 12 esse statuerim. ²)

et hoc ea ratione, quae inter cod. 18 et correctiones
posteriores interpolationesque codicis 12 intercedit, ualde confirmatur. cod. 12 enim plurimis locis ad similitudinem codicis F,
ut uidetur³), a m. 2 mutatus est, praeterquam qued eadem
manus errores aliquot huius codicis proprios correxit. speciminis causa haec adfero adnotato simul codicum 18, 19, 21 uel
consensu uel dissensu: I¹ p. 6, 14 παντελῶς] 21, corr. ex παντελές 12 (ἀφανές mg. add. m. 2), παντελές 18 et 19 (corr. m. 2);
p. 7, 8 τῶν] 21, in ras. 12, τῆς 18 et 19 (mg. m. 2: C. S. τῶν);
p. 12, 19 ἄλλο] 19, 21, corr. ex ἄλλος 12, ἄλλος 18; p. 17, 1

1) Cfr. I¹ p. 7, 11 συμβάλλοιτο] 18, 21, συμβάλοιτο 12, 19
(corr.); p. 16, 11 ἐπιπροσθήσεις] 18, 19, 21, ἐπιπροθήσεις 12.

2) Librarium rei peritum produnt scholia ad I¹ p. 48:
ἡμέτερον. ἰστέον, ὅτι οὐ δεῖ δυσχεραίνειν ἐπὶ τοῖς καιονίοις, εἰ
ἡμέληται ἡμῖν ἐνταῦθα τὰ τῆς μοίρας καὶ λεπτῶν καὶ δευτέρων
γνωρίσματα κτλ. et ad p. 83: ἐμόν. δεῖ γινώσκειν, ὅτι ὥσπερ
κτλ. fol. 21ʳ in extremo libro I addita est prima pars tabulae I¹
p. 134—35 (ὀρθῆς σφαίρας ἀναφοραί). ad tabulas ex parte
imperfectas in primis foliis adiectas adscriptum est: καὶ ταῦτα
τὰ κανόνια ὀφείλουσι κεῖσθαι ἐν τῷ δῳ βιβλίῳ κατὰ τὴν κανο-
νογραφίαν τῶν ἰηετηρίδων τῆς τῆς ἀνωμαλίας ἐπουσίας τῶν
μέσων κινήσεων τῆς σελήνης (h. e. IV 4), fol. 3: τοῦτο τὸ κανόνιον ὀφείλει κεῖσθαι μετὰ τὸ ἐν τῷ ϛῳ βιβλίῳ τῆς συντάξεως κείμενον τῶν συνόδων κανόνιον (h. e. VI 3), fol. 316ʳ (ult.) ad tabulam imperfectam: καὶ ταῦτα τὰ κανόνια ὀφείλουσι κεῖσθαι
ἐν τῷ δ̄ βιβλίῳ ἐν τῇ κανονογραφίᾳ τῆς τῶν ἰηετηρίδων ἐπουσίας τῆς μέσης ἀποχῆς ☾ καὶ ☾, ὥσπερ καὶ τὰ ἔμπροσθεν ἐν
τῇ ἀρχῇ τοῦ βιβλίου τούτου κείμενα κανόνια (IV 4, fol. 1 sq.).
codex in bibliothecam Fonteblandensem peruenit paullo post
a. 1552 (u. Omont, Catalogues des manuscrits grecs de Fon-
tainebleau, Paris 1889, p. 458), sine dubio ex Italia.

3) Nam ex codicibus, qui interpolationes p. 222 sqq.
habent, F solus p. 209, 4 λγ, F et cod. 13 soli interpolationem
p. 16, 10 praebent. et uterque Ridolfi erat, u. p. LXVIII.

μόνως] 21, supra scr. 12, m. 2 add. 19, om. 18, 19; p. 20, 20 τοῦ]
18, 21, corr. ex τό 12, τό 19; p. 16, 10 ἀναφαίνεται] 12, 18, 19,
ἀναφέρεται τε καὶ ἀναφαίνεται 12 m. 2, 21, m. 2 (addito C. S.) 19;
p. 201, 5 ἂν αἰσθητόν] 21, corr. ex ἀναίσθητον 12, 19, ἀναίσθητον 18; p. 203, 1 δύναται] 19, δύνηται 18, 21 et e corr. 12;
p. 204, 10 ϑ΄] 18, 21, corr. ex ιϑ΄ 12, 19; p. 204, 23 μετὰ τά]
18, 21, corr. ex μετά 12, μετά 19; p. 205, 1 ὁμοίως] 18, 21,
supra scr. 12, om. 19; p. 205, 2 ζ΄] 18, 21, in ras. 12, 19; p. 207, 5
τάχιον] 12, 18, 19, πρότερον 21 (corr. m. 2) et supra scr. 12;
p. 208, 9 ἡμέραν] 21, in ras. 19, supra scr. 12, ὥραν 12, 18;
p. 209, 3 ἑνὸς κύκλου] α̅ κύκλου 12, 19, α̅ 𝑏 18, α̅ 𝑏 κύκλου 21
et 12 m. 2; p. 209, 4 λα̅] 19, mut. in λγ̅ 12, sed ita, ut γ
litterae ς similis sit, λγ̅ 18, λξ̅ 21; p. 222, 4 ἀνωμάλου ὑπεροχή]
12, 19, ἀνωμάλου (corr. ex ἀνωμαλίας 21) κινήσεως ὑπεροχή
18, 21, 12 m. 2, 19 m. 2; p. 224, 18 μέσην χρόνον] 12, 19, μέσην
κίνησιν χρόνον 18, 21, 12 m. 2; p. 225, 3 ΑΔΓ· καί] 12, 19,
ΑΔΓ· ὥστε καί 18, 21, 12 m. 2; p. 226, 14 εἰσὶν αἱ γ̅ γωνίαι] 19
et 12, γ̅ eras., mg. m. 2: ἐπεὶ καὶ ἐναλλὰξ αἱ τρεῖς γωνίαι, et
post ZBK lin. 15 ins. ἴσαι; εἰσὶν αἱ γωνίαι, ἐπεὶ καὶ ἐναλλὰξ
αἱ τρεῖς γωνίαι et lin. 15 ZBK ἴσαι 18, 21 (ἴσαι et αἱ γωνίαι —
ἐναλλάξ del. m. 2); p. 227, 20 περιφέρειαν] 12, 19, περιφέρειαν
ὁ EZ 18, 21, 12 m. 2; p. 230, 19 ΑΖΒ] 12, 19, ΑΖΒ τῇ ὑπὸ
ZBE 18, 12 m. 2, 19 m. 2, ΑΖΒ τῇ ὑπὸ ZB 21 (ZBE m. 2);
p. 230, 20 ΓΖΔ] 12, 19, ΓΖΔ τῇ ὑπὸ ΕΔΖ· ὥστε 18, 21
(ὥστε del.), 12 m. 2, 19 m. 2; p. 233, 1 μετά] 12, 19, μετὰ πάσης
18, 21, 12 m. 2 (= G); 261, 7 τῇ] 21, corr. ex τήν 12, τήν 18,
τήν 19.¹)

itaque correctiones codicis 12 omnes habuit codex 21, plerasque cod. 18; quare cod. 12 iam saeculo XV, cum cod. 18 de-
scriberetur, unam manum emendatricem passus erat. iam cum

1) Cfr. p. 205, 14 α̅] 19, euan. 12, om. 18, 21. meliora
paucissima praebet cod. 21, u. supra p. LXIX not. ¹) et praeterea
p. 205, 10 πρὸς τά] 19, 21, om. 12, πρὸς τάς 18 et supra scr. 12.
semper Κάλλιππος habet contra ceteros. cum cod. 19 casu
conspirat p. 203, 17 ἰσημεριῶν] 12, 18, ἰσημερινῶν 19, 21 (corr.
uterque), cfr. p. 200, 14 ἰσημεριῶν] 12, 21, ἰσημεριῶν 18, ἰσημερινῶν 19 (corr.). p. 263, 19 μ̊ o] 21, μ̊ A, 12, μ̊ ξξ 18, ō 19
uarios corrigendi conatus monstrat, quorum cod. 21 in uerum
incidit.

cod. 19, qui saec. XVI scriptus est, ne huius quidem correctiones agnoscat, ut ex locis modo adlatis adpareɩ, e cod. 12
descriptus esse nequit; nam ne hoc quidem fieri potest, ut
consulto mutationes posteriores neglexerit plerumque in mg.
uel supra uersum in cod. 12 adscriptas, quippe qui p. 261, 7
τήν habeat postea demum correctum, quamquam in cod. 12
τῆͺ ex τήν ita factum est, ut -ν prorsus eraderetur. adcedunt
alia, quae eodem ducunt, ut I¹ p. 18, 25 τοῦ τοῦ] 19, τϽῦ 12, 18, 21
(corr.); p. 198, 7 μέρους] 19, μέρος 12, 18, 21 (corr.) p. 200, 11
κατεστοχάσθαι] κατεστοχᾶσθαι 19, καταστοχάσασθαι 12, 21 (corr.),
                        σα
καταστοχάζεσθαι 18; p. 201,11 καταλαμβανόμενοι 19 (cfr. p. LXVII);
p. 202, 15 αὐτῶν] 19, αὐτήν 12 (in ras.), 18, 21 (corr.ͺ; p. 202, 18
ἐπὶ τῶν] 19, om. 12, 18, 21; p. 206, 5 τῶν] 19, τόν 12, 18, 21
(corr. 18, 21); p. 208, 11 τῶν] 19, om. 12, 18, 21 (corr.ͺ; p. 209, 11
ἐπί] 19, ἔτι 12, 18, 21; p. 219, 17 αὐτῇ] 19, αὐτῶν 12, 18, 21
(corr.); p. 220, 4 ὡς] 19, om. 12, 18, 21; p. 221, 6 μείζονα] 19,
ἐλάσσονα 18, 21 (12 e corr.?); p. 224, 2 ὑπό (alt.)] 19. om. 18, 21
(12?); I² p. 384, 3 ὀρθαί] 19, 18, om. 12, 21 (et A). ϧaec omnia
suadent, ut communem archetypum codicum 12 et 19 statuamus; nam artissime eos inter se cohaerere, iam ex locis adlatis constat. cod. 19, cuius specimen dedit H. Oꓱont, Fac-
similés de mss. gr. des XV° et XVI° siècles, tab. 36, postea
correctus est, ut uidetur, a m. 1 alio atramento, quae codice
cum G coniuncto utitur, u. I¹ p. 197, 12 διαμαρτάͻει corr. in
διαμαρτηθείη, μή deletum et additum post καί lin. 13; 209, 7
mg. γϱ. λαβόντες (ut 21); 221, 6 mg. ἐλάσσονα; 222, 4 post
ἀνωμάλου add. κινήσεως, 20 post ΖΚΔ add. γωνία; 223, 11 mg.
ὥστε ἡ ὑπὸ τῶν ΑΕΒ γωνία τῆς ὑπὸ τῶν ΒΕΓ ὑπερέχει δυσὶ
ταῖς ὑπὸ ΕΒΖ (ut 21); 225, 1 ΔΗΘ mut. in ΔΗ, 22 post τῷ
add. ἴσῳ τῇ; 226, 14 ἐπεὶ καὶ ἐναλλάξ ins.; 230, 19 post ΑΖΒ
add. τῇ ὑπὸ ΖΒΕ, omnia ut G. sed I¹ p. 218, 9 ἕνεκα in ἕνεκεν
mutauit (cum cod. 1, 8 et D) et p. 230, 20 post ΓΖΔ ins. τῇ
ὑπὸ ΕΖΔ, utrumque contra G; I¹ p. 9, 13 post ἐναργέσι add.
καί cum cod. 1, a quo rursus discrepat p. 222, 4 (κινήσεως non
habet cod. 1) et p. 16, 10 (ἀναφέρεταί τε καί add. 19, non 1);
cum eo et cod. 7 concordat p. 8, 15 (δέ del.), sed hoc fortasse
coniecturae debetur. quod interdum in corrigendo aɩdidit C. S.,
significare uidetur, scripturas eas ex alio codice ϶etitas esse
ac ceteras; sed quid sibi uelint litterae illae, nescio; inueniuntur u. c. ad p. 7, 8; 16, 10 (hoc ut F, utrumque ut cod. 13);

66, 7 (τετράγωνον] mg. C. S. τετράπλευρον = F). cod. 19 Mediceus
est; in catalogo bibliothecae Ridolfinae (Montfaucon l. c. II
p. 774) praeter tres codices supra p. LXVIII notatos refertur:
N. 30 idem opus (h. e. syntaxis), Sereni de cylindri sectione,
eiusdem conica. qui codex an noster sit, dubito; altera enim
pars Paris. gr. 2367 esse potest, qui ipse quoque Mediceus est
et Mantuae fuit a. 1510 (u. Sereni opuscula p. X).

archetypus igitur codicum 12 et 19 ex utriusque testimonio
hos habuit errores proprios: I¹ p. 6, 1 ἐμφαντικόν (corr. 21
m. 2), 14 παντελῶς, 20 ἀναμφισβήτων; 7, 8 τῶν] τῆς, 11 συμβάλοιτο, 25 δέ; 8, 5 προγεγονώς; 17, 1 μόνως om.; 20, 20 τοῦ] τό;
21, 21 ἔφημεν; 32, 1 ἐκ om.¹); 33, 15 τέτμηται²); 194, 21 ἀνισό-
τητα] ἀνισότητά τινα; 199, 10 ἐπιλογισμούς; 200, 9 δόξοι, 23 σελή-
νης] τῆς σελήνης; 201, 5 ἀναίσθητον, 11 καταλαμβανόμενοι²);
202, 13 ταύτῃ, 16 τὸ αὐτό] τοῦτο, 23 προσήκει νομίζομεν³), 24 γε
om.; 205, 1 ὁμοίως om.; 206, 10 νξγ´] νξγ´ ἔτους; 208, 11 τῶν
om. (add. m. 2 cod. 19, 21), 16 τάς] τά (corr. 19), 22 τοιαύτῃ]
αὐτῇ (corr. m. 2 cod. 19, 21); 209, 22 πρῶτον; 218, 20 ἀκολουθεῖν (corr. m. 2 cod. 19, 21)¹); 219, 14 τῶν] τῶν τάς (corr. 19, 21);
222, 10 σημείοις] om. (supra scr. 12, mg. m. 2 cod. 19); 224, 20 ἐπειδήπερ (corr. 19, 21); 261, 7 τῇ] τήν. eodem referendi ii loci,
ubi error codicis A non occurrit, ut I¹ p. 61, 40 β (non νβ)
12, 19; p. 87, 10 γωνιῶν (non τῶν γωνιῶν) 12, 19; I² p. 205, 10
πλανωμένων 12, 19; p. 244, 29 μ] ε 12 (= CD, λε A, λϑ A⁴,
tabulam om. 19, 21). discrepantiae I¹ p. 199, 10; I² p. 244, 29
indicio sunt, archetypum illum e D correctum fuisse. cum
cod. 18 eiusque sequacibus nihil eum commune habuisse,
ostendunt errores utriusque proprii (u. loci modo citati et de
cod. 17 supra p. LXV, cfr. I¹ p. 82, 25 τμημάτων om. 17, p. 222, 18
μείζων] ἐλάττων 17, contra 12 et 19). itaque casui tribuendum,
quod cod. 12 et 17 in scriptura καταστοχάσασθαι I¹ p. 200, 11,
cod. 18 et 27 in omittendo πρός p. 201, 23 conspirant, nec
καταλαμβανόμεν in cod. 12 ex scriptura codicis 27 καταλαμ-
βανόμενα p. 201, 11 ortum est. omnino nihil est, cur non
putemus, archetypum codicum 12 et 19 ex ipso A descriptum esse.

---

1) His tribus locis de cod. 12 nihil compertum habeo.
2) Ueri simile est, ex hac scriptura corruptum esse κατα-
λαμβανόμεν | 12.
3) προσήκειν e corr. 18, 19, νομίζειν e corr. 21.

itaque ea pars codicis A (I¹ p. 200, 7—209, 20), quae nunc
non exstat, tempore satis recenti periit, scilicet saeculo XV
post lacunas reliquas resarcinatas (et alioquin mirum esset,
eam simul ab eodem librario suppletam non εsse); nam
codd. 8, 17 et archetypus codd. 12, 19, qui ceteris lacunis
expletis scripti sunt, hanc non habuerunt.   tribus igitur testibus illis has scripturas a nostra discrepantes codici A resti-
tuere possumus: p. 200, 9 δόξειε] δόξοι (8, 12, 19. δόξῃ 17;
δόξοι fortasse recipiendum est); 201, 15 θεωρῆται] θεωρεῖται
(19, 17 sed corr., θεωρῆται 8, 12 facili emendatione): 202, 3 τε]
γε (omnes; quod recipiendum est), 13 ταύτης] ταύτῃ (omnes);
204, 10 θ'] ιθ' (12, 19, 17, sed corr. omnes, α' corr. ex ιθ' 8);
208, 22 τοιαύτη] αὐτῇ (omnes).   ut nos habuit p. 200, 11 κατε-
στοχάσθαι; 201, 11 καταλαμβανόμεθα (8, 17); 204, 20 Κάλιππον
(similiter p. 206, 7; 207, 2, 4, 11, 17); 205, 11 λείπουσαν τό.

a cod. 19 pendet editio princeps (ed. S. Grynaeus, apud   ed.
Basil.
Jo. Walderum Basil. 1538 fol.).   nam non modo scripturas
archetypi codd. 12 et 19 supra p. LXXII adlatas habet p. 6, 1, 20;
7, 8; 8, 5; 194, 21; 200, 9, 23; 201, 11; 202, 23 (πρσσήκειν ν.);
219, 14; 224, 20, uerum etiam eos errores, qui in cod. 19
demum orti sunt, p. 218, 19 μέν om.; 221, 9 πρῶτον⌐ πρότερον;
p. 9, 13 ἐναργέσι καί cum 19 correcto.   correctionum codicis 19
aliae receptae sunt, ut p. 7, 16 τό (sec.), quod postea inseruit 19,
p. 219, 18 ἐκκειμένων (mg. 19), 25 ἡ (ὡς ἡ 19, sed ὡς del.),
pleraeque spretae, ut p. 197, 12; 218, 9; 222, 4, 20, de quibus
u. p. LXXI, p. 218, 20 ἀκολουθεῖν; 222, 10 σημείοις om. (cfr.
p. LXXII).   a cod. 19 in meliorem partem discrepat I⁻ p. 226, 12
ἡ (καὶ ἡ 19); 284¹, 41 γ (ιγ 19); I² p. 9, 29 ἐπομένου (om. 19).
haec et si quae alia sunt eiusdem generis, correctori tribuenda.
nec cod. 19 ipse in manibus typothetarum fuit, sed apographum
eius partim erroribus mutationibusque deprauatum partim correctum tabulisque deficientibus (u. p. XXV) auctum.   ex tali
enim exemplari descriptus est cod. 20, nec aliam rationem   Paris.
2394
proprietates eius explicandi dispicere possum. nam primum
apertissime cum cod. 19 coniunctus est, u. I¹ p. 9, 13 ἐναργέσι
καί; 201, 11 καταλαμβανόμενοι; 218, 19 μέν om ; 221, 9 πρότερον. deinde solus cum ed. Basil. in his erroribus consentit:
I¹ p. 5, 16 ζητητέον; 9, 20 ὡς om.; 13, 14 ἀπάσης; 15, 21 ἀνάπαλιν; 43, 7 ἐλάσσονα semel om.; 207, 25 μέρος] ἡμέρας; 213, 46
—49 om.; 220, 16 ὁ om. etiam I¹ p. 284¹, 41 γ; I̅² p. 9, 29
ἐπομένου cum ed. Basil. concordat, non cum cod. 19.   tamen

ex ed. Basil. descriptus esse nequit propter discrepantias, quales
sunt I¹ p. 195, 13 λ΄] τῇ λ΄ 20; 207, 10 δ΄] καὶ ἔτι τέταρτον, 11 δ΄
μόνον] καὶ δ΄ μόνον καί, 17 ἡμέραν μίαν] ἡμέρᾳ μιᾷ; 217, 14 Δ]
Δ τό; 224, 2 κίνησις τοῦ ἀστέρος¹); 229, 6 ἡ ὑπὸ ΑΔΒ καὶ ἡ]
αἱ ὑπὸ ΑΔΒ καί, omnia ut cod. 1 (a D, cum quo consentit I¹
p. 216, 11 περιφερειῶν, discedit p. 207, 11; 224, 2). itaque
apographum illud codicis 19, postquam editioni Basileensi
seruiuerat, ad codicem 1 eiusue adfinem correctus erat et ita
demum librario codicis 20 ad manus fuit, qui etiam de suo
quaedam mutauit, ut I¹ p. 201, 15 ἀποκατάστασιν] 1, ed. Basil.,
κατάστασιν 20; p. 222, 2 φανερόν] 1, ed. Basil., δῆλον 20. quod
archetypum anno 1220 confectum se descripsisse contendit, id
omnino falsum est, quoniam supplementa codicis A saeculo XV
inserta sine ullo dubio (p. LXVII) ob oculos habuit; aut in anno
mundi computando errauit aut fraudem facere uoluit.

Laur.
28, 47
1. I—III

prior pars codicis 4 (libb. I—III) sua uitia habet satis
grauia, ita ut nullus nostrorum inde descriptus esse possit,
uelut I¹ p. 4, 13 πολλοῖς om.; 5, 5 καί] τε καί; 6, 18 προσέρχη-
ται; 10, 5 τοῖς παλαιοῖς om., 12 περιγιγνομένους, 14 γῆν] γῆν
τέλεον; 11, 1 ἐγγίνεται, 19 ὁρμώμενα] φερόμενα; 15, 3 ἐκλειπ-
τικὰς φαντασίας] ἐκλείψεις; 19, 2 τῶν — 3 ὄντων] ὑπὸ γῆν,
8 ἀπολαμβάνεσθαι om.; 20, 6 καλουμένων om.

ad A eum pertinere, adparet ex I¹ p. 30, 15; 31, 3; 40, 12
—13; 42, 1; 156, 16, ubi eosdem errores praebet, et index
libri I p. 3—4, 5 deest; I¹ p. 79, 5 περιφιρείας habet. praeterea
eas scripturas praebet, quas supra p. LXXIII codici A restitui I¹
p. 201, 15; 202, 3, 13; 204, 10 (ι- ins. m. 1); 208, 22 et p. 200, 11;
201, 11; 205, 11; quod p. 200, 9 δόξει, p. 204, 20 cet. Κάλλιππον habet, nullius momenti est. a cod. 17 non pendet, quoniam p. 204, 22 alt. τό habet (om. 17), p. 205, 8 τῆς — ἐπουσίας (om. 17), nec ab archetypo codicum 12, 19; nam scripturae
huic supra p. LXXII restitutae in cod. 4 non inueniuntur I¹
p. 6, 1, 14; 7, 8, 25; 17, 1; 20, 20; 200, 23; 201, 11; 202, 16, 23, 24;
205, 1; 206, 10; 208, 11; 209, 22, et p. 61, 40 νβ habet cum A
(non β). quae communia habent, leuia sunt, ut I¹ p. 6, 20
ἀναμφισβήτων; 7, 11 συμβάλοιτο (corr.); 8, 5 προγεγονώς; 201, 5
ἀναίσθητον; 202, 15 αὐτήν; 208, 16 τά, nec errores, in quibus
hic illic cum aliis codd. consentit, ut I¹ p. 10, 18 ἀποδιδο-
μένους = E m. 1; 14, 17 πρὸς αἴσθησιν om. = 1 (sed hic post

---

1) in ras. 20, compendio scriptum 1.

μέρη lin. 18 add. λαμβανομένη); 20, 19 μέσου om. = 1; 200, 19
τό] τῷ = 18; 201, 23 πρός om. = 18 al.; 203, 4 καὶ τάς = D
al.; 205, 2 ιζ´ = B; 207, 12 μέν om. = CG, eius modi sunt,
ut ex ipso A eum descriptum esse non liceat statuere.

    etiam cod. 25 ab A pendet, cuius errores proprios habet Monac.
I² p. 369, 13; 454, 9; 494, 17; 503, 12; 516, 11; 53², 2; 548,   ¹⁵⁹
12, 22; 557, 4; 569, 13. etiam I² p. 361, 22 ΓΔΕ et in sub-
scriptione libri XII cum A solo consentit, I¹ p. 17, 3, 14, 16,
19, 22; 19, 23, 24; I² p. 560, 10; 561, 5, 18; 562, 17; 563, 17
cum ABC, I² p. 561, 23 cum ABD, I² p. 560, 19 cum AD.
cum libri I—X desint praeter particulam libri I lectu difficilem,
in adfinitate eius definienda longius progredi non licet; sed
nihil obstat, quin eum apographum ipsius A existimemus.

    codicem 9 ipsum quoque ab A pendere, testimonio est, Mutin.
quod indicem libri primi aliunde sumpsit (u. supra p. XXI) II F 9
et scripturas supra p. LXXIII codici A restitutas praebet I¹
p. 201, 15; 202, 3, 13; 208, 22 (p. 204, 10 ϑ´, p. 203, 9 δόξει
habet ut cod. 4, sed p. 204, 20 cett. Κάλιππον). praeterea
I¹ p. 25, 20 οὐδέτεϱα; 77, 19 ΘΖ; 79, 5 περιφερείαις; 209, 20
ΔΕ codicem A presse sequitur. I¹ p. 47, 20 ἐστιν ἥ] ἐστιν 9,
ἐστι 17 fortuitum est; neque enim deinde ἡ καταγραφή habet
ut 17, a quo etiam p. 204, 22; 205, 8; 208, 11 (τξε, non τξε
ἡμερῶν) discedit. archetypum codicum 12, 19 non sequitur I¹
p. 6, 1, 14, 20; 7, 8, 11, 25; 17, 1; 20, 20; 200, 23; 201, 5, 11;
202, 16, 23, 24; 205, 1; 206, 10; 208, 11, 16; 209, 2². p. 8, 5
προγεγονώς leue est, nec multo plus tribuo scripturis cum cod.
18 consentientibus I¹ p. 12, 19 ἄλλος; 20, 14 οἰῳδήποτε; 204, 23
τά om. et per se satis probabile est, Janum Lascarin, qui
Georgio Valla amico utebatur (cfr. Centralblatt f. Bibliotheks-
wesen I p. 382 sq.) et eo ipso tempore, quo cod. ε scriptus
est, Venetiis commercium librorum cum eo habebat, tum ei
thesaurum suum commodasse. errores proprios hos notaui:
I¹ p. 4, 13 ὑπάρξας; 6, 25 καί om.; 15, 15 καί om.; 28, 8 φαί-
νεσϑαι om.; 203, 13 διακρίτους, 18 τε om. mirum est p. 7, 4
συνεργεῖν] συνεργοῦ 9, quod etiam G habet ex συνεργοι correctum (συνεργοί 14, sed corr.). codicis G manus 2 omnino codice 9
uti uidetur, cfr. I¹ p. 4, 8 κεχωρικέναι] χωρίσαι supra add. 9
m. 1, G m. 2; 20, 13 παραληπτέον] προσ- supra adc. 9 m. 1,
G m. 2.

    e cod. 9 descriptum esse codicem 24, testatur subscriptio Scorial.
supra p. XXVI adlata.   Ω-I-1

itaque propaginis codicis A hoc stemma effectum est:

A

suppletus				nondum suppletus	
Paris. 2391	Monac. 159	Laur. 28, 47 lib. I—III	x	Mutin. II F 9	Marc. 312 pars antiqua
					Ferrar. 178
				Scorial. Ω—I—1	
Seld. 39	Marc. 302	Coislin. 172 .			Borbon. III C 19
Vatic. 179				Paris. 2393	
Paris. 2392	Paris. 2395			y	
				Paris. 2394 ed. Basil.	

Halma uol. I p. XLVI[1) — LII multis uerbis suos codices describit, scilicet

1) A nostrum p. XLVI—L, quem imprimis se secutum esse ait et reuera secutus est,

2) F nostrum, p. L — LI, quem uocat „manuscrit de Florence marqué 2390", quia Catharinae de Medicis fuit. usus eo est ad lacunas codicis A supplendas (p. L).

3) C nostrum, p. LI, ubi etiam de Marciano 312 loquitur, cui nunc adiacent litterae nonnullae Halmae ad Morellium de catalogo stellarum ad cod. 312 conferendo; cfr. Halma II p. 435 not.

4) Vaticanum 1038, quem 560 signat p. LII, sed suo numero in ima pagina LXXVI.

habuit etiam G et Pariss. 2391, 2392, p. LII. uol. II p. 435 not. queritur, codices 3 et 4 a iustis possessoribus repetitos esse. scripturae discrepantiam in fine uoluminum dedit, sed ultra librum VIII non progreditur; reliquam partem alii uolumini reseruare uoluit (cfr. II p. 448), quod, quantum sciam, nunquam prodiit.

pro fundamento usus est editione Basileensi, qua re factum est, ut multa menda eius in suam editionem transferret, uelut ea, quae supra p. LXXIII adtuli, I[1] p. 5, 16; 9, 13, 20; 13, 14; 15, 21; 43, 7; 194, 21; 202, 23; 207, 25, alia.

---

1) Errore typographico LXVI.

Peruenimus iam ad codicem D eiusque adfines.   D
primum manuum diuersarum, sed aequalium, quae codicem
scripserunt, conspectum dabo.
fol. 1—2 et in parte fol. 280ᵛ quaedam a Ptolemaeo aliena
scripsit manus recens. fol. 3 mg. sup. Almagestus ptholomei in astrologia. fol. 3—14 manu clara et satis pulchra,
quae litteris magnis inclinatisque et atramento badio utitur
(a), Syntaxeos I¹ p. 3—34, 4. fol. 15ʳ in angulo dextro superiore
signatum est $\overline{B}$. fol. 15—37 manu neglegenti et deformi, quae
litteris minoribus et alio atramento coloris parum constantis
utitur (b), I¹ p. 34, 5—133, 16. fol. 38—95 manu b, quae
etiam tabulas scripsisse uidetur, quamquam in iis atramenti
color interdum diuersus est, I¹ p. 134—344, 1 τρίτην (fol. 39ʳ
$\overline{\varepsilon}$; fol. 47ʳ $\overline{\varsigma}$; fol. 72ʳ $\overline{\Theta}$ ex parte recisum; fol. 80ʳ $\overline{\iota}$); uersus
finem b maioribus litteris utitur et manui a similior fit. fol.
96—136 manu a atramento badio I p. 344, 1—465. 23. fol.
137ʳ uacat. fol. 137ᵛ—138 manu b, ut uidetur, eiusque atramento I¹ p. 466—471. fol. 139—156 manu pulchra antiquitatem
adfectanti, quae litteris maioribus quam b, minus inclinatis
quam a, atramentoque bono utitur (c), I¹ p. 472—546; uersus
finem semper neglegentior fit et minoribus litteris compendiis-
que plurimis utitur; in fol. 146ʳ medio pauci uersus manu a
scripti sunt. fol. 157—164 manu b eiusque atramento incon-
stanti I² p. 1—35, 1. fol. 165—211ʳ manu rigida, litteris
magnis et reclinatis, atramento nigro (d) I² p. 35, 1—277, 4
εὐθείας; p. 205, 3—206, 3 mg. addidit manus a, p. 257, 15
ἀπέχῃ — 23 ζῳδιακοῦ in summo fol. 205ᵛ scripsit manus
pulcherrima, quae optime scripturam minusculam saeculi X
repraesentat. fol. 211ᵛ—226 manu simili litteris minoribus
atramento pallidissimo et uarianti (u. p. 317, 7; 325; 326, 18;
331, 9) I² p. 277, 4—348, 11 ἀπέχοντα; haec manus (e) sensim
ad similitudinem manus d transit et fortasse eadem est. fol.
227—234 manu c eiusque atramento, sed interdum minus bono,
I² p. 348, 12 τόν—385, 3. fol. 235—239ʳ manu e atramento
uario I² p. 385, 3—405, 12; manus e hic manui d similior est.
fol. 239ᵛ—280ʳ manu c atramento uario, interdum eo quo utitur a, interdum obscuriore, I² p. 405, 12 ad finem; manus c
hic parum constans et interdum manui a simillima. fol. 280ᵛ
mg. inf. manu bibliothecarii: $\measuredangle$ φῦ σ ἑβδομήκοντα ἑπτά $\maltese$. in
medio folio manu antiqua multis compendiis: Πρόκλου εἰς τὸ
τοῦ Πλάτωνος ῥητὸν πρὸς Τίμαιον εἰς τὸ μίαν μὲν ἀφεῖλεν ἀπὸ

τοῦ παντὸς μοῖραν (Proclus in Timaeum p. 471, 10 τὰ γὰρ — 23
σύγκειται, ed. Schneider). ¹) adparet, complures librarios
quaterniones inter se partitos simul in codice describendo occupatos fuisse, nec genus codicis in aliis partibus aliud est,
nisi quod manus d errores orthographicos pauciores committit
ceteris.

   D neglegentissime scriptus est; lacunas ex libris I—IV has
enotaui: I¹ p. 14, 3; 17, 14, 19; 19, 4; 25, 11; 32, 15; 33, 8;
36, 15, 17; 38, 5; 39, 7; 44, 8, 17; 46, 3; 65, 3; 72, 8, 13;
76, 2, 10; 90, 4; 91, 17; 100, 2; 107, 23; 109, 16; 130, 3;
145, 5; 146, 11; 149, 6; 153, 6; 157, 10; 207, 2; 216, 12—14;
223, 3; 224, 13; 225, 3; 226, 23; 227, 17; 230, 13; 231, 23;
233, 3; 242, 2, 8; 245, 24; 250, 1, 14; 267, 15; 275, 10; 276,
4; 297, 7; 299, 23; 302, 8; 308, 5; 310, 12; 312, 10, 14; 321,
14; 336, 8, quarum pleraeque sine dubio ipsi librario tribuendae, sicut quas statim expleuit errore animaduerso p. 12, 22;
68, 23; 228, 22; 236, 11; 259, 17 — 262, 5; ²) 318, 17; praeter
dittographias meras, uelut I¹ p. 168, 8; 429, 10; I² p. 280, 13;
328, 20; 332, 19, frequens genus errorum id est, ut oculus
librarii ad idem uocabulum alio loco propinquo positum aberrauerit, ita ut uerba aliquot falso loco repeterentur: I¹ p. 223,
10; 311, 11; 371, 17; 393, 16; 410, 8; 514, 20; 529, 14; I²
p. 281, 17; 300, 12; 344, 16; 589, 8; 591, 6; raro errorem
statim animaduertit: I¹ p. 47, 9; 501, 17; 537, 23; 538, 3; I¹
p. 418, 15. I¹ p. 484, 17 sqq. falso in mg. repetiit, quasi deessent. in orthographicis saepissime peccat librarius, uelut in
o et ω permutandis (u. ad I¹ p. 12, 20; 29, 23; 104, 18; cfr.
praeterea I¹ p. 5, 22; 12, 16; 13, 12; 16, 13; 17, 22; 27, 21;
28, 22; 37, 12, 14, 15; 42, 20; 117, 9; 143, 13 al.; raro correxit ipse, uelut I¹ p. 17, 9; 103, 3; 142, 3; 208, 14), in αι
et ε permutandis (I¹ p. 68, 21; 216, 4; 221, 19; 263, 15; 337, 3;
525, 12; I² p. 9, 1; 30, 18; 31, 7; 80, 5; 281, 7; 393, 7; cfr.
I¹ p. 13, 1; 14, 15; 23, 18), ob itacismum (u. ad I¹ p. 4, 3;
104, 18; cfr. praeterea I¹ p. 4, 1, 2; 13, 9; 16, 8; 17, 22;

---

1) Lin. 11 τόνου] διατόνου, 13 τρισί] τισι, 15 τό] bis om.,
16 τοῦ] τῶν, 19 παρεισάγειν] περιττὸν ἐπεισάγειν, 22 τῶν] om.,
τά] om. figura λαβδοειδής adest ex tribus triangulis composita,
quibus hi numeri adscripti sunt: α, β, γ, βΔΔ, θΔΔ — ϛ, ιβ, ιη,
η, μη, κζ, ρξβ — τπδ, ψξη, ͵αρνβ, ͵αφλϛ, ͵γυνϛ, ͵γοβ, μτξη.
   2) Hic unum folium praeterierat; cfr. ad p. 260, 23.

45, 1; 66, 18; 67, 6; 79, 2; 84, 14; 115, 21; 117, 9; 158, 14;
205, 4; 270, 14; 273, 19; 277, 10; 317, 1; 323, 13: 536, 2; I²
p. 176, 4; 279, 4; 289, 9; 308, 7; cfr. rasurae I¹ p. 8, 24; 17,
15; 19, 23 al.), in consonantibus non geminandis (I¹ p. 9, 8;
21, 14; 24, 12; 66, 16; 115, 4 al., et statim correctum p. 65,
15) aliisque minutiis, quales e libro I hae sunt: I¹ p. 10, 21
(cfr. p. 11, 14); 13, 18; 14, 7, 13; 15, 21; 16, 16; 20, 7, 21, 23;
21, 4, 20; 22, 1, 2, 4, 6; 23, 1 (cfr. 24, 15); 24, 21; 25, 17; 26,
23; 27, 6, 18, 20; 29, 12; 31, 12; 38, 13, 19; 40, 17; 41, 15,
22; 42, 1, .7, 10; 43, 9; 45, 23; 47, 21; 66, 2; 67, 5, 10; 68, 2;
72, 16; 73, 7; 74, 13; 75, 11; 76, 3, 9; 77, 6, 10: 84, 24, et
statim correctae p. 6, 13; 7, 1; 19, 12, 15; 22, 16; 27, 19; 29,
2; 36, 14, 17; 38, 9; 44, 6; 46, 6; 47, 3; 71, 10; 75, 15, 17;
83, 5, 22.¹) nam quamquam D hic illic cum uno et altero
ceterorum codicum eiusmodi menda communia habet, uelut I¹
p. 20, 14; 133, 22; 140, 1 — p. 19, 21; 42, 11; 66, 7; 130, 17;
I² p. 355, 2, propter frequentiam non dubito ea, si summam
spectes, librario ipsi tribuere, sicut fortuita ex ipsa ratione
codicis D orta, quorum exemplo sint I¹ p. 14, 8, 19; 66, 8;
111, 4; 113, 16; 406, 1 (cfr. p. 29, 5; 70, 2; 269, 17). ad eundem refero etiam maximam partem locorum, ubi in numeris
aperte erratum est, uelut in libro I p. 49, 28, 32, 37, 44, 46;
53, 21, 37, 38, 39, 40, 45; 55, 4, 17, 18; 57, 3, 13, 15, 37, 46;
59, 2, 24; 61, 17, 30, 46; 63, 13, 36, 42; 78, 7, 11, 12; 80, 28,
37; 82, 25; 83, 2, 10, 13, 22, imprimis saepe in ς et γ permutandis, uelut I¹ p. 59, 14; 100, 11; 132, 13; 138, 3; 140, 33;
176, 6, 25; 181, 7; 343, 1; I² p. 67, 19; cfr. I¹ p. 177, 5 ς et ι
et p. 63, 31; 174, 24; 178, 15 ς et ε permutatae. omnino librarius sensum eorum, quae scribebat, parum curauit (cfr. uerbi
causa I¹ p. 72, 7; 92, 18; 113, 3; 117, 14; 461, 9; I² p. 178, 3)
et haud raro monstra uocabulorum effecit, uelut I² p. 44, 10;
64, 23; 87, 1; 260, 14; I² p. 357, 14 et errores ccnsimiles in
uocabulis longioribus I¹ p. 118, 20; 122, 19; 125, 22; 123, 1;

---

1) I¹ p. 67, 6; 100, 7; 119, 17; 132, 2 al. uerum supra
scripsit falso non deleto; I¹ p. 98, 22; 100, 20; 175, 13 falsum
puncto adposito deleuit. est, ubi in corrigendo errauerit, uelut
I¹ p. 84, 14; 95, 13; 98, 7; 276, 7 et delendo I¹ p. 40, 5;
46, 19. in minutiis orthographicis summa est inconstantia; ἀεί
et γίνεσθαι praefert, sed u. I¹ p. 18, 21; 19, 1; 30, 15 al. et
p. 115, 16, 20; 116, 5, 24; 148, 3; 166, 20, al.

124, 4; 132, 9, 18 (correctus I¹ p. 193, 8). plura infra in compendiis illustrandis dabimus.

D⁴   errorum bonam partem complures manus correxerunt; quarum D⁴ tam raro inuenitur, ut non sine causa omnino de ea dubitaueris, uelut nunc correctiones I¹ p. 102, 10, 11; 104, 6; 276, 3—4; 367, 15; 374, 9; 375, 14, 15, 20; 382, 12; 474, 2, 10; 475, 19; 537, 14 potius manui secundae tribuerim. ¹) aliquanto certior est manus recens I¹ p. 91, 17; 98, 4; 126, 11, 12, 14; 188, 17; I² p. 2, 1; 14, 14; 15, 4.

D² D³   D² scriptura minuscula antiqua, atramento uario tum rauo tum uiridiore utitur. D³, quam initio tantum distinxi, eadem esse uidetur atque ea, quam supra p LXXVII signaui c, eique longe plurimae et correctiones et scholia debentur. atramento utitur badio, et postea eam scripsisse quam D², ex compluribus locis adparet. quare cum utraque codici aequalis sit et distinctio incerta, hic eas coniunctim tractabo. duos minimum homines in corrigendo occupatos fuisse, ostendit eadem correctio bis facta, plerumque aut ita, ut et in textu et in mg. facta sit (I¹ p. 262, 14; 278, 12; 342, 19; 436, 3; 452, 3; I² p. 27, 6; 171, 19; 177, 22; 190, 17; 212. 16; 214, 20; 215, 9, 17; 216, 1, 10, 12; 217, 3; 218, 18; 219, 6, 9, 11;²) 266, 2; 447, 22, cfr. I² p. 211, 17), aut ita, ut compendium et alio clariore et omnibus litteris persçriptis explicetur (I¹ p. 374, 1; 379, 8; 404, 23; 412, 17; 422, 20; 430, 2, cfr. I¹ p. 424, 6, 13; I² p. 377, 8); cfr. praeterea I¹ p. 239, 14; 425, 20; I² p. 63, 8. correctionem iam a D factam repetit D² I¹ p. 12, 22; 251, 1; 302, 11; 308, 16, 17; I² p. 209, 11. multo rarius idem locus uarie corrigitur, ut I¹ p. 410, 6 δηλωθέντος] mut. in δὴ δοθέντος D², sed rursus correctum addito ἐσφάλθη; I² p. 213, 1 καθ' ἕκαστον] καθ' ἕν D, καθ' ἕνα D², sed mg. καθ' ἕκαστον; 347, 8

---

1) His locis atramento uiridiore utitur, quam solet.

2) His undecim locis scriptura in mg. ex alio exemplari (ἀλλαχοῦ) adlata in ceteris codicibus nostris est, cum D prima manu ab iis discrepet; etiam p. 217, 9 in numerorum notis saltim aliqua discrepantia est. p. 219, 2 καὶ μόνον refertur ad codicis D additamentum (λῆ) v̄β̄ λ̄ pro λ̄ϑ. p. 217, 16; 218, 6 etiam D² a ceteris codicibus differt. G quoque his locis plerumque cum ABC consentit, etiam p. 217, 16 (o]τo); 218, 6, nisi quod p. 216, 1 ,γν habet pro ,ξν, 10 νζ mut. in ν; p. 218, 4 λ̄ϑ.

ἐλάβομεν] λαμβάνωμεν D, λαμβάνομεν D², sed mg. ἐλάβομεν;
420, 2 ἐκκειμένης] προκ/ D, προκειμένης D², sed mg. ἐκκειμένης;
cfr. p. 207, 6; I¹ p. 270, 13; 430, 18; 446, 16; 447, 11; 465, 18.
nonnullae harum correctionum, quae in nullo codicum ABCG
reperiuntur, interpolationis speciem prae se ferunt, ut I¹ p. 9,
13; 10, 18; 11, 3, 8; 15, 20; 16, 5; 17, 19; 23, 3 (ὅσῳ); 31, 12;
32, 3; 33, 3; 37, 14 (τῶν); 38, 9; 42, 1, 7; 47, 1; 64, 9; 116,
21; 219, 23; 220, 10; 227, 4; 229, 2; 275, 5; 376, 17; 385, 13;
389, 2; 394, 20; 395, 22; 415, 5; 416, 21; 424, 7; 437, 2; 454,
21; 465, 4; I² p. 189, 16, 21; 190, 19; 196, 9; 210, 22; 415,
10; 465, 3; 475, 4; 498, 11; 521, 3. eiusdem generis sunt
correctiones grammaticae, ut σπόνδυλος ¹) pro σφόνδυλος restitutum I² p. 6, 3; 10, 20; 172, 4, 15: 178, 1, 4, 21 et similia
I¹ p. 22, 13; 25, 20; 66, 1; 85, 12; 112, 11, ν epagogicum ante
consonantes deletum (omisit fere G) I¹ p. 196, 14; 197, 9; 198,
8; 204, 22; 207, 5 al., uocabulorum in extremo uersu diuisio
mutata I¹ p. 84, 22; 85, 5; I² p. 21, 7; 291, 2; 294, 10: 310,
2: 392, 15; 419, 18; 472, 9, 16: 480, 16; 510, 3; 578, 1, interdum mire (I² p. 210, 18; 290, 8; 435, 11; 499, 8; 508, 4; uersum in uocalem terminari uoluit), signa numeralia aliter descripta tum recte (I¹ p. 340, 16, 17; 341, 20; 344, 8; 346, 21)
tum sine causa (I¹ p. 270, 13; 344, 7; 347, 11). errores orthographicos habet I¹ p. 6, 19; 117, 9; I² p. 396, 16 (cfr. I¹ p. 228,
21). numeros ex sua computatione corrigit I¹ p. 247, 4; 316,
6; I² p. 473, 21; cfr. p. 498, 10. manifesto interpolatio depre-
henditur, ubi error recte animaduersus male correctus est, ut
I¹ p. 20, 18; 21, 18 (ὧν); 64, 23; 84, 10; 103, 22; 117, 2; 145,
9; 157, 13; 193, 3; 256, 15; 307, 21; 320, 19; 353, 20: 412,
16;²) 480, 8; I² p. 25, 19; 338, 21: 392, 14; 494, 6; 571, 12.
haec omnia igitur arbitrio librarii D² tribuenda sunt. sed plerumque correctionem ex aliis codicibus petiit, ut ex ἀλλαχοῦ
illo (cfr. supra p. LXXX not.) addito similibusque adparet. duo
minimum exemplaria eum inspexisse, ex I¹ p. 347, 17 ὡς ἔν
τισιν ἀντιγράφοις concludi potest. quorum unum codicibus BC
propius fuit quam codici A (u. I¹ p. 195, 15; I² p. 218, 4) et
in primis codici C adfine (I¹ p. 12, 23 ᾖ καί; 224, 16: 226, 23
= C²; 394, 10; 405, 7; 423, 3; I² p. 175, 4; 408, 17: 503, 1
= C²; 593, 1. si I¹ p. 228, 21 λείπει ἐνταῦτα non ad uerba

---

1) Hoc habet B I² p. 110, 11—18.
2) εὐθεῖ tachygraphice pro εὐθεῖα non intellexit.

lin. 22—23 in D· suppleta refertur, sed ad lacunam fortuitam codicis C, hunc ipsum habuit). alterum G fuit eiusue gemellus; nam I¹ p. 31, 5 μελλήσαντες; 104, 6 (κέντρῳ, -ντρῳ in ras. G³); 161, 15; 251, 23; 269, 4 ποιούμεϑα; 309, 13; 313, 24; 318, 24; 319, 21; 339, 12 διαφόρ̇; 344, 4 ᾱ Γ′′; 347, 13 ᾱ γ′′ ὥρ⁰; 353, 25; τῷ κύκλῳ (corr. G²); 359, 15 καὶ διὰ τοῦτο τό (hoc e corr.. G¹); 367, 17 ὑφιστώμεϑα; 409, 4 μέν; 411, 12; 412, 11 οὖσα; 431, 13; 432, 11 τά om. G; 452, 2; 523, 17; I² p. 22, 13 Γο (supra scr. καὶ τρισὶ πέμπτοις G¹); 29, 2 ᾱ] G (δ G⁴); 177, 22; 192, 20; 193, 4 ἔννατος; 202, 16; 387, 9 δ’ ἐπί G; 466, 16 ῑε; 468, 18 ὑπὸ τῶν; 474, 14; 575, 16 (ΑΔ) scripturae a D² restitutae in G reperiuntur solo.¹) cfr. quod I² p. 20, 3 μοίραις om. G (add. G⁴).

hinc explicantur correctiones duplices I² p. 347, 8 (λαμβάνομεν G); 416, 9 (ZM G). sed quas I¹ p. 106, 18; 374, 9; 379, 24 ex alio libro se sumpsisse testatur, eae ne in G quidem sunt, quae I¹ p. 210, 1 addit (= p. 212, 46—48), omisit G.

figuras quoque interdum a D² additas esse, constat ex I² p. 517, 12.

eliminatis, quoad fieri potuit, propriis codicis D mendis restat, ut de archetypo eius quaeramus.

iam lacunas primum eum hic illic habuisse, adparet ex spatiis uacuis in D postea demum expletis I² p. 405, 16; 408, 16; 410, 6, 8; 411, 23; I¹ p. 382, 19 additamentum ad lin. 12 pertinuit; cfr. notae sine dubio ab archetypo transsumptae I¹ p. 29, 13 λείπει; 171, 18 ⌣, et fortasse p. 150, 20 ξῆᵗ G, quae ad lacunam lin. 16 pertinere uidetur; I¹ p. 509, 5 lacuna relicta est. tabulae I² p. 230—37 fortasse iam in archetypo deerant.

uestigia orthographiae uetustioris seruabat in consonantibus non adsimilatis, ut ἐνκ. I¹ p. 14, 15; 24, 6; 335, 19; 348,

---

1) Ex G etiam minutias petisse potest, quales sunt ἐξέλιπεν I¹ p. 303, 19; 314, 21; 315, 3, 9; 329, 9; 332, 17; 346, 16; ἀκρόνυκτον I² p. 332, 1, 3; 334, 6; 336, 6: 338, 11; 339, 7, 11, 15; 340, 7, 10; 342, 1; 343, 15, 16, 17, 20 cet. (p. 331, 17 hoc a m. 1 in D restitutum, p. 331, 12, 14; 332, 4; 336, 11; 341, 25; 345, 10; 357, 6 al. in textu est); ἀμετάπειστον I¹ p. 6, 18; Μεχείρ p. 196, 7. dubia sunt I¹ p. 205, 15 τήν] e corr. G²; 309, 12 ἐστίν] seq. ras. G; p. 374, 18 G = B. I² p. 579, 23 γρ. supra scripsit nulla scriptura uarianti addita.

3; 503, 24; 504, 11; 512, 13; 526, 5; I^2 p. 35, 12; 189, 9; 193, 18; 194, 2; 197, 12, 15, 22; 198, 2, 7; 200, 1; 278, 9 (cfr. p. 367, 13), *ἐνπ.* I^1 p. 104, 5; 505, 8; I^2 p. 530, 2; 531, 2; *ἐνλ.* I^1 p. 276, 18; *συνμ.* I^2 p. 194, 1, 25; 196, 12; 203, 23 (cfr. ad p. 192, 21), cfr. praeterea *συνξ.* I^1 p. 416, 5; *ἐγλ.* ρro *ἐκλ.* I^1 p. 501, 8 al.; *ἐμ* pro *ἐν* I^1 p. 127, 19; I^2 p. 6, 4, 7; 22 8; *λημψ.* I^1 p. 30, 9; 394, 21; 395, 2; 402, 7; 461, 6; 527, 18 535, 18; 537, 3; I^2 p. 200, 17; 202, 12; 208, 21 (semper fere correctum, cfr. I^1 p. 6, 14; 24, 13; I^2 p. 450, 9; 580, 16). elisionem omisit I^1 p. 9, 7, 15; 10, 1; 11, 3, 8 (D^2): 12, 19; 13, 2, 10, 11; 14, 9; 16, 7; 18, 18; 19, 20; 24, 10; 25, 8, 9; 40, 2; 42, 4; 78, 2 cet. (sed saepius etiam contra ceteros codices elidit D, u. I^1 p. 6, 16; 9, 6; 10, 20; 14, 2; 18, 22; 20, 5; 25, 21; 27, 4; 28, 4, 10; 34, 16; 35, 13; 46, 9, 22; 47, 13; 73, 11; 74, 13; 78, 8, 15; 83, 3, 4 cet.). *ν* epagogicum saepe etiam ante consonantes posuit, u. I^1 p. 4, 16; 20, 2; 24, 14; 33, 4; 34, 15, 16; 39, 13; 77, 15; 105, 17; 106, 9, 22 al., cfr. p. 18, 15; 22, 1; 41, 20 (multo saepius contra ceteros omittit D, u. p. 9, 1; 11, 16; 13, 4; 14, 11, 23; 16, 5, 13; 19, 11; 28, 5; 31, 14; 37, 16 al.).

in numeris haud raro scripturae uariantes additae erant, plerumque quas habent ceteri codices (I^1 p. 49, 12, 13, 14, 17, 23, 29, 39, 40, 42; 51, 17, 42, 44; 53, 20, 22, 24, 25, 26, 27, 28; 80, 14, 23, 25, 40, 44, 48, 49, 50; 114, 11; 282^2, 13; 321, 5; 519, 12; = BC p 128, 16), rarius ita, ut textus cum ceteris consentiat, scriptura uarians discrepet (I^1 p. 51, 18, 26, 27, 33, 36, 42, 43, 46; 53, 30, 33; 80, 9, 23, 27, 28, 33, 37, 39, 42, 45; 235, 26; 247, 6; 249, 20), interdum in mg. (I^- p. 51, 3, 4, 8, 20, 38, 44, 45), interdum in ipsa linea (I^1 p. 80, 29, 43, 46), id quod confirmat, has uariantes iam in archetypo fuisse. I^2 p. 40, 2 additur *ζήτει*, quod alibi quoque reperitur, u. I^1 p. 150, 20; 182, 20; 186, 30; 191, 11; 209, 12; 241, 14 I^2 p. 39, 6; 41, 18, 21; 42, 5; 214, 17. ad has scripturas uariantes archetypi refero *Δ* (h. e. *διώρθωται*) I^1 p. 459 in extremo libro V.

porro ex magno numero uitiorum codicis D pro certo concludi potest, archetypum uocabula non diremisse, u. I^1 p. 23, 3; 42, 10, 19; 66, 16; 116, 12; 162, 19; 217, 1; 224, 12; 244, 18; 247, 4; 320, 19; 341, 4; 342, 7, 8; 343, 2, 18; 346, 21; 347, 13; 351, 14; 368, 16; 371, 16; 405, 13; 495, 3; 515, 12; I^2 p. 32, 2; 183, 14; 200, 9; 210, 20; 218, 5; 259, 1; 308, 7; 392,

13; 495, 4; 580, 3. et litteris uncialibus eum scriptum fuisse, ostendunt permutatae litterae, quae in unciali tantum scriptura inter se similes sunt, $\varDelta$ et $\varLambda$ I^1 p. 15, 25; 25, 2; 494, 17; 529, 18, $\varGamma$ et T I^1 p. 18, 17; 23, 14; 24, 21; 30, 5; 31, 5; 95, 18; 100, 5; 202, 3; 247, 16; 367, 9; 489, 7; I^2 p. 180, 11; 186, 12; 198, 17; 199, 20; 510, 15; 513, 12 (cfr. I^1 p. 494, 22, ubi litterae T forma antiqua papyrorum seruata est), $\varGamma\varGamma$ et IT I^1 p. 117, .2, $\varDelta$ et $\varLambda$ I^1 p. 22, 5; 273, 20; 486, 17, cfr. $\varDelta H$ et $\varLambda N$ I^1 p. 461, 2; $\varLambda$ et $\varDelta$ I^1 p. 377, 8; I^2 p. 146, 11; 277, 1, $\varPi$ et T I^1 p. 156, 3; 168, 7; 495, 14; I^2 p. 122, 4; 134, 5; 138, 9, 13; 166, 13; 430, 7, H et N I^1 p. 231, 2; 529, 13, H et $\varPi$ I^2 p. 380, 1, O et C I^1 p. 27, 9; 97, 16; I^2 p. 369, 7, $\varTheta$ et O I^1 p. 97, 3; 114, 14; I^2 p. 159, 14; 262, 3, E et O I^1 p. 115, 9, cfr. I^1 p. 123, 23 $\bar{\varepsilon}$ et c, et I^2 p. 28, 9; Z et $\varXi$ I^1 p. 34, 10, 12; 78, 6; 174, 16; 335, 19; I^2 p. 475, 19; 512, 20 al. (litterae $\varXi$ forma antiqua seruata est I^2 p. 282, 4, 6, 19). eiusmodi permutationes in numeris frequentissimi sunt, $\varLambda$—$\varDelta$ I^1 p. 49, 20; 51, 8, 14, 27; 59, 3, 8; 61, 3, 5, 15, 27, 32; 63, 35; 80, 13, 33; 134, 11; 138, 18; 174, 29; 176, 6, 9; 177, 26; 179, 27; 180, 17, 25; 182, 30; 183, 26; 184, 16, 17; 185, 19; 186, 27, $\varLambda$—$\varLambda$ p. 51, 12, 39; 80, 20; 140, 3; 183, 31; 187, 6, $\varDelta$—$\varLambda$ p. 92, 5; 106, 5; 180, 23; 186, 18, E—$\varTheta$ p. 55, 23; 59, 18; 61, 28; 129, 2; 134, 12; 138, 13; 175, 16; 179, 14; 186, 28, O—$\varTheta$ p. 83, 5; 130, 6; 131, 5, O—C p. 138, 24, H—N p. 61, 31, $\varLambda H$—NI p. 174, 9, ne plura. ι adscriptum habuit, u. I^1 p. 23, 4; 218, 17; I^2 p. 279, 6. qualis fuerit illa scriptura uncialis, significatur errore I^1 p. 461, 9, ubi $\varLambda$ pro X scriptum est, id quod ex scriptura maiuscula graciliore, cuius specimen est fragmentum Bobiense (Wattenbach, Scripturae Graecae specimina² tab. VIII), optime explicatur.

nec ab eo genere scripturae abhorret ratio compendiorum, quae quidem ad archetypum referri possint. nam ipsos quoque librarios codicis D compendiis usos esse, uel inde adparet, quod locis quibusdam uersus finem quaternionum, ne spatium constitutum excedatur, numerus compendiorum magnopere augetur (u. p. LXXVII); nec desunt in correctionibus manus secundae codici aequalibus, uelut 1) notae tachygraphicae uulgares "$\alpha\iota\varsigma$ I^1 p. 438, 19; 511, 18; I^2 p. 21, 14: ᶜ$\alpha\nu$ I^2 p. 520, 7; 553, 4; ᵛ$\alpha\varsigma$ I^1 p. 500, 9; I^2 p. 181, 5; 408, 17, 18; 412, 15; 521, 9, 10; 531, 12; 536, 14; ᵟ$\alpha\varrho$ ($\gamma\acute\alpha\varrho$) I^2 p. 383, 8 (cfr. I^1 p. 411, 3);

// ειν I¹ p. 444, 2; I² p. 298, 14; *;;* εις I¹ p. 22, 1; 545, 6; I²
p. 392, 13; *⌐* εν I¹ p. 218, 1; 329, 6; 369, 19; 392, 3; 516, 1;
I² p. 5, 23; 20, 3; *⸓*ης I¹ p. 528, 23; 529, 6; I² p 134, 16;
453, 10; 496, 10;¹) *⌒* ιν I² p. 296, 15; 559, 8; *⸍*ις I¹ p. 419, 17;
I² p. 16, 14; 261, 19 (errore *⸓* posuit I² p. 191, 4); *⸌* ον I²
p. 414, 6 (male); *∂* οις I¹ p. 387, 17; I² p. 433, 18; 497, 1;
578, 5; *υ* ους I² p. 392, 13; *⌒*ων I¹ p. 518, 7; I² p. 531, 12
(*ʳ* ων I¹ p. 427, 15); *ᴕ* ως I¹ p. 200, 15: *‾* ν I¹ p. 222, 15, 22;
I² p. 366, 18; 370, 7, 13; 372, 7; 374, 7, 14; 527, 14 *ⱦ* τα ad
I² p. 381, 8; *⸌* και I¹ p. 100, 2; 400, 2. — 2) notae singulorum uerborum *⸖* δέ I¹ p. 130, 6; 375, 20; I² p. 555, 12;
·/· εστίν I¹ p. 99, 19; 411, 20; 412, 17; *⸗* εσται I¹ p. 414, 3;
δδ ημέραι I¹ p. 270, 13; *ϛ* αριθμός, *ϛϛ* αριθμοί I¹ p. 444, 15
(cfr. p. 384, 16); 457, 9; 465, 5; I² p. 428, 12; 434, 15; 448, 4;
500, 18; *ξᵅ* uel *ξξᵅ* I¹ p. 358, 10; 374, 1; 379, 4; 387, 17; 410,
2; 411, 6; 420, 17; I² p. 371, 3; 373, 22; 415, 11; 484, 19;
517, 10; 520, 8, 13 al.; *⸗* παρά I¹ p. 360, 11; 362, 2; *⁻*² p. 435,
1; 450, 11; 524, 19; 529, 14; 531, 12. — 3) notae hiero-
glyphicae *ΔΔ* τρίγωνα I¹ p. 100, 4; *□* τετράγωνον I¹ p. 33,
5; *⊙* κύκλος I¹ p. 353, 25; 480, 8; I² p. 421, 11; 567, 3; 591,
1; *◠* ημικύκλιον I¹ p. 371, 9; 424, 6; 430, 2; 443, 22; I²
p. 194, 7; *⌐ᵅ* περιφέρεια I¹ p. 373, 18; 374, 5; 376, 22; 449,
15; 452, 3; 455, 6; I² p. 202, 23; *☽* σελήνη I¹ p. 347, 6; 348,
4; 364, 19; I² p. 30, 8, 20; *☉* ἥλιος I¹ p. 364, 19; *☽☉* σύνοδος
I¹ p. 294, 14; *☌* διάμετρος I¹ p. 379, 24; 422, 20; 423, 13;
⁻ᵅ εὐθεῖα I² p. 370, 6; *⊥* ὀρθός I² p. 384, 3 (cfr. p. 427, 7). —
4) abbreuiationes *κ* κέντρον I¹ p. 104, 6; 358, 3, 10, 24;
415, 19, 20; I² p. 419, 5; 538, 5; *κᵛ/* κύκλος I¹ p. 280, 2;
I² p. 181, 5; 200, 6; *ⱦ* τουτέστι I¹ p. 231, 23 (cfr. p. 359, 14);
ᵉπ̅ περί I² p. 179, 4; 538, 21; *ᵝμ̅* μεσημβρία I¹ p. 126, 11, 12;
γ̅ γωνία I¹ p. 99, 19 (cfr. p. 418, 4); *ᴵμ̅* μέγιστος I¹ p. 480, 8;
ΓΧ γίνεται I¹ p. 379, 8; *ᴧπ̅* πλάτος I² p. 182, 14.

eorundem generum compendia etiam a manu prima satis
multa habet D, uelut 1) *"*αις I¹ p. 527, 11; *ᴗ* αν I² p. 537, 5;
ᴗ ας I¹ p. 503, 11; 504, 24; 512, 9; 527, 18, 23; 535, 22; 537, 23;

---

1) Cfr. I² p. 518, 3.

I² p. 355, 17; 406, 10; 528, 3; 531, 12; 553, 4; 581, 18; ᵈαρ
(γάρ) I² p. 199, 1; ∟ εν I¹ p. 538, 3; I² p. 543, 14; 565, 18;
ᵛᵒ ερ I² p. 555, 16; ' ες I¹ p. 533, 7; ⌒ ην I¹ p. 73, 13; 503, 11;
525, 12; I² p. 581, 22; ςης I¹ p. 420, 10; 530, 13; I² p. 519, 10;
⌒ ιν I¹ p. 461, 9; 528, 9; 529, 7; 536, 25; 540, 14; 541, 13; I²
p. 434, 6; 529, 5; 539, 10; 540, 8; 559, 8; 578, 6 (⋊ I¹ p. 503, 7);
ς ις I¹ p. 497, 1, 3; 507, 2; I² p. 419, 17 (ϛ̈ I¹ p. 524, 10); ' ον
I¹ p. 504, 19; 529, 18; 535, 19; 539, 14; 543, 10; I² p. 434, 14,
15; 554, 3; 593, 1; ∂ οις I¹ p. 339, 12; I² p. 580, 9; 581, 5; 588,
10 (male p. 596, 9); ῳ ους I² p. 590, 9; ᵒος I¹ p. 540, 24; ˇον
I¹ p. 536, 6; 538, 8; 540, 23; I² p. 419, 14: 435, 11; 501, 20;
525, 12; 526, 22; 580, 6; ⌒ων I¹ p. 195, 10; 427, 15; 498, 6;
518, 7; 524, 8; 530, 1: 532, 6; 541, 8, 24; 543, 10; I² p. 199, 6;
432, 11; 449, 4; 524, 8; ᷉ωσ I¹ p. 506, 5; 517, 3; 528, 25; I²
p. 540, 13; 570, 20; 580, 5; 604, 3; ⎯ ν (in extrema linea) I¹
p. 423, 20; 462, 4; I² p. 326, 3; 357, 1; 463, 7; ϛ̓ καί I¹ p. 142,
9; ꞯ οὖν I¹ p. 524, 2; 528, 2; I² p. 587, 3. — 2) Ɔ δέ I² p. 281,
21; 502, 2; 505, 14; ·. ἐστίν I² p. 384, 23 (male ·. p. 417, 4;
422, 15; 466, 9, quod εἶναι significat), ξᵃ ἑξηκοστά I¹ p. 345,
11; 357, 6; 358, 10; 374, 1; 385, 11; 415, 13; 418, 16; 419, 4;
420, 17; 421, 3; 432, 18; 455, 10 al.; I² p. 371, 3; 373, 22; 415,
11; 434, 13; 447, 13; 517, 10; 520, 8; ς ἀριθμός I¹ p. 439, 5;
444, 15, 20; 457, 9; 463, 23; 465, 5; I² p. 428, 12; 434, 15; 500,
18; 504, 21; 505, 10 al.; π̆ παρά I¹ p. 69, 24; 528, 15; I² p. 524,
19, 20; 574, 5. — 3) ᴕᵃ περιφέρεια I¹ p. 296, 22; 377, 21; 451, 2;
455, 6 al., ꝗꝗ I² p. 195, 5; ℂ σελήνη I¹ p. 349, 11; 356, 1; 360,
15; 394, 5; 483, 3; 508, 2; ⊙ κύκλος I² p. 450, 13; 510, 14; 512,
18; 527, 16; 567, 3; 591, 1; ▽ τρίγωνον I² p. 457, 10; ◠ ἡμικύκλιον I¹ p. 377, 1; I² p. 196, 16; 200, 6; ⹀ παράλληλος I²
p. 420, 18, — ος I¹ p. 411, 3; —ᵃ εὐθεῖα I¹ p. 236, 12 (in adparatu omissum); ⎯ κάθετος I¹ p. 437, 9; ✕ ἀστήρ I² p. 383, 4;
519, 3; 521, 1. — 4) κ- κέντρον I¹ p. 357, 17; 358, 21; 359, 6,
17, 20; 360, 3; 361, 20; 366, 3; 393, 16; 415, 19, 20; 416, 3; 420,
9; 421, 6; 528, 22; I² p. 419, 5; 538, 5; 567, 10; κᵛ κύκλος I¹
p. 393, 16; 398, 24; 422, 12; 423, 18; 427, 18; 446, 18 al.; π̆ᵉ περί
I¹ p. 224, 13; 482, 21; 503, 10; 506, 5; 514, 5; I² p. 28, 21; 431,
1; 524, 8; 531, 12; 592, 16; 597, 11; γω̅ γωνία I¹ p. 373, 2; 418,
2, 4; 453, 4; 454, 1; 455, 21.

quae omnia quin ipsi librario tribuamus, nihil obstat, praesertim cum pleraque in partibus ob angustiam spatii compen-

diorum repletis inueniantur. [1]) uerum tamen demonstrari potest,
nonnulla horum compendiorum iam in archetypo fuisse; nam
interdum male intellecta sunt, ut ξ^α I¹ p. 379, 4; 337, 17; 410,
2; 411, 6; I² p. 377, 9; 484, 19; 520, 13, $\overset{\text{ε}}{π}$ I¹ p. 4C4, 10; 529,
5 (ἐπί); I² p. 468, 1 (κατά); 184, 8, 23; 450, 13; 529, 20 (παρά);
185, 7: 189, 1; 280, 6 (πρός); 383, 2; 396, 1; 449, 4; 539, 3;
$\overset{\smile}{π}$ I¹ p. 18, 1; 360, 11; I² p. 172, 17; 579, 24; 599, 18; 601, 17;
κ- I¹ p. 358, 15, 24: 360, 1; 361, 13; 423, 18; I² p. 339, 14; 416,
10; 422, 8; κ^ν I¹ p. 4, 3; 280, 2; I² p. 509, 8; ς (ἀριθμός) I¹
p. 436, 14; I² p. 502, 12; Ж (permutatur cum Ж χρόνος, de quo
compendio u. ad I¹ p. 474, 12; 524, 14; I² p. 425, €) I² p. 376,
3; 380, 16; 383, 21; ϑ (ἔσται, u. I¹ p. 412, 17; 414, 12; 438, 9;
I² p. 384, 21; 575, 9) I¹ p. 378, 5; 414, 3; I² p. 377, 8; 378, 7;
380, 4; 472, 12; ⊙ I¹ p. 371, 9; I² p. 435, 11 (cfr. p. 452, 5);
ς (καί) I¹ p. 128, 16 (etiam errores I¹ p. 74, 22; 111, 13: 412,
17 ita facillime explicantur, si compendium in archetypo fuisse
statuimus). eadem de causa etiam compendium uocabuli ἔτος
archetypo uindicandum; uarie formatur (I¹ p. 344, 14: 345, 4;
346, 1, 14 — I¹ p. 362, 9, 20; 374, 18 — I¹ p. 419, 13; 462, 3;
I² p. 263, 23; 275, 3 — I² p. 25, 16; 26, 2; 28, 12; 29, 13; 352,
8; 415, 8; 419, 12 — I² p. 262, 21; 263, 14 — I² p. 273, 10;
a D² plerumque corrigitur), sed semper fere compendium uocabuli ἥμισυς [2]) simillimum est et cum eo confusum uidetur I¹
p. 347, 16; 357, 16; 362, 13, 17; 363, 20; 409, 1; 419, 16; 424,
1; 435, 1, cfr. p. 359, 13; 526, 3, 4. ε (hoc est ε^τ, u. I² p. 262,

---

1) Ei etiam notae proprie tachygraphicae tribuendae, quae
hic illic occurrunt; plerumque enim in extrema linea collocan-
tur. eius generis haec notaui: ϑ τες I¹ p. 142, 16; 143, 2, 9; ⌒ τήν
I¹ p. 188, 17; I² p. 17, 22 et praeterea I¹ p. 73, 2 (pr.); 93, 3 (pr.);
170, 7 (pr.); 170, 3 (in αὐτήν); 236, 12 (in αὐτήν); cfr. p. 328, 16;
ɹ τάς I¹ p. 278, 18 et in πηλικότητας p. 172, 22; ϑ ταῖς I¹ p. 438,
19 et D² p. 216, 12; ‾ α I¹ p. 412, 16, D² I² p. 27, 18; ⊤ τά
I¹ p. 226, 3 (in κατά): 447, 14; 497, 11, u. ad p. 450, 5 et de
D² ad I² p. 381, 8. fortasse etiam ς τῆς I¹ p. 5, 23; 536, 20.
2) Hoc compendium numerale in archetypo fuisse, per se
intellegitur; cum καί confunditur I² p. 274, 7, cfr. p. 264, 7.
in compositis quoque usurpatum esse, ostendunt I¹ p. 332, 20;
344, 16. I² p. 593, 12 ita pingitur, ut ex η ortum esse adpareat.
deformatum I¹ p. 153, 11, 13, 15.

12) scribitur I² p. 414, 5. compendia archetypi item causa est,
cur confundantur ὥρα et ἡμέρα I¹ p. 324, 18; 345, 5 uel ὥρα
et μοῖρα I¹ p. 535, 9 (cfr. ad p. 490, 22), μεσημβρία (I¹ p. 145,
8, 12; 345, 2; 485, 22; deformatum I² p. 424, 9; 425, 6 al.) et
μεσημβρινός (I¹ p. 148, 13; 258, 26; 259, 2) I¹ p. 65, 21 uel μ̊
(μοῖρα) I² p. 413, 15, ἰσημερινός (I¹ p. 126, 14; 133, 8; 147, 12;
259, 5 al.; deformatum I² p. 382, 10) et μ̊ I² p. 414, 6. etiam
uocabuli τμῆμα compendium aliquod exstitisse uidetur, u. I²
p. 172, 21; 173, 23; 176, 12; 182, 13; 194, 23. et inter ᾱ (α′,
πρώτη) et νουμηνία saepius uariatur, u. I¹ p. 195, 14; 196, 18;
256, 15, 20; 257, 7; 263, 18; 462, 5, 9. denique deformatio compendii ἴσος (de quo u. I¹ p. 449, 23; I² p. 417, 4) I² p. 465, 6
et compendii ἐλάσσων (de quo I² p. 456, 11; 463, 7; cfr. ἐλά-
χιστος I² p. 430, 10; 431, 8; 433, 18; 450, 5; 470, 20; 493, 6)
I¹ p. 445, 19; 446, 15; 447, 21; 448, 1; 458, 17 ¹) (cfr. I² p. 464,
14), compendiumque ⌃ (διάμετρος) male intellectum I² p. 454,
1 (u. de eo I¹ p. 106, 21; 422, 20; 423, 13; 437, 1; I² p. 375,
16; ²) 515, 1) monstrant, ea quoque iam in archetypo fuisse. ³)
eiusdem generis et sine dubio etiam eiusdem antiquitatis est
ἤ πρός I¹ p. 425, 10; 431, 7; 457, 7. praeter notas hierogly-
phicas iam adlatas notandum compendium inusitatum ☽ σελήνη
I¹ p. 347, 6; 348, 4 al., quod cum ☉ κύκλος confunditur I² p. 30,
20; 31, 1 al. ⁴) etiam ex compendiis tachygraphicis nonnulla in
archetypo fuisse ostendi possunt, uelut scriptura λοξός I¹ p. 333,
7, frequens confusio praepositionum πρό et πρός (I¹ p. 26, 6;
69, 10; 73, 7; 155, 4; 168, 2; 208, 4; 277, 15; 535, 14; I² p. 37,
1; 183, 6; 262, 10; 451, 9; 475, 2; 603, 19; cfr. I¹ p. 70, 3 πρός,

---

1) Uerum compendium, ex c (ε) et λ compositum his duobus locis restituit D².
2) Hic ⁰ addidit D² (cfr. I² p. 464, 11), ϛ substituit I¹
p. 422, 20; 423, 13.
3) Etiam nota mira I² p. 520, 13; 521, 9, 10; 571, 5; 579,
2, quam p. 521, 9, 10 explicare nequeo (ceteris locis ε esse uidetur), ex littera deformata archetypi orta est. compendium I¹
p. 330, 2; 340, 3 fortasse χρήσιμον significat. ⫟ I² p. 215, 1 λεί-
ψαν (h. e. ÷) est. ex coniuncto compendio ꝏ cum ἡ I¹ p. 504,
15; 506, 6 concludendum, archetypum compendium habuisse.
scriptura codicis D I¹ p. 404, 23 ex compendio ⫽ orta esse
uideri potest.
4) I¹ p. 347, 6; 348, 4 D² compendium usitatius restituit.

I² p. 415, 12 πρ; π$\overset{o}{ρ}$ = πρός I² p. 16, 6),[1]) syllaba ον neglecta I¹ p. 85, 9; 201, 7; 232, 9; 320, 22 (cfr. etiam I¹ p 533, 10; I² p. 569, 14), ου et ους confusae I² p. 357, 10; 503, 11; 603, 8 (cfr. p. 528, 7, 12; 576, 7), -ν falso omissa uel addita I¹ p. 12, 10; 17, 23; 23, 5; 34, 17; 41, 23; 68, 15; 103, 4; 128, 11, 20; 277, 5; 326, 6; 329, 5; I² p. 473, 4, 9 (cfr. I¹ p. 168, 16 $\bar{ε}$ male acceptum ut ἐστιν) suadent, ut archetypo compendia ⁰ ος ' ον ‿ ους ¯ ν tribuamus.[2]) de compendio ꞔ ης idem ex I¹ p. 419, 18 concludendum uidetur. nec desunt uestigia antiquioris tachygraphiae, quam non dubito ad archetypum referre,[3]) uelut ᵕ = ος I² p. 421, 11; 510, 14; 512, 18; ⁰ = ου I¹ p. 527, 1 (cfr. p. 545, 5), I² p. 414, 7; ∼ uel ∞ = ω et ων, unde confusio syllabarum ω, ων, ως I¹ p. 17, 22; 25, 2; 78, 3; 115, 9; 180, 6; 252, 10; 326, 1; 427, 14; 432, 17; 465, 21; 531, 23; I² p. 1, 2; 7, 4; 96, 2; 374, 4; 419, 11, 12; 430, 9; 435, 10; 455, 4; 476, 14; 484, 13; 526, 14; 529, 16; 553, 17; 569, 4; 581, 17; 587, 2; 605, 14; τ$\widehat{ς}$σ = ταῖς I¹ p. 483, 9, 18; 497, 11; I² p. 408, 17; 494, 8; 528, 10; 580, 3; 597, 11 (ς in linea pro η I¹ p. 525, 12);[4]) τ¯ = τῶν I² p. 484, 4; 485, 4; 487, 3; τς = τῆς I² p. 453, 21; 515, 24; 518, 3; 536, 11; 545, 4; 589, 12.[5]) π‿ παρά I² p. 435, 1; 497, 17; 529, 14; 580, 14; πό p. 527, 8.

1) πρό pro πρός etiam propter rationem scribendi I¹ p. 73, 13; 77, 17; 78, 20 obuiam scriptum esse potest.

2) ¯ seruatum est (praeter locos p. LXXXVI collectos) I¹ p. 30, 1; 299, 12; 476, 22; 505, 3; 543, 12; I² p. 176, 19; 265, 10; 274, 18; 294, 12; 473, 1; 516, 21.

3) Addo praeterea compendia ϖ ἔστω I² p 452, 5; 461, 15 et δ/ = δέ I² p. 575, 15, cfr. I¹ p. 315, 1. multa simul compendia I² p 269, 15; 452, 5 et in notis marginalibus I¹ p. 101, 1; 336, 9.

4) Supra scriptum ꞔ = η I² p. 592, 3, cfr. I¹ p. 504, 23.

5) Haec compendia insolita pleraque mutauit D²; cfr etiam I¹ p. 438, 10; 22, 1; 545, 6; 419, 17; 427, 15; I² p. 519, 10; 434, 15; I¹ p. 536, 6; I² p. 580, 6; 374, 5; 529, 16; 605. 14 et I¹ p. 511, 18, ubi ᴐ compendium est syllabae αις paullo insolentius formatum (cfr. p. 545, 9, ubi ες significat). praeterea compendia syllabarum in mediis uocabulis posita corrigit D² I¹ p. 496, 22; 527, 1; 532, 4; 507, 2; 527, 18, 23; 535, 22; 541, 8; I² p. 419, 17 (cfr. I¹ p. 524, 8; 532, 6) et insolita compendia uocabulorum περιφέρεια, ἀριθμός, ἡμικύκλιον mutat I¹ p. 373, 18; 374, 5; 376, 22; 449, 15; I² p. 428, 12; 466, 4; 496, 14; I¹ p. 424, 6; 430, 2; 446, 22; cfr. I² p. 383, 8; 466, 9.

restat autem genus scripturae compendiariae, quod, ut
uidimus, ne a DD² quidem¹) prorsus alienum est, maxime in
uocabulis technicis, sed in archetypo multo latius patuit, ab-
breuiationum scilicet, quarum haec est ratio, ut aut primae
tantum litterae uocabulorum litteraeue notabiliores scribantur,
interdum ligatura uel positione insignitae, aut saltim terminationes omittantur ultima littera supra scripta uel addita
lineola. huius generis in D plurima exempla adhuc exstant,
uelut σ̄φ̄ σφαιρῶν I¹ p. 422, 12 (cfr. 1); π̂ πλευρά I¹ p. 170,
19 (hinc error p. 405, 13); κ, κέντρον I¹ p. 449, 4; σΗ uel σ⁵
σημεῖον I¹ p. 382, 8; 431, 7; 450, 8; I² p. 34, 16; 452, 14; cfr.
p. 538, 20; 539, 1 (hinc errores I¹ p. 457, 13; I² p. 15, 4, 8; 19,
1; 368, 14; 451, 19), ᵘ̷I¹ p. 395, 1; Γ꙼ꞏ γωνία I² p. 557, 2; ευ
(h. e. ἐν) εὐθεῖα I² p. 578, 16 (hinc error p. 471, 24); ō ὅπερ
ἔδει δεῖξαι I¹ p. 120, 21, cfr. p. 164, 4 et I² p. 548, 18 (hinc
omissum I¹ p. 123, 5; 126, 9; 148, 9; 149, 8, 23 al.; additum
I¹ p. 39, 3; 40, 15; 42, 3; 45, 8); μ̃ μεταξύ I¹ p. 377, 5; 380, 4;
432, 15; I² p. 494, 16; 545, 1 (corruptum in μξ uel μ I² p. 416,
10; 419, 3; 423, 2; 424, 10; 431, 9, 12; 574, 13, cfr. p. 502, 17);
μ I¹ p. 411, 7; 427, 1; 459, 4 (cfr. p. 426, 28); μ̧ I² p. 456,
10; 459, 13; 494, 2; μ̄ μέγιστος I¹ p. 420, 8; 422, 11; 423,
14; 427, 18; I² p. 430, 7; 431, 13, 16; 434, 15; 447, 16; 480, 3;
484, 21; 537, 1, cfr. p. 450, 5 (hinc errores I² p. 429, 5;
453, 15; 468, 5; 475, 10; 502, 17; 514, 17); ὁ̧ λόγος I² p. 427,
2, 12; 456, 5; 459, 13; ὀ̄ ὁμοίως I¹ p. 436, 3, 14; I² p. 377, 2;
384, 22 (confusum cum cum μ̈μ̈ μοῖραι I¹ p. 482, 1; I² p. 369,
9; 374, 1, 4; 378, 8; 379, 20; 384, 19; 422, 18; 485, 19; 492, 10;
498, 14; cfr. I¹ p. 199, 9; 435, 6; I² p. 369, 11; 371, 21; 520, 11);
Γ̌ γίνεται I¹ p. 360, 5, 6; 379, 8; 380, 14; 393, 16; 405, 24; 417,
18; 419, 11; 435, 18 (Γ̄ I² p. 472, 4; cfr. I¹ p. 424, 13; 433, 28;
439, 2); φ̄ φησίν I¹ p. 344, 12, 13; 345, 12; οὐ (8) οὕτως I²
p. 383, 4; 415, 1 (ō p. 453, 6, 7; 454, 11; 457, 1); Γ̄ γάρ I¹
p. 383, 8; 452, 5, 22; 453, 21; 457, 1; 462, 11; 493, 8 (cfr. I¹
p. 455, 3 et errores I¹ p. 367, 10; I² p. 446, 9); οᵗ ὅτι I¹
p. 478, 17; 533, 20; I² p. 418, 21; 525, 21; 531, 5; 569, 5, cfr.

---

1) De D² cfr. praeterea I¹ p. 41, 7; I² p. 20, 1, 2, 13; 25, 6.
de catalogo stellarum, cuius rationem non habui, u. I² p. 38.

I¹ p. 476, 13; $\overset{\tau}{v}$ ταῦτα I² p. 434, 8; et saepissime in praepositionibus: α᾽ ἀπό I² p. 22, 12, cfr. p. 150, 19 $(\overset{\pi}{α}$? p. 449, 7); ε᾽ (ε, ε̄) ἐπί I¹ p. 413, 3; I² p. 452, 5; 453, 21; $\overset{\tau}{μ}$ μετά I¹ p. 346, 23; 458, 4; I² p. 166, 9; 382, 9, cfr. με I² p. 30, 1; κᾱ I¹ p. 416, 4; 472, 15; 505, 1; 540, 1; I² p. 381, 8; 413, 13; 424, 5 (κ᾽ I² p. 575, 23; 577, 8 ?; κ̄ I² p. 578, 4; 580, 7; κα I¹ p. 189, 3; 219, 5; 484, 19; 487, 7; 491, 15; I² p. 6, 20; 26, 8; 424, 8, cfr. I¹ p. 495, 20; 496, 16; cum καί¹) confusum I¹ p. 13, 14; 167, 10; 266, 15, cfr. p. 42, 17; 419, 2); π᾿ περί I² p. 104, 7; cfr. p. 128, 8; $\overset{\pi}{v}$ I¹ p. 450, 10; 481, 19, cfr. I² p. 47, 20. ex his compendiis confusio praepositionum explicatur, ut ἐπί — εἰς I¹ p. 29, 21; ἐπί — κατά I¹ p. 66, 15; 218, 11; κατά — περί — παρά I¹ p. 410, 1; ἐπί — ὑπό I² p. 177, 10; 188, 10; 326, 8; παρά — ὑπό I² p. 179, 4; ὑπέρ — ὑπό I² p. 604, 2; ἀπό — ἐπί I¹ p. 257, 3, 18; 261, 3; 322, 10; 419, 4; de praepositione ἐκ cfr. I¹ p. 546, 16; I² p. 446, 9; τοῦτο ἄγεσθαι I² p. 376, 1 ex $\overset{\tau}{τοῦ}$ σ᾽αγεσθαι ortum uidetur. omnino ratio abbreuiandi adscripta nota ᾽ uel ς ideo saepius errandi occasionem dedit, quod librarii posteriores eius ignari lineolam pro compendio aliquo tachygraphico accipiebant syllabam certam repraesentante, cum nihil nisi abbreuiationem in uniuersum significaret ex sententia supplendam; uelut ς saepissime non ης significat, sed quamlibet terminationem, I¹ p. 363, 17; 422, 1; 513, 11; 530, 25; I² p. 415, 21; 429, 13; 434, 7; 484, 5; 487, 2; 488, 12; 489, 20; 490, 2; 491, 11; 495, 11; 503, 18; 504, 18; 508, 3; 513, 3; 530, 2; 532, 13; 534, 5; 535, 22; 536, 12; 540, 15; 543, 2, 6, 9; 562, 14; 566, ⁻; 567, 1; 571, 6, 15, 18; 580, 13; 581, 3, 10, 18; 589, 3, 18; 591, 6; 600, 24 (hinc explicatur I² p. 539, 20 τῆς pro τῶν et scriptura τ⁵ov p. 598, 2), item ᾽ non ov, sed lineolam abbreuiationis, I¹ p. 538, 1, 2; I² p. 108, 2; 420, 22; 435, 10; 485, 5; 525, 1; 531, 3, 5; 534, 9; 536, 20; 540, 11; 545, 10; 567, 7; 570, 11; 575, 23; 605, 10, 14, 15; hinc etiam scriptura mira τ᾽ ς orta est I² p. 509, 9, 12; 525, 7, 8; 526, 21; 532, 18; 533, 16; 535, 19; 536, 12; 537, 12; 540, 9, 10; 567, 7; 572, 10; 589, 12; cfr. I¹ p. 5, 3 τ᾽ η̄ pro τῆς, p. 218, 1 μ᾽ μέν (aliter p. 369, 19), I² p. 495, 11 -τ᾽ ς. forma genuina ᾽ seruata est I² p. 538, 1; 541, 2; 556, 22; 590, 5,

_____

1) Cfr. quod I¹ p. 347, 11 κα, p. 412, 18 et 413, 4 κ pro καί scriptum est.

uarie deprauata I² p. 427, 4; 547, 17; 578, 5; 590, 15; 606, 11, omissa I² p. 420, 15; 590, 10.¹).

similia sunt haec compendia ex proprietatibus scripturae restituenda: $\overset{\varepsilon}{\tau}$ τουτέστι I¹ p. 359, 14; l² p. 262, 4 (aliter I¹ p. 382, 4), $\overset{\varepsilon}{\mu}$ μέσος I¹ p. 490, 16; 493, 15; I² p. 262, 18; $\overset{o}{\mu}$ μόνος I² p. 36, 26; $\overset{oι}{\tau}$ τοίνυν I² p. 279, 1; $\overset{\varepsilon}{\sigma}$ σελήνη I¹ p. 497, 16; $\overset{\lambda}{\pi o}$ πόλος I¹ p. 16, 6; 17, 19; 26, 9; 27, 2 al ; $\overset{\lambda}{o}$ ὅλος I¹ p. 412, 18; $\pi \alpha(\varrho)^{\sphericalangle}$ πάροδος I¹ p. 497, 6; 534, 24. alia exempla huius generis sunt I¹ p. 168, 4; 327, 1; 329, 6; 330, 9; 332, 14; 347, 3; 350, 5; 394, 20; 452, 17; 455, 10; 458, 8; 474, 20; 479, 17; 480, 8, 17; 481, 12; 491, 1, 2; 496, 14, 21; 498, 1; 505, 5; 528, 23; 542, 12; 545, 11; I² p. 20, 13; 25, 6; 415, 18; 416, 9; 419, 14; 420, 2; 434, 14; 446, 3; 457, 5, 6; 495, 14; 502, 4; 540, 17; 603, 10.²) quae ratio quam lubrica fuerit librario rerum imperito et oscitanti, in aperto est, nec desunt exempla terminationum non ad sensum sed ad proximum quodque uocabulum adcommodatarum, u. I¹ p. 12, 24; 13, 3; 19, 14, 15; 21, 3; 22, 10; 23, 1, 7; 24, 14; 29, 2; 30, 2, 16; 39, 1, 17; 41, 8; 42, 4; 66, 11; 67, 9; 68, 17; 71, 6; 78, 8; 85, 3; 88, 22; 91, 5; 96, 22; 97, 14; 103, 22; 116, 21; 121, 16; 125, 14, 24; 162, 6, 8; 165, 19; 171, 9; 203, 17; 218, 13; 223, 11; 229, 19; 237, 9; 259, 15; 263, 3; 266, 22; 269, 8; 277, 12; 295, 18; 309, 8; 331, 1 (statim correctae p. 24, 3; 209, 24 al.) et in articulo I¹ p. 37, 8; 40, 20; 41, 2; 64, 1; 65, 22; 71, 9; 75, 21; 103, 16; 129, 4, 10, ne plura. grauiores confusiones eadem ratione ortas has notaui: I¹ p. 35, 15; 68, 21; 143, 13; 145, 19; 161, 3; 188, 7; 196, 5; 205, 18; 206, 3; 216, 11; 217, 4; 220, 14; 229, 11; 238, 5; 245, 4; 251, 10, 13; 256, 3; 257, 21; 270, 3; 271, 14; 272, 1; 273, 12; 295, 7; 335, 2; 372, 14; 407, 10; 421, 11; 477, 5; I² p. 182, 18; 184, 18; 208, 17; 254, 7; 263, 24; 265, 3; 272, 6; 289, 3, 8; 338, 21; 368, 15; 371, 1, 5; 373, 3; 392, 20; 414, 6; 448, 2; 467, 20. nec mirum, etiam in compendiis terminationum persaepe erratum esse, u. I¹ p. 260,

---

1) Ut nota abbreuiationis hic illic etiam cauda undulata occurrit, u. I¹ p. 456, 14; 476, 15; 479, 16; 480, 20; cfr. I² p. 500, 7; 536, 17; 541, 10.

2) Cfr. praeterea I¹ 495, 17; 502, 22; 500, 16; 524, 1. scriptura ὄ ω ν I² p. 417, 21 fortasse explicat. cur saepius ὦν scribatur pro οἴων, similia.

1, 5, 6; 525, 5; 529, 5, 6; 530, 15; 540, 10; 545, 3; I² p. 108, 2;
381, 21; 384, 22; 415, 21; 428, 20; 435, 11; 453, 10; 473, 9; 485,
6; 523, 8, 13; 525, 1; 526, 1; 529, 3, 5; 547, 21; 567, 19; 569,
19; 572, 2; 587, 4; 597, 2, 14; 598, 10; 599, 15; 600, 21; 602, 7;
604, 11; 608, 9.

hoc totum genus mendorum codicis D proprium est, et
quod inde de archetypo eius discimus, confirmat, antiquissimum
eum fuisse, cum hic compendiorum usus ex papyris iam satis
notus et antiquitatis proprius uix citra saeculum VII descendat.

quid boni aut mali D cum A uel cum archetypo codicum
BC commune habeat, et quot locis solus ueram scripturam
teneat, iam monstraui; sed restant discrepantiae grauiores, quas
interpolationi tribuendas puto. et manifesta est interpolatio I¹
p. 36, 18; 66, 7; 90, 22; 398, 24 ex scholio orta, I¹ p. 209, 3 τοίνυν
falso loco, p. 221, 6 ἐλάσσονα pro μείζονα male substitutum.
neque magis de iis locis dubitari potest, quibus explicandi
causa addita sunt, quae sine ullo incommodo abesse possunt,
cuius rei ex primis libris IV speciminis causa haec collegi: I¹
p. 10, 15; 29, 13; 33, 11, 12; 35, 4, 9; 38, 16, 18; 39, 2; 40, 8, 12,
13; 42, 13; 44, 17, 20; 65, 1; 72, 2; 74, 14; 76, 23; 82, 25; 83, 4,
21; 89, 4, 20; 91, 23; 101, 5; 116, 24; 122, 5, 12; 144, 8 157, 13;
161, 24; 169, 25; 170, 3; 221, 12; 222, 21; 226, 14; 227, 21; 233,
1, 24; 234, 16, 24; 238, 14; 239, 11; 242, 3; 245, 1; 249 21; 255,
5; 261, 14, 21; 273, 9; 297, 12; 299, 3; 300, 11; 303, 12; 307, 5;
308, 10, 14; 309, 7, 12, 19; 310, 10; 312, 5, 8; 313, 5; 314, 7; 317,
14; 318, 5, 8, 11; 320, 20; 321, 11; 322, 15; 324, 6; 326, 1; 330, 3,
8; 343, 41; 344, 1. quae omnia quoniam et uoluntatem et licentiam interpolandi prae se ferunt, non dubito eos quoque locos
eodem referre, ubi D a ceteris ita differat, ut per se utraque
scriptura ferri possit neque causa sit alterutram praeferendi.
persaepe enim D pro scriptura ceterorum codicum synonyma
substituit (I¹ p. 10, 2, 17; 25, 21; 35, 18; 41, 12; 42, 6; 46, 12;
47, 20, 21; 64, 10; 67, 9; 70, 25; 74, 3, 7; 76, 4; 82, 19; 98, 20;
99, 12; 104, 3; 107, 2; 125, 2; 131, 1; 151, 15; 154, 12; 166, 18;
191, 11; 195, 20; 201, 22; 205, 21; 220, 11; 227, 16; 233, 4; 239,
12; 243, 16; 252, 9, 10; 254, 14; 261, 24; 270, 7; 302, 19; 303, 11;
305, 16; 306, 14; 308, 20; 309, 19; 314, 1; 316, 17; 317, 25;
319, 4, 14; 322, 2; 323, 7, 14; 329, 6; 341, 1) uel aliter formam
orationis mutauit (I¹ p. 8, 23; 14, 4; 32, 13, 15; 40, 7 65, 4, 6;
66, 5, 18; 73, 6—7; 74, 21; 209, 17; 270, 12; 294, 23; 335, 6).
imprimis in ordine uerborum uariando multus est, u. I¹ p. 5,

15; 9, 3; 10, 13—14; 21, 12; 24, 7; 30, 1; 33, 17; 34, 4; 38, 12; 39, 4; 43, 6, 11, 17; 45, 13; 46, 14; 73, 14; 74, 5; 76, 23; 90, 17; 93, 18; 107, 22; 108, 7; 110, 16; 116, 19; 117, 18; 118, 6; 119, 9; 124, 23; 126, 2, 3, 4, 18—20; 133, 5; 134, 4; 145, 9—10; 148, 7; 149, 2; 157, 15; 160, 12, 18—19; 162, 8; 163, 3; 168, 13; 169, 6; 189, 6; 194, 20; 197, 13—14; 200, 5; 202, 2; 205, 3; 209, 10; 221, 20; 222, 12, 16, 19—20; 223, 1; 226, 12; 230, 2; 242, 4; 254, 3; 266, 12, 13, 20; 267, 7; 270, 12; 277, 20; 278, 3; 279, 8; 294, 14; 295, 16; 297, 17; 299, 21; 301, 23; 303, 14; 304, 9; 306, 22; 307, 1; 315, 4; 316, 12; 318, 10; 321, 3; 323, 22; 327, 7; 331, 2, 4; 332, 3; 334, 4, 19; 338, 8; 339, 11; 340, 9, 13; 341, 5, 16, 19; 342, 21; 343, 7, 19; 344, 2; 346, 15. est, ubi paullo insolentiora uitasse uideatur, ut I[1] p. 7, 15 [1]); 78, 5; 84, 14, cfr. p. 14, 8, interdum rationibus grammaticis ductus, ut I[1] p. 26, 13; 43, 5; 197, 12; 66, 5; 82, 21; 16, 9; 41, 16; 75, 2; 155, 15; 11, 18; 272, 5; καὶ αὐτός praefert p. 104, 12; 105, 4, 17, cfr. p. 11, 25; 102, 9.

sed parum sibi constat. I[1] p. 39, 16 δυσί scribit pro δύο, sed p. 165, 6, 19 δύο pro δυσί, p. 149, 23 προαποδεδειγμένα pro προδεδειγμένα, p. 152, 12 προδεδειγμένα pro προαποδεδειγμένα, p. 164, 5 δή addidit, lin. 22 omisit, p. 118, 14, 18, 19, 21; 119, 1—4; 120, 6, 13; 121, 22; 148, 1, 21, 23; 161, 2, 11 in Z καὶ Θ et similibus καί omisit, p. 33, 8; 299, 3; 300, 4, 10, 11; 307, 6; 317, 11, 14; 321, 11 addidit, p. 5, 9, 20; 12, 23; 13, 17; 17, 16; 18, 17; 26, 10 τε omisit, p. 24, 17; 25, 13; 89, 5; 115, 14 addidit, p. 44, 4—5 pro κέντρῳ μέν — διαστήματι δέ scripsit κέντρῳ — καὶ διαστήματι, item p. 225, 22; 297, 9, sed p. 170, 18 hoc pro illo, p. 43, 20; 44, 7 ἐπεὶ οὖν scripsit pro καὶ ἐπεί, p. 228, 22 καὶ ἐπεί pro ἐπεί, p. 71, 8, 12 articulum addidit post πρός, p. 37, 5; 38, 10 omisit, p. 83, 10 ὁ addidit apud λόγος, p. 71, 8 omisit, cfr. p. 72, 3; 73, 12. etiam ordinem litterarum sine ratione mutat, u. I[1] p. 32, 19; 33, 1, 7; 34, 17; 37, 7, 14, 15, 16, 17, 18; 38, 11, 12; 39, 16, 18, 20, 22; 40, 9; 43, 12; 45, 1, 21; 46, 7; 69, 1, 7, 11, 12, 15—17, 20, 23; 70, 6, 12, 15; 71, 13, 15, 18; 72, 5, 6, 11; 73, 1; 74, 21; 75, 19; 76, 8; 77, 16; 82, 22 cet.

in tanta inconstantia fieri potest, ut idem homo, qui plerumque Ptolemaeum uerbosiorem etiam reddidit, quam est, interdum omiserit, qualia addere soleat, nec dissimile ueri est, ei deberi omissiones I[1] p. 6, 22; 17, 3, 22; 19, 24; 22, 16; 23, 3; 27, 7; 31, 2; 33, 3, 9; 34, 8; 36, 14; 37, 10; 38, 1; 39, 6, 19; 40, 6;

---

1) Sed u. Aristoteles, Phys. 261 b 29.

42, 19; 43, 2, 13; 44, 12, 14; 45, 3, 4, 9; 67, 22; 71, 19; 73, 6;
74, 12; 83, 13, 20; 85, 17; 274, 20, 21; 276, 12; 309, 20; 315, 15,
16; 318, 9, 14; 320, 11; 322, 15; 325, 14 (cfr. p. 33, 8; 77, 11;
87, 17; 239, 22; 262, 4; 325, 10), et quae similia ubique inueniuntur; quamquam hoc in genere difficile est diiudicatu, utrum
D uerba genuina abiecerit an ceteri interpolauerint, aut denique, quid consilio, quid casui tribuendum sit; uelut quod D
saepe articulum omisit (I¹ p. 15, 6; 35, 12, 13; 64, 4; 73, 7; 75,
17, 22; 76, 13; 84, 10 al.), factum esse potest ob scribendi genus
p. 484, 20 seruatum; simile est, quod ἄν (ᾱ) saepius excidit,
ubi de consilio cogitari nequit, u. I¹ p. 16, 7; 24, 18 al.; p. 22, 16
error statim correctus est.

    harum mutationum nonnullae ipsi librario codicis D tribui
posse uidentur; nam I¹ p. 40, 4—5 eum pro arbitrio corrigentem
deprehendimus, et p. 242, 19; 255, 11; 257, 1; 295, 19 consuetudini indulgens prorsus similia uel interpolauit uel mutauit, sed
statim eum erroris poenituit. sed longe maior pars iam in
archetypo erant.[1]

    rem ita se habere, testis et codex G.[2] initio ille quidem G

---

1) Discrepantiae constantes I¹ p. 287¹, 39—43,[2] 33—46;
520², 33—49 computationi debentur. et librarium computantem
uidemus p. 468, 15 (pertinet ad lin. 13; scribendum ἔνθα τὰ ϑ
λη ... μη), 27 (ad 25), 38 (ad 37), 48 (ad 49), 50. cfr. etiam
I¹ p. 152, 2, 4; 153, 2, 5.

2) Syntaxis a quat. ι incipit. inde ab I¹ p. 67, 22 σημείου
fol. 90ᵛ atramentum mutatur et ductus diuersus est; cum p. 79, 6
des. fol. 91ᵛ, fol. 92 scholiis impletum est (mg. ἴσϑι, ὅτι ταῦτα
σχόλιά ἐστιν). a fol. 93ʳ (p. 80) manus prior rursus incipit, quae
deinde totum codicem exarauit nigro plerumque atramento (a
-μένῳ p. 96, 18 pallidius fit, sed a τῆς p. 205, 18 fol. 116
rursus nigrum). usque ad I¹ p. 520 scholia in mg. adscripta
sunt, postea nulla. I¹ p. 83 tabula inseritur ὀρϑῆς σφαίρας
ἀναφοραί. tabulae p. 134—41 suo loco desunt (fcl. 103ᵛ mg.
inf. λείπει τὸ κανόνιον κατὰ δεκαμοιρίαν ἀναφορῶν), sed
fol. 111ᵛ—113 in extremo libro II additae sunt (p. 138—39 bis,
sed priore loco del., mg. περισσόν); fol. 111ᵛ in mg. sup. σκοπὸν
ἔχει ὁ Πτολεμαῖος ἐνταῦϑα ἀποδεῖξαι, πόσαι μοῖ τοῦ ζῳδιακοῦ
πόσαις μ̇ τοῦ ἰσημερινοῦ συναναφέρεται ἐν πᾶσι τοῖς κλίμασιν,
οἵτινες ἐγκέκλινται. ad caput columnarum quattuor primarum
p. 134 adscriptum est rubricatori: οὕτω ποίει τὸ σχῆμα. p. 188—89

plerumque cum ceteris codicibus contra D m. 1 consentit, ut
I¹ p. 5, 9, 15, 20, 24: 6, 22; 7, 15; 8, 23; 9, 3; 10, 2, 3, 13, 17;
12, 23, 24; 13, 10; 14, 1, 4, 7, 8, 23; 15, 6; 16, 9; 17, 14, 16; 18, 17;
19, 23; 21, 7, 13, 16, 18, 20; 22, 1, 2, 4, 6, 10, 14; 23, 1, 3, 4, 14, 18;
24, 3, 6, 7, 14, 17, 18, 21; 25, 2, 8, 11, 13, 17; 26, 5, 10, 13, 23;
27, 6, 7, 9, 12, 20; 28, 5; 29, 2, 13 sq.; 30, 1, 2, 7; 31, 2, 5 (γε),
7, 12 ¹); 32, 13, 16, 19; 33, 1, 3, 5, 8, 9, 11, 12, 17; 34, 1, 4; 35,
8, 9, 12, 18; 36, 14, 17; 37, 5, 10; 38, 1, 2, 5, 9, 10, 12, 13, 14, 16, 18;
39, 2, 3, 4, 6, 7, 16, 18, 19, 22; 40, 4, 7, 9 (ΑΔΓ), 11, 12, 13, 15;
41, 2, 12, 15, 16, 23; 42, 3 (ὅπερ ἔδει δεῖξαι om.), 6, 10 (ὅσαι), 13;
43, 2 (μοῖραν), 5, 6, 11, 17, 20; 44, 4, 5, 7—9, 12, 14, 17, 20; 45, 1,
3, 4, 8, 9, 21; 46, 3—5, 12, 14, 16; 47, 3, 20, 21; 48, 20; 49, 47 (κα);
50, 12; 54, 10; 56, 3, 13, 15; 58, 2; 61, 31; 64, 4, 10, 14, 22, 23;
65, 1, 3, 4, 6, 22; 66, 1, 5, 15, 16, 18; 67, 5, 9, 10; 68, 2, 17, 21;
69, 12, 15, 16, 17, 20; 70, 12, 16; 71, 3; 72, 2, 8, 10, 13—15;
73, 14; 74, 3; 76, 3, 8, 9, 12, 13; 77, 11; 78, 5, 7; 83, 4, 10 (κε),
20; 85, 2; 86, 6, 15, 20; 87, 8, 17; 89, 4; 92, 21; 95, 22; 96, 1,
16 (ΒΕΔ e corr); 97, 15, 18; 98, 8, 20; 99, 10; 101, 5: 102, 9;
103, 1, 3, 22. cum AC contra BD consentit p. 39, 20; 43, 13, 14;
65, 13, cum AB p. 65, 16, cum AD p. 22, 12; 42, 1 (ὑπό del.);
45, 6—7; 64, 1; 68, 14; 70, 1; 75, 20; 76, 10; 81, 45; 83, 20 (ΘΗ).
cum D haec tantum communia habet: p. 13, 7 (τε supra scr.);
22, 8; 23, 7 (ἑκάστης, sed corr.): 37, 7 (τῶν ΒΓ), 16 (τῶν ΑΓ);
40, 8 (Δ⁽ᵃ⁾ τῷ ΑΓΔ): 42, 3 (ΑΓ); 43, 2 (ὑπὸ τό); 66, 2 (corr.);
69, 7; 74, 16—17; 76, 10—11 (postea add. in spatio uacuo).²)

in mg. leguntur fol. 111ʳ. tabulas p. 519—22 inuerso ordine
praebet, fol. 156ʳ tab. p. 522 κανόνιον μεγέθους — διορθώσεως
κανόνιον, mg. ὀφείλει ὑπογράψαι τὸ παρὸν κανόνιον ὑποκάτω
τοῦ ἐφεξῆς κειμένου συνημμένως, p. 520—21 ἐλαχ. ἀποστ. — μεγ.
ἀπ. fol. 156ᵛ, mg. ὀφείλει τοῦτο τὸ ἥμισυ κανόνιον πρῶτον γράψαι,
p. 519 fol. 157ʳ, mg. τὸ παρὸν κανόνιον ὀφείλει γραφῆναι πρῶτον
τῶν ἄλλων. in fine desunt 7 folia quaternionis κϛ. in κατειλημ-
μένα I¹ p. 8, 1 desinit fol. 82ʳ, mg. / ζήτει τὸ λεῖπον ἔμπροσθεν
περὶ τὴν τοῦ ϑ′ κεφαλαίου σελίδα, ὅπου τὸ σημεῖον ἔνεστι τόδε ⚹.
et p. 8, 1—16 leguntur fol. 85ᵛ post p. 31, 6 addito ⚹ ἐνταῦθα τὸ
ζητούμενον ὄπισθεν βλέπετε. reliqua pars folii 85ᵛ scholio m. rec.
occupata est. ante ἐπ᾽ I¹ p. 125, 10 fol. 102ʳ scholium est m. 1.

1) Hinc minutias et locos in D ita correctos, ut scriptura
pristina non adpareat, neglexi.

2) Cfr. p. 37, 17 ΔΓ in ras.; 69, 1 ΓΔ in ras.

uerum inde a p. 104 fere ratio sensim mutatur, et G semper
magis ad D adcedit. minutiis omissis cum D m. 1 conspirat.
1) in erroribus I¹ p. 118, 20 (αἱ om.); 138, 8 (μγ΄); 153, 5;
158, 14 (ἐπί); 168, 2 (πρ̇); 257, 18; 266, 15; 267, 7; 320, 21 (Δ
corr. ex Δ); 335, 11; 342, 11; 356, 2 (συμβαίνει); 418, 1; 419, 6;
443, 41 (κα); 457, 14; 465, 10; 479, 14 (ὅλης); 520¹, 24 (λα); 526, 4
(Κάλλιππον); 546, 17; I² p. 21, 1; 26, 17 (ἐπί corr. in ἐπεί); 33, 20;
171, 19 (τμήματα); 176, 4 (ποσί); 177, 12 (ἐν τῷ); 178, 18; 187, 20
(ὁ om.); 192, 19; 199, 14 (τὰς αὐτάς); 200, 6 (τοῦ); 203, 14 (τό
om.); 210, 3; 220, 7 (λ); 227, 28 (ρμβ); 241, 43; 242, 5 (νε] νδ);
251, 7; 264, 18; 277, 5 (αἱ); 278, 9 (ΞΝ), 11 (τῶν); 279, 12 (δ᾽
ἄρα), 19; 280, 3 (μάθωμεν), 7 (ὅ om.), 12 (τοῦ om.); 282, 9;
283, 4 (αὐτῶν); 286, 13—14 (om.); 287, 15 (λϑ̄ et ΔΞ̄); 228, 3, 5
(μ̄ϑ); 291, 15 (om.); 292, 11 (δ᾽ om.); 295, 9; 297, 22 (κα΄ om.);
298, 14, 18 (ἥλιος om.); 303, 4; 308, 4 (ὑποτιθέντος); 310, 14,
23, 25 (οὕτως); 311, 12; 322, 6; 325, 5, 19; 326, 13; 329, 21
(ΚΗΞ); 333, 10; 335, 9; 336, 1 (τῶν — 2 καί om.), 20 (ϑ΄ et
ΘΔ); 338, 21 (δεικνύμενον); 339, 2; 343, 16 (ἐκ τοϖ); 344, 24
(ν̄β); 348, 10 (γ΄ om.); 353, 3 (κ̄δ); 368, 3 (ἐπουσῑ); 367, 15 (τῷ
κέντρῳ); 385, 6 (ΕΖΒ); 386, 13 (τοῦ om.); 388, 8; 389, 18 (κ̄α);
391, 14 (τοῦ); 392, 14; 394, 22 (ῑα); 395, 22, 23; 398, 23 (ἡ μέν:
401, 14 (πρώτην om.); 402, 21 (ΔΕ), 24 (ΔΗ] ΕΔ); 418, 21
(τοῦ); 422, 14; 423, 11 (δ᾽ om.); 435, 1 (μείζους — τάς om.);
442, 17; 445, 16 (παράκειται); 463, 16 (τοῦ); 469, 2 (τὸ δέ — ΓΖ
om.); 470, 6; 483, 22; 495, 17 (διαφόρου om.); 497, 5 (μ̄ζ); 507,
28 (ι — ν); 512, 13 (δ᾽ om.); 524, 4—5 (om.); 537, 8 ἐπιβάλλῃ);
550, 4 (λγ̄ μ̄δ), 16 (ἅ om.); 561, 20 (ἐν om.); 572, 13 (ΒΑ); 589, 2
(παράκειται).

2) in scripturis pro arbitrio mutatis interpolatis-
que I¹ p. 104, 10 (ὡρῶν ἐστιν), 12; 105, 4, 11, 17 (αὐτές); 107, 13
(οὗτος ὁ), 22; 110, 10, 16; 113, 3 (τοῦ Καταρακτονίοϖ); 115, 14,
17; 116, 19; 118, 5; 121, 25; 122, 16 (ἐστιν); 123, 3, 4, 9 (γίνεται μοιρῶν); 124, 23 (τούτοις τρόπον); 125, 17, 22 (ΘΚ); 126, 1, 2
(σφαίρας ἀναφορά), 9 (ὅπερ ἔδει δεῖξαι om.); 127, 6 (ΗΖ); 128,
15, 20 (ΚΛ); 144, 12; 148, 7; 149, 5; 151, 15, 16, 22 (ter); 152,
12, 24; 156, 10; 157, 2, 20; 158, 9, 11; 159, 3, 10; 160. 4; 161, 24
(ΒΖΓ γωνίᾳ τῇ); 163, 15; 164, 5; 165, 20; 166, 18; 168, 13; 188, 4
(κατά τε in ras. m. 1); 190, 13; 192, 13, 22; 195, 1; 196, 5 (ἀκρι-
βέστατα), 16 (συνεφώνει); 197, 7 (καὶ ἡ), 12 (διαμαρτηθείη); 198,
15 (ε̄), 24 (ὑφ΄); 199, 8, 10 (ἐπιλογισμούς, ἐπι- in ras.), 16 (Μεχεὶρ

τῇ in ras.); 200, 11; 202, 1, 2 (ἐστιν ἐλάσσων); 203, 7; 206, 19; 207, 6 (ἔκ τε), 10 (καὶ ἔτι τέταρτον post ras. 1 litt.), 24; 208, 11 (ἡμε-ρῶν); 209, 7, 10 (μηνιαῖον μέσον κίνημα), 11, 24; 212, 46—48 (om.); 214, 2; 216, 3, 20; 218, 12 (γίνηται), 14; 221, 6; 225, 22; 227, 2, 10, 16, 21; 228, 2 (ἤ τε BZ καὶ ἤ); 229, 6 (ἡ om., ΑΘΚ in ras.), 7 (ἡ supra scr.), 11; 230, 2, 3; 232, 5 (ὑπολημπτέον), 12, 13; 233, 1, 24 (γὰρ καί); 234, 16 (γωνίας ἀλλήλαις); 238, 4, 5 (πρῶτον); 239, 11, 19, 22—23 (ζῳδιακῷ); 240, 16 (τῶν ἀνωμαλιῶν κανονο-ποιίας); 242, 3, 4, 6, 19 (δεδομένος μὲν διά); 243, 12, 22 (ZK); 244, 15, 17, 18; 245, 1; 246, 12, 21, 25; 247, 9; 248, 1 (ΔΘ corr. ex ΔΕ); 249, 21; 251, 13; 252, 9, 11, 14, 15 (ἐπιβαλούσας); 254, 3 (τοῦ om.), 5, 24; 255, 4, 9 (καὶ οἴων), 12 (ΖΘΚ); 256, 15, 20 (νου-μηνίᾳ corr. in νουμηνίυ); 257, 7 (νόμηνία, ʳ et -α e corr.), 20; 258, 8, 11; 259, 5 (τῶν τε); 260, 12 (ο͞π χρόνων), 21; 261, 14, 21 23 (ὡς τό); 262, 9, 12; 263, 7, 9 (τὸν εἴς), 18 (νουμηνίᾳ, -ᾳ e corr.), 21 (subscriptio); 264, 1, 2; 265, 11; 266, 5, 12—13; 267, 7 (bis); 269, 14, 16 (τε καί); 270, 12 (bis et συστήσωνται), 13 (καί om.), 21; 271, 2 (μυριάδων), 3 (ι͞β καί); 272, 10 (καί om.), 16; 273, 5, 12; 274, 4, 17 (ποιῆται, -ῆ- e corr.), 20; 275, 2; 276, 12; 277, 15 (προεκθέμενοι), 20; 278, 1, 3; 279, 9, 18 (κδ΄); 294, 14, 15, 23; 295, 9 (ἐπισυμβαινούσῃ); 296, 18 (ἐν δέ, δέ om.); 297, 2, 7, 7—8 (om.), 9, 11, 12 (ΗΖ et ΒΔ), 20 (ἡ ΔΗ τῇ ΓΖ), 21 (ἐστι δὲ καί, ΗΖ), 23 (ἐστι τῷ); 299, 3 (ΔΖ εὐθεῖαι), 9, 21; 300, 2 (ΓΒ), 3 (ante οὕτως eras. comp. καί), 4 (Δ καὶ Γ eras. καί, αἱ πλευραὶ ἀνάλογον om.), 6 (ter), 10, 11 (ἐστὶν ἄρα); 301, 13, 23; 302, 19; 303, 12, 14; 304, 9; 305, 14; 306, 14, 15, 22; 307, 5 (εὐθείας οἶον); 308, 14 (ΕΔ ἐδείχθη, sed ΕΔ e corr.: ΕΑ), 20; 309, 7 (γωνία), 12 (ΔΕ ἐδείχθη), 15 (καὶ πάλιν), 19 (ὀρθογώνιον κύκλος, δ΄); 310, 3, 6 (καὶ ἡ), 10, 18 (τοιούτων ἐστίν, ἐστίν om.); 311, 7, 23, 24; 312, 1, 5 (ΚΜ τετραγώνου, τῆς ΔΚ), 8 (ταῖς προκειμέναις), 9; 313, 5 (ἐστίν om., ἡ ΔΚ supra scr., ἐδείχθη seq. ras. magna); 314, 1, 7, 22; 315, 4; 316, 12; 317, 11 (καὶ ΔΒ καὶ ΔΓ), 14 (Β καὶ Γ), 15 (καὶ ΓΔ); 318, 5 (bis), 8 (ΒΕΖ ὀρθογώνιον), 11 (bis): 319, 6; 320, 6, 20 (Κ σημεῖον); 321, 3 (διάμετρος τοῦ ἐπικύκλου), 9 (ὑπὸ τῶν), 11 (bis), τετραγώνου, -ου e corr.); 222, 4, 5, 8, 15 (αὐτῶν γενέσθαι), 17 (ἡ μέν), 22; 323, 22 (τοῦ ἐπικύκλου γινο-μένης); 324, 14 (καί om.); 325, 1 (λ͞α in ras.), 18; 326, 1 (ἐκλεί-ψεων ἥτις), 18; 327, 7 (ἐκλείψεων αὐτῆς), 24 (καὶ ἐπί, καὶ τῶν); 328, 1; 329, 6 (μέν om.), 14; 330, 8 (ἐν μέν), 15; 331, 2 (bis), 3, 4, 6 (τοῦ om.), 12 (γενόμενα); 332, 3 (ἴσα ἔγγιστα), 9 (δέ om.), 14; 333, 11; 334, 2 (δέ), 5, 19; 335, 6, 16, 19 (συνχρησάμενοι, ξ),

20 (καί om.); 339, 11: 340, 9 (Θώϑ κϛ′ ώς), 13 (ώρῶν ἐστιν ἰσημερινῶν); 341, 5 (ἐπέχοντα ἀκριβῶς seq. ras.), 12 (ἐξέλιπε), 16, 19
(ε̅ ∠′ ἄρα); 342, 4 (ῆ καί), 14, 21 (bis); 343, 1 (ἐξέλιπε), 3, 6, 7
(β̅ ∠′ ἄρα), 10 (ἐξέλιπεν), 19; 344, 1 (δευτέρας ἐκλείψεως, ἔκλειψιν
om.), 2, 5, 14 (Κάλλιππον); 345, 3 (δὲ καί); 346, 9; 348, 6 (subscriptio); 349, 12; 350, 14; 356, 1 (κατ′), 7; 357, 15 (ἀπό om.);
359, 19; 360, 17; 361, 8, 11; 371, 18 (ΕΒ); 372, 16; 376, 20; 378,
23 (ΕΞ ἄρα); 379, 24 (τό om.); 380, 9; 381, 2 (ἀγάγωμεν, -ά- in
ras.), 23 (ἀπὸ τῶν); 382, 7, 8 (ἀπεῖχε); 384, 14; 387, 17 (τό om.);
389, 1 (ἡ ἐφ′, ἡ om.); 393, 2 (μέν] μὲν ῇ corr. ex μένη), 3 (ῇ
om.); 398, 18: 400, 9 (ἐστὶν ο); 404, 6 (κανονίων); 406, 25; 407,
6, 7; 411, 19 (ΘΑ), 20 (ΔΑ), 21 (ΑΑ); 412, 6 (ΛΑΚ); 415, 6 (τοῦ
om.); 424, 7 (ΘΗ); 427, 1 (ἡμίσει μέρει, μέρει euan.), 2 (τὰ αὐτά),
6: 434, 9; 436, 15; 437, 4 (ΒΖΑ); 438, 9 (ἔσται); 446, 1; 448, 7;
449, 1; 454, 1 (ΒΔΚ), 2, 4; 455, 1; 457, 17 (βορειότερα ῆ νοτιώ-
τερα); 459, 5 (Πτολεμαίου μαθηματικῶν ε̅); 461, 4 (τε καί), 10;
462, 5 (α̅), 6 (παραβάλλοντες), 17 (τοῦ Θώϑ om.); 463, 19 (ἐπεί):
464, 5 (ἡλίου), 8 (καί om.); 465, 5 (δέ om.), 20 (ἐκτεϑεῖσϑαι);
466, 2 (ἀπό — ἡλίου om.); 469, 50 (similia add.); 471, 29—30
(om.); 472, 1 (πῶς); 473, 9 (ἀεί); 474, 14; 475, 6 (ο om.), 9;
477, 3 (φοδ′ ἔτος); 478, 23; 481, 14 (τὸ πλεῖστον om.); 484, 14
(ἄψασϑαι), 16, 22; 490, 14, 16; 491, 10; 495, 14 (ἔτι δεῖξαι);
499, 8—9 (τῆς ἐποχῆς), 14 (τε om., καὶ τό] καί in ras.); 502, 15
(καὶ τόν); 505, 20; 507, 3; 514, 18 (τῆς ΘΑ); 525, 2 (μέχρι —
χρόνον); 530, 16; 531, 23; 533, 4 (πλεῖον ἀεί), 8; 540. 7; 542, 3
(ΕΑ), 6 (γωνία), 18; I² p. 2, 4, 14; 7, 12, 13 (προηγούμενος); 8, 23
(οἱ om.); 9, 1 (ὁ), 14; 16, 22; 17, 1, 9 (τό om.), 10, 20; 18, 6, 18;
19, 3 (ταῖς om.), 5, 10, 19; 20, 6; 23, 14; 25, 8 (βορειότερος εὐρη-
μένος), 9, 19 (νοτιώτερον); 26, 6; 27, 13 (τοῦ); 28, 2 (γ̅ Ιδ̅); 29, 6
(τῆς ϑερινῆς τροπῆς); 31, 16; 32, 14 (καί om.), 18: 34, 11 (λαμπρῶν ἀστέρων), 19; 35, 19 (μὲν ὅλον, καί om.);¹) 170, ϛ (ἔχουσα),
21 (καί); 172, 1, 2, 13 (τήν om.), 16 (τε), 17 (ἐπί); 174, 23; 175,
11 (ter); 176, 8, 16; 177, 13 (αὐτῇ om.); 178, 19 (ὅλον πρός);
179, 4 (ὑπό), 23; 180, 6 (καί om.); 181, 6; 182, 19 (παρακειμέναις),
183, 11, 13 (κύκλου), 14 (γῆν); 184, 8 (παράγεσϑαι), 16; 186, 13
(αὐτῶν), 18; 187, 16; 188, 21, 22; 189, 16; 190, 18 (ἀνατείλαντος);
191, 1 (τέταρτος δ′); 192, 20 (καί om.), 21; 193, 8 (αὐτος εὐϑύς);
194, 8 (τόν); 195, 3, 5 (ΗΘΑ), 11 (δίδονται), 12, 18; 196, 4 (τὰ
προκείμενα), 8 (δέ); 197, 6, 7, 8 (διὰ τὸ κτλ., ἀπό om.), 22 (τε

---

1) De catalogo stellarum p. 38—169 u. p. CXXI sqq.

om.); 199, 16, 22; 200, 6 (τοῦ), 11, 13 (ἐγκλινομένου); 201, 21:
202, 14, 21, 22 (δοθήσεται); 203, 2, 15 (δυσκατανόητον); 204, 3,
(ἀπὸ τῶν), 12; 208, 16, 17 (ἀπ᾽); 209, 21, 24; 211, 23 (καταχρῆ-
σθαι), 24 (ὡς om.); 212, 15; 213, 1, 19; 214, 11, 15 (τό om.); 216
9; 217, 1 (δ᾽ ἕκαστον), 18, 20: 219, 2 (λῆ νβ ᾱ); 250, 6; 251, 25
(μίξεως); 255, 9, 17; 259, 7 (ἴση om.); 263, 2, 15 (bis); 264, 24
(δέ); 265, 10; 271, 2 (γέγονε); 272, 7; 273, 13; 274, 5, 6; 275, 19:
277, 21; 278, 6; 279, 7, 17, 18, 20; 281, 6, 17 (ἔσται); 282, 7, 18:
283, 3; 285, 6, 14, 21, 22; 286, 15 (εὐθείας om.), 18; 287, 2, 15,
16 (τουτέστιν); 288, 5, 13, 14, 16, 19, 20; 289, 1, 18: 290, 4; 292,
6, 7 (καὶ οἴων); 293, 11, 22; 294, 12, 17 (subscriptio); 295, 1, 2, 4, 6:
296, 4, 18, 22 (μιᾶς ἐστι καὶ ἡμίσους); 297, 1 (τότε om.), 5 (τῷ
δ᾽ Ἀντωνίνου ἔτει), 21; 298, 1 (ter), 6, 15; 299, 10, 11, 16, 17;
300, 2 (ἐστι τοῦ), 15, 19; 301, 1, 19; 302, 7, 12; 303, 2, 3, 9, 12, 20;
304, 14; 305, 9; 306, 22; 307, 4 (μέσως μὲν ἐπ..χε), 12, 18, 20,
21; 308, 8; 309, 9, 10, 12, 19; 310, 2, 10; 311, 4, 5, 11, 17, 18, 20,
21; 312, 16; 313, 3, 4, 6; 314, 15, 22; 315, 6, 9, 11; 316, 8, 10:
317, 15, 21; 318, 1, 5, 18; 319, 13, 17; 320, 13, 16, 18; 321, 1,
17, 19; 322, 1, 4, 5, 19; 323, 1, 23: 324, 12, 17, 20; 325, 1, 5, 8,
16, 18, 21, 22; 326, 3, 8, 20: 327, 8, 23; 328, 8, 12, 13, 19: 329,
2, 8, 14, 17, 18, 21 (ΓΕ); 330, 9, 17: 331, 2, 11, 12, 15, 18; 332,
3, 4, 9, 19; 333, 5, 15, 16, 17, 19, 22 (γωνία); 334, 6, 7 (περιφέρεια):
335, 6 (ΧΒ), 15; 336, 13 (γωνία om.); 337, 3, 4; 338, 12, 16, 22;
339, 8 (bis), 11 (τά om.), 12, 15 (ἔχομεν); 341, 5; 342, 23 (bis);
343, 11, 20 (δέ); 345, 9; 346, 3 (μέν om.); 347, 8 (λαμβάνομεν),
17, 19; 348, 3, 7 (αὐτῆς), 8, 9 (ἄς om., προκειμένην); 350, 4;
351, 6, 19 (καί om.), 22; 352, 18 (τοσαύτ̈), 20 (καί om.): 353, 4
(τοῦ τότε); 354, 2, 8, 9, 16 (ἐστίν om.), 23: 355, 18; 356, 9 (ΒΖΚ);
360, 5; 361, 3, 22 (ΕΑ); 363, 21 (τοιούτων ἐστίν): 365, 21 (ὀρθο-
γωνίῳ om.), 23 (καὶ τό); 366, 6, 17 (ἄρα om.): 367, 1 (μοιρῶν):
371, 4 (bis); 372, 7 (πάλιν om.): 374, 13; 375, 15; 379, 3 (τοῦ
περιγείου μοίρας); 380, 12 (τῶν μέν): 384, 21 (καὶ ἡ ΜΒ ἔσται):
385, 19; 386, 11 (μία δὲ κτλ.): 387, 23; 388, 2 (τε om.), 3; 389,
2, 10 (ΔΕ), 20, 23 (ΔΖΚ); 390, 5, 24; 391, 1 (οὖν), 5 (ὥραν μίαν),
9, 19, 23 (ἐκκειμένων οἰκείων om.); 392, 9 (τοῦ καί), 13 (bis), 15
(καὶ τήν); 393, 6 (κατὰ ταύτην); 394, 23; 395, 3; 397, 22 (ΓΔ):
398, 3 (ΜΔ), 23 (οὖσα om.): 399, 5, 8, 13 (ὡς om.); 401, 3, 15
(ΕΑ); 402, 2 (καί om.); 403, 8 (καί), 9 (ὑπόκειται), 19; 406, 7
(ἔσται); 417, 12, 13 (ὑπέκειτο), 18 (ὑπόκειται): 418, 2 (ἐστὶν ἄρα),
15 (ἐστίν om.), 18; 419, 4: 420, 16; 422, 3 (bis), 10 (ΝΞ, Ν- in
ras., mg. ἡ ΝΞ m. 1); 423, 5 (ἤν), 12 (γωνίαν ἕξομεν), 14; 425,

17; 428, 16 (μοιρῶν om.); 430, 14: 431, 21; 432, 15, 21 (EH);
434, 5 (καὶ αἱ), 13 (τὰ τοσαῦτα); 446, 5 (παρόδους ἐθέλωμεν), 12
(μέν om); 447, 1; 448, 7 (τῶν om.); 449, 14—15; 450, Ε; 453, 11;
454, 15 (ΘΚ); 456, 8; 457, 15 (ἄρα λόγον); 459, 1, 20 (γωνία om.);
462, 25; 463, 18; 464, 2; 468, 1, 11, 20; 469, 20; 471, 18 (τοιούτων
om.); 472, 12 (εὐθεῖα om.), 13 (τοιούτων καὶ ἡ); 473, 7 (ἀπό),
21 (AH); 474, 1 (ΔΓ); 475, 10 (ἀπόστημα), 18; 477, 5 (ΓΖ), 7
(AH), 15 (ΓΖ); 478, 5 (ἀπό); 479, 3 (ΖΘ), 20; 481, 12 (ἀπὸ τοῦ);
482, 4 (ιγ ϥ), 19; 486, 4, 18; 487, 16; 491, 5 (ἀπό); 494, 17, 20;
496, 21; 497, 21; 498, 4; 499, 4, 8 (μ̈ α'), 14; 500, 11; 501, 17
(ἐπεὶ δ'); 505, 2 (ὡς om.), 9; 513, 4 (ἐστίν om.), 16 (καί cm.); 514,
10 (αἰεί), 22; 520, 7 (τοῦ); 521, 1 (ἑσπερίους), 4, 9 (ἑσπερίους), 10
(item); 524, 8, 19 (π̈); 525, 11 (πέρατος ἢ νό); 526, 11; 528, 3
(πρὸς τάς), 16 (τά om.); 529, 11; 530, 7 (λοιπόν), 11; 531, 5 (ὅτι);
534, 14; 536, 6, 14 (μιᾶς μ̈); 537, 20; 538, 21 (περί om.); 539, 7
(γωνίαν om.), 19 (ΞΝ), 21 (bis); 540, 4 (τό om.), 10 (=οσοῦτον),
11 (τε); 542, 11; 547, 18 (δή); 548, 1, 15 (bis), 22; 551, 5 (bis),
8; 552, 24 (δέ comp.); 557, 6 (τῶν αὐτῶν); 558, 5; 559 24; 561,
18; 562, 17; 563, 9 (ἐστίν om.); 564, 6; 567, 10 (καὶ χωρίς), 17
(ἤμελλον τῆς τῶν περί); 568, 15; 569, 15 (ΚΕ, τὴν ΕΝ) 571, 10;
572, 8 (οἵων ἐστὶ τό); 573, 14, 15; 574, 15; 576, 20: 577, 2 (ἄρα
om.); 578, 14 (τῆς λοξώσεως ἔχομεν), 17; 579, 11 (bis , 13, 24;
580, 8, 9 (τε om.), 10 (ἡ om.); 581, 3 (κατὰ μῆκος μεγίσ=ων om.;
588, 1 (bis).

praeter locos postea correctos, quos paullo post enumerabo,
huc adcedunt ii, quibus consensus codicum DG propter rasuram
ut incertus ita ueri similis est, ut I¹ p. 104, 10 (δ̈] ras. 1 litt.,
τεταρ supra scr.), 16 (ἐφ' e corr.); 113, 5 (τοβ, -β in ras.); 119,
13 (δέ e corr.); 123, 23 (συναμφότεροι, -τεροι in ras.); 147, 7
(συμβ- in ras.), 21 (ante ΒΘ ras.); 153, 10 (ἥμισυ seq. ras. 1
litt.); 157, 9 (λ̄ ϑ̄ in ras.); 161, 3 (-ειν e corr.), 20 (-οντα in
ras.); 163, 17 (-ιΐ e corr.); 169, 15 (-ς in ras.), 24 (ρι̇ δ̈] -ν- in
ras. maiore); 170, 18 (Η e corr.), 23 (ante ἑκατέραν ras. 1 litt.);
171, 9 (ΘΗ e corr.); 191, 11 (εὑρίσκο- e corr.); 200, 14 (ἰσημεριῶν una litt. eras. ante ω); 204, 13 (ante ō — in ras. 6—7
litt.); 205, 21 (-ρωίας in ras. 9 litt.); 206, 10 (post νξγ' ras.
5—6 litt.); 207, 11 (ante δ̄ ras. 1 litt.); 216, 10 (ante ἑκάστης
ras. 2 litt.); 217, 4 (-ομένους in ras.), 5 (post κύκλου ras.), 14
(post Δ ras.); 231, 21 (-Η in ras.); 233, 24 (ante ϥβ̄ ras. 6 litt.);

239, 3 (ante q̅β̅ ras.); 241, 6 (ΕΑΘΔΗ e corr.); 245, 24 (ΑΔ
in ras.); 250, 4 (ΚΑΗ e corr.), 22 (ΘΑΗ e corr.); 252, 10
(σελίδια in ras. minore); 254, 14 (τῷ διὰ μέσων in ras.); 255, 2
(ε̅ ∠′ in ras.), 5 (post ϱλα̅ ras.), 20 (ε̅ ∠′ in ras.); 257, 1 (οὖν
in ras.), 5 (κε̅ e corr.); 260, 6 (∠′ e corr.); 262, 6 (-ά e corr.);
263, 14 (post ἁπλῶς ras.); 266, 1 (ὅ in ras.); 267, 16 (προσλαμ-
βανόμενον, sed corr.); 295, 9 (ante τῇ ras.); 297, 20 (ΕΓΖ, Ε-
et -Ζ e corr.), 23 (πρός inter duas ras.); 298, 1 (ΔΓ e corr.);
299, 3 (ΓΖ et ΚΜ inter binas ras.), 15 (ΗΜΘ et ΘΛΚ in
ras.); 300, 14 (ἴση ἐστίν supra ras.); 301, 12 (δή e corr.); 302,
2 (-εἶται κίνησιν corr. ex -ουμ . . .), 7 (διὰ τό e corr.), 20 (∠′ in
ras.), 22 (β̅ ∠′ e corr.); 304, 20 (∠′ in ras.); 306, 19 (ΔΕΒ inter
duas ras.); 307, 6 (αἱ Ε- in ras., post -Α ras.); 311, 15 (Κ in
ras.); 312, 3 (μυριάδων μ̅ζ̅ in ras. min.), 4 (ante ΛΔ ras.); 313,
16 (-ΝΚ in ras.), 25 (Ξ̣Β in ras.); 314, 2 (ΛΒ in ras.); 316, 1
(∠′ e corr.), 3 (∠′ e corr.); 317, 14 (post Γ et ΕΒ ras); 319, 20
(Ε- e corr., ι̅ β′ corr. ex ιβ̅), 22 (-α e corr.); 322, 11 (ΔΑ in
ras.); 324, 4 (post τῆς ras. magna, τῶν μέσων παρόδων supra
scr., τῆς σελήνης om.); 328, 23 (δή in ras.); 331, 10 (ante οὖν
ras.); 333, 17 (-ό in ras), 18 (-ό in ras.); 338, 21 (post ἐστιν
ras.); 339, 14 (-σῶν e corr.); 343, 21 (ante τοῦ ras.); 345, 14
(προ- in ras.); 370, 24 (θέσιν e corr.); 376, 19 (-λ- in ras.);
377, 7 (ο e corr.); 381, 20 (ο ε̅ in ras.), 26 (ι̅ ιϑ e corr.); 386,
2 (-Λ in ras.); 387, 1 (ι̅ ιϑ e corr.); 392, 20 (-έη- e corr.); 397,
3 (ante ϱ̅ν̅ ras.), 19 (ι̅ καί in ras.); 399, 8 (post ἔσται ras. 3
litt.); 401, 16 (post ἀκριβεῖς ras. magna); 404, 23 (παραλλήλῳ
supra scr., seq. τῷ in ras.); 407, 15 (-σαις in ras.); 409, 3 (ante
ε̅ ras.), 11 (ἐπ- in ras.); 411, 10 (ΖΗΘ in ras. min., ante α̅
ras.); 414, 17 (μ̅ δ̅ e corr.); 420, 7 (-ει in ras.); 427, 2 (δέ in
ras.); 430, 19 (post ν̅ ras.); 432, 2 (-τι e corr.), 10 (-τα ἑξῆς in
ras. maiore, seq. τά om.), 13 (μ̅/ο̅); 444, 2 (λαμβάνειν in ras.);
448, 6 (αὐτόν in ras.); 458, 6 (μ̅ς̅ in ras.), 7 (μ̅δ̅ in ras.), 14 (ι̅
γ′ in ras.); 460, 13 (δ' ἄν); 467, 25 (-γ in ras.), 29 (ι- in ras.):
468, 13 (-γ e corr.); 470, 17 (-γ e corr.); 472, 8 (-α- e corr.):
482, 4 (∠′ in ras.); 483, 6 (ιβ′ in ras.); 484, 15 (-ην -αν e corr.):
488, 5 (πρόσοδον e corr.); 497, 5 (-τέραν in ras.); 506, 10 (post
Β ras. 1 litt.); 508, 1 (,γϱ- e corr.), 4 (αὐτῆς — 5 ι̅ε̅ in ras),
14 (-μα in ras.); 510, 3 (ῇ ἑκατέρας in ras.), 8 (ξ̅ξ̅ᵃ in ras.):
513, 9 (τοῦ ἡλίου κύκλον in ras.), 10 (-ΘΗ e corr.); 514, 18
(β̅- 19 β̅ in ras.); 515, 12 (-ομέων e corr.); 517, 18 (Α- in ras.);

519¹, 17 (-δ e corr.); 520¹, 14 (-δ e corr.); ²20 (σδ, -δ e corr.),
24 (κδ] -δ in ras.); 521, ² 27 (ante η ras. 1 litt.), 42 (-ζ in ras.):
536, 1 (ἐν- in ras.); 541, 25 (ante τῷ ras.); I² p. 2, 11 (μὲν δὴ
in ras. min.); 14, 24 (-εν οὖν supra ras.); 24, 20 (post τό ras.):
33, 19 (ἦν] ras. 5 litt.); 34, 18 (-ὦν e corr.); 190, 1 (προανα-
τείλῃ, post o ras.); 195, 10 (ΖΝ in ras.); 276, 11 ⸤ΚΑ); 284,
16 (ὑποκείμενον); 305, 14; 315, 14; 327, 1, 2; 329, 3; 331, 17:
428, 7 (γινομένας); 497, 10 (τάς τε), 11 (λ̄β̄); 549, 20 (ΒΑ corr.
ex ΜΑ); 573, 11 (ΔΑΕ) al.

    3) in scriptura uera I¹ p. 123, 24; 155, 4; 174, 24
(ρια); 195, 1, 14; 205, 10; 207, 21; 234, 1 (ἰσημερ̄οῖ); 253, 34
(ρλε); 267, 8; 269, 16; 277, 8; 301, 5; 313, 20 (αἱ); 321, 10
(πάλιν δ᾽ ἐπεί); 360, 23: 486, 21; 535, 18; 538, 7; I² p. 12, 15:
17, 2, 22; 23, 23; 27, 15; 30, 15; 31, 21; 32, 12; 34, 15; 175,
13, 16 (ἠρέμα); 179, 21; 180, 7; 183, 17; 187, 18; 203, 18; 206,
19; 209, 5: 212, 13; 214, 9; 221, 37, 50; 223, 35; 225, 43; 245,
44, 47; 246, 7, 14; 247, 31, 32; 248, 12; 249, 38; 250, 23; 252,
17; 253, 10; 254, 10: 255, 5; 257, 16; 262, 19; 270, 3; 274,
20; 283, 1; 286, 2; 288, 2; 289, 7; 292, 7; 295, 2, 5; 297, 9,
18; 298, 19; 299, 19; 300, 17; 301, 11; 305, 9, 21 309, 2, 3,
14, 22; 310, 22, 25; 311, 17, 21; 313, 16; 316, 18; 317, 4, 13,
14; 322, 3; 327, 22; 332, 8 ¹); 336, 11; 339, 1; 351, 11; 352,
12; 354, 22; 357, 4, 11; 363, 8, 23; 366, 1; 373 5; 379, 4
(φαινομένην); 383, 24; 403, 5: 410, 15; 418, 6; 420, 3; 422, 1;
423, 17; 424, 7; 425, 9; 427, 8; 436, 12; 461, 11; 463, 2; 465,
20 sq. (παραβάλλωμεν; 466, 1 (λ̄β̄] κ̄β̄); 472, 3; 474, 5 (πολυπλ.);
478, 14, 17; 479, 1; 480, 8, 15; 483, 12, 21; 488, 10; 490, 2;
491, 19; 494, 18; 501, 16; 504, 3, 20; 511, 14; 522, 10, 13;
529, 17; 534, 8; 535, 17; 541, 1; 542, 18; 553, 4; 563, 17;
568, 7; 572, 17; 573, 17; 574, 10, 14, 17. cfr. I¹ p. 191, 18
(ἄν eras.); I² p. 282, 15; 543, 20 (ΔΚΗΗ κοινῇ); 546, 6 (ν̄α).
addi uelim I¹ p. 202, 3 τε] γε; 353, 1 τῷ . . . ὑποδεδειγμένῳ,
22 ἐπί; I² p. 32, 1 τοε] τοθ (τ- eras., -ε in ras.); 580, 2 διά-
φορον] ἀδιάφορον, quibus locis nunc scripturam codicis D
praefero.

    his igitur locis G cum solo D consentit; praeterea cum
AD contra BC I¹ p. 22, 12; 33, 2; 35, 19; 48, 20 71, 1—2:
77, 11; 81, 45; 88, 21 (τά); 90, 18; 93, 2 (ΕΗ, -Η in ras.),

---

    1) Multi horum locorum in eam partem cadunt, quae in
A suppleta est.

9 (*HB*); 95, 9—11 (*Z Θ* = A), 20; 98, 7; 102, 11, 17; 105, 21;
106, 10; 119, 19; 120, 16; 122, 17, 21; 139, 28 (μς, -ς e corr.);
153, 14; 154, 23; 155, 6; 158, 21; 159, 19; 165, 20 (λῆμμα ε̄ om.);
185, 16; 193, 1; 210, 6; 212, 2; 214, 14; 249, 13 (nulla lac.);
269, 16; 291¹, 26; ² 36, 37; 305, 5; 339, 21 (τοῦ λόγου); 351,
21; 355, 19; 357, 12—13; 422, 8 (τὸ μέν); 435, 7 (ΖΓ); 458,
11; 478, 3; 493, 20 (μέσως); 494, 13; 497, 8 (πλείονα); 509, 3;
510, 22 (χρόνου); 527, 21; 530, 5, 543, 24; I² p. 34, 16; 174, 6;
218, 4; 220, 11, 21 (μδ); 222, 11 (κη), 20 (νζ); 223, 23 (μζ),
28 (μ); 224, 13 (δ), 16 (να); 225, 22 (νδ), 29 (ιϑ), 39 (λε); 226,
18; 227, 29 (σοζ), 31, 41 (κα), 47 (ι), 48 (ιη), 49; 238, 6 (να),
7 (νβ), 10 (κζ); 239, 32 (νζ), 36 (ιδ), 48 (ιη); 240, 16; 241, 32;
242, 6, 10 (ρμζ), 12 (κς); 244, 7 (νδ, τμς), 11; 245, 27 (λς), 31;
249, 32, 39; 343, 12; 347, 22; 391, 10; 396, 10; 405, 9 (ΘΗ);
437, 29, 33, 44 (μϑ); 438, 21 (μ); 439, 28 (λγ); 440, 21 (ιϑ);
444, 14, 21 (κϑ); 445, 28, 39 (λβ), 49 (κη); 466, 11 (κ̄ᾱ); 476,
1; 506, 13 (κη), 23 (λγ), 24 (κε), 26 (λβ), 27 (κδ), 28 (σμδ); 507,
5, 10, 14 (λη), 21, 23 (ρϛε); 583¹, 34 (ιβ), 43 (γ); 585¹, 33 (ιβ),
38 (νδ); ² 41 (ι) et in erroribus I¹ p. 216, 1; 294, 1; I² p. 226,
12 (νδ); 227, 41 (κα); 433, 4 (ς); 442, 18 (κγ); 443, 50 (μη);
560, 19 (ν̄δ); cum BD I¹ p. 37, 15 (τῶν ΒΓ et τῶν ΒΓ, ΑΔ);
66, 7 (ἐν — κρόταφον in textu, sed βάϑει καὶ πλάτει); 75, 19
(Δ Θ); 285², 35 (β); 294, 3, 6; 354, 3; 370, 21; 382, 13; 407, 3
(αὐτῆς supra scr.); 445, 15; 458, 9 (νς, sed corr.); 528, 16
(διαλαβόντες); 537, 12; I² p. 190, 19; 218, 19 et in scriptura
uera I¹ p. 81, 35 (νϑ); I² p. 488, 7; 492, 6; cum CD I¹ p. 92,
8 (κ̄ς); 124, 6; 257, 11; 300, 16; 394, 5 (τάς m. 2); 464, 3;
514, 18; 516, 18 (corr.); 541, 6; I² p. 15, 6 (Κάλλιππον); 18, 20;
207, 2; 214, 9; 372, 21; 459, 14 (ἡ om.); cum BCD I¹ p. 42,
1 (λοιπή); 77, 19; 79, 5; 88, 17; 92, 11 (κ̄ς); 112, 3 (ᾱ); 159,
16; 175, 7; 192, 18; 198, 23 (corr.); 218, 12 (corr.); 236, 3;
268, 15; 280, 6; 295, 3; 420, 12; 498, 9; 543, 9; I² p. 36, 23;
205, 10; 247, 36; 361, 22; 431, 12; 545, 5.

patet igitur, codicum DG communem originem esse, id
quod iis quoque locis confirmatur, ubi error codicis D scriptura
codicis G explicatur, maxime in compendiis a G seruatis, ut
I¹ p. 39, 1 δεδομέν̷ (corr.); 192, 14 ἀποβλέπον̆τ; 262, 18 ἀνωμά̷;
263, 1 ὡς comp., 3 διαστάσε̆; 273, 8 ἑκᾰ; 276, 3 ἀνωμά̷; 306,
24 μ̆ⁿ; 351, 20 τά corr. ex ̆τ (h. est τούς), 23 ῐ; 372, 3 ἀ̆ν;
384, 15 ἑκᾰ; 388, 6 idem; 458, 13 περιφε̆; 490, 20 ἀνωμᾰ;

530, 24 εἰσ^τ'; I² p. 3, 7 βεβαιο^τ^ς (-α supra add. postea); 11, 14 πρω^τ' (-ϛ postea add.); 14, 17 ἀπε^χ (corr.); 19, 22 μ^οι; 22, 3 ∠'; 36, 26 μ^οι; 170, 1 γαλα^κτ (item p. 171, 1); 174, 22 θρο^ν; 184, 5 μ^οι; 395, 8 αὐ^τ' (item p. 415, 5); 425, 9 ἐπου^σ; 451, 7 ἀνωμα^λ'; 523, 19 εἰσ^τ'; 581, 10 μεθο^δ'; 589, 2 του^τ.[1]) cfr. praeterea I¹ p. 10, 15 πάλιν ὥσπερ πάλιν (hoc del.; in archetypo fuit ὥσπερ πάλιν); 113, 4 γ] ϛ γ (corr.; fuit γ ϛ); 160, 18 ἴσαι εἰσίν (fuit ἴσαι εἰσιν); 300, 9 ἴση λ; 524, 2 ἂν οὖν; I² p. 446, 12 ἀπογείου·τότε (fuit ἀπογείου τότε); 464, 11 ΑΓΒ] ΑΒΓ (fuit αγ β). comparari potest etiam I¹ p. 537, 14 ὅλον postea add., sed hoc loco; 378, 9 δύο] β'. cfr. I² p. 309, 6 ΓΔΛ (ortum ex γδ^λ).

omnino G haud raro ex parte tantum cum mutationibus codicis D concordat, uelut I¹ p. 126, 3 καὶ δέδεικται καθόλου ὅτι, 20 καί om.; 190, 4 χρόνον τξε ἰδίων (ἰ- in ras.); 268, 11 ταῖς αὐταῖς (corr. in ταύταις); 303, 11 γεγονὼς φαίνεται; 307, 1 διεκβεβλημένην ἔχομεν αὐτόθεν; 308, 17 τοῦ αὐτοῦ οὖσα] οὖσα αὐτοῦ; 480, 14 μέσων μοίρας (ο' λγ κ in ras.); 500, 9 πρὸς μ^οι α; 519¹, 1 κανόνιον ἐκλείψεων ἡλιακῶν; I² p. 188, 2 πανταχῇ] πάλιν πανταχοῦ πάντοτε; 528, 19 αὐτοῦ καὶ περίγεια; 324, 18; cfr. I² p. 219, 13 κανόνια; 294, 5 γ' om.; 305, 7 τοτότε. saepius interpolationem in D perfectam in G orientem uidemus, uelut I¹ p. 133, 5 ἐφ'] καθ' (sed hoc loco); 168, 19 δὲ δή[2]); 239, 12 τμῆμα ἡμικύκλιον; 323, 7 ὥστε καὶ λοιπὴ ἄρα; 355, 7 post ἀνωμαλίας ras. magna, sed lin. 6 γινομένης seruatum; 464, 22 ἕνα πρῶτον; I² p. 14, 16 μέρος om.; 16, 1 μοίρας μιᾶς; 190, 22 εὐ-

1) Cfr. I² p. 567, 17 πρός — 18 παρά] τῆς τῶν περί ortum ex π. similia compendia I¹ p. 92, 15 ὅπερ ἔδει δεῖξαι] ὅ =; 491, 15 ἀποχῶ^ς; I² p. 201, 4 ὁμοία] ο^μ; 467, 22 ἐκα^τα; 555, 14 κανο'; cfr. de D supra p. XC sq. uocabula in archetypo dirempta non fuisse, ostendunt errores I² p. 174, 3 ὁρῶμεν ανευ εἰ; 186, 7 κατηστερισμένοι] καὶ τῆς πε πρισμ^ϛ.

2) Hoc ut nonnulla eorum, quae sequuntur, ita explicandum puto, ut supra δή primum additum sit δέ, quod deinde aut in textum iuxta δή intrusum est aut genuinum prorsus eiecit.

θέως ὁ ἥλιος; 200, 18 μηδὲ ἡ] μηδεμιᾷ ἦ¹); 208, 16 μὴ δυναμένου, sed 15 παραθεωρηθῆναι; 399, 15 καί om. ¹); 405, 1 ΔΗ
μοιρῶν, sed 2 ἐστίν; 460, 13 τοῦ om., sed κύκλου; 509, 2 ᾖ om.,
sed 1 ἐπί; 550, 22 οἵων ἐστὶν ἡ. cfr. I¹ p. 346, 21 Γ⁰ ἄρα.
rursus autem est, ubi in G interpolatio serpserit latius,
u. I¹ p. 197, 13 ἀκριβουμένων τῶν ὀργάνων (14 ὀργάνων supra
scr. postea); 297, 21 ἔστι δὲ καί (in D fuisse uidetur ς̣ ἐστι δὲ
καί); 321, 16 ̣γχ̅ τοῦ ἐπ᾽ αὐτῆς τετραγώνου; 324, 6 τῶν τριῶν
ἐκλείψεων τῶν παλαιῶν; 435, 12 μοιρῶν ρκ̅ εἶναι²); 485, 5 ἔσται
δυνατόν²); 501, 16 μιᾶς μοίρας²); I² p. 15, 14 πέντε—διακοσίων]
σ̅ξ̅ε̅ ἐτῶν; 187, 4 οὔτ᾽ ἀπλανῶν ἀνατέλλει οὔτε δύνει³); 191, 15
ἢ κατὰ διάμετρον, πάλιν δὲ δύο γινόμενα τὰ νυκτερινὰ ὑπὸ γῆν
γίνεται τοῦ ἡλίου μεσουρανοῦντος ὑπὸ γῆν; 281, 17 τὸ ΒΓΗ
τρίγωνον, ὥστε ἴση τότε καί; 321, 7²); 380, 2 ὑποτείνουσαν
γίνεσθαι²); 556, 13 τῶν αὐτῶν δέ.²) cfr. I² p. 183, 20 στερεω-
ματικῶν; 345, 22 ΓΘΜ; 412, 19 ΗΘΚΕ et errores similes I¹
p. 247, 6 λ̅δ̅ λ̅ς̅] λδ mut. in λγ supra scr. λς; 287¹, 41 κε] κβ
(κς D, utrumque ex ω ortum); 439, 9 μέντοι omisso τῶν, et
praeterea I¹ p. 45, 13 πρῶτον ἡμῖν ἡ (μέν postea add.).
praeter interpolationes communes cum D plurimas eiusdem
prorsus generis solus habet G. speciminis causa has adfero:
I¹ p. 22, 16 φανείη ἔτι; 37, 11 ΒΔΓ· τὸ γὰρ αὐτὸ τμῆμα ὑπο-
τείνουσιν; 40, 10 καί ἐστιν] ἔσται; 111, 16 ἡ δὲ χειμερινὴ σκ̅θ̅
γ⁰ ἡ δὲ ἰσημερινὴ ο̅ε̅ γ̅ ιβ̅ (corr.); 149, 14 πόλῳ μέν; 150, 18
σημείου ἰσημερινοῦ, 20 ϑ̅] ϑ̅ ἔγγιστα⁴); 154, 1 αὐτοῦ λοξοῦ] διὰ
μέσων τῶν ζῳδίων; 160, 1 αὐτὸν κύκλον] διὰ μέσων τῶν ζῳδίων;
188, 10 τοῦ ἰσημερινοῦ ἀπέχει (hoc in ras. minore); 193, 1 χρο-
νικῶς τε καὶ τοπικῶς; 197, 12 μή] ras. 4 litt. 13 καὶ μὴ παρ᾽;
200, 9 δόξῃ; 202, 10 ἡ τοιαύτη ἔγγιστα ἀκριβῶς; 221, 13 ὄψιν
τῶν ὁρώντων (in ras.); 222, 4 ἀνωμάλου κινήσεως, 15 ΕΔΘ

---

1) His locis error archetypi in D interpolandi causa fuit,
ut I² p. 200, 9 μὲν τῇ; 520, 5 δ̅] δύο. cfr. I² p. 17, 23 κίνησιν
postea add. G.
2) His locis uocabulum in archetypo omissum de suo addidit G, sed falso loco; cfr. I¹ p. 359, 15 τὸ δὲ διά] καὶ διὰ
τοῦτο τό (δέ om. D cum archetypo); I² p. 300, 15 γέγονε δῆλον
(ex γέγονεν διάδηλον, quod ex γεγονένΑΙ δῆλον ortum est permutatis syllabis ΑΙ et ΔΙ).
3) In archetypo (τῶν) ἀπλανῶν supra scriptum fuit.
4) Additur ☾ et in mg.: ☾ λείπει θεώρημα ἓν ὡσεὶ ... ι̅ε̅.

γωνία, 22 ΚΖ ἐπεὶ καὶ ἡ ΚΖ ἔγγιον τοῦ κέντρου; 223, 11
αὐτῇ] αὐτῇ ὥστε ἡ ὑπὸ τῶν ΑΕΒ γωνία τῆς ὑπὸ τῶν ΒΕΓ
ὑπερέχει δυσὶ ταῖς ὑπὸ ΕΒΖ¹); 238, 10 ἔκκεντρος] ὁ ἔκκεντρος
τοῦ ἡλίου; 258, 16 προεκτεθειμένα; 276, 3 ἀπολαμβχνομένων;
278, 4 ο] ὅ ἐστιν ο (hoc in ras.), ἔγγιστα] supra scr.
postea; 296, 22 ΒΓ περιφέρεια; 298, 3 ἴση] ἴση· καὶ ἡ ὑπὸ ΖΗΘ ἄρα
τῇ ὑπὸ ΕΓΖ ἴση ἐστίν; 302, 2 ἐπί] ἡ γὰρ τοῦ λοξοῦ κύκλου
κίνησις ἐναντία οὖσα τῇ τοῦ ἐπικύκλου ὑποστερεῖ αὐτὸν ἐπί;
307, 1 ΒΕΔ; 332, 20 ἐπεὶ τοίνυν, 22 δέ] δὲ τότε; 364, 2 τὴν
τήρησιν γεγονέναι, 19 ἐτηρεῖτο; 371, 12 αὐτῶν ἐστι . . . ἄρα
ἐστίν; 372, 8 ἤχθω ἀπὸ τοῦ Β; 374, 8 ἄρα ἐστίν; 381, 23 ΝΞ;
399, 17 οὕτως καί; 403, 10 πηχῶν δ'; 412, 11 κέντρου οὖσα,
18 τοῦ τῆς; 426, 12 οἵου ἑνός (13 ἑνός om.); 430, 5 ἔσται καὶ
ἡ μὲν ΑΔ; 433, 13 ἐπὶ μέν; 448, 10 γε om.; 454, 6 τε om.;
455, 4 ΖΔ] ΔΖ; 456, 14 ἑκατοντάκις καὶ εἰκοσάκις; 463, 12
ἔτος ἀπό; 468, 1 κανόνιον πανσελήνων; 471, 29 εt 30 ὅροι
ἐκλειπτικοί; 473, 8 τῆς αὐτῆς; 474, 15 χρόνον] τόπον; 479, 17
μιᾶς μοίρας, 19 ἐξέλιπε; 484, 10 κύκλου μεγίστου; 495, 3 ὥστε;
508, 20 πάλιν τοίνυν; 509, 5 ἅπτεται ἔσωθεν; 523, 6 ὥραν
τῶν τε] τήν τε ὥραν; 536, 8 συνεχῶς διαφορῶν; 539, 4 τῶν
ἐπιπέδων om. (τοῦ corr. ex τῶν, ὅρ- in ras.); I² p. 1, 4
θέσιν ἀεί; 7, 4 λαμπρότερος, 5 τὰ δύο; 8, 11 πάνυ] καὶ (del.
postea) μάλα; 9, 10 εἰσιν ἔγγιστα; 10, 17 ὁ] πάλιν ὁ; 11, 6 ἐπ']
ὁ ἐπ', τῷ] τῷ αὐτῷ, 12 ἡ] πάλιν ἡ; 13, 1 σημείον εἰς] ἰσημερινοῦ σημείου ἐπί; 15, 20 καί] καὶ αἱ; 16, 17 ποιεῖσθαι ἔγγιστα;
18, 1 καὶ αὐτὸς καθάπερ, 8 νομιοῦμεν; 21, 1 εὑρίσκομεν om.,
8 βραχύ; 22, 1 πέμπτοις μόνοις¦, 18 νοτίῳ χηλῇ; 24, 21 πλάτος
πρὸς τὸν ἰσημερινόν; 26, 9 ἡ σελήνη ἐπεῖγεν; 31, 13 ἐπέχον π̄ϛ;
36, 26 ἀπολαμβανομένης; 173, 17 ὑποκαμπίῳ; 174, 6 λεγομένη;
177, 17 τό] καὶ τό, 18 ἠρέμα om.; 182, 11 ἐξεχόμενοι; 183, 6
προστάξαντες; 184, 13 δυνατὸν γεγονέναι; 187, 18 ὑπό. 19 ὑπέρ;
189, 10 τῶν om.; 191, 14 πάλιν μεσουρανῇ ἢ ὑπό; 195, 1 ΝΘ,
9 ΘΝ; 196, 5 ἔτι τε ἡ; 200, 7 ΗΘΖ; 202, 3 δέ om ; 203, 11
τε om.; 209, 25 εἰκὸς μή; 212, 8 συγχωροῖμεν; 214, 14 κύκλους
ἀεὶ ὁ ἥλιος μέσως; 215, 8 τοῦ ἀστέρος om.; 217, 13 πολλαπλασιάσαντες; 218, 6 μοίρας om.; 250, 6 διά] τῶν διαφωνούντων
(8 τῶν om.), 21 σχηματισμοῦ ἐπί; 251, 17 συμπτώματος πάλιν:
264, 20 διεῖχεν] ἀπεῖχεν, 21 προειρημένος; 270, 3 μάλιστα ἡμῶν;
277, 21 ἐστὶν ἄρα; 282, 1 τοιούτων ἐστίν, 14 ἄρα ἐστίν; 284,

---

1) De p. 224—28 u. quae collegi p. XXXIII.

25 κινείσθω; 286, 17 ἐπειδὴ καί; 301, 12; 309; 1 ξ] τοῦ φέροντος τοῦ ἐπικύκλου (h. e. τὸν ἐπίκυκλον) ξ; 324, 19 προυπῆρχθαι;
334, 6 κείσθω; 335, 23 ἐστὶ τοιούτων; 336, 11 κείσθω; 337, 24
ἔσται] ἐστι; 339, 15 καί] μετά; 343, 2 ὅλη ἡ ΒΧ; 352, 7 ἐπι-
προσθεῖν; 354, 7 ὀρθογώνιον γίνεσθαι σχῆμα παραλληλόγραμμον;
355, 5 ἄρα ἐστίν, 14 ἐστίν om.; 356, 11 ΒΖΚ; 358, 10 τοῦ
Ἄρεως] ἀστέρος; 361, 3 τῶν διαστάσεων τούτων, 22 μὲν αἱ;
362, 14 ΕΒΗ γωνία; 369, 4 ἔσται] ἐστίν, 10 ὑπό] ἀπό, 12 ἴση
ἐστίν; 375, 19 ἀκρωνύκτου om.; 378, 11 ἐστιν om.; 379, 18
⊿Γ; 391, 23 ἐκκειμένων οἰκείων om.; 397, 14 ἡ ΑΚΔΜ om.;
398, 1 ΑΔΜ; 403, 8 ΘΖ, 19 ἐνταῦθα; 404, 1 τοῦ Τοξότου;
414, 3 δ' om.; 420, 2 χρόνον διά; 425, 3 τῶν — 4 κινήσεων]
τῆς κινήσεως τοῦ Κρόνου, 9 ἀπὸ τῶν ΣΠΥ ΛΥ add. ante ἀνωμαλίας,
14 πάλιν ἀπό; 429, 15 διάστασιν; 451, 14 τοῦ] τοῦ κέντρου τοῦ;
453, 16 ἀπόστημα et καί om.; 455, 13 ἀστέρος om.; 463, 8 ΕΓ]
ΓΕ; 470, 8 μηδέν, 12 ἐπί] ἀπό; 475, 14 τῆς μέν; 482, 6 ΖΘ;
486, 6 ἐπί om.; 487, 3 ΣΘ; 488, 7 λόγος ὁ; 490, 11 ὑποκι-
μένας om.; 495, 4 τὰς δ' ἐφεξῆς περιέξει τάς, 9 τε om., 10 τά –11
μέγιστα] τὰ μέγιστα καὶ ἐλάχιστα; 500, 11 ιε ἔγγιστα; 502, 4
ὑπεροχή om., 14 τοῦ ἀστέρος τοῦ Ἑρμοῦ; 503, 9 αἱ] ἡ, 10 ὑπερ-
οχὴ . . . εἶναι ἐπὶ πάντων; 504, 12 τάς — τοῦ] ταύτας λ' μ,
19 ταῖς λειπούσαις; 509, 2 τοῦ Κριοῦ τῆς ἀρχῆς, 7 τοῦ ἐκκέντρου om.; 510, 20 τοιούτων ἐστί; 512, 1 ἀποδεδειγμένα; 513,
10 μὲν ΒΜ ἔσται] ΜΒ; 514, 5 μέν om., 21 εὑρεῖν om.; 516,
10 αἵ τε; 520, 16 ἐπ' αὐτῆς τῆς ἀρχῆς; 534, 20 περί] ἐπί, καὶ
ἀπόγεια om.; 540, 10 τό om., 11 λαμβάνοντες; 542, 8 ἐχρησά-
μεθα; 545, 21 ἐπειδή; 546, 11 ΒΚ] ΚΒ; 553. 2 αἱ ΑΒ καὶ αἱ
ΑΛ; 556, 3 εἰσίν] καί, 5 οἵων ἐστίν, ΑΒΚ; 557, 5 κανόνος;
567, 10 καθ' αὑτάς μέντοι, 11 ἐπειδή; 572, 8 τοιούτων] οἵων
ἐστί, 14 ἀπό (pr.)] ὑπό; 573, 17 ⊿Ζ; 574, 17 ΒΔ; 580, 15 ante
διά add. καὶ τοῦ προχείρου ἔνεκα; 588, 1 ἐν τοῖς τρίτοις σελιδίοις καὶ τετάρτοις.

fieri potest, ut unus aut alter horum locorum ab ipso
demum librario codicis G interpolando mutatus sit; sed uix
dubitari potest, quin longe maior pars iam in archetypo mutata
fuerit (u. quae paullo ante ad I² p. 309, 1 notaui). itaque, cum
ex interpolationibus codicis D eas tantum habet G, quas supra
p. XCVII sqq. enumeraui (nam quae sub num. 2 dedi, omnes
locos alicuius momenti complectuntur), manifestum est, a communi illo progenitore codicum DG interpolationibus eorum

communibus inquinato duo exemplaria deriuata esse, in quibus interpolatio uarie propagata esset.[1])

in archetypo codicis G compendia exstitisse a communi archetypo transsumpta, supra p. CIV significaui. e; ex compendiis orti sunt hi errores codicis G proprii: I¹ p. 40, 10 πρός (bis)] καί; 494, 12 μέγιστον] μέσον; I² p. 182, 15 πρός] παρά; 184, 15 μεσημβρινοῦ] ἰσημερινοῦ; 203, 11 παρά] περί; 361, 4 ἐπὶ τοῦ] ἀπό; 450, 11 παρά] πρ͡. ceterorum errorum propriorum codicis G exemplis aliquot generatim adlatis satis sit. lacunas habet I¹ p. 69, 8 πρός — 9 ZΔ (supra add. postea et in mg. addito κείμενον; pro EH habet τὴν EH); 70, 11 πρός — 12 ΓZ (mg.); 94, 10 καί — 11 ϱ͞η (supra scr.); 109, 17—22 (mg.); 123, 9 καί — 11 ι͞η (mg.); 311, 20 ἴσον — 21 ἐρθογωνίῳ (mg.); 475, 2 μέσον — 3 ἀνωμαλίας (supra add., alt o eras.): 517, 8 ἡ AΓ — 9 τοιούτων (supra add.); 539, 5 τήν — 6 μεσημβρινοῦ (mg. add. κείμενον, δ'] δέ; 5 μεσημβρινοῦ); I² p. 336, 1 τῶν — 2 καί (2 ἄρα] δέ); 373, 14 ὥστε — 16 μβ²); 378, 8 ο ῆ — 10 BH²); 381, 20 οἴων — τ͞ξ; 426, 9 ἐπιζεύξωμεν — 11 AZB (mg.); 449, 6; 460, 17 πρός — 20 γωνία; 474, 4 ν̄ — δ̄; 510, 15 ὥστε — 16 τ͞ξ, 17 AΓK — 18 ὑπό (18 ZΓΔ] JΓZ)²); 513, 11 ἐστίν — 13 οἴων; 567, 17 διαφωνεῖν (extr. uersui. dittographias I² p. 25, 1 ὁ — 7 μέσων (corr.); 341, 5 ἡ μέν; 530, 1 αὐτῶν τε; 563, 8 τοιούτων ἐστί. ob itacismum errat I¹ p. 537, 7 ἡμεῖς] corr. ex εἰ μή; I² p. 342, 21; 369, 9; 402, 21; 572, 13; 573, 16; 574, 17 ληφϑέν; 559, 8 ἐπεί] ἐπί. in litteris figurarum I² p. 342, 22 BΦ] ΔB; 353, 12 ZB; 374, 5 ΘH] ΘA; 378, 7 BH; 386, 11 BKE; 406, 4 EΘΞ; 417, 4 MΛ] MΔ, 11 ΛEZ: 423, 12 ΛZΘ; 461, 1 ΔΘ] ΔH, 11 HEK] KE; 466, 15 ΓHΛ] ΛΓ; 473, 19 ZΓ ὁ τῶν] EZ; 475, 1 ZΛ; 476, 11 ZΘA; 478, 2 ΘZΓΛ; 488, 16 ZΘΓ; 537, 22 ΛNMΞ; 539, 1 Ξ] K; 543, 20 ΔBE ἡ] ΔB HH. in numeris I¹ p. 109, 15 Γᷤ͞] Γο δ'; I² p. 216, 12 κε] κϑ: 218, 18 δ̄] λ̄; 220, 9 μ͞ϛ] σμγ: 221, 34 ϱϛ͞ς]

---

1) Ex notis, quae in mg. archetypi omnium codicum fuerunt, habet G αἱ φοραί = D I¹ p. 22, 8: omisit τῆς γῆς p. 88, 17 et ἀφέστηκεν p. 89, 3. I¹ p. 83, 14 τῶν — 15 ΘE in mg. habet m. 1 = BC; 34, 15 πάλιν — 16 νε postea supra scr.; scholium p. 36, 18 manu recenti in mg. habet, sicut additamentum codicis C p. 34, 11.

2) His locis casu etiam in D lacunae sunt, sed diuersae.

ϱϛγ, 42 χμη] χμβ; 226, 12 λϛ] λβ; 227, 30 ϱνη] ϱλη, 43 μϑ]
μϑ; 238, 5 τνε] τμ; 239, 26 λϑ] νϑ, 32 λϛ] λγ, 35 σπδ] σνδ;
241, 26 ιβ] ια; 339, 15 μ̄ϛ] ν̄ϛ; 344, 16 δ̄ ῑα] δ̄ϛ ᾱ; 358, 13
ν̄ο̄ε̄] ν̄ο̄ζ; 384, 18 μ̄δ] μ̄β; 405, 20 γ̄] ιγ, ᾽ξ̄γ μη] μ̄γ (corr.) κ̄η;
417, 3 ν̄ϑ om.; 433, 3 λ̄ϑ] ϑ̄; 436, 22 λα] λβ; 437, 33 κα] κδ,
47 μβ] νβ; 439, 48 μ] λϛ H, 51 o (ult.)] ξ; 441, 31 κγ] κα, 36 β]
ι; 443, 25 λε (alt.)] λγ, 28 κε om., 31 ιδ] ιβ, 40 λζ] κγ ¹), 41
κγ] μϛ, 42 μϛ] μ, 43 η] ιη, 44 ιη] κη, 45 κϛ] κε, 48 α (ult.)]
κα; 445, 39 α (alt.)] β; 466, 1 λ̄β] κ̄β, 15 ξ̄] ν̄ζ; 471, 19 λ̄] λ̄α;
474, 16 λ̄] κ̄; 480, 15 ⤳ξ̄δ μ̄η] πξ̄δ μ̄η λα μ̄ μ̄β; 486, 19 ι]
ι ∟ ξ̄; 487, 21 Γ⁶] β; 497, 11 σλβ] λ̄β; 506, 28 ϱιε] ϱιδ; 507, 5
λβ] λα, 27 κγ] κζ, 34 η] ν; 510, 18 τλϑ] λ̄ϑ; 513, 10 β̄ κ̄ε]
μ̄β; 542, 3 κ̄ϛ] κ̄ϛ ῑα; 557, 2 ϛ̄ γ̄] β̄; 563, 9 μ̄γ] ν̄γ; 572, 7 μ̄γ]
μοιρῶν; 578, 13 κ̄α] ξ̄α; 583, ² 33 ν] να, 34 να] νβ, 35 νβ] νγ,
36 νγ] νδ.²) cfr. praeterea I¹ p. 202, 15 αὐτῶν] τῶν αὐτῶν;
394, 7 καί om.; 412, 17 οἴων; 449, 17 καί] καὶ ἡ (item I² p. 361,
21); 501, 14 γίνεται; 526, 11 γε] τε (item I² p. 210, 22); 541,
16 τοῦ] τὴν τοῦ (cfr. I² p. 182, 14 τῆς] τὴν τῆς); I² p. 181, 10
διατηρήσαντες; 182, 19 μεγεθῶν] μικειῶν; 186, 1 τριγώνων δὲ
ἢ τετραγώνων; 199, 9 ὁ] ὁ δέ, 13 περιφερείας; 215, 9 τοῦ τοῦ]
τοῦ (ut p. 504, 11; cfr. p. 449, 8 τοῦ om.); 339, 16 συντεθέντες;
383, 23 ἡ om.; 408, 14 δ' om.; 419, 2 τοῦ (tert.) om.; 427, 2
ὑποτιθέντες; 460, 3 ὅσῳ] ὅλῳ τῷ; 579, 7 ἐπεὶ δέ] ἐπειδ; 581,
21 ἐκεῖ μέν] ἐκκειμένην.

folia archetypi soluta et hic illic transposita fuisse, ex
iis, quae p. XCV not. adtuli, colligi potest (I¹ p. 134—41,
188—89, 519—22; 8, 1—16); cfr. quod pro numeris Τοξότου I¹
p. 186 25—30 scripti sunt ii, qui ad idem signum p. 178 pertinent, et deinde pro tota p. 187 repetitur p. 179; I² p. 425, 3—4
post p. 424, 3 inseruntur, I¹ p. 416, 17—19 post p. 416, 8 (eadem
eras. p. 417, 1 post -σθαι). ὁριζόντων καταγραφή et I² p. 586
omittuntur (ultimum folium 220ʳ tabulas praebet p. 582—83,

1) λζ inter uersus scriptum est, ita ut numeri sequentes
uno loco superius positi sint. cfr. infra ad I² p. 583².

2) Pro o, quod ulgo 8 uel ⟨Υ est, interdum scribitur Υ o I²
p. 423, 4; 503, 12; p. 431, 21 ξϛ ΄⟨ o), h. e. οὐδέν bis positum,
quod in Τὸ (p. 218, 6) uel Το, Το corrumpitur (p. 216, 10 sq.:
217, 9, 16; 218, 18, 19; 219, 2; 372, 6).

deinde 220ᵛ primum I¹ p. 587, 1—589, 7, postremo tabulas
p. 584—85).

cum A consentit I¹ p. 14, 1; 24, 17; 119, 11; 135, 36 (μς
mut. in μβ); 155, 15; 219, 24; 246, 14; 269, 8 (τόν); 272, 20;
295, 19; 301, 18; 306, 21; 308, 11; 310, 13; 315, 8; 428, 5; 442, 10;
488, 3, 25; 525, 3; I² p. 221, 29, 44; 227, 34; 244, 18; 245, 37,
38, 44; 246, 6; 247, 28, 31, 39, 45; 249, 29, 35; 350, 6 (ἐπεί);
406, 3; 438, 13; 439, 31; 441, 35 (ϑ); 442, 23; 445, 50; 476, 5
(ιϑ); 477, 11 (Υο); 498, 3; 523, 2; 545, 5; 584¹, 21 (α) et in
erroribus I¹ p. 30, 5; 31, 3 (τυγχάνει supra add.); 437, 6 (πάλιν
supra add.); I² p. 226, 12 (νδ); 509, 8; cfr. I¹ p. 136, 3 Γο in
ras. (supra add. τοῦτο˙ τὸ σημεῖον δίμοιρον δηλοῖ); 398, 15 Δ —
17 τήν supra scr., in textu ras. magna (17 BE]EZ). cum AB I¹
p. 321, 9 (ΑΔ); 420, 15 (δι᾽ αὐτῶν); I² p. 33, 5; 206, 13 et in
erroribus I¹ p. 65, 16 (περιφερομένων sed corr.); I² p. 442, 16.
cum AC I¹ p. 525, 9; 531, 7; I² p. 218, 12; 220, 7; 226, 15 et
in erroribus I¹ p. 38, 12 (post δοϑέν — in ras); 220, 22.

itaque, quoniam G ad AD adcedit, mirum non est, quod
interdum, ubi A deest, solus¹) uerum seruauit, I² p. 259, 2;
274, 3 (ubi etiam μέσως recipiendum); 289, 10; 303, 7; 326, 16;
329, 16, et quod idem factum est, ubi D deficit, I² p. 230, 3, 14;
232, 7, 29, 30—49 (cfr. p. 232, 8, 27, 28; 234, 4, 9, 23, 25, 29;
236, 8, 13, 30, 40). sed alibi quoque haud ita raro solus ueram
scripturam praebet, id quod plerumque serius cognoui codice
iterum anno 1903 diligentius examinato. nam non modo, ubi
in D uerum fortuito errore obscuratum est, hoc caret (cum
archetypo communi), ut I¹ p. 456, 17 ἐάν (cfr. p. 313, 20 αἱ);
I² p. 173, 23 τμήματα; 220, 12; 476, 19 νδ; 489, 2 οε, 4 ΖΑΘ
(p. 502, 4 ὑπεροχή) et memorabiliter p. 176, 18 τῷ νώτῳ] τῶν
ὤτων (ita enim scribendum esse adparet ex p. 142, 14), nec in
minutiis tantum, quas quiuis librarius non prorsus indoctus
corrigere potuit, emendatior est, ut I¹ p. 48, 1 ια΄ habet; 496, 14
ποιήσομεν; 500, 16 αὐξομειώσομεν; 531, 6 ἀποτελῆται; 540, 10
τῶν; I² p. 180, 20 φαίνηται; 186, 13 ἐπιπρόσϑησιν; 531, 2 συμ-
παραγόντων; 542, 8 συμμετρότερον. grauiora haec sunt: I¹ p. 368, 4
ΖΓΗ; I² p. 177, 22 κατειλεγμένην; 179, 14 καὶ τῶν] κατὰ τῶν
(scribendum κατὰ τόν coll. p. 58, 9); 417, 13 ΑΖΒ; 488, 7 ΑΗ;
553, 12 ἐπὶ δέ (scrib. ἐπὶ δή); coniecturas meas confirmat I²

---

1) Hoc ita acceptum uolo, ut correctiones posteriores
codicum ABCD neglegantur.

p. 4, 12 τῆς (ὁ supra scr.): 174, 3 ὁρῶμεν ἄνευ εἰ; 471, 19 τῶν: 517, 2 ἤ; 550, 13 μδ̄ et dubias I¹ p. 449, 16 διὰ τοῦ H; I² p. 215, 8 ἰσαρίθμοις τῷ ἡλίῳ: 474, 16 αὐτῶν; 546, 6 ν̄ᾱ; numeros ueros habet I² p. 140, 9 μϑ̄ (mut. in με): 320, 3 μ̄γ̄; 377, 4 ᾱ γ̄; I² p. 29, 5 ᾱ (supra add. δ); 221, 42 λ; 224, 11 λ; 227, 28 ϱη, 43 ϱλ: 243, 34; 244, 18; 245, 31, 47; 246, 4; 247, 24; 440, 12 ε; cfr. quod I² p. 290, 2 ϛ´ habet et deinde totam columnam lin. 3—14 o (omnia postea del. addito περισσόν). etiam I² p. 244, 22 ϱϑη huc referendum, quamquam ϱ- in ras. est. dubia sunt I¹ p. 63, 31 μδ̄] μα, -α in ras.; I² p. 214, 6 ἀνωμαλ⌢, 21 ταῖς. I¹ p. 525, 13 fortasse recte τῶν . . . διαφοράν (διαφοράν habet, sed -άν e corr., διαφορῶν cod. 7); I² p. 352, 6 τῷ] τῷ ἐν τῷ uereor ne speciosius sit quam uerius (debuit esse τῷ ἐν τῷ μετώπῳ βορείῳ, cfr. p. 108, 18); p. 540, 6 ὑπὸ τῶν οἰκείων λόγων medelam non adfert.

ex his scripturis probis grauiores ad archetypum referendas esse, ostendit error genuinam scripturam conseruans I⸴ p. 174, 3. quibus locis cum D errorem codicum A B C non praebet, aut hic in archetypum codicis D aut scriptura uera in archetypum codicis G corrigendo introducta est. correctiones leuiores non dubito ipsi librario codicis G tribuere; nam I¹ p. 481, 15 παραλλάσο̒ corrigendo restituit et deinde lin. 23 statim recte scripsit παραλλάσσῃ; eodem modo I¹ p. 362, 3 ῇ e corr. habet, p. 513, 8 ΑΖΓΗ, -ΖΓΗ e corr.: I² p. 492, 14 ΖΓΑ corr. ex Ζ(Α)Γ (cfr. I¹ p. 250, 8 τὰ αὐτά); I² p. 476, 16 τοῦ ἀπό supra addito ἐπί; p. 474, 16 αὐτῶν coniecturae deberi, eo confirmatur, quod p. 476, 9; 477, 18 αὐταῖς etiam in G est. et alibi quoque apertissime non ad codicem aliquem corrigit sed pro arbitrio interpolat, u. I¹ p. 21, 15 ἐπιζητήσειν] corr. in ἐπιζητήσειεν (= D³); 35, 13 Μ̈] μυρίων e corr. (cfr. p. 278, 14 μ̑] μυριάδων ἐννέα supra scr.; 279, 1 μ̇ ⁗] μυριάδων σ̄ῑγ̄ e corr. = D², 2 μ̑] μυριάδων ῑϛ e corr. = D²; 312, 3, 8, 10 μυριάδων μ̄ζ̄ in ras. min. = D²; similiter p. 321, 10 = D², 16 et 17 (μυριάσι in ras. infra μζ, cfr. D²: 330, 12 Γ̑] διμοίρ. e corr. = D²: 331, 11 μ̑] μυριάδων κ̄β̄ e corr. = D²); 148, 2 ΖΘΕ] ΒΘΛ, Β- et -Λ e corr. = D³; 150, 22 μέν mutatum in δέ, ante τοῦ supra add. καὶ γεγράφϑω, tum δέ erasum; 151, 3 διαστήματι δέ] mut. in καὶ διαστήματι, 15 post ὁ συνημμένος (= D) supra

scr. ἐστίν; 159, 15 supra αὐτῶν add. τμημάτων; 163, 19 τῷ
ΓΔΗ] τῇ ΓΔΗ mutatum in τῷ ΓΔΗ τριγώνῳ; 198, 15
μοίρας ε̄ καί] ε̄(= D), deinde ins. μ^{οι}; 298, 14 τὸ αὐτό] mut. in
τὰ αὐτά (= D²): 367, 15 ὁμαλόν] μᾶλλον, -λον in ras.; 375, 11
ἐν ʽΡόδῳ] om., ins. postea post τότε; 380, 1 supra αὐτοῦ διαμέτρου add. γρ. αὐτὸ διαμέτρου; 413, 7 supra ἐκβληθεῖσαν add.
τὴν ΒΕ; I² p. 4, 3 -μεθα in ras., δ᾽] μέν in ras.; 24, 20 κατά —
21 πλάτος] κατὰ τὸ (ras.) πλάτος πρὸς τὸν ἰσημερινόν mut. in
κατὰ τὸ πλάτος τὸ πρὸς τῷ ἰσημερινῷ; 29, 5 καὶ L̲ʹ καὶ γʹ] L̲ʹ
καὶ γʹ mut. in καὶ L̲ʹ γʹ; 215, 17 τοῦ (pr.)] τῶν e corr., ἡμέρας]
ἡμερῶν; 481, 21 ΓΖ] mut. in ΖΓ; 550, 13 supra ΘΜ add. εὐ^θ.
etiam numeros fortasse computando correxit, quoniam in iis
quoque librarium corrigentem deprehendimus, u. I¹ ɔ. 94, 16 γ̄]
post ras.; I² p. 511, 14 μ̄ β̄] μʹ βʹʹ e corr.; etiam I² p. 425, 9
σις̄ ι coniecturam sapit, et in tabulis I² p. 220 sq.. p. 436 sq.
tam saepe discrepantias habet, ubi D errat, ut de computatione
uerum non adsecuta iure cogites (p. 227, 28 ϱμς] ϱλβ D, ϱμβ G,
43 μθ] λθ D, μδ G; 242, 5 νε] νθ D, νδ G; 441, 34 ζ] κγ D, η G,
36 β] νθ D, ι G); sed ex p. 439, 48 μ] ις^H colligendum esse
uidetur, computationem illam iam in archetypo factam esse,
quia H supra scriptum sine dubio ex μ corruptum est (μ D).

cod. G a duabus minimum manibus correctus est. recentiori tribuo I¹ p. 21, 15 ἐπιζητήσειεν; 34, 11 (= C mg.), 15 πάλιν —
16 νε; 36, 18 ἐπεί — ΑΒΕ (mg. = ΒC). sed longe maxima
pars correctionum a manu 1 factae sunt, aliae statim eodem
atramento (G¹) aliae postea atramento nigriore (G²), quod in
rasuris pallidum fit (G³). G² et G³ eandem esse, patet I¹
p. 190, 2, ubi -κῆς in ras. est a G³, συντάξεως additum a G²
(fuit μαθηματικῶν ut in D), et p. 242, 19, ubi ΘΔΛ ita in ΒΔΛ
mutatum est, ut Β a G², Λ in rasura a G³ scriptum sit. G²G³
ab I¹ p. 522 fere desinunt (fol. 157ʳ, ubi etiam scholia desinunt);
a fol. 160ᵛ (I² p. 5, 11) manus 1 atramento badio quaedam
corrigit (G⁴).

manus G¹G²G³ interdum scripturas codicis D introducunt
tam falsas quam bonas, ut I¹ p. 32, 15 ἐπιζευχθείσης τῆς:
105, 13 ιβ in ras. G³: 112, 1 πρῶτος καὶ εἰκοστός in ras. G¹
(cfr. p. 112, 8 εἰκοστὸς δεύτερος] κʹ δεύτερος καὶ εἰκοστός, καὶ
εἰκοστός in ras. G¹, similiter p. 112, 14, 20; 113, 6, 12): 121, 5
ἐξήρτηται, eras. -τη-; 122, 7 μβ, -β in ras. G²: 127, 8 ΚΛ] mut.
in ΛΚ G¹; 128, 6 ΚΛ] ^λκ corr. ex κ G³; 144, 8 ὥρας add. G³;

150, 22 δέ] eras.; 153, 12 δέ] corr. ex δή G²; 197, 12 μή] eras.;
199, 7 δ´ ins. G²; 243, 8 ΘΖ] mut. in ΖΘ G¹; 245, 14 ΑΛ, -Α
in ras. G³; 296, 20 ἤ τε ΕΓΔ καὶ ἡ in ras. G³; 308, 8 ΕΑΔ,
-ΑΔ in ras. G³; 356, 8 ὅσῳ] mut. in ὅσον G³; 395, 21 ἤ περί-
in ras. G¹; 401, 4 ἐπι- supra scr. G¹; 424, 1 εἰσίν ins. in ras. G³;
437, 14 εἰσίν in ras. 5—6 litt. G³; 451, 22 τοῦ ΑΓ διά in ras.;
452, 6 ἔχει in ras.; 461, 8 τε] eras.; 471, 31 ἐποχῆς] mut. in
ἀποχῆς G²; 475, 2 μέσον — 3 ἀνωμαλίας] supra scr. G², o eras.;
478, 6 γ´] └´ in ras. G³; 485, 1 τε καί in ras. G³, 22 καί] eras.;
499, 14 καὶ τό] καί in ras. G³; 510, 22 τά] e corr. G³; 515, 7
αὐτάς e corr. G³, item 517, 10; I² p. 400, 19 ΘΔ in ras. G³;
404, 6 συνῆγεν, συνῆ- in ras. G³. cfr. I¹ p. 453, 3 αἱ] om., ἡ
supra scr. G³ = BD.

quoniam supra p. LXXXII uidimus, rursus codicem D ipsum
quoque ad G correctum esse, quaerendum, sicubi uterque
eodem modo correctus est, uter ab altero correctionem sumpserit. et codicem D debitorem esse, his ex locis concludi
posse uidetur. I¹ p. 251, 18 εὐεπίβολον in utroque in εὐεπή-
βολον mutatum est, p. 306, 20 hoc in G seruatum est, in D
corrigendo restitutum; ὅπερ ἔδει δεῖξαι, quod in hac parte
constanter addidit G² (u. infra p. CXV), a D² solum p. 149, 24;
156, 2 additur (p. 164, 4 in G est a m. 1); p. 369, 19 μόνων in
μόνον mutatum est m. 1 in G, m. 2 in D; p. 312, 8 $\overset{\mu\zeta}{M}$ a G³ in
μυριάδων μζ, a D² uero in $\overset{\upsilon\ \alpha\sigma}{\mu}$ cum errore mutatum est; p. 305, 1
ἀκολουθήσῃ] -η correctum m. 1 G, m. 2 D; p. 367, 15 ὁμαλόν]
μᾶλλον, -λον e corr. G³, ὁμαλόν D supra scripto μᾶλλον m.
recenti; p. 495, 16 οὔτε ἐν τῷ αὐτῷ κλίματι οὔτε hoc in οὔτ´ ἐν
correcto G¹, οὔτε corr. in οὔτε ἐν bis D². alios locos, qui ad
hanc quaestionem nullius momenti sunt, supra adtuli p. CI;
ceteri huius generis hi sunt: I¹ p. 23, 7 ἑκάστοις] corr. ex
ἑκάστης G⁴; 128, 6 τήν] corr. ex τῆς G³, 11 τήν] corr. ex τῆι G¹;
201, 1 ἐκκειμένας] corr. ex ἐγκειμένας G², 5 αἰσθητόν] corr. ex
αἰσθητῶς G²; 226, 12 ἑκατέρᾳ] supra scr. G¹; 247, 10 τοσούτων]
corr. ex τοσοῦτον G¹; 248, 2 ΖΘ] corr. ex ΖΕ G¹; 257, 21
ζῳδίων] corr. ex ζῳδιακῶν G¹ (καί habet m. 1); 267, 4 ταύτας]
corr. ex τὰς αὐτάς G²; 270, 14 ἐξελιγμόν] corr. ex ἐξελειγμόν G¹;
277, 12 γέγον$\overset{\upsilon}{ε}$ mut. in γεγονέναι G¹; 282¹, 6 τλζ] corr. ex ρλζ;
295, 19 ἐπειδή] corr. ex ἐπεί G²; 321, 1 τῷ] corr. ex τό G²,
14 ἑξήκοντα — 15 ,γχ] supra ras. minorem G²; 332, 5 οὐκέτι]
corr. ex οὐκ ἔστι G²: 342, 15 τριῶν πέμπτων] γ̅ seq. ras. et

supra eam πέμπτων G²; 348, 3 συγχρησαίμεθα] -γ- e corr.;
354, 4 τῶν ζητουμένων] corr. ex τὸ ζητούμενον G²; 380, 13
supra τοῦ add. ἀριθμοῦ G², 16 μέν] eras.; 381, 25 ἦν] supra
scr. G²; 383, 21 κοινούς add. G²; 396, 7 συμβαίνῃ corr. ex,
συμβαίνει; 410, 2 τῶν πόλων] corr. ex τοῦ πόλου; 453, 23
ἐπειδή] corr. ex ἐπεί G³; 472, 17 ἐάν] corr. ex ἄν G¹; 477, 5
ἀρχομένης] corr. ex ἀρχούσης G²; 484, 12 ἀφ' ὁποτέρου] corr.
ex ἐφ' ὁπότερ(ον) G²; 498, 2 συνάγοιτο] corr. ex συνάγοι G²;
504, 17 ἀδιάφορον] corr. ex διάφορον G³; 521¹, 27 μς] corr. ex
μγ G¹; cfr. p. 410, 6 δηλωθέντος] δοθέντος, δο- in ras. maiore G¹;
I² p. 13, 7 ὧν] supra scr. G⁴; 14, 17 ἐπέχειν] corr. ex ἀπὲ̌ G⁴;
37, 19 αὐτῶν] corr. ex αὐτόν G⁴.

sed multo saepius scripturae codicis D ad ABC corriguntur
siue iure siue iniuria, ut I¹ p. 105, 15 ἰσημερινῶν] supra scr. G¹:
107, 1 τοῖς] supra scr. G²; 112, 19 γ΄] supra scr. G˟; 119, 13
δέ] e corr. G²; 120, 19 ZH] corr. ex HZ G²; 123, 6 τῶν] supra
scr. G², 24 συναναφερόμενος] supra -ος add. ι G²; 127, 6 ὁ]
supra scr. G¹; 128, 17 μ̄ β̄] μ̄ᾱ corr. ex μ̄β G²; 131, 18 δέ]
add. G²; 145, 9 ὅσαις] e corr. G²; 147, 5 γωνιῶν] supra scr. G²
(τῶν habet m. 1); 148, 9 ὅπερ ἔδει δεῖξαι] add. G²; 149, 24
σημείου] supra scr. G²; 150, 21 μέν] supra scr. G²; 154, 3 δέ]
corr. ex δή G²; 155, 9 ἴση — 10 δεῖξαι] ins. G²; 160, 18 τῶν]
supra scr. G²; 161, 19 ἐστιν] supra scr. G²; 163, 14 τέ] supra
scr. G¹; 165, 19 ὅπερ ἔδει δεῖξαι] ins. G²; 167, 24 ὅπερ ἔδει
δεῖξαι] ins. G²; 171, 9 ἐστιν] supra scr. G²; 172, 11 ἕκαστον]
-ον e corr. G²; 188, 2 δέ] corr. ex τε G²; 190, 5 κανόνων] corr.
ex κανόνος G², 15 Πτολεμαίου (G²) μαθηματικῶν τρίτον add. in
ras. G³; 191, 14 in ras. G et mg. G²; 196, 13 γ΄ καὶ μ΄] corr.
ex μγ΄ G², 18 πρώτῃ] corr. ex νουμηνίᾳ G²; 197, 14 ὀργάνων]
supra scr. G² (τῶν ὀργάνων ante ἀλλά non del., cfr. supra
p. CVI); 201, 20 ἀπο- supra scr. G²; 209, 18 ἐτάξαμεν] corr.
ex τάξομεν G¹; 218, 13 τ̃ (corr. ex τ) A κέν̃ᵗᵠ G; 220, 11 τοῦ
ἡλίου] corr. ex ἡλιακῆς G²; 222, 10 ή] seq. ras. 2 litt., 12 ή
μείζων πλευρά] supra scr. G¹, post μείζονα ras. 12 litt., 16 EΘ
τῇ EΔ] corr. ex EΔ τῇ EΘ G²; 223, 23 ante ΔΗΓ eras. ή:
234, 1 ἰσημερ̃ᴉ̃ mut. in ἰσημερινῆς G², 23 χρόνου] supra scr. G²:
236, 1 NΘ] corr. ex ΘNG²; 243, 16 ζῳδιακῷ mus. in διὰ
μέσων τῶν ζῳδίων G² (cum interpolatione); 247, 6 αἰτῆς] mut.
in αὐτήν G¹; 249, 4 HKA] corr. ex AHK G¹, 18 εὐθεῖα] supra
scr. G², 20 λ̄ς̄] supra scr. G¹; 253, 34 ρλε] mut. in ρλθ G²:

262, 2 καί] supra scr. G²; 266, 22 ἀνάλογον] corr. ex ἀναλόγως G¹; 270, 3 τοσούτου] corr. ex τόσου G¹; 271, 16 τοσούτους]
corr. ex ἴσους G²; 273, 10 ἐπιλαμβάνῃ] -η e corr. G³, 20 δεῖν]
corr. ex δεῖ G²; 274, 21 δρόμου] mg. G¹; 278, 4 ἔγγιστα] supra
scr. G²; 284¹, 23 ν] νϑ corr. ex μϑ G¹; 296, 1 κύκλου] om.,
κύκλῳ supra scr. G²; 300, 12 ὑπόκειται] corr. ex ὑπέκειτο G¹,
15 ΚΜΗ] corr. ex ΗΜΚ G¹; 305, 16 ἔστω] ὑποκείσϑω, supra
scr. ἔστω G¹; 309, 20 περιφέρεια] supra scr. G²; 310, 17 μέν]
supra scr. G²; 315, 15 μέσον χρόνον] supra scr. G², 16 ἐκλείψεως]
supra scr. G²; 317, 25 τρίγωνον] corr. ex ὀρϑογώνιον G²; 318, 9
εὐϑεῖα] supra scr. G², 14 κύκλου] supra scr. G²; 319, 4 et 14
τρίγωνον] ὀρϑογώνιον, supra scr. τρίγωνον G²; 321, 1 καί]
supra scr. G²; 323, 14 ἀπ- supra add. G²; 326, 6 παράκειται, ν
add. G², 7 ἐπουσία, -ς add. G¹; 327, 18 ὑποτεϑειμένων] corr.
ex ὑποτιϑεμένων G²; 333, 22 ἀπό] supra scr. G²; 334, 1 ἀπό]
supra scr. G², 7 ἑξηκοστά] corr. ex ἑξηκοστῶν G², 11 ΖΒΗ] corr.
ex ΖΗ G², 14 ΔΔ] seq. ras.; 335, 13 καί] seq. ras., 15 προσδεη-
σόμεϑα supra scr. ϑη G²; 336, 6 ὁ] seq. ras.; 338, 16 ἐστι ϛ,
ϛ eras., 20 πρὸς τά, τά del. G¹; 341, 1 προκειμένου, corr. G¹:
343, 2 ἀρξαμένη] supra scr. G²; 353, 20 ἢ ἐάνπερ] corr. ex
ἐάν G²; 360, 1 οὐ] οὐ ΰ corr. in οὐ ΰ γάρ G²; 381, 25 ἤν] supra
scr. G²; 384, 20 ā] supra scr. G²; 385, 14 πρώτην] supra scr. G²:
392, 1 περί — ψηφοφορίας] add. G²; 403, 11 εἰς] supra scr. G²:
416, 15 τε] supra scr. G²; 418, 9 ἔτος] supra scr. G¹; 431, 20
πάλιν] supra scr. G²; 451, 9 οὐχί] corr. ex οὐχ G²; 455, 21 τῶν
γωνιῶν] corr. ex τῆς γωνίας G¹; 464, 2 τῷ] supra scr. G¹;
468, 2 γ´ — ἡλίου] add. G², δ´ — σελήνης et ε´ — πέρατος rubro atram.
G¹; 478, 16 ἐπί] supra scr. G²; 482, 11 τὰ αὐτά] corr. ex
ταῦτα G²; 483, 18 τῶν] supra scr. G²; 493, 10 τάς] corr. ex
τά G²; 500, 16 τοσούτοις] corr. ex τοιούτοις G²; 522, 33 ρϛη]
corr. ex σϛη G¹; 533, 17 ἐκ] supra scr. G¹; 537, 13 τῆς] G,
supra scr. ἄνευ G²; 544, 23 κδ] corr. ex κα G¹; I² p. 8, 11 πάνυ]
καὶ μάλα, καί del. G⁴; 9, 4 ἀπολαμβάνει, ἀπο- del. G⁴; 34, 18
τοιαύτην] mut. in τοσαύτην; 35, 2 τετηρημένων] supra scr. G¹,
10 ἴσας αὐτοῦ, αὐτοῦ del. G⁴; 37, 2 τῆς ἐποχῆς ἐπὶ τοῦ, τῆς —
ἐπί del. G⁴, 4 διὰ τούτων] supra scr. G⁴; cfr. I¹ p. 38, 16 αἱ
ὑπ´] corr. ex ἀπ´ G¹; 119, 2 ΔΘ — τε] ἔτι ΔΘ καί mut. in
ΔΘ καὶ ἔτι G³; 395, 21 τοῦ ἐπικύκλου] supra scr. G²; I² p. 5, 11
ποιοῦντες] supra scr. G³, 22 τοῦ — 23 κέντρῳ] τῶν ἐν ᵃτοῦ ἐπομένου τῷ κέντρῳ, β—α add. G⁴. I¹ p. 443 nota in ΑΒΓ ad finem
tabulae adposita a G² eodem loco addita · est; columna α´

semel legitur, sed mg. G¹: τοῦτο τὸ κανόνιον γράφε μετὰ τὸ κανόνιον, οὗ ἡ ἀρχὴ ν μ γ (sic lin. 8 in ras.) κ ι ο, h. e. col. ς′ (= ABC).

exemplar, unde hae correctiones sumptae sunt, codicibus BC propior erat quam codici A; nam multis locis cum illis contra A consentiunt scripturae restitutae, ut I¹ p. 42, 1 ΓΔ] ὑπὸ ΓΔ, ὑπό eras.; 111, 9 Γ̔ᶜ] Γ′ e corr.; 112, 18 Γ̔ᶜ] Γ′ in ras.; 115, 6 ἰσημερινόν] del. (supra scr. ἄρχηται φαίνεσθαι); 128, 16 νη̄] ν- del. G²; 131, 7 κ̄γ̄] mut. in κ̄δ̄ G²; 145, 11 ι′] mg. G²; 160, 1 τὸν αὐτὸν κύκλον] τὸν διὰ μέσων τῶν ζῳδίων in ras., supra scr. ἢ τὸν λοξὸν κύκλον G²; 201, 3 φαινόμενα] mut. in φαινομένας G² (sed rursus corr.); 205, 11 ante τό ins. πρός G²; 246, 2 ΑΖΔ] -Δ eras.; 247, 5 καί] mut. in καθ᾽ G¹; 249, 9 ΑΕ̄] mut. in ⌐ΙΗ; 252, 14 λ̄] mut. in ᾱ; 284¹, 5 νθ] mut. in να; 356. 19 αὐτῷ] mut. in αὐτοῦ G²; 485, 6 γίνεσθαι] γενέσθαι e corr. G²; 539, 10 δέ] del. G¹; I² p. 17, 2 ἐφ′] supra add. ἀ G⁴; 19, 22 ς′] Ľ′ in ras. G⁴; 32, 16 post τό add. μέν G¹, et in tabulis I¹ p. 134, 16 νγ] λγ, λ- in ras. G¹; 135, 36 μς] mut. in μβ G²; 136, 10 νη] mut. in μη G², 14 ις] mut. in κ G², 19 ιγ] mut. in ιζ G², λβ̄ mut. in λη G²; 137, 28 λ] mut. in α G², 34 νς] μς e corr. G², 35 μη] με e corr. G², 38 η] ν e corr. G², 39 μς] κς e corr. G²; 139, 32 νθ] mut. in τθ G²; 174, 19 νς] mut. in μς G², 28 ιβ] mut. in ιη G², 31 δ] mut. in λ G²; 175, 10 μη] νη in ras. G², cfr. p. 177, 5 ο] mut. in α G²; 211, 30 ιγ] mut. in ιε G², 36 νη] mut. in νζ G¹; 212, 15 ν] ε in ras.; 215, 26 θ̄] ε in ras., 31 κ] mut. in η G¹; 282¹, 7 ϱμς] ϱ- eras., 12 σο] σθ, -θ in ras. G³, 18 η] mut. in ν G (in col. ς′ a lin. 17 o om.); 284¹, 5 νδ] να, -α in ras. G³; 289², 46 μα] corr. ex να G¹; 290¹, 8 νε] με, μ- e corr. G¹; 442, 6 κγ] κς e corr. G¹; 466, 13 κθ] mut. in κε G¹; 469, 41 σνε] ϛνη, -η e corr. G¹; 471, 39 να] mut. in δ G²; 519¹, 16 πη] mut. in πθ G²; ²14 με] μς, -ς in ras. G²; 520², 20 λδ] mut. in λβ G¹; 521², 45 ϛη] mut. in ϛθ G²; 522, 30 ϱμδ] ϱμα, -α in ras. G², 44 Γ̔ᶜ] ι̂β corr. ex θ̂′ G¹, 45, 46, 50 idem.

et ueri simile est, ipsum B a librario codicis G usurpatum esse, quem in eadem bibliotheca olim fuisse supra ꜙ. XXXIII uidimus. primum enim haud paucae correctiones cum B solo conspirant, ut I¹ p. 75, 17 ΕΑ] supra add. Α G²; 115. 6 ἰσημερινόν] del. (supra add. ἄρχηται φαίνεσθαι G¹); 169, 11 μοιρῶν] eras.; 170, 24 γίνεσθαι] γ supra add. G²; 195, 6 καλουμένη τετραγώνῳ] 205, 3 ὥραν] mut. in ἡμέραν G², 15 κἄν] e corr. G²; 216, 17 post κατά ins. τά G²; 220, 10 διά] eras.; 229. 6 ΑΘΚ,

ΘK in ras.; 231, 24 *AZΔ*] *AΔZ*, -*ΔZ* in ras.; 242, 17 *ΘΛ*]
mut. in *ΘΔ*; 246, 13 *ΘZ*] mut. in *ZΘ* (ergo ʺ ʹ in B postea
adposita)¹); 336, 9 ὑπερπίπτῃ] supra add. εκ G¹; 393, 15 ῇ]
eras.; 426, 13 καί] eras.; 445, 12 ἤτοι] ἤ in ras. maiore (sine
dubio primum ἤτοι eras., postea ἤ add.); 480, 24 supra τῆς
add. κέντρον G²; I² p. 4, 11 ἀναγράφει] -ει eras., supra add.
ης G³; 6, 13 ante τῷ ins. ἐν G⁴; 21, 7 προχρονουσῶν] supra -ν-
add. ου G⁴ (item p. 23, 11), et in tabulis I¹ p. 210, 9 μβ] μγ, -γ
in ras.; 211, 47 μγ] κγ e corr.; 282¹, 16 νη] mut. in μη G²;
284¹, 4 λϛ] λζ, -ζ e corr.; 285¹, 41 τνϛ] mut. in σνϛ, 42 ρνγ]
ρϑγ, -ϑ- in ras. G³, 43 μβ] μγ, -γ in ras. G³; 289¹, 28 κϛ] mut.
in κγ; 292², 23 λϛ] ιϛ e corr.; 390, 9 νδ] νη, -η e corr.; 442, 8 λ] γ
in ras. (hoc sine dubio habuit B m. 1); 466, 23 νε] ν in ras.;
519², 17 λγ] νγ, ν- in ras. G².   deinde etiam in textu quarundam partium, maxime tabularum, scripturas codicis B proprias
praebet, ut I¹ p. 118, 23 πόλων] corr. ex πο̇λ́ G³; 145, 10; 152, 11
ἐστιν] in ras. G²; 153, 7 ρ̅κ̅ · ἤ, 11 τὰ αὐτά; 218, 18 οὖν] in
ras. G³; 270, 7 Γ̇ϲ] λβ; 325, 4 τὰς πρὸ τῆς] τῆς πρώτης, τάς
ins. G²; 326, 6 ϛʹ] post ras. 1 litt.; 353, 22; 356, 8 ή] corr. ex
ἤ G³; 364, 19 ἀκριβοῦς ꝯ, ἀκριβῆ ꝯ; 372, 19; 374, 18; 377, 5;
398, 17 ἐκβληθεῖσαν] -ν add. G³ ²); 408, 11 γάρ] in ras. G³;
429, 15 προαποδεδειγμένα] -απο- et -ένα in ras.; 431, 8 HΘ]
corr. ex NΘ G³; 432, 13 ἑξῆς τὰ ο ι̅β̅ λ̅] ἑξῆς ο Γʹ λ̅ in ras.
maiore; 450, 11 ἐπεχείρησε] ἐ- in ras.; 451, 1 πρός] τε πρός;
453, 13; 479, 3 κ̅] γʹ; 480, 14 ἅ (eras.) ἐστιν ἐκ τῶν κέντρων
ἀμφοτέρων τῶν φώτων (omnia del.) τότε; 498, 8 κ̅ε̅] -ε in ras. G³;
517, 11 ρ̅γ̅] corr. ex ρ̅ι̅γ̅; I² p. 3, 16; 14, 8 τμῆμ̇τ̇; 23, 11 δι'
αὐτῶν τούτων; 186, 9; 254, 16 ἡλίκαι καί; 403, 8 ϛ̅] ι̅ϛ̅; 483, 15 AH;
531, 12 ἅ] om., et in tabulis I¹ p. 177, 6 ρν; 212, 3 η] e corr.;
285², 34; I² p. 220, 5, 18 σιϛ] corr. ex ριϛ G¹; 245, 29. ³) adcedunt loci, ubi textus codicis G cum BC consentit, I¹ p. 110, 3

---

1) Idem factum est I¹ p. 329, 8 αὐτοῦ ἔτει] ἔτει G, ἔτει ⁽ᵃᵘᵗᵒ̃ᵘ⁾ G².
2) 15 Δ — 17 τήν] ras. magna, 17 BE] E? Z. uidetur igitur
lacunas ceterorum non habuisse.
3) Cfr. I¹ p 118, 5 λῆμμα α̅ mg. G³; 119, 13 λῆμμα β̅ mg. G;
148, 10 λῆμμα δεύτερον mg.; 155, 11 λῆμμα πρῶτον mg.; 160, 14
λῆμμα πρῶτον mg. G; 162, 10 λῆμμα β̅ mg. G³; 164, 5 λῆμμα γ̅
mg. G³, 22 λῆμμα δ̅ mg. G³. cfr. p. 125, 5 λῆμμα mg. = BC.

λ´ (corr. in τέταρτον G²), 4 Μασαλίας, 6; 114, 25; 118, 23 τῶν]
ins. G³; 131, 17 κη; 149, 7 ΖΔΒ] -Δ- in ras. G¹; 158, 21 δὴ
δοθέντων] δο- e corr. G³; 378, 21 ΕΒΞ] corr. ex ΕΒΖ; 398, 14
ΒΕ] -Ε in ras. G³; 414, 23 ιε] corr. ex ε G³; 422, 2 τε] in
ras. G³; 451, 13 δέ] δέ γε; 454, 20 ἡ αὐτή] in ras. G³; 472, 5;
538, 17 ἐπί] corr. ex ὑπό G¹; I² p. 23, 5 Ἀντάρῃ; 396 19 post λϑ
del. ἡ δὲ τοῦ ἐκκέντρου διάμετρος (= p. 397, 1; itaque dittographiam codicum BC habuit, sed partim statim correxit
partim postea); 418, 7 ἡ; 565, 2 καταλείπεσθαι, et in tabulis I¹
p. 134, 5; 175, 19, 20, 25; 176, 17, 28, 30; 177, 6 λ, 7 ις (νς κϑ
om.), 8 κε, λ, λε, 9 νη, κβ, β, 10 μς, ιε, ιδ, 11 ρμα, νγ, ιγ, ζ, 26;
178, 12, 16; 180, 21; 181, 7, 9 ρλδ] corr. ex λδ G³, 10 ριη] corr.
ex ιη G², 26; 122, 12, 17, 21; 183, 6, 15; 211, ≤4; 212, 1;
214, 3 λς] -ς in ras.; 253, 12 μγ] μ- e corr. G²; 282², 26 ρξς] -ς
in ras. G³; 466, 6 ιε] ιγ; 470, 11, 20; 471, 38 μα] μ- in ras. G²;
521², 27, 29 τε/α (α in ras.), 43 ςζ] -ζ in ras. G²; I² p. 522, 12 ρκβ;
226, 16 μδ; 227, 44 σμδ; 237, 43; 242, 6 μς] -ς e corr. G¹; 244, 8
σπδ; 246, 12, 15; 438, 8 νη, 16 λδ; 439, 45 μζ; 441, 34 δ; 581¹, 30 να,
36 λδ. ad B referendum, quod inter tabulas I¹ p. 187, 23—33
(ubi errore p. 179, 23—30 transscripsit) legitur: μέχρι καὶ τῶνδε
τῶν κανονίων εἶχε τὸ παλαιόν, τὰ δὲ ἔμπροσθεν τούτων ε¹)
οὐκ εἶχεν.

nec in parte prima (u. supra p. XCVI) desunt uestigia codicis B; nam non modo notas eius marginales habet ⊢ I¹ p. 37, 19
(continuatur ὑπερέχει γὰρ κτλ.); 93, 20; 95, 6, omnes a m. 1,
sed etiam in textu scripturae codicis B inueniuntur I¹ p. 44, 13 ΑΕ;
73, 10 περιφέρειαν; 83, 2 ρνς μ´ α´´; 87, 7, 22; 89, 15; 91, 21;
92, 16; 93, 13; 94, 21 λδ] corr. ex λα G³; 96, 20 τὸ ΝΚΞ] corr.
ex τὸ ΚΞ, et in chordarum tabula p. 52, 9 μη] corr. ex με;
54, 19 ιζ] -ζ e corr.; 60, 16 δ] κδ; 61, 43 μ] λ. cum BC consentit I¹ p. 43, 7 ἐλάσσονα] om., ἐλάττονα mg. G²; 47, 13; 65, 18
περὶ χρήσεως mg. (περὶ θέσεως p. 65, 4 ad p. 64, 22 mg. add.);
66, 5, 14 διελόντες] corr. ex διελθόντες, 17 πρός — καί] om.,
πρὸς τὸ τοῦ ὁρίζοντος δηλαδὴ ἐπίπεδον mg. G¹; 67, 1; 70, 14
καί — ΕΑ] om., ὁ ἄρα τῆς ΓΕ πρὸς ΕΑ ins. G², 17 λῆμμα
κυκλικὸν τρίτον (corr. ex πρῶτον) rubro atram. in textu; 73, 4;

---

1) H. e. I¹ p. 134—41, quae tabulae ibi omissae hic sequuntur fol. 111ᵛ—113ᵛ; nota illa in fol. 111ʳ legitur ubi p. 188
—89 in mg. sunt m. 1. cfr. supra p. XCV not.

74, 22; 84, 5 τῶν — 6 ΘΕ] mg. G¹, 6 ἄρα] ἐκ, 16 συγχρονεῖν,
et in tabulis p. 50, 9, 21; 51, 33 μ; 54, 4 ν, 11; 57, 27, 29, 46;
61, 32 μδ, 35; 80, 12, 17; cfr. p. 25, 22 μήτε ἐν ταῖς φοραῖς
μήτε ἐν ταῖς βολαῖς ποιούμενα; 38, 14 διάμετρος] διάμετρος
δοθεῖσα. sed neque in hac parte neque alibi sibi constat in
codice B sequendo; uelut ab eo notabiliter discrepat I¹ p. 36, 9, 11;
43, 9; 92, 8 κϛ̄ (item lin. 11); 118, 5 δείξομεν δέ hab.; 120, 4;
149, 5; 150, 11; 156, 6; 161, 6, 14; 174, 29; 178, 19; 182, 20;
186, 7; 217, 19; 240, 14; 241, 2; 248, 25; 261, 19; 266, 24; 269, 20;
271, 11 ν̄η̄; 324, 22; 347, 5; 351, 3; 360, 20; 362, 15; 373, 22
(p. 371, 18 alt. μ̄η̄ in ras. G³); 397, 3, 6; 399, 21; 413, 4; 446, 14;
454, 4; 455, 20; 474, 15; 481, 4; 483, 1; 523, 18; 531, 2; 543, 20;
I² p. 5, 1 (τῆς ὑπό, -ῆς in ras. G³); 11, 12, 16; 21, 3; 24, 13;
26, 8; 33, 7; 202, 21; 205, 11; 220, 7; 221, 45; 224, 7; 225, 29;
238, 6, 9; 239, 26 λθ] νθ, 37; 241, 41; 242, 3; 247, 45; 337, 15;
344, 24; 351, 12; 360, 2; 364, 6; 371, 23; 425, 14 (καί hab.);
463, 15—16; 513, 13 (δὲ καί); 556, 20 (ΚΒ).

sunt, quae ostendere uideantur, hanc inter codices D et B
fluctuationem ita explicandam esse, ut statuamus, librario
codicis G, cum archetypum codici D adfinem describeret, etiam
codicem B ad manus fuisse, unde hic illic, prout libuisset, tum
postea scripturam archetypi correxerit, tum inter scribendum
mutauerit, tum particulas totas, in tabulis maxime, ita de-
sumpserit, ut archetypum aliquamdiu prorsus relinqueret.
nam ita tantum explicatur, quo modo factum sit, ut a G¹
scripturae et codicis B et codicis D introducerentur; cuius rei
iam supra exempla nonnulla dedi, hic quaedam addo, ubi adfirmare possum, correctionem statim in scribendo factam esse:
I¹ p. 119, 10 ὅλη ins.; 121, 4 μέν ins.; 194, 7 πεῖσμα corr. ex
πῖσμα; I² p. 6, 17 δύο supra scr.; 7, 17 ὅτι supra scr.; 9, 6 τε
supra scr.; 11, 2 ὁ supra scr., 4 δέ ins.; 13, 20 ante τῆς supra
add. τήν, 22 τε supra scr.; 14, 16 μέρος hoc loco supra add.;
32, 14 δὲ τὰ ὁμαλά corr. ex ὁμαλὰ δέ; 36, 26 ἀφαιροῖμ̄ μέν
corr. ex ἀφαιροίη μ̄ ἀπ; 441, 35 λθ corr. ex λγ: deinde eodem
ducit, quod I¹ p. 174 scripturae codicis B corrigendo demum
restitutae sunt, p. 175 sqq. uero statim in textu positae, et quod
I¹ p. 139, 28 (μϛ, -ϛ e corr. G²) a BC discrepat, p. 139, 32 uero
et p. 140, 9 (μθ mut in με) scripturas eorum corrigendo intro-
ducit, et quod I¹ p. 470, 7, 8, 9, 11 (λ = BC), 12, 20 (ιη = BC,
-η in ras. G³) a D discrepat, p. 470, 17 (λγ, -γ e corr. G²); 471,
39 (να mut. in δ) scripturas codicum BC restituit, p. 471, 31

(ἐποχῆς mut. in ἀποχῆς) uero et p. 471, 38 (μα corr. ex να G²) scripturas codicis D.

restant pauci loci, ubi errores codicis C in textu praebet G, quorum plerique nullius momenti sunt (I² p. 103. 17 παραλλήλους, -ς eras.; 124, 10 τό om.; 207, 12 μέν supra scr.; 254, 9 δ' ἐπ'; 257, 12 θέλωμεν; 262, 13 σκεψώμεθα; 271, 14 γίνεσθαι; 280, 20 διαγράψωμεν; 394, 6 παρακολουθήσει; I² p. 277, 15 ΒΗΘ, quod corr. m. 1 C; 307, 4 μέσος; 312, 13 ὅμως) et casui deberi possunt, sicut quod uno loco CG soli uerum habent (I² p. 316, 23), sine ullo dubio casui debetur. sed in tabulis tot locis consentiunt (I¹ p. 178, 28; 179, 26; 180, 7, 9, 15 ρβ, post ρ- ras. 1 litt., 29; 181, 17; 182, 2 νς, -ς e corr., 6 η corr. ex ν; 186, 1 τοῦ διὰ τοῦ, 15 ξ ιβ] μβ β; 211, 44), ut casus excludatur. ob desultorium consensus genus parum ueri simile est, codicem C quoque sicut B a librario codicis G inter scribendum inspectum esse (I¹ p. 184, 8, 29; 185, 26; 211, 49 errores codicis C non habet), et in nota supra p. CXIX adlata de uno tantum exemplari antiquo loquitur. crediderim igitur, archetypam codicis G locis illis ad C correctum fuisse.

adiungam collationem plenam codicis G in catalago stellarum, quam mea causa confecit Johannes Raeder, iuuenis diligentissimus olim discipulus meus.

indices in A mg. adscriptos non habet nec summas stellarum ut B disponit, sed initio eas plerumque in mg. repetit; pro Γ⁶ scribit Γ₀ uel Γ., pro βο sexies initio οβ, pro ∠' saepe ς. minutias omisi, nec menda aperta in designatione stellarum e compendiis orta enumerabo (ut p. 44, 13 βόρειος; 46, 13 μεγέθη; 52, 8 τούτων; 54, 5 δεξιᾷ] τετάρτη, sed corr.¹), 14 ἀκρόποδι; 62, 14 δεξιῷ πλεύρῳ] τετραπλεύρῳ; ¹) 64, 6 τὸ γόνυ] τοῦ γόννος; 66, 19 ἀριστερόν] corr. ex ἀστερισμόν; 84, 14 ὑπό] ὑπέρ, 15 ἐπί] ὑπέρ; 92, 19 ἑπομένου] corr. ex ἡγουμένου; 94, 2 ἡγουμένου; 108, 2 τούτου προηγούμενος] τοῦ προηγουμένου; 136, 16 ἐν ἐπικαμπίῳ] ἐπικάμπτων; 144, 11 δεξιοῦ] ἀριστεροῦ αὐτοῦ et similia), sed omnes in numeris discrepantias notabo.

in erroribus cum omnibus nostris conspirat p. 38, 1; 40, 22 (ὁ); 51, 7, 8; 55, 17; 73, 4; 86, 2; 97, 3; 112, 12, 13; 127, 4, 19; 153, 17; cum ABC p. 47, 15; 49, 13; 51, 7; 55, 5 (Γ⁶]ς), 10; 99, 10; 103, 14; 113, 10 (γ'); 115, 18; 120, 22 (προηγούμενος] α', h. e. πρῶτος); 137, 17; 141, 11; 157, 13; 160, 5; cum BCD

---

1) δεξιός per compendium δ΄ scribitur p. 50, 4; 56, 4, 5 al.

p. 48, 19; 95, 11; 112, 14; 149, 17 (ϛ´] ȣ)¹); cum AC p. 48, 8;
cum AD p. 63, 5; 89, 14; 129, 12; cum BC p. 41, 9; 43, 14 (Ľ
Γ⁶ om.); 44, 2; 51, 7; 56, 16; 67, 22; 79, 17 (ξ β ∟ mg.); 81, 11;
84, 18 (ὅν — ῥύγχους om., ὃν Ἵππαρχος ἐπὶ τοῦ τραχήλου φησίν
m. 2); 88, 8 (νοτίου, corr. m. 2); 97, 11; 109, 11 (alt. o om.);
120, 4 (νοᵀ); 123, 13; 125, 11; 128, 18; 129, 4; 131, 6; 134, 3
(ὁ om.); 135, 5; 137, 3; 165, 19; cum CD p. 60, 6 (τὴν ὄρνιν);
cum A p. 97, 3; 101, 13; 108, 8; 123, 17; 128, 11; 133, 2, 3, 4;
141, 19; 161, 9; 165, 3, 16 (cfr. p. 40, 15 νότον G); cum B
p. 38, 12 (ὁ — ἀμόρφωτος om.), 13 (ἀστήρ — δ´ add. m. 2); 45, 20;
61, 4; 81, 11; 84, 13; 110, 11—13, 15; 130, 1; 168, 10 (cfr. p. 39,
7 ιϑ, sed ι eras., p. 168, 18 ἐπί] ἴσην δὲ ἐπί, p. 166, 17 ὁ αὐτὸς
τῇ ἀρχῇ] τῆς ἐπὶ τῆς ἀρχῆς; p. 116, 16—17 et p. 122, 15—16
binos uersus totos permutauit); cum C (casu) p. 118, 6; 125, 5,
6, 7; 148, 15 (cfr. quod p. 92, 13—14, quibus uersibus γ̄ — β adscripsit C, totos permutauit); cum D (praeter p. 60, 14 τήν]
corr. ex γῆν) p. 43, 5 (γ´ om.); 45, 2; 46, 13; 48, 4, 18 (ἐν τῷ
κολλορόβῳ); 55, 4 (δ´ με), 5 (νϛ), 6 (δ´ με); 57, 2 (γ´); 59, 19;
63, 4 (ϛ); 67, 22; 71, 3, 9; 73, 7 (pr. γ´ om.); 76, 8 (βόρειος,
corr. m. 2); 78, 5̄; 83, 6 (ιϛ); 85, 10, 14, 15, 18, 19; 89, 10; 91, 13
(γ´); 93, 3; 95, 7; 97, 3 (γ´), 5, 8, 19; 99, 2 (μ̇ᵉ om.); 100, 13; 102,
18 (μηρῷ om.); 103, 4, 6 (o om.), 13, 15; 104, 18 (ὡς m. 2); 107,
8 (βο); 109, 8 (ἐλϛ om.), 9 (ἐλ᷎ om.), 14; 111, 9; 113, 6; 115, 10,
12 (μ̇ᵉ om.), 15 (ἐλ᷎ om.); 119, 3 (corr.); 127, 13; 131, 16, 18; 133,
10 (μ̇ᵉ); 137, 2 (Ῑο̄), 6, 10 (μ̇ᵉ om.); 141, 4; 143, 2, 3, 6 (ταύρου, ϛ´,
μ̇ᵉ om.), 7 (μ̇ᵉ om.), 8, 9; 149, 3, 4 (δ´om.), 14, 18; 151, 8, 11 (ἐλ᷎om.);
153, 16 (pr. δ´ om.); 155, 17, 18; 157, 12 (ἐλϛ om.); 163, 13; 165, 6
(μ̇ᵉ om.), 14 (μ̇ᵉ om.); 166, 13; 167, 20, 21 (μ̇ᵉ om.); 169, 12 (ἐλ᷎
om.), cfr. p. 97, 6 ια] λ, p. 124, 18 τὸ λίνον] τὸ νότιον. ueram
scripturam cum D solo habet p. 51, 4; 73, 7; 85, 19; 103, 10, 15;
105, 7, 11; 109, 11; 113, 7; 123, 9; 149, 5; 165, 5. solus uerum
habet p. 70, 6 βόρειος; 71, 15 κδ; 113, 12 ι Ľ γ´; 114, 3 νότιος;
155, 8 κγ; 160, 6 ἀνθρωπείου; 162, 22 βόρειος; 165, 13 λ, quod
recipiendum est, et p. 166, 6 βορειότερος.

praeterea ab editione discrepat his locis:

p. **38,6** μετὰ τοῦτον p. **39,10** Καρκίνου — β´ om., 13 οα
ϛ´] ο̄ δε̄ p. **41,4** Γ⁶] γ, 5 κη ϛ´] κγ κ, 6 ο Ľ´] Ϋ (h. e. οὐδέν,

---

1) H. e. οὐδέν, quod saepe addidit.

e corr.) ῐ, 14 ε ⌊′ γ′] λγ, 21 μ̣] om. p. **43, 9** ε′] β, 12 ιγ] ις,
δ′] ἀμαυ, 15 ια] ιδ, 16 ο ο] ′/, δ′] α p. **44,17** προηγούμενος
αὐτῶν, 19 ἐφεξῆς, ut saepe, 20 νοτιώτερος p. **45, 5** γ′] δ, 7 κδ]
κΘς, 9 ⌊′] om., 10 πα ⌊′] πδ ς, 15 ⌊′ γ′ (pr.)] om., 16 ι] om.,
17 γ′] Γ·, 19 γ′] ϑ, 21 γ′ (alt.)] om. p. **46, 6** β̄] β̄ ϑέσεων, 8
παρούρῳ] corr. ex παρϑένῳ, post ἐπιστροφῇ add. οὐρᾶ ἐπιστροφή,
p. **47, 2** γ′] om., 5 πδ] πα, γ′ (alt.)] ε, 7 γ′] γ′ Γ̄ο, 8 ο] ϑ, 9 ξδ] ξα,
11 δ′] ⌊, 12 νς] μς, 16 ξα α, 19 ϑ] ιϑ, 20 ι] ιϑ, 22 ξβ] ξε, μ̣] om.
p. **48, 2** ὁ νότιος γ̄, 6 τῶν ἐπὶ τὸν Κηφέα ἀφορμώντων p. **49, 8**
δ′] ε, 12 δ] α, 14 νδ] μδ, 15 Γ̄ᶜ] ⌊′ γ, 16 νγ] μγ, μ̣] om., 17 μ̣] om.
p. **51, 8** ο ο] ϑ ε, 10 μ̣] om. p. **53, 3** μ̣] om., 4 μ̣] om., 6 ν] μ, 7 δ′
(pr.)] om., 8 γ′] om., 9 ς′] ς γ, 10 γ′] β, 15 α] κα, 18 μϑ] πϑ
p. **55, 8** γ′] ε, 9 γ′] om., δ′] γ, 11 ις] ιε, μ̣] om., 13 κβ] ν3, 16 δ′] ς,
17 μ̣] om., 19 μ̣] om. p. **57, 3** ξδ] ξ, 12 ξβ] ξβ Γ̄ο, 13 Γ̄ᶜ] om.,
15 δ′] α, 16 δ′] α με p. **59, 2—3** om., 8 Αἰγόκερω — βο] om.,
9 νξ γ′ γ′] om., 12 ξϑ] ιϑ, 13 οα] οδ, μ̣] om., 14 ις] κ, οδ] οα
μ̣] om., 16 γ ⌊′] ζ, 17 γ′] ς p. **61, 4** δ′] om., ε′] δ, 8 ιγ‾ ις, 11 με]
μβ, μ̣] om., 15 γ′] γ′ μ̣, 16 δ′ (pr.)] om. p. **63, 3** ιε] γε, ἐλᶜ] om.,
4 ζ ⌊′] ιζ, 16 ἐλᶜ] om., 15 γ′ (alt.)] om., 17 γ′ (pr.)] om. p. **65, 2**
δ′] α′, 4 κς] κζ, 10 ιη ⌊′ δ′] ιϑ c, 13 γ′] Γ·, 14 ιβ] ις, ἐλᶜ] om.,
15 ια] ιδ, γ′] ς, 19 ιε] ιβ p. **67, 2** Γ̄ᶜ] ς, 6 λα] λ, 11 κβ] κα, Γ̄ᶜ] γ,
13 δ′] α, 14 δ′] α, 15 ⌊′] om., ἐλᶜ] om., 16 Γ̄ᶜ] γ, μ̣] om., 18 ς′] om.
p. **69, 2** μ̣] om., 6 κδ] κγ, 10 ιγ] ιβ, ἐλᶜ] μ̣, 13 κς] κε, μ̣] cm., 14 νο]
βο, 15 νο] βο (cfr. A), μ̣ om., 16 νο] βο, 17 νο] βο p. **70, 6** γ̄] ἐπ′ εὐ-
ϑείας γ̄ p. **71, 2** γ′] Γ·, 3 ι] om., 14 Γ̄ᶜ] γ′, 16 δ′] α, 17 δ′ (pr.)] α
p. **73, 4** ς′] γ, 7 ι ⌊′ γ′] κγ, 9 Γ̄ᶜ] γ, ς′] γ, δ′ μ̣] κα, 17 Γ̄ᶜ] γ, 22 μ̣] ἐλιϟϟ
p. **74, 9** ἐφ′ ὧν ὁ] ἀμόρφωτος p. **75, 2** ἐλᶜ] om. (mg. ϑ), 3 γ′] ϟ,
4 ε′] ε′ μ̣, 5 Γ̄ᶜ (pr.)] γ, 7 γ′ (alt.)] om., 10 γ Γ̄ᶜ] κζ, γ′] ῐ, 12 κε]
κε δ, 18 ἐλᶜ] om. p. **77, 2** δ′ (alt.)] δ′ ἐλιϟϟ, 5 κ ς′] κγ, 7 κγ ς′] κζ,
10 ς′] γ′, 19 ῖ mg. p. **79, 7** κϑ] κϑ ⌊, 16 η] γ′, 17 ⌊′] ῐ p. **81, 2** γ′
(pr.)] Γ·, 5 κδ ⌊′] κα ⌊ γ, 7 κδ] λα, 9 ⌊′] om., 10 ε′] δ′. 15 ιε] κε,
16 γ′ (tert.)] δ′ (corr.), 19 ις] κ p. **83, 3** ιε] ε, 12 ις ⌊′] μζ, 15 γ′
(pr.)] Γ· p. **85, 9** γ′ (alt.)] om., 12 γ′] om., 14 α] β, 18 ι] ιγ′
p. **87, 9** κδ γ′] κε Γ̄ο (cfr. D), 11 κϑ Γ̄ᶜ] κε γ (cfr. D), 12 γ] ς,

η] ν, 13 $Γ^ϛ$] γ p. 89, 2 α′] δ′ α′ ἐλ^ϛ Θϛ, 3 ια] ιζ, γ] ϛ, 6 κ] κ ϓ
(h. e. o, sic saepius), 8 $Γ^ϛ$] γ, 10 κε$Γ^ϛ$] ιβ γ, γ′] ε′, 11 ιβ] κε γ, $L′$]
ε′$L′$, 12 ια] ιδ, 17 η] ιη, 18 γ] η, 19$Γ^ϛ$] γ p. 91, 13 κϑ] κϑ ι, 14$Γ^ϛ$]
β γ (cfr. D), 15 Ταύρου] διδ$\overset{μ}{ῦ}$, α] δ p. 93, 3 ^{1}) κγ] κ, $L′$] γ, β′] δ′,
4 $Γ^ϛ$] γ, 5 $Γ^ϛ$] γ, ι] ιϑ, 6 $Γ^ϛ$] γ, 7 κβ] κε, 9 $Γ^ϛ$ (pr.)] om., β] β γ′,
11 ϛ′] Γο, 12 ιγ] ιγ Γο, 15 κα] κα γ′ (cfr. D) p. 95, 2 ιδ] ιϑ, 5 $Γ^ϛ$] γ Γο,
6 βο] νο, 10 γ] ι, 12 $Γ^ϛ$ (pr.)] γ Γο (cfr. D), $Γ^ϛ$] γ′, 19 ϛ′] δ′
p. 97, 3 $\overset{ε}{μ}$] ἐλα$^{σσ'}$, 4 totum om., 7 βο] νο, 8 νο] βο, 13—14 om.
p. 99, 3 γ′] γ′ $\overset{ε}{μ}$, 17 ϛ′] ε′ p. 101, 6 κξ] ιξ, 14 $Γ^ϛ$] γ, 16 $L′$ γ′] ϛ,
17 κε] κε L p. 103, 7 κϑ] κϑ L, ϛ′] ϛ γ (cfr. ABC), 12 η] ιη, 14$Γ^ϛ$] γ,
16 β] β Γο, 17 $L′$ γ′] ϛ, $Γ^ϛ$] γ, 19 γ] ι p. 105, 2 δ′] L, 3 ο ο] α L,
α] δ, ἐλα] om., 5 $Γ^ϛ$] γ, $L′$] γ, 8 ξ] ϛ, $Γ^ϛ$] γ, 9 $Γ^ϛ$] γ, 15 bis, alt.
loco $Γ^ϛ$] γ, 19 γ′] Γ′, 20 γ′] om. p. 109, 2 α] λ (cfr. D), 4 γ] Γο ϓ,
γ $L′$] ιξ, ἐλ^ϛ] om., 8 $Γ^ϛ$ (alt.)] γ, ἐλ^ϛ] om., 9 γ′] ϛ, ἐλ^ϛ] om., 11 γ′
(pr.)] Γο, ο] om., 12 α (pr.)] δ, 14 α] δ p. 111, 2 ε] α Γ, 5 γ′] Γο,
7 δ] δ ε′ (cfr. D), 11 ια] ιδ, 12 ιε] ιϑ, 13 $Γ^ϛ$] γ, 14 ιη] ιδ, 16 γ′
(pr.)] om. p. 112, 13 ό] $\bar{β}$ ό, 19 μέσος] ἐπόμενος p. 113, 7 κε] κϑ,
13 $L′$] $L′$ γ, 16 $L′$] $L′$ δ (cfr. D) p. 115, 3 γ′ (pr.)] om., 9 $Γ^ϛ$] γ,
10 β] om., 11 κ] κ Γ, 13 γ′ (pr.)] Γο, 14 β′] γ′, 15 ιξ] ιξ Γο, 17 γ′
(alt.)] ε′, 18 κγ] κε p. 117, 8 ε] ε γ′, 9 η] η L, 14 γ′] ε p. 118, 15
βορειότερος, καί — οὐραίῳ] om. p. 119, 5 $L′$] ϓ, 6 $Γ^ϛ$] γ, 7 κα] κα Γο,
8 κγ] κϑ, 9 κε] κγ, 10 κδ] κε, γ′ (pr.)] om., 12 γ′ (alt)] ϓ γ′,
15 κη] κξ, 18 ο γ′] ι ϛ, 19 ϛ] β p. 121, 2 ϑ] ε, 3 κϛ] κε, 5 ε] γ,
6 η] η δ′, 7 $Γ^ϛ$ (alt.)] γ, 8 ϑ] β, 9 $L′$] ξ, 10 ιβ] ιβ Γο, 15 α (pr.)] δ,
$Γ^ϛ$ (alt.)] γ, 17 $Γ^ϛ$] γ, $L′$] $L′$ γ, 18 ε] γ, 19 $Γ^ϛ$ (utr.)] γ, 20 γ′] Γο,
22 ιε] ιε Γο p. 122, 3 καμπήν] κάλπην (ita etiam l. 5 et p. 124, 5)
p. 123, 7 δ′] ε′, 9 ια] ια γ′, 18 γ′ (alt.)] ϛ p. 125, 2 α′] δ′, 5 $Γ^ϛ$] γ,
$L′$] $L′$ δ, 6 κϑ $Γ^ϛ$] κε γ, $Γ^ϛ$] γ, 7 δ′ (pr.)] L, 14 $Γ^ϛ$] γ, 18—19
in mg., 18 ε] β, 19 γ] ιε p. 127, 5 κβ γ′] ιϡ Γο, νο] βο, β] α L,
ϛ′] om., 6 κγ] κβ Γο, ε] α γ, ϛ′] om., 9 ξ] η, δ′] γ′, 11 $Γ^ϛ$] L,
12 ε′] γ′, 13 ε γ′] α L, γ′] ε′, 15 $L′$] om., 16 α $Γ^ϛ$]λγ p. 129, 3$Γ^ϛ$] ϓ,

---

1) Hic lineae in codice uno loco inferiores sunt, ita ut
3—9 editionis respondeant lineis 4—10 codicis, quem errorem
neglexi in scriptura enotanda; ita autem lineae 10 editionis
nihil respondet, lin. 3 codicis est κ^ϛ Γο — βο — ϛδ′ — β′.

14 Γ^6] γ   p. **131**, 5 ια] ιδ, 8 Γ^6] γ, 14 $\angle'$] ˙/ , 16 λ] κα, 19 ιε] ιε Γ₀,
22 ιδ] ια   p. **133**, 2 ιγ] ιγ ∠, 3 ϑ] ϑ Γ₀, 5 Γ^6] γ, 8 $\angle'$] $\angle'$ γ, 11 ιη] ιη δ,
δ′ ἐλˢ] β $\overset{\varepsilon}{\mu}$, 13 γ′ (alt.)] δ, 19 Γ^6] γ, γ] ι   p. **135**, 2 Γ^6] γ, δ] α,
3 γ′] om., 11 δ′ (pr.)] Γ₀, 12 ιε] ιϑ, 16 κε] ιε, κδ] κα (cfr. D˙, 17 κξ] ιξ,
κδ] κα, β′] ε′, 19 γ′ (pr.)] om., κε] κ   p. **137**, 4 κξ] κϑ ∠ γ, 5 Γ^6] ˙γ ,
Γ^6] γ, 6 λ $\angle'$] λ in ras.¹), 15 λα $\angle'$ γ′] κη δ′, $\overset{\varepsilon}{\mu}$] om., 1ε ιη] ιη Γ₀,
19 Γ^6] γ, δ′ (pr.)] ∠   p. **139**, 3 ι] om., 7 γ′ (pr.)] om., 8 γ′] ∠,
9 κδ] κ, κη] λη, 10 κη] κε ∠, 12 $\angle'$] η, 14 ι] γ, 17 γ′ (alt.)] ϛ   p. **141**, 3
μγ δ′] μϛ ∠, 4 Γ^6] γ, γ′] ϛ, 5 ϛ′] γ, 6 να] νδ, 10 νγ] ιγ, 11 ια] ε γ?,
16 Γ^6] ϛ, 17 λϛ] λη, 19 γ′] Γ₀   p. **143**, 2 λϑ] λε, 4 $\angle'$ (alt.)] om.,
5 γ′ (alt.)] δ′, 8 *Διδύμων*] Ταύρου, ο ο] α / , 9 *Διδύμωτ*] Ταύρου,
Γ^6] ˙/ , 13 λϑ] λϛ, 14 Γ^6] γ, 16 λξ $\angle'$] λ 8, 19 ε′] γ′   p. **144**, 13 γ′] δ′,
δ′ $\bar{ε}$] γ′ ϛ′, ξ′] ϛ′   p. **145**, 7 κα Γ^6] κγ, 9 να] μα, 12 Γ^6] γ   p. **147**, 5
γ′ (alt.)] om., 6 κϑ] Γ₀ ˙/ , Γ^6] γ, 7 Γ^6] γ (cfr. D), 8 $\angle'$] γ, 12 κϑ] κβ,
15 $\angle'$] om., 16 γ′ (sec.)] om., 18 με] μβ, 19 Γ^6] γ   p. **149**, 2 με
$\angle'$] μη ϛ, 6 μϑ] μβ, 7 γ′] δ, 9 Γ^6] om., 10 νε $\angle'$] νϛ δ, 12 Γ^6] γ,
νξ] ν ∠, δ′ (alt.)] δ $\overset{\varepsilon}{\mu}$, 13 $\angle'$] ϛ, γ′] δ, δ′] δ $\overset{\varepsilon}{\mu}$, 17 νϛ] νγ. 19 Γ^6] γ,
$\angle'$] om.   p. **151**, 4 ξ] ξα, 5 ϑ] ϑ Γ˙, 6 γ′] om., γ′] δ′ $\overset{\varepsilon}{\mu}$ (cfr. D),
11 να δ′] ξα ∠, ἐλˢ] om., 12 ξγ] ξγ δ′, 17 γ′ (pr.)] ∠, 18 ϛ′] δ′ ἐλ^{ασσ}
p. **152**, 14 ὡϛ — κρανίου] om.   p. **153**, 2 η] ηβ, δ′] α, 3 δ] α ˅,
4 ξε Γ^6] ξε γ corr. ex οα ∠. 6 ϛ′] ξ̇, 12 ιδ] ια ˅ , ιε] ιε ϛ, 15 ιδ δ′] ιϑ ∠
δ (cfr. D)   p. **154**, 3 αὐτῶν] τῶν τριῶν   p. **155**, 2 ο Γ^6] ˅ ˅ , 4 κϑ]
κβ, 6 ϛ] ϛ Γ₀, 7 Γ^6] γ, 10 κγ] κγ ∠ (cfr. D), 11 κγ] κ Γ₀, 13 λ] δ, 17 Γ^6] γ
p. **157**, 7 κγ] κε, 8 $\angle'$ (pr.)] ϛ, 10 ξ] ξ Γ₀, ιη $\angle'$] ι ∠ δ˙, $\overset{\varepsilon}{\mu}$] ἐλ^{ασσ},
11 Γ^6] γ, 16 Γ^6] γ, 17 Γ^6] γ, 19 ιγ] ιξ, ιδ] ι   p. **159**, 2 γ′] δ, 7 $\overset{\varepsilon}{\mu}$] om., 9 $\angle'$]
$\angle'$ δ, $\overset{\varepsilon}{\mu}$] om., 10 ε′] δ, 15 κγ] κϛ, 16 κβ] κβ Γ₀, δ′ (pr.)] $\angle'$ γ′, 17 $\angle'$ (pr.)]
$\angle'$ ξ, 18 γ′ (pr.)] Γ₀, 19 ιδ] ιε ϛ, κϑ] κη   p. **161**, 2 ιε ϛ′] ιϑ. κη] κϑ γ,
3 ιϛ] ιγ, βο] νο, 5 κδ] κβ, 6 γ′ $\overset{\varepsilon}{\mu}$] δ (cfr. D), 10 ϑ] β, 13 $\Gamma^\sim$] γ, 14 γ′]
ε′, 15 δ′ (alt.)] γ, 16 μ] μγ, 17 μγ] μγ γ′, 18 μγ $\angle'$ δ′] μα Γ₀, 19 ι]
γ′ ˙/ , να] νε   p. **162**, 16 ὁ — μηροῦ] om.   p. **163**, 2 Γ^6] ψ, 3 ϛ] ˙/ ,
5 *Σκορπίου*] Ζυγοῦ, 7 μϑ] με, 14 γ] ˙γ Γ₀, 15 κξ] κϑ, 16 *Σκορπίου*
ο $\angle'$] om., κϑ] κϛ, 17 δ] γ, 18 ˙γ] δ, νο — ε′] om., 19 λγ] λϛ, 20 λα]
λη   p. **165**, 2 η] ιη, ιξ] ιξ ∠, δ′] δ′ $\overset{\varepsilon}{\mu}$, 5 ια] ι, 6 ϛ′] γ, 10 Γ^6] ∠, ε′]

ε′ μ̕, 11 δ′] γ, δ′] ε′, 12 κϛ (alt.)] κγ, μ̕] om., 13 ε′] δ′, 14 ϛ′
(pr.)] Γ̅ₒ, 16 δ′ (pr.)] om. p. 167, 2 ια Γ̅ˢ̕] ιδ γ, κα] κδ L̷, 3 κγ]
κδ L̷, 5 ιϛ] ιγ, 6 ιζ] ιζ Γ̅ₒ, δ′] ε′, 8 δ′] ε′, 11 ιδ (pr.)] ια, 12 ια] α,
17 κ] β, α′] δ, 18 Γ̅ˢ̕] γ p. 169, 3 Γ̅ˢ̕] γ, 5 κα] κδ, 12 ϛ′] om., 14 ιγ] ι,
17 ρ̅ξ̅δ̅] om., 18 νο̅δ̅] νοβ (cfr. D).

subscribitur: τοῦ εὐδαίμονος ι̅ω̅ τά τε σχόλια καὶ ἡ διόρ-
θωσις (G³). cogitari potest de Joanne Pediasimo, quem in Uni-
uersitate Cnopolitana astronomiam docuisse ostendunt scholia
inedita in Cleomedem, quorum hic est titulus: τοῦ σοφωτάτου
καὶ οἰκουμενικοῦ διδασκάλου κυροῦ Ἰωάννου διακόνου τοῦ Πεδιασίμου καὶ χαρτοφύλακος τῆς πρώτης Ἰουστινιάνης καὶ πάσης
Βουλγαρίας ἐξήγησις μερικὴ εἰς τὰ τοῦ Κλεομήδους σαφηνείας
δεόμενα (cod. Scorial. Y—III—21 fol. 116), uel: τοῦ ὑπάτου τῶν
φιλοσόφων κυρ. ι̅ω̅. τοῦ Πεδιασίμου ἐπιστάσεις μερικαὶ εἴς τινα
τῶν τοῦ Κλεομήδους (cod. Marc. 333 fol. 90).¹) post I² p. 39, 9
sequitur in imo folio 163ᵛ: ἀπὸ Ναβονασσάρου ἕως Ἀδριανοῦ
ιζ ἔτ(ους) ωοθ ἔτη καὶ ἡμέ(ραι) ν̅η̅, ἀπὸ δὲ ιϛ ἔτ(ους) Ἀδριανοῦ
ἕως τέλ(ους) ,ϛχ̅ ν̅ϛ̅ ἔτ(ους) ἔτη ͵α̅ι̅ϛ̅ καὶ ᾽66 σνδ, ἐξ ὧν τὰ ἀπὸ
ιϛ ἔτους Ἀδριανοῦ ἕως ἀρχῆς τῆς Ἀντωνίν(ου) βασιλ(είας) ἔτ(η)
δ′. λοιπὸν ἔτη ͵α̅ι̅ β̅ (seq. stellarum catalogus fol. 164ᵣ). annus
est 1148 et fortasse ad archetypum codicis refertur; ipse G
ante saec. XIII scriptus esse nequit et id quidem exiens (saeculo XIV eum tribuerem, nisi pars codicis 14 ex eo descripta
esset, qui potius saeculi XIII est). manus, charta, atramentum,
totum genus codicis eadem sunt ac codicis Vat. 203 (u. Apollonii opp. II p. XI).

Ratio genusque interpolationis, quam in archetypo codicum
DG incohatam et in utroque propagatam uidimus, peritis in
memoriam reuocabit recensionem Elementorum Euclidis a Theone
factam, quam adumbraui Euclidis opp. V p. XLV sqq. quare
suspicor, archetypum recensionis interpolatae ad studia astronomorum Alexandrinorum, Pappi et Theonis, redire et propaga-
tionem interpolationis, quam et D et G ex suo uterque
archetypo transsumpsit, scholae Alexandrinae deberi, ubi Syntaxis sine dubio semper in manibus magistrorum discipulorum-
que mansit et docendo tractabatur. quae suspicio tum demum
probari uel refelli poterit, cum Pappi Theonisque in Ptolemaeum

---

1) Exstant etiam in cod. Barberin. II 81 fol. 136 et 40—55
(excerpta), et in cod. Vatic. gr. 1411 f. 108—115ᵣ.

commentaria ad fidem codicum edita erunt. sed ut aliquid
tamen ad eam confirmandam proferre possim, effectum est
beneuolentia Friderici Hultsch, u. cl., qui ex collationibus
suis mecum communicauit, quae ad rem faciunt. comperimus
igitur, ut minora quaedam omittam[1]), Pappum Theonemque
I[1] p. 351, 13 cum D legisse ταῖς περιφερείαις, quod ex coniectura
falsa ortum esse existimo; neque enim Hultschio (Litterarisches
Centralblatt 1898 col. 1899 sq.) credo, uerbis τετραγώνους ταῖς
περιφερείαις significari posse, circulos inter se secundum diametrum perpendiculares quattuor angulos aequales (solidos)
efficere, nec hoc apte commemoraretur initio descriptionis, ubi
non de positione circulorum sed de eorum in machina torna-
tione agitur. τετραγώνους ταῖς ἐπιφανείαις ita accipi uoluit
Ptolemaeus, anulorum extremitates rectas esse, non conuexas,
ita ut secti hanc figuram ⊏⊐ praeberent, non illam ◯; quod
cum non intellegeretur, compendio $\overset{\pi}{\varepsilon}$, ut saepe, cum $\overset{\varepsilon}{\pi}$ confuso
ἐπιφάνεια in περιφέρεια mutatum est. interpolatorem manifesto
deprehendimus I[1] p. 64, 13 (ibi quidem de positione duorum
anulorum omnino non agitur), ubi in D additur τῆς περιφερείας ad explicandum, quae sit illa ἐπιφάνεια quadrata, exterio-
ris scilicet ambitus anulorum; I[2] p. 180, 22 ταῖς ἐπιφανείαις
etiam in D seruatum est. et Pappus quidem Comm. in Synt. V
p. 231 uerba τετραγώνους ταῖς περιφερείαις similiter explicat,
nisi quod male de aequalitate latitudinis et altitudinis anuli
cogitat. cfr. Hero, deff. 98.   I[1] p. 417, 23 Pappus cum D habuit
πλείσταις οὔσαις (Hultsch, Abhandlungen zur Geschichte der
Mathematik IX p. 201 not.), ne hoc quidem recte; neque enim
de eo agitur, quod prismation multis locis ad regulam adponi
potest, sed quod mensuratio distantiarum eius operosa est ac
lubrica ideoque in ea facile erratur; ita demum recte opponitur τὸ μηδεμίαν ἐπακολουθεῖν καταμέτρησιν lin. 18—19. dubium
est I[1] p. 356, 1, ubi Theo p. 235 cum D κατ᾽ habet pro con-
cinniore περί. sed quoniam D manifesto interpolatus est, a
ceteris codicibus ne hic quidem discedendum. nec eorum
recensio antiquitate inferior est; redit enim, ut uidimus, ad

---

1) I[1] p. 361, 11 δή] δέ Theo ed. Basil. p. 241; p. 367, 3 τε]
om. Theo p. 242, utrumque cum D. contra codices nostros τε
additum I[1] p. 355, 23 περί τε, p. 356, 14 ὁμαλάς τε apud Theonem p. 235, I[1] p. 357, 14 μοιρῶν omissum apud Theonem p. 236.

Platonicos Athenienses, et astrologos (Teucrum, Rhetorium, Palchum) cum ea contra D facere I² p. 77, 19; 93, 4; 141, 12, testis est Franciscus Boll amicus, illius rei peritissimus.

Iam alios codices codicibus DG adfines circumspiciamus.

ex D praeter partem posteriorem codicis 16 (u. p. L) nullus alius descriptus est; deterrebat fortasse adspectus correctionibus innumeris foedatus et mendorum copia.

ex G descriptam esse priorem partem codicis 14, demonstraui p. XLVI, indidemque suppletum et correctum esse codicem B, uidimus p. XXXII sq.

praeterea codices H et 7 in partibus quibusdam ad G adcedere, iam breuiter significaui p. LII, id quod confirmatur et scribendi genere (u. p. LI et p. XX) et ordine praepostero tabularum I¹ p. 519—522, qui etiam in H et cod. 7 is est, quem p. XCVI not. ex G indicaui, additis in cod. 7 iisdem ad uerbum adnotationibus de uero ordine restituendo (has non habet H). librariis codicum GH codicem B ad manum fuisse, constat, ex iis, quae p. CXVII et p. LI diximus. itaque aliquando codd. BGH et sine dubio etiam cod. 7 in eadem bibliotheca erant inter seque conferebantur. et hinc et ex toto genere codicum H et 7 alibi aliis manibus scriptorum magna oritur difficultas necessitudinem eorum pro certo definiendi. in cod. H, qui apertissime a compluribus simul librariis scriptus est, praeter foll. 67—72 nihil inueni, quod archetypum cum manu mutatum ostenderet.

ut cognatio horum codicum patefiat, primum tenendum est, codicem G ex neutro ceterorum pendere posse, quoniam illorum cum G consensus intra partes perspicue distinctas se continet. nec H e cod. 7 sua petiit, quippe qui maiorem partem cum G consentientem habeat quam codex 7. neque uero hic ex H propter hos maxime locos: I² p. 251, 5 ἀπόγειον] G, 7, ἐπίγειον H; 252, 9 ὧν] G, 7, οἷς H; οἷς] G, 7, ἃ H; 14 περί] G, 7, παρά H; 18 ἐπ' ἴσων μέν] ἐπὶ ἴσων G, 7, ἴσον H.; 26 τοῦτο] G, 7, τούτου H; 253, 1 καί] G,.7, μὲν καί H; 6 ἐνί] G, 7, αὐτῷ H; 254, 6 ἡλίκαι] G, 7, ἡλιακούς H; 23 μεταβιβάζον] G, 7, μεταβιβάζειν H; 255, 3 ἐπικύκλου] G, 7, κύκλου H; 4 Η Θ Κ] G, 7, Η Θ H; 8 καί] G, 7, om. H; 12 ἔστω] G, 7, ἔσται H; 24 ἐφ'] G, 7, ἀφ H; 256, 3 Ζ Η Θ] G, 7, Ζ Θ H; εὐθείας — 6 Ζ Η Θ] G, 7, om. H.   at ne hoc quidem fieri potest, ut H et cod. 7 ex G oriundi sint; u. I² p. 250, 6 διά] 7, τῶν διά H, τῶν διαφωνούντων G; 251, 17 πάλιν συμπτώματος] H, 7, συμ-

πτώματος πάλιν G; 252, 23 τῷ] Η, 7, om. G; 253, 19 ἧς] Η, 7,
om. G; 255, 8 περιόδῳ] Η, 7, παρόδῳ G; 15 ΑΔΕΓ] Η, 7,
ΑΔΓΕ G; 257, 1 πρό] Η, 7, εἰς G; 8 οὐ] Η, 7, om. G; 13
ταύτας] Η, 7, πάντ᾿ G; 259, 14 ὑποκείσθω — 15 τήν] Η, 7,
om. G.; 19 ὁμαλῆς] Η, 7, ἀνωμαλ G; 260, 2 γραφόμενοι] Η, 7,
ἐρχόμενοι G. itaque statuendum, codices Η et 7 et G ex eodem
archetypo esse deriuatos.

eo igitur scripturae falsae codicibus GH et 7 communes
referendi sunt, uelut I¹ p. 284¹, 17 ρϚβ] σϚβ, 18 τμϛ] τμζ; ², 7
ρμε; 285², 34 λε, 35 β; 286², 11 ζ] e corr. 7, corr. ex ιη Η, ιη
G; I² p. 250, 8 τῶν] om., 12 ἀστέρων, 21 ἐπί] σχηματισμοῦ ἐπί;

251, 3 δυναμένου συμβαίνειν] δυνᾶ συμβαὶν̈ G, δύναμιν συμβαίνει 7, δυναμένην συμβαίνει Η, 23 ἑτέραν] ἡμετέραν, 24 δέ]
δὲ καί; 252, 4 ἤ] καί, 7 περιγειότερα, 8 τούτων] om., 18 συν-
ιδεῖν καὶ τὰ κέντρα] om., 20 μή] om., 26 καί (alt.)] om.; 253, 1
περιαγόμενον, 2 τῶ ἐπικύκλω πάλιν] om.; 255, 19 ἀποφέροντος;
256, 22 ΗΘ] ΜΘ; 257, 24 ὅ] om.; 259, 1 Ε κέντρου] ἐκκέντρου; 260, 5 ἴσων] τῶν ἴσων; 261, 8 ΓΒ] ΓΒ εὐθεῖαν, 15 ΔΛ]
ΔΛ, 16 καὶ ἡ — 17 γωνία] om.; cfr. p. 256, 25 παρακολου-
θήσαιμεν] -θήσαιμεν e corr. G, παρακολουθϑϑ μ̈ 7, παρακολου-
θῆσαι μ̀ Η.

praeterea ex Η has scripturas cum G consentientes enotaui: Η
I¹ p. 222, 19 ΚΖ] ΚΖ ἐπεὶ καὶ ἡ ΚΖ ἔγγιον τοῦ κέντρου; 240,
16 μέρη; 260, 1 διαστάσεων] τῶν διαστάσεων, 2 διοίσει] corr. ex
διη . . η G, δι᾿ ἧς ἡ Η; 285¹, 41 γ] ι; I² p. 250, 3 ἐντων; 251,
2 μέχρι] τοῦ μέχρι. interdum cum G ad B correcto concordat,
u. I¹ p. 229, 6 ΑΚΘ] ΑΘΚ in ras. G, ΑΘΚ Η, sed corr. m. 2;
231, 24 ΑΔΖ; 284¹, 4 λζ, 5 να; 285¹, 41 σνς, 42 ρϚγ, 43 μγ
(corr.), quae scripturae aut ex B aut ex G petitae esse possunt.
meliora habet I² p. 253, 13 ἔκκεντρος] Η, corr. ex ἐκ κέντρου
G, ἐκκέντρου 7; 253, 26 κέντρῳ] Η, corr. ex κέντο̊ρ G, κέντρον
7; 258, 15 τῇ] Η, τῆς 7, G.

cod. 7 plerumque a G discedit, ubi ad B correctus est Marc.
(I¹ p. 284¹, 4, 5; 285¹, 41, 42; etiam p. 284¹, 23 μθ habet cum 311
G ante correctionem), sed I¹ p. 285¹, 43 μγ; 469, 4 σνη cum
G correcto praebet; cfr. I¹ p. 126, 4 ΑΘΜ, 5 καὶ ἡ ΑΚΝ,
quae potius a B sumpta sunt quam a G, qui p. 126, 5 καὶ τὸ
ΑΚΝ supra scriptum praebet; p. 229, 2 (γ̅) ras. 3 litt. G, om.
Η et 7) nullius momenti est, quoniam γ̅ om. BCD et etiam

in archetypo codd. GH et 7 defuisse putandum est; p. 126, 9
ὅπερ ἔδει δεῖξαι (postea add. G); 234, 1 ἰσημειῶν] mut. in
ἰσημερινῆς G, ἰσημερινῆς 7 fortasse ex B petitum, ut p. 294, 16
τὴν δευτέραν supra ταύτην additum (supra ἀποδείξεως lin. 15
ras. est), quamquam hoc quoque fieri potest, ut G hic illic
ad codicem 7 correctus sit (cfr. I¹ p. 292¹, 7 λβ (alt.)] corr. ex
λζ 7, mut. in λζ G). omnino satis ueri simile est, hos codices
eiusdem bibliothecae inter se comparatos correctosque esse.
uestigium studiorum, quibus inseruierunt, in cod. 7 exstat, ubi
fol. 26ʳ ad initium Syntaxeos hoc scholium legitur manu eiusdem temporis scriptum: τοῦ ὑπάτου. τὰς μὲν πράξεις ⟨ἐν ταῖς
α⟩ὑτῶν τῶν φαντασιῶν ἐπιβολαῖς ῥυθμίζειν [I¹ p. 5, 1—2]·
φαντασιῶν ἐπιβολὰς τὰς ἐνθυμήσεις τοῦ φανταστικοῦ νοῦ φησι,
ῥυθμίζονται δὲ . . . ἐν τῇ τοῦ νοῦ τηρήσει, ὃ καὶ οἱ καθ᾽ ἡμᾶς
φιλόσοφοι πρωτοῦργον καὶ πρωταίτιον τῆς ἠθικῆς φιλοσοφίας
νομίζ⟨ουσι . . .⟩ καὶ νοῦ τήρησιν ὀνομάζοντες. ἐφαντάσθη γάρ
τ⟨ις⟩ ἀπρεπές τι ἤγουν ἐνεθυμήθη, καὶ δεῖ ἀπολύειν αὐτὸ τῖς
ψυχῆς· ἐνεθυμήθη τι ἀγαθόν, καὶ δεῖ πληροῦν αὐτό· τοῦτο γάρ
ἐστι τὸ ῥυθμίζειν ἡμᾶς αὐτοὺς ἐν ταῖς τῶν φαντασιῶν ἐπιβολαῖς.
ὃ δέ φησιν ὁ ἐξηγητής, παρανενοημένον ἐστὶ καὶ ἐμοὶ οὐκ
ἀρέσκει. quod, si supra p. CXXVI recte conieci, ad Johannem
Pediasimum referendum est opinionem scholiastae antiquioris
refutantem.

meliora praebet cod. 7 I² p. 250, 3 ὄντος, 6 διά; 251, 2
μέχρι; 252, 23 τῷ (om. GH), 24 αὐτό (e corr. G, αὐτοῦ H), 25
ἀπέχει (ἀπέχει μ̅ οἱ G, ἀπέχειν H); 253, 23 ποιείτω (ποιοῖτο corr.
ex ποιεῖτο G, ποιεῖ H), siue de suo siue a B correctionem
sumpsit; cfr. p. 260, 13 αἱ] corr. ex καί 7, καί GH, et I¹ p. 285¹,
41 γ] 7, ι GH, ιγ D. I¹ p. 321, 17 ΔΚ] G, τῆς ΔΚ D et 7;
466, 6 ιε] D et 7, ιγ G, ις BC, ubi de H non constat, archetypum repraesentare potest. interpolationes habet I¹ p. 284¹, 1
ἐπουσία] ἀπὸ τοῦ βορείου πέρατος ἐπουσία; I² p. 260, 2 ἐρ-
χέσθωσαν] ἐκκείσθωσαν. praeter locos supra adlatos his quoque,
ubi de H nihil mihi notum est, scripturas codicis G proprias
habet: I¹ p. 126, 3 καὶ δέδεικται καθόλου ὅτι ἄν, 4 οὕτω, 20
καί] om.; 154, 1 αὐτοῦ λοξοῦ] διὰ μέσων τῶν ζωδίων; 284², 1
ὁ] μεδ̅ ⁹ καὶ ⟨ ο̅. 35 μς] μβ; 286¹, 22 supra μήκους ἐπουσία
add. (ὡρῶν ἀπὸ μεσημβρίας (μήκους praeterea add. G), 31 ς]
ις (corr. G, x H); ², 22 ἐπουσία] κίνησις; 321, 11 τό] δ᾽ ἐπεὶ
τό, ΔΔΜ] τῶν ΔΔ καὶ ΔΜ, ΚΜ] τῆς ΚΜ τετράγωνον,

12 τετράγωνον] om. (supra scr. G), 14 ἑξήκοντα — 15 ‚γχ]
τῶν αὐτῶν ἐστιν ͞ξ (supra ras. min. G), 16 ‚γχ] ‚γχ τοῦ ἐπ'
αὐτῆς τετραγώνου; 525, 2 μέχρι τοῦ μέσου τῆς ἐκλείψεως χρόνον,
13 τήν] τῶν (et διαφορῶν). praeterea ut adpareat, quam arta
necessitudine coniuncti sint G et cod. 7, errores communes in
tabulis I² p. 230—36 adfero: p. **230**, 5 να] νδ, πα] πδ (corr.
G); 6 λβ] in ras. 7, νβ G; 8 ρξβ] -β in ras. 7, ρξδ G; 11
σμγ] -γ in ras. 7, σμς G in ras.; 19 ε] β; 24 μδ] νδ (corr. 7),
κα] κδ, νζ] κζ, νδ] να; 25 κζ (alt.)] κδ; 33 νε] με; 35 μη] νη;
36 να] νδ; 38 ιε] ιβ, μζ] λζ; 39 λδ] μδ; 41 λς] λε; 42 κβ] -β
in ras. 7, κδ G; νγ] μγ; 44 νϑ] κϑ; p. **232**, 5 ρνβ] ρμβ (corr.
7); 6 μς] post ras. 7, σμς G; η] post ras. 7, ιη G; 8 κα (alt.)]
κϑ; 11 τμα] τμδ; να] νδ; 14 σλ] σδ; μγ] μϑ; 17 ριϑ͞ σιϑ; μη]
νη; 18 ς] κς, μγ] ιγ; 21 μδ] με; 22 νε] ϛε; 23 σνη] σν; 24 α]
λ; 25 λδ (alt.)] λα; 28 α] λβ G, β post ras. 7; 29 ιε] ιβ; 30 να]
μα; 31 νδ] μβ (corr. 7); 32 τια] πα; 33 α] δ; 34 ι] ιδ; 35 νς]
νγ; 37 ια] ιβ; 38 ξδ] ξα; 42 νγ] νε, β] ιβ; 43 τνϑ] τνς, λδ] λ;
44 ϑ] 8; 46 σμϑ] σμβ; 47 νγ] ιη, μη] νη; 48 κζ] ν; p. **234**, 3
ρξα] -α e corr. 7, ρξδ G; 5 ν] e corr. 7, η G; νγ] νβ; 8 να (alt.)]
-α in ras. 7, νδ G; 11 σπα] -πα e corr. 7, σνδ G; 12 με] -ε e
corr. 7, μη G; 14 λ] δ; 16 ρνζ] -ζ e corr. 7, ρνς G; 24 μϑ] νϑ;
25 κϑ] κε; 28 με] νε, η] ζ; 29 νϑ] νε; 30 μϑ] νϑ; 39 λϑ] λα;
40 λδ] λα; 41 νβ] νϑ; 42 ιγ] λγ (corr. 7); 44 λβ] μβ; 45 μα] λα;
p. **236**, 7 νβ] η; 10 μς (pr.)] μγ (corr. 7), κς] κγ; 11 ρμα] -α
in ras. 7, ρμδ G; 12 δ] λ; 14 μα] μδ, κγ] κς, ιη] κη; 19 ν] in
ras. 7, η G; 20 ιζ] ιϑ, κη] ιη; 23 μζ] μδ; 27 ιη] ιβ, λβ] λ- in
ras. 7, νβ G; 28 με] μα, α] λ; 30 νε] ν- in ras 7, με G; 39 ιβ
(alt.)] ιε; 41 ιη] κ, 42 λς] κς, να] νδ; 43 κδ] κσ; in coll.
10—14 lin. 43—45 uno loco sinistriores G, in ras. 7; p. 232
col. 4 lin. 32—44 errore in G eosdem numeros praebent, quos
columna praecedens, in ras. 7; p. 230 titulus est μηνῶν Διὸς
κανόνιον GH, μηνῶν κανόνιον Διός 7, lin 15 add. ἡμερῶν
κανόνιον; p. 232, 4 post μήκους μοῖραι add. ͞ονς ύβ (alt. μοῖραι
om. 7); p. 234 titulus est ἁπλῶν Ἄρεως ἐτῶν G, ἁπλῶν ἐτῶν
κανόνιον Ἄρεως 7, lin. 2 ἁπλᾶ om. 7, G; lin. 21 ὡρῶν τῶν
ἀπὸ μεσημβρίας G, μήκους φ ἀπὸ μεσημβρίας ἀνωμαλίας 7;
p. 236 titulus est μηνῶν Ἄρεως κανόνιον G, μηνῶν κανόνιον
Ἄρεως 7. bonas scripturas cum G solo habet cod. 7 p. 230,
3, 14 (sed 44 λη): 232, 7, 8, 29 sqq., cfr. praeterea p. 238, 44
μγ (-γ in ras.) 7; 246, 6 λδ 7; p. 246, 6 α (alt.)] δ 7, ͞+; p. 242,

i*

34; 244, 18, 47; 246, 4 = G. discrepantias has tantum notaui:
p. 230, 31 *να*] 7, *λα* G; 232, 9 *λγ*] 7, *λϛ* G; 15 *ϱϚη*] 7, *ϱϚβ* G;
35 *φνη*] 7, *φμη* G; 44 *ϑ*] G, *δ* 7; p. 234, 4 *νι*] 7, *κε* G; *λ*] 7,
λε G; 11 *οϛ*] 7, *ϱϛ* G; 24 *ϛ*] *ξ* G, *νξ* 7; 27 *νγ*] G, *νη* 7; p. 236,
3 *κϛ*] 7, *πϛ* G; 5 *μξ*] G, *μϛ* 7, -*ϛ* in ras.; 10 *νβ*] G, *νγ* 7; 14 *ε*]
G, *ι* 7; 42 *η* (pr.)] 7, *ν* G; p. 248, 29 *α*] 7, *λ* ? G.
quoniam pars extrema codicis G auulsa est, ad hunc defectum supplendum iam omnes scripturas codicum 7 et H inde
a I² p. 589, 6 adferam.
p. **589, 7** *ὡς*] om. 7, H; 8 *ἐάν*] *εἰ* 7, H; *δέ*] *δ'* 7, H; 9 *τοῦ*]
om. H; 10 *μέν*] *δ'* 7, om. H; 12 *τούτων*] om. 7, H; 15 *ϛ'*] *ἕκτον*
7, H; ¹) p. **590, 1** *ζ'*] om. H; 9 *διαστάσεις κύκλου* 7, H; 11 *τῶν*] om. 7,
H; 12 *παρά*] *περί* 7, H; 14 *ἔγκλισις* 7, H; *δ'*] *δέ* 7, H; 17 *διὰ*
μέσων] bis 7 in extr. pag.; 20 *καί*] om. H; 22 *γράψομεν* H;
p. **591, 4** *βορειότερον* 7, H; *ῇ*] *ἢ* H, *ἡ* 7; 5 *νοτιώτερον* 7, H;
6 *H*] *ῑ* H; 7 *τήν*] *τὴν δέ* H; 8 *ἴσον* H; 11 *ἐποχῶν* 7 et corr.
ex *ἀποχῶν* in scrib. H; *καταλλάμψεις* H; p. **592, 1** *τά* (alt.] om.
7, H; 3 *τουτέστι* 7, H; 5 *δηλονότι*] *εἶναι δηλονότι* 7; 6 *κἄν*] *καὶ*
7, H; *ῇ*] *ἦν* 7, H; 7 *δ'*] *δέ* 7, H; 9 *καί*] om. 7, H; 11 *ἐλάσσων*
7, H; 12 *αὐξανομένης* 7, H; *καί*] om. 7, H; *προυπαρχθῇ* 7, H;
13 *τό*] *τε* 7, H; 15 *βορειότερον* 7, H; *νοτιώτερον* 7, H; *πρώτως*]
corr. ex *πρῶτος* H; 22 *καθόλου*] *καθόλου ἐφ' ἑκάστῃ* 7 et comp. H;
p. **593, 1** *ἀδιαστακτότερον* H; 4 *ἀέρων*] *ἀστέρων* 7, H; 5 *δή*] om. H;
9 *μοίρας*] om. 7; 10 *Ἄρεος* 7, comp. H; 11 *ἑσπέριος* (utrumque)]
ἑσπερ' 7, *ἑσπέρας* H; *τοῦ*] *τοῦ τοῦ* 7, H; 14 *δι' οἷς ὄντος* 7;
15 *γε*] om. 7, H; 16 *ἀδιαφόρων*] *ἀμφοτέρων* 7; 19 *καί*] om. 7, H;
21 *Ἄρεος* 7, comp. H²); 22 *ἐπὶ τῶν*] bis H; p. **594, 2** *τοῦτο* 7,
H; 3 *γεγόνασι* H¹); 20 *τῶν ἐπικύκλων* 7, H; 21 *καθ' ὅσην*] *καθὼς*
ἦν 7, H; *τοῦ*] *τὴν τοῦ* 7, H; 22 *μή*] *τήν* H; *δωδεκατημοριαίαν*
H; p. **595, 3** *ὁ*] supra scr. H; 4 *βορειότερον* 7, H; 6 *λόγος*]
corr. ex *λόγον* in scrib. H³); *τῶν*] *τοῦ* 7; 7 *ἔγγιστα δέκα ἔσται*
ἐξηκοστῶν 7, H; 8 *τοῦ τοῦ*] *τοῦ* 7; 9 *ὡς*] om. 7; 11 *δ'*] om. 7, H;
ὥστ' ἐπεί] *ὥστε* 7, H; 12 *ΔB*] *ΒΔ* 7, H; 15 *τοῦ τοῦ* (alt.)] *τοῦ*
H; 16 *ῑ*] *μ ῑ* 7, H; 19 *καί*] om. 7, H; 20 *τοῦ*] *τό* 7, H; p. **596, 2**
*ιη̅ — 3 *μοίρας*] om. 7, H; *ἐπεῖχεν*] om. 7, H; 6 *ἀστέρων ἐπεῖχεν* 7,
H; 9 *αὐ*ᵗ 7, *αὐτό* H; 12 *δέ*] *δὲ τοῦ* 7, H; 13 *τοιοῦτον* H⁴);

---

1) Similia posthac non notabo.
2) Sic etiam in sequentibus; sed p. 605, 7 *Ἄρεως* 7.
3) Sic etiam lin. 12.
4) Quae de H iam in adparatu notaui, posthac omittam.

17 Γ⁶] Γ 7, τρίτῳ H; οἴων 7, H; 20 Γ⁶] Γ̅ 7, Γ₀ H (ut solent);
22 ∠ʹ δʹ] ἡμίσους καὶ τετάρτου 7, H; 23 ἡ] ἡ μέν 7, H; ἑκάτερος]
τὸ ἑκάτερον 7, H; p. 597, 1 ΔΕΚ 7, H; δέ] δὲ τοῦ 7, H; ἔγγιστα — 3 λόγος] in ras. H; 2 ὥστε 7; 4 δέ 7, H; λόγος τούτῳ
H; 5 τῶν] ὁ τῶν 7, H; 7 πηλικότητας 7; 8 προὔκειτο H; 11
φάσεις] φάσεις καὶ κρύψεις 7, H; 15 τοῦ τοῦ] τοῦ 7, H; p. 598, 4
ἡ] postea ins. H; 8 βορειότερον 7 ¹); 10 ὑπό] om. 7, H; 14 ΒΔ
7, H; p. 599, 4 ἀφέστηκεν 7, H; 8 δέ 7, H; 9 ἡ ὑπ̣τείνουσα]
ἡστὶν lac. 2 litt. τείνουσα 7; 13 δʹ 7, H; 18 ΚΔ H (c̅r̅. D); 20
: ∼ πεῖχεν 7; p. 600, 7 ὡς] ὁ 7, om. H· ἀνωμαλίας] ἑῴας ἀνατολῆς 7, ἑῴας ἀνωμαλίας H; 9 μοιρῶν ᾱδ 7, μ͞ ᾱδʹ H; 10 δύο 7, H;
11 ὁ] om. H; 23 οἴων δʹ] οἴῳ δʹ H; 24 τῶν] om. 7, H; p. 601, 5
παρὰ τό] κατά 7, H; ΔΔ 7, H; 6 ἀφεστήκει 7, H; 7 ι̅η̅] ι̅ε̅ H;
11 μοίρας 7, H; 14 ρ̅ν̅δ̅] -ν- in ras. H; οἴων] οἴων μέν 7, H;
15 ἡ μέν] ὁ μέν H; 16 ἐλάττων 7, H; 17 τοῖς] corr. ϵx τῆς in
scrib. 7; 18 ἐκτεθειμένης H; 21 ἀφεστήκει 7, H; p. 602, 2 τάς]
om. 7, H; ἄρα] ἄρʹαʹ 7; 8 τοῦ τοῦ] τοῦ 7, H; συμβαίνοντα]
-μ- e corr. H; p. 603, 1 ΔΒ 7, H; 5 γ̅] τῶν τριῶν 7, τριῶν H;
6 ΛΕ] ΛΘ 7, H; 7 τοσαύταις ἀποτεῖναι 7, H; δεῖ] διά 7, H;
10 ἐν] μὲν ἐν 7, H; ὤν] ὄν 7; 18 ϛʹ] ἕκτῳ 7, H̅ H; 20 λϑ̅] χϑ
7; 21 τοιούτων] τῶν αὐτῶν 7, H; 22 ι̅ϛ̅] λ̅ϛ̅ H; p. 604, 5 τε]
om. 7, H; καί] κατά H; τὰς ἐκκειμένας ὑποθέσεις 7, H; 6 ϑʹ]
om. H; Ἔφοδοι 7, φοδοι H; 13 κατὰ πλάτος] om. 7; 14 ΚΕ]
ΚΗ 7; ΕΛ] ΘΛ 7; 15 ἡ ΔΚ] ἡ ante lac. 2 litt. 7, lac. 3 litt. H;
ῆ ἡ ΔΛ] κ̅η̅ λ̅δ̅ 7, H; 16 καί] om. H; 18 καθ᾽ ἕκαστϵν] om. 7;
19 ταῖς φαινομέναις 7, H (-αις periit); p. 605, 2 διάστασιν 7;
7 σελιδίων τριῶν 7, σελιδίοις τρισί H; 9 ἀνατολῶν] om. 7, H;
12 σελιδίοις 7, H; p. 606, 1 ιʹ] om. 7 ²); 4 δωδεκατημορίων ἀρχαί
7; 9 ιβ] corr. ex ιδ in scrib. 7; 10 ιβ] ια 7; 11 νγ (pr.)] λγ 7;
p. 607, 19 δωδεκατημορίων ἀρχαί 7, ἑσπερίας (pr.)] ἑῴας 7;
25 ιϑ] κϑ 7; 27 Χηλῶν] Ζυγοῦ 7 (= K); 31 ο] Γ 7; p. 608, 8
ὑπομνηματισμοῦ H. uterque cum D consentit in erroribus p. 589,

---

1) P. 596, 16 βορειότερον comp. dubio 7.
2) P. 606, 4—5 et p. 607, 19—20 om. H, hab. 7, qui columnas sic numerat α — β — γ — β — γ — β — γ (p. 607) α — β — γ
— δ — ε — β — γ — δ — ε. titulum p. 606, 1—2 hab. 7, p. 607 columnas Veneris et Mercurii dirimit. p. 608, 1 habet. in ꓯne operis
add. τέλος καὶ τοῦ ι̅γ̅ᵇ βιβλίου Πτολεμαίου. | Κλαυδίου Πτολε-
μαίου μαθηματικῆς συντάξεως τέλος.

9; 590, 18, 22; 591, 1, 7 (ἕξομεν πάλιν), 8 (om.), 9 (πρῶτος),
12 (om.); 592, 5 (ἐλασσόνων), 13, 16 (κρυβήσεται Η, κριβήσεται 7),
17; 593, 12; 594, 8, 13, 19; 595, 19; 596, 10 (φαίνονται 7, Η,
corr. in scrib. 7); 597, 13; 598, 9, 13, 14; 599, 1 (δέ), 2 (λόγος
ἐστίν 7, τά), 4, 20 (δὲ καί); 601, 3, 16, 17; 602, 7, 16; 603, 4, 14
(om.), 18; 604, 2, 14 (ἢ ἡ (pr.)] καί, ἢ ἡ (alt.)] καὶ ἡ 7); 605, 10
(δέ); 606, 6 (α] λ 7 et Η, non α), 7; 608, 6 (p. 590, 20 καί] 7,
om. Η; 596, 19 δ'] Η, δέ 7; 604, 1 πρώτως] corr. ex πρώτων
in scrib. Η, πρῶτος 7; 608, 8 ὑπέβαλεν 7; sed p. 592, 9 γίνεται
7, Η contra D). praeterea cod. 7 cum Η concordat p. 594, 5;
597, 16; 598, 6; 599, 16, 18; 603, 6 (sed 18 τῶν hab. 7); 604, 7,
12 (sed 11 δὲ τοῦτο 7); 606, 6, 7, 9 (in omnibus scripturis, etiam
ueris, et ubi D adest), 10, 12, 13, 14, 15, 16 (nullam ras. 7), 17
(nullam ras. 7; κϑ hab., non ιϑ, et μϑ); 607, 21 (νη hab., non
νε), 22, 23, 24 (η, non ιη), 25 (ις periit), 26 (νϑ, non μϑ), 27
28, 29, 30, 31, 32 ¹); 608, 9.

itaque harum quoque scripturarum conspectus confirmat,
codices 7 et Η coniunctissimos esse, neutrum autem ex altero
descriptum.

Ambr. E   ad hanc classem pertinet etiam cod. 1. nam praeterquam
132 sup.   quod scripturas codicum GD praebet I¹ p. 197, 12 διαμαρτηθείη:
200, 11 ἐγγύς; 202, 2 δ' ἐστιν ἐλάσσων, 3 γε; 206, 19 τοῖς om.:
207, 6 ἔκ τε; 208, 11 ἡμερῶν τξε; 209, 7 λαβόντες, 10 μηνιαῖον
μέσον κίνημα; 221, 6 ἐλάσσονα; 225, 5 ἅπερ, 22 καὶ διαστήματι:
227, 2 τὴν μέν; 229, 6 ἡ (alt.) om., cum G conspirat I¹ p. 197,
13 ἀκριβουμένων τῶν ὀργάνων (τῶν del.); 200, 9 δόξῃ; 201, 16
ἤ om.; 202, 10 ἡ τοιαύτη ἔγγιστα ἀκριβῶς, 15 τῶν αὐτῶν τῶν:
203, 1 δύνηται; 205, 1 ἔτη ὁμοίως, ἔτει ἀπό: 207, 10 καὶ ἔτι
τέταρτον; 222, 20 ΖΚΔ γωνία τῆς; 223, 11 αὐτῇ: ὥστε ἡ ὑπὸ
τῶν ΑΕΒ γωνία τῆς ὑπὸ τῶν ΒΕΓ ὑπερέχει δυσὶ ταῖς ὑπὸ
ΕΒΖ; 224, 2 ὑπό (alt.) om.; 225, 3 ὥστε καί; 226, 10 ΖΒ, 13
ΖΒ; 227, 6 γίνοιντ' ἄν; 228, 3 τε om., et in parte priore I¹
p. 15, 24 πρός] ἐπί; 18, 4 τινων μέρη, 13 οὖσαν; 19, 11 πρὸς τόν]
καὶ πρὸς τόν, 24 πρός] καὶ πρός; 20, 8 τε om., quibus sex locis
cum G ab H dissentit. itaque cod. 1 ab H non pendet (nec
menda eius propria habet I¹ p. 225, 5 ἡ δὲ ΖΗ ἐλάσσων Η, 18
ὁμοκέντρῳ om.; 226, 11 τοῦ ΒΔ- om.; 227, 11 αὐτοῦ, 18 τε om.;
228, 18 γεγράφϑω μὲν γὰρ ὡς ἔφαμεν μείζων); neque uero cum

_____

1) Hic errore codici H scripturam κδ pro λη tribui; habet
λδ ut 7.

cod. 7 ulla necessitudo intercedere potest (quamquam hic quoque
I¹ p. 20, 8 τε omisit), quia cod. 7 initio codicem G omnino non
sequitur. sed ne ex ipso G quidem descriptus est. nam plurimis locis correctiones codicis G non adgnoscit, ut I¹ p. 16, 5 καί
⟨pr.⟩] om. 1, postea add. G; 16, 15 αὐτῶν] om. 1, postea add. G;
17, 4 ἤτοι] ἤ 1 et G, postea corr. G¹); 200, 14 ἰσημερινῶν 1 et
G, -ν- eras. G; 200, 18 ἔνεστιν] ἔστιν 1 et G, corr. G; 201, 1
ἐκκειμένας] ἐγκειμένας 1 et G, corr. G; 201, 13 πρός] μὴ πρός
1 et G, μή del. G; 201, 20 ἀποδεικνύειν] δεικνύειν 1 et G,
corr. G; 202, 21 δέ] e corr. G, δή 1; 204, 13 ἡμέρας] -α- in ras.
G, ἡμέραις 1; πάσας] seq. ras. 6 litt. G, πάσας ἡμέρας 1; 206,
10 νξγ΄] seq. ras. 5 litt. G, νξγ΄ ἔτους 1; 207, 12 μέν] om. 1,
supra scr. G; 208, 2 ἐπί] om. 1, supra scr. G; 208, 11 τῶν] om. 1,
supra scr. G; 208, 22 μάλιστα] seq. ras. 2 litt. G, μάλιστα μέν
1; 208, 24 τάς] om. 1, supra scr. G; 209, 18 ἐτάξαμεν] τάξομεν
1 et G, corr. G; 217, 14 περιγειότατον] post ras , περι- in ras.
G, τὸ ἐπιγειότατον 1; 222, 4 ἀνωμάλου] 1, κινήσεως postea add.
G; 225, 1 ΔΗΘ] 1, -Θ eras. G; 225, 22 τῷ ΔΘ] ταῖς ΔΘ 1,
τῇ ΔΘ G postea add. τῷ ἴσῳ; 227, 16 γενήσεται] ποιήσομεν 1
et corr. in συμβή(σεται) G.

crederis, codicem 1 ex G nondum correcto descriptum
esse. sed hoc per se parum ueri simile est, cum constet.
plerasque correctiones statim uel paullo post, multo ante
saeculum XV, quo scriptus est cod. 1, ab ipso librario codicis
G esse factas; et obstant ii loci, ubi G solus mendum habet,
ut I¹ p. 13, 22 ἐπιβολήν] 1, H, ἐπιμονήν G; 14, 7 πάντα] 1, H,
πάντων G; 14, 8 σχημάτων] 1, H, σωμάτων G; 202. 6 μακροτέ-
ρου] 1, H, μακρ^{οῦ} τουτ' G; I² p. 251, 17 πάλιν συμπτώματος] 1, 7, H,
συμπτώματος πάλιν G; 252, 23 τῷ] 1, 7, H, om. G; 253, 19 ἧς]
1, 7, H, om. G; 255, 8 περιόδῳ] 1, 7, H, παρόδῳ G; cfr. I¹ p 14, 1
καὶ ὁμοιομερέστερος] G, om. 1 et H (hic igitur ipse librarius
codicis G correctionem aliunde petiuit, nisi haec uerba casu in
ceteris exciderunt). cogimur igitur exemplar statuere a codd. 7
et H usurpatum, unde et G statim et postea cod. 1 descripti
sint. quod exemplar, in scholis Johannis Pediasimi ortum
tractatumque, post G inde descriptum, sed antequam librario

---

1) Ex his locis adparet, archetypum codicis 1 non esse codicem 14; is enim hic codicem G correctum sequitur; cfr. I¹ p. 200, 15
μή (pr.)] 1, G, μὴ ὡς 14. nullius momenti est I¹ p. 19, 2 γῆς] G,
γῆν 1, 14; nam etiam p. 19, 4 γῆν habet cod. 1 (γῆς 14 et G).

codicis 1 seruiit, correctum erat, u. I¹ p. 284¹, 17 ϱϛβ; ², 7 ϱμϛ; 285², 34 λϛ (u. supra p. CXXIX, cfr. I² p. 251, 3 δυναμένου συμβαίνειν; 250, 6 διά); codd. HG non sequitur I¹ p. 222, 19; 225, 2; 226, 15; 227, 21; 228, 7 nec p. 284¹, 4, 5; 285¹, 41, 42, 43, ubi H cum G correcto consentit (u. p. CXXIX), sed p. 284¹, 23 νϑ habet cum G correcto et H (μϑ G¹ et 7); p. 286², 22 ἐπουσία om. (κίνησις 7 et G). codicem 1 et G ex eodem archetypo fluxisse, hi quoque loci confirmant: I¹ p. 16, 1 πρός] ἐπί G, 14, περί 1 (ex $\overset{\pi}{\epsilon}$); 19, 17 προχωρεῖν] προχωρῆσαι G, 14, παραχωρῆσαι 1; 204, 8 νξγ'] νξγ' ἔτος 1, νξγ' ἔτη G. proprios errores habet cod. 1 praeter alios I¹ p. 11, 8 ἐπί] ὡς ἐπί, 20 τῶν μεγεϑῶν μειουμένων; 12, 9 οὕτως] παντελῶς, 15 οὐδέποτε τούτων οὐδέν; 200, 12 αὐτοῖς, 15 ἀκριβῶς ἢ μὴ ἀληϑῶς; 201, 1 μηδαμῇ, 24 τῆς] τοῖς; 202, 14 τῶν] om.; 223, 4 δ'ὅτι] διότι; 227, 20 ἀπό] om.

itaque huius classis hoc fere stemma haud improbabiliter effectum est:

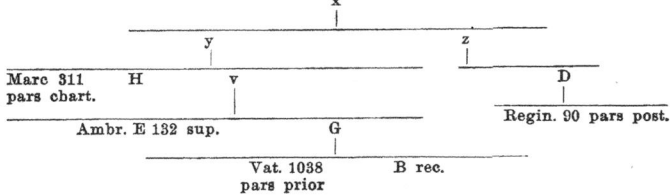

```
                              x
                              |
            y                              z
            |                              |
Marc 311    H       v                              D
pars chart.         |                              |
                    |                     Regin. 90 pars post.
         Ambr. E 132 sup.      G
                              |
                    Vat. 1038      B rec.
                    pars prior
```

et quo modo memoria Syntaxeos ab archetypo propagata sit, ita in conspectu ponere possumus:

archetypus

Exemplar, in quo orti erant errores codicum A B C communes	recensio Alexandrina iam c. ann. 300 interpolata
A exemplar, in quo orti erant errores codicum B C, prolegomenis ex Theone aliisque excerptis instructum c. ann. 500')	duo exemplaria in scholis Alexandrinis uarie interpolata
B C	G eiusque D adfines.

1) In eo nonnulli errores, in numeris maxime, correcti erant, u. p. XXXIV; quae B C soli recte habent, praeter numeros, ubi uerum computando inuentum esse potest, tam pauca et leuia, ut casui tribui possint praeter I¹ p. 192, 16. exemplar in schola Neoplatonica seruabatur.

de archetypo illo a Ptolemaei aetate satis propinquo haec
pro certo adfirmare licet.

errores habuit et paucos et leues, plerumque haplographias
nullius momenti, ut τοῦ pro τοῦ τοῦ, I¹ p. 436, 6; I² p. 206, 20, 21:
345, 22; 347, 5; 353, 1; 358, 9, 14; 359, 4, 10; 360, 1; 361, 4;
392, 7; 414, 1; 425, 3; 449, 5, 6, 7, 9; 464, 4; 473, 15; 478, 11;
488, 1; 514, 7; 595, 8 (hic corr. H; neque enim dubitari potest,
quin semper τοῦ τοῦ Διός et similia restituenda sint, quoniam
semper legitur ὁ τοῦ Διός, τοῦ δὲ τοῦ Διός et similia nec
usquam τῆς Ἀφροδίτης pro τοῦ τῆς Ἀφροδίτης excepto I² p. 483, 4;
alia res est I² p. 596, 21, 22, 24, 25; 597, 1, 2, 7, 8, 11, 12;
605, 6, ubi omnino omittitur articulus), cfr. I¹ p. 31, 12; 193, 7;
267, 14?; 507, 11; I² p. 203, 14; 218, 11; 467. 7 (I¹ p. 65, 11
in cod. 7 correctum, corrigendum p. 404, 20). G medelam
haud paucis locis adtulit, quos collegi p. CXI sq. incerta sunt
haec: I¹ p. 96, 22, ubi anacoluthia ferenda esse uidetur (uoluit
λοιπὴ δὲ ἡ ΕΘ, sed deinde constructionem mutauit lin. 23),
p. 229, 6, ubi fortasse D sequendus erat, quamquam ei non adcedunt G Marc. 311 (alt. ἡ lin. 6 om. G, αἱ 311, ἡ lin. 7 habet
uterque), I² p. 77, 4; 200, 6; 214, 6; 399, 10, ubi scriptura tra-
dita fortasse seruari potest¹), I² p. 115, 18, ubi discrepant A B C
(κγ) et D (κη) et G (κε), cuius discrepantiae origo ex scriptura κϛ facile explicatur, nisi retinendum κε cum G, quod
proxime ad ueram longitudinem (25° 29ᵐ) adcedit, p. 155, 13,
ubi scriptura codicis G (δ pro λ) fortuito tantum errore deprauata est, p. 529, 17; 554, 5; 588, 3; 604, 11, ubi propter
dissensionem codicum de errore archetypi dubitandum est.
aliquanto frequentiores, ut ipse Ptolemaeus praeuiderat fore
(I¹ p. 47, 13 sqq.), in numeris errores sunt, u. I¹ p. 63, 31 (μα
Marc. 311 et e corr. G); 177, 8 (λ Marc. 311, G), 9, 28 (μϛ G);
178, 16; 179, 15 (λε corr. in λθ Marc. 311); 284¹, 23 (μθ Marc. 311
et corr. in νθ G); ², 24 (α G), 46 (γ G); 292², 23 (ιϛ e corr. G,
λγ in ras. Marc. 311); 320, 3; I² p. 51, 7, 8; 55, 10, 17; 77, 5;
97, 3; 127, 4, 19; 153, 17 numeri non diducti similiaque; 73, 4;
224, 29; 376, 24; 425, 9, 14; 472, 5, quibus locis addendi sunt
ii, quibus error postea correctus est, I² p. 220, 49; 222, 25, 40;
226, 48; 228, 7, 11; 230, 44; 232, 28; 238, 44; 244, 22; 440, 12;
490, 14 (dubium est p. 246, 6 propter G. p. 476, 19 propter D),
et fortasse ii quoque, ubi G solus uerum praebet, I² p. 220, 42;

---

1) Scriptura codicum I¹ p. 35, 18 a Theone p. 44 confirmatur.

224, 11, 39; 226, 28, 43; 440, 12, quoniam errorem computandi de suo correxisse uidetur. I² p. 491, 4; 546, 6 error ad Ptolemaeum ipsum redire uidetur. aliquanto grauiora menda sunt I¹ p. 321, 14 (de G u. p. CXIV); 413, 7; I² p. 198, 15—18. compendiorum usum in stellarum catalogo demonstrant errores communes I² p. 86, 2; 112, 13; 122, 15; 166, 17, et alibi quoque terminationes confusae eandem originem prodere uidentur, uelut I¹ p. 312, 12; I² p. 173, 9; 259, 4; 471, 19; 474, 16; 476, 9; 477, 18; 508, 13?[1]) eadem de causa etiam ὑδρήχοος irrepsit pro ὑδρόχοος I² p. 414, 11, 15, 17; 415, 3, quod I¹ p. 124, 3 corrigere debueram. omnino constat, compendia astronomica, signorum, solis, lunae, planetarum, iam in archetypo fuisse, nec uideo, cur non ad Ptolemaeum ipsum referri possint.

eodem pertinet μ̇ = μοῖρα, quod interdum incertum est quo modo legendum sit, praesertim cum Ptolemaeus sibi non constet.[2])

in numeris archetypus sine dubio formas in papyris obuias (Wilcken, Observationes ad hist. Aegypti prov. Romanae, Berol. 1885, p. 51) habuit, quarum tum in hoc tum in illo codice uestigia seruata sunt, in myriadibus Ṁ similia I¹ p. 270, 13; 271, 2; 279, 1; 312, 3, 8, 10 cet., cfr. I¹ p. 278, 14, in millibus α̇ I¹ p. 508, 16, α/ I² p. 168, 18, Ⰹ I¹ p. 508, 4, 15; 510, 14; I² p. 478, 20; 480, 14; 492, 1, Γ̇ I¹ p. 510, 9; 511, 8; I² p. 330, 19; 364, 9; 365, 22; 366, 4, 5; 398, 2, 7; 466, 1, 5; 468, 19; 469, 3; 472, 2, 3; 474, 3; 475, 21, cfr. I¹ p. 312, 8; 338, 20; I² p. 216, 3; Ϩ I¹ p. 511, 3, cfr. I² p. 334, 14; I¹ p. 271, 4; ζ̇ I¹ p. 525, 22; pro ♋ fuit ↗ I¹ p. 272, 20; 321, 17; I² p. 468, 19; 469, 3; 480, 15;

---

1) De ἐπί I² p. 540, 5 dubito, sed ita legit Theo, si fides est editioni Basil. p. 423.

2) Uelut προηγεῖσθαι cum accusatiuo iungitur I² p. 296, 18; 298, 14; 306, 19; 341, 24; 345, 6; 420, 20, cum datiuo I¹ p. 486, 22; I² p. 299, 17; 309, 17; 408, 18, et in ἐλλείπειν eadem est uariatio I² p. 319, 5 — I¹ p. 365, 1; I² p. 576, 2 (cfr. λείπειν I¹ p. 205, 8; 206, 18?); μ̇ igitur apud haec uerba et μοῖρας et μοίραις legi potest (cfr. παραχωρεῖν cum datiuo I² p. 16, 9; ὑπολείπεσθαι cum accusatiuo I² p. 297, 24; 343, 13; 460, 11; 461, 21). I¹ p. 462, 17 uellem scripsissem μυῖραν (cfr. I¹ p. 263, 19) coll. I¹ p. 42, 18; 494, 4; 496, 8; I² p. 339, 16.

ꝗ in D cum Γ et ι confunditur I¹ p. 374, 18; 376, 16; 500, 13:
501, 20. o scribitur ὅ I² p. 119, 18: 216 11; 374, 24 (cfr. I¹
p. 183, 7; I² p. 154, 2 et γ I² p. 338, 9, 12; 403, 18), quod compendium est uocabuli οὐδείς (hoc omnibus litteris scriptum
est I² p. 560, 19 et in D I¹ p. 237, 15, cfr. I¹ p. 174, 21; 314, 11;
416, 5), uulgo autem minus clare scribitur ὁ̄ uel ὑ (.¹ p. 41, 3:
414, 9 al., cfr. I² p. 370, 13, 14; 382, 19), in quibusdam etiam ὅ̄
uel ὁ̄ (I¹ p. 45, 20; 131, 7; 399, 9; 400, 10; 412, 16). in fractioni-
bus notum compendium L′ (semis) uarie figuratur: 9 C et sim.
(cfr. supra p. I.XXXVII); pro ²/₃ sine dubio in archetypo semper
fuit Γ̓ , quod raro seruatum est (J¹ p. 109, 15; 270, 7; 362, 5:
I² p. 79, 18, 19; 87, 2), saepius scribitur ⍁ (I¹ p. 346, 16; 362, 15;
363, 12; 365, 2, 7; 369, 10, 16; 421, 8; 480, 6; I² p. 47, 18; 49, 13;
51, 7; 55, 5; 157, 13; 266, 16, cfr. I¹ p. 364, 21; 375, 15; I² p 21, 19),
plerumque tamen Γ̓, nisi grauius etiam deformatur uel corrumpitur, uelut in Î, ιβ, ς (cfr. I¹ p. 106, 1, 3; 111, 9: 112, 13, 18;
113, 10; 261, 23; 262, 3; 362, 6; 366, 2; 385, 2; 421, 14; 522, 44, 50;
I² p. 26, 19; 27, 21; 28, 2; 97, 11; 487, 21); ὠ D² I¹ p. 369, 10
et codices saec. XV, ut α (etiam uerbo scribitur uel δίτριτον I²
p. 261, 22 al. uel δίμοιρον I¹ p. 365, 2 al.). fortasse etiam fractiones, quae nunc in codicibus hoc modo feruntur: γ̄ ε′ (³/₅) I¹
p. 262, 9; 507, 7, in archetypo illa ratione scribebantur (ε′):
ita enim explicatur error codicis D I¹ p. 342, 15 ς̄, et γ̈ ε′
obscurius est, quia etiam legi potest 3¹/₅, ut I¹ p. 304, 16; 314, 23:
315, 5, 11; in B solo inueni γ̄ έέ I² p. 597, 2, 5 al. fractiones
formae consuetae ¹₃ ¹/₅ cet., ut sunt numeri ordinales, ita
etiam scribuntur, γ′ ε̇′ cet. (¹/₁₂ saepe est ι′β′, I¹ p. 524, 8:
532, 6; I² p. 414, 11; 415, 3 al.). ordinalium enim numerorum
ea est figura uel γ̄′ uel γ addito compendio terminationis
(I¹ p. 344, 6, 7; I² p. 393, 10, 13, 14; 410, 7, 11, 12, 15); ubi
perspicuum est, quo modo sit accipiendum, saepe legitur γ,
quod per se τρεῖς significat, non τρίτον. gradus quidem sic
semper significantur: μ̇ γ̄ sim., et in A etiam partes minutae
et secundae eodem modo scribuntur (γ̄ ιε ις cet.); nec dubito,
quin sic in archetypo fuerit, quia ceteri quoque codices hanc
formam interdum seruarunt, et quia recentior γ̄ ιε′ ις″ cet.,
quae in B frequentissima est, confusionis grauissimae causa
esse potest, ubi secundae non indicantur; ibi enim γ̄ δ′ et 3° 4′
et 3¹/₄° significare potest, u. uerbi causa I² p. 29, 7 et 21. notae,

quae in catalogo stellarum numeris magnitudinem significan-
tibus adduntur, $\acute{\epsilon}\lambda^{\prime}$ et $\overset{\epsilon}{\mu}$ (÷ et +), $\dot{\epsilon}\lambda\alpha\chi\iota\sigma\tau\sigma\nu$ et $\mu\epsilon\gamma\iota\sigma\tau\sigma\nu$ legen-
dae sunt (u. p. 97, 11, 12; 99, 18; 101, 12), quamquam $\dot{\epsilon}\lambda^{\prime}$ ($\dot{\epsilon}\lambda\alpha$)
hic illic a librariis pro $\dot{\epsilon}\lambda\dot{\alpha}\sigma\sigma\omega\nu$ accepta est (p. 41, 9; 101, 7;
105, 3); sed tum esset $\overset{\iota}{\mu}$, non $\overset{\epsilon}{\mu}$.

quaeritur deinde, quinam fuerit titulus operis in archetypo.
miror, Hultschium u. cl., quem honoris causa nomino, opina-
tum esse (Literarisches Centralbl. 1898 col. 1899, cfr. Berichte
d. philol.-hist. Classe d. Sächs. Gesellsch. d. Wiss. 1900 p. 182),
Ptolemaeum ipsum opus suum $\Sigma\acute{\nu}\nu\tau\alpha\xi\iota\nu$ inscripsisse; hoc enim
aeque absurdum fuisset, ac si quis uocabulum quod est opus
pro titulo poneret, ut apertissime ex usu ipsius Ptolemaei I^2
p. 206, 9; 524, 7; 608, 4 adparet; cfr. I^1 p. 265, 9; I^2 p. 2, 3
(nullius in hac re momenti sunt I^1 p. 87, 14; 608, 1). itaque
auctori operis necessario indicandum erat, cuius materiei com-
positio ea esset; et titulus $\mu\alpha\vartheta\eta\mu\alpha\tau\iota\kappa\dot{\eta}$ $\sigma\acute{\nu}\nu\tau\alpha\xi\iota\varsigma$ testes habet
et Ptolemaeum ipsum (Hypoth. p. 70, 3) et Theonem (Comment.
p. 1) et codices nostros ABC I^1 p. 3, 1 (4, 6); 189, 6; 263, 21;
348, 6, B solum I^1 p. 459, 5; 546, 20; I^2 p. 105, 21; 204, 14;
294, 17; 358, 17; 448, 9; 522, 16; 608, 10. sed testimonium
codicis B nihili est, quia dissensus codicis C demonstrat, communem archetypum cum ceteris conspirasse librariumque codicis B suo more (u. supra p. XXVII) in hac re constantiae causa
libere egisse. nec Ptolemaeum loco adlato proprie titulum
operis dare uoluisse pro certo adfirmari potest. et, si codices
nostros sequimur, multo maiorem auctoritatem habet titulus
$M\alpha\vartheta\eta\mu\alpha\tau\iota\kappa\acute{\alpha}$; sic enim ABCG I^1 p. 85, 19; 190, 15, ACDG I^1
p. 459, 5; I^2 p. 105, 21; 204, 15; 358, 17; 448, 9, CDG I^2 p. 294,
17, ADG I^2 p. 522, 16, AG I^2 p. 106, 2, CG I^1 p. 546, 20; I^2 p. 1, 1,
D I^1 p. 86, 1; 189, 6, DG I^1 p. 263, 21; 264, 1; 348, 6; I^2 p. 295, 1;
et confirmat Pappus Collect. III p. 1058, 13; 1106, 14. hinc ob
usum loquendi ipsius Ptolemaei, qui l. c. librum suum „opus
mathematicum" appellauit, titulus $\mu\alpha\vartheta\eta\mu\alpha\tau\iota\kappa\dot{\eta}$ $\sigma\acute{\nu}\nu\tau\alpha\xi\iota\varsigma$ ortus
est, qui deinde in sermone neglegentiore scholae Alexandrinae
detruncatus in $\Sigma\acute{\nu}\nu\tau\alpha\xi\iota\varsigma$ abiit; in nostris codicibus semel tantum
legitur (D I^1 p. 4, 6), sed usum scholae Alexandrinae testatur
Pappus Collect. II p. 558, 21 $\pi\acute{\epsilon}\mu\pi\tau\omega$ $\beta\iota\beta\lambda\acute{\iota}\omega$ $\Sigma\upsilon\nu\tau\acute{\alpha}\xi\epsilon\omega\varsigma$, ubi.
articulus omissus ostendit, $\Sigma\acute{\nu}\nu\tau\alpha\xi\iota\varsigma$ uocabulum in uerum titu-
lum abiisse. praeiuit Ptolemaeus ipse II p. 72, 7; 159, 8.

   puto igitur, Ptolemaeum ipsum singulis libris more anti-

quo subscripsisse Πτολεμαίου μαθηματικῶν α΄ cet.[1]) inqui-
rendum autem etiam de initio singulorum librorum, utrum indices capitum praemissi genuini sint an posteriores.

mihi quidem ob ipsam orationis formam ueri similius uidetur, eos non ab auctore profectos esse, sed a bibliopolis
commoditati lectorum consulentibus in parte exteriore uoluminum adfixos (cfr. Birt, Das antike Buchwesen p. 63).[2]) quod
si recte statui, mirum non est, indices illos cum titulis Ptolemaei non semper ad uerbum concordare; discrepantiae omnium
codicum testimonio confirmantur I[1] p. 86, 20—134, 1; 87, 10—174,
1; 190, 5—210, 1; 264, 8 sq.—282, 1; 349, 15—383, 12 (= Theo
p. 250; cfr. p. 265, 1—337, 1—2, quae om. D, paullo aliter
habet Theo p. 229); I[2] p. 205, 11—250, 2 (= Theo p. 378);
205, 18 — 274, 11 (= Theo p. 389); 206, 1 — 283, 1 — 2 (= Theo
p. 391); 359, 4 sq.—360, 1; 359, 6—382, 4; 359, 7—386, 13—14;
359, 9—391, 14—15; 359, 12—414, 1—2; 359, 13—419, 7—8;
359, 15—425, 3—4; 359, 19 sq.—436, 1; 449, 11—506, 1; 523,
19 — 604, 6.[3]) itaque, etiam si D contra reliquos indicem cum
titulo congruentem habet, non ideo statim ueram scripturam
praebere existimandus est, ut I[1] p. 190, 9 sq. — 240, 16 — 17
(D = p. 190, 9—10, sed Cabasilas Comm. in Synt. p. 171
= ABC); 190, 13 — 257, 11 (D p. 190, 13 = p. 257. 11). et
in titulis neglegenter agit D (om. I[1] p. 350, 1—2, p. 401, 1
add. D[2], p. 403, 1 uero a manu prima habet; p. 350, 8 om.,
p. 426, 1 D[2]; p. 354, 18—19; 394, 1—3; I[2] p. 426, 1—2; 427,
18—19 D[2]; om. I[2] p. 360, 1; 450, 1—2; 522, 1; 524, 4—5;

---

1) Cfr. I[1] p. 5, 5—7; 6, 20 sqq., ubi mathematicæ laudibus
efferuntur.

2) Ii quoque titulum Μαθηματικά confirmant; ita enim
omnes praeter B I[1] p. 348, 2 (om. D); 460, 2 (om. D); I[2] p. 1,'
2; 106, 2; 205, 2; 359, 2; 449, 2 et D I[1] p. 86, 2—3; 190, 2;
264, 2. his tribus locis ABC μαθηματικὴ σύνταξις, ut semper
B, etiam I[2] p. 295, 2, ubi AC desunt, DG μαθηματικά praebent; I[1] p. 3, 3 μαθηματικὴ σύνταξις AB, om. CD.

3) Cfr. I[1] p. 460, 6 — 466, 1; 468, 1; 470, 1; p. 460. 12—519,
1; 520, 1; 522, 1; p. 460, 6 et 12 om. D. I[1] p. 264, 20 ἐποχῆς
ABCD, p. 326, 18 ἐποχῆς D, ἐποχῶν ABC et Theo p. 226. I[2]
p. 522, 1 om. D, discrepat in AB ab p. 449, 14—15. I[2] p. 597,
11; 604, 7 solus H cum p. 523, 17, 20 congruit. nullius momenti est I[1] p. 264, 12—294, 3.

606, 1—2; p. 483, 4—5 in mg. habet, ut saepius), scripturaeque eius propriae hic quoque interpolationis speciem prae se ferunt[1]); I[1] p. 3, 6 = p. 10, 3; 3, 11 = 21, 7; 3, 12 = 26, 5; 3, 15 = 31, 7; 4, 3 = 76, 10 scriptura codicum ABC a Theone p. 5, 30, 35, 39, 70 confirmatur; I[1] p. 3, 10 οὐρανόν refellitur consensu omnium codicum p. 21, 3 et Theonis p. 29, item interpolatio p. 4, 5 per p. 82, 1 et Theonem p. 74, qui ne συναναφορῶν quidem confirmat, p. 253, 1 per p. 190, 11, p. 349, 12 per p. 380, 7, p. 444, 1 per p. 350, 12, I[2] p. 293, 22 (cfr. Theo p. 398) per p. 206, 3, p. 295, 4 per p. 296, 1 et Theonem p. 395; p. 295, 6 per p. 302, 19—20, p. 315, 11 per p. 295, 9, p. 604, 7 per p. 523, 20; ordo uerborum mutatus I[1] p. 324, 4—5 cum ABC congruit p. 264, 15, cfr. I[2] p. 206, 4; 274, 11; 414, 1—2. u. praeterea I[1] p. 3, 16—48, 1; 4, 4—80, 1 (cfr. Theo p. 73) et falsa scriptura γαλακτικοῦ I[2] p. 106, 5—170, 1 (cfr. p. 170, 4; 171, 1, sed recte p. 170, 8 al.) et omissio I[2] p. 542, 16 (contra p. 523, 10). multo rarius ceteri codices peccarunt, I[2] p. 205, 10 A contra p. 220, 2, ABC I[1] p. 544, 1—2 (cfr. p. 460, 16); I[2] p. 534, 8 contra p. 523, 8 (sed καὶ λοξώσεων om. etiam Theo p. 421), BC I[2] p. 283, 1 contra p. 206, 1 (sed τῆς διορθώσεως om. etiam Theo p. 391), I[1] p. 160, 1 contra p. 87, 7 (sed λοξόν Theo p. 121), I[2] p. 295, 5 contra p. 299, 4. quare neque I[2] p. 1, 4 (τηροῦσι D et Theo p. 353, sed p. 2, 2 συντηροῦσι(ν) D cum ABC) neque I[1] p. 472, 1 (πῶς D cum Theone p. 277 et Pappo teste Hultschio, Berichte der philol.-hist. Classe d. Sächs. Gesellsch. d. Wiss. 1900 p. 179; sed p. 460, 7 ὡς D cum ABC) ab ABC discedendum puto.[2])

---

1) Errores fortuitos omitto, ut I[1] p. 190, 6—8, 12; 265, 3; 349, 6; 460, 11, 13—14; I[2] p. 1, 4 sqq.; 449, 8.

2) Ne Theonem quidem moror a nostris codicibus dissentientem p. 225 (I[1] p. 264,18 μήκους — ἀνωμαλίας om.) et p. 355 (I[2] p. 16, 12—14). apud Pappum capitula libri V aliter diuisa esse monstrat Hultschius l. c. p. 175 sqq.; apud eum respondent nostris

1 —	2 =	1 — 2	11 — 12 =	9	
3 —	4 =	3	13 — 14 =	10 — 11	
5 —	6 =	4 — 5	15 — 16 =	12˙	
7 —	8 =	6	17 — 19 =	13.	
9 — 10 =		7 — 8			

in talibus rebus liberrime egerunt antiqui; u. Apollonii opp. II p. LXVII sqq.

Appendix.

Appendicis loco codices nonnullos recensebo, qui excerpta fragmentaue Syntaxeos continent aut ad Byzantincrum studia eius illustranda utiles sunt.[1])

codicis Laurentiani XXVIII 12 (de quo u. p. CⱢXVI) quaterniones μδ´ et με fol. 340—350 (fol. 351—3 uacant), quorum apographum a Gustavo Meyncke dr. phil. confectɪm beneuolentiae Hermanni Usener, summi uiri, debeo, haec capita Syntaxeos continent: II 9, III 8, 9 a p. 262, 10, ᵛ 9, 19 ad p. 448, 23, VI 4, 9 ad p. 524, 24, VI 10, 13. ex B pendet; eius enim errores proprios habet I¹ p. 445, 6; 471, 15; 523, 18; 528, 16; 531, 2 et cum B³ καιρικόν add. p. 142, 20.

cod. Laurent. XXVIII 21, membr. saec. XIV, ɔost Philoponum de astrolabio, Ammonium de usu astrolabii, opusculum, quod inscribitur ψηφηφορία κατ᾽ Ἰνδους ἡ λεγομένη μεγάλη (inc. εἴπωμεν δὲ καὶ περὶ τῶν ψήφων, des. οὐ τὴν πλευρὰν ἐξήτεις εὑρεῖν), Theonem in πρυχείρους κανόνας ad Epiphanium, capitula astronomica tabulasque, de quibus u. Bandinius II p. 40, continet fol. 154—82 Syntaxeos librum VI (Πτολεμαίου μαθηματικῶν ἕκτον), fol. 183—203 scholia in Syntaxeos libb. I, IV, III, VI (ἐκ τῶν εἰς τὴν Πτολεμαίου μαθηματικὴν σύνταξιν ἐπιστασιῶν, inc. ὅτι τότε ἀκριβὴς ἰσημερία, des. καὶ ἐπιφωσκούσης).

cod. Vaticanus gr. 318, chartac. saec. XV, de quo u. supra p. III, fol. 73—95 habet Syntaxeos VII, 1—4, ᵛIII, 2—4, fol. 73ʳ mg. πτο, post fol. 95 folium uacuum sine numero (ultimum quaternionis ιβ) et in eo uerso πτ $\overline{\overset{oϑ}{KΓ}}$´ (h. e. Ptolemaei 23 folia), deinde fol. 96—99ᵛ V 1 et 2 ad p. 360, 10.

cod. Vaticanus gr. 701, chartac. saec. XV, continet: fol. 1—32 litteris magnis antiquitatem adfectantibus Theologica quaedam ad finem mutila, fol. 33ʳ alia manu fragmentum theologicum, fol. 33ᵛ computationem cum figura, fol. 34—79 hac manu scholia in Syntaxeos libb. I—VI et XIII (fol. 72ʳ des. schol. in VI, fol. 72ᵛ uac., fol. 73 σχόλια εἴς τινα τοῦ ιγ βιβλίου τῆς συντάξεως), fol. 80 uac., fol. 81—86 Syntaxeos lib. IX 5—7 p. 267, 20 cum scholiis, fol. 87ʳ ἡλίου κύκλοι, fol. 87ᵛ—88ᵛ alia

---

1) De Syntaxeos apud Arabes et in Occidente fatis maior est quaestio, quam ut hic tractetur, ubi de Graeca tantum memoria agitur.

manu fragmentum geographicum, fol. 88ᵛ—90 manu priore figuras et tabulas astronomicas (fol. 90 κλείδιον ἀστρονομικόν). fol. 1ʳ mg. sup.: Thomas.

scholia eadem fere habet cod. Vatic. Palatinus gr. 226, chart. saec. XV, fol. 207—224 (in utroque inc. ὃ γὰρ ἂν εἰς πρᾶξιν, in cod. Palat. ad libb. I—III solos adsunt, des. καὶ τῆς Θ̄ ἐπὶ τοῦ μείζονος ἐκκέντρου, in Vat. 701 scholia ad III des. fol. 45ᵛ ὁμαλαί).

cod. Parisinus gr. 2489, chart. saec. XVI (Omont, Inventaire II p 268), in primo quaternione (fol. 1—7ʳ) habet Πτολεμαίου ἔκθεσις τῶν παραλλήλων ἰδιωμάτων = Synt. II 6. idem caput etiam in cod. Vatic. 1059 est fol. 188ᵛ—201: τοῦ αὐτοῦ Πτολεμαίου ἔκθεσις τῶν κατὰ παράλληλον ἰδιωμάτων, et in cod. Paris. suppl. gr. 138, chart. saec. XVI (Omont, Inventaire III p. 221).

cod. Parisinus gr. 2490, chart. saec. XV (Omont, Inventaire II p. 269), fol. 1—22ʳ habet: ἐκ τῆς συντάξεως Πτολεμαίου κεφαλ᾽εωδῶς εἰρημένων, inc. ὅτι σφαιροειδὴς ὁ οὐρανὸς καὶ σφαιροειδῶς φέρεται (= D I¹ p. 10, 3), des. ὡσαύτως μεγίστην ἀποκατάστασιν ἀπὸ τοῦ б̄. ex libb. VI et XIII nihil excerptum. idem excerptum habet cod. Berol. Phillipp. 1553 s. XVI f. 104—116ʳ, u. Codd. Phillippici Gr. p. 64 sq.

cod. Parisinus gr. 2419, chart. saec. XV (Omont, Inventaire II p. 256—7), praeter collectionem opusculorum astrologicorum magna ex parte etiam in cod. Paris. gr. 2180 obuiam, qui ab eodem librario Georgio Midiata scriptus est (Omont II p. 210—11), etiam fol. 169—77 catalogum stellarum habet et fol. 178—95 (non fol. 224) Synt. VIII 2, XI 9, XIII 9—10, I 1, alia.

cod. Parisinus suppl. gr. 651 chartac. (Omont, Inventaire III p. 289), collectus a Minoide Mena (fol. 1 Μήνας ὁ Μίνω), fol. 2—19ʳ saec. XIV habet: Κλαυδίου Πτολεμαίου ἐκ τῆς αὐτοῦ μεγάλης συντάξεως, scilicet f. 2—10ʳ excerpta ex Syntaxeos lib. I (inc. πάνυ καλῶς, des. χρειώδη εἰσίν), 10ʳ⁻ᵛ indicem capitulorum in lib. II, 10ᵛ—15ᵛ II 6 ¹), 15ᵛ I¹ p. 188, 1—15, indices ad libb. III—IV (des. κανονίων ἔκθεσις περιεχόντων τὰς ὁμαλὰς παρόδους τῆς σελήνης, καὶ ἐφεξῆς μέχρι ἑνδεκάτου κεφαλαίου περὶ τῶν τῆς σελήνης ὑποθέσεων διαλέγεται ὁ θαυμάσιος Πτολεμαῖος), f. 15ᵛ—16ʳ indicem ad lib. V, f. 16ᵛ—17ʳ V 15 (inc.

---

1) Aliquam cum cod. Paris. suppl. 138 necessitudinem ostendit, quod in utroque λη tantum particulae numerantur.

PROLEGOMENA CXLV

ἴδωμεν τοίνυν πηλίκον p. 422, 9), f. 17ʳ⁻ᵛ V 16, indicem ad
lib. VI, f. 18ʳ οἱ δώδεκα ἄνεμοι κατὰ Πτολεμαῖον (h. e. ὁριζόντων
καταγραφή VI 12), f. 18ᵛ indicem ad libb. VII—VIII, f. 18ᵛ—19ʳ
IX 1, f. 19ᵛ: καὶ τὰ ἑξῆς δὲ βιβλία τοῦ θαυμασιωτάτου Πτολεμαίου μέχρι τοῦ τρισκαιδεκάτου περὶ αὐτῶν δὴ τῶν ε̄ πλανωμένων ἀστέρων συντέθεικε . . . μεθ' ἃ πάντα ἐπίλογον ἐπάγει
τοιόνδε, I² p. 608, 2—10 ¹); sequitur: ταῦτα δὲ ὡς ἐν συντόμῳ ἔγωγε
τοῦ θαυμασίου Πτολεμαίου διελθὼν γέγραφά τινα ἀναγκαῖα ὅσα
δὴ ἐνταῦθα τἄλλα σὺν θͅῶ ἔχων ἐν τῷ Περσικῷ προχείρῳ εὐμετα-
χείριστα τῇ κανονικῇ θεωρίᾳ καὶ ἀριθμητικῇ ἀποδείξει καὶ οὐ
γραμμικῇ. in fine excerptorum ex Proclo fol. 23ᵛ legitur: ἀφελόντες ἐκ τῶν ἀπὸ κτίσεως κόσμου ἔτη ͵δψξα τὰ λοιπὰ ἀπὸ τῆς
ἀρχῆς Ναβονασσάρου ἕξομεν ἔτη, ἀπὸ δὲ τῶν αὐτῶν ἀφελόντες
͵ερπζ τὰ λοιπὰ Ἀλεξάνδρου ἕξομεν ἔτη. ultimam partem eiusdem epitomes inde ab VI 12 (οἱ δώδεκα ἄνεμοι) habet etiam
cod. Paris. suppl. gr. 682 ab eodem Mena collectus (Omont III
p. 297) fol. 24.

praeter cod. 23 (u. supra p. XXVI), de quo nihil compertum habeo ²), etiam cod. Cantabrigiensis Uniuers. Gg II, 33
(Catalogue of the mss. preserved in the library of the University of Cambridge III p. 58 sq.), chartac. saec. XV—XVI,
particulas nonnullas Syntaxeos habet; scilicet fol. 1—23ʳ lib. I,
f. 23ʳ—49 lib. II cum scholiis, tabulis plerisque non expletis,
f. 50 uac., f. 51ʳ I¹ p. 188—89, f. 51ᵛ uac., f. 52—54ʳ lib. III
p. 190, 15—198, 14 χρόνοις, f. 54ᵛ—56 uac., tum sequitur f. 57
ad 63: ἐπιτετμημένου ἐγκώμιον τῆς τοῦ Πτολεμαίου μαθηματικῆς
συντάξεως (inc. ἡ μὲν δὴ πρόθεσις ἡμῖν νῦν ἐστι, des. ἐξεθέ-
μεθα ἐν τῷ πρώτῳ ἡμῖν βιβλίῳ, καί ἐστιν ὁ κανὼν οὗτος, f. 64
uac.). opusculum ultimo loco indicatum totum seruatum est
in cod. Vatic. gr. 181, bomb. saec. XIV, fol. 38ᵛ—16≤ (des. τὴν
μεγίστην ἀπόστασιν ἀπὸ τοῦ ἡλίου, praemittitur index capitum);
constat ex XV capitulis, quorum primum titulum habet modo
adlatum (ἐπιτετμημένον ἐγκώμιον κτλ.). exstat etiam in cod.
Vatic. gr. 2176 (chart. saec. XIV = Column. 15) fol. 230ᵛ—293ʳ
(f. 293ʳ—294ʳ fragmentum astronomicum), et in utroque codice

---

1) L. 3 σχεδόν γε, post ἐμόϊ om. γε, 5 χρόνου compendio,
8 ἀπομνηματισμούς, ὑπέβαλεν, 9 ἡμῖν καὶ σύμετρον ἐνταῦθα
εἰλήφει.
2) De duobus codicibus Palatii ueteris Cnopolitani „Ptolemaei Astronomia" Philologus IX p. 582 nihil postea innotuit.

praecedit Theodori Metochitae epitome, cuius alter tantum
liber in cod. Vatic. 181 seruatus est (fol. 1ᵛ—37ʳ ἀστρονομικῆς κατ᾽
ἐπιτομὴν στοιχειώσεως βιβλίον δεύτερον. προπαρασκευὴ εἰς τὴν
κατάληψιν τῆς τοῦ Πτολεμαίου συντάξεως, 12 capitula, f. 37ᵛ—38ʳ
uac.), cum in Vat. 2176 tota exstet: fol. 53—209 τοῦ περιποθήτου
συμπενθέρου τοῦ ὑψηλοτάτου καὶ κρατίστου βασιλέως Ῥωμαίων
Ἀνδρονίκου τοῦ πρώτου τοῦ Παλαιολόγου λογιωτάτου σοφωτάτου
καὶ ἀστρονομικωτάτου μεγάλου λογοθέτου Θεοδώρου τοῦ Μετο-
χίτου ἀστρονομικῆς κατ᾽ ἐπιτομὴν στοιχειώσεως βιβλίον πρῶτον
(91 capp.), fol. 210ʳ uac., f. 210ᵛ—29 lib. II, f. 230ʳ uac. de Metochitae studiis astronomicis cfr. cod. Paris gr. 2399 (bomb. saec.
XIII—XIV, Omont II p. 253) fol. 46ᵛ: ἐν ἔτει ͵ϛψϙβ (a. 1284)
. . . ὁ μέγας λογοθέτης ὁ Μετοχίτης προθέμενος ψηφιφορίας
ποιήσασθαι τῶν ἀστέρων ἐν τοῖς αὐτοῦ χρόνοις ἐπὶ τῆς βασιλείας
Ἀντωνίου τοῦ Παλαιολόγου ὡδί πως ἐποιήσατο τὴν ἔκθεσιν· ἔτη
ἀπὸ κτίσεως κόσμου πεπληρωμένα ͵ϛψϙα, ἄφες ἀπὸ τούτων ἔτη
͵ερπε πεπληρωμένα, ὅσα δηλονότι παρῆλθον ἀπὸ κτίσεως κόσμου
μέχρι καὶ τῆς ἀρχῆς Φιλίππου τοῦ Ἀριδαίου κτλ.¹) fol. 47—110
tabulas continet astronomicas; etiam fol. 111—122 perscripta
fuerunt, sed nunc prorsus euanuerunt.

cod. Vatic. 2176 post opusculum, quod inscribitur: μέθοδος
δι᾽ ἧς εὑρίσκεται ἑκάστου μηνὸς οἱαδήποτε ἡμέρα (fol. 1—2ʳ cum
figura f. 2ᵛ), Barlaami Logisticam (f. 3—19), eiusdem in Euclidis
Elem. II commentarium (f. 20—21ᵛ) continet fol. 21ᵛ—22ᵛ τοῦ
αὐτοῦ Βαρλαὰμ μοναχοῦ τοῦ φιλοσοφωτάτου περὶ τοῦ πῶς δεῖ
ἐκ τῆς μαθηματικῆς τοῦ Πτολεμαίου συντάξεως ἐπιλογίζεσθαι
ἡλιακὴν ἔκλειψιν, fol. 22ᵛ—24ᵛ τοῦ αὐτοῦ ἀκριβέστερον πῶς δεῖ
κτλ.²), quorum opusculorum utrumque etiam in cod. Ambros.

---

1) Hic locus postea additus est; codex fuit ἰωȣ πϱιαϱχικοῦ
νοταρίου τοῦ Χορτασμένου (fol. 1ʳ mg. sup.), eiusdem, qui circiter a. 1413 cod. Vatic. gr. 1059 scripsit (Usener, Ad historiam
astronomiae symbola, Bonn 1876, p. 3) et cod. Laur. Conv.
soppr. 26, Mutin. II E 9 possedit.

2) Hucusque unus est codex ab eo qui sequitur diuersus;
is fol. 25—32 Theonem in Προχ. κανόν. (ad Epiphanium) habet,
f. 33—48 u. infra, f. 49ʳ uac., f. 50—51ʳ notas astronomicas,
f. 51ᵛ—52ʳ uac., f. 52ᵛ: τῷ ͵ϛωξθʳ ἔτει N ιδ´ (a. 1361) μηνὶ
Μαΐῳ ε´ ἡμέρᾳ τετρά ῷ̄ ἐγένετο ἔκλειψις ☾ πλείων τοῦ διμοίρου
πολὺ ὡς φανῆναι τὸν ☾ τοσοῦτον, ὅση φαίνεται ἡ ☾ οὖσα ἡμερῶν
τεσσάρων ἔγγιστα.

E 76 sup.¹) (chart. saec. XV—XVI) exstat fol. 291—300, alterum
in codd. 5 et 10 (supra p. XIX et XXI), prius in cod. E et apographo eius Norimbergensi fol. 105 (Murr, Memorab. Bibl.
Norimb. I p. 46 sqq.). de Theodori Meliteniotae studiis in Syntaxin collatis u. Usener, Ad historiam astronomiae symbola,
Bonn 1876, p. 7 sqq; excerpta ex Tribiblo eius exstant in cod.
Scorial Φ-I-5 (chartac. scr. a. 1543); cfr. supra p. XXII.
    cod. Paris gr. 2396, bomb. saec. XIV et chart. saec. XV
(Omont II p. 252), praeter initium Prolegomenorum fol. 1—3
(u. supra p. XXXIV) et Theonem in Synt. I, II, IV fol. 4—86
(in fol. 76 desinit pars antiqua in πλάτος p. 203, 23 ed. Basil.)
fol. 87—92 continet: προπαρασκευὴ εἰς τὴν μεγάλην σύνταξιν
καὶ εἰς τοὺς προχείρους κανόνας τῆς ἀστρονομίας, ἧς ἄνευ ἐπιστη-
μονικῶς ἐπ' ἐκεῖνα προχωρῆσαι ἀδύνατον (inc. ῥητὸς ἀριθμός
ἐστιν, des. ἀνάλογον προσεύρηται ὁ ε'). plenius exstat hoc
opusculum in cod. Vindob. phil. gr. 220, chart. saec. XV²), fol. 5
ad 20 (des. λη ⌊″· τοσούτων ἔστω τὸ ἐμβαδόν) et in cod. Sco-
rialensi Φ-I-5, chart. scr. a. 1543, qui etiam Georgii Trape-
zuntii introductionem in Syntaxin continere fertur. alia res
est opusculum, cuius titulus est: Ὅσα δεῖ προειδέναι τοὺς ἀρχομένους τῶν προχείρων κανόνων (inc. περὶ τῶν ε̄, des. εἰς τοὺς
αἰῶνας τῶν αἰώνων ἀμήν) in cod. Vatic. gr. 2176 fol. 33—48
et cod. Coislin. 338, chart. saec. XV (Omont III p. 185),
fol. 9—84.
    epigramma I¹ p. 4, 5 adlatum exstat etiam, ut dixi, in
Vatic. 184 fol. 82ʳ (ἔφυν] ἐγώ, ἰχνεύω] in ras., κατὰ νοῦν] πυκινάς,
γαίης] γαῖ᾽, διοτροφέος] θεοτρεφέος), Mutin. II F 9 fol. 4ʳ (ἐγών,

---

1) Continet fol. 1—107 Ptolemaei Harmonica, 108—110
περὶ τετραγωνικῆς πλευρᾶς, 111—172ʳ Barlaami Logisticam,
172ʳ—178ʳ eiusdem in Elem. II, 178ᵛ—190ʳ additamenta ad
Harmon. III, deinde opera theologica Barlaami, f. 301 compu-
tationes, 302—5 (Barlaami) de pascha.
    2) Fol. 2ʳ mg. sup.: liber Georgii Trapezuntii, valet duᶜ
duos. continet: fol. 1—3 excerpta ex Aristotele De anima, fol. 4
uac., fol. 21—105 Nicomachi arithmeticam, fol. 106ʳ definitiones
quasdam, f. 107ᵛ—176ʳ Ptolemaei Harmonica, f. 177—80 definitiones, f. 181 tabulas astronomicas, 182—188ʳ ordinationes
medicinae, ex parte Stephani medici, 188ᵛ prognostica, 189—203
uaria medicinalia (189ʳ κατασκευὴ τῆς χρυσογραφίας).

πυκινάς, θεοτρεφέος), Scor. Ω- I- 1 (item), Marc. 310 (ἐφήμερος, διοτρεφέος), Vatic. 198 (ἐγώ, ἐφήμερος, διοτρεφέος), Marc. 311 (ἐγώ; πίπλαμαι, sed corr.), Monac. 212 (διοτροφέως), Marc. 303 (= C), Ottob. gr. 231 fol. 83ᵛ (= B). in Marc. 312 (ἐπίγραμμα Πτολεμαίου εἰς ἑαυτόν, ἐγώ, ἐφήμερος, ἰχνεύω] μαστεύω, πυκνάς, θεοτρεφέος) sequitur aliud: ἕτερον.

οὐρανίων ἄστρων πορείην καὶ κύκλα σελήνης
ἐξεθέμην σελίδεσσι πολύφρονα δάκτυλα κάμπτων
πορείην τὸ ϱεῖ βραχὺ διὰ τὴν τῶν φωνηέντων σύγκρουσιν ὡς τὸ ποιῶ, τοιαῦτα, καὶ εἴ τι τοιοῦτον. utrumque etiam in cod. Laur. LIX 17 apud Bandinium II p. 582 (= Marc. 312, sed γαῖαν, θεοτρεφέης), prius in cod. Laur. X 21 (Bandini I p. 489, πυκνάς, θεοτροφέος), alterum in cod. Laur. XXVIII 46 (Bandini II p. 69). de priore cfr. Anthol. Palat. IX 577. aliud rursus (Anthol. app. 39) habet cod. Vatic. 184 fol. 81ᵛ. cod. Parisin. gr. 2392 denique fol. 4 initio Syntaxeos hoc habet:

ἐπίγραμμα εἰς τὴν μεγάλην σύνταξιν
[δέρ]κεο δέλτον ταύτην, ἧς γε πατὴρ Πτολεμαῖος
Κλαύδιος, ἔνθα πορείην αἰθέρος ἔγνω σφαιρῶν
[παρ]αὶ δ᾽ ἀνδράσιν, ἧς φίλον Ἑρμείης καὶ Ἀθηνᾶ
τὴν κλῆσιν ἀκούει μαθηματικὴ σύνταξις

(iure suo addidit poeta: κε βοήθει μοι). simile epigramma legitur in Paris. 2492: ἐπίγραμμα εἰς τοὺς προχείρους κανόνας | δέρκεο βίβλον ταύτην, ἧς γε πατὴρ Πτολεμαῖος | Κλαύδιος, αἰθερίων ἄστρων πορείην ἐξευρών, | παραὶ δ᾽ ἀνδράσιν, οἷς φίλον (leg. φίλοι) Ἑρμείης καὶ Ἀθηνᾶ, | οὔνομ᾽ ἀκούει κανών, κλῆσιν δ᾽ ἑτοίμην αὐχεῖ (fol. 10ᵛ).

Scholium, quod e cod. Monac. gr. 287 primus edidit Aretinus et ex eodem codice repetiuit Franciscus Boll (Studien über Claudius Ptolemäus p. 53, ubi collegit, quae ab aliis de eo scripta sunt), etiam in cod. Mutin. III C 6, chart. saec. XV (Studi Italiani di filologia classica IV p. 441), fol. 5, et in cod. Vindob. Philos. gr. 179, bomb. saec. XIV, fol. 13ʳ legitur; quod ex tribus his codd. hic dabo.

Οὗτος ὁ Πτολεμαῖος [1]) κατὰ τοὺς Ἀνδριανοῦ μὲν ἤνθησε χρόνους, διήρκεσε δὲ καὶ μέχρι Μάρκου τοῦ Ἀντωνίνου, ἐν ᾧ καιρῷ [2]) καὶ Γαληνὸς ἰατρικῇ [3]) διεφαίνετο καὶ Ἡρωδιανὸς ὁ [4])

---

1) Πτολομαῖος Mut., Vindob.   2) χρόνῳ Vindob.   3) ἰατρικήν Μοnac.   4) ὁ om. Mut., Monac.

γραμματικὸς καὶ Ἑρμογένης ὁ περὶ τέχνης γράψας ῥητορικῆς.
πρῶτος δὲ παρ᾽ Ἕλλησιν ὁ Χῖος Οἰνοπίδης[1]) τὰς ἀστρολογικὰς
μεθόδους ἐξήνεγκεν εἰς γραφήν, ἐγνωρίζετο δὲ κατὰ τὰ τέλη τοῦ
Πελοποννησιακοῦ[2]) πολέμου, καθ᾽ ὃν καιρὸν καὶ Γοργίας ὁ ῥήτωρ
ἦν καὶ Ζήνων ὁ Ἐλεάτης[3]) καὶ Ἡρόδοτος[4]), ὡς ἔνιοί φασιν, ὁ
ἱστορικὸς ὁ Ἁλικαρνασσεύς[5]), μετὰ δὲ τὸν Οἰνοπίδην Εὔδοξος
ἐπὶ ἀστρολογίᾳ[6]) δόξαν ἤνεγκεν οὐ μικρὰν συνακμάσας Πλάτωνι
τῷ φιλοσόφῳ καὶ Κτησίᾳ[7]) τῷ Κνιδίῳ[8]) ἰατρικήν τε ὁσκοῦντι[9])
καὶ ἱστορίας ἀναγράφοντι.[10])
in cod. Monac. gr. 212 fol. 1ʳ nota chronologica legitur,
quam quoniam male edidit Hardt I² p. 411 hic repetam:
χρὴ εἰδέναι, ὅτι καθ᾽ Ἕλληνας ἀπὸ κτίσεως κόσμου μέχρι
τῆς ἀρχῆς τῆς βασιλείας Ναυονασάρου παρῆλθον χρόιοι ͵δψξα,
ἀπ᾽ αὐτοῦ δὲ μέχρι τῆς ἀρχῆς Φιλίππου τοῦ Ἀριδαίου κατὰ τὸν
Πτολεμαῖον παρῆλθον χρόνοι υκδ, ἀπ᾽ αὐτοῦ δὲ μέχρι τῆς ἀρχῆς
τῆς βασιλείας Αὐγούστου παρῆλθον χρόνοι σϙδ, καὶ εἰσιν οἱ
χρόνοι οὗτοι Αἰγυπτιακοί. γίνωσκε δέ, ὅτι καὶ ὁ σοφώτατος
μέγας λογοθέτης ὁ Μετοχίτης ἀπ᾽ ἀρχῆς κόσμου μέχρι τῆς ἀρχῆς
τῆς βασιλείας Φιλίππου παρῳχηκέναι ͵ϛρπε χρόνους φησὶν ἐκ
διαδοχῆς τῶν ταῦτα ἠκριβωκότων παραλαβὼν θεοσεβούντων τ᾽
ἡμετέρων[11]), ὃ καὶ νῦν ἐν τούτοις ὁρᾶται. de computatione
Theodori Metochitae u. supra p. CXLVI.

Index in codice G fol. IV adiectus, de quo dixi I² p. III,
ad codicem astrologicum pertinuit codici Laurentiano XXVIII
34 simillimo (u. Catalogus codd. astrol. gr. I p. 60 sqq.).

----

1) Οἰνοπίδεις Vindob.   2) Πελοπονησιακοῦ codd.
3) Ἐλαιάτης codd.   4) Ἡρώδοτος codd.   5) Ἁλικαρνασεύς
Mut., Vindob.   6) ἀστρολογίαν Vindob., Monac.   7) Κτισία
Monac., Κτισιάδι Vindob., et corr. in Κτησιάδι Mutin. m. 2.
8) Κνηδίῳ codd.   9) ἀσκοῦντα codd., corr. Mut. Vindob.
10) ἀναγράφουσι Mutin., Monac.   11) γηομέτρων legit
Hardt; incertum.

Cap. II.

Quo modo ad nos peruenerint opera astronomica minora.

a) Φάσεις ἀπλανῶν ἀστέρων.

Praeter ABC et codicem Fabricii, de quibus u. supra p. III sqq., librum II Phaseon, qui solus relictus est, inueni in codicibus hisce:

1) cod. Laurentian. XXVIII 1, membran. s. XIV, fol. 180ʳ —184ʳ, u. supra cap. I cod. 3.

2) cod. Laurentian. XXVIII 47, chartac. s. XIV, fol. 291ʳ —303ʳ, u. supra cap. I cod. 4.

3) cod. Vatican. Gr. 183, chartac. s. XV. continet haec: f. 1—13ᵛ Φάσεις, f. 13ᵛ + τὸ ἡμερήσιον ὁμαλὸν κίνημα, seq. preces (κε ιυ χε κτλ.), deinde folia aliquot excisa, f. 14ʳ τὸ ἡμερήσιον ὁμαλὸν κίνημα τοῦ ἡλίου κτλ., des. f. 14ᵛ: τὸ πλῆθος τῶν ἡμερῶν, f. 14ᵛ — 17ʳ περὶ προσθέσεως καὶ ἀφαιρέσως τῆς σελήνης οὕτως (inc. ἐὰν τὸ κέντρον, des. ἡ ἀκριβὴς μέθοδος, seq. figura), f. 17ᵛ—19ᵛ ἐπὶ τοῦ ϱ ἔτους Διοκλητιανοῦ κτλ., des. ἐὰν δὲ ἀφαιρετική, ἀφαίρει (seq. figura), f. 20—21 figurae astronomicae (f. 21ᵛ ὁρίζοντος καταγραφὴ τοῦ διὰ Βυζαντίου), f. 22—85ʳ Πάππου Ἀλεξανδρέως εἰς τὸ ε΄ τῶν Κλαυδίου Πτολεμαίου μαθηματικῶν σχόλια, f. 85ᵛ uacat, f. 86—207ᵛ Θέωνος Ἀλεξανδρέως εἰς τὸ ἔκτον τῆς Πτολεμαίου μαθηματικῆς συντάξεως (in fine: τέλος τῶν τοῦ Θέωνος), f. 207ᵛ—215ᵛ Πάππου Ἀλεξανδρέως εἰς τὸ ἔκτον τῶν Κλαυδίου Πτολεμαίου μαθηματικῶν σχόλια.

4) cod. Vatican. Gr. 216, chartac. (in oriente scriptus) s. XIV. continet haec: f. 1 index Vaticanus, f. 2—3 figurae astronomicae (in indice: σελήνης φάσεις διὰ πέντε μηνῶν ἀπὸ μαρτίου ἀρχομένων), f. 4—6ʳ notae uariae (in indice: κομμάτιον περὶ τοῦ σχήματος τῆς γῆς, καὶ ὅπως ἡ γῆ καὶ τὸ ὕδωρ εἰς μίαν σφαῖραν συνειᾶσιν, ἔτι περὶ βροντῶν καὶ ἀστραπῶν (f. 4ʳ mg. sup.: Theophanis de vegetabilibus et plantis in phy̅a̅), f. 6ʳ—7ʳ Φωτίου στιχηρὰ πρὸς τὸν ἔμπροσθεν εἰρημένον ἑταῖρον, f. 7ʳ—10ʳ Φωτίου μοναχοῦ πρός τινα ἑταῖρον δεηθέντα μαθεῖν κτλ., f. 10ʳ περὶ τοῦ ὅρου τῆς ἀνθρωπίνης ζωῆς, mg. τοῦ Χρυσοκεφάλου (in indice: Χρ. τοῦ Φιλαδελφείας ἐπισκόπου), f. 10ᵛ —13ʳ ἀστέρων ἐπιτολαὶ καὶ δύσεις κατὰ Κυιντίλλιον, f. 13ᵛ—14ʳ astrologica (in indice: ὀνόματα τῶν τοῦ μηνὸς ἡμερῶν καὶ

μυστικαὶ αὐτῶν σημασίαι φυσικῶς τε καὶ μουσικῶς καὶ ἀστρο-
λογικῶς ἐκτεθειμέναι), f. 14ᵛ—22ʳ ἐξήγησις τῶν ἡμερῶν Ἡσιόδου
ἀπὸ φωνῆς τοῦ πρωτοσπαθαρίου κυροῦ Ἰωάννου, ƒ. 22ᵛ—23ʳ
περὶ τῶν ἐννέα μουσῶν κτλ. (ex indice), f. 23ʳ τῶν ιβ ζωδίων
τὰ ὀνόματα καὶ οἱ τούτων μῆνες, f. 23ᵛ—27ʳ Ἰωάννου Ἀλεξανδρέως χρόνοι τῶν ζωδίων, ἐν οἷς ἕκαστον αὐτῶν ὁ ἥλιος δια-
πορεύεται, καὶ αἱ καθ᾽ ἕκαστον ζῴδιον γινόμεναι ἐπισημασίαι
κτλ., f. 27ʳ—39ᵛ Φάσεις, f. 40 ψηφοφορία ἡλίου, f. 41—232 Gee-
ponica (inc. βιβλίον πρῶτον. τὰ διαφόροις p. 3, 4 ed. Beckh,
des. τὸ δὲ λοιπὸν πατηγίεις ἄλιξ. τέλος p. 528, 12 sq.). in fine:
μηνὸς ἀπριλλίου ιδ´ ἔτους ͵ϛων (a. 1342) N͞ ι´ (| κᵘ ι´ ℰ᷎ κᵘ ιή.

5) cod. Vatican. Gr. 1038, membran. s. XIII — XIV, f. 336ᵛ
—342ʳ, de quo u. cap. I cod. 14.

6) cod. Ottobonian. Gr. 231, chartac. s XVII („ex codicibus
Ioannis Angeli Ducis ab Altaemps ex graeco manuscripto")
f. 164—179, u. Feron et Battaglini, Codd. mss. Gr. Ottoboniani
Bibliothecae Vat. (Romae 1893) p. 133.[1])

7) cod. Paris. Gr. 2390, chartac. bombyc. s. XIII, f. 160
—164ʳ, de quo u. supra p. XXXVIII not.

8) cod. Bodl. Cromwell. 12, chartac. s. XV—XVI, u. Coxe,
Catalogi codd. mss. Bibl. Bodl. I p. 434 sqq. constat ex foliis
aliquot antiquioribus (p. 1046 mg. inf.: λείπεται ἐκ τόδε πρόσ-
ωπον φύλλα δ̄, ὁποῖά εἰσι παλαιά, seq. 4 folia antiqua) multis-
que recentioribus et continet inter alia mathematica, astronomica, astrologica p. 355 — 69, 295 — 302, 371 — 80 Φάσεις a
p. 5, 19 ἑῷαν ad p. 65, 4 ἀργεστής; de quo e schedis Fran-
cisci Cumont nonnulla mecum communicauit Fr. Boll.

9) cod. Bodl. Langbainii 2, fol. 149—159, u. Coxe I p. 877.

10) cod. Berolin. Phillippic. 1565, chartac. s. XVI, olim
Claudii Naulot, f. 193ᵛ sqq., u. Rose, Verzeichnis der griech.
Hssn. der k. Bibliothek zu Berlin I p. 68 sqq.

Horum codicum duae sunt classes satis inter se diuersae.
prioris, quae et sola introductionem Ptolemaei p. 3 — 13 seruauit et omnino plenior est, archetypus est A. neque enim
dubitari potest, quin C inde descriptus sit.

---

1) Quae f. 180 — 189 leguntur Πτολεμαίου (!) ἐπισημασίαι
ἀστέρων ἀπλανῶν, Clodii Calendarium est a Laurentio Lydo
receptum p. 117, 9 — 157, 1 (κγ. ὄρθρου ἡ αἴξ) ed. Wachsmuth²
(Lipsiae 1897).

nam primum animaduertendum, codicem A inde a p. 62, 10
cum calamo etiam antigraphum mutare et ad B adcedere, a quo
etiam uerba ὁ λαμπρὸς τοῦ Ἀετοῦ ἑῷος δύνει in antigrapho lin. 8
omissa transsumpsit locoque falso lin. 10 adiecit. itaque librarius codicis A, cum antigraphum, quod hucusque secutus erat,
in p 62, 10, deficeret, aliud adsumpsit, sine dubio ipsum B,
quocum hinc in omnibus scripturis consentit.[1]) quare quoniam
C in hac quoque parte cum A concordat, sequitur, eum ab
ipso A pendere. et hoc ea quoque re confirmatur, quod C
numeros dierum Romanos eodem prorsus modo quo A addere[2]);
nam hos numeros in A non ab antigrapho transsumptos sed
ab ipso librario adiectos esse, inde adparet, quod ad IX et XI
Pharmuthi numeri Romani δ' et ϛ' ἀπριλλ. propter breuitatem
marginis non, ut solent, in margine sed supra numeros Alexandrinos adscripti sunt. quod igitur, ut dixi p. IV not., in C
adnotatur: „collat. cum exemplari Vaticano,“ in apographo
uero Fabriciano a m. pr.: „qui cum exemplari suo est collatus,“
id ita interpretor, Io. Fr. Wincklerum, qui codicem Fabricii
scripsit (Bibl. Gr. III p. 421), Oxonii comperisse, fortasse e
schedis Savilii, archetypum codicis C Vaticanum esse. ex C
porro descriptus est cod. 9, u. Coxe I p. 877: ex Saviliano
Graeco 11. etiam cod. 8 ab A pendet; nam ad p. 14, 2 habet:
καθ' ἡμᾶς δὲ Αὐγούστου κθ' (p. 14, 2; 15, 11, 13, 14 scripturas codicis A praebet). p. 64, 10 habet: Ἐπαγόμενος ὁ καὶ
πενθήμερος.

Bonauentura codice Vincentii Pinelli usus est (p. 3 elegan
tissimum Ptolemaei libellum . . . illustrissimi literatissimique
viri Vincentii Pinelli munere superioribus mensibus ad me
missum). plerosque codices Pinelli a. 1608 a Borromaeo Nea-
poli emptos in Bibliothecam Ambrosianam illatos esse, notum

---

1) Uelut hinc cum B ἐτήσιαι (p. 62, 16; 64, 17), ἐργαστής
(p. 63, 1, 2; 64, 9; 65, 4), Ὕδρου (p. 63, 14; 64, 1) scribit, non
ut hucusque semper ἐτησίαι, ἀργεστής, Ὑδροχόον.

2) Fabricius, Bibl. Gr. III p. 432: „mensis Thoth dies primus in ms. notatur respondere diei 29. Augusti, καθ' ἡμᾶς
δὲ Αὐγούστου κθ', dies quartus respondet Calendis Septembris,
atque ita deinceps per totum annum“. in adparatu initia
sola mensium Romanorum notaui; ordine decurrunt numeri
(epag. 5 est κη' αὐγ.), nisi quod 25 — 27. Oct. et 9. Dec. omissi
(ι' Dec. in ras. est, κβ' Febr. corr. ex κα').

est, ibi autem hodie nullus exstat codex Phaseon; nec mirum,
quoniam et aegrotante Pinello et post mortem eius (a. 1601)
multi codices eius dispersi sunt (u. Martini et Bassi, Catal.
codd. gr. Bibl. Ambros. p. XI). Bonauentura certe si non
cod. A ipsum (id quod per se fieri potest) at apographum eius
habuit; nam et eosdem numeros dierum Romanos in mg. habuit*
(u. Bonauentura p. 106: ex mensium dierumque Aegyptiorum
serie nostris mensibus diebusque in hoc Opusculo a Ptolemaeo
coaptata) et in ea quoque parte libri, quam librarium codicis A
mutato antigrapho postea addidisse modo uidimus, cum A
consentit [1]), uelut p. 62, 18 ante ὡρῶν inserit 14 et lin. 20
pro ιδ΄ habet 15 omisso ιε΄ p. 63, 1; p. 65, 5 praemittit: eiusdem Ptolemaei ut A (p. 65, 1 de suo addidit hor. 14).
scripturas emendatas p. 8, 25; 66, 7 suae coniecturae deberi,
disertis uerbis dicit p. 80 et p. 117, sicut etiam cor Leonis,
quam stellam p. 65, 17 omissam esse intellexit, de suo addidit
(u. p. 116), sed falso loco. nec ceterae scripturae meliores eius
modi sunt, ut a uiro docto rerumque perito inueniri non potuerint (p. 8, 24; 9, 9 — p. 27, 16; 32, 9 — p. 28, 8 — p. 34, 5,
10, 18; 35, 2, 13, 16, 20; 36, 3, 6 — p. 53, 14 [2]) — p 61, 17 —
p. 63, 9 — p. 64, 11, 19; minoris etiam momenti sunt p 3, 12
debeat, 17 addentes; 8, 9 sed neque; 63. 14 ət; 65, 10
quin etiam, incertiora p. 37, 7 cum grandine, 17; 53, 7 in
Pede dextro omisso ἐμπροσθίῳ). p. 106 (ad p. 14, 19) haec
habet: „multis in locis huius libelli, non in hoc tantum, inuenimus scriptum ἵππων; nec dubitamus subesse mendum atque
ἱππάρχῳ esse restituendum“; quod si uerum est nec Bonauentura compendio aliquo deceptus est uel de scriptura corrupta
Φίλωνι cogitauit, pro quo p. 27, 16; 32, 9 tacite Φιλίππῳ restituit, non habuit nostrum codicem A, qui nusquam errorem
illum praebet. tum codex Pinelli periisse putandus est. huius
classis igitur hoc est stemma:

---

1) Memorabilis est locus p. 67, 4 in Co, quod ex ratione
codicis A satis explicatur. sed nunc nellem, me ἐν Κολωνείᾳ
retinuisse. nam cum A hic a B pendeat, adparet, scripturam
Κο‖^{λωνείᾳ}, unde Bonauentura in Co illud effecit, mero casui
deberi nec ullam habere auctoritatem. cogitari potest de An-
tiochia Colonia Pisidiae (u. Boeckh, Die vierjähr. Sonnenkreise p. 33).

2) De Hyadibus docte disputat p. 113.

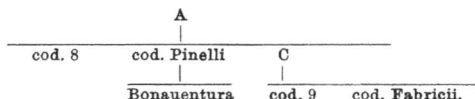

alterius classis archetypus est B. ab eo pendere codd. 2, 5, 7
supra p. XXXVIII, XLVI, XLVIII demonstraui. de cod. 5 u.
Wachsmuthii editio II, ubi collatio eius plena edita est post B
inuentum plane inutilis. codicem 2 contuli ad p. 14, 1—20, 20
planeque cum B consentientem inueni; p. 14, 6; 19, 16 compendium codicis B ἱππάρχ legit ἱππάρχον, p. 17, 9 εὐδόξου
habet pro εὐδόξ̄, p. 15, 8 πέρσεω (Πέρσεως) non intellexit sed
πέρσευ scripsit, pro ἀργεστής semper cum B ἐργαστής habet,
p. 15, 16 solus fere ϛι ut B (et similiter posthac; p. 15, 15
pro ει leui errore ϱι). titulus est: μῆνες ᾿Αλεξανδρέων Πτολε-
μαίου φάσεις ἀπλανῶν | καὶ ἐπισημασίαι
θὼθ σεπτέβριος, unde adparet, eum ex B iam manu recenti
correcto descriptum esse. codicem 7 contuli ad p. 52, 13—56, 2;
cum B conspirat, etiam in minutiis, uelut p. 52, 14 (lac. 2 litt.),
15 (῾Ηνιόχου om.), p. 53, 20 (ἐπὶ γῆν) et in compendiis signorum
usurpandis, nisi quod semper ἑσπέριος scribit, non ἑσπέρας, et
ueram formam ἀργεστής restituit, ut est librarius rerum satis
peritus; p. 54, 18 ιγ habet, non γι, et similiter deinceps. titulus
est: μῆνες ᾿Αλεξανδρέων | (seq. ornamentum) Πτολεμαίου φάσεις
ἀπλανῶν καὶ ἐπισημασιῶν | μὴν θὼθ ἤτοι σεπτέμβριος.
     de codice 1 e cod. 7 descripto u. supra p. XXXIX; colla-
tionem dedit Wachsmuthius[2]. titulus est: Πτολεμαίου φάσεις
ἀπλανῶν ἐπισημασιῶν. | μὴν Θὼθ ἤτοι σεπτέβριος.
     codices 3, 4, 6 a B pendere, adparet ex summo eorum cum
eo consensu (omnes contuli p. 14, 1—20, 20). quorum cod. 6
ex ipso B descriptus est; nam uerum titulum habet: Πτολεμαίου φάσεις ἀπλανῶν καὶ ἐπισημασίαι ut B m. 1 solus (Πτολεμαίου φάσεις ἀπλανῶν καὶ ἐπισημασία cod. 5) nec errores
codicis 2 p. 14, 6; 17, 9; 19, 16 praebet. p. 15, 7 ἐργαστής
habet, sed mg. ἀργεστής, p. 16, 14 ἀργεστής corr. ex ἐργαστής.
codices 3, 4 a codice 1 pendere censendi sunt, quoniam titulum habent Πτολεμαίου φάσεις ἀπλανῶν ἐπισημασιῶν[1]), id

―――――――――

1) In cod. 4 praemittitur μῆνες ᾿Αλεξανδρέων, quod omisit
cod. 3 propter ordinem codicis 7 sine dubio ab apographo
codice 1 transsumptum. p. 15, 14 βορέαι, p. 17, 9 μετοπωρινή
cod. 3 e coniectura; p. 17, 9 αὐδηρίτη 1, 3, 4.

quod his erroribus communibus confirmatur: p. 16 2 ἀρχήν,
p. 19, 19 βορρᾶς, p. 20, 17 ἐπισημαίνει, qui orti sunt in codice 7
et inde ad apographum codicem 1 propagati (ex cod. ⁷ descripti
esse nequeunt codd. 3 et 4 propter titulum). cod. 3 e codice 4
uix descriptus esse potest propter hos maxime locos: p. 17, 7 ó] 4,
om. B, 1, 3; p. 17, 17 Φαωφί] B, 1, 3, ( )αωθί 4. quare, cum
propter aetatem cod. 4 e cod. 3 descriptus esse nequeat, relinquitur, utrumque ipsius codicis 1 apographum esse cod. 10
denique, quoniam titulum habet: μῆνες ἀλεξανδρέων. πτολο-
μαίου φάσεις ἀπλανῶν ἐπισημασιῶν, ueri similiter ε codice 4
descriptus est.

Petauius et Halma codice 7 usi sunt (u. Wachsmuth[2]
p. LII—LIII), Wachsmuthius[2] praeter Fabricium et Bonauen-
turam codicibus 1, 2, 5 (u. ib. p. LIV).

itaque alterius classis stemma effectum est hocce:

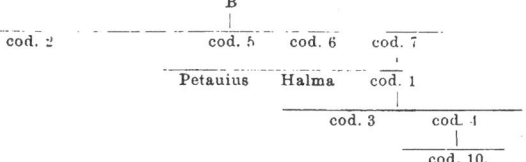

quamquam A multo melior est quam B et non solum
praefationem sed etiam in ipsis adparitionibus plurima seruauit
in B omissa, tamen sic quoque hoc opusculum satis male habitum est. nam non modo ex DLXXX adparitionibus ab ipso
Ptolemaeo indicatis p. 66, 21 sqq. quadraginta fere desunt,
duae bis adferuntur[1]), sed in iis, quae adferuntur, plurimi
errores manifesti sunt. qui partim astronomica ratiocinatione
deprehenduntur, in qua re in primis Ideleri commentatio supra
citata utilis est; nam sicut credibile est, Ptolemaeum hic illic
minores obseruandi computandiue errores commisisse, ita fieri
nequit, ut prorsus a uero aberrauerit, neque nescire potuit,
adparitiones eiusdem stellae secundum climata certa ratione
progredi. alii errores scribendi ex ordine expositionis uiolato
manifesto adparent; nam cum Wachsmuthio p. LVIII tenendum

1) Wachsmuthium secutus infra tabulam adparitionum
expositarum adnexui ad meam recensionem correctam, unde
defectus et errores astronomici perspici possunt.

est, climata¹) semper ordine naturali ab ὡρῶν ιγ ∠´ ad ὡρῶν ιε ∠´ decurrente adlata esse. quae his rebus obseruatis probabiliter corrigi possunt, recepi; alia non minus corrupta, sed quae probabilem emendandi rationem non praeberent, reliqui, uelut κρύψεις Antarae prorsus peruersas (u. Ideler l. c. p. 208) ortumque matutinum stellae α Sagittarii bis adlatum.

permulti errores ex usu compendiorum explicantur, quibus apertissime magis etiam quam codices nostri scatebant exemplaria antiquiora et fortasse archetypus ipsius Ptolemaei. eius generis haec sunt: p. 14, 17 νοτι^υ pro νοτι^υ, cfr. p. 15, 11, 14, 18; 21, 8, 11 al.; p. 59, 13 προδρόμους pro προδρομ^ο B, similia; p. 38, 22 μεταπίπτοντες — μεταπίπτουσιν; p. 29, 13 νότιος — νότος, cfr. p. 37, 5; 48, 11; 53, 2; 60, 5; 62, 10 (u. p. 61. 7); ὑετός — ὑετία p. 29, 9; 37, 5; 45, 12; 50, 13; ἐπισημαίνει — ἐπισημασία p. 20, 5; 23, 5, 12; 26, 16; 29, 14; 30, 23; 31, 13; 32, 15; 33, 12; 34, 12; 43, 7; 50, 19; 51, 2, 5; 52, 12; 53, 1; 57, 6; 62, 10; χειμών — χειμάζει p. 22, 12, 19; 23, 21; 24, 21; 25, 11; 27, 6, 12; 28, 5, 9; 29, 8, 11, 15, 18; 30, 2; 31, 9; 32, 1, 4; 36, 1; 38, 9, 15; 39, 2; 47, 4; cfr. p. 34, 1; 35, 1; 41, 11; ψακάς — ψακάζει p. 25, 18; 48, 15; 55, 17; ἑσπέρας — ἑσπέριος p. 48, 4, 9; 49, 4; 50, 9, 12, 17; 51, 13; 52, 6, 11, 16, 19; 53, 8, 9, 12; 55, 3, 10, 14; 56, 1; μέσος — μέγας p. 36, 14 (u. p. 36, 9), cfr. p. 32, 4; θύελλαι — θυελλώδης p. 22, 14, cfr. p. 57, 16: u. praeterea p. 53, 20; 59, 16; 61, 12 (cfr. p. 60, 16), probabiliter etiam p. 42, 12 coll. p. 49, 12; fortasse permutationes uocabulorum ἑσπέριος et ἑῷος p. 28, 3; 41, 12 (cfr. p. 57, 7), ἡγούμενος et ἑπόμενος p. 28, 2; 33, 15; 47, 21; 49, 1; 54, 2; 58, 13 (cfr. p. 53, 7; 56, 9) ipsae quoque compendiis debentur uel iuuantur; eodem modo scriptura ἐργαστής pro ἀργεστής orta est, quae in B peruulgata est (p. 15, 7; 16, 14; 29, 13; 36, 18; 39, 19; 42, 10; 47, 18; 49, 8, 19; 50, 13; 52, 1; 53, 17; 58, 7, 10, 15; 59, 2; 60, 9, 12; 62, 2), in A praeter partem ultimam semel tantum occurrit (p. 15, 7); p. 16, 14 error correctus est, posthac euitatus. denique eadem est causa nominum corruptorum, uelut Φίλιππος p. 27, 16; 32, 9; Δημόκριτος p. 29, 12; 38, 11; 42, 17; 43, 17; 53, 4; Δοσίθεος p. 52, 1; 61, 12 (cfr. p. 46, 9; 57, 6); cfr. etiam p. 42, 16;

---

1) Climata plerumque compendio ambiguo ῾ϕ̄ significantur, sed interdum compendium ὡρῶν perspicue seruauit A (p. 24, 20; 25, 9; 27, 14; 29, 17), quod uerum esse adparet ex p. 4, 8 sqq.; 67, 14 sqq.

Ῠδρος p. 34, 5, 10, 18; 35, 2, 13, 16, 20; 36, 3, 6; 53, 19; 55, 4, 13; 56, 4, 15; cfr. p. 50, 11; 52, 3; 60, 7.

omissiones haud paucae ei rationi tribuendae sunt, quod propter genus materiae eadem uerba saepius repetuntur, ita ut ὁμοιοτέλευτα quae uocantur, librariis perniciosa, oriantur. eius generis haec sunt: in A p. 16, 16—17; 27, 3—4; 29, 5—6; 30, 3; 32, 8; 33, 11—12; 38, 3; 40, 3; 44, 4—5; 49, 5; 51, 11—18; 52, 6—7; 53, 11—14; 55, 16; 56, 19—20; 57, 14; 60, 3; 61, 15 et fortasse p. 32, 6; 34, 1; 42, 8; 50, 10; 51, 5; cfr. p. 4ϛ, 18—20; 61, 9; 62, 1, ubi error a m. 1 correctus est; in B: p. 14, 4, 10; 17, 1—2, 20--21; 18, 15—16, 17—21; 26, 2—3, 20—21; 31, 5—6, 14—15; 32, 17—18; 33, 7—8; 35, 6—11; 37, 9—11; 45, 12—14; 54, 6—12; 56, 7—8; 56, 20—57, 1; 57, 15—16; 59, 8; 60, 16.

non desunt, quae ostendant, iam communem archetypum lacunosum corruptumque fuisse (p. 19, 11; 20, 6; 34, 8; 45, 7; 48, 10; p. 20, 19 omissus 29. Φαωφί, p. 36, 15 item 5. Μεχίρ; cfr. praeterea p. 21, 9; 62, 6 et fortasse p. 47, 16. de B solo u. p. 39, 10; 52, 14—15; 53, 17; 56, 10; 58, 2, cfr. p. 57, 5). et hoc malum latius serpsit, maxime in distinctione dierum climatumque denominationibus. adparet, hoc in genere ideo maxime turbatum esse, quod calendarium ab initio per columnas ordinatum fuit, quarum prima dierum numeros continebat, secunda climata, tertia adparitiones, quarta significationes. ita intellegitur, quomodo turbae oriri potuerint, quales sunt in B p. 23, 7 sqq.; 26, 21—22; 44, 6 (cfr. 9); 50, 4; 55, 20; 56, 6; 58, 16 (cfr. 11), et omissiones, quales haLet A p. 23, 19—20; 26, 15—17; 54, 18—19, ubi ὁμοιοτέλευτον adparitionum per columnas dispositione efficitur, repetitionesque climatum ut in A p. 14, 6; 15, 18, 19; 17, 8; 18, 10, 11; 19, 1; 24, 1, 9, 19; 25, 2, 4, 9; 26, 3; 28, 2, 12, 16; 30, 14, 22; 32, 11; 33, 7, 8; 34, 5, 6; 35, 7, 20; 44, 1; 45, 19; 46, 19; 47, 2, 16, 17, 21; 48, 8; 49, 6; 50, 6, 11; 52, 16; 54, 12, 16; 55, 14; 57, 13; 59, 7; 60, 18; cfr. p. 31, 2, et omisso καί p. 18, 9; 25, 17; 31, 15; 40, 22; 46, 18; 48, 4, 19; 50, 2; 53, 9; 55, 3; 56, 4; 57, 14; 59, 12; in B p. 26, 17; 27, 8 et omisso καί p. 37, 4; 47, 16; 52, 16; 54, 12; in AB p. 26, 14; 55, 2; cfr. loci, ubi καί falso additum est, in A p. 35, 9; 37, 3; 38, 3, 19; 39, 14; 42, 1, 15, in B p. 26, 5; 27, 8 et omisso climate p. 16, 10; 18, 12; 20, 3; 23, 3, 18, 19; 25, 14; 27, 2, 4; 30, 22; 34, 11; 43, 4; 46, 4; 49, 2. 5; 54, 13; 56, 16; 57, 10, 13, 19; 58, 1, 6, 14; 59, 21, 22; 60, 4, 17. eadem est causa, cur in climatis saepissime erratum sit, maxime in B, uelut p. 14, 7, 8; 15, 8; 16, 9, 16; 17,

12, 14; 18, 1, 3, 15; 19, 3, 5, 8, 20; 20, 1; 21, 8; 22, 13, 15; 23,
10, 17; 24, 5, 7, 8, 14, 15, 18, 20; 25, 7, 8, 16, 20; 26, 13; 27, 7,
9, 14; 28, 4, 6, 10, 19; 29, 1, 5, 10; 30, 4, 7, 9, 13, 21, 22; 31, 1,
2, 5, 7, 8, 11; 32, 5, 10, 12, 13, 16, 19; 33, 7, 10, 14; 34, 6, 14, 17,
18; 35, 5, 13, 19; 36, 3; 37, 2, 6, 17; 38, 7; 39, 8; 40, 3, 8, 13,
17, 19, 21; 41, 10, 18, 21; 42, 7, 12; 43, 19, 20; 44, 4, 5; 45, 22,
24; 46, 3, 7, 17; 47, 5, 6, 8; 48, 3, 7, 9, 13, 18; 49, 1, 4, 7, 14, 16, 17;
50, 6, 17, 18; 51, 3, 4, 6, 15, 17, 18, 20; 52, 4, 8, 11, 16; 53, 4, 8, 9,
14, 19; 55, 8, 11; 56, 3, 9, 15, 17, 19; 57, 9, 17; 58, 9; 59, 4, 11, 15;
60, 6, 10, 14; 61, 8, 14, 18; 62, 8, et lacuna relicta p. 51, 10; 52,
14; 53, 17; in A B p. 14, 14; 17, 2, 5, 11?, 18, 20; 20, 12; 21, 11,
12, 16; 24, 7; 25, 8, 13; 27, 1, 13, 18; 28, 1, 15; 29, 6, 17; 30, 15,
18; 31, 4; 32, 2, 8; 33, 6, 11; 34, 4; 35, 2; 36, 6, 12; 38, 21; 40, 5,
10, 17; 41, 14; 44, 9, 14; 45, 17; 48, 5; 49, 9, 16; 50, 1, 11; 52, 5;
54, 2; 55, 1; 56, 20; 58, 3, 5, 13, 19; 59, 1; 61, 13, 15; 62, 6; multo
rarius in A solo: p. 14, 2; 15, 11, 13; 16, 13; 20, 9; 21, 4, 9; 22,
21; 23, 1; 32, 7, 19; 33, 21; 37, 7, 13; 38, 2, 19, 21; 43, 10; 44, 10,
17, 21; 46, 14; 47, 20; 49, 9; 51, 10; 55, 6, cfr. p. 32, 17; 42, 4;
44, 13; 51, 1; 54, 9, 15. etiam in dierum numeris saepius erratum est, ut in AB p. 21, 17—18, in A p. 42, 13; 49, 4—7;
50, 17—18; 51, 1—10; 53, 8, 11, 17; 54, 11—18; 55, 1, 2, 8; 57, 5,
19; 61, 12—18, in B p. 19, 21; 37, 6, 17; 38, 14, 16, 18; 56, 7, alibi.

iam ex locis hic collectis perspici potest, librarium codicis
B maxime omittendo peccare, quo in genere hi quoque loci
comparandi sunt: p. 15, 15; 19, 22—23; 22, 14; 23, 15; 34, 5;
41, 14; 42, 2; 45, 16; 46, 15; 48, 8, 11; 49, 8, 18; 50, 14; 55, 14;
56, 19; 57, 7, 13; 59, 21; 60, 1, 18; 62, 9 et in adparitionibus
p. 20, 16—17; 21, 5; 25, 2—3, 4—5; 28, 7—8, 11—12; 33, 1—2;
35, 20—21; 42, 3—4; 54, 1—2, 4, 15—16, 17—18; 55, 1—2, 3—4.
in his omnibus de consilio omittendi aut cogitari nequit aut
certe nihil cogit, et hoc idem de locis multo paucioribus ualet,
ubi in A omissiones similes deprehenduntur (p. 18, 7; 24, 3;
29, 17; 31, 1—2; 32, 2; 36, 5, 12—13; 39, 4; 42, 9; 43, 1; 45, 15;
46, 12—13, 16; 48, 15; 49, 1—3; 54, 3, 5; 58, 7; 61, 17; cfr. p. 19,
2; 44, 18—20, ubi error a m. 1 correctus et, sicut in ἑῷος p. 60,
13; 61, 18; ἑῷος etiam p. 22, 22; 23, 18 et in B p. 23, 1 excidit).
uerum aliae omissiones sunt in B, in quibus constantia quaedam casum excludit, ut in πνεῖ p 15, 7; 33, 13; 36, 10; 37, 14,
20; 38, 16; 40, 12, 15; 42, 9, 11; 43, 12; 59, 13 (cfr. 17), in ὁ
καλούμενος p. 18, 11; 19, 18; 25, 5, 7; 31, 3; 42, 12; 48, 9; 49, 9;
50, 9, 16; 51, 1, 3, 4, 6, 13; 52, 6, in ἀέρος p. 45, 12, 15, in καί inter

nomina auctorum p. 17, 15; 21, 10, 13; 25, 11; 27, 11, 16, 17; 33, 20;
36, 1; 38, 10, 11, 12, 14, 15; 39, 1, 11; 41, 15, 19; 42, 17; 44, 2;
45, 20; 46, 8, 9; 47, 13; 50, 14; 60, 15; 61, 10 (per se minus ualent
p. 47, 4; 58, 4; cfr. A p. 61, 6; in AB p. 60, 20, in A solo p. 31, 16).
quare uix dubitari potest, quin uoluntati abbreuiandi
debeatur, quod B plurimas ἐπισημασίας nominaque auctorum
omisit, u. p. 14, 20; 15, 4, 19, 21; 16, 1, 2, 5, 5—6, 7, 8, 12, 18;
17, 13; 18, 4; 19, 19; 20, 10, 14—15; 21, 18; 22, 1, 5, 6, 8, 10,
19—20, 22—23; 23, 5, 7—8; 24, 4, 22; 25, 12; 27, 6, 11; 28, 5,
8, 18; 29, 2—4, 7—8, 11, 14; 30, 2; 31, 9, 10, 12, 16—17; 32, 3,
8, 9; 33, 16—17, 19—20; 34, 2—3, 6, 12, 13; 35, 13—14, 17—18;
36, 1—2, 7, 8, 13, 15; 38, 9, 14—15, 17; 39, 16, 18; 40, 11; 41,
12; 42, 9, 20; 43, 7—8, 8—9, 16—17; 44, 3, 7—8, 15; 46, 1, 5, 20;
47, 4, 11, 19; 48, 1, 14; 49, 11, 20; 50, 4—5, 14, 20; 51, 2, 8, 9;
52, 1, 9—10, 12, 18; 53, 1, 10, 16; 54, 7—8; 55, 5, 12; 56, 2;
57, 5, 6; 58, 11; 59, 2, 3, 14; 60, 1—2, 15, 20; 61, 1, 3—4, 6—7,
10, 11, 16, 17; 62, 2—3, 10 (in A hoc genus omissionum rarum
et fortuitum, u. p. 15, 21; 18, 7, 8; 20, 17—19; 44, 3, 15—16,
18; 45, 10; 58, 15, 18; 60, 19—20). quare crediderim, etiam
praefationem p. 3—13 consulto omissam esse.

haec ratio eius recensionis, quam B praebet, ea quoque
re confirmatur, quod in B haud raro mutationes a mero arbitrio profectas inuenimus, uelut p. 14, 18; 15, 10; 16, 14—15;
18, 7, 14; 19, 21; 21, 7; 22, 1; 23, 9—10; 24, 1, 13; 25, 6; 28,
14; 29, 19; 30, 20; 33, 5, 9; 35, 14; 36, 4, 15; 37, 11, 18—19;
38, 11; 39, 6; 40, 4; 42, 17, 19; 43, 11, 14, 20; 45, 15; 47, 18;
49, 18 (cfr. p. 39, 10); 50, 11; 51, 8; 52, 18; 59, 18; ἐπί pro ἐν
p. 21, 2; 57, 10; 59, 1, cfr. p. 34, 17; σημαίνει pro ἐπισημαίνει
p. 21, 5; 36, 5; 48, 14; 51, 7 (item A p. 16, 1).[1]) alius generis
hi loci sunt, ubi scripturam falsam potius errori alicui quam
consilio tribuerim: p. 22, 10; 26, 2; 27, 10; 33, 3; 51, 3; 53, 3;
55, 8, 16; 57, 7.

ex his omnibus, quae de recensione alterius classis composui,
satis elucet, quam male de extrema parte operis (inde a p. 62, 10) ac-
tum sit, ubi B solum habemus; et re uera uitiis omne genus scatet.

---

1) In A, si recte codices aestimaui, perpauci eius generis
errores deprehenduntnr: p. 44, 11 sqq. et glossema p. 16, 1; at
p. 22, 4 compendia male intellecta esse possunt. itaque nunc
dubito, an p. 15, 1 iniuria codicem B secutus sim, et fortasse
cum A formas uulgares ψεκάς, ψεκάζει retinere debui.

TABULA ADPARITIONUM A PTOLEMAEO ENOTATARUM.

I. STELLAE PRIMI ORDINIS

№	Stellae nomen	Phasis		ὡρῶν ιγ L'	ὡρῶν ιδ	ὡρῶν ιδ L'	ὡρῶν ιε	ὡρῶν ιε L'
1	ὁ καλούμενος Αἴξ (= capella)	Ortus	ἑῷος	12. Pachon	9. Pachon	2. Pachon	18. Pharmuthi	29. Phamen.
			ἑσπέριος	21. Phaophi	7. Phaophi	23. Thoth	3. Thoth	10. Mesori
		Occasus	ἑῷος	5. Choiak	9. Choiak	14. Choiak	19. Choiak	26. Choiak
			ἑσπέριος	17. Pachon	20. Pachon	24. Pachon	28. Pachon	5. Payni
2	ὁ λαμπρὸς τῆς Λύρας (= α lyrae)	Ortus	ἑῷος	4. Choiak	26. Athyr	19. Athyr	11. Athyr	3. Athyr
			ἑσπέριος	17. Pachon	8. Pachon	28. Pharmuthi	19. Pharmuthi	10. Pharmuthi
		Occasus	ἑῷος	4. Mesori	13. Mesori	—	1. Epagon.	5. Thoth
			ἑσπέριος	9. Tybi	18. Tybi	25. Tybi	5. Mechir	12. Mechir
3	Ἀρκτοῦρος (= arcturus)	Ortus	ἑῷος	6. Phaophi	3. Phaophi	29. Thoth	26. Thoth	23. Thoth
			ἑσπέριος	15. Phamen.	12. Phamen.	8. Phamen.	5. Phamen.	1. Phamen.
		Occasus	ἑῷος	16. Pachon	26. Pachon	7. Payni	18. Payni	30. Payni
			ἑσπέριος	18. Phaophi	26. Phaophi	4. Athyr.	12. Athyr	21. Athyr
4	ὁ ἐπὶ τῆς καρδίας τοῦ Λέοντος (= α leonis)	Ortus	ἐπιτέλλει	18. Mesori	—	19. Mesori	20. Mesori	—
			ἑσπέριος	22. Tybi	22. Tybi	22. Tybi	21. Tybi	—
		Occasus	ἑῷος	6. Mechir	7. Mechir	8. Mechir	9. Mechir	11. Mechir
			κρύπτεται	21. Epiphi	18. Epiphi	16. Epiphi	13. Epiphi	10. Epiphi

#	Star		Phase	C1	C2	C3	C4	C5
5	ὁ ἐπὶ τῆς οὐρᾶς τοῦ Λέοντος (= β leonis)	Ortus	ἐπιτέλλει	3. Thoth	2. Thoth	1 Thoth	4. Epagom.	3. Epagom.
			ἑσπέριος	13. Mechir	10. Mechir	8. Mechir	7. Mechir	6. Mechir
		Occasus	ἑῷος	13. Phamen.	18. Phamen.	25. Phamen.	2. Pharmuthi	12. Pharmuthi
			κρύπτεται	22. Mesori	23. Mesori	—	—	25. Mesori
6	ὁ λαμπρὸς τῶν Ὑάδων Ὑάδον (= α tauri)	Ortus	ἐπιτέλλει	3. Payni	7. Payni	14. Payni	17. Payni	22. Payni
			ἑσπέριος	8. Athyr	7. Athyr	16. Athyr	16. Athyr	—
		Occasus	ἑῷος	16. Athyr	—	24. Pharmuthi	23. Pharmuthi	15. Athyr
			κρύπτεται	27. Pharmuthi	26. Pharmuthi	—	—	21. Pharmuthi
7	Προκύων (= procyon)	Ortus	ἐπιτέλλει	19. Epiphi	22. Epiphi	24. Epiphi	26. Epiphi	28. Epiphi
			ἑσπέριος	25. Choiak	27. Choiak	29. Choiak	1. Tybi	3. Tybi
		Occasus	ἑῷος	26. Choiak	25. Choiak	24. Choiak	22. Choiak	20. Choiak
			κρύπτεται	—	6. Payni	3. Payni	1. Payni	27. Pachon
8	ὁ ἐν τῷ ἐπομένῳ ὤμῳ τοῦ Ὠρίωνος (= α Orionis)	Ortus	ἐπιτέλλει	27. Payni	1. Epiphi	10. Epiphi	—	15. Epiphi
			ἑσπέριος	2. Choiak	4. Choiak	6. Choiak	8. Choiak	—
		Occasus	ἑῷος	3. Choiak	2. Choiak	30. Athyr	28. Athyr	27. Athyr
			κρύπτεται	16. Pachon	14. Pachon	11. Pachon	8. Pachon	6. Pachon
9	Στάχυς (= spica)	Ortus	ἐπιτέλλει	7. Phaophi	8. Phaophi	8. Phaophi	—	9. Phaophi
			ἑσπέριος	17. Phamen.	17. Phamen.	17. Phamen.	—	—
		Occasus	ἑῷος	1. Pharmuthi	2. Pharmuthi	2. Pharmuthi	5. Pharmuthi	7. Pharmuthi
			κρύπτεται	?. Thoth	?. Thoth	3. Epagomen.	—	—
10	ὁ κοινὸς Ποταμοῦ καὶ ποδὸς Ὠρίωνος (= β Orionis)	Ortus	ἐπιτέλλει	28. Payni	5. Epiphi	12. Epiphi	18. Epiphi	24. Epiphi
			ἑσπέριος	2. Choiak	7. Choiak	12. Choiak	16. Choiak	21. Choiak
		Occasus	ἑῷος	20. Athyr	17. Athyr	14. Athyr	12. Athyr	9. Athyr
			κρύπτεται	3. Pachon	28. Pharmuthi	24. Pharmuthi	21. Pharmuthi	17. Pharmuthi

№	Stellae nomen	Phasis		ὡρῶν ιγ L'	ὡρῶν ιδ	ὡρῶν ιδ L'	ὡρῶν ιε	ὡρῶν ιε L'
11	Κύων (= Sirius)	Ortus	ἐπιτέλλει	22. Epiphi	28. Epiphi	4. Mesori	9. Mesori	14. Mesori
			ἑσπέριος	26. Choiak	1. Tybi	6. Tybi	10. Tybi	14. Tybi
		Occasus	ἑῷος	9. Choiak	5. Choiak	1. Choiak	27. Athyr	24. Athyr
			κρύπτεται	23. Pachon	17. Pachon	12. Pachon	7. Pachon	3. Pachon
12	ὁ λαμπρὸς τοῦ νοτίου Ἰχθύος (= α piscis australis)	Ortus	ἐπιτέλλει	11. Phamen.	20. Phamen.	3. Pharmuthi	18. Pharmuthi	9. Pachon
			ἑσπέριος	19. Mesori	26. Mesori	2. Epagomen.		19. Thoth
		Occasus	ἑῷος	12. Mesori	9. Mesori	6. Mesori	2. Mesori	27. Epiphi
			κρύπτεται	17. Tybi	13. Tybi	8. Tybi	4. Tybi	28. Choiak
13	ὁ ἔσχατος τοῦ Ποταμοῦ	Ortus	ἐπιτέλλει	21. Payni	6. Epiphi	22. Epiphi	11. Mesori	non ad- paret; u. p. 66, 19.
			ἑσπέριος	26. Athyr	9. Choiak	24. Choiak	13. Tybi	
		Occasus	ἑῷος	6. Phaophi	27. Thoth	17. Thoth	4. Thoth	
			κρύπτεται	16. Phamen.	6. Phamen.	25. Mechir	12. Mechir	
14	ὁ καλούμενος Κάνωβος (= Canopus)	Ortus	ἐπιτέλλει	—	2. Epagomen.	14. Thoth	non adparet; u. p. 66, 15.	
			ἑσπέριος	22. Tybi	6. Mechir	23. Mechir		
		Occasus	ἑῷος	23. Athyr	10. Athyr	24. Phaophi		
			κρύπτεται	5. Pachon	20. Pharmuthi	2. Pharmuthi		
15	ὁ ἐν τῷ ἐμπροσθίῳ δεξιῷ βατραχίῳ τοῦ Κενταύρου (= α centauri)	Ortus	ἐπιτέλλει	24. Athyr	6. Choiak	23. Choiak	non adparet; u. p. 66, 15.	
			ἑσπέριος	6. Pachon	17. Pachon	5. Payni		
		Occasus	ἑῷος	11. Phamen.	19. Mechir	22. Tybi		
			κρύπτεται	23. Mesori	29. Epiphi	27. Payni		

II. STELLAE SECVNDI ORDINIS

№	Stellae nomen	Phasis		ὡρῶν ιγ L'	ὡρῶν ιδ	ὡρῶν ιδ L'	ὡρῶν ιε	ὡρῶν ιε L'	ὡρῶν ις
1	ὁ λαμπρὸς τοῦ Περσέως (= α Persei)	Ortus	ἑῷος	14. Pharmuthi	3. Pharmuthi	21. Phamen.			12. Mechir
			ἑσπέριος	10. Thoth	28. Mesori	11. Mesori		23. Epiphi	2. Epiphi
		Occa-sus	ἑῷος	15. Athyr	20. Athyr	25. Athyr		1. Choiak	8. Choiak
			ἑσπέριος	22. Pharmuthi	26. Pharmuthi	1. Pachon		6. Pachon	12. Pachon
2	ὁ ἐν τᾷ ἐπο-μένῳ ὤμῳ τοῦ Ἡνιόχου (= β aurigae)	Ortus	ἑῷος	1. Payni [ἐπιτέλλει]			24. Pachon	18. Pachon	6. Pachon
			ἑσπέριος	28. Phaophi	20. Phaophi	8. Phaophi		21. Thoth	30. Mesori
		Occa-sus	ἑῷος	13. Choiak	18. Choiak	23. Choiak		28. Choiak	5. Tybi
			ἑσπέριος	23. Pachon [χρύπτεται]	25. Pachon [χρύπτεται]	28. Pachon		1. Payni	5. Payni
3	ὁ λαμπρὸς τοῦ Ὄρνιθος (= α cygni)	Ortus	ἑῷος	4. Tybi			16. Choiak	7. Choiak	27. Athyr
			ἑσπέριος	10. Payni	30. Pachon	18. Pachon		8. Pachon	26. Pharmuthi
		Occa-sus	ἑῷος	5. Epagomen.	9. Thoth	17. Thoth		25. Thoth	3. Phaophi
			ἑσπέριος	4. Mechir	12. Mechir	21. Mechir		29. Mechir	7. Phamen.
4	ὁ λαμπρὸς τοῦ βορείου Στε-φάνου (= α coronae borealis)	Ortus	ἑῷος	27. Phaophi	22. Phaophi	16. Phaophi		10. Phaophi	6. Phaophi
			ἑσπέριος	2. Pharmuthi	26. Phamen.	20. Phamen.		14. Phamen.	9. Phamen.
		Occa-sus	ἑῷος	16. Payni	27. Payni	7. Epiphi		18. Epiphi	28. Epiphi
			ἑσπέριος	15. Athyr	23. Athyr	2. Choiak		10. Choiak	19. Choiak
5	ὁ ἐπὶ τῆς κεφα-λῆς τοῦ ἡγου-μένου Διδύ-μου (= α ge-minorum)	Ortus	ἐπιτέλλει	6. Epiphi	6. Epiphi	—		8. Epiphi	9. Epiphi
			ἑσπέριος	5. Choiak	2. Choiak	28. Athyr		23. Athyr	17. Athyr
		Occa-sus	ἑῷος	2. Tybi	5. Tybi	8. Tybi		12. Tybi	16. Tybi
			χρύπτεται	11. Payni	13. Payni	13. Payni		14. Payni	14. Payni

1*

№	Stellae nomen	Phasis		ὡρῶν ῑγ ∟′	ὡρῶν ῑδ	ὡρῶν ῑδ ∟′	ὡρῶν ῑε	ὡρῶν ῑε ∟′
6	ὁ ἐπὶ τῆς κεφαλῆς τοῦ ἑπομέ-νου Διδύμου (= β gemino-rum)	Ortus	ἐπιτέλλει	12. Epiphi	—	14. Epiphi	—	17. Epiphi
			ἑσπέριος	11. Choiak	9. Choiak	7. Choiak	4. Choiak	30. Athyr
		Occa-sus	ξῷος	4. Tybi	6. Tybi	8. Tybi	11. Tybi	14. Tybi
			κρύπτεται	15. Payni	14. Payni	12. Payni	11. Payni	10. Payni
7	ὁ κοινὸς Ἵππου καὶ Ἀνδρομέ-δης (= α An-dromedae)	Ortus	ξῷος	10. Phamen. [ἐπιτέλλει]	5. Phamen. [ἐπιτέλλει]	1. Phamen.	25. Mechir	19. Mechir
			ἑσπέριος	13. Mesori	4. Mesori	26. Epiphi	17. Epiphi	8. Epiphi
		Occa-sus	ξῷος	24. Thoth	27. Thoth	30. Thoth	2. Phaophi	5. Phaophi
			ἑσπέριος	29. Mechir [κρύπτεται]	2. Phamen. [κρύπτεται]	4. Phamen.	7. Phamen.	9. Phamen.
8	ὁ λαμπρὸς τοῦ Ἀετοῦ (= α aquilae)	Ortus	ξῷος	3. Tybi [ἐπιτέλλει]	30. Choiak	27. Choiak	25. Choiak	23. Choiak
			ἑσπέριος	11. Payni	6. Payni	2. Payni	27. Pachon	24. Pachon
		Occa-sus	ξῷος	27. Epiphi	2. Mesori	6. Mesori	10. Mesori	—
			ἑσπέριος	27. Choiak [κρύπτεται]	30. Choiak	4. Tybi	7. Tybi	9. Tybi
9	ὁ ἐν τῷ ἡγου-μένῳ ὤμῳ τοῦ Ὠρίωνος (= γ Orionis)	Ortus	ἐπιτέλλει	21. Payni	25. Payni	30. Payni	5. Epiphi	11. Epiphi
			ἑσπέριος	26. Athyr	28. Athyr	30. Athyr	3. Choiak	5. Choiak
		Occa-sus	ξῷος	25. Athyr	23. Athyr	22. Athyr	21. Athyr	20. Athyr.
			κρύπτεται	7. Pachon	4. Pachon	2. Pachon	29. Pharmuthi	26. Pharmuthi

No.	Star	Ortus / Occasus	Phase					
10	ὁ λαμπρὸς τοῦ Ὕδρου (= α hydrae)	Ortus	ἐπιτέλλει	1. Epagomen.	29. Mesori	27. Mesori	24. Mesori	22. Mesori
			ἑσπέριος	28. Tybi	26. Tybi	25. Tybi	24. Tybi	22. Tybi
		Occa-sus	ἑῷος	14. Tybi	16. Tybi	19. Tybi	21. Tybi	23. Tybi
			κρύπτεται	9. Payni	15. Payni	20. Payni	25. Payni	30. Payni
11	ὁ λαμπρὸς τῆς βορείου Χηλῆς (= β librae)	Ortus	ἐπιτέλλει	—	—	5. Athyr	4. Athyr	3. Athyr
			ἑσπέριος	4. Pharmuthi	8. Pharmuthi	9. Pharmuthi	10. Pharmuthi	11. Pharmuthi
		Occa-sus	ἑῷος	1. Payni	25. Pachon	—	14. Pachon	10. Pachon
			κρύπτεται	2. Phaophi	4. Phaophi	6. Phaophi	7. Phaophi	8. Phaophi
12	ὁ μέσος τῆς ζώνης τοῦ Ὠρίωνος (= ε Orionis)	Ortus	ἐπιτέλλει	23. Epiphi	17. Epiphi	11. Epiphi	6. Epiphi	1. Epiphi
			ἑσπέριος	13. Choiak	10. Choiak	7. Choiak	4. Choiak	30. Athyr
		Occa-sus	ἑῷος	20. Athyr	21. Athyr	24. Athyr	26. Athyr	29. Athyr
			κρύπτεται	24. Pharmuthi	27. Pharmuthi	1. Pachon	4. Pachon	7. Pachon
13	ὁ λαμπρὸς τῆς νοτίου Χηλῆς (= α librae)	Ortus	ἐπιτέλλει	—	—	2. Athyr	2. Athyr	1. Athyr
			ἑσπέριος	7. Pharmuthi	—	—	—	27. Pharmuthi
		Occa-sus	ἑῷος	8. Pachon	5. Pachon	1. Pachon	29. Pharmuthi	25. Thoth
			κρύπτεται	6. Thoth	12. Thoth	17. Thoth	21. Thoth	25. Thoth
14	ὁ καλούμενος Ἀντάρης (= antares)	Ortus	ἐπιτέλλει	29. Athyr	28. Athyr	27. Athyr	26. Athyr	25. Athyr
			ἑσπέριος	—	4. Pachon	4. Pachon	4. Pachon	3. Pachon
		Occa-sus	ἑῷος	21. Pachon	20. Pachon	19. Pachon	—	18. Pachon
			κρύπτεται	—	12. Phaophi	{ 22. Thoth et 6. Phaophi }	29. Thoth	17. Phaophi
15	ὁ κατὰ τὸ γόνυ τοῦ Τοξότου (= α sagittarii)	Ortus	ἐπιτέλλει	1. et 6. Mechir	25. Tybi	18. Tybi	12. Tybi	6. Tybi
			ἑσπέριος	29. Payni	24. Payni	20. Payni	18. Payni	15. Payni
		Occa-sus	ἑῷος	29. Pachon	6. Payni	9. Payni	13. Payni	15. Payni
			κρύπτεται	18. Athyr	11. Phaophi	27. Phaophi	6. Athyr	13. Athyr

b) ‛Υποθέσεις τῶν πλανωμένων.

Huius operis libri I hi exstant codices Graeci praeter BCDEF et Vatic. Gr. 208, Marcianos 323, 324:

1) cod. Marc. Gr. 314, s. XV, f. 229ᵛ—234, u. supra p. XI.
2) cod. Laurent. XXVIII 1, s. XIV, f. 177ᵛ—180ʳ, u. supra p. XVIII.
3) cod. Laurent. XXVIII 7, s. XIV, f. 41ᵛ—48ʳ, u. supra p. X.
4) cod. Laurent. XXVIII 12, chartac. s. XV. continet: fol. 1 —40 Theo Smyrnaeus in Platonem, f. 41—94 Theo in Προχείρους κανόνας ad Eulalium et Origenem, f. 95—96 uacant (huc usque manu graeca orientali), f. 95ᵇⁱˢ—106ᵛ Προχείρων κανόνων διάταξις sine titulo, f. 106ᵛ—113ʳ eius opusculi appendix, de quo u. infra d), f. 113—120ʳ Περὶ κριτηρίου sine titulo, f. 120ᵛ uacat, f. 121—130ʳ Hypotheses sine titulo (haec pars codicis in Italia s. XV scripta esse uidetur), f. 130ᵛ—132ʳ uacant, f. 132ᵛ figura astronomica, cui additum est Αἰγυπτίων τὸ περὶ ὡρῶν, 130ᵇⁱˢ — 161ʳ (164) Theo in Προχείρους κανόνας ad Epiphanium, f. 169ʳ—170ʳ πόλεις ἐπίσημοι Εὐρώπης notaeque astronomicae, f. 170ᵛ uacat, f. 171 (168)—183ʳ tabulae geographicae, f. 183ᵛ—184ʳ uacant (huc rursus manu graeca orientali, cetera uariis manibus). f. 184ᵛ notulae astronomicae manu recenti, f. 185—186ʳ uacant, f. 186ᵛ notula astronomica manu recenti, f. 186 (183)—291 tabulae astronomicae, de quibus u. cap. III. f. 292ʳ tabula fractionum sexagesimarum, f. 292ᵛ uacat (praeter paucos numeros), f. 293ʳ ἑξηκοστὰ πρῶτα ὥρας ἰσημερινῆς καὶ τὰ ἐπιβάλλοντα αὐτοῖς τῆς τοιαύτης ὥρας μόρια, f. 293ᵛ—296ᵛ astrologica et geographica, f. 297 (293)—300 μέθοδος ἁπλουστέρα δι’ ἧς εὑρίσκεται ἡ ☾ καὶ ἡ πανσελήνη, f. 301—313 tabulae astronomicae, f. 314ʳ (310) περὶ τοῦ γνῶναι ἐν ποίῳ ζῳδίῳ καὶ εἰς ποῖον μῆνά ἐστιν ἡ σελήνη, f. 314ᵛ uacat, f. 315—338ʳ tabulae chronologicae et astronomicae, f. 338ᵛ—339 uacant, f. 340 (335)—350 περὶ τῶν κατὰ μέρος ταῖς ἀναφοραῖς παρακολουθούντων (alia manu), f. 351 — 53 uacant, f. 354ʳ notulae astronomicae manu recenti, f. 354ᵛ uacat, f. 355 (347)—390ʳ Procli hypotyposes, f. 390ᵛ—392 uacant, f. 393 (383)—408ʳ compendium astronomicum, f. 408ʳ—409 (399) notae chronologicae.

5) cod Laurent. XXVIII 46, chartac. s. XV, u. Bandinius II p. 68 sqq. Hypotheses habet f. 1—7 omissis p. 72, 25 ἵνα — p. 80, 8 ἐκκέντρου, p. 100, 7 τῶν — p. 106, 8.

6) cod. Laurent. XXVIII 47, s. XIV, f. 311ᵛ—319ʳ, u. supra p. XIX.

7) cod. Scorial. *Φ*-I-5, chartac., scr. Nicolaus Murmuris
a. 1543, f. 40 — 46 *περὶ ὑποθέσεων τῶν πλανωμένων* u. Miller,
Mss. gr. d'Escurial p. 141 sqq. fuit Hurtadi de Mendoza.
8) cod. Paris. Gr. 453, chartac. s. XVI — XVII, *f.* 88—113ʳ,
u. Omont, Inventaire I p. 50.
9) cod. Paris. Gr. 1642, chartac. s. XV, f. 246 — 250 (titulus
est: *Κλαυδίου Πτολεμαίου περὶ τῆς τῶν οὑνίων κίκλων κινήσεως*), u. Omont, Inventaire II p. 115.
10) cod. Vindob. Gr. 14, chartac. s. XV (ex libris Sebastiani
Tengnagelii). continet: f. 1 — 8 *περὶ ἀστρολάβου χρήσεως καὶ
κατασκευῆς,* f. 9 — 14 *περὶ παραδόξων ἀναγνωσμάτων τοῦ Ψελ-
λοῦ,* f. 15 — 32 *τοῦ σοφωτάτου κυρ. Νικηφόρου τοῦ Βλεμμύδου
λόγος περὶ βασιλείας μεταφρασθεὶς πρὸς τὸ σαφέστερον παρὰ
τοῦ σακελλίου τῆς μεγάλης ἐκκλησίας διακόνου κυρ. Γεωργίου
τοῦ Γαλησιωτοῦ καὶ τοῦ οἰναιώ^{του} κυρ. Γεωργίου τῶν λογιωτά-
των ἀνδρῶν καὶ ῥητόρων,* f. 32ᵇⁱˢ *ἐκ τῶν τοῦ ἱστορικοῦ Μέμ-
νονος* (cetera uacant), f. 33 — 41ʳ *ἐκ τῶν τοῦ ἱστορικοῦ Μέμ-
νονος,* f. 41ᵛ uacat, f. 42—44ʳ *ἐκ τοῦ λβ´ λόγου τῶν ἱστορικῶν
Διοδώρου,* f. 44ᵛ — 44ᵇⁱˢ uacant, f. 45 — 48 *τοῦ Χωνιατοῦ,*
f. 49 — 86ʳ Theo in *Προχείρους κανόνας* ad Epiphanium, f. 86ʳ
— 90ʳ capita nonnulla astronomica, f. 90ᵛ uacat, *f.* 91 — 100ᵛ
*Κλαυδίου Πτολεμαίου σαφήνεια καὶ διάταξις τῶν προχείρων
κανόνων τῆς ἀστρονομίας καὶ ὅπως χρηστέον αὐτῆς μέθοδος
ἐναργής,* f. 100ᵛ—102ʳ appendix eius opusculi, de quo u. ad d),
f. 102ʳ—110ʳ Hypotheses, f. 110ᵛ uacat, f. 111—169ʳ Hipparchus
in Aratum, f. 169ᵛ uacat, f. 170 — 192 catalogus stellarum
(h. e. Hipparchus Victorii), f. 192ᵇⁱˢ — 192ᵗᵉʳ uacant, f. 193—221
Oppiani Cynegeticorum paraphrasis.

11) cod. Vindob. Gr. 160, chartac. s. XV („Ego Benedictus
Cornelius emi hunc librum anno Salutis MIIIILXXXX meis
pecuniis aureis 8", f. 1 mg. inf.: Sambuci 4 *Δ*). continet: f. 1—6ʳ
Hypotheses, f. 6ᵛ—43 Procli Hypotyposes cum scholiis, f. 44—45ʳ
tabulae astronomicae, f. 45ᵛ—54ᵛ *Ἰσαὰκ μοναχοῦ τοῦ Ἀργυροῦ
πραγματεία νέων κανονίων* ad annum mundi ͵ϛῶοϛ, f. 55—77ᵛ
Theo in *Προχείρους κανόνας* ad Epiphanium, f. 77ᵛ — 78ʳ
appendix Theonis, u. infra ad c), f. 78ᵛ—165 tabulae astronomicae.

12) cod. Monac. Gr. 579, chartac. s. XVI. continet: f. 1—7ʳ
Κλαυδίου Πτολεμαίου περὶ ὑποθέσεων τῶν πλανωμένων, des.
„*τέλος καὶ πλέον οὐδέν.* ex antiquo manuscripto bibliothecae
Caesareae", f. 7ᵛ uacat, f. 8 — 14ʳ „fragmentum versionis M.

Bergii ex libello manuscripto et incorrecto, cuius titulus erat
Κλαυδίου Πτολεμαίου περὶ ὑποθέσεων τῶν πλανομένων."
Hi codices in duas classes eo distinguuntur, quod plerique in ἰσοταχῶς p. 104, 23 desinunt; reliqua pars in Vatic. 208,
Marcianis 323 et 324, E, F, codicibusque 11 et 12 solis exstat. horum cod. 12, ut subscriptio docet, e cod. 11 descriptus
est. idem de E ualet, u. errores horum codicum proprii
p. 76, 14 τε] supra scr. 11, om. E.; 80, 4 ἔκκεντρος] ὁμόκεντρος
(corr. mg. E); 80, 12 ὡς om.; 80, 24 ϱξβ] ϱξ; 82, 22 σγ] σ; 82,
30 $\overline{vq}$] $\overset{\tau}{v}$; 98, 15 ἐστίν om.; p. 84, 6 μέντοι] μὲ$\overset{\tau}{v}$ E, 11. cod. 11
ipse nusquam meliora praebet quam Marc. 323, et ex ipso
Marciano eum descriptum esse, testis est p. 78, 14, ubi in $_{,}γσο\overset{o}{ζ}$
litterae οζ in Marc. 323 ita deformatae sunt ($\mathcal{A}$), ut litterae δ
similes fiant, et $\overline{γσδ}$ habent 11 et E. codices Marcianos 323
et 324 inter se coniunctos esse nec a Vaticano 208 sed a
communi archetypo pendere, ex his locis manifesto adparet:
p. 72, 25 αὐτούς] αὐτά Vat., αὐτάς Marcc., 11, E; 74, 20 τεταρ-
τημόριον] τεταρτημ$\overset{o}{μ}$ 323, E, 11, τεταρτημόρια Vatic., 324 (compendium habuit A, quod propter praecedens τά et in Vat. et
in 324 falso resolutum est); 78, 28 $\overline{ψοα}$] 324 et corr. ex $\overline{ψο}$ 323,
$\overline{ψο}$ καὶ ἑνί Vat. ($\overline{ψο}$ habuit A ut B, sed correctum); 80, 16
καὶ ἡ] B, Vat., ἡ δέ Marcc., 11, E; 82, 7 κύκλον] B, Vat., om.
Marcc., 11, E; 84, 1 τοῦ ἐπικύκλου κέντρον] B, Vat., κέντρον
τοῦ ἐπικύκλου Marcc., 11, E; 88, 22 λογισμόν] B, Vat., ἐπιλο-
γισμόν Marcc., 11, E; 100, 2 ἰη] B, Marcc., σῆ Vat.; 94, 6 ϱξη]
B, Marcc., ϱξ Vat.; 104, 14 περιστροφῇ συντελουμένης] Marcc.,
11, E, συμπεριστροφῇ τελουμένης B, Vat.; 104, 26 τε] Marcc.,
11, E, om. Vat.; 106, 5 ὡς] Marcc., 11, om. Vat.[1]) nec codd.
Marciani alter ex altero descripti sunt, u. p. 72, 19 θέσεων]
323, διαθέσεων 324 solus; 80, 14 λζ] B, 11, E, supra scr. m. 2
323, om. 324 solus; 86, 24 γ — 25 σημείων] om. 324 solus; 90,
21 περιγειότερον] ἀπογειότερον 324 solus; 94, 8 ἐν τῷ] om. 324
solus; 106, 5 λη] om. sine lacuna 323, lac. 324, Vat. quoniam
codd. Marciani in ceteris omnibus scripturis cum Vat. con-

---

1) Dubitationem mouere possit p. 92, 17, ubi μγ in Vat.
ita scriptum est, ut νγ legi possit, et νγ Marcc., 11, E. fieri
potest, ut μγ iam in A ita fuerit deformatum.

spirant, uelut in lacunis p. 106, 2, 4, 6, 8, commune eorum antigraphum codicis Vaticani gemellum fuit, sed uno loco correctum (p. 104, 14, ubi Vat. cum B consentiens antigraphum repraesentare putandus est).[1])

itaque huius classis stemma hoc est:

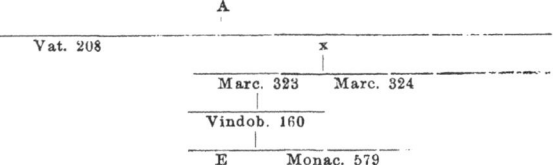

F sui generis est; nam a p. 104, 23 prorsus cum hac classe consentit (p. 104, 26 τε omisit cum Vat., p. 106, 5 ὡς habet), uerum eo usque plerumque alteram classem sequitur, ut p. 70, 1; 72, 22, 25; 74, 10, 20; 76, 3, 7, 21; 78, 2, 7; 84, 5 (οὐ); 88, 27—28; 96, 16, 21; 98, 10, 12 (κύκλον ἐγκεκλιμένον); 102, 1—3. praeter minutias nullius momenti (p. 72, 8; 74, 2; 76, 23; 84, 1) his tantum locis cum A contra B conspirat: p. 90, 15; 96, 19, 31; 98, 12, semper cum codice 3; p. 72, 3 ῇ] B, 3, mg. οἷόν τ᾽ ἐκ τῆς 3 m. 1, ἐκ AF. iam hinc ueri simile est, F hic e codice 3 descriptum esse, et hoc tot locis confirmatur, ubi hi duo codices soli fere ab AB discrepant, ut uix liceat dubitare, ut p. 70, 13 ἡμῶν] ὑμῶν, 14 αὐτά] αὐτάς, 22 καί] del. 3, om. F; 72, 15 ἀναδιδομένας, 26 καί] om.; 74, 5 κύκλος μέγιστος, 17 τὰ τμήματα] om.; 76, 15 περιέξει] περι ξ ει 3, περιάξει F; 78, 24 ὁ] om. (cod. 3 semper fere litteras initiales omittit), 30 ὁ] om.; 80, 11 μ̊] 3, μοίρας F, 12 κύκλον] om.; 82, 18 κατά] καί postea add. 3, καὶ κατά F; 84, 5 ἅ] οὐ, 17 πέρας] μ̅έρος F, μέρος 3, mg. πέρας m. 2, 19 ιϑ] ιϑ, ξξ ι´γ m. 2 mg. 3, ἐν ἄλλῳ καὶ ξξ ι´γ F[2]), 30 κλίσεως] ἐγκλίσεως; 86, 5 τῷ κέντρῳ] τὸ κέντρον; 88, 20 παρά] περί; 90, 12 δέ] δὲ καί, 17 καί] 3 supra scr. τοῦ m. 2, καὶ τοῦ F, 20 αὐτῷ] 3 supra scr. ν m. 2, αὐτῶν F; 92, 3

---

1) P. 78, 14 ,γ̅σο̅ζ] γ̅σ̅ς 324; itaque οζ iam in communi antigrapho male scriptum erat. p. 80, 9 ἀπολαμβάνειν] ἀπολαβεῖν 324, ἀπολ᾽᾽/ Vat., 323, 11 et sine dubio A.

2) Consensus Arabis casui debetur.

—4 τῶν εἰρημένων δύο; 94, 4 ι̅ϛ̅] ιʹβ, mg. m. 2 ιʹϛ 3, ἐν ἄλλῳ
ιʹϛ mg. F, 6 καί] om.; 96, 21 τὰ ἐναντία] τάναντία, 23 καὶ τῇ]
καί; 98, 20 αὐτῷ] αὐτό; 100, 4 καί] om.; 102, 8 λ̅α̅] λʹδ 3 supra
scr. λʹα m. 2, λʹδ F, mg. ἐν ἄλλῳ λʹα, 13 δέ] δὲ καί, 21 αὐτῷ]
αὐτῶν (corr. in αὐτόν F); u. praeterea scripturae uerae communes
p. 86, 27 τό¹); 92, 17 τά²); cfr. p. 78, 28 ψ̅ο̅α̅ cum Marc. 323
correcto et 324. ex his locis nonnulli excludunt, codicem 3 ab
F pendere, id quod confirmant errores codicis F in cod. 3 non
obuii p. 70, 23 ὄν] ὤν, τε] om.; 74, 2 τά] om., 10 ἀπό] ἀπʹ;
76, 10 μέν] om., 12 ποιεῖσθω] ποιεῖσθαι, 23 ποιείσθω] om.;
80, 11 δή] δέ; 94, 7 Ἄρεος, 15 δή] Δ̅ᴴ̅ ' 3, δέ F, 16 νοτίου] τοῦ
νοτίου³); 102, 1 ρ̅ν̅ϛ̅] ρ̅ο̅ϛ̅. quae in cod. 3 postea correcta
sunt, habet F omnia; praeter locos iam adlatos u. p. 76, 2
περιέχει δηλονότι] F, περιέχει 3 supra scr. δηλονότι, 31 κύκλος]
F, supra scr. 3; 78, 10 ἰσημερινά] F, ἰσ- supra scr. 3; 80, 9
ἀπολαμβάνειν] F, corr. ex ἀπολαμβανομένην 3; 80, 19 α̅ ⌊ʹ] F,
α̅ υ̅ 3, corr. mg.; 94, 3 ἀπό — 4 κόσμου] F, ὡς εἰς τὰ προηγούμενα τοῦ κόσμου ἀπὸ τοῦ ἀπογείου τοῦ ἐπικύκλου 3, corr.
mg., 25 τήν — 26 κύκλου] F, mg. 3; 100, 3 πρός] F, corr. ex
εἰς 3 (p. 98, 12 κύκλος 3, F, mg. κυκλίσκος 3, ut B, sed del.).
itaque prior pars codicis F e codice 3 correcto descriptus est,
extremam partem ab exemplari aliquo Marciani 323 adfini
sumpsit uel ab eo ipso (τε p. 104, 26 fortasse casu excidit).
discrepant loci paucissimi nec graues p. 70, 1 ὑποθέσεων] F,
ὑπόθεσις 3; 76, 16 μέρος] F, μέρους 3; 76, 22 ποικίλαι] F,
ποικίλλαι 3; 82, 7 μιᾶς μ̇] F, μ̇ μιᾶς 3; 80, 4 τοῦ ζῳδιακοῦ] F,
ζῳδιακῷ 3; 84, 19 καί] F, om. 3; 84, 23 καί] F, om. 3; 94, 1
καί] F, om. 3; 94, 4 καί] F, om. 3; 102, 13 κύκλος] comp. F,
κυκλίσκος 3; 104, 16 καί] F, om. 3.　quae omnia librario usu
uel ratione edocto deberi possunt (p. 104, 16 fortasse iam eo
exemplari, quod inde a p. 104, 23 sequitur, usus est). quare
non dubito p. 104, 15 τῇ εἰρημένῃ coniecturae tribuere (om.
AB, 3; τῇ necessarium est), ut p. 88, 10 ἐκ τοῦ κέντρου] ἐκκέντρου 3 (= B), τοῦ κέντρου F; p. 104, 14 περιστροφῇ συντελουμένης ab exemplari classis A petitum esse potest (περιστροφῇ
τελουμένης 3).

---

1) Hanc emendationem inuenerunt etiam Marcc. 314 et 324.
2) Habet etiam Vindob. 160.
3) Sic etiam Marc. 324.

iam ad alteram classem ueniamus.

C hic quoque e B, ut consentaneum est, descriptum esse, ostendit summus eorum consensus, uelut p. 76, 23 τόν habet. errores nonnullos correxit manus 2 (h. e. manus 1 alio atramento), ut p. 76, 21 μή erasum; 90, 15 γάρ erasum; p. 88, 10 habet ἐκ τοῦ ἐκκέντρου πρός, sed τοῦ in ras. maiore; ἆ p. 84, 5 coniecturae debetur, ut p. 86, 1 μ̇] τοιούτων in ras. (hcc quidem male). cum Vat. solo consentit p. 78, 28 ψ̄ο̄ καὶ ἑιί (deinde ἆ — ψ̄ο̄ᾱ om.). numeros saepe litteris omnibus exprimit, figuras quattuor nullius pretii addidit. ex C pendet cod. 2, u; diximus, u. p. 70, 10 τρόπον] λόγορόπον C, λόγον τρόπον 2; 74, 25 ἐκκειμένην] ἐγκειμένην 2, C; 78, 10 ,ῆφκγ^{σ'}] ὀκτακισχιλίοις πεντακοσίοις εἰκοσιτρεῖς 2, C; p. 76, 21 μή om. 2.

e B descriptos esse D et cod. 6, supra dixi, et in hoc quoque opere prorsus cum eo consentiunt, uelut p. 74, 2 θαυμασιοτάτης, p. 76, 23 τόν, p. 78, 28 ψ̄ο̄ habent; signa marginalia p. 80, 5, 28 etiam in cod 6 sunt, p. 88, 10 ἐκκέντρου D. ex D descriptus est cod. 9, in quo titulus est Κλαυδίου Πτολεμαίου περὶ τῆς τῶν ουνιων κύκλων κινήσεως (titulum om. D), u. p. 70, 7 ὁμαλῆς καί] om. 9, D; 70, 22 μή] οὐ 9, D; 72, 16 διά] κεν | D, om. 9; 72, 25 ψιλαῖς] ψιλοῖς 9, D; 84, 23 ὡς εἰς 9: 38, 11 ἐκκέντρου — κέντρου τοῦ] om. 9, D.

codd. 1 et 3 nihil praebent, quod prohibeat, quominus eos e B descriptos esse statuamus; nam quod p. 72, 8 πολλαχῆ, p. 74, 2 θαυμασιωτάτης, p. 76, 23 τῶν, p. 86, 27 τό, p. 96, 19 τοῦ habent, leue est; in omnibus uitiis grauioribus cum B concordant. nec communis error p. 70, 23 (τε om.) tantum ualet, ut ideo commune archetypum a B deriuatum statuamus. quae cod. 3 propria habet uel bona uel mala. supra dedimus; ea cod. 1 non praebet. cum B consentit cod. 1 p. 78, 7, 28: 84, 1, 5; 90, 15; 92, 17; 98, 12; 104, 14. neuter nec cum C nec cum D conspirat. e cod. 1 descriptus est cod. 4, ut ex scripturis his eorum et communibus et propriis satis adparet: p. 70, 16 ἐποχὰς ἀποκαθισταμένης] ἀποκαθισταμένοις ἐποχάς; 72, 1 μετὰ τῆς διά] διὰ τῆς μετά; 72, 15 ἀναδεδομένας] ἀποδεδομένας; 76, 25 Αἰγυπτιακοῖς] ἑπτακοσίοις; 78, 3 συντελεῖσθαι] συντελεσθεῖσαι; 78, 20 ,ϙ̄ο̄] ,ϙ̄ο̄; 78, 23 ἀποκαταστάσεις] ἀποστάσεις; 80, 24 ϱξβ] ϱξδ (p. 74, 10 casu ὡς omittunt ut A); neque enim cod. 1 ex cod. 4 descriptus est, u. p. 70, 23 καθ'] 1, καὶ καθ' 4. praeterea e cod. 1 descriptum esse puto codicem 7: constat

enim Hurtadum illum de Mendoza plerosque codices suos e codicibus Marcianis describendos curasse, cum a. 1538—1547 legatus imperatoris Uenetiis esset, Nicolaumque Murmurin, qui a. 1543 partem codicis 7 scripsit, Uenetiis negotium librarii fecisse (Graux, Fonds gr. d'Escurial p. 184 sqq.); porro prior pars codicis 7 eadem prorsus continet, quae cod. 1 f. 197—286 [1]), et p. 159, 1—2 cod. 7 eundem titulum habet, quem cod. 1 solus manu 2. e codice 3 descriptam esse partem maiorem codicis F, modo uidimus. ex eodem etiam cod. 10 descriptus, ut ex his erroribus communibus pro certo concludi potest: p. 70, 4 τοῖς τῆς μαθηματικῆς] τῆς τοῖς μαθηματικοῖς, 5 ἐφωδεύσαμεν] ἐφο-
δεύσαμεν; 74, 3 ἀπ᾽] ἐξ supra scripto ἀπ᾽ m. 2 cod. 3, ἐξ m. 1 cod. 10; 76, 3 δηλονότι] supra scr. m. 2 cod. 3, m. 1 cod. 10; 76, 31 κύκλος] comp. supra scr. m. 2 cod. 3, m. 1 cod. 10.

cod. 8 ex ipso B summa fide descriptus est; u. p. 72, 8 πολαχῇ; 74, 2 θαυμασιοτάτης; 76, 23 τόν; 80, 28 ((mg.; 84, 5 οὖ; 86, 13 κινείσθω] ποιείσθω [2]); 88, 10 ἐκκέντρου, 14 ἀπόγειον] ἔγγειον (Ύγειον, h. e. ἀπόγειον, B), 15 μεταστάσεως] κ̔στάσεως [3]); 90, 15 γὰρ γωνίαν, omnia ut B, p. 72, 3 ἐκ cum B². [3])

cod. 5 lacunosus cum B consentit p. 72, 3, 22, 25, et quoniam neque cum D neque cum cod. 1 neque cum C contra B conspirat (p. 70, 7 ὁμαλῆς καί] 5, om. D; p. 72, 1 μετὰ τῆς διά] 5, διὰ τῆς μετά 1; p. 70, 10 τρόπον] 5, λόγορόπον C; p. 72, 4 προθέσεως] 5, προσθέσεως C), relinquitur, ut aut ipsius B aut codicis 3 apographum sit. hoc ut statuamus, suadent loci, quales sunt p. 70, 14 αὐτά] BC, αὐτάς 3, 5; p. 70, 23 τε] BC, om. 3, 5 (et 1), nec obstat, quod p. 70, 4, 5 errores codicis C cum F correxit; ab F pendere nequit propter p. 70, 20 διημαρτῆσθαι] F, m. 2 cod. 3, διαμαρτῆσθαι m. 1 cod. 3 et cod. 5.

---

1) Praemittuntur in cod. 1 f. 1—196 Ptolemaei tetrabiblos cum commentario anonymo et Porphyrii introductio in tetrabiblon. sequuntur in cod. 7 uaria commentaria in Syntaxin et opuscula astrologica; f. 116ʳ subscriptio Πέτρου Καρναβάκα a. 1543; sunt igitur duo codices diuersi.

2) Haec igitur scriptura fuit codicis B a m. 1.

3) Duae sunt in B manus correctrices, una atramento flauo, altera uiridi. huic correctio p. 88, 15 debetur et -ι- (in ἐναντία) correctum ibidem, illi ἐκ p. 72, 3.

titulum de suo refecit *Κλαυδίου Πτολεμαίου περὶ τῶν κατὰ τοὺς*
πλανωμένους ὑποθέσεων.

itaque stemma alterius classis hoc est:

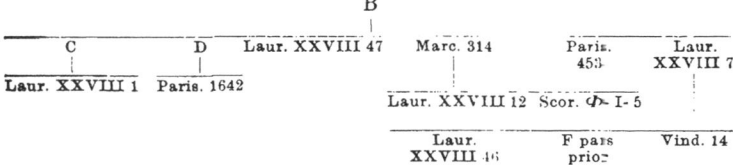

cum B totius classis archetypus sit, credideris, defectum
partis ultimae in eo ortum esse, et id eo magis, quod
constat, in B aliquot folia excidisse; sed obstat, quod
Hypotheses in folio 283 recto desinunt spatio ad finem
paginae uacuo.

Nunc addo, p. 86, 26 τοῦ in B exstare et p. 96, 31
τοσαύτας etiam in B esse (ergo recipiendum).

Bainbridge fol. 2ᵛ de codicibus suis haec habet: „ex tribus
enim exemplaribus ms. ne unum quidem integrum aut incor-
ruptum fuit . . . multas lacunas (parenthesi inclusas) explevi.
omnes periodos et epochas ad Magnae Syntaxis leges et
numeros analysi non ita facili retexui plurimasque vitiatas
restitui. in latitudinum vero hypothesibus nihil mutare volui;
hic enim Ptolemaeus prudens (si quid iudico) ab illis in Syntaxi constitutis desciscit aliasque faciles expeditas longeque
veriores candide proponit.“ fundamentum editionis erat codex
ab E deriuatus; nam non solum errores e cod. Vindob. 160 pro-
pagatos, ut p. 78, 14 ,γσδ; 80, 24 ρ̅ξ̅; 92, 17 μ̅υ̅γ̅] νγ, sed etiam
codicis E proprios habuit p. 78, 11 κ´ κδ´´] κη´ δ´; 98, 15
ἐστίν] om.; uerum ipsum E non usurpauit, si quidem recte has
scripturas e codice suo refert: p. 84, 21 σξ u̅] (sic E) σ̅ξ̅β̅ κ̅β̅; p. 84, 23
λ̅ς̅] (sic E) λε´; p. 92, 23 ν̅ς̅] (sic E) ιζ´. emendationum Bain-
bridgii, quas praeter additamenta uncis inclusa enumerat p. 52,
non paucae interpretatione Arabica confirmatae sunt; recepi,
quae prorsus necessariae sunt rationibusque palaeographicis
commendantur p. 78, 13, 15 (u. p. XV); 98, 7; 102, 7, recipi potuerant
emendationes p. 84, 13 τ̅μ̅ξ̅, 19, 23 ιζ̅; 88, 30 μ̅β̅; 90, 2 μβ; 94, 2
ι̅ς̅; 96, 11 αὐτά, 31 ν̅δ̅; 102, 5 et 106, 6 προηγούμενα, quae
ratiocinationibus astronomicis nituntur; p. 98, 3 pro κ̅ Bain-

bridge ϛ uoluit, quod probabilius est quam $\overline{\zeta}$ Arabis [1]); p. 90, 24 corrector codicis C cum Bainbridgio uerum uidit, in errores diuersos abeunt codices Graeci et Arabs. aliae emendationes eius astronomice quidem uerae sed palaeographice absurdae sunt, ut p. 82, 7 $\overline{\alpha}$] ο´ ιϛ´´ ν´´´, 23 $\overline{\beta}$] ο´ κϛ´´ νβ´´´; 88, 21 ἐπιλαμβάνεται] λείπει, 22 $\overline{\delta}$] β´; 90, 7 $\overline{\mu\alpha}$] νε´; 92, 24 ἐπιλαμβάνεται] λείπει, 25 $\overline{\alpha}$] ε´ λ´´; 94, 6 $\overline{\varrho\xi\eta}$ $\overline{\lambda\varepsilon}$] $\overline{\varrho\xi\vartheta}$ ιζ´; 96, 2 $\overline{\gamma}$] ο´ ιδ´´; 100, 2 ἐπιλαμβάνεται] λείπει, 3 $\overline{\alpha}$] ο´ ι´´; 104, 3 ἐπιλαμβάνεται] λείπει, 4 $\overline{\alpha}$] ο´ δ´´, nec ulla earum ab Arabe confirmatur. qui loci quoniam monstrant, Ptolemaeum numeros uel male computasse uel scientem simpliciores reddidisse, Bainbridgium sequi nolui p. 78, 20 ,γϱν] ,γϱλ; 86, 13 $\overline{\beta}$] α´, 21 $\overline{\beta}$] α´; 102, 19 $\overline{\mu}$] $\overline{\nu}$, ubi Arabs cum nostris codicibus consentit; sed p. 100, 1 cum eo contra codices Arabemque recepi $\overline{\sigma\lambda\eta}$, quod et necessarium est et facile in σμ corrumpi poterat.

Halma Bainbridgium tam religiose sequitur, ut etiam uncos, quibus ille additamenta sua inclusit, conseruauerit; praeterea C habuit, ut inde adparet, quod in C initia paginarum editionis eius notata sunt, et codd. Pariss. 453, 1642, de quibus uerba facit p. 6 sqq.

quae interpretatio Arabica meliora praebet quam codices Graeci, supra adtuli. quae addit p. 102, 1; 106, 2 necessaria non sunt, sed tamen probabilitatem habent propter locos similes p. 88, 27; 92, 30; 96, 31. lacunas classis A p. 106 non habuit (l. 4 $\overline{\sigma\iota\alpha}$ $\overline{o}$, 6 $\overline{\pi\alpha}$ $\overline{o}$, 8 $\overline{\sigma\kappa\vartheta}$ $\overline{\iota\varepsilon}$ Bainbridge). errorem nostrorum codicum praeter locos supra adlatos praebet p. 88, 13; p. 84, 19 scriptura codicis Arabici B ex ιϑ (= F) cum uariante ιγ (= AB) orta est. in numeris saepe peccat (p. 78, 19, 22; 84, 21; 88, 19; 90, 24; 94, 2; 96, 16, 31; 98, 3; 102, 3, 8, 25), et multis locis uerba Graeca male intellexit (p. 71, 10, 20; 73, 14, 16, 20, 27; 77, 5, 13, 27); nonnulla omisit p. 85, 11; 89, 21. interpres est Thabit ben Korrah, u. Catal. codd. orient. Lugd. III p. 80, Wenrich de auct. Gr. uersionib. p. 232, Suter Die Mathematiker und Astronomen der Araber p. 35, 11 sq. excerpta Persica libri II e Grauii libro, qui inscribitur Astronomica quaedam e traditione Schah Cholgii (Londini 1652) enotauit Nix.

---

c) Inscriptio Canobi.

Cum non modo in Marc. 313 (A) et Vat. 184 (C) codici
Vat. 1594 adfinibus sed etiam in Paris. 2390 (B) eius apographo
inscriptio Canobi Prolegomenis in Syntaxin e Theone aliisque
excerptis adnexa sit, concludendum, eam olim etiam in Vat. 1594
eodem loco fuisse et cum extrema parte Prolegomenorum periisse.
suspicor, duo illa folia εἰς τὴν ἀρχὴν τοῦ βιβλίου ἀπόλντα (I¹
p. IV), quae hodie absunt, post f. 8 locum habuisse — initio
enim nihil deest — et finem Prolegomenorum inscriptionemque
Canobi continuisse. — exstat etiam in Laur. XXVIII 1.
stemma igitur hoc est:

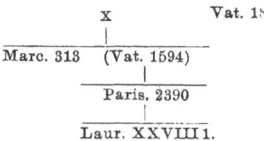

Bullialdus in praefatione dicit, se usum esse codice Laurentiano „volumine quodam Graeco in charta pergamena ..., quem
ante trecentos annos Demetrius Cydonius Thessalcnicensis in
bibliotheca sua habuit,“ h. e. Laurent. XXVIII 1. cum deinde
prosequitur: „ex quo Florentino descriptum esse librum, qui
in Bibliotheca Regia manu recentiori in papyro scriptus et
ordine centesimus decimus quartus adservatur, pro certo com-
pertoque habendum esse puto ..., siue in Graecia nondum a
Turcis in solitudinem redacta siue in Italia Urbinatum Duce
opus promouente descriptio facta sit. inter libros enim, quos
Catharina Medicaea Franciae Regina Urbino in Gallias disce-
dens secum adtulit, codex ille censetur“, apertissime Paris. 2390
significat, qui Mediceus est (in numero errauisse uidetur; fuit
enim numero 184 signatus, u. Omont, Inventaire IV p. LXIX);
eum archetypum, non apographum, codicis Laur. XXVIII 1 esse,
supra p. XXXIX demonstraui.

Halma Bullialdum sequitur adhibito codice Paris. 2390 et
inspectis codicibus Marc. 313 et Laur. XXVIII 1 (u p. 13).

d) Προχείρων κανόνων διάταξις καὶ ψηφοφορία.
Exstat in codicibus hisce:
1) cod. Laur. XXVIII 1, fol. 168—171, sine titulo; in fine
add. Κλανδίου Πτολεμαίου προχείρων κανόνων διάταξις καὶ
σαφήνεια.

ℬ   2) cod. Laur. XXVIII 7, fol. 33—40ᵛ; titulus est: *Κλαυδίου Πτολεμαίου σαφήνεια καὶ διάταξις τῶν προχείρων κανόνων τῆς ἀστρονομίας καὶ ὅπως χρηστέον αὐτοῖς μέθοδος ἐναργής.*
3) cod. Laur. XXVIII 12, fol. 95—106, sine titulo.
4) cod. Laur. XXVIII 46, fol. 8, fragmentum p. 179, 15 καὶ *τάς*—181, 16 *τῶν ἐκ* | .

G   5) cod. Laur. XXVIII 47, fol. 270—278ʳ; titulus: *Πτολεμαίου*, in fine: *Κλαυδίου Πτολεμαίου προχείρων κανόνων διάταξις καὶ ψηφοφορία.*

D   6) cod. Vatic. gr. 1038, fol. 323ᵛ—328ᵛ; titulus: *Πτολεμαίου*, in fine: *Κλαυδίου Πτολεμαίου προχείρων κανόνων διάταξις καὶ ψηφοφορία.*

F   7) cod. Marcian. Gr. 314, fol. 209—215ʳ; titulum *Πτολεμαίου περὶ προχείρων κανόνων* addidit m. 2.

ℭ   8) cod. Ambros. Gr. H 57 sup. = 437, fol. 45—54ᵛ; titulus est: *Κλαυδίου Πτολεμαίου σαφήνεια καὶ διάταξις τῶν προχείρων κανόνων τῆς ἀστρονομίας καὶ ὅπως χρηστέον αὐτοῖς μέθοδος ἐναργής.*
9) cod. Messanensis Bibliothecae Uniuersitatis 9, chartac. s. XVI. continet: f. 1—16ʳ Porphyrii *εἰσαγωγὴ εἰς τὴν ἀποτελεσματικὴν τοῦ Πτολεμαίου*, f. 16ᵛ uacat, f. 17—106ʳ commentarius in tetrabiblon Ptolemaei, f. 106ᵛ—107ʳ figurae astronomicae, f. 107ᵛ uacat, f. 108ʳ—116ʳ(?) (des. *ἀριθμῶν*, f. 112ᵛ—113ʳ lac.) *Κλαυδίου Πτολεμαίου σαφήνεια καὶ διάταξις τῶν προχείρων κανόνων τῆς ἀστρονομίας καὶ ὅπως χρηστέον αὐτοῖς μέθοδος ἐναργής* u. Studi Italiani di filologia classica V p. 329 sq.
10) cod. Scorial. *Φ-I*-5, f. 14ʳ—32ᵛ; titulus est: *περὶ προχείρων κανόνων.*
11) cod. Paris. 1642, fol. 251—262.

A   12) cod. Paris. 2390, fol. 147—149ᵛ, sine titulo, in fine: *Κλαυδίου Πτολεμαίου προχείρων κανόνων διάταξις καὶ ψηφοφορία.*

E   13) cod. Paris. 2397, chartac. s. XVI (scripsit Michael Damascenus), f. 19—27ʳ, sine titulo; u. Omont, Invent. II p. 252.
14) cod. Vindob. 14, f. 91—100ᵛ; titulus est: *Κλαυδίου Πτολεμαίου σαφήνεια καὶ διάταξις τῶν προχείρων κανόνων τῆς ἀστρονομίας καὶ ὅπως χρηστέον αὐτῆς μέθοδος ἐναργής.*

praeterea cod. Vat. gr. 1786, chart. s. XVI, f. 89—98ʳ habet p. 165,13 ad finem (sine titulo) post Theonem Smyrnaeum (f.1—38ʳ), Theodosium De habit. (f.39—48ʳ, al. m.) et De dieb. (f. 49—88ʳ).

horum codicum praeter 9 et 13 omnium stemma dedimus p. CLXXIII, quod etiam in hoc opusculo scripturis uariantibus com-

probatur. cod. ℭ in hoc opere semper fere 𝔅 sequitur, sed ex
alio codice (p. 177, 8) codici A simili non nulla recepis (p. 185, 6
προσπαραμεμύθηται habet sine corr.). cum codd. 5 et 6, quorum
neuter ab altero, uterque a Vat. 1594 pendet, nostrum opusculum
inter Syntaxin et Adparitiones habeant (in cod. 12 Syntaxin sequitur, sed deinde ordo est: Hypotheses, Adparitiones, περὶ
κριτηρίου,, manifestum est, in Vat. 1594 hoc opus excidisse
post fol. 263; et praeter duo folia, quae initio perierunt, constat alia XXXI deesse, quorum VII et dimidium nostro operi
sufficiunt. itaque recensio fundamentum habet codicem Vatic.
1594 e codd. 2, 5, 6, 7, 12 restitutum. e p. 171, 16; 182, 1
colligendum, in Vaticano 1594 scripturas uariantes adscriptas
fuisse; hinc explicatur dissensio codicum p. 172, 1); 173, 6;
175, 9; 177, 3 et codicum DG contra A𝔅 consensus p. 159, 13;
164, 16; 175, 8, 22; 180, 10; 185, 5, 8. scripturae receptae
siglis A aut 𝔅 signatae archetypi sunt his locis exceptis, ubi
emendationes codicis 𝔅 recepi: p. 163, 9; 169, 3, 24; 170, 2, 22;
172, 10 (ρξ̄), 21—22, 24; 173, 1; 174, 24; 178, 19; 179, 26;
184, 13, 14. A et archetypum sequi debueram p. 169, 12; 172, 11,
et cum iisdem nunc p. 162, 14 ἤ pro καί (𝔅) praefero; de p. 169, 22;
170, 1 dubito propter p. 182, 18, 22. quae ex ceteris codicibus recepta sunt, paucis minutiis exceptis omnia coniecturae debentur.

cod. 9, ut docet titulus, ad codd. 2, 8, 14 adcedit. cod. 13 ipse
quoque a codice 2 pendere uidetur, sed p. 161, 22; 164, 2; 165, 17;
167, 23; 168, 7, 14; 175, 24; 180, 15 cum A consentit (p. 173, 4 ἐάσομεν
supra scr., p. 183, 23 οὖν supra scr.). de Vat. 1786 nihil notaui.

Halma pro fundamento editionis habuit codicem 13 ad-
hibitis etiam codicibus Paris. 1642 et 2390; in cod. 13 fol. 27ʳ
mg. adscriptum ab Halma uel potius amanuensi aliquo eius:
ici finit l' introduction de Ptolemée aux tables manuelles, la-
quelle se continue par un calcul d' éclipse du soleil dans les
mss. 2390 et 1642.[1])

codicem Vat. 1594 iam mendis satis grauibus inquinatum
fuisse, adparet (u. in primis p. 159, 4; 165, 14—15; 168, 17; 170, 5;
172, 21 sq.; 175, 10): nunc addo, p. 164, 15 pro μέν scribendum
uideri μὲν ⟨οὖν⟩, p. 175, 6 φαινομένη ⟨πάροδος⟩; p. 177, 25 pro
αὐτῷ (h. e. τῷ ἀριθμῷ) rectius scriberetur αὐταῖς (h. e. ταῖς μοίραις
tituli capitum uix ab ipso Ptolemaeo additi sunt; nam p. 164, 8 ad

1) Sequitur in cod. 13 f. 27ʳ — 103ᵛ Theo in Προχ. κανόνας
ad Epiphanium.

τὸ δὲ μεσουρανοῦν auditur λαμβάνεται p. 163, 26, ita ut δέ respondeat particulae μέν p. 163, 25. sed testibus codicibus 5, 6, 7, 12 in Vat. 1594 fuerunt, et quod in cod. 2 saepe omittuntur (inde a p. 163, 24; alios addit p. 161, 1; 162, 12; discrepat a ceteris p. 161, 19, ut cod. 8 p. 171, 7, 21; 174, 1), rubricatori debetur. in codicibus plerisque (exceptis 4 et 13, de codd. 9 et 10 non constat) huic operi appendix sine titulo adnectitur. incipit: (ὑπόδειγμα τῆς ἡλιακῆς ἐκλείψεως). ἵνα δὲ καὶ ἐπὶ ὑποδείγματος φανερὰ ἡμῖν γένηται τὰ εἰρημένα, παρειλήφαμεν τὴν ἀκριβεστάτην ἡμῖν τετηρημένην ἐν Ἀλεξανδρείᾳ ἔκλειψιν ἡλιακὴν τῷ π′ ἔτει Διοκλητιανοῦ (a. 364), et prior pars, ut iam indicauit Bandinius II p. 10, e Theonis commentario in Προχ. κανόνας ad Epiphanium misso excerpta est; desinit: εὑρήσομεν τὴν τῆς ἐπισκοτήσεως πρόσνευσιν κατὰ τοῦ ἀπηλιώτου γινομένην. sequuntur deinde alia capita similia, quae apud Theonem non repperi: τὸ ἡμερήσιον ὁμαλὸν κίνημα τοῦ ἡλίου — τὸ πλῆθος τῶν ἡμερῶν, (περὶ προσθέσεων ἢ ἀφαιρέσεων τῆς σελήνης οὕτως) ἐὰν τὸ κέντρον ¹) — ἐπὶ τὰ ἐλάχιστα, τοῦ ζωδιακοῦ ἐπὶ τοῦ ἡλίου — πάντα ποιῶ, ἐπὶ δὲ τῆς σελήνης — τὴν ἀφοριζομένην μοῖραν τῆς σελήνης, ἐπὶ τῆς καρδίας τοῦ Λέοντος — ὁρῶ τὴν ἀπειλημμένην ²), ἐπὶ τῶν βουλομένων παρὰ τὸ τ′ ψηφίσαι — ἀκριβὴς ἡ μέθοδος, περὶ τῆς τοῦ κυνὸς ἐπιτολῆς ὑπόδειγμα. ἐπὶ τοῦ ρ′ ἔτους Διοκλητιανοῦ (a. 384) — ὁμοίως ποίει ἐπὶ οἱονδήποτε χρόνον, ἀπὸ συνόδου ἐπὶ σύνοδον — πρὸς ιϛ μ′ δ, περὶ ἀνέμων ἀπὸ χειρός. τῶν γ ἀστέρων — ἕως κη βόρραν ἀναβαίνει, εὑρεῖν πότιρον ἡ σελήνη ἐπὶ σύνοδον ἔρχεται ἢ ἐπὶ πανσέληνον ἢ ἀπὸ συνόδου εἰς πανσέληνον ἔρχεται. ἐὰν τὸ ἀπόγειον — ἐπὶ σύνοδον φέρεται, τὰ τοῦ ἡλίου σημεῖα ἐν ταῖς παραλλάξεσι λαμβάνομεν τὸν τρόπον τοῦτον. λαμβάνομεν τοῦ πρὸ αὐτοῦ ζωδίου — ἡλίου σημεῖόν ἐστιν, ἐπὶ τῶν φάσεων τοῦ Κρόνου — ἐπὶ σύνοδον, ἐπὶ δὲ τοῦ Διός — ἐπὶ σύνοδον, ἐπὶ τοῦ Ἄρεως — ἐπὶ σύνοδον ³), ἐπὶ τῆς Ἀφροδίτης — δύνει ἐπὶ σύνοδον, ἐπὶ τοῦ Ἑρμοῦ — ἐπὶ σύνοδον ἐρχόμενος ⁴), ἐὰν ὁ εἰσενεχθεὶς ἀριθμός — ἐὰν δὲ ἀφαι-

---

1) Hic incipiunt codd. 2 f. 40ᵛ et 14 f. 100ᵛ, in περὶ προσθέσεων cod. 8 f. 54ᵛ.

2) Hic desinit cod. 2 f. 41ᵛ, postea add. μ̊ τοῦ, in ἀπειλημμένην μ̊ τοῦ desinit cod. 14 f. 102ʳ.

3) Hic desinit cod. 6 f. 333; foll. 334—336ʳ uacant (inc. f. 328ᵛ).

4) Hic desinit cod. 8 f. 58ʳ.

ρετικὴ ἀφαίρει. huc usque codd 1 f. 171—177, 3 f. 106ᵛ—113ʳ,
12 f. 150—154, sequuntur figurae (12 f. 155); in codd. 5 (f. 278
—289ʳ) et 7 (f. 215--221ᵛ) sequuntur figurae (5 f. 289ᵛ—290ᵛ,
7 f. 222) et κανόνιον ἐπακτῶν. ἀπὸ Ἀδάμ — ἕως τῆς ἐνιστα-
μένης γ´ ἐπινεμήσεως ἔτη φμβ´ cum figura et exemplo ad
annum σλϑ´ ἀπὸ Διοκλητιανοῦ (a. 523) adcommodato 5 f. 291ʳ,
7 f. 223ʳ; in cod. 7 f. 223ᵛ add. ὁριζόντων καταγραφῇ τῶν διὰ
Βυζαντίου cum 2 figg.).

e) Περὶ ἀναλήμματος.

Ne quid desit, frustula nonnulla in cod. palimpsesto Ambro-
siano lecta hic referam, quae propter genus scripturae rerumque similitudinem ad hoc opus pertinere credideris, quamquam
locum eorum repperire non potui.[1]

P. 190: ... τινα τρόπον ἐπέσκεπται ον ... | ... τάς τε
καταβατικὰς καὶ ἀντι|σκίους ...

post medium: ... τοῦ τε μεσημβρινοῦ καὶ τοῦ ... | νου
οὖν ὑτι ...

ad finem: ... τοῦ κατὰ κορυφὴν ἐπιτελ ... |

P. 236: ‖ ϑω ε ... | ... ἡμέρα τοῦ ἡλίου με ... | ρον
τμῆμα τοῦ ὁρίζοντος, ἔτι δε ... τες |

τοῦ εαξ λαμβανομεν ... |

inferius: οἱ μὲν γὰρ ... | et

φέρωμεν ... | τονω ... |

P. 241: ... ασ | ... εν | .... ἀπέχει ... | ... τερον
ἐ(μ) | τη ... (ἐν π)α|ρόδῳ ... τοῦ ἰσημε|ρινοῦ ... α ἐμαυ-
το(ῦ) |

inferius: ⟨π⟩αρόδους καὶ τὰ ἐπι |

P. 249: ... ἀμφοτέρων τῶν πλευρῶν ... | .. λλη ...
ου καὶ τοῦ φέροντος συνκε ᾽κ .. μεν ... εν μόνῳ τῷ φέροντι
πρὸς τὰ | τοῦ μεσημβρινοῦ κατὰ τὰ ἐξάρματα τῶν | πόλων παρα-
φορὰς ἀπαρεγκλίτων |

P. 251: ἐντομὰς ὅ τε πολεύων καὶ ὁ ζῳδιακός, ὥστε |
πρὸς ὀρϑάς τ᾽ ἀκριβῶς εἶναι καὶ μίαν ἐπιφά|νειαν ποιεῖν
τῶν τε κυρτῶν ἐμ μέρει καὶ τῶν | κοίλων ἐπιφανειῶν τῇ αὐτῇ
μεν ... |

_____

1) Partem operis periisse, suspicatur Delambre, Histoire
de l'astronomie ancienne II p. 471

f) Planisphaerium.

Hunc librum, siue potius duo sunt (p. 249, 19), e Graeco in Arabicum traduxit Maslama ben Achmed el - Magriti († 1007—8), u. Suter, Die Mathematiker u. Astronomen der Araber p. 76 sq. [1]) notas quoque addidit, quarum conspectum breuem hic dare satis sit (pleraeque editae sunt a Commandino).

P. 230, 3: In hunc locum Maslem commentans ait — singulorum graduum initia constitui possunt.

P. 232, 14: Addit Maslem argumentum — per aequalia secabit.

P. 236, 26: Hic locus est argumenti Maslem — in una repraesentari planitie utrumque polum possibile est.

Ad p. 240, 13 mg. E (om. Commandinus): Dixit Meslem. et est ad hoc etiam uia facilior, quia ipse memorauit diametros parallelorum equalis ab equatore longitudinis in partem septentrionis et meridiei, et quia [2]) erit linea ek semidiametrus paralleli meridiani et linea en septentrionalis, et iam assignauit quantitates diametrorum eorum in precedentibus et demonstrationem in propositione secunda libri huius.

P. 251, 15 mg. E (om. Commandinus): Dixit Meslem. si animaduertisset Ptholomeus in hac propositione, propinquior esset assumptio, quod deus uelit; et hoc est. quando adiunxit d cum   si duxisset a nota g lineam equidistantem linee dz, que est gm, et fecisset circulum cum distantia em, esset circulus arietis. quia angulus nme equalis angulo zde, ergo arcus bgz similatur arcui cln. Et ad illud aliter. quia ponam maiorem circulum $abgd$ circa centrum e et ducam diametros ortogonaliter se secantes. volumus ergo signare intra ipsam cum longitudine arcus similis arcui gz et continuabimus b cum z, et secabitur eg super h. fiatque circulus secundum et centro supra e et similiter hkt[3]); arcus ergo kt similis est arcui zg, quod ductis equidistantibus gb et ht manifestum est.

P. 252, 12: Hic subiungit Maslem, quod — ubicunque sita fuerit.

---

1) Cod. E mg. ad finem habet: explicit liber superficiate spere Ptholomei correctus a Meslem filio dantis gratias, quod est Admeti.

2) quis E.

3) Hic aliquid turbatum est.

P. 254, 4: Noto igitur, ut [1]) Maslem addit, — equidistantes horizonti, quos Arabes pontes nominant. [2])

P. 255, 18 mg. E (om. Commandinus): Dixit Meslem. non declarauit, quod centrum non sit super unum punctum, nisi postquam ostendit, quod linea mc longior est nl; et iam explanabitur hoc facilius. quia protraham a puncto n perpendicularem super lineam dl, et est no. et declarabitur, quod dn breuior est quam dc et dl breuior quam dm. et secabitur in linea[m] dc equalis linee dn, que sit dt, et de linea dm equalis dl, que sit dz. fiet ergo triangulus dtz equalis triangulo dnl. et ut cecidit perpendicularis no, cadat etiam perpendicularis tv, et eius angulus dnl equalis angulo dtz; et quia lineata [3]) est dc longior linea dn, erit angulus duc maior angulo dcn; ergo angulus dcm remanet maior angulo dnl, qui equatur angulo dtz. quando igitur ducetur a puncto t equidistans linee mc, cadet terminus alter sub puncto z, et est linea tk. ergo proportio cd ad td, ut proportio mc ad tk; est ergo $\langle mc \rangle$ longior quam tk. et tk longior quam tz; ergo mc longior quam tz, cui equatur nl. et quamuis non protrahamus perpendicularem, etiam declarabitur hoc, ut dicam, quod angulus dzt, qui equatur angulo dln, est acutus; ergo linea kt longior est linea zt. et ex hac figura declaratur, quod sectiones, quas secant linee recte egredientes a puncto d in lineam ga super arcus equales, erunt in eadem praeter equalitatem [4]), et quod omnes propinquiores centro longiores erunt remotioribus ab eo.

P. 257, 15 mg. E (om. Commandinus): Alia translatio. dixit Meslem. de complemento huius propositionis est, quod producam lineas eg et dt directe, donec concurrant super punctum o, et demonstrabo, quod circulus, qui transit per notam c et per punctum y, transit etiam per notam o, secundum quod probatum est in propositione antecedente de ponendo equidistanti circulo orbi signorum, de quo non cadit aliquid

---

1) Haec tria uerba om. Commandinus; habent A (ergo) B C E.

2) Sic A B; in E additur: quorum uerticales circuli, id est paralleli transeuntes per cenith capitis circuli, equidistantes sunt circulo recto (similia Commandinus).

3) Scribendum uidetur: declarata.

4) Scribendum: partes aequales.

intra circulum semper occultum. cum ergo uoluero perficere,
quod promisi, producam dz usque ad punctum q.

Huc refertur nota, quam codices omnes p. 257, 15 in textu
habent (Commandinus f. 23): Deinde[1]) argumentum Maslem
subiungit addens: producimus lineam dz in directum — ex his
manifestum est, quod in spera, dum super idem centrum, equidistans recto et equidistans zodiaco medius medium secat.
quod quoniam planities facere non potest, descriptioni, quam
Maslen ad id monstrandum hic interponit, nos supersedemus,
ne quid Tholomaice descriptionis numerum[2]) ut minus cauemus
plus apponamus, praesertim cum nulla cogat necessitas. quod
tamen in ipsis eius descriptionibus, qua locus exigit imitatione,
non Maslen negligimus. nec enim desperet quisquam, quin
nos quoque et ea, que Maslen interponit, et ex nobis ipsis
quam plurima eque rationabiliter, ut illi uisum est, interserere
possemus, nisi auctorem ipsum, ut decet, castigate sequi mal-
lemus ueriti, ne immoderata euagando libertas nimie beneuo-
lentie uitium incurreret.

Ad finem huius notae E in mg. longam demonstrationem
habet; inc. et ut compleam, quod oportet compleri in hac propositione, declarabo, quod hic circulus equidistans orbi signorum
secat etiam parallelum, que⟨m⟩ secat in spera, in duo media,
in hac forma in duo media; cuius hec ratio quidem. ponam
circulum meridiei $abgd$: des. ergo circulus transiens per
puncta c, o, v transit etiam per punctum f; et hoc est. et secundum similitudinem huius ducam circulos equidistantes orizonti egredientes sub orizontem, neque est differentia inter
hec, et erunt almucanterat cadentes in lamina super astro-
labium meridianum.

P. 258, 5: Addit Maslen. quantum haec linea recta — sic
linea by, licet in infinitum protrahatur, nunquam linee dg
concurret. ex his[3]) manifestum est, quod consequens est, cum
hic circulus equidistans zodiaco per polum circuli recti transiens hunc equidistantem recto medium secet, et hunc per
zodiaci polum necessario transire.

praeterea in A fol. 160^v col. 1—162^r col. 1 (col. 2 et f. 162^v

---

1) Demum quidem E, quem in sequentibus secutus sum.
contulit A. A. Bjoernbo, cui omnia debeo, quae de E rettuli.

2) Scriptura incerta; quae proxime sequuntur, non intellego.

3) Hic mg. A: in alio libro non erat hoc.

uacant) post subscriptionem p. 259 adlatam notae hae additae
sunt per litteras adscriptas ad suos locos relatae: dixit Maslem.
et si intenderet cet. (cfr. E ad p. 251, 15).

et est ei alius modus — *gz*. et illud est, quod ꝺ'. v.

dixit Maslem. et non declaravit — elongantur ab eo (cfr. E
ad p. 255, 18).

et ex — *ef* in se. et illud cet.

capitulum, quod non est de libro, quod edidit Abualcacim
Maslem filius Ameti — cuius hec est forma (seq. figura). cum
ergo declaratum est — gradum, et hec est forma illius (seq.
fig.). opus autem — tabularum. et laus sit deo creatori gentium.

Interpres Latinus praefationem praemisit, quam hic ex
codicibus A D F dabo, quorum D contulit A. A. Bjcernbo, A F
ego; in B C E deest, sicut etiam apud Commandinum.

Quemadmodum Ptolomeus et ante eum nonnulli ueteris auc-
toritatis uiri antiquas seculi scribunt historias, que cunctis dis-
ciplinalibus scientiis finis est, ipsa earundem omnium principium
existit nature comitata seriem, cuius omnis fere terminus in ori-
ginis meta concluditur. quod quoniam presentis est negocii, locus   5
exigit ab integro exponi, quo plane constet, quonam presentis
instituti spectet auspicium, ac ne longa fiat digressio, nichil pro-
hibere uidetur, quin ad imitationem alterius translationis nostre
hic quoque breuiter commemoremus, ne, si diutius insequamur, scri-
bentis moram faciamus. narratur quippe, transacto primo et   10
uniuersali diluuio, qua primum undis ad priores alueos reuersis
arida patuit, senem cum filiis superstitem, cum ex Armenia tem-
peratiores auras sequens inter Tigrim et Eufratem descendit, [et]
in quarto climate, qua postea Babilonia surrexit, constitisse. hic
ex nepotibus eius quidam, ut ferunt, filius primogeniti, plane   15
quidem antequam nepotum successio aut trans Kascarum aut
citra Rufam haut longe a Mesopotamie terminis diffunderetur,
seu auita memoria commonitus seu diuino fortasse nutu com-

---

1. Ptolomeus] A, Tholomeus D, Ptholomeus F.   2. ystorias
A.   3. *Ante* scientiis *del.* fcf F.   4. exstitit F.   5. quonam]
quam F.   7. auspitium A.   fiat] fiẹtat F.   9. scribendis F.
10. narratur] A, narrat D F.   quippe] quidem F.   et] D F, ac A.
11. qua] D F, quam A.   12. temperationes F.   13. sequens] A,
om. D F. tygrim A, tigrran D, tigrum F.   et] *deleo.*   15. ex]
A, z (*h. e.* et) D F.   16. kacarum F.   17. rufan A.   haud A.
Mesopotacie A.   18. auita — seu] A, *om.* D F.   nutu fortasse D F.

motus primus sidereos cursus sequens effectus mirari cepit, a
quo paulatim sequentis etatis studium in orbem deuiatum in
tantum usque accreuit, quoad plane demum deprehenderet, omnem
superioris mundi scientiam principe loco in geminas diuidi
5 *species, in motus celestes et motuum effectus, tanto quidem inter-*
uallo discretas, quanta est inter disciplinale studium et naturalem
speculationem distantia. quarum eius, que motum sequitur, omnis
uis et ratio in numero, mensura et proportione constat, ut om-
nis matheseos discipline et primordialis et finalis extiterit causa.
10 *est enim stellarum motus omnino bipartitus, in eundem et diuer-*
sum, quorum alter accidentalis omnibus idem, alter proprius om-
nifariam diuersus atque eidem contrarius, uterque circularis, ut
necesse fuerit ad concepti artificii constitutionem et dimensionem
circulorum et habitudini ad inuicem ipsorumque motuum momentis
15 *singula proponi studia; quorum quoniam primi traduntur autores*
Indi, Perse et Egyptii inuentionem secuti sunt, que disciplina
primis ordinauit gradibus. idem ergo motus quoniam equabilis
est circuli super centrum et axem inmobilem omnia continentis
spere, seorsum hunc scribendum duxit Tholomeus quippe primum
20 *in ipso tanquam uestibulo astronomie quasi thema quoddam*
totius studii proponens, prout idem diuersi principium et equali-
tatem inequalitatis cardinem intellexit nec, opinor, sine imitatione
Abracaz, quem in omni celesti motu auctorem habet, qucmad-
modum Sicheum in motus effectu. ex quibus et duo Ionica lingua
25 *collegit uolumina, in prima[m] sintasim, in secunda tetrastim,*
Arabice dicta almagesti et alarba; quorum almagesti quidem

---

1. sidereos] sydereos A, sidereos m̤ D, si deos F.
2. orbe D. deuiatum] A, d'nratum D, d'uiatam F.   3. tan-
tum] A, terra D, tm̄ F.   plane] DF, plene A.   demum] A,
deinde DF. deprehenderet] A, comprehenderet DF. 4. diuidi] A,
diuide DF.   6. disciplinale] A, disciplinare DF.   7 eius]
est F.   9. extiterit] DF, existeret A.   10. motus stellarum
DF.   omnino] A, *om.* DF.   bipertitus F.   11. actualis F.
omniphariam A.   12. eadem F.   ut] A, z (*h. e.* et) DF.
13. fuerit] A, fuit DF.   15. auctores F.   16. Egiptii F.
secuti] F, sequti D, secuta A.   17. equaᵇⁱˡis A.   19. dixit
F.   Pth's D.   22. oppinor A.   23. Abracaz] A, abrathaz D,
abrachaz' F.   quem] A, quod D, q̨ F.   quemadmodum] A,
quendam DF.   24. effectu] *in ras.* A.   et] A, etiam D, autem
F. yonica DF.   25. sinthesim DF.   secundam F.   tetrasim F.

Albeteni commodissime restringit, tetrastim uero Albumasar non
minus commode exampliat. in utroque et ipse et sequaces eius
eas diuidentes ordinant, ut, quoniam altera submota alteram
relinqui inpossibile est, nec conuertitur illa naturaliter. ut finis
est disciplinalis studii, naturalis quoqu speculatioris existat 5
origo; cuius prior pars superioris mundi, ut sequens inferioris,
naturam contemplatur, id autem est materiales rerum causas,
quemadmodum illa formales, omnis uidelicet geniture principia
post primam ipsam causam utrumque mouentem, ut i ι eo, quod
de essentiis instituimus, plenius patebit. cum itaque motus quidem 10
sit huiusmodi, effectus uero motum consequens, omne hoc studium
ab eodem motu rectissime inchoat. quod igitur omnium humani-
tatis studiorum summa radix et principium est, cui potius desti-
narem quam tibi, quem primam summamque hoc tempore philo-
sophie sedem atque inmobiliter fixam uaria tempestate fluitantium 15
studiorum anchoram plane quidem, ut noui, et fateor; nec enim
diis placeat, me, sicut iners uulgus solet, inuidia teneat, ut
sponte quidem aut mendatio locum prestem aut ueritatem dis-
simulem; tibi, inquam, diligentissime preceptor Theodorice, quem
haut equidem ambigam Platonis animam celitus iterum morta- 20
libus accomodatam. quo factum est principaliter, ut non aliter, quam
aureis culmis Cererem, maturo palmite Bachum, unum te Latini
studii patrem astronomie primitiis donandum iudicarim, quippe
cum nec ego, quod offerrem, melius haberem nec tibi sapientie
dono quicquam acceptius cognoscerem, secundo uero, at id, quod 25
solertiam tuam minime latere potest, aliis quoque per te innotescat

---

1. Albeteni] D, albetera A, almatenim F. comodissime D,
commodisse F. tetrastim] D, tetrastum A, tetrasī F. Albu-
masar] D, albumaxar A, albunasar F.   2. comode D. exem-
pliauit D.   3. summota A.   5. existat] A, extitit D F.
7. autem] A, ea D F.   9. in] A, de D F.   10. ɔatebit] A,
patebat D F.   11. motum] A, motuum D F.   13. summi A.
destinantem D.   14. quem] A, quam D F.   15. inmobilem D.
fluitantium] A, fluentium D F.   17. diis placeat] A, dis-
placeat D, displiceat F. inhers A. volgus F   19 quem] A,
quam D F.   20. haut] D F, aut A.   21. accomneɔdatam A.
22. maturo] A, maturato D F.   23. primitiis] A, principiis
D F. iudica ⚥ F.   24. quod] A, quid D F.   offerem F.
26. aliis — te] A, per te aliis D F.

interim, quanta presumptione astronomie nomen usurpant, qui
necdum principium eius uiderint, que sine tribus premissis ita
recte possibilis est, ut Ycarus uolare potuit, nisi forte his, qui
nouo freti ingenio conuersis discipline gradibus a fine incipiunt,
5 *qui tamquam neglecto naturali gressu retrocedentes postpositis nimi-*
rum luminibus cecum carpant iter necesse est. tertio uero, ut, quo-
niam tanti uiri primarium hoc opus celestisque scientie quasi
clauem quandam labor noster nunc tandem Latio confert, ante-
quam in profanas insidiantium manus incideret, tua sanctissima
10 *constaret auctoritate. quantam enim putas hominum partem hoc*
tempore superstitem, que propria contenta sorte non alieni cupi-
ditate boni ferueat aut potius odio contabescat, que passio maxime
Latinitatis inopiam hucusque fouit nec, dum licet, pereunte
materia quiescens; quin me quoque, qui longe inter alios latere
15 *putabam, usque adeo saepius inpellat, ut tanquam cedens inuidie*
uoto remisso tanto labore potius ad commune quodlibet uiuendi
negotium confugiam, cum presertim cunctis iam animi diuitiis
postpositis nichil preter fortuitas opum sarcinas in pretio uideam,
nisi unum te uirtutis exemplar haberem, quem nec labor uincit
20 *nec delicie temperant nec denique potentissima peruertit ambitio,*
ut tu quoque ceteris diffugientibus deserte et tamquam mediis
exposite fluctibus philosophie naufragium patiaris. tuam itaque
uirtutem quasi propositum intuentes speculum ego et unicus atque
illustris socius Robertus Ketenensis nequitie dispicere, licet pluri-
25 *mum possit, perpetuum habemus propositum, cum, ut Tullius*
meminit, misera sit fortuna, cui nemo inuideat. his habitis, ne
diu differamus, ab ipsis eius uerbis tractatus initium statuamus
non alia transferendi lege, quam qua id ipsum Maslem in Ara-
bicam transtulit.

---

1. interim] A, *om.* DF.   3. his] A, is D, hiis F.   5. tanquam DF. retrocedentes] A, retroducentes DF.   7. primarium] A,
primatem DF.   9. prophanas F. insidiantium] A, *corr. ex*
incidiantium F, m̄diantium D.   16. comune D. uiuendi] AD,
cozuēdi F.   18. opum diuicias F.   19. te] *om.* F.   21. tam-
quam] AD, tanquam F. mediis] A, medie DF.   22. exposite]
A, exponitur D, expositus F.   24. Robertus] DF, Rodobertus A.
Ketenensis] DF, Keteñsis A. dispicere] A, duplicem DF.
25. possit] DF, possēt A.   26. his] A, hiis DF.   28. Maslem]
Masylem A, molle D, maslen F.

Interpretationem Latinam uulgo Rodolfo Brugensi tribu-
unt (Wüstenfeld, Die Übersetzungen Arabischer Werke in das
Lat. p. 51 sq.; Suter, Die Mathematiker u. Astroncmen der
Araber p. 77) inscriptione confisi editionis principis (Basil. 1536):
Rodulphi Brughensis ad Theodorichum Platonicum in traduc-
tionem planisphaerii Claudii Ptolemaei praefatio. cuae cum
in nullo, quod sciam, exstet codice, exiguae auctoritatis est,
praesertim cum ipsa praefatio ab editore suo arbitric pessum-
data sit; crediderim, titulum illum editorem ipsum finxisse alio
similis argumenti opere Maslemi deceptum, quod re uera interpretatus est Rodolfus Brugensis (Descriptio cuiusdam instru-
menti, cuius usus est in metiendis stellarum cursibus, per
Rodolfum Brugensem Hermanni Secundi discipulum, u. Wüstenfeld l. c. p. 52 sq.). uerum uidit Jourdain (Forschungen über
Alter u. Ursprung der lat. Übersetzungen d. Aristoteles, übers.
v. Stahr, p. 109 sq.), titulum, qui solus traditus sit, undique
confirmari: Planisperium Ptolomei Hermanni Secundi translatio (sic A initio praefationis et cod. Paris. 7377 B, qui ipse
quoque praefationem habet; in DF nullus titulus). de Roberto
amico loquitur Hermannus etiam in nota post equinoctiali
p. 229, 12:

1 *quem locum a Ptolomeo minus diligenter perspectum cum*
   Albeteni miratur et Alchoarismus, quorum hunc quidem ope
   nostra Latium habet, illius uero comodissima translatione studio-
   sissimi Roberti mei industria Latine orationis thesaurum accu-
5 *mulat, nos discutiendi ueri in libro nostro de circulis rationem*
   damus.

   etiam p. 234, 9 post corporea interpres de suo addit haec:

7 *quod quamquam, ut supra meminimus, alii XVI alii XVIII*
   punctis minus inueniant, non tamen in ortu signorum magno-
9 *pere curandam gignit discordiam.*

   iam ex ea nota, quam supra p. CLXXXI e mg. E adtulimus ad
p. 257, 15, adparet, aliam quoque translationem exstitisse.
cuius haec praeterea uestigia e mg. codicis E collegit Bjoernbo:

------

   1. quem] ABD, *om.* C, quod E, q F. a] z C. Ptolcmeo] AB,
Tholomeo CDEF.   2. Albeteni] AD, albatecií B, albetē C,
mg. albetr~; albategni EF. alchunarisimus C.   3. latinitas
mg. C. comodissima] AB, commodissima CDEF.   4 Roberti]
CDEF, Rodberti A, Rudberti B.   7. meramimus E. XVI] 19 [15] E.
XVIII] 68 B.   8. mag⁰ B, magno opere CE.   9. gingit B.

ad p. 239, 4: aliter. et hoc quia, cum ducetur *ek* in id, quod relinquitur de duplo *ef* cum quadrato *et*, proueniet quadratum *ek*, quia etiam *tk* equatur *bt*, que subtenditur angulo recto, cuius alterum latus *et* et reliqua circuli minoris semidiameter (supra scr. -tri) est.

ad p. 252, 5: alia translatio. erit nota *k* nadair polo circuli signorum in potentia. et manifestum est, quod hoc erit, secundum quod aperiuntur, quoniam circulus transiens per hanc notam et per duas oppositas notas secundum diametrum in circulo [in circulo] signorum secat etiam equatorem in duo media, et erunt isti circuli positi loco circulorum maiorum stantium super orbem signorum ortogonaliter.

ad p. 252, 25: alia translatio. dixit Meslē. quando facies circulum equidistantem circulo signorum, erit digrediens a circulo signorum cum quantitate latitudinis stelle. et prohice arcum, qui transit per polum signorum, qui est *l* in propositione premissa huic, et per gradum stelle in orbe signorum et secat orbem signorum in duo media et equatorem.

ad p. 258, 23: a⟨lia⟩ tra⟨nslatio⟩. et oportet ex hoc, ut sit possibile in positionibus, que reperiuntur cum comparatione ad equatorem, signari stellas, quamuis non lineentur omnes circuli descripti. et secabimus secundum proportiones circulorum equidistantium equatori, et cum diuisione equatoris solius, et in positionibus, que reperiuntur cum comparatione ad orbem signorum, non est possibile hoc. sed oportet, ut lineentur omnes circuli aut plures eorum ad demonstrandum locum, ubi oporteat poni stellas, et de iustioribus rebus est, ut compleamus in utraque harum duarum notarum, quod fecimus in spera, ut ponamus circulos, qui reperiuntur causa equatoris, illos, qui sunt meridiei, et illos, qui sunt equidistantes equatori, et circulorum causa circuli signorum repertorum illos, qui sunt propinquiores. et si non possint hec omnia lineari in lamina, reliquum est, ut lineentur circuli transeuntes per duos gradus aut tres aut sex, cum sit hec descriptio media, quia isti numeri sunt communicantes cum XXX numero graduum signorum et cum XXIIII numero longitudinis equatoris ab utroque tropicorum fere, donec lineentur circuli tropicorum et circuli meridiei, qui transeunt per signa. et non erit in longitudinibus secundum aliud exemplum repertis diuersitas, si deus uoluerit.[1]

---

1) Hic sequitur subscriptio supra p. CLXXX not. 1 adlata.

Cfr. quod A ad p. 257, 15 mg. notam habet ei similem, quam supra p. CLXXXI e mg. coaicis E adtuli; in c in alio. dixit Maslem. et ex complemento, des. equatur arcui *dt*. cod. A omnino cum alio codice collatus est (u. p. 236, 16; 237, 24; 251, 29; 252, 1, cfr. p. 236, 10; 239, 11, 24; 240, 1, 18; 241, 3; 248, 1; 249, 4), qui p. 243, 9, 10 solus uerum seruauit. codicum nostrorum, si summam spectes, optimus est A (u. p. 239, 12; 240, 20; 247, 3; 249, 15), quamquam is quoque suos habet errores (p. 245, 1; 251, 1) interpolationesque (p. 230, 1: 235, 1). ad eum adcedit B, uelut in interpolationibus p. 229, 12: 238, 24 glossisque p. 239, 13 et p. 229, 1, ubi glossema turbas fecit, p. 239, 14, ubi A errorem correxit, B eum propagauit, cfr. p. 237, 24; 252, 7 (de A cfr. p. 239, 14) et p. 241, 4, ubi error communis in A correctus est. sed B ab homine imperito scriptus est, qui saepe ridicule peccat (p. 229, 4; 230, 18, 234, 24; 235, 7, 22; 238, 4; 242, 8, 16, 19; 247, 2, 26; 249, 19; 254, 22). D solus uerum praebet p. 248, 25, cum E p. 237, 13. CE saepe conspirant et in bonis scripturis (p. 254, 6; 257, 24, cfr. p. 240, 14) et in erroribus (p. 236, 10, ne plura), lacunis (p. 232, 10; 233, 6; 252, 25 [1]); 253, 4; 257, 3), interpolationibus (p. 234, 4; 244, 13?; 245, 5), mutationibus arbitrariis (p. 242, 21—22; 243, 5; 250, 27; 252, 5, 22; 255, 7; 256, 1; cfr. p. 250, 2). hoc in genere C saepius peccat (p. 228, 19; 229, 17; 231, 10; 232, 1; 234, 7: 245, 24; 251, 26; 257, 10), sed etiam E solus (p. 231, 18; 233, 12, 25; 235, 25; 241, 28; 246, 7; 249, 24; 257, 6; interpolatio est p. 244, 11, lacuna p. 253, 25, scripturae uariantes p. 235, 11: 239, 14). cod. E semper numeris Arabicis utitur, ut plerumque etiam B (hic mixtos habet p. 245, 13 al.). DE opusculum in differentias XVI uel XVII distinxerunt. F in praefatione proxime ad D adcedit, cod. Paris. 737: B ad A. [2]) editio princeps codicem C eiusue sequacem usurpauit; nam non modo p. 253, 4—8 lacunam codicum CE praebet, sed etiam p. 248, 26 cum C solo nisi pro ubi (ú ABE). Commandinus editionem principem sequitur et id solum egit, ut uerba obscura interpretis planiora et elegantiora redderet (p. 248, 26 si scripsit).

---

1) Hic E mg.: et propter hoc transeunt isti circuli per longitudinem *em* et *en*.

. 2) Memorabilis est uocabuli q. e. diametros declinatio, cfr. p. 233, 5. feminini generis est p. 234, 15, 26.

Cap. III.

De tabulis manualibus.

Ex introductione Ptolemaei ad Προχείρους κανόνας hucusque paucis nota, quam infra p. 159 sqq. edimus, ordinem tabularum in illo opere hunc fuisse constat:

1) κανόνες ἐπισημοτέρων πόλεων longitudinis latitudinisque (ut in Geographia Ptolemaei), u. p. 159, 14.

2) αἱ συναναφοραὶ τοῦ τε διὰ μέσων καὶ τοῦ ἰσημερινοῦ ἐπ' ὀρθῆς τῆς σφαίρας καὶ ἑπτὰ παραλλήλων τῆς οἰκησίμου (cfr. Synt. II 13), u. p. 159, 16; 160, 2.

3) προκανόνιον βασιλέων, u. p. 160, 8.

4) ὁμαλαὶ πάροδοι ἡλίου καὶ σελήνης εἰκοσαπενταετηρίδων, ἐνιαυτῶν, μηνῶν, ἡμερῶν, ὡρῶν, u. p. 160, 9 sqq.

5) κανὼν ἀνωμαλίας ἡλίου καὶ σελήνης, u. p. 161, 6; 166, 21.

6) ὁμαλαὶ πάροδοι τοῦ ἐπὶ τῆς καρδίας τοῦ Λέοντος, u. p. 160, 10—11.

7) αἱ κατὰ μῆκος διαστάσεις τῶν περὶ τὸν ζῳδιακὸν ἀπλανῶν τῶν μέχρι δεκαμοίρου πλάτους καὶ τετάρτου μεγέθους πρὸς τὸν ἐπὶ τῆς καρδίας τοῦ Λέοντος, u. p. 160, 13—17 coll. p. 167, 14 sqq.

8) ὁμαλαὶ πάροδοι τῶν πέντε πλανωμένων εἰκοσαπενταετηρίδων, ἐνιαυτῶν, μηνῶν, ἡμερῶν, ὡρῶν, u. p. 160, 12.

9) κανόνες τῆς κατὰ μῆκος ἀνωμαλίας τῶν πέντε πλανωμένων, u. p. 160, 17 coll. p. 169, 15 et Synt. XI 11.

10) ἡλίου πρὸς τὸν ἰσημερινὸν παραχώρησις, u. p. 170, 20.

11) σελήνης πρὸς τὸν διὰ μέσων παραχώρησις, u. p. 171, 8.

12) τῶν πέντε πλανωμένων κατὰ πλάτος παραχωρήσεις. u. p. 171, 22.

13) στηριγμοὶ τῶν πέντε πλανωμένων, u. p. 173, 13 sqq.. cfr. Synt. XII 8.

14) φάσεις τῶν πέντε πλανωμένων, u. p. 174, 2; Synt. XIII 10.

15) σελήνης παράλλαξις ἐν τοῖς ἑπτὰ παραλλήλοις, u. p. 174, 15 sqq.

16) κανόνιον διορθώσεως, u. p. 175, 14—15; Synt. VI p. 522.

17) ὁριζόντων καταγραφή, u. p. 176, 6—7; Synt. VI 12.

18) προκανόνιον, u. p. 176, 17 sqq.; 178, 3.

19) σεληνιακῶν ἐκλείψεων δύο κανόνια, u. p. 177, 23; Synt. VI p. 520.

20) κανόνιον προσνεύσεων, u. p. 179, 18 sqq.; 183, 22 sqq.; Synt. VI 12.

21) ἡλιακῶν ἐκλείψεων δύο κανόνια, u. p. 182, 2⅗; Synt. VI
p. 519.

Collectionem tabularum, quae hunc ordinem ipsum prae-
beret, in nullo codice inueni, neque genuinos Κανόνας προχείρους Ptolemaei hodie exstare credo. sed quae in multis
codicibus inueniuntur compositiones tabularum astronomica-
rum, sine dubio magna ex parte ab opere Ptolemae·, quod diu
in usu fuit, deriuatae sunt. in antiquissimo horum codicum,
Vatic. Gr. 1291 s. IX, fol. 1ᵛ manu posteriore adscriptum est:
σχόλια σὺν θεῷ εἰς τοὺς προχείρους κανόνας τοῦ Πτολεμαίου
ἀπὸ φωνῆς Ἡρακλίου τοῦ τῆς εὐσεβοῦς λήξεως γεγονότος ἡμῶν
βασιλέως¹), et in ceteris quoque interdum tabulae nomine

1) Haec sunt: Εἰδέναι δεῖ, ὅτι ἡ σύστασις τοῦ κανόνος γέγονεν ἐν τῇ κατ᾽ Αἴγυπτον Ἀλεξανδρείᾳ ἐπὶ τοῦ α′ ἔτους Φιλίππου τοῦ μετ᾽ Ἀλέξανδρον τὸν κτίστην κατ᾽ Αἰγυπτίους Θὼθ ᾱ
πληρωθείσης ὥρας ⑤ ἡμερινῆς καὶ ἀρξάμενον ⑦ ὡς πρὸς τὸν
Ἀλεξανδρείας μεσημβρινόν.

ὅτι κατ᾽ Αἰγυπτίους καὶ Ἀλεξανδρεῖς οἱ μῆνες οὕτως ὀνο-
μάζονται   Θὼθ, Φαοφί, Ἀθύρ, Χυάκ, Τυβί, Μεχίρ, Φαμενὼθ,
Φαρμουθί, Παχών, Παυνί, Ἐπιφί, Μεσορί, καὶ ἐπαγόμεναι, καί
ἐστι παρ᾽ Ἀλεξανδρεῦσιν ὁ Θὼθ ὁ παρὰ Ῥωμαίοις Σεπτέμβριος
καὶ κατὰ τάξιν οἱ λοιποί· τὴν δὲ εὕρεσιν τ⟨ῶν⟩ πχρ᾽ Αἰγυπτίοις μηνῶν ἑξῆς ἐροῦμεν.

⟨ὅ⟩τι κατὰ Ῥωμαίους καὶ Ἀλεξανδρεῖς ὁ ἐνιαυτὸς ἡμερῶν
ἐστι τξε δ′, κατὰ δὲ Αἰγυπτίους ἡμερῶν τξε μόνον.

⟨κ⟩ανόνιον καλοῦμεν τὴν οἱανδήποτε πραγμχτείαν κἂν
πλειόνων τυγχάνῃ πτυχίων, στίχον δὲ τὸν κατὰ τὸ κοινὸν ἔθος
ὀνομαζόμενον στίχον τὸν ἀπὸ ἀριστερῶν ἐπὶ δεξιὰ ἀναγινωσκόμενον, σελίδιον δὲ τὸ ἀπὸ τῶν ἄνωθεν ἀναγινωσκόμενον ἐπὶ
τὸ κάτω.

ὅτι ὁ ζῳδιακὸς κύκλος διαιρεῖται εἰς μέρη ιϐ, τουτέστι
Κριόν, Ταῦρον, Διδύμους, Καρκίνον, Λέοντα, Παρθένον, Ζυγόν,
Σκορπίον, Τοξότην, Αἰγόκερων [corr. ex -ρον], Ὑδριχόον,
Ἰχθύας.

ὅτι ἑπόμενα ζῴδια καλοῦνται τὰ ἀπὸ Κριοῦ ἐπὶ Ταῦρον καὶ
Διδύμους καὶ ἐφεξῆς, προηγούμενον δὲ τὸ ἀνάπαλιν ἀπὸ Κριοῦ
ἐπὶ Ἰχθύας καὶ Ὑδριχόον.

ὅτι ἐποχή ἐστιν ἡ μοῖρα, ἐν ᾗ καταλαμβάνεται ὅ τε ☉ καὶ
ἡ ☾ καὶ ἕκαστον τῶν πλανητῶν· εἰσὶ δὲ οὗτοι κατὰ τάξιν· Φαί-
νων, Φαέθων, Πυρόεις, Ἥλιος, Φώσφορος, Στίλβων, Σελήνη.

Ptolemaei iniuria inscribuntur. codices huius generis, quos quidem nouerim. hic enumerabo, omisso codice pulcherrimo Vatic. 1291, cuius descriptionem adcuratam dedit Franciscus Boll, Sitzungsber. der bayer. Akad. d. Wiss., philos.-philol. Classe. 1899 p. 113 sqq., et codicibus Theoninis Leid. Gr. LXXVIII s. IX et Laur. XXVIII 26 s. IX — X, quibus usus est Hermannus Usener, Chronic. III p. 363 sqq.

Vatic. Gr. 208 (u. supra p. VI) f. 23 — 132ᵛ has tabulas habet cum breuibus introductionibus notisque marginalibus: Κλαυδίου Πτολεμαίου¹) πρόχειροι κανόνες f. 23ʳ.

ὅτι ἕκαστον τῶν ζῳδίων διαιρεῖται εἰς λ̄ μέρη, ἃ καλοῦνται μοῖραι, καὶ ἡ μοῖρα διαιρεῖται εἰς ξ̄ μέρη, ἃ καλεῖται ἑξηκοστὰ πρῶτα λεπτά, καὶ τὸ ἓν πρῶτον λεπτὸν διαιρεῖται εἰς ἑξήκοντα πάλιν, ἃ καλεῖται δεύτερα λεπτά· πλέον δὲ τῶν δευτέρων λεπτῶν ἐν τῷ προχείρῳ κανόνι παραλαβεῖν οὐκ ἀναγκαῖον.

ὅτι μοῖραι ἐπὶ μοίρας πολυπλασιαζόμεναι μοίρας ποιοῦσιν, μοῖραι δ᾽ ἐπὶ πρῶτα λεπτὰ ποιοῦσι πρῶτα λεπτά, ἅπερ, ὅσα μὲν μερίζονται παρὰ τῶν ξ̄, γίνονται μοῖραι, καὶ τὰ ὡς εἰκὸς ὑπολιμπανόμενα μένουσι λεπτὰ πρῶτα· μοῖραι δὲ ἐπὶ δεύτερα λεπτὰ πολυπλασιαζόμεναι ποιοῦσι δεύτερα λεπτά, ἅπερ, ὅσα μὲν μερίζονται παρὰ τῶν ξ̄, ποιοῦσι πρῶτα λεπτά, καὶ τὰ ὡς εἰκὸς ὑπολιμπανόμενα ποιοῦσι δεύτερα λεπτά· ἐφ᾽ ὃ γὰρ ἂν πολυπλασιασθῇ μοῖρα, φυλάττει ἐκεῖνο τὸ εἶδος, ἐφ᾽ ὃ πολυπλασιάζεται, τουτέστι, κἂν ἐπὶ μοίρας, μοίρας φυλάττει, κἂν ἐπὶ πρῶτα λεπτά, πρῶτα γίνεται, κἂν ἐπὶ δεύτερα, δεύτερα. — eadem manus in Vatic. 180 s. XII scholia nonnulla scripsit, maxime initio, ideoque saeculi X esse nequit; sed antiquitatis speciem adfectat.

1) Sicut negari nequit, uestigia Ptolemaei et in rebus et in ordinatione inueniri, ita dubito, an nomen eius ideo maxime additum sit, ut hae tabulae iis opponantur. quae f. 5 — 20ᵛ exstant, quarum hic est titulus: Ἰσαὰκ μοναχοῦ τοῦ Ἀργυροῦ πραγματεία νέων κανονίων συνοδικῶν τε καὶ πῇ μεταποιηθέντων ἀπὸ τῶν ἐν τῇ συντάξει καὶ συστάντων πρός τε ἔτη Ῥωμαϊκὰ καὶ πρὸς τὸν διὰ Βυζαντίου μεσημβρινόν, ἔτι δὲ καὶ χρονικὴν ἀρχὴν ἐχόντων τὸ ‚ςωος ἔτος ἀπὸ τῆς τοῦ κόσμου γενέσεως (h. e. anno 1368); des. τὰ δὲ μεταβληθέντα κανόνια καὶ παρ᾽ ἡμῶν ἐξετασθέντα ἀπὸ τῶν ἐν τῇ μεγάλῃ συντάξει εὕρηνται μηδὲ τὸ βραχύτατον σφαλλόμενα ἢ τῆς ἀκριβείας ἐκπίπτοντα· ἀμερίμως γοῦν χρῆσθαι τουτοισὶ δέον καὶ μηδὲν ὑποπτεύειν,

κανὼν εἰκοσιπενταετηρίδων ἡλίου καὶ σελήνης ⎫
f. 24ᵛ ἔτη ἁπλᾶ ἡλίου καὶ σελήνης   ⎮
f. 25ʳ μῆνες Αἰγύπτιοι ἡλίου καὶ σελήνης   ⎬ = Ptolemaei
f. 25ᵛ ἡμέραι ἡλίου καὶ σελήνης   ⎮   nr. 4.
f. 26ʳ ὧραι ἀπὸ μεσημβρίας ἡλίου καὶ σελήνης ⎭

f. 26ᵛ — 29ʳ κανὼν ἀνωμαλίας ♃ καὶ ☾ = Ptolemaei nr. 5.
f. 30ᵛ — 36ʳ κανόνες ἐπισήμων πόλεων = Ptolemaei nr. 1
f. 36ᵛ — 52ʳ ἀναφορῶν κανόνια = Ptolemaei nr. 2.

f. 52ᵛ πῶς ἂν τὰς ἐν ἑτέρᾳ οἰκήσει διδομένας ἀπὸ μεσημβρίας ὧρας ἰσημερινὰς μεταλάβωμεν πρὸς τὰς ἀπὸ τῆς ἐν Ἀλεξανδρείᾳ μεσημβρίας, inc. διαλαβόντες, des. μεσημβρίας.

f. 53ʳ περὶ τῆς πρὸς τὰ ὁμαλὰ νυχθήμερα διακρίσεως, inc. ἑξῆς δὲ καί, des. καὶ ὧρας ε̄.

f. 53ᵛ — 54ʳ περὶ ὡροσκόπου, inc. διαλαβόντες, des. τμα ῑᾱ. περὶ μεσουρανήσεως, inc. λαμβάνεται, des. μεσουρανοῦσαν.

f. 54ʳ — 55ᵛ ὀρθὴ σφαῖρα σὺν μεσουρανήματι.

f. 56 περὶ τῆς κατὰ μῆκος τῆς σελήνης ψηφοφορίας, inc. ἑξῆς δέ, des. μοι. ξ̄ κγ'.

f. 57ʳ περὶ τῆς διορθώσεως τῶν ἐκ τῶν ε̄ κλιμάτων συναγομένων ὁμαλῶν κινήσεων ♃ καὶ ☾, inc. καθόλου μέν, des. π̄δ μζ'.

f. 57ʳ — 58ʳ περὶ τῆς τῶν ε̄ πλανωμένων κατὰ μῆκος ψηφοφορίας, inc. ἑξῆς δὲ καί, des. ξᵃ ϑ'.

f. 58ʳ περὶ τῆς διορθώσεως τῶν ἐκ τῶν ε κλιμάτων συναγομένων ὁμαλῶν παρόδων τῶν ε̄ πλανωμένων, inc. ἔτι δέ, des. ἔκκειται.

f. 58ᵛ — 61ʳ κανὼν εἰκοσιπενταετηρίδων τῶν ε̄ ἀστέρων ⎫
f. 61ᵛ — 62ʳ ἔτη ἁπλᾶ τῶν ε̄ ἀστέρων   ⎮ ‖
f. 62ᵛ — 63ʳ μῆνες Αἰγύπτιοι   ⎬ Ptolemaei
f. 63ᵛ — 64ʳ ἡμέραι Αἰγύπτιαι τῶν ε̄ ἀστέρων   ⎮ nr. 8.
f. 64ᵛ — 65ʳ ὧραι ἀπὸ μεσημβρίας τῶν ε̄ ἀστέρων   ⎭

f. 65ᵛ — 80ʳ κανὼν ἀνωμαλίας V planetarum = Ptolemaei nr. 9.

ὡς ἐκ τούτων χεῖρον εὑρεθήσεται ἡ ἀκριβὴς συζυγία ἤπερ διὰ τῆς Πτολεμαίου συντάξεως. idem opus Isaaci inueni in Vat. Gr. 1411 s. XV f. 160ᵛ — 164ʳ, Vat. Urbin. Gr. 80 s. XV f. 101 sqq., Marc. 323 f. 211—214, f. 287ᵛ — 382ᵛ, Paris. Gr. 2400 f. 41—44ʳ, f. 44ᵛ — 70, Scorial. Υ-III-21 s. XIV, Vindob. 160 s. XV f. 45ᵛ — 54ᵛ. de Vat. 1059 (f. 78 — 108ʳ) u. Usener, Ad hist. astronomiae symbola, Bonn 1876.

f. 80ᵛ περὶ τροπῶν, inc. ἐπεὶ δέ, des. ♃ καὶ ☾. περὶ τῆς τοῦ ἡλίου λοξώσεως, inc. καταλαμβάνεται, des. ἀκολούθως. περὶ τῆς πρὸς τὸν διὰ μέσων τῶν ζωδίων κατὰ πλάτος τῆς σελήνης ἀποστάσεως, inc. καταλαμβάνεται δέ, des. δηλοῦντος. περὶ τοῦ ἀναβιβάζοντος καὶ καταβιβάζοντος, inc. τὸν δὲ ☋ καὶ ☊, des. μοι. ōō.

f. 81ʳ — 83ʳ κανὼν ἡλίου λοξώσεως καὶ σελήνης πλάτους = Ptolemaei nr. 10 — 11.

f. 83ᵛ κανόνιον μερῶν ὥρας τῶν ὁμαλῶν κινήσεων ♃ καὶ ☾.

f. 84 περὶ τῶν κατὰ πλάτος ἀπὸ τοῦ διὰ μέσων τῶν ζωδίων ἀποστάσεων τῶν ε̄ πλανωμένων, inc. ἔτι δὲ καί, des. μοι. δ̄ ιη΄.

f. 85 — 89ᵛ latitudines V planetarum = Ptolemaei nr. 12.

f. 90ʳ περὶ στηριγμῶν, inc. ἑξῆς δὲ καί, des. καὶ λεπτὰ ϛ΄.

f. 90ᵛ — 92ᵛ στηριγμοὶ διακεκριμένοι V planetarum = Ptolemaei nr. 13.

f. 93 — 94ʳ περὶ φάσεων, inc. ἑξῆς δὲ καὶ περί, des. κϛ ἔγγιστα μοιρῶν.

f. 94ᵛ — 97ᵛ φάσεις ἑῴας ἀνατολῆς et ἑσπερίας δύσεως V planetarum = Ptolemaei nr. 14.

f. 98ʳ φάσεις τῶν ε̄ ἀστέρων ἐπὶ τοῦ διὰ Βυζαντίου παραλλήλου.

f. 98ᵛ φάσεων ἀποστάσεις πρὸς τὸν ἀκριβῆ ἥλιον } = Ptolemaei nr.14,

f. 99ʳ μέγισται ἀποστάσεις τῶν δύο ἀστέρων } cfr. p. 174, 3 — 4.

f. 99ᵛ κανὼν μιᾶς ὥρας ἰσημερινῆς.

f. 100 περὶ τῶν τῆς σελήνης παραλλάξεων, inc. διαλαβόντες, des. ἀνέμου.

f. 101 — 107ᵛ παράλλαξις VII climatum = Ptolemaei nr. 15.

f. 108 παράλλαξις τοῦ διὰ Βυζαντίου παραλλήλου.

f. 109ʳ κανόνιον διορθώσεως = Ptolemaei nr. 16. ib. col. 2 περὶ συνόδων καὶ πανσελήνων, inc. δεδειγμένης δὲ καί, des. f. 113ᵛ ἐπισκέψεις.

f. 111ʳ προκανόνιον = Ptolemaei nr. 18.

f. 113ʳ — 114ʳ περὶ σεληνιακῶν ἐκλείψεων, inc. τῶν οὖν συνοδικῶν.

f. 114ᵛ — 115ʳ περὶ τῶν τῆς σελήνης προσνεύσεων, inc. τῶν δὲ κατὰ τούς, des. τὴν πρόσνευσιν.

f. 115ʳ — 117ʳ περὶ ἡλιακῶν ἐκλείψεων, inc. ἔτι δὲ καί, des. ἐπισημασιῶν.

f. 117ʳ — 119ʳ τοῦτο τὸ ὑπόδειγμα τῆς τοῦ ἡλίου ἐκλείψεως οὐχ εὑρίσκεται κείμενον ἐν τοῖς βιβλίοις, ὕστερον δέ που εὑρεθὲν παρά τινος προσετέθη, inc. ἵνα δὲ καί, des. κατειλημμένοις.

f. 119ʳ — 120ᵛ περὶ τῶν τοῦ ἡλίου προσνεύσεων, inc. ἑξῆς δὲ ὄντος, des. γινομένην.

f. 120ᵛ ζήτει τὰ κανόνια τῶν ἐκλείψεων 𝟼 καὶ 𝟻 καὶ τὴν καταγραφὴν τῶν ὁριζόντων κύκλων ὁμοίως καὶ τὸ κανόνιον τῶν παραλλάξεων.

f. 120ᵛ — 121ʳ περὶ τῆς τῶν ἀπλανῶν ἀστέρων ἐποχῆς, inc. τὴν δὲ ἐποχήν, des. τυγχάνωσιν.

f. 121ʳ ὁρίζοντος καταγραφὴ τοῦ διὰ Βυζαντίου παραλλήλου.

f. 121ᵛ κανὼν σεληνιακῶν ἐκλείψεων = Ptolemaei nr. 19.

f. 122ʳ κανὼν ἡλιακῶν ἐκλείψεων = Ptolemaei nr. 21. κανόνιον μεγέθους 𝟼 καὶ 𝟻 = Syntax. VI p. 522 col. 2.

f. 122ᵛ ὁριζόντων καταγραφή = Synt. uol. I tab. cum descriptione codicis B.

f. 123ʳ κανόνιον προσνεύσεων = Ptolemaei nr. 20.

f. 123ᵛ κανόνιον ἡλίου ἀπὸ ἰσημερίας.

f. 124ʳ κανὼν ἐξάρματος πόλου καὶ ὡρῶν ὑπεροχῆς.

f. 124ᵛ κανὼν σελήνης ἐκ συνόδου.

f. 125ʳ κανόνιον ἰσημερινῶν ὡρῶν καὶ παραλλάξεων εἰς τὰς ἐκλείψεις.

f. 125ᵛ tabula quaedam imperfecta.

f. 126ʳ ἐν τῷ Περσικῷ (mg. γρ. εἰς τὸ Περσικόν̛, inc. εἰ θέλεις εὑρεῖν, des. οὐδαμῶς.

f. 126ᵛ—129ʳ κανόνιον τῶν ἐπὶ τοῦ ζωδιακοῦ ἀπλανῶν ἀστέρων τῶν μέχρι δεκαμοιρίου πλάτους [1]) = Ptolemaei nr. 7.

f. 129ᵛ—130ʳ περὶ μελῶν ζῳδίων.

f. 130ᵛ κανόνιον τῶν λ̄ λαμπρῶν ἀστέρων τῶν παραλαμβανομένων ἐν τοῖς ἀποτελέσμασιν.

f. 131ʳ ὁ μετα . . . . ἀπὸ ᾱ⁷ˢ μοι. ἕως κ΄, des. περιερχόμενος προσθ . . . .

f. 131ᵛ κανόνιον τῶν ἑκάστης ἡμέρας ὡρῶν καὶ λεπτῶν ἐπὶ τοῦ διὰ Βυζαντίου παραλλήλου.

f. 132ʳ κανόνιον τῶν καθ᾽ ἡμέραν ὡρῶν καὶ λεπτῶν τῶν ῑβ̄ μηνῶν τοῦ ἐνιαυτοῦ.

f. 132ᵛ κανόνιον τῶν καθ᾽ ἡμέραν ὡρῶν καιρικῶι καὶ λεπτῶν τῶν ῑβ μηνῶν τοῦ ἐνιαυτοῦ.

Vatic. Palat. Gr. 137 s. XIV—XV (cfr. Stevenson, Codd.

1) Incipit, ut catalogus stellarum in Vat. 1291 f. 90ᵛ, ab ea, quae ἐπὶ τῆς καρδίας τοῦ Λέοντος (μῆκος ō ō, πλάτος βο ō ī, μέγεθος α΄).

n*

Palatini Gr. p. 66 sq.)[1]) fol. 30—44ʳ Κλαυδίου Πτολεμαίου πρόχειροι κανόνες.

κανὼν εἰκοσιπενταετηρίδων ♃ καὶ ☾

ἔτη ἁπλᾶ ♃ καὶ ☾

μῆνες Αἰγύπτιοι ♃ καὶ ☾ } = Ptolemaei nr. 4.

ἡμέραι ♃ καὶ ☾

ὧραι ἀπὸ μεσημβρίας ♃ καὶ ☾

κανὼν ἀνωμαλίας ♃ καὶ ☾ = Ptolemaei nr. 5.

κανὼν ♃ λοξώσεως καὶ ☾ πλάτους = Ptolemaei Nr. 10—11.

κανὼν μεγέθους ♃ καὶ ☾ = Synt. VI p. 522 col. 2.

κανὼν ἡλιακῶν ἐκλείψεων = Ptolemaei nr. 21.

κανὼν ἐξάρματος πόλου καὶ ὡρῶν ὑπεροχῆς.

κανὼν ἰσημερινῶν ὡρῶν καὶ παραλλήλων εἰς τὰς ἐκλείψεις.

κανὼν σελήνης ἐκ συνόδου.

ὁριζόντων καταγραφή = Synt. uol. I tab.

f. 44ᵛ ἐξήγησις τῶν δύο κανονίων τοῦ τε ἀπὸ ἰσημερίας ♃ καὶ τοῦ τοῦ ἐξάρματος τοῦ πόλου καὶ τῆς ὑπεροχῆς τῶν ὡρῶν, inc. ὅσα μὲν οὖν εἰς σαφήνειαν, des. εἰς τὰς ο̅π̅ χρησόμεθα.

f. 45ʳ κανόνιον μιᾶς ὧρας ἰσημερινῆς. f. 45ᵛ uacat.

f. 46ʳ—79ᵛ κανόνιον εἰκοσιπενταετηρίδων τῶν ε̅ ἀστέρων κτλ. = Ptolemaei nr. 8.

f. 80—82ᵛ ἐποχαὶ ἀπλανῶν ἀστέρων μέχρι δεκαμοίρου = Ptolemaei nr. 7.

f. 83 περὶ μελῶν ζῳδίων.

f. 84 ὧραι καὶ λεπτὰ τοῦ παντὸς ἐνιαυτοῦ ἐπὶ τοῦ διὰ Βυζαντίου παραλλήλου.

---

1) Folia praemissa c, d, eʳ ea continent, quae edidit Hultsch, Heronis rell. p. 41, 2—47, 3. f. 118ᵛ inter alia legitur: Μάρκου Ἐπιφανίου τάχα δὲ καὶ ἱερέως ἐστὶν ἡ βίβλος αὕτη. quae exstant f. 119—123 περὶ ἀστρολάβου κύκλων (corr. ex κύκλον) καὶ ἑτέρων ἄλλων ὀργάνων καὶ πόλων ☾ Κλαυδίου Πτολεμαίου (corr. ex πτολομέου), e Syntaxi excerpta esse uidentur; inc. καὶ τοῦτο ἀναγκέον εἰδέναι; f. 121ᵛ ὁριζόντων καταγραφή. f. 124ʳ notulae, inter quas: βιβλίον τὸ λεγόμενον πρόχειρον. βιβλίον λεγόμενον ἐξαπτέριγον. βιβλίον λεγόμενον δρωον . . . πρόχειρον Περσικόν. πρόχειρον Αἰγυπτιακόν. f. 124ᵛ—125ʳ figurae astronomicae ad planetas pertinentes. f. 125ᵛ—127ʳ tabulae astronomicae. f. 127ᵛ uacat.

f. 85—86 ὀρθὴ σφαῖρα, μεσουράνησις πανταχῇ | = Ptolemaei
f. 87—100 κλίματα VII | nr. 2.
f. 101—102 κλῖμα τὸ διὰ Βυζαντίου.
f. 103—109 παράλλαξις VII climatum = Ptolemaei nr. 15.
f. 110 παράλλαξις climatis διὰ Βυζαντίου.
f. 111—116ʳ κανόνιον ἐπισήμων πόλεων = Ptolemaei nr. 1.
f. 116ᵛ—118ʳ ὁ πρῶτος πίναξ τῆς Ἀσίας περιέχει, des.
διέστηκεν Ἀλεξανδρείας πρὸς δύσιν μιᾶς ὥρας γ̄.
Laurent. XXVIII 7 s. XIV, f. 50—106 sine titulo (post
Theonem in Προχείρους κανόνας ad Epiphanium):

κανὼν εἰκοσιπενταετηρίδων ƌ καὶ ₵ ⎫
ἁπλῶν ἐτῶν   ⎪
μηνῶν Αἰγυπτίων   ⎬ = Ptolemaei nr. 4.
ὡρῶν   ⎭
τῶν τῆς ὥρας μορίων ƌ καὶ ₵.
τῶν τῆς ἰσημερινῆς ὥρας μερῶν.
ἀνωμαλίας ƌ καὶ ₵ = Ptolemaei nr. 5.
ἡλίου λοξώσεως καὶ σελήνης πλάτους ⎫ = Ptolemaei nr. 10
ἡλίου λοξώσεως κατὰ μονομοιρίαν   ⎬   — 11.
σελήνης πλάτους κατὰ μονομοιρίαν   ⎭
ἡλίου ἀπὸ ἰσημερίας.
ἐξάρματος πόλου καὶ ὡρῶν ὑπεροχῆς.
σεληνιακῶν ἐκλείψεων = Ptolemaei nr. 19.
ἡλιακῶν ἐκλείψεων = Ptolemaei nr. 21.
μεγεθῶν = Synt. VI p. 522 col. 2.
προκανόνιον = Ptolemaei nr. 18.
διορθώσεως = Ptolemaei n. 16.
προσνεύσεων = Ptolemaei nr. 20.
ὁριζόντων καταγραφή. [1])
παράλλαξις VII climatum = Ptolemaei nr. 15, et climatis
τοῦ διὰ Βυζαντίου.
περὶ τῆς ἐποχῆς τῆς καρδίας τοῦ Λέοντος et V planetarum,
inc. κατὰ τὸ πρῶτον ἔτος τῆς βασιλείας, des. τοῖς οἰκείοις
αὐτῶν σελιδίοις. ἰστέον, ὅτι τὸ μέσον ἀπόστημα ἐπὶ τῶν ε̄ — κ̄β̄ λ̄'.

_____

1) Adscribitur: ἐν τῇ παρούσῃ καταγραφῇ τῶν ὁριζόντων
ὁ τρίτος ἀπὸ τοῦ ἐκτὸς ὁρίζων ἐστὶ τοῦ διὰ Βυζαντίου παραλλήλου, ἐν ᾧ ἡ μεγίστη ἡμέρα ἐστὶν ὡρῶν ἰσημερινῶν ῑε̄ ᛞᵘ
μοῖ μ̄γ̄ ε̄.

κανὼν εἰκοσιπεντακτηρίδων τῶν ε̄ ἀστέρων ⎫
ἐτῶν ἀπλῶν τῶν πέντε ἀστέρων   ⎪   = Ptolemaei
μηνῶν τῶν πέντε ἀστέρων   ⎬   nr. 8.
ἡμερῶν Αἰγυπτιακῶν   ⎪
ὡρῶν ἀπὸ μεσημβρίας   ⎭
ἀνωμαλίας V planetarum = Ptolemaei nr. 9.
βορείου καὶ νοτίου πλάτους V planetarum = Ptolemaei nr.12.
στηριγμῶν V planetarum = Ptolemaei nr. 13.
φάσεων V planetarum = Ptolemaei nr. 14.
κανὼν φάσεων τῶν πέντε ἀστέρων ἐπὶ τοῦ διὰ Βυζαντίου
παραλλήλου.
φάσεων ἀποστάσεις πρὸς τὸν ἀκριβῆ ἥλιον.
Ἀφροδίτης καὶ Ἑρμοῦ μέγισται ἀποστάσεις = p. 174, 3—4.
catalogus stellarum (in c. ὁ ἐπὶ τῆς καρδίας τοῦ Λέοντος ō ō)
= Ptolemaei nr. 7.
Laurent. XXVIII 12 s. XIV (teste Hermanno Usener,
Chronic. III p. 364 apographum codicis Leidensis LXXVIII)
fol. 187 (183)—291 :[1]
menses XIII generum comparati.
de anno significando.
κανόνιον ἡμερῶν ἑβδομάδος.
canon regum.
ὀρθὴ σφαῖρα σὺν μεσουρανήσει πανταχοῦ ⎫ = Ptolemaei nr. 2.
κλίματα VII   ⎭
κανόνιον ἀναφορῶν τοῦ διὰ Βυζαντίου παραλλήλου ὀγδόου
κλίματος.
εἰκοσαπεντακτηρίδες ἡλίου καὶ σελήνης ⎫
ἔτη ἀπλᾶ ἡλίου καὶ σελήνης   ⎪
μῆνες Αἰγύπτιοι ἡλίου καὶ σελήνης   ⎬ =Ptolemaei nr.4.
ἡμέραι Αἰγύπτιαι, ἀριθμοὶ ἡλίου καὶ σελήνης ⎪
ὧραι ἀπὸ μεσημβρίας ἡλίου καὶ σελήνης ⎭
κανόνιον ἀνωμαλίας ἡλίου et σελήνης = Ptolemaei nr. 5.
προκανόνιον = Ptolemaei nr. 18.
κανόνιον λοξάσεως ἡλίου καὶ σελήνης = Ptolemaei nr.10—11.
κανόνιον σεληνιακῶν ἐκλείψεων = Ptolemaei nr. 19.

---

1) Post Theonem in Προχ. καν. (ad Epiphanium) habet
f. 161—167 πόλεις ἐπίσημοι, quae post notas quasdam astronomicas f. 168—169ʳ, f. 170ʳ (f. 169ᵛ, 170ᵛ, 183ᵛ, 184ʳ, 185—186ʳ
uacant) continuantur fol. 171—181. f. 182—183ʳ χῶραι κατὰ
τάξιν ἀπὸ δύσεως ἕως ἀνατολῆς.

κανόνιον ἡλιακῶν ἐκλείψεων = Ptolemaei nr. 21.
κανόνιον μεγέθους ἐκλείψεως ἡλίου καὶ σελήνης = Synt. VI
p. 522 col. 2.
κανόνιον ἐξάρματος ἑκάστου τόπου ὡρῶν ὑπεροχῆς.
παράλλαξις VII climatum   = Ptolemaei nr. 15.
      et climatis διὰ Βυζαντίου.
tabula imperfecta (f. 246ʳ).
ἐποχαὶ τῶν πέντε ἀστέρων (εἰκοσαπενταετηρίδες, ἔτη ἁπλᾶ,
μῆνες, ἡμέραι, ὧραι) (fol. 252 uacat) = Ptolemaei nι. 8.
κανόνιον ἀνωμαλίας V planetarum = Ptolemaei nr. 9.
πλάτους προσθήκης κανών V planetarum = Ptolemaei nr. 12.
κανόνιον στηριγμῶν V planetarum = Ptolemaei nr. 13.
φάσεις V planetarum = Ptolemaei nr. 14.
φάσεων ἀποστάσεις τῶν ε̄ ἀστέρων πρὸς τὸν ἀκριβῆ ἥλιον
(f. 279ᵛ uacat).
      φάσεις τοῦ διὰ Βυζαντίου παραλλήλου (f. 280ᵛ uacat).
'Ερμοῦ διάστασις ἀπὸ τοῦ ἀκριβοῦς ἡλίου (f. 281ᵛ—282ʳ
uacant).
      κανόνιον μ̄β̄ παραλλήλων εἰς τὰς ἐκλείψεις (f. 283ʳ uacat,
f. 283ᵛ forma mundi, f. 284 uacat, f. 285 duae figurae, μεγέθη
ἐκλείψεων).
      f. 286ʳ ὁρίζοντος καταγραφὴ τοῦ διὰ Βυζαντίου.
      f. 286ᵛ ὁριζόντων καταγραφή = Synt. uol. I tab., cum ad-
ditamento codicis B. f. 287ʳ uacat.
      f. 287ᵛ—290 catalogus stellarum, inc. ὁ ἐπὶ τῆς καρδίας
τοῦ Λέοντος ō ō. f. 291 catalogo praeparatum uacat.
      Deinde f. 315 tabula chronologica, f. 317—319ʳ tabula chor-
darum, f. 319ᵛ—321ʳ ὀρθὴ σφαῖρα.
      f. 321ᵛ—328ʳ ἔκθεσις τῶν κατὰ παράλληλον γωνιῶν καὶ περι-
φερειῶν.
      f. 328ᵛ—329ʳ κανόνιον τῆς ὁμαλῆς τοῦ ἡλίου κινήσεως.
      f. 329ᵛ κανόνιον τῆς ἡλιακῆς ἀνωμαλίας.
      f. 330—332 κανόνιον τῶν τῆς ☽ μέσων κινήσεων.
      f. 333ʳ κανόνιον τῆς πρώτης καὶ ἁπλῆς ἀνωμαλίας τῆς ☽.
      f. 333ᵛ—336ʳ κανόνιον τῆς καθόλου σεληνιακῆς ἀνωμαλίας.
      f. 336ᵛ κανόνιον ἡλίου ἐκλείψεων.
      f. 337ʳ σεληνιακῶν ἐκλείψεων μεγίστου ἀποστήματος.
      f. 337ᵛ διορθώσεως κανόνιον.
      f. 337ᵛ—338ʳ κανόνιον μεγέθους ♂ καὶ ☽. f. 338ᵛ—339
uacant.
      Laurent. XXVIII 21 s. XIV—XV post Theonem in Προχ.

κᾰν. (ad Epiphanium) novemque capitula astronomica, de quibus u. Bandini II p. 40, f. 75—153 tabularum collectionem habet, de qua haec notaui:

πόλεις ἐπίσημοι = Ptolemaei nr. 1.

εἰς τὸν κανόνα τῶν ἐπισήμων πόλεων.

canon regum (ad annum ͵ασϑ) = Ptolemaei nr. 3.

menses Romanorum, Atheniensium, Alexandrinorum.

ὀρϑῆς σφαίρας συμμεσουρανούσης πανταχοῦ ⎱ = Ptolemaei
climata VII.   ⎰   nr. 2.

εἰκοσαπεντεετηρίδες ἡλίου καὶ σελήνης ⎫
ἔτη ἁπλᾶ ἡλίου καὶ σελήνης   ⎪
μῆνες Αἰγύπτιοι ἡλίου καὶ σελήνης   ⎬ = Ptolemaei nr. 4.
ἡμέραι Αἰγύπτιοι ἡλίου καὶ σελήνης   ⎪
ὧραι ἀπὸ μεσημβρίας 𝟞 καὶ ☾   ⎭

praeterea catalogus stellarum = Ptolemaei nr. 7, aliae; ultima est ὁριζόντων καταγραφή.

Ambros. H 57 sup. = 437.

f. 66—67ʳ κανὼν βασιλειῶν = Ptolemaei nr. 3; u. supra p. VIII not.

f. 67ʳ uacat. f. 68—72ᵛ κανὼν ἐπισήμων πόλεων = Ptolemaei nr. 1.

f. 73ʳ τὰ ἑξηκοστὰ τῶν ὡρῶν ἐν τῇ ὀρϑῇ σφαίρα κτλ., des. μοίρας ρξβ ια´.

f. 73ᵛ κανὼν ἀναφορῶν ὀρϑῆς σφαίρας = Ptolemaei nr. 2, aliaeque tabulae, uelut planetarum stellarumque, ad f. 145ᵛ. porro f. 164—171 canones regum, consulum, urbium, f. 172 παράλλαξις τοῦ διὰ Βυζαντίου παραλλήλου.

Paris. Gr. 2400 s. XVI post Theonem in Προχ. κᾰν. (ad Epiphanium, f. 1—38; f. 39—40 uacant; scripsit Nicolaus Sophianus) et Isaacum Argyrum (f. 41—66ᵛ, scripsit idem; f. 67—70ᵛ κανὼν εἰκοσαπεντηρίδων τῶν πέντε ἀστέρων, ἔτη ἁπλᾶ τῶν πέντε ἀστέρων, scripsit Angelus Vergetius) haec: f. 71 Κλαυδίου Πτολεμαίου οἱ πρόχειροι κανόνες.

κανὼν εἰκοσιπεντεαετηρίδων ἡλίου καὶ σελήνης ⎫
ἔτη ἁπλᾶ ἡλίου καὶ σελήνης   ⎬ = Ptole-
μῆνες Αἰγύπτιοι ἡλίου καὶ σελήνης¹)   ⎭ maei nr. 4.

f. 74ʳ ἡμέραι ἡλίου καὶ σελήνης κτλ.

---

1) f. 73ᵛ uacat, mg. m. rec. bis additum λάϑος. tabulis sequentibus intermixtae sunt introductiones breues et scholia, quae a f. 127 omittuntur relictis spatiis.

aliaque, uelut f. 86ʳ ὁριζόντων καταγραφή, f. 123ᵛ—126ᵛ stellarum catalogus (inc. ὁ ἐπὶ τῆς καρδίας τοῦ Λέοντος ο̅ο̅ — βο.
ο̅ — ιʹ- αʹ); huc Nicolaus Sophianus, a f. 127 ὧραι καὶ λεπτὰ
τοῦ παντὸς ἐνιαυτοῦ ἐπὶ τοῦ διὰ Βυζαντίου παραλλήλου usque
ad f. 157 scripsit Vergetius uel Palaeocappa; fol. 158—160 uacant. f. 161—165ʳ πόλεις ἐπίσημοι = Ptolemaei nr. 1 (scripsit
Nic. Sophianus).

Coislin. Gr. 338 s. XV, post Theonem in Προχ. καν. (ad
Epiphanium, f. 84—104ʳ; f. 104ᵛ uacat) f. 105 κανόνιον μηνῶν
Ρωμαίων, deinde f. 107—194ʳ Κλανδίου Πτολεμαίου πρόχειροι
κανόνες, et primum κανὼν εἰκοσιπεντετηρίδων = Ptolemaei nr. 4,
tum inter alia f. 121ᵛ ὁριζόντων καταγραφή, f. 185 sqq. κανὼν
ἐπισήμων πόλεων, f. 191 sqq. catalogus stellarum (inc. ὁ ἐπὶ
τῆς καρδίας τοῦ Λέοντος ο̅ ο̅ — βο. ο̅ ι̅ — αʹ), f. 194ʳ κανὼν τῶν
λ λαμπρῶν ἀστέρων τῶν παραλαμβανομένων ἐν τοῖς ἀποτελέσμασιν (f. 194ᵛ nota de planetis).

eandem seriem habet Vindob. Gr. 160 post eundem
Theonis commentarium f. 78ᵛ—165 sine nomine Ptolemaei;
inc. κανὼν μηνῶν Ῥωμαίων καὶ Ἀλεξανδρέων (f. 80 σχόλια εἰς
τὰ κανόνια τῶν κ̅ε̅ς̅ς̅, f. 152 sqq. κανόιες ἐπισήμαν πόλεων,
f. 158 sqq. κανόνιον τῶν ἐπὶ τοῦ ζωδιακοῦ ἀπλανῶν ἀστέρων,
inc. ὁ ἐπὶ τῆς καρδίας τοῦ Λέοντος ο̅ ο̅ — βο. ο̅ ε̅ — αʹ).

Paris. Gr. 2492 s. XIV, fol. 1 index tabularum hac nota
addita: ὅπως ῥαδίας καὶ δίχα τινὸς δισταγμοῦ εὑρίσκοιμεν ἂν
τὰς τῶν προχείρων ἐν ..., δέον πρὸ τοῦ τῆς τῶν προχείρων κανόνων διδασκαλίας ἄρχεσθαι τὰς ἐπιγραφὰς τούτων ἐνταῦθα
σκοπεῖν, ἃς ἡμεῖς διὰ τὸ εὔληπτον διεθέμεθα ἐν ἀρχῇ τοῦ βιβλίου
κτλ., f. 1ᵛ—92ᵛ tabulae, inc. ἐνιαύσιοι ἐπουσίαι, f. 9ᵛ—10ʳ canon
regum a Philippo ad Leonem Sapientem [1]), f. 10ᵛ ἐπίγραμμα εἰς
τοὺς προχείρους κανόνας (u. supra p. CXLVIII), horizontum descriptio, f. 85ᵛ, 85ᵇⁱˢ, 86, 88ʳ catalogus stellarum (inc. ὁ ἐπὶ τῆς
καρδίας τοῦ Λέοντας ο̅ο̅ — βο. ο̅ ι̅ʹ — αʹ), huic interpositum
f. 87 figuras signorum, compendia planetarum, indicem capitulorum [2]) habens. f. 88ᵛ, 88ᵇⁱˢ—92 canones urbium. f. 92ᵛ inf.
ἐνταῦθα τέρμα τῶν προχείρων κανόνων, ὧν ἐκτέθεικεν ὁ σοφὸς
Πτολεμαῖος.

---

1) Des. Λέων, tum eadem manu postea additum ὁ σοφός
— κδ — ,αρλγ et sequentes usque ad Μιχαὴλ ὁ Παφλαγών —
ζL̅″ — ,ασνϑ L̅″
2) Inc. ὅσα δεῖ προειδέναι, des. ἀστέρων ἐποχῆς.

Paris. Gr. 2493 s. XVI (scripsit Angelus Vergetius) post Theonem in Προχ. καν. ad Epiphanium (f. 1—36; fol. 37—38 uacant) tabulas habet f. 39—126, inter quas f. 53 ὁριζόντων καταγραφή, f. 90—92 catalogus stellarum (inc. ὁ ἐπὶ τῆς καρδίας τοῦ Λέοντος ō ō — βορ. ō ε — α´), f. 121—126 κανόνιον ἐπισήμων πόλεων (f. 127—129 uacant).

Bodl. Cromwell. 12 ¹) praeter tabulam imperfectam p. 225 aliasque p. 736—752 cum breuibus explicationibus p. 753—969 Πτολεμαίου πρόχειροι κανόνες habet, p. 970—76 canones urbium (p. 977—78 uacant, p. 979 de latitudine urbium nota). ²)

etiam Scorial. Y—III—21 s. XIV tabulis manualibus nomen Ptolemaei adiungere uidetur.

Ptolemaei nomen non habent:

Paris. Gr. 2497 s. XIII—XIV (Andreae Coneri 1508 Venetiis), qui post Theonem in Προχ. καν. (ad Epiphanium) f. 41—65, fragmentum astronomicum cum duabus tabulis f. 66—67 (f. 68ʳ uacat), χειρουργία τῆς ἡλιακῆς ἐκλείψεως aliasque notas astronomicas f. 68ᵛ—71 tabularum collectionem praebet f. 72—165 (κανόνιον ἡμερῶν ἑβδομάδος, canon mensium, ἔτη βασιλέων, canon urbium, alia).

Paris. Gr. 2501 s. XV, qui tabulas habet f. 43—87 (inc. κανόνιον τῆς κινήσεως τοῦ ἡλίου) ³), f. 98—100ʳ canones urbium, f. 100ᵛ—105 tabulas cum mensibus Arabicis.

Paris. Gr. 2399 s. XIII—XIV, in quo post Theonem in Προχ. καν. ad Epiphanium f. 1—32ʳ (f. 32ᵛ uacat) excerptaque e Geographia Ptolemaei f. 33—44ᵛ canon regum exstat f. 45—46ʳ (a Nabonassaro ad Botaneiatem ȳ ,αυς, cum additamentis posterioribus usque ad a. 1204; de fol. 46ᵛ u. supra p. CXLVI) et f. 47—110 tabularum collectio, cuius pars euanuit (etiam f. 111 —122, nunc prorsus uacua, uestigia scripturae ostendunt).

denique praeter Vatic. Gr. 1058, quem descripsi Abhandlungen zur Gesch. der Mathem. IX p. 170 sq., commemorandi sunt hi codices:

Vatic. Gr. 214 chart. s. XVI, f. 1—7 tabulae astronomicae, f. 8—45 Theo in Προχ. καν. ad Epiphanium, f. 46ʳ menses

---

1) Partim s. XV in Italia inferiore scriptus, s. XVI suppletus.
2) Sequitur p. 980 Theonis commentarius in Προχ. καν. ad Eulalium et Origenem. cfr. p. CLI.
3) f. 88—97 notas astronomicas et chronologicas habent.

Atheniensium, Romanorum, Bithynorum, f. 46ᵛ—135 tabularum series (in c. ὅρια κατὰ Πτολεμαῖον), f. 136—142ʳ χειρουργία προσνεύσεως τῆς ἐκλείψεως τῆς κατὰ τὴν ἐκτεθειμένην γενομένης σύνοδον (in c. ἀναλόγως ταῖς τῆς ἐποχῆς, des. Αἰγυπτιακοῦ ἔτους ἡ ἀρχή).
                                                               o
V a t i c. G r. 304 chart. s. XV (numerus antiquus: N 378, 7 plu), f. 1—24 τοῦ φιλοσόφου κυρ. Θεοδώρου τοῦ Προδρόμου παράφρασις εἰς τὰ ὕστερα τῶν ὑστέρων ἀναλυτικῶν Ἀριστοτέλους, f. 25 computatio astronomica ab initio mutila (des. ‾αφιε κ′ ιε′′ ἔγγιστα), f. 25ᵛ—76 Θέωνος Ἀλεξανδρέως εἰς τὰ τῆς μαθηματικῆς Πτολεμαίου συντάξεως τῶν εἰς δύο τὸ πρῶτον (imperfectum), f. 77—121 (codex proprius) Diophanti arithmetica I—VI (imperfecta), f. 122—134 Theo in Προχ. καν. ad Epiphanium, f. 135—171 capitula astronomica κθ, quorum index in c. ὅσα δεῖ προειδέναι τοὺς ἀρχομένους τοῦ κανόνος, f. 171ᵛ—175 fragmentum eiusdem generis, X capitula habens praeter aliquot non numerata, quorum ultimum est ἐξήγησις μερικὴ ἀστρολάβου (des. καὶ ταῦτα μὲν περὶ τῆς μεθόδου τοῦ ἀστρολάβου), f. 176—180 Philoponus περὶ ἀστρολάβου (imperfectum), f. 181—252 tabularum series (imperfecta), inter quas particula catalogi stellarum.

ne quid desit, addo, codicem M a r c. 336 s. XV, de quo u. Catalogus codd. astrolog. Gr. II p. 70 sqq., non paucas tabulas intermixtas habere, uelut f. 107—116 κανόνιον πολλαπλασιασμοῦ ξξ ἐφ᾽ ἑαυτά, f. 127—129 stellarum catalogum, f. 150 τῶν ὁριζόντων καταγραφή.

ΚΛΑΥΔΙΟΥ ΠΤΟΛΕΜΑΙΟΥ
ΦΑΣΕΙΣ
ΑΠΛΑΝΩΝ ΑΣΤΕΡΩΝ

⟨Β΄⟩

Ad priorem librum, qui periit (quae continuerit, indicatur infra p. 3—4), fortasse referenda, quae habet Olympiodorus in Aristotelis Meteora p. 188, 33 ed. Stüve: τοῦ ἀστρονόμου λέγοντος ἀπὸ τριάκοντα μοιρῶν ἀφίστασθαι ἕκαστον ἄνεμον. sed fieri potest, ut minus adcurate significetur ὁριζόντων καταγραφή Synt. VI 12. ad eam sine ullo dubio referendum, quod Olympiodorus habet p. 185, 34: ὁ ἀργέστης, ὃν ὁ Πτολεμαῖος Ἰάπυγα προσαγορεύει. — Cfr. Suidas s. u. Πτολεμαῖος ὁ Κλαύδιος χρηματίσας: οὗτος ἔγραψε .... περὶ φάσεων καὶ ἐπισημασιῶν ἀστέρων ἀπλανῶν βιβλία β̄.

ΦΑΣΕΙΣ ΑΠΛΑΝΩΝ ΑΣΤΕΡΩΝ
ΚΑΙ
ΣΥΝΑΓΩΓΗ ΕΠΙΣΗΜΑΣΙΩΝ

Ὁπόσαι μὲν οὖν συνίστανται περὶ τὰς φάσεις τῶν
ἀπλανῶν διαφοραί, καὶ παρὰ τίνας αἰτίας, ἔτι δὲ 5
ποίας ὀφείλομεν ὑποτίθεσθαι τηρήσεις πρὸς τὰς τῶν
κατὰ μέρος ἀποδείξεις καὶ διὰ τίνων θεωρημάτων τὰ
λοιπὰ μεθοδεύειν, τουτέστι ποίαις τε τοῦ διὰ μέσων
τῶν ζῳδίων κύκλου μοίραις ἕκαστος τῶν ἐπιζητουμένων ἀστέρων συμμεσουρανεῖ τε πανταχῇ καὶ συνα- 10
νατέλλει καὶ συγκαταδύνει καθ᾽ ἑκάστην τῶν οἰκήσεων,
ἔτι τε πηλίκας δεῖ τὸν ἥλιον ἐπὶ τῶν φάσεων ἀπέχειν
ὑπὸ γῆν περιφερείας ἐπί τε τοῦ γραφομένου μεγίστου
κύκλου καὶ ἐπὶ τοῦ διὰ μέσων, καὶ πόσας ἀπέχειν
αὐτοῦ μοίρας, ἀφ᾽ ὧν οἱ καθ᾽ ἕκαστον χρόνοι συνί- 15
στανται, διὰ μακροτέρων ἐν τῇ κατ᾽ ἴδια συντάξει
τῆσδε τῆς πραγματείας ἐφωδεύσαμεν προεκθέμενοι τὰς
εἰρημένας πάσας καθ᾽ ἕκαστον κλῖμα τῶν διαφορῶν

---

1. Φάσεις] Κλαυδίου Πτολεμαίου Φάσεις A.   5. περά] Unger,
περί A.   9. μοίραις] Wachsmuth, μοιρῶν A.   10. συμμεσουρανεῖ]
Unger, συμμεσουραν̊ι̊ A.   συνατέλλει A, corr. m. 2.   12. δεῖ]
Unger, διά A.   ἐπέχειν Unger.   14. ἐπέχειν Unger.   15. αὐτόν
Unger.   16. μακροτέρων] comp. A.   ἴδια] ἰδιά | seq. lac. 1
litt. A, ἰδίαν Wachsmuth.   17. προσεκθέμενοι Unger cum
Bonaventura.   18. εὑρημένας Unger.

πηλικότητας τῶν ποιουμένων ἀνατολὰς καὶ δύσεις
πρώτου καὶ δευτέρου μεγέθους ἀπλανῶν ἀστέρων ἐν
τοῖς ὑποτιθεμένοις ἡμῖν ε̄ κλίμασι τοῖς περὶ τὸν μέσον
μάλιστα τῆς καθ' ἡμᾶς οἰκουμένης ἡμιωρίῳ διαφέρουσιν
5 ἀλλήλων. ὧν πρῶτον μὲν ὡς ἀπὸ μεσημβρίας λαμβάνομεν τὸν γραφόμενον διὰ Συήνης καὶ Βερενίκης
καὶ καθόλου διὰ τούτων τῶν τόπων, ἐν οἷς ἡ μεγίστη
τῶν ἡμερῶν ὡρῶν ῑγ̄ Ɫ, δεύτερον δὲ τὸν γραφόμενον
διὰ τῆς Αἰλίου Αἰγύπτου τὸν καὶ μικρῷ νοτιώτερον
10 Ἀλεξανδρείας τε καὶ Κυρήνης καὶ καθόλου διὰ τούτων
τῶν τόπων, ἐν οἷς ἡ μεγίστη τῶν ἡμερῶν ῑδ̄ ὡρῶν
ἐστιν ἰσημερινῶν, τρίτον δὲ κλίμα τὸν γραφόμενον διὰ
Ῥόδου καὶ καθόλου διὰ τούτων τῶν τόπων, ἐν οἷς ἡ
μεγίστη τῶν ἡμερῶν ῑδ̄ Ɫ ἐστιν ὡρῶν ἰσημερινῶν,
15 τέταρτον δὲ κλῖμα τὸν γραφόμενον διὰ μέσου Ἑλλησπόντου καὶ καθόλου διὰ τούτων τῶν τόπων, ἐν
οἷς ἡ μεγίστη τῶν ἡμερῶν ὡρῶν ἐστιν ἰσημερινῶν ῑε̄,
πέμπτον δὲ κλῖμα τὸν γραφόμενον δι' Ἀκυληίας καὶ
Οὐιέννης καὶ καθόλου διὰ τούτων τῶν τόπων, ἐν οἷς
20 ἡ μεγίστη τῶν ἡμερῶν ὡρῶν ῑε̄ Ɫ ἰσημερινῶν. αὐτοὺς
δὲ τοὺς χρόνους τῶν φάσεων τοὺς τὸ τέλος εἰλη-
φότας τῆς χρήσεως, ὧν ἕνεκεν ἀναγκαῖον κἀκείνων
ἁπάντων προδιεργάσασθαι τοὺς ἐπιλογισμούς, καὶ
μέχρι μόνων τῶν ἐπισημοτέρων λαμπρῶν ἀστέρων
25 μετὰ τῶν τετηρημένων τοῖς πρὸ ἡμῶν ἐπὶ ταῖς φάσεσιν

---

3. ὑποτιθεμένοις] Unger, ὑποθεμένοις A.   ε̄] A.   περὶ]
παρά Unger.   8. Ɫ] Ɫ ἐστιν ἰσημερινῶν Wachsmuth.   9. Αἰλίου]
(Hadriani ?) Ἡλιουπόλεως Unger.   τὸν καί] Hercher, καὶ τόν A,
καί Wachsmuth.   15. τόν] corr. ex τό A.   Ἑλησπόντου A.
18. τόν] τό A.   δι' Ἀκυληίας] Unger (Ἀκουιληίας), διὰ κϋλῑῑ̈ A.
22. ὧν τῆς χρήσεως Unger, τῆς χρήσεως ἕνεκεν ὧν Halma.
ἀναγκαῖον ἦν Unger.   23. καί — 24. λαμπρῶν] μέχρι μέντοι
τῶν ἐπισημοτέρων καὶ λαμπροτέρων Unger.

ἐπισημασιῶν ἐνταῦθα τοῦ προχείρου χάριν ἐκθησόμεθα
μικρὰ προδιελθόντες περὶ τῶν φάσεων αὐτῶν καὶ τῆς
χρήσεως τῶν ἐπὶ μέρους παρατηρήσεων.

2. Φάσιν μὲν δὴ καλοῦμεν ἀπλανοῦς ἀστέρος τὸν
πρὸς ἥλιον καὶ τὸν ὁρίζοντα λαμβανόμενον αὐτοῦ   5
σχηματισμὸν τὸν πρῶτον ἢ ἔσχατον τῶν φαινομένων,
παρ' ὃ καὶ τοιαύτης ἔτυχε προσηγορίας. τῶν δὲ τοῦτον τὸν τρόπον ὑποτιθεμένων σχηματισμῶν τέσσαρες
αἱ γενικώτεραι συνίστανται διαφοραί· τοσαῦται γὰρ
θέσεις μεταλαμβάνονται τοῦ τε ἡλίου καὶ τοῦ ἀστέρος   10
πρὸς ἀλλήλους τε καὶ τὰ δύο τοῦ ὁρίζοντος ἡμικύ-
κλια τό τε πρὸς ἀνατολὰς καὶ τὸ πρὸς δυσμάς. ση-
μαίνεται δὲ ἡ μὲν τῶν ἀστέρων καθ' ἑκάτερον τῶν
ἡμικυκλίων θέσις κοινότερον ἀπό τε τῆς ἀνατολῆς καὶ
δύσεως, ἡ δὲ τοῦ ἡλίου κατὰ τὸ τῶν ὑπ' αὐτοῦ δει-   15
κνυμένων χρόνων ἴδιον ἀπό τε τῆς ἑῴας καὶ τῆς
ἑσπερίας, διόπερ, ὅταν μὲν καὶ τὸν ἀστέρα καὶ τὸν
ἥλιον ἐπὶ τοῦ πρὸς ἀνατολὰς ἡμικυκλίου λαμβάνωμεν,
τὸν τοιοῦτον σχηματισμὸν καλοῦμεν κοινῶς ἑῴαν
ἀνατολήν, ὅταν δὲ ἀμφοτέρους πάλιν ἐπὶ τοῦ πρὸς   20
δυσμάς, καὶ τοῦτον τὸν συσχηματισμὸν καλοῦμεν
ἑσπερίαν δύσιν, ἐναλλὰξ δὲ ἐχόντων, ὅταν μὲν τὸν
ἀστέρα νοῶμεν ἐπὶ τοῦ πρὸς ἀνατολὰς ἡμικυκλίου καὶ
τὸν ἥλιον ἐπὶ τοῦ πρὸς δυσμάς, τὸν τοιοῦτον σχηματισμὸν καλοῦμεν ἑσπερίαν ἀνατολήν, ὅταν δὲ ἀνάπαλιν   25
τὸν ἥλιον ἐπὶ τοῦ πρὸς ἀνατολὰς καὶ τὸν ἀστέρα ἐπὶ

14. θέσις] corr. ex θέσεις A.   16. ἑῴας] ἕω Unger.   17. ἑσπέρας Unger.   18. Mg. ση. ἑῴα ἀνατολή ἐστιν, ὅταν ἐπὶ τοῦ ἀνατο-
λικοῦ ὁρίζοντος λαμβάνωμεν (comp.) τὸν ἀστέρα (comp.) προηγούμενον τοῦ ☉ κατὰ τὴν τοῦ παντὸς περιφοράν A.   21. σῦσχη-
ματισμόν A.

τοῦ πρὸς δυσμάς, καὶ τοῦτον τὸν σχηματισμὸν καλοῦμεν ἑῷαν δύσιν.

3. Πάλιν δὴ καθ' ἕκαστον τῶν ἐκκειμένων τεσσάρων σχηματισμῶν δύο γίνονται πρῶται διαφοραί·
5 τοὺς μὲν γὰρ αὐτῶν καλοῦμεν ἀληθινούς, τοὺς δὲ φαινομένους. καὶ κοινότερον ἀληθινοὶ μέν εἰσιν, ὅσοι μὴ τὸν ἀστέρα μόνον ἀλλὰ καὶ τὸν ἥλιον ἔχουσι κατ' αὐτὸν ἀκριβῶς τὸν ὁρίζοντα, φαινόμενοι δέ, ὅσοι τὸν μὲν ἀστέρα κατ' αὐτὸν τὸν ὁρίζοντα, τὸν
10 δὲ ἥλιον ὑπὸ γῆν, οὐ μὴν οὕτως ἁπλῶς, ἀλλ' ἤτοι πρὸ τῆς ἀνατολῆς αὐτῆς ἢ μετ' αὐτὴν τὴν δύσιν. ἰδιαίτερον δὲ καθ' ἕκαστον τῶν σχηματισμῶν ἑῷαν μὲν ἀνατολὴν ἀληθινὴν λέγουσιν, ὅταν συνανατέλλωσιν ὅ τε ἀστὴρ καὶ ὁ ἥλιος, ἑσπερίαν δὲ ἀνατολὴν ἀληθῆ,
15 ὅταν ἅμα τῷ ἡλίῳ δύνοντι ὁ ἀστὴρ ἀνατέλλῃ, ἑῷαν δὲ δύσιν ἀληθῆ, ὅταν ἅμα τῷ ἡλίῳ ἀνατέλλοντι ὁ ἀστὴρ δύνῃ, ἑσπερίαν δὲ δύσιν ἀληθῆ, ὅταν συγκαταδύνωσιν ὅ τε ἀστὴρ καὶ ὁ ἥλιος, πάλιν δ' αὖ ἑῷαν ἀνατολὴν φαινομένην, ὅταν πρὸ τῆς ἀνα-
20 τολῆς τοῦ ἡλίου καὶ ὁ ἀστὴρ ἀνατέλλων φαίνηται, ἑσπερίαν δ' ἀνατολὴν φαινομένην, ὅταν μετὰ τὴν τοῦ ἡλίου δύσιν ὁ ἀστὴρ ἀνατέλλων φαίνηται, ἑῷαν δὲ δύσιν φαινομένην, ὅταν πρὸ τῆς ἀνατολῆς τοῦ ἡλίου ὁ ἀστὴρ δύνων φαίνηται, ἑσπερίαν δὲ δύσιν
25 φαινομένην, ὅταν μετὰ τὴν τοῦ ἡλίου δύσιν καὶ ὁ ἀστὴρ δύνων φαίνηται.

4. Ἐπὶ μὲν οὖν τῶν ἀληθινῶν σχηματισμῶν οὐ μόνους τοὺς τῶν ἀστέρων ἀλλὰ καὶ τοὺς τοῦ ἡλίου

---

3. δή] δέ Halma. ἐκκειμένων] Unger, ἐγκειμένων A.
7. ἔχουσι] Unger, ἔχωσι A. 11. μετ' αὐτήν] μετὰ ταύτην A.
15. ἀνατέλλῃ | seq. lac. 4 litt. A. 17. δύνῃ | seq. lac. 8 litt. A

τόπους θεωρεῖσθαι συμβέβηκεν, ἐπειδὴ καὶ οὗτος κατ'
αὐτὸν συνίσταται τὸν ὁρίζοντα, ἐπὶ δὲ τῶν φαινομένων, ἐφ' ὅσον οὕτως ἁπλῶς αὐτοὺς ἀκούομεν,
οὐκέτι καὶ τοὺς τοῦ ἡλίου πάντως· δυνατὸν γὰρ γίνεται καὶ πλείοσιν ἡμέραις κατὰ διαφόρους ὑπὸ γῆν 5
τοῦ ἡλίου διαστάσεις ἑωθινάς τε καὶ ἑσπερινὰς τὰς
ἀνατολὰς καὶ τὰς δύσεις φαίνεσθαι τῶν ἀστέρων ὡς
ἂν ὑποδεχομένων τινὰ παράλλαξιν τῶν ὑποκειμένων
χρόνων. διόπερ οὐδέτερον τῶν κατειλεγμένων σχηματισμῶν ἤδη καὶ φάσεις ῥητέον· ἡ μὲν γὰρ φάσις 10
δήλωσίς ἐστιν ὡρισμένου τε ἅμα καὶ φαινομένου σχηματισμοῦ, τῶν δ' ἐκκειμένων οἱ μὲν ἀληθινοὶ τοὺς
χρόνους αὐτοὺς καθιστῶσιν ἀφανεῖς, οἱ δὲ φαινόμενοι
τοὺς τοῦ ἡλίου τόπους. ὅταν οὖν τοὺς φαινομένους
μηκέθ' ἁπλῶς οὕτως εἰκῇ καὶ ὡς ἔτυχεν ἐκδεχώμεθα, 15
προσδιοριζόμενοι δὲ τοὺς πρώτους ἢ ἐσχάτους τῶν
ἀνατολῶν καὶ τῶν δύσεων, τότε καὶ τὸ τῆς φάσεως
ἴδιον περιέξουσιν ἑνὸς ἤδη γινομένου καὶ τοῦ κατὰ
τὸν ἥλιον τόπου, καθ' ὃν ὄντος αὐτοῦ πρῶτον ἢ ἔσχατον οἱ ἀστέρες ἀνατέλλοντες καὶ δύνοντες φαίνεσθαι 20
δύνανται, καὶ συνίστανται κατὰ τὸν τοιοῦτον ἤδη
διορισμὸν ἐπὶ μέν γε τῶν ἐκκειμένων παραλλήλων καὶ
ὅλως, ἐφ' ὅσον τέμνει τοὺς τροπικοὺς ὁ ὁρίζων, ἑῴα
μὲν ἀνατολικὴ φάσις ἡ πρώτη τῶν φαινομένων ἀνατολή, ἑσπερία δὲ ἀνατολικὴ φάσις ἡ ἐσχάτη τῶν 25
φαινομένων τοῦ ἀστέρος ἀνατολή, καὶ πάλιν ἑῴα μὲν
δυτικὴ φάσις ἡ πρώτη τῶν φαινομένων τοῦ ἀστέρος

---

6. τάς] Wachsmuth, om. A.   8. παράλλαξιν] Unger, παρ ἀπ̅ A.
9. οὐδετέρους Unger.   15. μηκέθ'] Unger, μὴ καθ' A.
16. προσδιορίζωμεν Unger.   τὰς πρώτας ἢ ἐσχάτας Unger.
18. παρέξουσιν?   22. μέν γε] τε Unger.   ἐκκειμένων] corr.
ex ἐγκειμένων A.   παραλλήλων] ⌣ A.

δύσις, ἑσπερία δὲ δυτικὴ φάσις ἡ ἐσχάτη τῶν φαινομένων τοῦ ἀστέρος δύσις.

5. Ἐπὶ μὲν οὖν τῶν περὶ αὐτὸν τὸν διὰ μέσων
τῶν ζῳδίων κύκλον τὰς θέσεις ἐχόντων ἀπλανῶν ἡ
5 τάξις τῶν φάσεων τὸν ἐκκείμενον περιέχει τρόπον·
κατὰ μὲν τὸν ἀπὸ τῆς ἑῴας ἀνατολῆς ἕως τῆς ἑσπερίας
ἀνατολῆς χρόνον οἱ ἀστέρες ἀνατέλλοντες καὶ οὐ δύνοντες φαίνονται, τὸν δὲ μεταξὺ τῆς ἑσπερίας ἀνατολῆς καὶ τῆς ἑῴας δύσεως φαίνονται μέν, οὔτε δ᾽
10 ἀνατέλλοντες οὔτε δύνοντες, τὸν δ᾽ ἀπὸ τῆς ἑσπερίας
δύσεως ἕως τῆς ἑῴας ἀνατολῆς ὅλως οὐ φαίνονται.
τούτους δέ, ὅτε μὲν ἀφανίζονταί τινα χρόνον, καλοῦμεν
ἐπιτέλλοντας καὶ κρυπτομένους, καὶ τὴν μὲν ἑῴαν
αὐτῶν ἀνατολὴν ἀπλῶς ἐπιτολὴν καλοῦμεν, τὴν δ᾽
15 ἑσπερίαν δύσιν ἀπλῶς κρύψιν, ὅτε δὲ φαίνονταί τινα
χρόνον μήτε ἀνατέλλοντες μήτε δύνοντες κολοβοδιεξό-
δους καλοῦσιν.

6. Ἐπὶ δὲ τῶν ἱκανὴν ἀπεχόντων ἀστέρων διάστασιν τοῦ διὰ μέσων πρὸς ἄρκτους ἢ μεσημβρίαν
20 ἐνίοτε μεταπίπτει τῆς ἐκκειμένης τάξεως κατὰ τὴν
ἑτέραν τῶν συζυγιῶν, καὶ τὸ μὲν ἕτερον τῶν εἰρημένων ἰδιωμάτων μετὰ τῆς τάξεως τηρεῖται, τὸ δὲ
ἐναντίον συμμεταπίπτει τῇ κατ᾽ αὐτὸ τάξει. τοῖς μὲν
γὰρ νοτιωτέραν ἔχουσι τοῦ διὰ μέσων τὴν θέσιν ἡ
25 μὲν ἑσπερία δύσις τηρεῖται προχρονοῦσα τῆς ἑῴας
ἀνατολῆς καὶ τὸ τῶν ἐπιτολῶν καὶ κρύψεων ἴδιον,
ὅτι τὸν μεταξὺ πάλιν τῶν δύο τούτων φάσεων χρό-

---

4. κύκλϑ A.   6. κατά] καὶ κατά Unger.   7. οἱ ἀστέρες χρόνον A.   9. δ᾽] Unger cum Bonaventura, om. A.   24. νοτιωτέραν]
Unger cum Bonaventura, νοτιωτέροις A.   ἡ] εἰ A.   25. τηρεῖται]
Bonaventura, στηρίζεται A.   προχρονοῦσα] Bonaventura, πολυ-
χρονοῦσα A.   ἑῴας] Wachsmuth cum Bonaventura, om. A.

νον ἀφανίζονται τέλεον, ἡ δὲ ἑῴα δύσις ἀνάπαλιν
ἐνίοτε προχρονεῖ τῆς ἑσπερίας ἀνατολῆς, ὡς μηκέτι
τὸ τῶν κολοβοδιεξόδων ἴδιον αὐτοῖς ἐπισυμπίπτειν,
ἀλλὰ τὸ τῶν καλουμένων νυκτιδιεξόδων, ἐπειδὴ τὸν
ἀπὸ τῆς ἑῴας δύσεως ἕως τῆς ἑσπερίας ἀνατολῆς 5
χρόνον καὶ ἀνατέλλοντες καὶ δύνοντες καὶ ὅλον τὸ
ὑπὲρ γῆν ἡμισφαίριον διεξιόντες φαίνονται μετὰ μὲν
τὴν τοῦ ἡλίου δύσιν ἀνατέλλοντες, πρὸ δὲ τῆς ἀνατολῆς αὐτοῦ καταδύνοντες. τοῖς δὲ βορειοτέραν
ἔχουσι τοῦ διὰ μέσων τὴν θέσιν ἀνάπαλιν ἡ μὲν 10
ἑσπερία ἀνατολὴ τηρεῖται προχρονοῦσα τῆς ἑῴας δύσεως καὶ τὸ τῶν κολοβοδιεξόδων ἴδιον, ὅτι πάλιν τὸν
μεταξὺ τούτων τῶν δύο φάσεων χρόνον φαίνονται
μέν, οὔτε δ' ἀνατέλλοντες οὔτε δύνοντες, ἡ δὲ ἑῴα
ἀνατολὴ προχρονεῖ πολλάκις τῆς ἑσπερίας δύσεως τῷ 15
μηκέτι τὸ τῶν ἀφανιζομένων καὶ ἐπιτελλόντων καὶ
κρυπτομένων ἴδιον αὐτοῖς παρακολουθεῖν, ἀλλὰ τὸ
τῶν καλουμένων ἐνιαυτοφανῶν, ἐπειδὴ καὶ τὸν ἀπὸ
τῆς ἑῴας ἀνατολῆς ἕως τῆς ἑσπερίας δύσεως χρόνον φαίνεσθαι δύνανται δύνοντες μὲν μετὰ τὴν τοῦ 20
ἡλίου δύσιν, ἀνατέλλοντες δὲ πρὸ τῆς ἀνατολῆς αὐτοῦ·
καλοῦνται δὲ οἱ τοιοῦτοι καὶ ἀμφιφανεῖς. διὸ καὶ
παρατηρητέον ἐπὶ τῆς ἀναγραφῆς, ὅτι τοὺς ἐπιτέλ-
λειν καὶ κρύπτεσθαι λεγομένους τῶν ἀφανιζομένων
εἶναι συμβέβηκε, τοὺς δ' ἀνατέλλειν ἑῴους ἁπλῶς ἢ 25
δύνειν ἑσπερίους τῶν ἐνιαυτοφανῶν τε καὶ ἀμφιφα-
νῶν, ὁμοίως δὲ τοὺς μὲν τὴν ἑσπερίαν ἀνατολὴν τῆς
ἑῴας δύσεως προχρονοῦσαν ἔχοντας τῶν κολοβο-

---

1. τέλεον] A, τελείως Unger.   9. βορειοτέραν] Unger cum
Bonaventura, βορειοτέροις A.   19. τῆς ἑσπερίας — 2Ͻ. δύνον-
τες] bis A.

διεξόδων, τοὺς δ᾽ ἀνάπαλιν τὴν ἑῴαν δύσιν τῆς ἑσπερίας ἀνατολῆς τῶν νυκτιδιεξόδων.

7. Τὰ μὲν οὖν περὶ τὰς διαφορὰς καὶ τὰς τάξεις
τῶν φάσεων ἁρμόζοντα τῇ παρούσῃ προθέσει σχεδὸν
5 τοσαῦτ᾽ ἂν εἴη· κεχρήμεθα δὲ τῇ καθ᾽ ἡμᾶς τοῦ
ἔτους χρονογραφίᾳ διὰ τὸ τῆς κατὰ τὸ ἔτος ἐπουσίας ἐν
ταῖς ἐμβολίμοις διὰ τετραετηρίδος ἡμέραις ἀποδιδο-
μένης ἐπὶ πολὺν χρόνον δύνασθαι τὰς αὐτὰς φάσεις
ταῖς ὁμωνύμοις ἡμέραις ὡς ἐπίπαν ἐκλαμβάνεσθαι.
10 τῶν οὖν ἡμερῶν ἑκάστην ἀπὸ τῆς ἐν τῷ Θὼθ νεομηνίας
ἐκτιθέμενοι κατὰ τὴν οἰκείαν τάξιν ὑπογράφομεν,
ἐφ᾽ ὅσον ἔνεστι, τὰς συντελουμένας ἐν αὐταῖς φάσεις
κατά τινας τῶν ὑποκειμένων κλιμάτων ὥρας προτάσ-
σοντες ἑκάστης φάσεως πρὸς ἔνδειξιν τοῦ κλίματος τὸ
15 πλῆθος τῶν συνισταμένων ἰσημερινῶν ὡρῶν τῆς μεγίστης ἡμέρας ἢ νυκτός, ἐν ᾧ γίγνεται παραλλήλῳ,
καὶ ἔτι προσυπογράφοντες τὰς τετηρημένας παρὰ τοῖς
παλαιοῖς ἐν ταῖς κατὰ τὰς ἐκκειμένας ἡμέρας τοῦ
ἡλίου παρόδοις τοῦ περιέχοντος ἐπισημασίας, οὐχ
20 ὡς ἀπαραλλάκτως μέντοι ταύτας τε καὶ ἐκ παντὸς
ἀποβησομένας, ἀλλ᾽ ὡς ἐπὶ πολύ, καὶ καθ᾽ ὅσον οὐδὲν
τῶν ἄλλων αἰτίων πολλῶν ὄντων ἀντιπίπτει· τρέπε-
σθαι μὲν γάρ πως οἰητέον τὰς τῶν ἀέρων καταστάσεις
καὶ παρὰ τοὺς ἐκκειμένους τῶν ἀπλανῶν πρὸς τὸν
25 ἥλιον σχηματισμούς, ὥσπερ καὶ παρ᾽ αὐτὴν μόνην
τὴν ἐπὶ τὰς τροπὰς καὶ ἰσημερίας τοῦ ἡλίου πάροδον,
οὐ μὴν ἐπὶ τούτοις εἶναι τὴν πᾶσαν αἰτίαν τοῦ συμ-

6. διὰ τό] Buttmann (Ideler, Handbuch d. Chronolog. I
p. 149), διά Α.   7. ἡμέραις] Buttmann, ἡμέ῀ Α.   10. τῆς]
Unger, τῶν Α.   νεομηνίας] Unger, νεομηνί῀ Α.   13. κατά]
καί Unger.   20. τε] γε Unger.   22 sqq. ὅρα δι᾽ ὅλου mg. Α.
24. παρά] comp. Α.   26. ἰσημερίας] Unger, ἰσημερινάς Α.

πτώματος, ἀλλὰ καὶ συμβάλλεσθαι πλεῖστον εἰς τὴν
ἔκβασιν τῶν συντελεσθησομένων τήν τε σελήνην καὶ
τοὺς ε̄ πλανωμένους, τὴν μὲν σελήνην ἀνταναλαμβάνου-
σαν ὡς ἐπὶ πολὺ τὰς ἐπισημασίας ἀπὸ τῶν κατ' αὐτὰς
τὰς φάσεις ἡμερῶν ἐπὶ τὰς τῶν ἰδίων πρὸς τὸν ἥλιον 5
σχηματισμῶν, τοὺς δὲ ε̄ πλανωμένους πάλιν συνερ-
γοῦντας ταῖς ποιότησι τῶν προτελέσεων ἀνάλογον ταῖς
τῶν οἰκείων φύσεων κράσεσι καὶ συμμετρίαις, καθάπερ
καὶ τῶν ὡρῶν αὐτῶν ἔστιν ἰδεῖν καὶ τοὺς καιροὺς
ποτὲ μὲν συλληπτικῶς ποτὲ δὲ καθυστερικῶς ἀποβαί- 10
νοντας διὰ τὰς τῶν συζυγιῶν ἡλίου καὶ σελήνης διαστάσεις καὶ τὰς ποιότητας κατὰ τὸ μᾶλλον καὶ ἧττον
ἐπὶ πλεῖστον διατεινομένας ἕνεκεν τῆς τῶν πλανωμένων ταύτας ἐπιπορεύσεως.

8. Καλῶς οὖν ἔχει προσεῖναι ταῖς ἐπισκέψεσι τῶν 15
ἐπισημασιῶν καὶ ὅλως τῶν τοιούτων προρρήσεων
πρῶτον μὲν στοχαζομένους τοῦ παρ' αὐτὰς αἰτίου καὶ
μὴ τὸ πᾶν ἐπὶ μόνῳ τούτῳ ποιουμένους καὶ προσκα-
τανοοῦντας, ὅτι καὶ τῶν ἀναγραψάντων αὐτῶν τὰς
ἐπισημασίας ἄλλοι κατ' ἄλλας χώρας τυγχάνουσι τε- 20
τηρηκότες καὶ πολλαχῇ μηδ' ὁμοίαις καταστάσεσι
περιπεπτωκότες ἤτοι δι' αὐτὸ τὸ τῶν χωρίων ἴδιον
ἢ διὰ τὸ μηδὲ τὰς αὐτὰς φάσεις ἐν ταῖς αὐταῖς ἡμέραις
συνίστασθαι πανταχῇ, ἔπειτα καθ' ὅσον ἐνδέχεται συνε-
πιλαμβανομένους καὶ τῶν ἄλλων αἰτιῶν καὶ συνεπι- 25
σκεπτομένους τὰς διὰ τῶν ἡμερολογικῶν ἐκτεθειμένας
τῶν πλανωμένων παρόδους, ἵνα τὰς μὲν ἡμέρας τῶν

---

3. ἀνταναλαμβάνουσαν] Unger, αἰτίαν ἀναλαμβάνουσαν A.
10. καθυστερητῶς Unger.   12. ἧττον] τὸ ἧττον Halma.
14. ταύτας] ταύτ A, ταύτης C, τούτων Unger; fort. κατ'
αὐτάς.   15. προσεῖναι] προσέχειν?   21. μηδ'] Hercher,
μήθ' A.

ἐπισημασιῶν ἐφαρμόζωμεν ταῖς τε τῶν ἔγγιστα διχο-
τόμων καὶ ταῖς πρὸ συνόδου μάλιστα καὶ πανσελήνου
καὶ προσέτι ταῖς τῶν περὶ αὐτὰς τὰς φάσεις ἐπὶ
τὰ δωδεκατημόρια μεταβάσεων τοῦ ἡλίου, τὰς δὲ
5 ποιότητας τῇ φύσει τοῦ μάλιστα συνεσχηματισμένου
τῶν ε̄ πλανωμένων, τοῦ μὲν τῆς Ἀφροδίτης ἀστέρος
πρὸς τὰ θερμὰ τῶν καταστημάτων συνεργήσοντος, τοῦ
δὲ Κρόνου πρὸς τὰ ψυχρά, τοῦ δὲ Διὸς πρὸς τὰ
ὑγρά, τοῦ δὲ Ἄρεως πρὸς τὰ ξηρά, τοῦ δὲ Ἑρμοῦ
10 πρὸς τὰ κινητικὰ καὶ πνευματώδη, συνυπακουομένης
αὐτῶν τῆς πρὸς τὰς ἐναντίας τῶν κράσεων ἀποσυνερ-
γήσεως.

9. Τὸ μέντοι τινὰς τῶν παρὰ τοῖς παλαιοτέροις
κατωνομασμένων ἀμαυροτέρων ἀστέρων μὴ προσεντετάχ-
15 θαι παρ' ἡμῖν μήτε ἐν αὐτῇ τῇ τῆς πραγματείας συντάξει
μήτε νῦν, οἷον Ὀιστόν, Πλειάδας, Ἐρίφους, Προτρυγη-
τῆρα, Δελφῖνα, καὶ εἴ τις τοιοῦτος, συγχωρητέον, εἰ
μὴ βαρὺ τὸ αἴτημα, μάλιστα μὲν διὰ τὸ δυσδιακρίτους
καὶ δυσκατανοήτους εἶναι παντάπασιν τὰς τῶν οὕτω
20 σμικρῶν ἀστέρων ἐσχάτας καὶ πρώτας φαντασίας, κε-
χρῆσθαί τε τοὺς πρὸ ἡμῶν αὐταῖς ἀπὸ στοχασμοῦ
τινος μᾶλλον ἢ τηρήσεως ἐξ αὐτῶν τῶν φαινομένων
ἄν τις κατανοήσειεν· ἔπειθ' ὅτι τῆς πρώτης προθέσεως ἡμῖν μέχρι τῶν τοῦ πρώτου καὶ τοῦ δευτέρου
25 μεγέθους ἀπλανῶν διὰ τὴν ἐκκειμένην αἰτίαν ὑποβλη-
θείσης τὸ τοιούτοις μόνοις τῶν ὑποκάτω τὰ μεγέθη

---

3. ταῖς] scripsi, ταῖς τε A.   περί] Unger, παρ' A.   6. $\overset{H'}{\sigma}$
mg. A.   7. τά] supra scr. A.   8. τά (pr.)] supra scr. A.
9. Ἄρεως] om., comp. supra scr. A.   10. συνυπακουομένης]
scripsi, συνυπακουομένων πρός A.   11. αὐτῶν] A, αὐτήν C.
13. παρά] comp. A.   15. τῇ] Unger, om. A.   17. τις] $\overset{\varsigma}{\tau}$ A.
26. τοιούτοις] τούτοις Unger.

καὶ μὴ πᾶσιν ἐπιβάλλειν δυσπόριστον ἔμοιγε αἰτίαν
ἔχειν καταφαίνεται τῶν ἐπ' αὐτοῖς ἀναγεγραμμένων
ἐπισημασιῶν ἄδηλον ἐχουσῶν τὴν αἰτίαν διὰ τὸ τῶν
ἡμερῶν ἄστατον καὶ προσαναφθησομένων ἂν οἰκειότε-
ρον ταῖς τῶν περὶ τὸν αὐτὸν χρόνον λαμπροτέρων   5
ἀστέρων φάσεσιν, οἷον τῶν ἐπ' Ὀιστῷ καὶ Δελφῖνι
ταῖς τοῦ κατὰ τὸν Ἀετὸν λαμπροῦ, τῶν δ' ἐπὶ Προτρυγητῆρι ταῖς Ἀρκτούρου καὶ Στάχυος, τῶν δὲ ἐπὶ
Πλειάσι καὶ τοῖς Ἐρίφοις ταῖς Αἰγὸς καὶ τῶν Ὑάδων,
ὧν ἑκάστου καὶ τὸ μέγεθος ἀξιόπιστον ἂν εἴη πρὸς   10
τὸ δύνασθαί τινα τροπὴν πρὸς τὸ περιέχον ἀπεργά-
σασθαι καὶ τῆς φάσεως ὁ χρόνος σαφὴς καὶ μετὰ
καταλήψεως ὡρισμένης, ἃ τοῖς ἀμαύροις, κἂν ἐκ πλειόνων τινὰ τυγχάνῃ συνεστῶτα, τοῖς γε μὴ μυθοποιεῖν
προαιρουμένοις οὐδαμῶς ἂν ὑπάρχοντα φανείη, μᾶλ-   15
λον δ' οὐδ' ἑῴας ἢ ἑσπερίας κυρίως ἄν τις αὐτῶν
ἐπικαλέσειε τὰς πρώτας ἢ τὰς ἐσχάτας τῶν φαντασιῶν μείζονος πολλῷ τῆς ὑπὸ τὸν ὁρίζοντα τοῦ ἡλίου
διαστάσεως ἐπ' αὐτῶν συνισταμένης τῶν κατ' αὐτοὺς
τοὺς χρόνους τῆς ἑῴας καὶ τῆς ἑσπερίας ἐκβαλλομένων.   20
προσπαραμεμυθημένων δὲ καὶ τούτων αὐτάρκως ὑπο-
τάξομεν ἤδη τὴν ἀναγραφὴν ἔχουσαν οὕτως·

---

4. πρ̅σασαναφθησομένων A.   6. τῶν ἐπ'] Unger, τῷ μέν A.
7. τοῦ κατὰ τὸν Ἀετὸν λαμπροῦ] Unger, τῶν κατὰ τόνδε τὸν
λαμπρόν A.   8. ταῖς] Unger, καὶ ἐπί A.   9. ταῖς] Unger,
τήν A.   14. τυγχάνῃ] corr. ex τυγχάνει A.   15. φανείη]
Unger, φαίν̇ (corr. in φαίν^H) ἢ A.   21. ὑποτάξομεν] corr. ex
ὑποτάξωμεν? A.

ΘΩΘ

α'. ὡρῶν ιδ ∟· ὁ ἐπὶ τῆς οὐρᾶς τοῦ Λέοντος ἐπιτέλλει. Ἱππάρχῳ ἐτησίαι παύονται. Εὐδόξῳ ὑετία, βρονταί, ἐτησίαι παύονται.

5 β'. ὡρῶν ιδ· ὁ ἐπὶ τῆς οὐρᾶς τοῦ Λέοντος ἐπιτέλλει, καὶ Στάχυς κρύπτεται. Ἱππάρχῳ ἐπισημαίνει.

γ'. ὡρῶν ιγ ∟· ὁ ἐπὶ τῆς οὐρᾶς τοῦ Λέοντος ἐπιτέλλει. ὡρῶν ιε· ὁ καλούμενος Αἴξ ἑσπέριος ἀνατέλλει. Αἰγυπτίοις ἐτησίαι παύονται. Εὐδόξῳ ἄνεμοι 10 μεταπίπτοντες. Καίσαρι ἄνεμος, ὑετός, βρονταί. Ἱππάρχῳ ἀπηλιώτης πνεῖ.

δ'. ὡρῶν ιε· ὁ ἔσχατος τοῦ Ποταμοῦ ἑῷος δύνει. Καλλίππῳ χειμαίνει καὶ ἐτησίαι παύονται.

ε'. ὡρῶν ιγ ∟· Στάχυς κρύπτεται. ὡρῶν ιε ∟· ὁ 15 λαμπρὸς τῆς Λύρας ἑῷος δύνει. Μητροδώρῳ δυσαερία. Κόνωνι ἐτησίαι λήγουσιν.

ϛ'. ὡρῶν ιε ∟· ὁ λαμπρὸς τῆς νοτίου Χηλῆς κρύπτεται. Αἰγυπτίοις ὀμίχλη καὶ καῦμα ἢ ὑετὸς ἢ βροντή. Εὐδόξῳ ἄνεμος, βροντή, δυσαερία. Ἱππάρχῳ 20 ἄνεμος, νοτία.

ζ'. Μητροδώρῳ δυσαερία. Καλλίππῳ, Εὐκτήμονι,

---

1. Hic incipit B (inscr. πτολεμαίου φάσεις ἀπλανῶν καὶ ἐπισημασίαι, supra scr. μῆνες Ἀλεξανδρέων m. rec.). Θώθ] A B, infra add. σεπτε^{ωγ} m. rec. B, infra scr. rubro colore σε^{πτ} A (euan.). 2. καθ' ἡμ[ᾶς] δὲ αὐγούστου κθ mg. A, in quo dierum numerus Romanus semper in mg. additur. ∟'] om. A. 3. ὑετίαι B. 4. ἐτησίαι παύονται] om. B. 5. β'] bis A. ἐπιτέλλει] om. B. 6. καί] ᾧ ιδ καί A. 7. ὡρῶν ιγ ∟'] om. B. 8. ιε] ιγ ∟' B. 10. μεταπίπτοντες — ἄνεμος] A, om. B. 12. σε^{πτρ} ᾱ A. 13. σημαίνει B. 14. ιε ∕.'] Wachsmuth, ιε A B. 16. λήγουσι A. 17. νοτίου] Wachsmuth, νοτίας A B. 18. ἢ (utrumque)] A, om. B. 20. ἄνεμος] A, om. B.

Φιλίππῳ δυσαερία καὶ ἀταξία ἀέρος. Εὐδόξῳ ὑετός, βρονταί, ἄνεμος μεταπίπτων.

η'. Αἰγυπτίοις ὑετία, χειμὼν κατὰ θάλασσαν ἢ νότος. Καίσαρι ἄνεμοι μεταπίπτοντες, ὑετία, καὶ ἐτησίαι παύονται. 5

θ'. ὡρῶν ιδ· ὁ λαμπρὸς τοῦ Ὄρνιθος ἑῷος δύνει. Αἰγυπτίοις ζέφυρος ἢ ἀργεστὴς πνεῖ.

ι'. ὡρῶν ιγ L'· ὁ λαμπρὸς τοῦ Περσέως ἑσπέριος ἀνατέλλει. Φιλίππῳ δυσαερία. Δοσιθέῳ χειμαίνει.

ια'. Αἰγυπτίοις ἐπισημαίνει. 10

ιβ'. ὡρῶν ιε· ὁ λαμπρὸς τῆς νοτίου Χηλῆς κρύπτεται.

ιγ'. Δοσιθέῳ ἀκρασία ἀέρων.

ιδ'. ὡρῶν ιδ L'· ὁ καλούμενος Κάνωβος ἐπιτέλλει. Καίσαρι βορέαι παύονται πνέοντες.

ιε'. Εὐδόξῳ ἄνεμοι νότιοι. 15

ις'. Καλλίππῳ καὶ Κόνωνι ἐπισημαίνει.

ιζ'. ὡρῶν ιδ L'· ὁ λαμπρὸς τοῦ Ὄρνιθος ἑῷος δύνει, καὶ ὁ λαμπρὸς τῆς νοτίου Χηλῆς κρύπτεται, καὶ ὁ ἔσχατος τοῦ Ποταμοῦ ἑῷος δύνει. Εὐδόξῳ βορέαι παύονται. Μητροδώρῳ ἐπισημαίνει. Δημοκρίτῳ 20 Ἀβδηρίτῃ ἐπισημαίνει, καὶ χελιδὼν ἀφανίζεται.

ιη'. ὡρῶν ιε L'· ὁ κατὰ τὸ γόνυ τοῦ Τοξότου κρύ-

---

1. ἀταξία] B, ἀναμιξία A, ἀμιξία Boeckh, Über die vierjährigen Sonnenkreise p. 244.   4. Καίσαρι — 5. παύονται] A, om. B.   7. ἀργεστής] D, ἐργαστής AB.   πνεῖ] A, om. B.   8. ιγ] A, ιδ B.   10. ια'] αι B, et similiter semper.   ἐπισημαίνει] A, χειμάζει B.   11. ὡρῶν ιε] B, om. A.   νοτίου] B, νοτί A.   13. L'] B, om. A.   14. βορέαι] A, βόρεια B.   15. ἄνεμοι] A, om. B.   νότιοι] B, νότ A.   18. καί] ὡρῶν ιδ καί A.   νοτίου] B, νοτί A.   19. καί] ὡρῶν ιδ L' καί A.   Εὐδόξῳ — 20. παύονται] A, om. B.   21. Ἀβδηρίτῃ] B, om. A.   ἐπισημαίνει, καί] A, om B.

πτεται. Αἰγυπτίοις ὑετία, ἐπισημαίνει, φθινοπώρου
ἀρχή, χελιδὼν ἀφανίζεται. Δοσιθέῳ νοτία. Εὐκτήμονι μετοπώρου ἀρχή.

ιθ'. ὡρῶν ιε ∠'· ὁ λαμπρὸς τοῦ νοτίου Ἰχθύος
5 ἑσπέριος ἀνατέλλει. Ἱππάρχῳ δυσαερία καὶ ὑετία κατὰ
θάλασσαν καὶ φθινοπώρου ἀρχή.

κ'. Καίσαρι μετοπώρου ἀρχή, καὶ χελιδὼν ἀφανίζεται. Μητροδώρῳ ὑετία κατὰ θάλασσαν καὶ δυσαερία.

κα'. ὡρῶν ιδ· ὁ λαμπρὸς τῆς νοτίου Χηλῆς
10 κρύπτεται. ὡρῶν ιε· ὁ ἐν τῷ ἑπομένῳ ὤμῳ τοῦ
Ἡνιόχου ἑσπέριος ἀνατέλλει. Αἰγυπτίοις ζέφυρος ἢ
λίψ, ὀψὲ ἀπηλιώτης. Εὐδόξῳ μετόπωρον μέσον.

κβ'. ὡρῶν ιδ ∠'· ὁ καλούμενος Ἀντάρης κρύπτεται.
Αἰγυπτίοις ζέφυρος ἢ ἀργεστὴς καὶ ψακάς. Εὐδόξῳ
15 νοτία.

κγ'. ὡρῶν ιδ ∠'· ὁ καλούμενος Αἴξ ἑσπέριος
ἀνατέλλει. ὡρῶν ιε ∠'· Ἀρκτοῦρος ἑῷος ἀνατέλλει.
Αἰγυπτίοις ψακὰς καὶ ἄνεμος, ἐπισημαίνει. Καλλίππῳ
καὶ Μητροδώρῳ ὑετία.

20 κδ'. ὡρῶν ιγ ∠'· ὁ κοινὸς Ἵππου καὶ Ἀνδρομέδας
ἑῷος δύνει.

---

1. ὑετία] A, om. B.   ἐπισημαίνει] B, σῆ^{ει'} A.   φθιν-
οπώρου] B, φθινο^{πρ'} μετοπώρου A.   2. χελιδὼν ἀφανίζεται] A,
om. B.   Εὐκτήμονι — 3. ἀρχή] A, om. B.   5. δυσαερία καὶ] A,
om. B.   κατά — 6. ἀρχή] A, om. B.   7. Καίσαρι — ἀφανί-
ζεται] A, om. B.   8. ὑετία κατὰ θάλασσαν Μητροδώρῳ B.
καὶ δυσαερία] A, om. B.   9. ὡρῶν ιδ] A, om. B.   10. ὡρῶν
ιε] A, καί B.   12. ὀψέ — μέσον] A, om. B.   μέσον] ἄρχεται C.
13. ιδ] corr. ex ιε B, ιγ A; ιε Wachsmuth.   Ἀντάρης] -η-
corr. ex ι in scrib. B.   14. ἤ] C, om. A.B.   ἀργεστής] corr.
ex ἐργάστης A, ἐργάστης B.   καὶ ψακάς] καὶ ψεκάς A, om. B.
15. νοτία] νοτία καὶ ψακάς B.   16. ∠'] A, om. B.   ὁ — 18.
∠'] B, om. A.   18. ψεκάς A.   ἄνεμοι A.   ἐπισημαίνει] A,
om. B.

κε'. ὡρῶν ιγ̅ ∠'· ὁ λαμπρὸς τῆς νοτίου Χηλῆς
κρύπτεται. ὡρῶν ιε̅· ὁ λαμπρὸς τοῦ Ὄρνιθος ἑῷος
δύνει. Αἰγυπτίοις ζέφυρος ἢ νότος καὶ δι' ἡμέρας
ὄμβρος.

κϛ'. ὡρῶν ιε̅· Ἀρκτοῦρος ἑῷος ἀνατέλλει. Εὐδόξῳ 5
ὑετός. Ἱππάρχῳ ζέφυρος ἢ νότος.

κζ'. ὡρῶν ιδ̅· ὁ κοινὸς Ἵππου καὶ Ἀνδρομέδας
ἑῷος δύνει, καὶ ὁ ἔσχατος τοῦ Ποταμοῦ ἑῷος δύνει.

κη'. μετοπωρινὴ ἰσημερία. Αἰγυπτίοις καὶ Εὐδόξῳ
ἐπισημαίνει. 10

κθ'. ὡρῶν ιδ̅· ὁ καλούμενος Ἀντάρης κρύπτεται.
ὡρῶν ιδ̅ ∠'· Ἀρκτοῦρος ἑῷος ἀνατέλλει. Εὐκτήμονι
ἐπισημαίνει. Δημοκρίτῳ ὑετὸς καὶ ἀνέμων ἀταξία.

λ'. ὡρῶν ιδ̅ ∠'· ὁ κοινὸς Ἵππου καὶ Ἀνδρομέδας
ἑῷος δύνει. Εὐκτήμονι καὶ Φιλίππῳ καὶ Κόνωνι 15
ἐπισημαίνει.

ΦΑΩΦΙ

α'. Αἰγυπτίοις ζέφυρος ἢ νότος. Ἱππάρχῳ ἐπισημαίνει.

β'. ὡρῶν ιε̅· ὁ κοινὸς Ἵππου καὶ Ἀνδρομέδας 20
ἑῷος δύνει. ὡρῶν ιε̅ ∠'· ὁ λαμπρὸς τῆς βορείου Χηλῆς
κρύπτεται. Εὐδόξῳ καὶ Εὐκτήμονι ἐπισημαίνει. Ἱππάρχῳ νότος ἢ ζέφυρος.

---

1. ὁ — 2. ∠'] B, om. A.   2. ιε̅] Petauius, ιε̅ ∠' AΒ.   5. ιε̅]
Petauius, ιε̅ ∠' AΒ.   7. ὁ] A, om. B.   8. καί] ʽϕ̅ ιδ̅ καί A.
9. μεθοπωρινή B.   11. ιδ̅] corruptum censent Ideler et Wachsmuth.   Ἀντάρης] -η- corr. ex ι in scrib. B.   12. ιδ̅ ∠'] ιδ̅
∠' ὁ A, om. B.   Εὐκτήμ᠌ B.   13. καὶ ἀνέμων ἀταξία] A,
om. B.   14. ιδ̅ ∠'] A, om. B.   15. καὶ Φιλίππῳ καί] A,
Φιλίππῳ B.   17. ὀκτώβριος mg. m. rec. B.   18. α'] φαωϕ ᾱ A.
20. ὡρῶν — 21. δύνει] A, om. B.

γ΄. ὡρῶν ιδ· Ἀρκτοῦρος ἑῷος ἀνατέλλει. ὡρῶν
ιε ∠· ὁ λαμπρὸς τοῦ Ὄρνιθος ἑῷος δύνει.
δ΄. ὡρῶν ιε· ὁ λαμπρὸς τῆς βορείου Χηλῆς κρύπτεται. Αἰγυπτίοις καὶ Καλλίππῳ χειμάζει, δυσαερία.
5 Εὐκτήμονι καὶ Φιλίππῳ ὑετός.
ε΄. ὡρῶν ιε ∠· ὁ κοινὸς Ἵππου καὶ Ἀνδρομέδας
ἑῷος δύνει. Εὐδόξῳ ὑετός. Εὐκτήμονι χειμάζει.
Μητροδώρῳ ὑετός.
ς΄. ὡρῶν ιγ ∠· Ἀρκτοῦρος ἑῷος ἀνατέλλει, καὶ ὁ
10 ἔσχατος τοῦ Ποταμοῦ ἑῷος δύνει. ὡρῶν ιδ ∠· ὁ λαμπρὸς τῆς βορείου Χηλῆς κρύπτεται, καὶ ὁ καλούμενος
Ἀντάρης κρύπτεται. ὡρῶν ιε ∠· ὁ λαμπρὸς τοῦ
βορείου Στεφάνου ἑῷος ἀνατέλλει. Αἰγυπτίοις καὶ
Καίσαρι χειμών, ὑετός, βρονταί, ἀστραπαί.
15 ζ΄. ὡρῶν ιγ ∠· Στάχυς ἐπιτέλλει. ὡρῶν ιδ· ὁ
καλούμενος Αἴξ ἑσπέριος ἀνατέλλει, καὶ ὁ λαμπρὸς τῆς
βορείου Χηλῆς κρύπτεται. Αἰγυπτίοις ὑετοί, χειμαίνει.
Εὐδόξῳ ὑετὸς καὶ ἄνεμος μεταπίπτων. Δοσιθέῳ
ἐπισημαίνει.
20   η΄. ὡρῶν ιγ ∠· ὁ λαμπρὸς τῆς βορείου Χηλῆς
κρύπτεται. ὡρῶν ιδ ∠· ὁ ἐν τῷ ἑπομένῳ ὤμῳ τοῦ

---

1. λ (h. e. 30. septemb.) mg. A.   ὡρῶν] A, om. B.   ιδ]
Ideler, ιγ A, om. B.   3. ὁ^{ϗϙ} ᾱ mg. A.   ὡρῶν ιε] A, om. B.
4. Αἰγυπτίοις καὶ Καλλίππῳ] A, om. B.   δυσαερία] A, om. B.
7. Εὐδόξῳ ὑετός] B, om. A.   χειμάζει] A, σημαίνει B, χειμαίνει Halma.   8. Μητροδώρῳ ὑετός] B, om. A.   9. καί]
B, ᾽φ ιγ ∠΄ A.   10. ιδ ∠΄] Halma, καί B, ιδ ∠΄ καί A.
11. καί] B, ᾽φ᾽ ιδ ∠΄ A.   καλούμενος] A, om. B.   12. Ἀν-
τάρης] -η- corr. ex ι in scrib. A.   ὡρῶν ιε ∠΄] A, καί B.
13. καί] B, om. A.   14. χειμών — ἀστραπαί] A, ὄμβρος B.
15. ὡρῶν ιγ ∠΄] A, om. B.   ὡρῶν ιδ — 16. ἀνατέλλει] A, om. B.
17. Αἰγυπτίοις — 19. ἐπισημαίνει] A, om. B.   20. η΄] A,
om. B.   ὁ — 21. ∠΄] A, om. B.   ὡρῶν ιγ ∠΄] Wachsmuth, om. AB.
21. ὤμῳ] B, om. A.   τοῦ — p. 19, 1. ἀνατέλλει] in ras. B.

Ἡνιόχου ἑσπέριος ἀνατέλλει, καὶ Στάχυς ἐπιτέλλει.
Δημοκρίτῳ χειμάζει, σπόρου ὥρα.
θ΄. ὡρῶν ιε ∠΄· Στάχυς ἐπιτέλλει. Αἰγυπτίοις βορρᾶς πνεῖ.
ι΄. ὡρῶν ιε· ὁ λαμπρὸς τοῦ βορείου Στεφάναυ ἑῷος 5
ἀνατέλλει. Ἱππάρχῳ νότος.
ια΄. ὡρῶν ιε· ὁ κατὰ τὸ γόνυ τοῦ Τοξότου κρύπτεται.
ιβ΄. ὡρῶν ιε· ὁ καλούμενος Ἀντάρης κρύπτεται.
Αἰγυπτίοις ζέφυρος ἢ λίψ. Εὐδόξῳ ἐπισημαίνει. Ἱππάρχῳ ἀπηλιώτης. 10
ιγ΄.
ιδ΄. Δοσιθέῳ καὶ Εὐδόξῳ ἐπισημαίνει.
ιε΄. Αἰγυπτίοις ἀργεστής, ὑετός.
ις΄. ὡρῶν ιδ ∠΄· ὁ λαμπρὸς τοῦ βορείου Στεφάνου
ἑῷος ἀνατέλλει. Εὐδόξῳ βορέαι ἢ νότοι. Δοσιθέῳ 15
ἄνεμος μεταπίπτων. Καλλίππῳ ἐπισημαίνει. Καίσαρι
ἄνεμος ἄτακτος, ὑετός, βρονταί.
ιζ΄. ὡρῶν ιγ ∠΄· ὁ καλούμενος Ἀντάρης κρύπτεται.
Αἰγυπτίοις βορέας ἢ λίψ. Εὐδόξῳ ἐπισημαίνει.
ιη΄. ὡρῶν ιγ ∠΄· Ἀρκτοῦρος ἑσπέριος δύνει. 20
ιθ΄. Εὐδόξῳ ἀνέμων μεταβολαί, βρονταί.
κ΄. ὡρῶν ιδ· ὁ ἐν τῷ ἑπομένῳ ὤμῳ τοῦ Ἡνιόχου
ἑσπέριος ἀνατέλλει. Ἱππάρχῳ νότος ἢ βορέας.

1. καί] ὡρῶν ιδ ∠΄ καί A, om. B. ἐπιτέλλ⌒ B. 2. η̄ mg. B.
σπόρου ὥρα] postea add. alio atramento m. 1 A. Deinde 1 lin.
uacat in B. 3. ὡρῶν ιε ∠΄] A, om. B. 5. ὡρῶν ιε] A, om. B.
7. τοῦ Τοξότου] A, ἑῷος B. 8. ὡρῶν ιε] A, om. B, ὥρᾳ ιδ
Wachsmuth. Ἀντάρης] -η- corr. ex ι in scrib. B. 9. ιγ ante
Εὐδόξῳ add. C. 11. ιγ΄] A, om. B. 12. ιδ΄ — 17. βρονταί] A,
om. B. 18. ὁ καλούμενος] A, om. B. Ἀντάρις B, sed corr.
19. βορείας A? Εὐδόξῳ ἐπισημαίνει] A, om. B. 20. ὡρῶν
ιγ ∠΄] A, om. B. ἑσπέριος δύνει] B, ἑῷος ἀνατέλλει A, ἑῷος
δύνει C. 21. ιθ΄] A, om. B. μεταβολαί] A, μετάβασις καί B.
22. κ΄ — 23. βορέας] A, om. B.

2*

κα΄. ὡρῶν ιγ 𝖫΄· ὁ καλούμενος Αἲξ ἑσπέριος ἀνατέλλει.

κβ΄. ὡρῶν ιδ· ὁ λαμπρὸς τοῦ βορείου Στεφάνου ἑῷος ἀνατέλλει. Αἰγυπτίοις ζέφυρος ἢ νότος δι᾽ ἡμέρας,
5 ὑετός. Δοσιθέῳ ἐπισημασία.

κγ΄.

κδ΄. ὡρῶν ιδ 𝖫΄· ὁ καλούμενος Κάνωβος ἑῷος δύνει.

κε΄. Αἰγυπτίοις πνεύματα ἄτακτα.

κϛ΄. ὡρῶν ιδ· Ἀρκτοῦρος ἑσπέριος δύνει. Εὐδόξῳ
10 ἐπισημαίνει. Καίσαρι βορέας πνεῖ.

κζ΄. ὡρῶν ιγ 𝖫΄· ὁ λαμπρὸς τοῦ βορείου Στεφάνου ἑῷος ἀνατέλλει. ὡρῶν ιδ 𝖫΄· ὁ κατὰ τὸ γόνυ τοῦ Τοξότου κρύπτεται. Αἰγυπτίοις καὶ Καλλίππῳ ἐπισημαίνει. Εὐκτήμονι καὶ Καλλίππῳ ἀμιξία ἀέρος,
15 κατὰ θάλασσαν χειμὼν πολύς.

κη΄. ὡρῶν ιγ 𝖫΄· ὁ ἐν τῷ ἑπομένῳ ὤμῳ τοῦ Ἡνιόχου ἑσπέριος ἀνατέλλει. Μητροδώρῳ σημαίνει. Εὐκτήμονι καὶ Καλλίππῳ ἀέρος μῖξις, καὶ κατὰ θάλασσαν χειμάζει.
20 λ΄. Αἰγυπτίοις χειμάζει σφόδρα.

---

1. ιγ 𝖫΄] A, om. B. 3. κβ΄· ὡρῶν ιδ] A, καί B. 5. ἐπισημασία] A, ἐπισημαίνει B. 6. κγ΄] λεῖ κγ΄ A, κβ. ὡρῶν ιδ 𝖫 ὁ καλούμενος Αἲξ ἑσπέριος ἀνατέλλει. κγ. ὁ λαμπρὸς τοῦ βορείου Στεφάνου ἑῷος ἀνατέλλει. Αἰγυπτίοις ζέφυρος ἢ νότος, δι᾽ ἡμέρας ὑετός. Δοσιθέῳ ἐπισημαίνει B. 9. ὡρῶν ιδ] B, om. A. 10. Καίσαρι — πνεῖ] A, om. B. 12. 𝖫΄] Wachsmuth, om. AB. 13. καί] B, om. A. 14. Εὐκτήμονι — 15. πολύς] A, om. B. 16. ὡρῶν — 17. ἀνατέλλει] A, om. B. 17. Μητροδώρῳ — 19. χειμάζει] B, om. A. 17. ἐπισημαίνει Petauius. 18. μῖξις] ἀμιξία Boeckh. 20. λ΄] B, paullo superius A. Deinde add. ᾽φ ιδ 𝖫 ὁ ἐν τῷ ἑπομένῳ ὤμῳ τοῦ Ἡνιόχου ἑσπέριος ἀνατέλλει B.

ΑΘΥΡ

α΄. ὡρῶν ιγ ∟· ὁ λαμπρὸς τῆς νοτίου Χηλῆς ἐπιτέλλει.

β΄. ὡρῶν ιδ ∟· ὁ λαμπρὸς τῆς νοτίου Χηλῆς ἐπιτέλλει. ὡρῶν ιε· τὸ αὐτό. Αἰγυπτίοις ἐπισημαίνει. Δοσιθέῳ χειμάζει. Δημοκρίτῳ ψύχη ἢ πάχνη. Ἱππάρχῳ νότος πυκνός.

γ΄. ὡρῶν ιγ ∟· ὁ λαμπρὸς τῆς βορείου Χηλῆς ἐπιτέλλει. ὡρῶν ιε ∟· ὁ λαμπρὸς τῆς Λύρας ἑῷος ἀνατέλλει. Εὐκτήμονι καὶ Φιλίππῳ ἄνεμος μέγας πνεῖ.

δ΄. ὡρῶν ιδ· ὁ λαμπρὸς τῆς βορείου Χηλῆς ἐπιτέλλει. ὡρῶν ιδ ∟· Ἀρκτοῦρος ἑσπέριος δύνει. Αἰγυπτίοις νότος ἢ λίψ. Καλλίππῳ καὶ Εὐκτήμονι πνεύματα σφοδρά. Καίσαρι καὶ Μητροδώρῳ ἄνεμοι, χειμάζει.

ε΄. ὡρῶν ιδ ∟· ὁ λαμπρὸς τῆς βορείου Χηλῆς ἐπιτέλλει.

ϛ΄. ὡρῶν ιδ· ὁ κατὰ τὸ γόνυ τοῦ Τοξότου κρύπτεται. Κόνωνι καὶ Εὐδόξῳ ἀκρασία πνευμάτων. Καλλίππῳ

---

1. νοέμβριος add. mg. m. rec. B. 2. α΄] ἀθὺρ α΄ A. Post ἐπιτέλλει add. ὥρα ιδ τὸ αὐτό Wachsmuth. 4. ∟΄] B, om. A. 5. ὡρῶν — αὐτό] A, om. B. Deinde add. ὥρα ιε ∟΄ τὸ αὐτό Wachsmuth. σημαίνει B. 6. ψύχει A. 7. νότος πυκνός] A, νότια B. 8. ιγ] A, ιδ B. βορεῖ A. 9. ὡρῶν καὶ φ B, om. A. ιε — Λύρας] B, om. A. ἑῷος ἀνατέλλει] Ideler, om. AB. 10. καί] A, om. B. πνέει A. 11. ὡρῶν ιδ] Ideler, φ ιδ ∟΄ B, om. A. βορείου] -ου comp. dub. A. 12. ὡρῶν ιδ ∟΄] φ ιδ΄ A, καί B, καὶ ὥρα ιδ ∟΄ Wachsmuth. 13. καί] A, om. B. 14. καί] A, ἡ B. 16. α΄ νο/ mg. A. ιδ ∟΄] ιδ B, ιγ ∟΄ A. ὁ — ἐπιτέλλει] del. Wachsmuth. 17. ϛ΄] addidi. om. AB. ὡρῶν ιδ] A, καί B, del. Wachsmuth. τὸ γόνυ] B, τοῦ νότου (ω corr. ex ο) A. . 18. ἀκρασίαι A. Ante Καλλίππῳ hab. ϛ΄ AB. Καλλίππῳ] A, om. B.

ἀκρασία ἀέρων. Καίσαρι καὶ Ἱππάρχῳ νότος ἢ βορρᾶς ψυχρός.

ζ'. ὡρῶν ιδ· ὁ λαμπρὸς τῶν Ὑάδων ἑσπέριος ἀνατέλλει. Αἰγυπτίοις νότος λάβρος. Μέτωνι ζέφυρος.
5 Εὐδόξῳ βορέας ἢ νότος. Μητροδώρῳ ἀκρασία ἀέρος.
Εὐκτήμονι καὶ Φιλίππῳ καὶ Ἱππάρχῳ ὑετός.

η'. ὡρῶν ιγ L· ὁ λαμπρὸς τῶν Ὑάδων ἑσπέριος ἀνατέλλει. Καλλίππῳ ὑετία. Εὐκτήμονι ἐπισημαίνει.

θ'. ὡρῶν ιε L· ὁ κοινὸς Ποταμοῦ καὶ ποδὸς
10 Ὠρίωνος ἑῷος δύνει. Αἰγυπτίοις χειμών, ὑετός.

ι'. ὡρῶν ιδ· ὁ καλούμενος Κάνωβος ἑῷος δύνει. Αἰγυπτίοις νότος ἢ ζέφυρος. Δοσιθέῳ χειμών.

ια'. ὡρῶν ιε· ὁ λαμπρὸς τῆς Λύρας ἑῷος ἀνατέλλει. Μέτωνι ὑετὸς θυελλώδης. Ἱππάρχῳ ἀργεστὴς ψυχρός.
15 ιβ'. ὡρῶν ιε· Ἀρκτοῦρος ἑσπέριος δύνει, καὶ ὁ κοινὸς Ποταμοῦ καὶ ποδὸς Ὠρίωνος ἑῷος δύνει.

ιγ'. ὡρῶν ιγ L· ὁ κατὰ τὸ γόνυ τοῦ Τοξότου κρύπτεται. Αἰγυπτίοις νότος ἢ εὖρος δι' ἡμέρας, ψακάζει. Μητροδώρῳ χειμάζει, θύελλα. Εὐκτήμονι
20 ὑετοί, χειμάζει.

ιδ'. ὡρῶν ιδ L· ὁ κοινὸς Ποταμοῦ καὶ ποδὸς Ὠρίωνος ἑῷος δύνει. Φιλίππῳ καὶ Εὐκτήμονι χειμών, θύελλα. Ἱππάρχῳ βορέας ἢ νότος ψυχρὸς καὶ ὑετός.

---

1. Καίσαρι — ἤ] A, om. B.   βορρᾶς] A, βορρᾶς ἢ νότος B.
4. λάβρος — ζέφυρος] B, ὄμβρος μεταξὺ ζεφύρου A.   5. Εὐδόξῳ — Μητροδώρῳ] A, om. B.   ἀέρος] A, ἀέρων B.   6. Εὐκτήμονι — Ἱππάρχῳ] A, καί B.   8. Εὐκτήμονι] A, om. B.
10. ἑῷος δύνει] A, ἀνατέλλει B.   χειμών] A, om. B.   12. χειμ̅
A, χειμαίνει B.   13. ιε] A, ιε / ´ B.   14. θυελλώδης] comp. A, θύελλαι B.   ἀργεστὴς ψυχρός] A, ἐργαστής B.   15. ιε] A, ιε L' B.   ὁ] om. A.   17. ὡρῶν] comp. in ras. A.   ιγ] ι- postea ins. A.   19. ψεκάζει A.   χειμών B.   θύελλαι B.   Εὐκτήμονι — 20. χειμάζει] A, om. B.   21. L'] B, om. A.   22. ἑῷος] B, om. A.   χειμών — 23. ὑετός] A, ὑετός, χειμάζει B.

ιε'. ὡρῶν ιγ ʟ'· ὁ λαμπρὸς τοῦ Περσέως ἑῷος
δύνει, καὶ ὁ λαμπρὸς τοῦ βορείου Στεφάνου ἑσπέριος
δύνει. ὡρῶν ιε ʟ'· ὁ λαμπρὸς τῶν Ὑάδων ἑῷος
δύνει. Αἰγυπτίοις καὶ Ἱππάρχῳ χειμῶνος ἀρχή.
Μητροδώρῳ καὶ Καλλίππῳ καὶ Κόνωνι ἐπισημασία. 5
ιϛ'. ὡρῶν ιγ ʟ'· ὁ λαμπρὸς τῶν Ὑάδων ἑῷος δύνει.
ὡρῶν ιδ' ʟ'· τὸ αὐτό. ὡρῶν ιε'· τὸ αὐτό. Εὐκτήμονι καὶ Δοσιθέῳ χειμάζει.
ιζ'. ὡρῶν ιδ· ὁ κοινὸς Ποταμοῦ καὶ ποδὸς Ὠρίωνος
ἑῷος δύνει. ὡρῶν ιε ʟ'· ὁ ἐπὶ τῆς κεφαλῆς τοῦ ἡγου- 10
μένου Διδύμου ἑσπέριος ἀνατέλλει. Εὐδόξῳ χειμῶνος
ἀρχὴ καὶ ἐπισημασία. Δημοκρίτῳ χειμὼν καὶ κατὰ
γῆν καὶ κατὰ θάλασσαν.
ιθ'. ὡρῶν ιδ ʟ'· ὁ λαμπρὸς τῆς Λύρας ἑῷος
ἀνατέλλει. Αἰγυπτίοις νότος ἢ εὖρος δι' ἡμέρας. 15
Καίσαρι χειμάζει.
κ'. ὡρῶν ιγ ʟ'· ὁ κοινὸς Ποταμοῦ καὶ ποδὸς
Ὠρίωνος ἑῷος δύνει. ὡρῶν ιδ· ὁ λαμπρὸς τοῦ Περσέως ἑῷος δύνει. ὡρῶν ιε ʟ'· ὁ ἐν τῷ ἡγουμένῳ
ὤμῳ τοῦ Ὠρίωνος ἑῷος δύνει, καὶ ὁ μέσος τῆς ζώνης 20
τοῦ Ὠρίωνος ἑῷος δύνει. Καίσαρι χειμών.
κα'. ὡρῶν ιε· ὁ ἐν τῷ ἡγουμένῳ ὤμῳ τοῦ Ὠρίωνος

1. ιγ ʟ'] B, ιδ A.   ἑῷος] A, om. B.   3. ὡρῶν ιε ʟ'] A,
καί B.   4. δύνει] δύνει. καί A.   5. Μητροδώρῳ κκί — καί]
A, om. B.   ἐπισημαίνει B.   6. ιγ] ιϛ B.   δύνει] δύνει.
ὥρα ιδ τὸ αὐτό Wachsmuth.   7. ὡρῶν ιδ — 8. Δοσιθέῳ] A,
om. B.   9. ὡρῶν — 10. δύνει] A, χειμῶνος ἀρχὴ καὶ σημαίνει
Εὐδόξῳ B.   10. ὡρῶν ιε ʟ'] A, ιη B.   12. ἐπισημασί'' A,
ἐπισημαίνει B.   14. ιθ'] corr. ex ιη' m. 1 A.   15. δι'
ἡμέρας] A, om. B.   17. κ'] e corr. m. 1 A.   ʟ'] A, om. B.
18. ἑῷος] B, om. A.   ὡρῶν ιδ] A, καί B.   19. ὡρῶν ιε
ʟ'] A, καί B.   ὁ ἐν — 20. δύνει] B, om. A.   20. ἑῷος]
Ideler, om. B.   καί] AB, ὥρα ιε ʟ' Wachsmuth.   21. τοῦ]
om. A.   χειμών] A, χειμάζει B.   22. τοῦ] om. A.

ἑῷος δύνει, καὶ ὁ μέσος τῆς ζώνης τοῦ Ὠρίωνος ἑῷος
δύνει. ὡρῶν ιε ∠· Ἀρκτοῦρος ἑσπέριος δύνει. Αἰγυπτίοις βορέας δι' ἡμέρας καὶ νυκτός. Εὐδόξῳ ὑετός.
Καίσαρι χειμών.

5   κβ'. ὡρῶν ιδ ∠· ὁ ἐν τῷ ἡγουμένῳ ὤμῳ τοῦ
Ὠρίωνος ἑῷος δύνει.

κγ'. ὡρῶν ιγ ∠· ὁ καλούμενος Κάνωβος ἑῷος δύνει.
ὡρῶν ιδ· ὁ λαμπρὸς τοῦ βορείου Στεφάνου ἑσπέριος
δύνει, καὶ ὁ ἐν τῷ ἡγουμένῳ ὤμῳ τοῦ Ὠρίωνος ἑῷος
10 δύνει. ὡρῶν ιε· ὁ ἐπὶ τῆς κεφαλῆς τοῦ ἡγουμένου
Διδύμου ἑσπέριος ἀνατέλλει. Εὐδόξῳ χειμέριος περίστασις.

κδ'. ὡρῶν ιγ ∠· ὁ ἐν τῷ ἐμπροσθίῳ δεξιῷ βατραχίῳ τοῦ Κενταύρου ἐπιτέλλει. ὡρῶν ιδ ∠· ὁ μέσος
15 τῆς ζώνης τοῦ Ὠρίωνος ἑῷος δύνει. ὡρῶν ιε ∠.
Κύων ἑῷος δύνει. Αἰγυπτίοις χειμέριος περίστασις.
Εὐδόξῳ βορέας ψυχρός.

κε'. ὡρῶν ιγ ∠· ὁ ἐν τῷ ἡγουμένῳ ὤμῳ τοῦ
Ὠρίωνος ἑῷος δύνει, καὶ ὁ καλούμενος Ἀντάρης ἐπι-
20 τέλλει. ὡρῶν ιδ ∠· ὁ λαμπρὸς τοῦ Περσέως ἑῷος
δύνει. Εὐκτήμονι καὶ Δοσιθέῳ χειμὼν καὶ ὑετία.
Καίσαρι ἀκρασία ἀέρος.

---

1. καί] B, ⸀φ ιε' καί A.   τοῦ Ὠρίωνος] A, αὐτοῦ B.
2. ὡρῶν ιε ∠'] A, om. B.   3. νυκτός. Εὐδόξῳ] B, om. A.
4. Καίσαρι χειμών] A, om. B.   5. ∠'] A, om. B.   7. ὡρῶν
ιγ] A, om. B.   ∠'] Ideler, om. AB.   8. ὡρῶν ιδ] A, om. B.
9. καί] B, ⸀φ ιδ καί A.   ἑῷος — 10. ιε] A, καί B.   13. βα-
τραχίῳ] A, βραχίονι B.   14. ὡρῶν ιδ ∠'] A, om. B.   15. ὡρῶν
ιε ∠'] A, om. B.   18. ὡρῶν ιγ ∠'] A, om. B.   19. καί] B,
⸀φ ιγ ∠'' καί A.   20. ὡρῶν ιδ ∠'] ὡρ ιδ ∠'' A, om. B.   21. καί
(pr.)] A, om. B.   χειμαίνει καὶ ὑετός B.   22. Καίσαρι — ἀέρος]
A, om. B.

κϛ'. ὡρῶν ‾ιγ‾ L'· ὁ ἐν τῷ ἡγουμένῳ ὤμῳ τοῦ
Ὠρίωνος ἑσπέριος ἀνατέλλει, καὶ ὁ ἔσχατος τοῦ Ποταμοῦ ἑσπέριος ἀνατέλλει. ὡρῶν ‾ιδ‾· ὁ λαμπρὸς τῆς
Λύρας ἑῷος ἀνατέλλει, καὶ ὁ μέσος τῆς ζώνης τοῦ
Ὠρίωνος ἑῷος δύνει, καὶ ὁ καλούμενος Ἀντάρης ἐπι- 5
τέλλει. Εὐδόξῳ χειμὼν σφοδρός.
κζ'. ὡρῶν ‾ιδ‾ L'· ὁ καλούμενος Ἀντάρης ἐπιτέλλει.
ὡρῶν ‾ιε‾· Κύων ἑῷος δύνει. ὡρῶν ‾ιε‾ L'· ὁ λαμπρὸς
τοῦ Ὄρνιθος ἑῷος ἀνατέλλει, καὶ ὁ ἐν τῷ ἑπομένῳ
ὤμῳ τοῦ Ὠρίωνος ἑῷος δύνει. Αἰγυπτίοις καὶ Ἱπ- 10
πάρχῳ νότος πυκνός. Εὐδόξῳ καὶ Κόνωνι χειμέριος
ὁ ἀήρ. Καλλίππῳ ὑετία.
κη'. ὡρῶν ‾ιδ‾· ὁ ἐν τῷ ἡγουμένῳ ὤμῳ τοῦ Ὠρίωνος ἑσπέριος ἀνατέλλει. ὡρῶν ‾ιδ‾ L'· ὁ ἐπὶ τῆς κεφαλῆς τοῦ ἡγουμένου Διδύμου ἑσπέριος ἀνατέλλει. 15
ὡρῶν ‾ιε‾· ὁ ἐν τῷ ἑπομένῳ ὤμῳ τοῦ Ὠρίωνος ἑῷος
δύνει, καὶ ὁ καλούμενος Ἀντάρης ἐπιτέλλει. Αἰγυπτίοις ψακάς.
κθ'. ὡρῶν ‾ιγ‾ L'· ὁ μέσος τῆς ζώνης τοῦ Ὠρίωνος
ἑῷος δύνει. ὡρῶν ‾ιε‾ L'· ὁ καλούμενος Ἀντάρης ἐπι- 20
τέλλει.

---

2. καί] ʿφ ‾ιγ‾ L'' καί A, om. B. ὁ — 3. ‾ιδ‾] A, om. B.
4. καί] ʿφ ‾ιδ‾ καί A, om. B. μέσος — 5. καλούμενος] A,
om. B. 6. χειμὼν σφοδρός] A, σημαίνει σφόδρα B. 7. ὡρῶν
‾ιδ‾ L'] A, om. B. καλούμενος] A, om. B. 8. ὡρῶν ‾ιε‾] Wachsmuth, om. AB. ὡρῶν ‾ιε‾ L'] A, om. B. 9. καί] B. ω ‾ιε‾ L''
καί A. 11. καί] A, om. B. χειμέριος] A, χε=μάζει B.
12. ὁ — ὑετία] A, om. B. 13. ὡρῶν ‾ιδ‾] Wachsmuth, ʿφ ‾ιδ‾
L'' A, om. B. ὤμῳ] B, om. A. 14. ὡρῶν ‾ιδ‾ L'] A, καί B.
15. Διδύμου] A, τῶν Διδύμων comp. B. 16. ‾ιε‾] A, ‾ιε‾ L' B.
17. καί] scripsi, om. B, ʿφ ‾ιε‾ A. 18. ψακάς] ψεκὰς A, ψακάζει B. 20. L'] A, om. B.

26 ΚΛΑΥΔΙΟΥ ΠΤΟΛΕΜΑΙΟΥ

λ΄. ὡρῶν ιγ L'· ὁ μέσος τῆς ζώνης τοῦ Ὠρίωνος
ἑσπέριος ἀνατέλλει. ὡρῶν ιδ L'· ὁ ἐν.τῷ ἑπομένῳ
ὤμῳ τοῦ Ὠρίωνος ἑῷος δύνει, καὶ ὁ ἐν τῷ ἡγουμένῳ ὤμῳ τοῦ Ὠρίωνος ἑσπέριος ἀνατέλλει. ὡρῶν
5 ιε L'· ὁ ἐπὶ τῆς κεφαλῆς τοῦ ἑπομένου Διδύμου
ἑσπέριος ἀνατέλλει.

ΧΟΙΑΚ

α΄. ὡρῶν ιδ L'· Κύων ἑῷος δύνει. ὡρῶν ιε· ὁ
λαμπρὸς τοῦ Περσέως ἑῷος δύνει. Αἰγυπτίοις νότος
10 καὶ ὑετός. Εὐδόξῳ ἀκρασία ἀέρος. Δοσιθέῳ ἐπισημασία. Δημοκρίτῳ οὐρανὸς ταραχώδης καὶ ἡ θάλασσα
ὡς τὰ πολλά.

β΄. ὡρῶν ιγ L'· ὁ ἐν τῷ ἑπομένῳ ὤμῳ τοῦ
Ὠρίωνος ἑσπέριος ἀνατέλλει, καὶ ὁ κοινὸς Ποταμοῦ
15 καὶ ποδὸς Ὠρίωνος ἑσπέριος ἀνατέλλει. ὡρῶν ιδ· ὁ
ἐπὶ τῆς κεφαλῆς τοῦ ἡγουμένου Διδύμου ἑσπέριος
ἀνατέλλει, καὶ ὁ ἐν τῷ ἑπομένῳ ὤμῳ τοῦ Ὠρίωνος
ἑῷος δύνει. ὡρῶν ιδ L'· ὁ λαμπρὸς τοῦ βορείου
Στεφάνου ἑσπέριος δύνει.

20 γ΄ ὡρῶν ιγ L'· ὁ ἐν τῷ ἑπομένῳ ὤμῳ τοῦ
Ὠρίωνος ἑῷος δύνει. ὡρῶν ιε· ὁ ἐν τῷ ἡγουμένῳ
ὤμῳ τοῦ Ὠρίωνος ἑσπέριος ἀνατέλλει.

---

1. ἑσπέριος ἀνατέλλει] A, ἑῷος δύνει B. L'] A, καί B.
ἑπομένῳ — 3. τῷ] A, om. B. 3. καί] ᶜῷ ιε L' καί A, ὥρα
ιδ' L' Wachsmuth. 5. ὁ] A, καὶ ὁ B. Διδύμου] comp. B,
τῶν Διδύμων A. 7. δεκε ᵐᵍ mg. m. rec. B. 8. α'] χοιὰκ α' A.
9. ἑῷος] B, om. A. 10. ἀέρων B. ἐπισημαίνει B. 11. ὁ
οὐρανός Petauius. 13. L'] A, om. B. 14. καί] Halma, ᶜῷ
ιγ L' καί AB. 15. ὁ — 17. καί] B, om. A. 17. καί] ὡρῶν
ιδ' L' καί B. 20. ὡρῶν — 21. δύνει] A, om. B. 21. ἐν — 22. ἀνα-
τέλλει] ἐπὶ τοῦ ἡγουμένου ὤμου τῶν Διδύμων ἑῷος δύνει B.

δ'. ὡρῶν ιγ̅ ͜Ϲ· ὁ λαμπρὸς τῆς Λύρας ἑῶϲς ἀνατέλλει. ὡρῶν ιδ̅· ὁ ἐν τῷ ἑπομένῳ ὤμῳ τοῦ Ὠρίωνος
ἑσπέριος ἀνατέλλει, καὶ ὁ μέσος τῆς ζώνης τοῦ Ὠρίωνος ἑσπέριος ἀνατέλλει. ὡρῶν ιε̅· ὁ ἐπὶ τῆς κεφαλῆς
τοῦ ἑπομένου Διδύμου ἑσπέριος ἀνατέλλει. Αἰγυπτίοις 5
ζέφυρος ἢ νότος δι᾿ ἡμέρας, ὕει. Κόνωνι χειμάζει.
ε'. ὡρῶν ιγ̅ ͜Ϲ· ὁ καλούμενους Αἲξ ἑῷος δύνει,
καὶ ὁ ἐπὶ τῆς κεφαλῆς τοῦ ἡγουμένου Διδύμου ἑσπέριος ἀνατέλλει. ὡρῶν ιδ̅· Κύων ἑῷος δύνει. ὡρῶν
ιε̅ ͜Ϲ· ὁ ἐν τῷ ἡγουμένῳ ὤμῳ Ὠρίωνος ἑσπέριος ἀνα- 10
τέλλει. Καίσαρι καὶ Εὐκτήμονι καὶ Εὐδόξῳ καὶ Καλλίππῳ χειμών.
ϛ'. ὡρῶν ιδ̅· ὁ ἐν τῷ ἐμπροσθίῳ δεξιῷ βατραχίῳ
τοῦ Κενταύρου ἐπιτέλλει. ὡρῶν ιδ̅ ͜Ϲ· ὁ ἐν τῷ ἑπομένῳ ὤμῳ τοῦ Ὠρίωνος ἑσπέριος ἀνατέλλει. Μητρο- 15
δώρῳ χειμερία περίστασις. Εὐκτήμονι καὶ Φιλίππῳ
καὶ Καλλίππῳ ἀνέμων ἀκρασία.
ζ'. ὡρῶν ιδ̅· ὁ κοινὸς Ποταμοῦ καὶ ποδὸς Ὠρίωνος

1. ιγ̅ ͜Ϲ'] Wachsmuth, ιγ̅ AB. 2. ὡρῶν ιδ̅] A, καί B.
ἑπομένῳ — Ὠρίωνος] ἡγουμένῳ τοῦ Ὠρίωνος ὤμῳ A. 3. καί
— 4. ἀνατέλλει] B, om. A. 4. ὡρῶν ιε̅] A, καί B. ὁ ἐν τῇ
κεφαλῇ A. 6. ὕει] A, om. B. χειμαίνει B. 7. δε̅ͬͦ α'
mg. A. ὡρῶν ιγ̅ ͜Ϲ'] A, om. B. 8. καί] A, ͨϕ̅ ιγ̅ ͜Ϲ'' καί B.
9. ὡρῶν ιδ̅] A, om. B. ὡρῶν ιε̅ /'] A, om. B. 10. τῷ —
Ὠρίωνος] τῇ κεφαλῇ τοῦ ἡγουμένου Διδύμου B. 11. καί] A,
om. B. καὶ Εὐδόξῳ καί] A, om. B. 12. χειμων] A, χειμαίνει B praemisso — in ras. 2 litt. 13. ὡρῶν ιδ̅] Wachsmuth, ὥρα ιδ̅ ͜Ϲ' B, om. A. δεξιῷ] A, om. B. βατρακίῳ B.
14. ὡρῶν ιδ̅ ͜Ϲ'] ͨϕ̅ ιδ̅ ͜Ϲ'' A, om. B. 15. ἑσπέριος A, om. B.
16. χειμέριος Hercher. καί] A, om. B. Φιλίππῳ] Bonaventura, Φίλωνι A, om. B. 17. καί] A, om. B. 17. ἀκρα-
σία] A, ἀστασία B, ἀταξία C. 18. ὡρῶν ιδ̅] Wachsmuth, ὥρα ιδ̅
͜Ϲ' B, om. A. κοινός] B, κοινὸς τοῦ A.

ἑσπέριος ἀνατέλλει. ὡρῶν ‾ιδ‾ ∠'· ὁ ἐπὶ τῆς κεφαλῆς
τοῦ ἑπομένου Διδύμου ἑσπέριος ἀνατέλλει, καὶ ὁ
μέσος τῆς ζώνης τοῦ Ὠρίωνος ἑσπέριος ἀνατέλλει.
ὡρῶν ‾ιε‾· ὁ λαμπρὸς τοῦ Ὄρνιθος ἑῷος ἀνατέλλει.
5 Αἰγυπτίοις ψακάζει. Καίσαρι καὶ Κόνωνι χειμάζει.
η'. ὡρῶν ‾ιε‾· ὁ ἐν τῷ ἑπομένῳ ὤμῳ τοῦ Ὠρίωνος
ἑσπέριος ἀνατέλλει. ὡρῶν ‾ιε‾ ∠'· ὁ λαμπρὸς τοῦ Περσέως ἑῷος δύνει. Αἰγυπτίοις ψακάζει. Καίσαρι καὶ
Εὐκτήμονι καὶ Εὐδόξῳ χειμών.
10 θ'. ὡρῶν ‾ιγ‾ ∠'· Κύων ἑῷος δύνει. ὡρῶν ‾ιδ‾· ὁ
καλούμενος Αἲξ ἑῷος δύνει, καὶ ὁ ἐπὶ τῆς κεφαλῆς
τοῦ ἑπομένου Διδύμου ἑσπέριος ἀνατέλλει, καὶ ὁ ἔσχατος τοῦ Ποταμοῦ ἑσπέριος ἀνατέλλει. Αἰγυπτίοις
καὶ Δοσιθέῳ καὶ Δημοκρίτῳ χειμών.
15 ι'. ὡρῶν ‾ιε‾· ὁ λαμπρὸς τοῦ βορείου Στεφάνου
ἑσπέριος δύνει, καὶ ὁ μέσος τῆς ζώνης τοῦ Ὠρίωνος
ἑσπέριος ἀνατέλλει. Αἰγυπτίοις λὶψ ἢ νότος. Εὐδόξῳ καὶ Δοσιθέῳ χειμέριος ἀήρ.
ια' ὡρῶν ‾ιγ‾ ∠'· ὁ ἐπὶ τῆς κεφαλῆς τοῦ ἑπομένου
20 Διδύμου ἑσπέριος ἀνατέλλει. Ἱππάρχῳ βορέας πολύς.
Εὐδόξῳ ὑετός.

---

1. ὡρῶν ‾ιδ‾ ∠'] Wachsmuth, ᶜ⌀‾ ‾ιδ‾ A, om. B.   2. ἑπομένου]
ἡγουμένου B.   Διδύμου] comp. in ras. B.   καί] B, ᶜ⌀‾ ‾ιδ‾ ∠''
καί A.   3. ἑσπέριος] B, ἑῷος A.   4. ὡρῶν ‾ιε‾] A, om. B.
5. ψεκάζει A.   Καίσαρι καὶ Κόνωνι] A, om. B.   χειμάζει] A,
καὶ χειμαίνει B, χειμών Halma.   6. ‾ιε‾] A, ‾ιδ‾ ∠' B.   7. ὡρῶν
— δύνει] A, om. B.   8. ἑῷος] Bonaventura, om. A.   ψεκάζει A.
Καίσαρι καὶ Εὐκτήμονι καί] A, om. B.   9. χειμαίνει B.
10. ὡρῶν ‾ιδ‾] A, om. B.   11. καί — 12. ἀνατέλλει] A, om. B.
12. καί] ᶜ⌀‾ ‾ιδ‾ καί A.   14. καί (pr.)] supra scr. m. 1 A.   χειμών]
A, σημαίνει B.   15. ὡρῶν ‾ιε‾] Wachsmuth, ὥρα ‾ιε‾ ∠' B, om. A.
16. καί] B, ᶜ⌀‾ ‾ιε‾ καί A.   18. καὶ Δοσιθέῳ] A, om. B.   19. ‾ιγ‾] A,
‾ιε‾ B.   20. Διδύμου] ≝ corr. ex ∞ m. 1 B. Post ἀνατέλλει add. ὥρα
‾ιε‾ ∠' ὁ ἐν τῷ ἑπομένῳ ὤμῳ τοῦ Ὠρίωνος ἑσπέριος ἀνατέλλει Ideler.

ιβ'. ὡρῶν ιδ L'· ὁ κοινὸς Ποταμοῦ καὶ ποδὸς Ὠρίωνος ἑσπέριος ἀνατέλλει. Καίσαρι νοτία. Εὐκτήμονι καὶ Εὐδόξῳ καὶ Καλλίππῳ χειμῶνος ἀὴρ καὶ ὑετία.

ιγ'. ὡρῶν ιγ L'· ὁ ἐν τῷ ἑπομένῳ ὤμῳ τοῦ 5 Ἡνιόχου ἑῷος δύνει. ὡρῶν ιε L'· ὁ μέσος τῆς ζώνης τοῦ Ὠρίωνος ἑσπέριος ἀνατέλλει. Καίσαρι νοτία. Εὐκτήμονι καὶ Εὐδόξῳ καὶ Καλλίππῳ χειμῶνος ἀὴρ καὶ ὑετία.

ιδ'. ὡρῶν ιδ L'· ὁ καλούμενος Αἲξ ἑῷος δύνει. 10 Μητροδώρῳ καὶ Εὐκτήμονι καὶ Καλλίππῳ χειμῶνος περίστασις. Δημοκρίτῳ βρονταί, ἀστραπαί, ὕδωρ, ἄνεμοι.

ιε'. Αἰγυπτίοις ἀργεστὴς ψυχρὸς ἢ νότος καὶ ὄμβρος. Καλλίππῳ νότος καὶ ἐπισημασία. Εὐδόξῳ χειμῶνος ἀήρ. 15

ις'. ὡρῶν ιδ L'· ὁ λαμπρὸς τοῦ Ὄρνιθος ἑῷος ἀνατέλλει. ὡρῶν ιε· ὁ κοινὸς Ποταμοῦ καὶ ποδὸς Ὠρίωνος ἑσπέριος ἀνατέλλει. Αἰγυπτίοις χειμάζει.

ιζ'. Ἱππάρχῳ νότος πολὺς ἢ βορέας.

ιη'. ὡρῶν ιδ· ὁ ἐν τῷ ἑπομένῳ ὤμῳ τοῦ Ἡνιό- 20

---

1. L'] A, om. B.   2. Καίσαρι — 4. ὑετία] A, om. B.   3. χειμέριος Wachsmuth.   5. ιγ — 9. ὑετία] mg. inf. m. 1 A.   5. ὡρῶν — 6. δύνει] B, om. A.   5. ιγ L'] Wachsmuth, ιδ B.   6. ὡρῶν ιε L'] Wachsmuth, ϕ ιγ L'' A, om. B.   7. Ὠρίωνος] ϕν̅ A. νοτία — 8. Καλλίππῳ] A, om. B.   8. χειμέριος B.   9. ὑετός B.   10. ιδ'] -δ e corr. m. 1 A.   L'] A, om. B.   11. καὶ Εὐκτήμονι καὶ Καλλίππῳ] A, om. B.   χειμέριος B.   12. Κριτοδήμῳ B.   ἄνεμος B.   13. ιε'] -ε in ras. m. 1 A.   ἐργαστής B. νότος καί] B, νότιος ἢ A.   14. ἐπισημαίνει B.   Εὐδόξῳ] A, om. B.   15. χειμέριος B.   16. ις'] -ς in ras. m. 1 A.   17. ὡρῶν ιε] Wachsmuth, ϕ ιδ L'' A, om. B.   Ποταμοῦ καί] B, om. A.   18. χειμαίνει B.   19. ιζ'] -ζ in ras. m. 1 A.   πολὺς ἢ βορέας] A, καὶ πολὺς ὄμβρος B.

χου ἑῷος δύνει. Αἰγυπτίοις ὑετία μετὰ πνευμάτων.
Εὐδόξῳ χειμάζει.
ιϑ΄ ὡρῶν ιε· ὁ καλούμενος Αἴξ ἑῷος δύνει.
ὡρῶν ιε ∠΄· ὁ λαμπρὸς τοῦ βορείου Στεφάνου ἑσ-
5 πέριος δύνει. Αἰγυπτίοις βορέας ψυχρὸς ἢ νότος καὶ
ὑετία.
κ΄. ὡρῶν ιε ∠΄· Προκύων ἑῷος δύνει. Καίσαρι
χειμάζει.
κα΄. ὡρῶν ιε ∠΄· ὁ κοινὸς Ποταμοῦ καὶ ποδὸς
10 Ὠρίωνος ἑσπέριος ἀνατέλλει.
κβ΄. ὡρῶν ιε· Προκύων ἑῷος δύνει. Ἱππάρχῳ
νότος.
κγ΄. ὡρῶν ιδ ∠΄· ὁ ἐν τῷ ἑπομένῳ ὤμῳ τοῦ
Ἡνιόχου ἑῷος δύνει, καὶ ὁ ἐν τῷ ἐμπροσθίῳ δεξιῷ
15 βατραχίῳ τοῦ Κενταύρου ἐπιτέλλει. ὡρῶν ιε ∠΄· ὁ
λαμπρὸς τοῦ Ἀετοῦ ἑῷος ἀνατέλλει. Αἰγυπτίοις καὶ
Εὐδόξῳ καὶ Δοσιθέῳ λὶψ ἢ νότος.
κδ΄. ὡρῶν ιδ ∠΄· Προκύων ἑῷος δύνει, καὶ ὁ
ἔσχατος τοῦ Ποταμοῦ ἑσπέριος ἀνατέλλει. Εὐδόξῳ
20 χειμερινὸς ἀήρ.
κε΄. ὡρῶν ιγ ∠΄· Προκύων ἑσπέριος ἀνατέλλει.
ὡρῶν ιδ· Προκύων ἑῷος δύνει. ὡρῶν ιε· ὁ λαμπρὸς
τοῦ Ἀετοῦ ἑῷος ἀνατέλλει. Αἰγυπτίοις ἐπισημασία.

2. Εὐδόξῳ] A, om. B.   χειμών B.   3. ὡρῶν ιε· ὁ — δύ-
νει] B, om. A.   4. ὡρῶν ιε ∠΄] A, om. B.   5. καί] A, om. B.
7. ∠΄] A, om. B.   9. ∠΄] A, om. B.   13. ∠΄] A, om. B.
14. καί] B, ʽϕ ιδ ∠΄΄ καί A.   15. ὡρῶν ιε ∠΄] Wachsmuth,
ʽϕ ιε A, om. B.   16. καὶ Εὐδόξῳ καί] A, om. B.   18. ὡρῶν
ιδ ∠΄] Wachsmuth, ὥρα ιδ B, om. A.   19. Εὐδοξτ΄ B.
20. χειμερινὸς ἀήρ] A, χειμαίνει B.   21. ∠΄] A, om. B.
22. ὡρῶν ιδ] Ideler, ʽϕ ιδ καί A, καί B.   Προκύων] B,
ὁ πρ̣ιϛῶν A.   ὡρῶν ιε] A, om. B.   23. ἐπισημαίνει B.

κϛ'. χειμερινὴ τροπή. ὡρῶν ιγ ∠· Προκύων
ἑῷος δύνει, καὶ Κύων ἑσπέριος ἀνατέλλει. ὡρῶν ιε ∠·
ὁ καλούμενος Αἴξ ἑῷος δύνει.

κζ'. ὡρῶν ιγ ∠· ὁ λαμπρὸς τοῦ Ἀετοῦ κρύπτεται.
ὡρῶν ιδ· Προκύων ἑσπέριος ἀνατέλλει. ὡρῶν ιδ ∠· 5
ὁ λαμπρὸς τοῦ Ἀετοῦ ἑῷος ἀνατέλλει.

κη'. ὡρῶν ιε· ὁ ἐν τῷ ἑπομένῳ ὤμῳ τοῦ Ἡνιόχου
ἑῷος δύνει. ὡρῶν ιε ∠· ὁ λαμπρὸς τοῦ νοτίου Ἰχθύος κρύπτεται. Αἰγυπτίοις καὶ Καίσαρι χειμών.
Ἱππάρχῳ καὶ Μέτωνι ἐπισημαίνει, ὄμβρος. 10

κθ'. ὡρῶν ιδ ∠· Προκύων ἑσπέριος ἀνατέλλει.
Αἰγυπτίοις καὶ Κόνωνι καὶ Μέτωνι καὶ Καλλίππῳ
χειμών. Καίσαρι καὶ Μητροδώρῳ ἐπισημασία, ἀκρασία.

λ'. ὡρῶν ιδ· ὁ λαμπρὸς τοῦ Ἀετοῦ ἑῷος ἀνατέλλει,
καὶ ὁ λαμπρὸς τοῦ Ἀετοῦ ἑσπέριος δύνει. Αἰγυπτίοις 15
λὶψ καὶ ἀκρασία ἀέρος. Εὐδόξῳ καὶ Μητροδώρῳ
χειμῶνος ἀήρ. Ἱππάρχῳ χειμὼν ἑσπέριος.

---

1. χειμερινή — 2. δύνει] B, om. A.   1. ∠'] Ideler, om. B.
2. καί] B, 'φ̅ ι̅δ̅ καί A.   ὡρῶν ι̅ε̅ ∠'] A, om. B.   3. ὁ
καλούμενος] A, om. B.   4. ὡρῶν ι̅γ̅ ∠'] Wachsmuth, 'φ̅ ι̅γ̅ B,
om. A.   5. ὡρῶν ι̅δ̅] A, om. B.   Post Προκύων in extr. lin.
ἑῷος del. m. 1 A.   ὡρῶν ι̅δ̅ ∠' — 6. ἀνατέλλει] A̲, om. B.
7. ὡρῶν ι̅ε̅] A, om. B.   ὤμῳ] B, om. A.   8. ὡρῶν ι̅ε̅ ∠'] A,.
om. B.   9. καὶ Καίσαρι] A, om. B.   χειμαίνει B.   10. Ἱππάρχῳ καί] A, om. B.   ὄμβρος] supra scr. m. 1 A, ὄμβρ' B.
11. ὡρῶν ι̅δ̅ ∠'] A, om. B.   12. καὶ Κόνωνι] A, om. B.
καὶ Καλλίππῳ — 13. Μητροδώρῳ] A, om. B.   13. ἐπισημασί
A, ἐπισημαίνει B.   ἀκρασία ἀέρος Hercher.   14. ἑῷος —
15. Ἀετοῦ] A, om. B.   15. καί] scripsi, om. B, 'φ̅ ι̅δ̅ A.
16. Εὐδόξῳ — 17. ἑσπέριος] A, om. B.   16. καί (alt.)] Wachsmuth, om. A.   17. χειμῶνος] χειμέριος Wachsmuth.

ΤΥΒΙ

α'. ὡρῶν ιδ· Κύων ἑσπέριος ἀνατέλλει. ὡρῶν ιε·
Προκύων ἑσπέριος ἀνατέλλει. Εὐδόξῳ ἐπισημαίνει.
Δημοκρίτῳ χειμὼν μέσος.

5 β'. ὡρῶν ιγ L'· ὁ ἐπὶ τῆς κεφαλῆς τοῦ ἡγουμένου
Διδύμου ἑῷος δύνει. Δοσιθέῳ χειμαίνει.

γ'. ὡρῶν ιγ L'· ὁ λαμπρὸς τοῦ Ἀετοῦ ἐπιτέλλει.
ὡρῶν ιε L'· Προκύων ἑσπέριος ἀνατέλλει. Εὐκτήμονι καὶ Φιλίππῳ καὶ Δημοκρίτῳ ἐπισημαίνει.

10 δ'. ὡρῶν ιγ L'· ὁ λαμπρὸς τοῦ Ὄρνιθος ἑῷος
ἀνατέλλει, καὶ ὁ ἐπὶ τῆς κεφαλῆς τοῦ ἑπομένου Διδύμου ἑῷος δύνει. ὡρῶν ιδ L'· ὁ λαμπρὸς τοῦ
Ἀετοῦ ἑσπέριος δύνει. ὡρῶν ιε· ὁ λαμπρὸς τοῦ νοτίου
Ἰχθύος κρύπτεται. Αἰγυπτίοις χειμὼν κατὰ θάλασσαν.
15 Εὐκτήμονι ἐπισημαίνει.

ε'. ὡρῶν ιδ· ὁ ἐπὶ τῆς κεφαλῆς τοῦ ἡγουμένου
Διδύμου ἑῷος δύνει. ὡρῶν ιε L'· ὁ ἐν τῷ ἑπομένῳ
ὤμῳ τοῦ Ἡνιόχου ἑῷος δύνει.

ς'. ὡρῶν ιγ L'· ὁ κατὰ τὸ γόνυ τοῦ Τοξότου

1. ἰαννҗ mg. m. rec. A.   2. α'] τυβὶ α' A.   Κύων —
ἀνατέλλει] B, om. A.   ἀνατελλ^{ει}|, -ει corr. ex ι m. 1, B.   ὡρῶν
ιε] Wachsmuth, om. A B.   3. Εὐδόξῳ ἐπισημαίνει] A, om. B.
4. χειμὼν μέσος] A; χειμών, ἐπισημαίνει B; μέγας χειμών Unger.
5. ὡρῶν ιγ L'] A, om. B.   6. Διδύμου] comp. in ras. B.
Δοσιθέῳ χειμαίνει] B, om. A.   7. ὡρῶν ιγ L'] B, om. A.
8. ὡρῶν ιε L'] Wachsmuth, om. A B.   Προκύων — ἀνατέλλει]
B, om. A.   Εὐκτήμονι καί] A, om. B.   9. Φιλίππῳ] Bonaventura, Φιλήμονι B, Φίλωνι A.   καὶ Δημοκρίτῳ] A, om. B.
10. L'] A, om. B.   11. καί] B, ᾧ ιγ L' καί A.   12. ὡρῶν
ιδ L'] A, om. B.   13. ὡρῶν ιε] A, om. B.   14. χειμάζει B.
15. ἐπιχειμάζει B.   16. ιδ] A, ιδ L' B.   17. Διδύμου]
comp. in ras. B.   ὡρῶν — 18. δύνει] A, om. B.   17. L']
Wachsmuth, om. A.   19. ια^{ννϑ} α' mg. A.   ιγ] B, ιε A.
L'] A, om. B.

ἐπιτέλλει. ὡρῶν ι̅δ̅· ὁ ἐπὶ τῆς κεφαλῆς τοῦ ἑπομένου
Διδύμου ἑῷος δύνει. ὡρῶν ι̅δ̅ ∟· Κύων ἑσπέριος
ἀνατέλλει.
ζ΄. ὡρῶν ι̅ε̅· ὁ λαμπρὸς τοῦ Ἀετοῦ ἑσπέριος δύνει.
Δοσιθέῳ ἐπισημαίνει.   5
η΄. ὡρῶν ι̅δ̅ ∟· ὁ ἐπὶ τῆς κεφαλῆς τοῦ ἡγουμένου
Διδύμου ἑῷος δύνει, καὶ ὁ ἐπὶ τῆς κεφαλῆς τοῦ ἑπομένου Διδύμου ἑῷος δύνει, καὶ ὁ λαμπρὸς τοῦ νοτίου
Ἰχθύος κρύπτεται. Αἰγυπτίοις ποικίλη κατάστασις.
θ΄. ὡρῶν ι̅γ̅ ∟· ὁ λαμπρὸς τῆς Λύρας ἑσπέριος 10
δύνει. ὡρῶν ι̅ε̅ ∟· ὁ λαμπρὸς τοῦ Ἀετοῦ ἑσπέριος
δύνει. Αἰγυπτίοις ἐπισημαίνει. Δημοκρίτῳ νότος
πνεῖ ὡς τὰ πολλά.
ι΄. ὡρῶν ι̅ε̅· Κύων ἑσπέριος ἀνατέλλει.
ια΄. ὡρῶν ι̅ε̅· ὁ ἐπὶ τῆς κεφαλῆς τοῦ ἑπομένου 15
Διδύμου ἑῷος δύνει. Εὐκτήμονι καὶ Φιλίππῳ μέσος
χειμών.
ιβ΄· ὡρῶν ι̅δ̅· ὁ κατὰ τὸ γόνυ τοῦ Τοξότου ἐπιτέλλει. ὡρῶν ι̅ε̅· ὁ ἐπὶ τῆς κεφαλῆς τοῦ ἡγουμένου
Διδύμου ἑῷος δύνει. Ἱππάρχῳ καὶ Εὐδόξῳ χειμαίνει. 20
ιγ΄. ὡρῶν ι̅δ̅· ὁ λαμπρὸς τοῦ νοτίου Ἰχθύος
κρύπτεται. ὡρῶν ι̅ε̅· ὁ ἔσχατος τοῦ Ποταμοῦ ἑσπέριος

1. ὡρῶν — 2. ∟΄] Α, om. Β.   3. ἀνατέλλει] Α, δύνει Β.
4. ζ΄] e corr. in scrib. Α.   5. Δοσιθέῳ ἐπισημαίνει] Α, ἐπισημαίνει ὡς Δοσίθεος Β.   6. ∟΄] Wachsmuth, om. ΑΒ.   7. Δι-
δύμου] comp. in ras. Β.   καί] ̔φ̅ ι̅δ̅ ∟΄ καί Α, om. Ε.   ὁ —
8. δύνει] Α, om. Β.   8. καί] Β, ̔φ̅ ι̅δ̅ ∟΄ καί Α.   9. ποικίλη] Α,
πυκνή Β.   10. ι̅γ̅ ∟΄] Α, ι̅δ̅ Β.   11. ὡρῶν ι̅ε̅ ∟΄] Wachsmuth,
om. ΑΒ.   ὁ — 12. δύνει] Β, om. Α.   12. ἐπιχειμαίνει Α.
13. πνεῖ] Α, om. Β.   14. ι̅ε̅] Α, ι̅ Β.   15. ἑπομένου] Α,
ἡγουμένου Β.   16. Διδύμου] comp. e corr. Β.   Εὐκτήμονι —
17. χειμών] Α, om. Β.   19. ὡρῶν — 20. δύνει] Α, om. Β.
20. καί] Α, om. Β.   21. ι̅δ̅] Β, ι̅δ̅ ∟΄ Α.

ἀνατέλλει. Αἰγυπτίοις νότος ἢ ζέφυρος, χειμὼν καὶ
κατὰ γῆν καὶ κατὰ θάλασσαν. Μητροδόρῳ καὶ Εὐκτήμονι καὶ Φιλίππῳ καὶ Καλλίππῳ νότος.

ιδ΄. ὡρῶν ιε͞ L΄· ὁ ἐπὶ τῆς κεφαλῆς τοῦ ἑπομένου
5 Διδύμου ἑῷος δύνει, καὶ ὁ λαμπρὸς τοῦ Ὕδρου ἑῷος
δύνει, καὶ Κύων ἑσπέριος ἀνατέλλει. Αἰγυπτίοις καὶ
Εὐδόξῳ νότος σφοδρὸς καὶ ὑετός.

ιε΄. ὡρῶν ι͞ε .... Αἰγυπτίοις καὶ Καίσαρι νότος
πολύς, καὶ ἐπισημαίνει κατὰ θάλασσαν, βροντή, ψακάς.
10 ι͞ϛ΄. ὡρῶν ι͞ε· ὁ λαμπρὸς τοῦ Ὕδρου ἑῷος δύνει.
ὡρῶν ι͞ε L΄· ὁ ἐπὶ τῆς κεφαλῆς τοῦ ἡγουμένου Διδύμου
ἑῷος δύνει. Εὐδόξῳ καὶ Δοσιθέῳ νότος, ἐπισημαίνει.
Ἱππάρχῳ ἀνέμων ἀκρασία.

ι͞ζ΄. ὡρῶν ι͞γ L΄· ὁ λαμπρὸς τοῦ νοτίου Ἰχθύος κρύ-
15 πτεται.

ιη΄. ὡρῶν ι͞δ· ὁ λαμπρὸς τῆς Λύρας ἑσπέριος δύνει.
ὡρῶν ι͞δ L΄· ὁ κατὰ τὸ γόνυ τοῦ Τοξότου ἐπιτέλλει.
ιθ΄. ὡρῶν ι͞δ L΄· ὁ λαμπρὸς τοῦ Ὕδρου ἑῷος δύνει.
Ἱππάρχῳ νότος ἢ βορέας, χειμάζει.

---

1. χειμαίνει Β.   καὶ κατὰ γῆν καί] Β, om. A.   2. Μητροδώρῳ — 3. νότος] A, om. B.   4. ὡρῶν ι͞ε L΄] Wachsmuth,
ὥρα ι͞ε Β, om. A.   5. Διδύμου] comp. e corr. Β.   ἑῷος] A,
om. B.   καί] ῾φ ι͞ε L΄ καί A, om. B.   Ὕδρου] Bonaventura,
ὑδροχόου A et comp. B.   6. καί] ῾φ ι͞ε L΄ καί A, om. B.
καὶ Εὐδόξῳ] A, om. B.   8. Lacunam indicauit Wachsmuth.
ὡρῶν — Καίσαρι] A, om. B.   9. βροντή] βρον̅ A, βροντς
καί Β.   ψεκάς A.   10. Ὕδρου] Bonaventura, ὑδρό A, ∽ B.
11. ὡρῶν ι͞ε L΄] A, καί Β.   Διδύμου] comp. e corr. Β.
12. καὶ Δοσιθέῳ] A, om. B.   ἐπισημαίνει] Β, ἐπὶ χειμῶνι A.
13. Ἱππάρχῳ] A, om. B.   ἀταξία Β.   14. L΄] A, om. B.
17. ὡρῶν ι͞δ L΄] A, om. B.   ἐν τῷ γόνατι Β.   ἐπιτέλλει] A,
ἑσπέριος δύνει Β.   18. ὡρῶν ι͞δ L΄] A, om. B.   Ὕδρου] Bonaventura, ὑδρό A, ∽ B.

κ'. Αἰγυπτίοις χειμῶνος ἀήρ.

κα'. ὡρῶν ιδ· ὁ λαμπρὸς τοῦ Ὕδρου ἑῷος δύνει. ὡρῶν ιε· ὁ ἐπὶ τῆς καρδίας τοῦ Λέοντος ἑσπέριος ἀνατέλλει. Ἱππάρχῳ ἀπηλιώτης πνεῖ.

κβ'. ὡρῶν ιγ ∠'· ὁ ἐπὶ τῆς καρδίας τοῦ Λέοντος 5 ἑσπέριος ἀνατέλλει, καὶ ὁ λαμπρὸς τοῦ Ὕδρου ἑσπέριος ἀνατέλλει, καὶ ὁ καλούμενος Κάνωβος ἑσπέριος ἀνατέλλει. ὡρῶν ιδ· ὁ ἐπὶ τῆς καρδίας τοῦ Λέοντος ἑσπέριος ἀνατέλλει. ὡρῶν ιδ ∠'· ὁ ἐν τῷ ἐμπροσθίῳ δεξιῷ βατραχίῳ τοῦ Κενταύρου ἑῷος δύνει. ὡρῶν ιδ ∠'· 10 ὁ ἐπὶ τῆς καρδίας τοῦ Λέοντος ἑσπέριος ἀνατέλλει. Καίσαρι ἄνεμοι σφοδροί.

κγ'. ὡρῶν ιγ ∠'· ὁ λαμπρὸς τοῦ Ὕδρου ἑῷος δύνει. Εὐκτήμονι καὶ Φιλίππῳ χειμών. Μητροδώρῳ ἀκαταστασία ἀέρος. 15

κδ'. ὡρῶν ιδ· ὁ λαμπρὸς τοῦ Ὕδρου ἑσπέριος ἀνατέλλει. Αἰγυπτίοις ὕει ἢ πνίγη γίνεται. Καίσαρι καὶ Εὐκτήμονι χειμών.

κε'. ὡρῶν ιδ ∠'· ὁ λαμπρὸς τῆς Λύρας ἑσπέριος δύνει, καὶ ὁ λαμπρὸς τοῦ Ὕδρου ἑσπέριος ἀνατέλλει. ὡρῶν ιε· 20 ὁ κατὰ τὸ γόνυ τοῦ Τοξότου ἐπιτέλλει. Αἰγυπτίοις

---

1. χειμέριος B. 2. ὡρῶν ιδ] Wachsmuth, ʿφ ιδ ∠' A, om. B. Ὕδρου] Bonaventura, ὑδρό A, ≈ B. 5. ὡρῶν ιγ ∠'] A, om. B. 6. καί — 11. ἀνατέλλει] A, om. B. 7. καί] ʿφ ιζ ∠' καί A. 9. ὁ] καὶ ὁ A. 12. ἄνεμος σφοδρός B. 13. ∠'] A, om. B. Ὕδρου] Bonaventura, ὑδρό A, ≈ B. ἑῷος — 14. χειμών] A, om. B. 14. ἀκαταστασία ἀέρος] ἀκατάστατος ὄμβρος B. 16. Ὕδρου] Bonaventura, ὑδρό A, ≈ B. 17. ὕει — 18. χειμών] A, σημαίνει B. 19. ∠'] A, om. B. 20. καί] ʿφ ιζ ∠' καί A, om. B. ὁ — 21. ἐπιτέλλει] A, om. B. 20. Ὕδρου] Bonaventura, ὑδρό A.

καὶ Καλλίππῳ χειμών, ὑετός. Ἱππάρχῳ βορρᾶς πνεῖ.
Εὐκτήμονι καὶ Δημοκρίτῳ ἐφύει.

κϛ΄. ὡρῶν ιε̅· ὁ λαμπρὸς τοῦ Ὕδρου ἑσπέριος ἀνατέλλει. Εὐδόξῳ χειμὼν μέσος.

5   κζ΄. Αἰγυπτίοις εὖρος ἢ νότος, ἐπισημαίνει.

κη΄. ὡρῶν ιε̅ ∠΄· ὁ λαμπρὸς τοῦ Ὕδρου ἑσπέριος
ἀνατέλλει. Αἰγυπτίοις ὑετία. Ἱππάρχῳ ἐπισημασία

κθ΄. Καλλίππῳ καὶ Εὐκτήμονι ἐφύει. Δημοκρίτῳ
μέσος χειμών.

10   λ΄. Ἱππάρχῳ ἀπηλιώτης πνεῖ.

ΜΕΧΙΡ

α΄. ὡρῶν ιε̅ ∠΄· ὁ κατὰ τὸ γόνυ τοῦ Τοξότου ἐπιτέλλει.
Εὐδόξῳ ὑετία. Μητροδώρῳ ὑετία. Δοσιθέῳ χειμών.

β΄. Αἰγυπτίοις χειμὼν μέσος.

15   γ΄. Αἰγυπτίοις λὶψ ἢ νότος, ἐπισημαίνει.

δ΄. ὡρῶν ιγ̅ ∠΄· ὁ λαμπρὸς τοῦ Ὄρνιθος ἑσπέριος
δύνει. ὡρῶν ιε̅· ὁ λαμπρὸς τῆς Λύρας ἑσπέριος δύνει.
Ἱππάρχῳ νότος ἢ ἀργεστής.

1. καί] A, om. B.   χειμών] A, χειμαίνει B.   ὑετός —
2. ἐφύει] A, om. B.   3. ὡρῶν ιε̅] A, om. B.   Ὕδρου] Bonaventura, ὑδρό̅ A, ∾ B.   4. Εὐδόξῳ] C, Αἰγυπτίοις B, Εὐδόξῳ
καί A.   5. Αἰγυπτίοιοις B.   εὖρος ἢ νότος] B, om. A.   σημαίνει B.   6. ὡρῶν ιε̅ ∠΄] Wachsmuth, ᾦ ιε̅ A, om. B.
Ὕδρου] Bonaventura, ὑδρό̅ A, ∾ B.   7. ὑετίαι A.   Ἱππάρχῳ ἐπισημασία] A, om. B.   8. Καλλίππῳ — ἐφύει] A, om. B.
9. μέσος] comp. A, om. B, μέγας mg. C.   10. πνεῖ] A, om. B.
11. φευρού̅ mg. m. rec. B.   12. α΄] μεχὶρ α΄ A.   ὡρῶν
ιε̅ ∠΄] Wachsmuth, om. AB.   ὁ — 13. Εὐδόξῳ ὑετία] B, om. A.
13. Μητροδώρῳ — χειμών] om. B.   14. μέσος] comp. A,
μέγας B.   15. Αἰγυπτίοις] A, om. B.   ἐπισημαίνει] A, χειμὼν
μέγας B.   17. Ante ὡρῶν supra scr. ε A (sed euan.), ε΄ mg. B,
om. Bonaventura.   18. Ante Ἱππάρχῳ add. ε̅ Wachsmuth.
ἐργαστής B.   Seq. ε΄ uacante spatio 2 lin. A.

ς'. ὡρῶν ιγ ∠'· ὁ ἐπὶ τῆς καρδίας τοῦ Λέοντος ἑῶος
δύνει. ὡρῶν ιδ· ὁ καλούμενος Κάνωβος ἑσπέριος ἀνατέλλει. ὡρῶν ιε ∠'· ὁ ἐπὶ τῆς οὐρᾶς τοῦ Λέοντος ἑσπέριος ἀνατέλλει, καὶ ὁ κατὰ τὸ γόνυ τοῦ Τοξότου ἐπιτέλλει. Εὐδόξῳ ὑετός.   5

ζ'. ὡρῶν ιδ· ὁ ἐπὶ τῆς καρδίας τοῦ Λέοντος ἑῶος
δύνει. ὡρῶν ιε· ὁ ἐπὶ τῆς οὐρᾶς τοῦ Λέοντος ἑσπέριος
ἀνατέλλει.

η'. ὡρῶν ιδ ∠'· ὁ ἐπὶ τῆς καρδίας τοῦ Λέοντος
ἑῶος δύνει, καὶ ὁ ἐπὶ τῆς οὐρᾶς τοῦ Λέοντος ἑσπέ- 10
ριος ἀνατέλλει. Αἰγυπτίοις νότος ἢ ζέφυρος, μεταξὺ
χάλαζα.

θ'. ὡρῶν ιε· ὁ ἐπὶ τῆς καρδίας τοῦ Λέοντος ἑῶος
δύνει. Εὐδόξῳ εὐδία, ἐνίοτε δὲ καὶ ζέφυρος πνεῖ.

ι'. ὡρῶν ιδ· ὁ ἐπὶ τῆς οὐρᾶς τοῦ Λέοντος ἑσπέριος 15
ἀνατέλλει.

ια'. ὡρῶν ιε ∠'· ὁ ἐπὶ τῆς καρδίας τοῦ Λέοντος
ἑῶος δύνει. Αἰγυπτίοις περίστασις χειμερινὴ ἢ ἔπομβρος καὶ ἀνέμων ἀκρασία. Δοσιθέῳ εὐδία, ἐνίοτε
ζέφυρος πνεῖ.   20

2. ιδ] ιγ ∠' B.   3. ὁ] καὶ ὁ A.   4. καί] ʿφ̄ ιε ∠' B.
Mg. ξ̄ B.   ὁ ὑετία B.   6. φρ̄ εϱ α' mg. A.   ζ'] η̄ B.   ὡρῶν
ιδ] A, om. B.   7. ιε] B, ιγ A.   9. η'— 11. ἀνατέλλει] A,
om. B.   9. καρδίας] A, οὐρᾶς Wachsmuth.   10. ἑῶος — Λέ-
οντος] addidi, om. A.   11. ζέφυρος ἢ νότος B.   12. χαλάζης
Wachsmuth cum Bonaventura.   13. ιε] B, ιε ∠' A, ιδ ∠' Wachsmuth.   14. Post δύνει add. ὥρα ιε ὁ κατὰ τὸ γόνυ τοῦ τοξότου
ἐπιτέλλει Wachsmuth.   δέ] A, om. B.   πνεῖ] A, om. B.
15. ι'] B, ι'. ʿφ̄ ιδ ∠' ὁ ἐπὶ τῆς οὐρᾶς τοῦ Λέοντος ἑσπέριος
ἀνατέλλει A, ὥρᾳ ιε ὁ ἐπὶ τῆς καρδίας τοῦ Λέοντος ἑῶος δύνει
Wachsmuth deletis ὡρῶν ιδ — 16. ἀνατέλλει, quae ad initium
diei ια' addit   17. ια'] A, om. B.   ∠'] A, om. B.   18. ἢ
ἔπομβρος] A, om. B.   19. ἀκρασία] ἀκρασία ἔπομβρος B.   ἐνί-
οτε] A, ἢ καὶ B.   Hic mg. αι B.   20. πνεῖ] A, om. B.

ιβ'. ὡρῶν ιδ̄· ὁ λαμπρὸς τοῦ Ὄρνιθος ἑσπέριος δύνει.
ὡρῶν ιε̄· ὁ ἔσχατος τοῦ Ποταμοῦ κρύπτεται. ὡρῶν ιε̄ ∠'·
ὁ λαμπρὸς τοῦ Περσέως ἑῷος ἀνατέλλει, καὶ ὁ λαμπρὸς τῆς Λύρας ἑσπέριος δύνει. Αἰγυπτίοις ἀνεμώδης
5 κατάστασις. Καίσαρι ὑετία. Δημοκρίτῳ ζέφυρος ἄρχεται
πνεῖν.

ιγ'. ὡρῶν ιγ̄ ∠'· ὁ ἐπὶ τῆς οὐρᾶς τοῦ Λέοντος ἑσπέριος ἀνατέλλει. Αἰγυπτίοις καὶ Εὐδόξῳ ἔαρος ἀρχή,
ζέφυρος ἄρχεται πνεῖν καὶ ἐνίοτε χειμών.
10 ιδ'. Αἰγυπτίοις καὶ Εὐδόξῳ ὑετία. Ἱππάρχῳ καὶ
Καλλίππῳ καὶ Δημοκρίτῳ ζεφύρῳ ὥρα πνεῖν.

ιε'. Καίσαρι καὶ Μητροδώρῳ ἔαρος ἀρχή, καὶ ζέφυρος ἄρχεται πνεῖν.

ιϛ'. Αἰγυπτίοις καὶ Εὐδόξῳ ζέφυροι πνέουσιν. Ἱπ-
15 πάρχῳ ἔαρος ἀρχή. Καλλίππῳ καὶ Μητροδώρῳ χειμών.

ιη'. Αἰγυπτίοις ἀπηλιώτης πνεῖ. Ἱππάρχῳ βορρᾶς
ἢ ἀπηλιώτης πνεῖ.

ιθ'. ὡρῶν ιδ̄· ὁ ἐν τῷ ἐμπροσθίῳ δεξιῷ βατραχίῳ
τοῦ Κενταύρου ἑῷος δύνει. ὡρῶν ιε̄ ∠'· ὁ κοινὸς Ἵππου
20 καὶ Ἀνδρομέδας ἑῷος ἀνατέλλει.

κα'. ὡρῶν ιδ̄ ∠'· ὁ λαμπρὸς τοῦ Ὄρνιθος ἑσπέριος
δύνει. Αἰγυπτίοις ἄνεμοι μεταπίπτουσιν. Ἱππάρχῳ

---

2. ιε̄] B, ιε̄ ∠' A.   ὡρῶν ιε̄ ∠'] A, om. B.   3. ὁ (pr.)] B,
καὶ ὁ A.   τοῦ — λαμπρός] B, om. A.   καί] scripsi, om. B,
ὥρᾳ ιε̄ ∠' Wachsmuth.   5. στάσις B.   7. ∠'] A, om. B.
9. ζέφυρος — καί] A, om. B.   χειμάζει B.   10. καί (alt.)]
om. B.   11. καί] om. B.   Δημοκρίτῳ] B, Μητροδώρῳ A.
ζεφύρῳ ὥρα πνεῖν] A, ζέφυρος πνεῖ B, ζέφυρος ἄρχεται πνεῖν C.
12. καί (alt.)] A, om. B.   14. ιζ'] A, ιϛ B.   καί] A, om. B.
ζεφύρος B.   πνέουσιν — 15. ἀρχή] A, om. B.   15. καί] A, om. B.
χειμαίνει B.   16. ιη'] ξι B.   πνεῖ] A, om. B.   βορρᾶς] A,
βορέας B.   17. ἤ — πνεῖ] A, om. B.   18. ιθ'] χ̄ B.   19. ιε̄] B,
ιγ̄ A.   ὁ] B, καὶ ὁ A.   21. ὡρῶν ιδ̄] B, om. A.   ∠'] Wachsmuth, om. AB.   22. μεταπίπτουσιν] A, μεταπίπτοντες B.

νότος πνεῖ. Εὐκτήμονι καὶ Φιλίππῳ καὶ Δοσιθέῳ
χειμών.

κβ'. Αἰγυπτίοις ἀνέμων ἀκαταστασία καὶ ὄμβροι.

κγ'. ὡρῶν ιδ ∠· ὁ καλούμενος Κάνωβος ἑσπέριος
ἀνατέλλει. 5

κδ'. Αἰγυπτίοις ζέφυρος ἢ νότος καὶ χάλαζα, ὑετός.

κε'. ὡρῶν ιδ ∠· ὁ ἔσχατος τοῦ Ποταμοῦ κρύπτεται.
ὡρῶν ιε· ὁ κοινὸς Ἵππου καὶ Ἀνδρομέδας ἑῷος ἀνατέλλει. Ἱππάρχῳ βορέας ψυχρὸς πνεῖ.

κϛ'. Αἰγυπτίοις ἀνεμώδης κατάστασις. 10

κη'. Ἱππάρχῳ καὶ Εὐκτήμονι ὀρνιθίαι ἔρχονται
πνεῖν ψυχροί, καὶ χελιδόνι ὥρα φαίνεσθαι.

κθ'. ὡρῶν ιγ ∠· ὁ κοινὸς Ἵππου καὶ Ἀνδρομέδας
κρύπτεται. ὡρῶν ιε· ὁ λαμπρὸς τοῦ Ὄρνιθος ἑσπέριος
δύνει. Αἰγυπτίοις καὶ Φιλίππῳ καὶ Καλλίππῳ χελιδὼν 15
φαίνεται, καὶ ἀνεμώδης κατάστασις. Κόνωνι βορέαι
ἔρχονται πνεῖν ψυχροί. Εὐδόξῳ ὑετὸς ἐπὶ χελιδόνι, καὶ
ἐπὶ λ̄ ἡμέρας βορέαι πνέουσιν οἱ καλούμενοι ὀρνιθίαι.

λ'. Αἰγυπτίοις ὀρνιθίαι βορέαι, μεταξὺ ἀργεστής.
Ἱππάρχῳ βορέαι ψυχροί. Μητροδώρῳ χελιδὼν φαί- 20
νεται, καὶ ἐπισημαίνει. Δημοκρίτῳ ποικίλαι ἡμέραι αἱ
καλούμεναι ἀλκυονίδες.

1. καί] om. B.   καί] om. B.   2. χειμαίνει B.   3. ὄμβρος B.   4. ὁ καλούμενος] B, om. A.   6. καὶ χάλαζα] A,
χειμάζει B.   7. τοῦ] A, om. B.   8. ὡρῶν ιε] A, om. B.
10. κατάστασις] ἀκαταστασία B.   Post lin. 10 una lin. uac. B.
11. καί] om. B.   12. καί] A, om. B.   χελιδονία A.
13. ∠'] B, om. A.   14. ὁ] B, καὶ ὁ A.   15. χελιδόνας
φαίνεσθαι A; fort. χελιδόνι ὥρα φαίνεσθαι.   16. Κόνωνι] A,
om. B.   17. ἐπί] A, om. B.   χελιδόνι] χελιδόνιοι Petauius
(omisso ἐπί); fort. χελιδονία.   18. ἐπὶ λ ἡμέρας] Unger, ἐπὶ δ̄
'66 A, om. B.   Mg. σ᾽ A.   πνέουσι A.   οἱ] Petauius, αἱ B,
om. A.   καλούμεναι B.   19. ἀργεστής] A, ἐργαστής B, ἀργέ-
στου C.   20. βορέας ψυχρός B.   22. Mg. ὁ̇ A.

ΦΑΜΕΝΩΘ

α΄. ὡρῶν ιδ L΄· ὁ κοινὸς Ἵππου καὶ Ἀνδρομέδας ἑῷος
ἀνατέλλει. ὡρῶν ιε L΄· Ἀρκτοῦρος ἑσπέριος ἀνατέλλει.
Καίσαρι καὶ Δοσιθέῳ χειμών, ἐπισημαίνει.

5 β΄. ὡρῶν ιδ· ὁ κοινὸς Ἵππου καὶ Ἀνδρομέδας κρύπτεται.

γ΄. ὡρῶν ιε· ὁ λαμπρὸς τοῦ Περσέως ἑῷος ἀνατέλλει.

δ΄. ὡρῶν ιδ L΄· ὁ κοινὸς Ἵππου καὶ Ἀνδρομέδας
ἑσπέριος δύνει.

10 ε΄. ὡρῶν ιδ· ὁ κοινὸς Ἵππου καὶ Ἀνδρομέδας ἐπιτέλλει. ὡρῶν ιε· Ἀρκτοῦρος ἑσπέριος ἀνατέλλει. Ἱππάρχῳ
βορρᾶς ἢ νότος ψυχρὸς πνεῖ.

ϛ΄. ὡρῶν ιδ· ὁ ἔσχατος τοῦ Ποταμοῦ κρύπτεται.
Αἰγυπτίοις λὶψ ἢ νότος, χάλαζα. Ἱππάρχῳ βορέας
15 ψυχρὸς πνεῖ.

ζ΄. ὡρῶν ιε· ὁ κοινὸς Ἵππου καὶ Ἀνδρομέδας ἑσπέριος δύνει. ὡρῶν ιε L΄· ὁ λαμπρὸς τοῦ Ὄρνιθος ἑσπέριος δύνει.

η΄. ὡρῶν ιδ L΄· Ἀρκτοῦρος ἑσπέριος ἀνατέλλει. Εὐ-
20 κτήμονι βορρᾶς ψυχρός πνεῖ.

θ΄. ὡρῶν ιε L΄· ὁ λαμπρὸς τοῦ βορείου Στεφάνου
ἑσπέριος ἀνατέλλει, καὶ ὁ κοινὸς Ἵππου καὶ Ἀνδρο-

---

1. μάρτιος mg. m. rec. B.   2. α΄] φαμενὼθ α΄ A.   ἑῷος]
Ideler, om. AB.   3. ὡρῶν — ἀνατέλλει] B, om. A.   L΄] Wachsmuth om. B.   4. χειμών, ἐπισημαίνει] A, χειμάζει B.   5. ὡρῶν ιδ]
Wachsmuth, om. B, ʿφ ιε L΄ A.   7. ἑῷος] A, om. B.   8. L΄] A,
om. B.   9. ἑσπέριος] B, om. A.   10. ιδ] Wachsmuth, ιβ B,
ιδ L΄ A.   μάρ́ α΄ mg. A.   11. Ἱππάρχῳ] A, om. B.   12. βορέας B.   πνεῖ] A, om. B.   13. ὡρῶν ιδ] A, om. B.   14. ή] B,
om. A.   χάλαζα] ἢ χάλαζα B, χάλαζαι A.   15. πνεῖ] A, om. B.
17. ὡρῶν ιε] A, om B.   L΄] Wachsmuth, om. AB.   19. L΄] A, om. B.
20. βορέας B.   21. L΄] A, om. B.   22. καί] B, ʿφ ιε L΄ A.

μέδας ἑσπέριος δύνει. Αἰγυπτίοις χειμάζει. Καίσαρι
χελιδονίαι πνέουσιν ἐπὶ ἡμέρας ῑ.

ι΄. ὡρῶν ῑγ ∠΄· ὁ κοινὸς Ἵππου καὶ Ἀνδρομέδας
ἐπιτέλλει.

ια΄. ὡρῶν ῑγ ∠΄· ὁ λαμπρὸς τοῦ νοτίου Ἰχθύος ἐπι- 5
τέλλει, καὶ ὁ ἐν τῷ ἐμπροσθίῳ δεξιῷ βατραχίῳ τοῦ
Κενταύρου ἑῷος δύνει. Αἰγυπτίοις ταραχώδης κατάστασις. Δημοκρίτῳ ἄνεμοι ψυχροὶ ὀρνιθίαι ἐπὶ
ἡμέρας ῡ.

ιβ΄. ὡρῶν ῑδ· Ἀρκτοῦρος ἑσπέριος ἀνατέλλει. Εὐ- 10
δόξῳ χειμών, καὶ ἰκτῖνος φαίνεται, καὶ ἐπισημαίνει.
Μητροδώρῳ καὶ Εὐκτήμονι καὶ Φιλίππῳ βορέας ψυχρὸς
πνεῖ. Ἱππάρχῳ ἔαρος ἀρχή.

ιγ΄. ὡρῶν ῑγ ∠΄· ὁ ἐπὶ τῆς οὐρᾶς τοῦ Λέοντος ἑῷος
δύνει. Αἰγυπτίοις ψακάζει. Μητροδώρῳ καὶ Εὐκτήμονι 15
βορέας πνεῖ. Δοσιθέῳ ἰκτῖνος ἄρχεται φαίνεσθαι.
Ἱππάρχῳ νότος πολύς.

ιδ΄. ὡρῶν ῑε· ὁ λαμπρὸς τοῦ βορείου Στεφάνου ἑσπέριος ἀνατέλλει. Αἰγυπτίοις καὶ Καλλίππῳ βορέας
ψυχρὸς πνεῖ. 20

ιε΄. ὡρῶν ῑγ ∠΄· Ἀρκτοῦρος ἑσπέριος ἀνατέλλει.

2. πνείουσιν B. ῑ] A, δέκα B. 4. ἐπιτέλλει] B, ἑσπέριος
δύνει. Αἰγυπτίοις χειμάζει. Καίσαρι χελιδονίαι A (haec Wachsmuth recepit, sed omnia ad hunc diem notata uncis inclusit).
5. ια΄] B, ια΄. ῾φ̄ ῑγ ∠΄· ὁ κοινὸς Ἵππου καὶ Ἀνδρομέδας
ἐπιτέλλει A (et Wachsmuth). ὁ — ἐπιτέλλει] B, om. A. 6. βατραχίῳ B, -κ- in ras. m. 1. 9. ϑ] A, πέντε B. 10. ῑδ] A,
ιδ ∠΄ B. 11. χειμών] Unger, χελιδών AB. ἰκτῖνοι A.
φαίνονται A. 12. καὶ Εὐκτήμονι] A, om. B. 14. ὡρῶν ῑγ
∠΄] Ideler, ῾φ̄ ῑγ B, om. A. ἑῷος δύνει] A, om. B. 15. ψεκάζει A. καὶ] A, om. B. 18. ῑε] A, ῑε ∠΄ B. 1ε. καί] A,
om. B. 20. ψυχρός] A, om. B. 21. ὡρῶν ῑγ ∠΄] A, om. B.
ἑσπέριος] B, ἑῷος A. ἀνατέλλει] A, ἐπιτέλλει. Αἰγυπτίοις
Καλλίππῳ βορέας ψυχρὸς πνεῖ B.

ιϛ΄. ὡρῶν ιγ L΄· ὁ ἔσχατος τοῦ Ποταμοῦ κρύπτεται.
Καλλίππῳ βορρᾶς σύμμετρος πνεῖ.

ιζ΄. ὡρῶν ιγ L΄· Στάχυς ἑσπέριος ἀνατέλλει. ὡρῶν
ιδ L΄· Στάχυς ἑσπέριος ἀνατέλλει. Αἰγυπτίοις ἀνεμώδης
5 κατάστασις. Εὐκτήμονι καὶ Φιλίππῳ ὀρνιθίαι ἄρχονται
πνεῖν, καὶ ἰκτίνῳ ὥρα φαίνεσθαι.

ιη΄. ὡρῶν ιδ· ὁ ἐπὶ τῆς οὐρᾶς τοῦ Λέοντος ἑῷος
δύνει. Αἰγυπτίοις ζέφυρος ἢ νότος πνεῖ. Εὐκτήμονι
βορρᾶς ψυχρὸς πνεῖ. Δοσιθέῳ ὀρνιθίαι ἄρχονται πνεῖν.
10 Ἱππάρχῳ βορρᾶς ἢ ἀργεστής.

ιθ΄. Αἰγυπτίοις καὶ Εὐκτήμονι βορρᾶς ψυχρὸς πνεῖ.

κ΄. ὡρῶν ιδ· ὁ λαμπρὸς τοῦ νοτίου Ἰχθύος ἐπιτέλλει. ὡρῶν ιδ L΄· ὁ λαμπρὸς τοῦ βορείου Στεφάνου
ἑσπέριος ἀνατέλλει.

15 κα΄. ὡρῶν ιδ L΄· ὁ λαμπρὸς τοῦ Περσέως ἑῷος ἀνατέλλει. Καλλίππῳ βορρᾶς πνεῖ, καὶ ἰκτῖνος φαίνεται.

κβ΄. Αἰγυπτίοις καὶ Δημοκρίτῳ χειμών, ἄνεμος
ψυχρός.

κγ΄. Αἰγυπτίοις πνεύματα ψυχρὰ ἕως ἰσημερίας.
20 Ἱππάρχῳ βορρᾶς πνεῖ.

---

1. ὁ] Ἀρκτοῦρος ἑσπέριος ἐπιτέλλει καὶ ὁ Β, καὶ ὁ Α.   2. βορέας Β.   σύμμετρος] Α, om. Β.   3. Στάχυς] Α, ὁ στάχυς Β.
ὡρῶν — 4. ἀνατέλλει] Α, om. Β.   4. ιδ] Ideler, ιγ Α.
6. ἰκτίνῳ] Boeckh, ἰκτῖν Β, ἰκτῖν^ω Α.   7. ιδ] Α, ιδ L΄ Β.
8. ἢ νότος] Β, om. Α.   πνεῖ] Β, πνεῖ καί Α.   9. βορρᾶς]
βορ^ Α, βορέας Β.   ψυχρός] Β, om. Α.   πνεῖ — πνεῖν] Α,
om. Β.   10. βορέας Β.   ἐργαστής Β.   11. βορέας Β.
πνεῖ] Α, om. Β.   12. ιδ] Α, ιδ L΄ Β.   νοτίου] Α, βορείου Β.
Ἰχθύος] Ἰ- in ras. m. 1 Β.   13. / ΄] κα΄ | Α.   15. κα΄] Β,
om. Α.   ὁ] Β, καὶ ὁ Α.   ἑῷος] Ideler, om. ΑΒ.   16. Φιλίππῳ Β.   βορέας Β.   17. Δημοκλεῖ Α   χειμών] Α, ἐπισημαίνει Β.   19. πνεῦμα ψυχρόν Β.   ἕως ἰσημερίας] Α, ἐπὶ
ἡμέρας δέκα Β.   20. Ἱππάρχῳ — πνεῖ] Α, om. Β.

κδ'. Καίσαρι ἰκτῖνος φαίνεται, καὶ βορρᾶς πνεῖ.

κε'. ὡρῶν ιδ ∟· ὁ ἐπὶ τῆς οὐρᾶς τοῦ Λέοντος ἑῷος δύνει. Εὐδόξῳ ἰκτῖνος φαίνεται, καὶ βορρᾶς πνεῖ.

κϛ'. ἐαρινὴ ἰσημερία. ὡρῶν ιδ· ὁ λαμπρὸς τοῦ βορείου Στεφάνου ἑσπέριος ἀνατέλλει. 5

κζ'. Καίσαρι βορρᾶς πνεῖ. Ἱππάρχῳ ὑετία.

κη'. Αἰγυπτίοις βρονταί, ἐπισημασία. Φιλίππῳ καὶ Καλλίπῳ καὶ Εὐκτήμονι ὑετὸς ἢ ψακάς. Ἱππάρχῳ ἐπισημασία.

κθ'. ὡρῶν ιε ∟· ὁ καλούμενος Αἲξ ἑῷος ἀνατέλλει. 10 Αἰγυπτίοις καὶ Κόνωνι καὶ Μέτωνι ἰσημερία. Εὐδόξῳ βορρᾶς πνεῖ.

λ'. ὡρῶν ιγ ∟· Στάχυς ἑῷος δύνει. Αἰγυπτίοις ἀργεστὴς ἄνεμος πνεῖ. Καλλίππῳ ὑετὸς ἢ νιφετός.

ΦΑΡΜΟΥΘΙ 15

α'. ὡρῶν ιδ· Στάχυς ἑῷος δύνει. Μέτωνι καὶ Καλλίππῳ καὶ Εὐδόξῳ ὑετός. Εὐκτήμονι καὶ Δημοκρίτῳ ἐπισημαίνει.

β'. ὡρῶν ιγ ∟· ὁ λαμπρὸς τοῦ βορείου Στεφάνου ἑσπέριος ἀνατέλλει. ὡρῶν ιδ ∟· Στάχυς ἑῷος δύνει, 20

---

1. φαίνεται] B, om. A. καί] A, om. B. βορέας B. 3. βορέας B. 4. ὡρῶν ιδ] A, καί B. βορέιοι] comp. A. 6. βορέας B. 7. βρονταί] A, βροντὴ B. ἐπισημαίνει B. Φιλίππῳ — 8. Εὐκτήμονι] A, καί B. 8. ἢ — 9. ἐπισημασία] A, om. B. 8. ψεκάς A. 10. ὡρῶν ιε ∟'] B, om. A. 1͟. ἰσημερία] A, ἐπισημαίνει B. 12. βορέας B. πνεῖ] A, om. B. 14. ἀργεστὴς ἄνεμος] A, νότος B. πνεῖ] B, πνεῖ καί A. 15. ἀπρι^{λλ} mg. m. rec. B. 16. α'] φαρ^{μϑ} α' A. ὡρῶν ιδ] mg. add. m. 1 A. καί — 17. Εὐδόξῳ] A, om. B. 17. καί (alt.)] A, om. B. Δημοκρίτῳ] B, Διοκλεῖ A. 19. ∟'] A, om. B. 20. ∟'] A, om B. δύνει ἑῷος B.

καὶ ὁ καλούμενος Κάνωβος κρύπτεται. ὡρῶν ιε̄· ὁ ἐπὶ
τῆς οὐρᾶς τοῦ Λέοντος ἑῷος δύνει. Δοσιθέῳ καὶ
Μέτωνι καὶ Καλλίππῳ ὑετία.

γ΄. ὡρῶν ιδ̄· ὁ λαμπρὸς τοῦ Περσέως ἑῷος ἀνατέλλει.
5 ὡρῶν ιδ̄ ∠΄· ὁ λαμπρὸς τοῦ νοτίου Ἰχθύος ἐπιτέλλει.
δ΄. ὡρῶν ιε̄ ∠΄· ὁ λαμπρὸς τῆς βορείου Χηλῆς ἑσπέριος ἀνατέλλει. Αἰγυπτίοις καὶ Κόνωνι ἐπισημαίνει.
Εὐδόξῳ ὑετία γίνεται.

ε΄. ὡρῶν ιε̄· Στάχυς ἑῷος δύνει.
10 ϛ΄. ὡρῶν ιε̄ ∠΄· ὁ λαμπρὸς τῆς νοτίου Χηλῆς ἑσπέριος ἀνατέλλει. Εὐδόξῳ ὑετός, ἐπισημαίνει.

ζ΄. ὡρῶν ιγ̄ ∠΄· ὁ λαμπρὸς τῆς νοτίου Χηλῆς ἑσπέριος
ἀνατέλλει. ὡρῶν ιε̄ ∠΄· Στάχυς ἑῷος δύνει.

η΄. ὡρῶν ιε̄· ὁ λαμπρὸς τῆς βορείου Χηλῆς ἑσπέριος
15 ἀνατέλλει. Αἰγυπτίοις ζέφυρος καὶ χάλαζα. Κόνωνι
ἐπισημαίνει. Εὐδόξῳ ὑετός.

θ΄. ὡρῶν ιδ̄ ∠΄· ὁ λαμπρὸς τῆς βορείου Χηλῆς ἑσπέριος ἀνατέλλει. Αἰγυπτίοις καὶ Κόνωνι ζέφυρος ἢ
νότος καὶ χάλαζα.

20 ι΄. ὡρῶν ιδ̄· ὁ λαμπρὸς τῆς βορείου Χηλῆς ἑσπέριος ἀνατέλλει. ὡρῶν ιε̄ ∠΄· ὁ λαμπρὸς τῆς Λύρας

---

1. καί] B, ῾φ̄ ιδ̄ ∠΄΄ καί A.   ὁ (alt.)] B, καὶ ὁ A.   2. καί] A,
om. B.   3. Μέτωνι] om. B, comp. A.   καί] addidi, om. AB.
Καλλίππῳ] B, om. A.   4. ιδ̄] A, ιδ̄ ∠΄ B.   τοῦ — 5. λαμ-
πρός] B, om. A.   5. ∠΄] Petauius, om. B.   6. ὁ — 8. γίνεται] A,
στάχυς ἑῷος δύνει B.   9. ιε̄] Wachsmuth, ιε̄ ∠΄ AB.   10. ἀπρι
α΄ mg. A.   ιε̄] B, ιγ̄ A.   11. Εὐδόξῳ — ἐπισημαίνει] B,
ὡσαύτως καὶ ἡ ἑβδόμη A.   12. ὡρῶν — 13. ἀνατέλλει] B, om. A.
13. ὡρῶν — δύνει] A, om. B.   ∠΄] Wachsmuth, om. A.
14. ὡρῶν ιε̄] Wachsmuth, om. B, ῾φ̄ ιδ̄ ∠΄΄ A.   βορεί΄΄ A.
15. ζέφυρος καὶ χάλαζα] A, om. B.   Κόνωνι — 16. ὑετός] B,
om. A.   17. ∠΄] B, om. A.   18. ἀνατέλλει — 20. ἑσπέριος]
mg. m. 1 A.   18. καί] Wachsmuth, om. AB.   Κόνωνι] B,
om. A.   ἢ νότος] B, om. A.   19. χάλαζαι B.   21. ∠΄] B, om. A.

ἑσπέριος ἀνατέλλει. Ἱππάρχῳ νότος καὶ ἀνέμων συστροφή.

ια΄. ὡρῶν ιγ ∠΄· ὁ λαμπρὸς τῆς βορείου Χηλῆς ἑσπέριος ἀνατέλλει. Ἱππάρχῳ καὶ Δοσιθέῳ ἐπισημαίνει.

ιβ΄. ὡρῶν ιε ∠΄· ὁ ἐπὶ τῆς οὐρᾶς τοῦ Λέοντος ἑῷος 5 δύνει.

ιγ΄. ὡρῶν ιγ ... Αἰγυπτίοις νότος ἢ λίψ. Εὐδόξῳ ὑετία.

ιδ΄. ὡρῶν ιγ ∠΄· ὁ λαμπρὸς τοῦ Περσέως ἑῷος ἀνατέλλει. Αἰγυπτίοις ἀκρασία πνευμάτων. Ἱππάρχῳ 10 ὑετία.

ιε΄. Αἰγυπτίοις ἀέρος ἀκαταστασία καὶ ὑετός. Εὐκτήμονι καὶ Φιλίππῳ ἀκρασία πνευμάτων. Ἱππάρχῳ ὑετία.

ιϛ΄. Εὐδόξῳ ζέφυρος καὶ ἀκρασία ἀέρος, μεταξὺ 15 ψακάζει.

ιζ΄. ὡρῶν ιε ∠΄· ὁ κοινὸς Ποταμοῦ καὶ ποδὸς Ὠρίωνος κρύπτεται.

ιη΄. ὡρῶν ιε· ὁ καλούμενος Αἲξ ἑῷος ἀνατέλλει, καὶ ὁ λαμπρὸς τοῦ νοτίου Ἰχθύος ἐπιτέλλει. Δοσιθέῳ καὶ 20 Καίσαρι ὑετία.

ιθ΄. ὡρῶν ιε· ὁ λαμπρὸς τῆς Λύρας ἑσπέριος ἀνατέλλει. Αἰγυπτίοις λευκόνοτος, βρονταί, ψακάς.

κ΄. ὡρῶν ιδ· ὁ καλούμενος Κάνωβος κρύπτεται.

---

1. συστροφαί B.   7. ὡρῶν ιγ] A, om. B. Lacunam indicauit Wachsmuth.   10. Ἱππάρχῳ ὑετία] B, om. A.   12. ἀέρος] A, om B   ὑετία B.   Εὐκτήμονι — 14. ὑετία] A, om. B.   15. ζέφυρος καί] A, om. B.   ἀέρος] B, om. A.   μετεξύ] A, καὶ ὑετία B.   16 ψακάζει] ψεκάζει A, om. B.   17. ιε] Wachsmuth, ιδ AB.   19. ιη΄] corr. ex κ΄ m. 1 A.   καί] B, ῷ ιε καὶ A.   20. ἐπιτέλλει] B, ἀνατέλλει A.   καί] A, om. B.   22. ιε] A, ιε ∠΄ B.   23. βροντς B.   ψεκάς A.   24. ιδ] A, ιδ ∠΄ B.

Αἰγυπτίοις ἀνέμων ἀκρισία. Εὐδόξῳ καὶ Εὐκτήμονι
ὑετία καὶ χάλαζα.

κα΄. ὡρῶν ιε· ὁ κοινὸς Ποταμοῦ καὶ ποδὸς Ὠρίωνος
κρύπτεται. ὡρῶν ιε ∠΄· ὁ λαμπρὸς τῶν Ὑάδων κρύπτε-
5 ται. Μητροδώρῳ καὶ Καλλίππῳ χάλαζα. Εὐκτήμονι
καὶ Φιλίππῳ ζέφυρος.

κβ΄. ὡρῶν ιγ ∠΄· ὁ λαμπρὸς τοῦ Περσέως ἑσπέριος
δύνει. Αἰγυπτίοις καὶ Κόνωνι χάλαζα καὶ ζέφυρος.
Καίσαρι καὶ Εὐδόξῳ ὑετία.

10 κγ΄. ὡρῶν ιε· ὁ λαμπρὸς τῶν Ὑάδων κρύπτεται.
Αἰγυπτίοις ἀνεμώδης ψακάς.

κδ΄. ὡρῶν ιδ ∠΄· ὁ λαμπρὸς τῶν Ὑάδων κρύπτεται,
καὶ ὁ κοινὸς Ποταμοῦ καὶ ποδὸς Ὠρίωνος κρύπτεται.
ὡρῶν ιε ∠΄· ὁ μέσος τῆς ζώνης τοῦ Ὠρίωνος κρύπτεται.

15 κε΄. Αἰγυπτίοις λὶψ ἢ νότος ἢ ἀργεστὴς καὶ ἀκρασία ἀέρος.

κϛ΄. ὡρῶν ιδ· ὁ λαμπρὸς τοῦ Περσέως ἑσπέριος δύνει,
καὶ· ὁ λαμπρὸς τῶν Ὑάδων κρύπτεται. ὡρῶν ιε ∠΄·
ὁ λαμπρὸς τοῦ Ὄρνιθος ἑσπέριος ἀνατέλλει, καὶ ὁ ἐν
20 τῷ ἡγουμένῳ ὤμῳ τοῦ Ὠρίωνος κρύπτεται. Ἱππάρχῳ
νότος ἢ ἀπαρκτίας ψυχρός.

---

1. ἀκρισία] A, ἀκρασία B.   καὶ Εὐκτήμονι] A, om. B.
2. ὑετία καί] A, ὑετίαι B.   χάλαζα] corr. ex χάλαζαι in scrib. A,
χάλαζαι B.   3. ιε] A, ιε ∠΄ B.   4. ὡρῶν ιε ∠΄] A, καί B.
5. καὶ Καλλίππῳ] A, om. B.   7. ὡρῶν ιγ ∠΄] A, om. B.
8. καί] A, om. B.   καί] B, ἤ A.   9. καί] A, om. B.   Εὐ-
postea add. m. 1 A.   11. ψεκάς A.   12. ὁ — 13. καί (pr.)] B, om. A.
14. ∠΄] B, om. A.   15. ἤ (alt.)] scripsi, om. B, καί A.   ἀρ-
γεστής] A, om. B.   καί] A, om. B.   ἀκρισία A.   16. ἀέρος] B,
om. A.   17. ιδ] A, ιδ ∠΄ B.   18. καί] scripsi, ʽφ ιδ ∠΄ B,
ʽφ ιδ A.   ὡρῶν ιε ∠΄] Wachsmuth, καί B, ʽφ ιε A.   19. καί] B,
ʽφ ιε ∠΄ καί A.   20. κρύπτεται. Ἱππάρχῳ] A, om. B.   21. ἤ] B,
καί A.   ψυχροί A.

κζ'. ὡρῶν ιγ L'· ὁ λαμπρὸς τῶν Ὑάδων κρύπτεται,
καὶ ὁ λαμπρὸς τῆς νοτίου Χηλῆς ἑῷος δύνει. ὡρῶν ιε·
ὁ μέσος τῆς ζώνης τοῦ Ὠρίωνος κρύπτεται. Αἰγυπτίοις καὶ Καίσαρι χειμών. Εὐδόξῳ ὑετός.

κη'. ὡρῶν ιδ· ὁ κοινὸς Ποταμοῦ καὶ ποδὸς Ὠρίωνος 5
κρύπτεται. ὡρῶν ιδ L'· ὁ λαμπρὸς τῆς Λύρας ἑσπέριος
ἀνατέλλει. Αἰγυπτίοις λὶψ ἢ νότος, ὑετία.

κθ'. ὡρῶν ιδ· ὁ λαμπρὸς τῆς νοτίου Χηλῆς ἑῷος
δύνει. ὡρῶν ιε· ὁ ἐν τῷ ἡγουμένῳ ὤμῳ τοῦ Ὠρίωνος
κρύπτεται. Αἰγυπτίοις λὶψ ἢ νότος καὶ ὑετία. Μη- 10
τροδώρῳ καὶ Καλλίππῳ ἐνίοτε χάλαζα. Δημοκρίτῳ
ἐπισημαίνει.

λ'. Αἰγυπτίοις καὶ Εὐδόξῳ ψακάς, ὑετός.

ΠΑΧΩΝ

α'. ὡρῶν ιδ L'· ὁ λαμπρὸς τοῦ Περσέως ἑσπέριος 15
δύνει, καὶ ὁ μέσος τῆς ζώνης τοῦ Ὠρίωνος κρύπτεται, καὶ ὁ λαμπρὸς τῆς νοτίου Χηλῆς ἑῷος δύνει.
Αἰγυπτίοις ἀργεστὴς ἢ ζέφυρος, ἐπισημαίνει. Εὐκτήμονι καὶ Φιλίππῳ ὑετία ἢ χάλαζα.

β'. ὡρῶν ιδ L'· ὁ καλούμενος Αἴξ ἑῷος ἀνατέλλει, 20
καὶ ὁ ἐν τῷ ἡγουμένῳ ὤμῳ τοῦ Ὠρίωνος κρύπτεται.

1. Ὑάδων] Ὑάδων ἑῷος Β.   2. καί] Β, ʽφ̄ ιγ L' καί Α.
4. καί] Α, om. Β.   χειμών] Α, χειμαίνει Β.   Εὐδόξῳ
ὑετός] Α, om. Β.   5. ιδ] Α, ιγ L' Β.   6 ὡρῶν ιδ L'] Α, om. Β.
7. ὑετία] Β, ἢ ὑετία Α; fort. καὶ ὑετία.   8. ιδ] Α ιδ L' Β.
10. καί] Α, om. Β.   11. καί — ἐνίοτε] Α, om. Β.   Δημοκρίτῳ ἐπισημαίνει] Α, om. Β.   13. καί] Α, om. Β.   ψεκάς Α.
14. μάιος mg. m. rec. Β.   15. α'] παχ α' Α.   16. δύνει]
Ideler, ἀνατέλλει ΑΒ; fort. ante ἀνατέλλει lacuna statuenda.   καί]
ʽφ̄ ιδ L' Β, ʽφ̄ ιδ L' καί Α.   17. καί — ἑῷος] Β, ʽφ̄ ιδ L''
καὶ ὁ μέσος Α.   18. ἐργαστής Β.   ἐπισημαίνει] Α, ὑετία Β.
19. καί — ἢ] Α, om. Β.   20. L'] Β, om. Α.   21. καί] ʽφ̄ ιδ
L'' καί Α.   ἡγουμένῳ] Α, ἑπομένῳ Β.

Αἰγυπτίοις ἀνεμώδης κατάστασις. Μητροδώρῳ καὶ
Καλλίππῳ νοτία.

γ'. ὡρῶν ιγ ∠'· ὁ κοινὸς Ποταμοῦ καὶ ποδὸς Ὠρίωνος κρύπτεται, καὶ ὁ καλούμενος Ἀντάρης ἑσπέριος
5 ἀνατέλλει. ὡρῶν ιε ∠'· Κύων κρύπτεται. Αἰγυπτίοις
ἄνεμοι. Εὐδόξῳ ὑετός.

δ'. ὡρῶν ιδ· ὁ ἐν τῷ ἡγουμένῳ ὤμῳ τοῦ Ὠρίωνος
κρύπτεται, καὶ ὁ μέσος τῆς ζώνης τοῦ Ὠρίωνος κρύπτεται,
καὶ ὁ καλούμενος Ἀντάρης ἑσπέριος ἀνατέλλει. ὡρῶν ιδ
10 ∠'· τὸ αὐτό. ὡρῶν ιε· τὸ αὐτό. Αἰγυπτίοις νηνεμία ἢ
νότος καὶ ὑετία. Καίσαρι χειμών.

ε'. ὡρῶν ιγ ∠'· ὁ καλούμενος Κάνωβος κρύπτεται.
ὡρῶν ιε· ὁ λαμπρὸς τῆς νοτίου Χηλῆς ἑῷος δύνει. Αἰγυπτίοις ἐπισημαίνει. Εὐκτήμονι καὶ Φιλίππῳ νηνεμία
15 ἢ νότος, ψακάς.

ϛ'. ὡρῶν ιγ ∠'· ὁ ἐν τῷ ἐμπροσθίῳ δεξιῷ βατραχίῳ
τοῦ Κενταύρου ἑσπέριος ἀνατέλλει. ὡρῶν ιε· ὁ λαμπρὸς
τοῦ Περσέως ἑσπέριος δύνει. ὡρῶν ιε ∠'· ὁ ἐν τῷ ἑπομένῳ ὤμῳ τοῦ Ἡνιόχου ἑῷος ἀνατέλλει, καὶ ὁ ἐν τῷ
20 ἑπομένῳ ὤμῳ τοῦ Ὠρίωνος κρύπτεται. Αἰγυπτίοις
ψακάς.

---

1. Μητροδώρῳ καί] A, om. B.   2. νοτίαι B.   3. ∠'] A,
om. B.   4. καί] scripsi, om. B, ῾φ̅ ιγ ∠' A.   ἑσπέρας B.
5. ∠'] Ideler, om. AB.   6. ἄνεμος B.   7. ιδ] A, ιδ ∠' B.
8. κρύπτεται] A, om. B.   καί] ῾φ̅ ιδ καί A.   τοῦ Ὠρίωνος]
A, om. B.   9. καλούμενος] A, om. B.   ἑσπέρας B.   ιδ ∠'] A,
ιε B.   10. τὸ αὐτό. ὡρῶν ιε· τὸ αὐτό] Ideler, om. AB.   νη-
νεμίαι B.   11. νότος] B, νοτία A.   καί] scripsi, ή A, om. B.
ὑετία] om. B.   χειμαίνει B.   13. ιε] A, ιε ∠' B.   14. σημαίνει B.   Εὐκτήμονι καί] A, om. B.   15. ἢ νότος] B, om. A.
ψακάς] ψακάζει B, ψεκάς A.   16. μαῖ ω̅ α' mg. A.   18. ὡρῶν
ιε ∠'] A, om. B.   19. καί] B, ῾φ̅ ιε ∠' A.   21. ψεκάς A.

ϛ'. ὡρῶν ιγ ⌐'· ὁ ἐν τῷ ἡγουμένῳ ὤμῳ τοῦ Ὠρίωνος
κρύπτεται, καὶ ὁ μέσος τῆς ζώνης κρύπτεται. ὡρῶν ιε·
Κύων κρύπτεται.

η'. ὡρῶν ιδ· ὁ λαμπρὸς τῆς Λύρας ἑσπέριος ἀνατέλλει.
ὡρῶν ιε· ὁ λαμπρὸς τοῦ Ὄρνιθος ἑσπέριος ἀνατέλλει, 5
καὶ ὁ ἐν τῷ ἑπομένῳ ὤμῳ τοῦ Ὠρίωνος κρύπτεται.
ὡρῶν ιε ⌐'· ὁ λαμπρὸς τῆς νοτίου Χηλῆς ἑῷος δύνει.
Αἰγυπτίοις ἀργεστὴς καὶ ψακὰς ἢ νότος, βροντή.

θ'. ὡρῶν ιδ· ὁ καλούμενος Αἲξ ἑῷος ἀνατέλλει. ὡρῶν
ιε ⌐'· ὁ λαμπρὸς τοῦ νοτίου Ἰχθύος ἐπιτέλλει. Αἰ- 10
γυπτίοις ψακάς. Εὐδόξῳ ὑετός.

ι'. ὡρῶν ιγ ⌐'· ὁ λαμπρὸς τῆς βορείου Χηλῆς ἑῷος
δύνει. Δοσιθέῳ ὑετία.

ια'. ὡρῶν ιδ ⌐'· ὁ ἐν τῷ ἑπομένῳ ὤμῳ τοῦ Ὠρίωνος
κρύπτεται. Αἰγυπτίοις ἀνεμώδης κατάστασις. 15

ιβ'. ὡρῶν ιγ ⌐'· ὁ καλούμενος Αἲξ ἑῷος ἀνατέλλει. ὡρῶν
ιδ ⌐'· Κύων κρύπτεται. ὡρῶν ιε ⌐'· ὁ λαμπρὸς τοῦ Περσέως ἑσπέριος δύνει. Αἰγυπτίοις ἀνεμώδης κατάστασις.

ιγ'. Αἰγυπτίοις ζέφυρος ἢ ἀργεστὴς καὶ ὑετία.
Εὐδόξῳ καὶ Δοσιθέῳ ὑετία. 20

1. ὡρῶν — 3. κρύπτεται] B, om. A. 1. ⌐'] Ideler, om. B.
ἡγουμένῳ] Ideler, ἑπομένῳ B. 2. ὡρῶν ιε] Wachsmuth,
καί B. 4. η'] B, om. A. ιδ] A, ιδ ⌐' B. ἑσπέρας B.
5. ὡρῶν ιε] Wachsmuth, καί B, om. A. ὁ — ἀνατέλλει] B,
om. A. ἑσπέριος] Petauius, ἑσπέρας B. 6. καί] B, ῷ ιε
καί A. 7. Ante ὡρῶν ins. η' m. 1 A. ὡρῶν ιε ⌐'] A, om. B.
8. ἐργαστής B. ψεκάς A. ἢ — βροντή] A, om. B. καὶ
βροντή Wachsmuth. 9. ιδ] B, ιδ ⌐' A. ὁ καλούμενος] A,
om. B. ὡρῶν ιε ⌐'] Wachsmuth, om. B, ῷ ιε A. 11. ψεκάς A.
Εὐδόξῳ ὑετός] A, om. B. 12. βορείου] comp. dub. A, νοτίου B.
14. ια'] postea ins. m. 1 A. ιδ ⌐'] A, ιγ B. 16. ⌐'] Ideler,
om. AB. ὡρῶν ιδ ⌐'] A, om. B. 17. ὡρῶν ιε ⌐'] A, om. B.
18 ἑσπέριος] A, om. B. ἀνέμων ἀκαταστασία B. 19. ἢ] B,
om. A. ἐργαστής B. καί] A, om. B. 20. Εὐδόξῳ — ὑετία] A, om. B.

ιδ'. ὡρῶν ιδ· ὁ ἐν τῷ ἑπομένῳ ὤμῳ τοῦ Ὠρίωνος
κρύπτεται, καὶ ὁ λαμπρὸς τῆς βορείου χηλῆς ἑῷος δύνει.
Αἰγυπτίοις ὄμβρος.
    ιε'. Αἰγυπτίοις ὑετός, θέρους ἀρχή. Εὐκτήμονι καὶ
5 Φιλίππῳ ἐπισημαίνει.
    ις'. ὡρῶν ιγ L· Ἀρκτοῦρος ἑῷος δύνει, καὶ ὁ ἐν τῷ
ἑπομένῳ ὤμῳ τοῦ Ὠρίωνος κρύπτεται. Δοσιθέῳ ἐπισημαίνει.
    ιζ'. ὡρῶν ιγ L· ὁ καλούμενος Αἴξ ἑσπέριος δύνει,
10 καὶ ὁ λαμπρὸς τῆς Λύρας ἑσπέριος ἀνατέλλει. ὡρῶν
ιδ· Κύων κρύπτεται, καὶ ὁ ἐν τῷ ἐμπροσθίῳ δεξιῷ
βατραχίῳ τοῦ Κενταύρου ἑσπέριος ἀνατέλλει. Αἰγυπτίοις ζέφυρος ἢ ἀργεστής. Καίσαρι ὑετός. Μητροδώρῳ
καὶ Εὐδόξῳ καὶ Ἱππάρχῳ ἐπισημαίνει· καὶ θέρους
15 ἀρχή.
    ιη'. ὡρῶν ιγ L· ὁ καλούμενος Ἀντάρης ἑῷος δύνει.
ὡρῶν ιδ L· ὁ λαμπρὸς τοῦ Ὄρνιθος ἑσπέριος ἀνατέλλει.
ὡρῶν ιε· ὁ ἐν τῷ ἑπομένῳ ὤμῳ τοῦ Ἡνιόχου ἑῷος
ἀνατέλλει. Αἰγυπτίοις ζέφυρος ἢ λίψ, ἐπισημασία.
20 Εὐδόξῳ καὶ Κόνωνι ὑετία.

---

1. ὡρῶν ιδ] Wachsmuth, ʿΦ ιδ L´ B, om. A.   2. καί]
scripsi, om. B, ʿΦ͞ ιδ L͞ A.   4. ιε´] A, ιε. ʿΦ ιγ L´ Ἀρκτοῦρος ἑῷος δύνει B.   καί — 5. ἐπισημαίνει] A, ἄνεμος B.   6. L´]
A, om. B.   καί] B, ιγ L͞ καί A supra scr. ʿΦ͞ m. 1.   9. ὁ
καλούμενος] A, om. B.   ἑσπέρας B.   10. καί — ἀνατέλλει] B,
om. A.   11. ιδ] Wachsmuth, ιδ L´ B, ιγ L͞ A.   Κύων] B,
καί comp. A.   καί] B, ʿΦ ιδ καί A.   ἐμπροσθίῳ δεξιῷ βατρα-
χίῳ] A, δεξιῷ προ͞θ B.   12. ἑσπέρας B.   13. ἐργαστής B.
Καίσαρ A.   ὑέτια B.   14. καί — Ἱππάρχῳ] A, Ἱππάρχῳ
Εὐδόξῳ B.   καὶ θέρους ἀρχή] A, om. B.   16. ὁ καλούμενος]
A, om. B.   17. ὡρῶν] ιθ´. ʿΦ A.   L´] A, om. B.   ἑσπέρας B.   18. Supra ὡρῶν add. x´ m. 1 A.   ὡρῶν ιε] A, om. B.
19. ἐπισημαίνει B.   20. Εὐδόξῳ καί] A, om. B.

ΦΑΣΕΙΣ   51

ιϑ΄. ὡρῶν ιδ L΄· ὁ καλούμενος Ἀντάρης ἑῷος δύνει.
Αἰγυπτίοις καὶ Εὐδόξῳ καὶ Καλλίππῳ ἐπισημασία.
κ΄. ὡρῶν ιδ· ὁ καλούμενος Αἴξ ἑσπέριος δύνει.
ὡρῶν ιε· ὁ καλούμενος Ἀντάρης ἑῷος δύνει. Καίσαρι
ἐπισημασία, ὑετία.   5
κα΄. ὡρῶν ιε L΄· ὁ καλούμενος Ἀντάρης ἑῷος δύνει.
Καίσαρι ἐπισημαίνει.
κβ΄. Αἰγυπτίοις νότος ἢ ἀπηλιώτης. Εὐδόξῳ ὑετία.
Ἱππάρχῳ νότος ἢ ἀπαρκτίας.
κγ΄. ὡρῶν ιγ L΄· ὁ ἐν τῷ ἑπομένῳ ὤμῳ τοῦ Ἡνιόχου 10
κρύπτεται, καὶ Κύων κρύπτεται. Αἰγυπτίο-ς ὄμβρος
καὶ βροντή. Εὐδόξῳ θέρους ἀρχή, ὑετία.
κδ΄. ὡρῶν ιδ L΄· ὁ καλούμενος Αἴξ ἑσπέριος δύνει,
καὶ ὁ ἐν τῷ ἑπομένῳ ὤμῳ τοῦ Ἡνιόχου ἑῷος ἀνατέλλει.
ὡρῶν ιε L΄· ὁ λαμπρὸς τοῦ Ἀετοῦ ἑσπέριος ἀνατέλλει. 15
Αἰγυπτίοις καὶ Ἱππάρχῳ ψακάζει καὶ ἐπισημαίνει.
κε΄. ὡρῶν ιδ· ὁ ἐν τῷ ἑπομένῳ ὤμῳ τοῦ Ἡνιόχου
κρύπτεται. ὡρῶν ιε· ὁ λαμπρὸς τῆς βορείου Χηλῆς ἑῷος
δύνει.
κϛ΄. ὡρῶν ιδ· Ἀρκτοῦρος ἑῷος δύνει. Αἰγυπτίοις 20

1. ιϑ΄] B, κά A.   ὡρῶν ιδ L΄] B, om. A.   ὁ καλούμενος]
A, om. B.   2. καὶ Εὐδόξῳ καὶ Καλλίππῳ] A, om. B.   ἐπι-
σημασία] comp. A, ἐπισημαίνει B.   3. κ΄] B, κβ΄ A.   ὡρῶν —
καλούμενος] A, om. B.   δύνει] A, ἀνατέλλει B.   4. ὡρῶν —
καλούμενος] A, om. B.   5. ἐπισημαίνει B.   ὑετία] B, om. A.
6. κα΄] B; κγ΄ A, -γ in ras.   L΄· ὁ καλούμενος] A, om. B.
7. σημαίνει B.   8. κβ΄] B; κδ΄ A, -ϑ in ras.   νότος ἢ
ἀπηλιώτης] A, ἀπηλιώτης ἢ νότος B.   Εὐδόξῳ] A, om. B.
9. Ἱππάρχῳ — ἀπαρκτίας] A, om. B.   10. κγ΄] B; κε΄ A,
-ε e corr.   ιγ L΄] Wachsmuth, ιγ A, lac. 2 litt. B.   11. καί —
18. κρύπτεται] B, om. A.   13. ὁ καλούμενος] addidi, om. B.
ἑσπέρας B.   14. ἑῷος] om. B.   15. οϱῶν ιε L΄]
Wachsmuth, om. B.   ἑσπέριος ἀνατέλλει] Fabricius, om. B.
16. καί] B, om. Wachsmuth.   17. ιδ] Wachsmuth, ιδ L΄ B.
18. ὡρῶν ιε] A, om. B.   20. κϛ΄] AB.   ιδ] A, ιγ B.

4*

52 ΚΛΑΥΔΙΟΥ ΠΤΟΛΕΜΑΙΟΥ

ἀργεστὴς ἢ ζέφυρος. Δοσιθέῳ νότος. Καίσαρι χειμάζει.

κζ'. ὡρῶν ιε· ὁ λαμπρὸς τοῦ Ἀετοῦ ἑσπέριος ἀνατέλλει. ὡρῶν ιε ∠'· Προκύων κρύπτεται.
5 κη'. ὡρῶν ιδ ∠'· ὁ ἐν τῷ ἑπομένῳ ὤμῳ τοῦ Ἡνιόχου ἑσπέριος δύνει. ὡρῶν ιε· ὁ καλούμενος Αἴξ ἑσπέριος
δύνει.
κθ'. ὡρῶν ιε ∠'· ὁ κατὰ τὸ γόνυ τοῦ Τοξότου ἑῷος
δύνει. Αἰγυπτίοις ἀνεμώδης κατάστασις. Εὐκτήμονι
10 καὶ Φιλίππῳ ἐπισημασία.
λ'. ὡρῶν ιδ· ὁ λαμπρὸς τοῦ Ὄρνιθος ἑσπέριος ἀνατέλλει. Εὐκτήμονι καὶ Φιλίππῳ καὶ Ἱππάρχῳ ἐπισημασία.

ΠΑΥΝΙ

α'. ὡρῶν ιγ ∠'· ὁ ἐν τῷ ἑπομένῳ ὤμῳ τοῦ Ἡνιόχου
15 ἐπιτέλλει. ὡρῶν ιε· ὁ ἐν τῷ ἑπομένῳ ὤμῳ τοῦ Ἡνιόχου
ἑσπέριος δύνει, καὶ Προκύων κρύπτεται. ὡρῶν ιε ∠'·
ὁ λαμπρὸς τῆς βορείου Χηλῆς ἑῷος δύνει. Αἰγυπτίοις
βορέας σφοδρός. Καλλίππῳ καὶ Εὐκτήμονι ἐπισημαίνει.
β'. ὡρῶν ιδ ∠'· ὁ λαμπρὸς τοῦ Ἀετοῦ ἑσπέριος ἀνα-

1. ἐργαστής Β. Δοσιθέῳ] δοσι θ' Α, Εὐδόξῳ Β. Καίσαρι
χειμάζει] Α, om. Β. 3. Ἀετοῦ] Β, μξδ' Α. 4. ὡρῶν ιε ∠']
Α, om. Β. 5. ιδ ∠'] Wachsmuth, ιγ ∠' Β, ιδ Α. 6. ἑσπέρας Β. ὡρῶν — 7. δύνει] Β, om. Α. 6. ὁ καλούμενος] addidi,
om. Β. ἑσπέρας Β. 8. ∠'] Α, om. Β. 9. Εὐκτήμονι
10. ἐπισημασία] Α, om. Β. 11. ιδ] Α, ιδ ∠' Β. ἑσπέρας Β.
12. καί — καί] Α, om. Β. ἐπισημαίνει Β. 13. ιον mg. m.
rec. add. Β. 14. α'] παννὶ α' Α. ιγ ∠'] Α, lac. 2 litt. Β.
15. Ἡνιόχου] lac. 8 litt. Β. 16. ἑσπέρας Β. καί] om. Β,
φ ιε καί Α. ὡρῶν ιε ∠'] om. Β, φ ιε ∠' καί Α. 18. σφο-
δρός] Α, ψυχρός Β. Καλλίππῳ — ἐπισημαίνει] Α, om. Β.
19. ἑσπέρας Β.

τέλλει. *Αἰγυπτίοις ἐπισημασία. Μητροδώρῳ καὶ
Καλλίππῳ νοτία.*

γ΄. *ὡρῶν* ιγ̅ ∠΄· *ὁ λαμπρὸς τῶν Ὑάδων ἐπιτέλλει.
ὡρῶν* ιδ̅ ∠΄· *Προκύων κρύπτεται. Αἰγυπτίοις καὶ
Δημοκρίτῳ ὑετία.* 5

δ΄. *Ἱππάρχῳ νότος ἢ ζέφυρος.*

ε΄. *ὡρῶν* ιδ̅ ∠΄· *ὁ ἐν τῷ ἐμπροσθίῳ δεξιῷ βατραχίῳ
τοῦ Κενταύρου ἑσπέριος ἀνατέλλει. ὡρῶν* ιε̅ ∠΄· *ὁ καλούμενος Ἀῒξ ἑσπέριος δύνει, καὶ ὁ ἐν τῷ ἑπομένῳ
ὤμῳ τοῦ Ἡνιόχου ἑσπέριος δύνει. Καίσαρι νότος πνεῖ.* 10

ϛ΄. *ὡρῶν* ιδ̅· *Προκύων κρύπτεται, καὶ ὁ λαμπρὸς
τοῦ Ἀετοῦ ἑσπέριος ἀνατέλλει. ὡρῶν* ιε̅· *ὁ κατὰ τὸ γόνυ
τοῦ Τοξότου ἑῷος δύνει.*

ζ΄. *ὡρῶν* ιδ̅· *ὁ λαμπρὸς τῶν Ὑάδων ἐπιτέλλει. ὡρῶν*
ιδ̅ ∠΄· *Ἀρκτοῦρος ἑῷος δύνει. Αἰγυπτίοις ζέφυρος.* 15
Εὐδόξῳ καὶ Δοσιθέῳ νοτία.

η΄. *Αἰγυπτίοις ἀργεστὴς ἢ ζέφυρος πνεῖ.*

θ΄. *ὡρῶν* ιδ̅ ∠΄· *ὁ κατὰ τὸ γόνυ τοῦ Τοξότου ἑῷος
δύνει. ὡρῶν* ιε̅ ∠΄· *ὁ λαμπρὸς τοῦ Ὕδρου κρύπτεται. Αἰγυπτίοις ἀργεστὴς καὶ ψακάς. Δημοκρίτῳ ὕδωρ γίνεται.* 20

1. ἐπισημαίνει B.   Μητροδώρῳ καί] A, om. B.   2. νότος B.
3. ἐπιτέλλει] A, ἑσπέρας ἀνατέλλει B.   4. ∠΄] A, om. B.   καὶ
Δημοκρίτῳ] Μητροδώρῳ B.   7. ἐμπροσθίῳ] A, ἑπομένῳ B.
δεξιῷ] Ideler cum Bonaventura, om. AB.   8. ἑσπέρας B.
Ante ὡρῶν supra add. ϛ΄ m. 1 A.   ∠΄] A, om. B.   9. ἑσπέρας B.
καί] scripsi, om. B, ΄φ̅ ιε̅ ∠΄ A.   10. Καίσαρι — πνεῖ] A, om. B.
11. ϛ΄] ζ΄ in ras. A.   Προκύων — 13. δύνει] B, om. A.   11. καί]
add. Wachsmuth, om. B.   12. ἑσπέρας B.   14. ιε̅ α΄ mg. A.
ὡρῶν ιδ̅] Bonaventura, ΄φ̅ ιδ̅ ∠΄ B, om. A.   ὡρῶν ιδ̅ ∠΄] A,
om. B.   16. καὶ Δοσιθέῳ] A, om. B.   νοτία] corr. ex νοτί΄΄
in scrib. A, νοτίαι B.   17. η΄] in ras. A, η΄. ΄φ̅ seq. lac. 2
litt. B.   ἐργαστής B.   19. ∠΄] A, om. B.   Ὕδρου] Ϡ, ὑδρό A.
20. ἐργαστής B.   καί] B, ἤ A.   ψεκάς A.   γίνεται] A,
ἐπὶ γ̅ B, ἐπιγίνεται Wachsmuth.

ι΄. ὡρῶν ιγ L̄΄· ὁ λαμπρὸς τοῦ Ὄρνιθος ἑσπέριος
ἀνατέλλει. ὡρῶν ιε L̄΄· ὁ ἐπὶ τῆς κεφαλῆς τοῦ ἑπομένου
Διδύμου κρύπτεται. Καίσαρι βρονταὶ καὶ ὑετός.

ια΄. ὡρῶν ιγ L̄΄· ὁ λαμπρὸς τοῦ Ἀετοῦ ἑσπέριος ἀνα-
5 τέλλει, καὶ ὁ ἐπὶ τῆς κεφαλῆς τοῦ ἡγουμένου Διδύμου
κρύπτεται. ὡρῶν ιε· ὁ ἐπὶ τῆς κεφαλῆς τοῦ ἑπομένου
Διδύμου κρύπτεται. Αἰγυπτίοις ψακάζει. Καίσαρι
βροντή, ὑετός.

ιβ΄. ὡρῶν ιδ L̄΄· ὁ ἐπὶ τῆς κεφαλῆς τοῦ ἑπομένου
10 Διδύμου κρύπτεται.

ιγ΄. ὡρῶν ιδ· ὁ ἐπὶ τῆς κεφαλῆς τοῦ ἡγουμένου
Διδύμου κρύπτεται, καὶ ὁ κατὰ τὸ γόνυ τοῦ Τοξότου
ἑῷος δύνει. ὡρῶν ιδ L̄΄· ὁ ἐπὶ τῆς κεφαλῆς τοῦ ἡγουμένου Διδύμου κρύπτεται.

15 ιδ΄. ὡρῶν ιδ· ὁ ἐπὶ τῆς κεφαλῆς τοῦ ἑπομένου
Διδύμου κρύπτεται. ὡρῶν ιδ L̄΄· ὁ λαμπρὸς τῶν Ὑάδων
ἐπιτέλλει. ὡρῶν ιε· ὁ ἐπὶ τῆς κεφαλῆς τοῦ ἡγουμένου
Διδύμου κρύπτεται. ὡρῶν ιε L̄΄· ὁ ἐπὶ τῆς κεφαλῆς
τοῦ ἡγουμένου Διδύμου κρύπτεται.

---

1. ὡρῶν — 2. ἀνατέλλει] A, om. B.   2. ιε] Wachsmuth,
ιγ AB.   ἑπομένου] A, ἡγουμένου B.   3. βρονταί — ὑετός] B,
ὑετία A.   4. ὁ — ἀνατέλλει] A, om. B.   5. καί] scripsi, om. AB.
ὁ — 6. κρύπτεται] B, om. A.   6. ὡρῶν — 8. ὑετός] A, om. B.
7. ψεκάζει A.   9. ὡρῶν — 12. κρύπτεται] A, om. B.   9. ιδ]
scripsi cum Wachsmuthio, ιγ A.   11. ιγ΄] addidi, om. A.
12. καί] ⌐φ ιδ καί A, ⌐φ ιδ L̄΄ B.   13. Ante ὡρῶν supra scr.
ιγ΄ m. 1 A.   ὡρῶν ιδ L̄΄] A, καί B, ὥρα ιδ Wachsmuth.
ἑπομένου Wachsmuth.   14. Διδύμου] ≥ ἑῷος B.   15. ιδ΄]
addidi, om. AB.   ὡρῶν — 16. ιδ L̄΄] om. B.   15. ιδ] Wachsmuth, ιδ L̄΄΄ A.   ἡγουμένου Wachsmuth.   16. ὡρῶν ιδ· L̄΄]
⌐φ ιδ L̄΄ καί A, καί Wachsmuth.   17. ὡρῶν — 18. κρύπτεται]
om. B.   18. ὡρῶν] scripsi, γι. φ B, ιδ΄· ⌐φ A, ιδ. ὥρα ιγ L̄΄
Wachsmuth.   ὁ — 19. κρύπτεται] B, om. A.   19. ἑπομένου
Wachsmuth.

ιε'. ὡρῶν ‾ιγ̅ ∠· ὁ ἐπὶ τῆς κεφαλῆς τοῦ ἑπομένου
Διδύμου κρύπτεται, καὶ ὁ κατὰ τὸ γόνυ τοῦ Τοξότου
ἑσπέριος ἀνατέλλει, καὶ ὁ κατὰ τὸ γόνυ τοῦ Τοξότου
ἑῷος δύνει. ὡρῶν ‾ιε̅· ὁ λαμπρὸς τοῦ Ὕδρου κρύπτεται.
Αἰγυπτίοις ζέφυρος ἢ ἀργεστής, βροντή.   5

ιϛ'. ὡρῶν ‾ιγ̅ ∠· ὁ λαμπρὸς τοῦ βορείου Στεφάνου
ἑῷος δύνει.

ιζ'. ὡρῶν ‾ιε̅· ὁ λαμπρὸς τῶν Ὑάδων ἐπιτέλλει. Αἰγυπτίοις δι' ἡμέρας ψακάζει.

ιη'. ὡρῶν ‾ιδ̅· ὁ κατὰ τὸ γόνυ τοῦ Τοξότου ἑσπέριος 10
ἀνατέλλει. ὡρῶν ‾ιε̅· Ἀρκτοῦρος ἑῷος δύνει.

ιθ'. Αἰγυπτίοις ζέφυρος ἢ ἀργεστής, ψακάζει.

κ'. ὡρῶν ‾ιδ̅ ∠· ὁ λαμπρὸς τοῦ Ὕδρου κρύπτεται,
καὶ ὁ κατὰ τὸ γόνυ τοῦ Τοξότου ἑσπέριος ἀνατέλλει.

κα'. ὡρῶν ‾ιγ̅ ∠· ὁ ἐν τῷ ἡγουμένῳ ὤμῳ τοῦ Ὠρίω- 15
νος ἐπιτέλλει, καὶ ὁ ἔσχατος τοῦ Ποταμοῦ ἐπιτέλλει.
Αἰγυπτίοις ψακάζει.

κβ'. ὡρῶν ‾ιε̅ ∠· ὁ λαμπρὸς τῶν Ὑάδων ἐπιτέλλει.

κγ'. Αἰγυπτίοις καῦμα. Δοσιθέῳ ἐπισημασία.   20

---

1. ιε'] addidi, om. AB.   ὡρῶν ιγ ∠'] Wachsmuth, om. AB.
ὁ — 2. κρύπτεται] A, om. B.   1. ἡγουμένου Wachsmuth.   2. καί]
scripsi, ιε'. ⊙ ‾ιγ̅ ∠' A, ῑ (post ras. 1 litt.) ⊙ ιγ ∠' B.   3. ἑσπέρας B.   καί] om. B, ⊙ ιγ ∠' A.   ὁ — 4. ‾ιε̅] A, om. B.
4. Ὕδρου] B, ὑδροχό῀ A.   5. Αἰγυπτίοις — βροντή] A, om. B.
6. ὡρῶν ιγ ∠'] B, om. A.   8. ιζ'] B, om. A.   ὡρῶν ‾ιε̅] A,
om. B.   ἐπιτέλλει] ἑῷος ἀνατέλλει B.   ιζ' ante Αἰγ. praemittit A.
8. δι'] B, om. A.   ψεκάζει A.   10. ἑσπέρας B.   11. ὡρῶν
‾ιε̅] A, om. B.   12. ιθ'. — ψακάζει] A, om. B.   ψεκάζει A.
13. Ὕδρου] B, ὑδρό῀ A.   14. καί] om. B, ⊙ ιδ ∠' καί A.
τοῦ Τοξότου] A, om. B.   ἑσπέρας B.   15. ὁ] B, ὁ λαμπρὸς
ὁ A.   16. ἐπιτέλλει (pr.)] ἑσπέρας ἀνατέλλει B.   καί — ἐπι-
τέλλει] B, om. A.   17. ψακάζει] ψεκάζει A, ψακάς B.   20. Αἰγυπτίοις — ἐπισημασία] A, Αἲξ ἑῷος ἐπιτέλλει B.

56 ΚΛΑΥΔΙΟΥ ΠΤΟΛΕΜΑΙΟΥ

κδ΄. ὡρῶν ιε· ὁ κατὰ τὸ γόνυ τοῦ Τοξότου ἑσπέριος
ἀνατέλλει. Αἰγυπτίοις ζέφυρος ἢ νότος καὶ καῦμα.
κε΄. ὡρῶν ιδ· ὁ ἐν τῷ ἡγουμένῳ ὤμῳ τοῦ Ὠρίωνος ἐπιτέλλει, καὶ ὁ λαμπρὸς τοῦ Ὕδρου κρύπτεται.
5 Αἰγυπτίοις ὑετός.
κϛ΄. Αἰγυπτίοις ζέφυρος, βροχή, βροντή.
κζ΄. ὡρῶν ιγ ∠· ὁ ἐν τῷ ἑπομένῳ ὤμῳ τοῦ Ὠρίωνος ἐπιτέλλει. ὡρῶν ιδ· ὁ λαμπρὸς τοῦ βορείου Στεφάνου ἑῷος δύνει. ὡρῶν ιδ ∠· ὁ ἐν τῷ ἐμπροσθίῳ
10 δεξιῷ βατραχίῳ τοῦ Κενταύρου κρύπτεται.
κη΄. ὡρῶν ιγ ∠· ὁ κοινὸς Ποταμοῦ καὶ ποδὸς Ὠρίωνος
ἐπιτέλλει. Δημοκρίτῳ ἐπισημαίνει.
κθ΄. ὡρῶν ιε ∠· ὁ κατὰ τὸ γόνυ τοῦ Τοξότου ἑσπέριος ἀνατέλλει. Ἱππάρχῳ ζέφυρος ἢ νότος πνεῖ.
15 λ΄. ὡρῶν ιγ ∠· ὁ λαμπρὸς τοῦ Ὕδρου κρύπτεται.
ὡρῶν ιδ ∠· ὁ ἐν τῷ ἡγουμένῳ ὤμῳ τοῦ Ὠρίωνος ἐπιτέλλει. ὡρῶν ιε ∠· Ἀρκτοῦρος ἑῷος δύνει.

ΕΠΙΦΙ

α΄. θερινὴ τροπή. ὡρῶν ιγ ∠· ὁ μέσος τῆς ζώνης
20 τοῦ Ὠρίωνος ἐπιτέλλει. ὡρῶν ιδ· ὁ ἐν τῷ ἑπομένῳ

1. ἑσπέρας Β. 2. καὶ καῦμα] Α, om. Β. 3. ιδ] Α, ιδ
∠΄ Β. 4. καί] Β, ᾽φ̄ ιδ ∠΄ Α. Ὕδρου] Β, ὑδροχόου Α.
6. Αἰγυπτίοις — βροντή] Α, ᾽φ̄ ιγ ∠΄ ὁ ἐν τῷ ἡγουμένῳ ὤμῳ τοῦ
Ὠρίωνος ἐπιτέλλει Β. 7. κζ΄] Α, om. Β. ὡρῶν — 8. ἐπιτέλλει]
Α, om. Β, del. Wachsmuth. 9. ὡρῶν ιδ ∠΄] Α, om. Β. ἐμπροσθίῳ δεξιῷ] Α, ἑπομένῳ Β. 10. κρύπτεται] Α, om. in lac. Β.
15. ὡρῶν ιγ ∠΄] Α, om. Β. Ὕδρου] Β, ὑδρό Α. 16. ὡρῶν
ιδ ∠΄] Α, καί Β. 17. ὡρῶν ιε ∠΄] Α, om. Β. 18. ιουλ add.
mg. m. rec. Β. 19. α΄] ἐπιφὶ α΄ Α. θερινὴ τροπή] Α, om. Β.
ιγ ∠΄] Α, ιδ Β. ὁ μέσος — 20. ἐπιτέλλει] Β, om. Α. 20. ὡρῶν
ιδ] om. ΑΒ. ὁ ἐν — p. 57, 1 ἐπιτέλλει] Α, om. Β.

ὤμῳ τοῦ Ὠρίωνος ἐπιτέλλει. Αἰγυπτίοις ζέφυρος καὶ καῦμα.

β΄. ὡρῶν ιε ∠΄· ὁ λαμπρὸς τοῦ Περσέως ἑσπέριος ἀνατέλλει.

γ΄. Αἰγυπτίοις καὶ Δημοκρίτῳ ζέφυρος πνεῖ. 5

δ΄. Καλλίππῳ καὶ Δοσιθέῳ ἐπισημασία. Δημοκρίτῳ νότος καὶ ὕδωρ ἑῷον, εἶτα βορέαι πρόδρομοι ἐπὶ ἡμέρας ξ.

ε΄. ὡρῶν ιδ· ὁ κοινὸς Ποταμοῦ καὶ ποδὸς Ὠρίωνος ἐπιτέλλει. ὡρῶν ιε· ὁ ἐν τῷ ἡγουμένῳ ὤμῳ τοῦ Ὠρίω- 10 νος ἐπιτέλλει. Εὐδόξῳ ἐπισημαίνει.

ϛ΄. ὡρῶν ιγ ∠΄· ὁ ἐπὶ τῆς κεφαλῆς τοῦ ἡγουμένου Διδύμου ἐπιτέλλει. ὡρῶν ιδ· ὁ μέσος τῆς ζώνης τοῦ Ὠρίωνος ἐπιτέλλει, καὶ ὁ ἔσχατος Ποταμοῦ ἐπιτέλλει, καὶ ὁ ἐπὶ τῆς κεφαλῆς τοῦ ἡγουμένου Διδύμου ἐπι- 15 τέλλει. Αἰγυπτίοις ἄνεμος καὶ ἀέρος ἀκρασία.

ζ΄. ὡρῶν ιδ ∠΄· ὁ λαμπρὸς τοῦ βορείου Στεφάνου ἑῷος δύνει.

η΄. ὡρῶν ιε· ὁ ἐπὶ τῆς κεφαλῆς τοῦ ἡγουμένου Δι-

5. γ΄] om. B, postea ins. m. 1 A. Deinde repet. ὁ λαμπρὸς τοῦ Περσέως ἑσπέριος ἀνατέλλει A. καὶ Δημοκρίτῳ] A, om. B. Ante ζέφυρος add. ȳ mg. B, post πνεῖ una lin. uac. 6. Καλλίππῳ] om. B, Κάλλιππ A. καί] A, om. B. Δοσι A. ἐπισημαίνει B. 7. νότος] A, ζέφυρος B. ἑῷον] B, ρω (h. e. ῥέων?) A. βόρειαι B. πρόδρομοι] A, om. B. 8. ξ] A, ἑπτά B. 9. ιδ] A, ιδ ∠΄ B. 10. ὡρῶν ιε] A, καί B. ἐν — ὤμῳ] A, ἐπὶ τοῦ ἡγουμένου ὤμου B. 13. ἐπιτέλλει] A, om. B. ὡρῶν ιδ] καί B, φ ιδ καί A (καί in ras. maiore). 14. ἐπιτέλλει] -τέλλει in ras. A. καί] B, φ ιδ A. ὁ — ἐπιτέλλει] B, om. A. ἐπιτ B. 15. καί] scripsi, om. AB, ὥρα ιδ Wachsmuth. ὁ — 16. ἐπιτέλλει] A, om. B. 16. ἄνεμος] A, ἀνεμώδης B, ἀνεμώδης κατάστασις Wachsmuth. 17. ιδ α΄ mg. A. ∠΄] A, om. B. 19. η΄] om. B, postea ins. m. 1 A. ὡρῶν ιε] A, καί B.

δύμου ἐπιτέλλει. ὡρῶν ιε ∠· ὁ κοινὸς Ἵππου καὶ Ἀνδρομέδας ἑσπέριος ἀνατέλλει.

ϑ'. ὡρῶν ιε ∠· ὁ ἐπὶ τῆς κεφαλῆς τοῦ ἡγουμένου Διδύμου ἐπιτέλλει. Αἰγυπτίοις καὶ Καίσαρι νότος καὶ καῦμα.

5 ι'. ὡρῶν ιδ ∠· ὁ ἐν τῷ ἑπομένῳ ὤμῳ τοῦ Ὠρίωνος ἐπιτέλλει. ὡρῶν ιε ∠· ὁ ἐπὶ τῆς καρδίας τοῦ Λέοντος κρύπτεται. Αἰγυπτίοις ἀργεστὴς καὶ ὑετία.

ια'. ὡρῶν ιδ ∠· ὁ μέσος τῆς ζώνης τοῦ Ὠρίωνος ἐπιτέλλει. ὡρῶν ιε ∠· ὁ ἐν τῷ ἡγουμένῳ ὤμῳ τοῦ
10 Ὠρίωνος ἐπιτέλλει. Αἰγυπτίοις ζέφυρος ἢ ἀργεστὴς καὶ βροντή. Μητροδώρῳ ἀργεστής. Καλλίππῳ νότος. Ἱππάρχῳ νότος ἢ ζέφυρος.

ιβ'. ὡρῶν ιγ ∠· ὁ ἐπὶ τῆς κεφαλῆς τοῦ ἑπομένου Διδύμου ἐπιτέλλει. ὡρῶν ιδ ∠· ὁ κοινὸς Ποταμοῦ καὶ
15 ποδὸς Ὠρίωνος ἐπιτέλλει. Αἰγυπτίοις ζέφυρος ἢ ἀργεστὴς καὶ καῦμα.

ιγ'. ὡρῶν ιε· ὁ ἐπὶ τῆς καρδίας τοῦ Λέοντος κρύπτεται. Αἰγυπτίοις ἐπισημαίνει. Ἱππάρχῳ πρόδρομοι Κυνός.

ιδ'. ὡρῶν ιδ ∠· ὁ ἐπὶ τῆς κεφαλῆς τοῦ ἑπομένου
20 Διδύμου ἐπιτέλλει. Μέτωνι νοτία.

---

1. ὡρῶν ιε ∠'] A, καί B.   Ἵππου] A, τοῦ Ἵππου B.   2. η̅
mg. B una lin. uacante.   3. ιε] Wachsmuth, ιδ B, ιγ A.
4. καί (pr.)] A, om. B.   5. ὡρῶν ιδ ∠'] B, om. A; scrib. ὡρῶν
ιε, cfr. Ideler p. 199.   6. ὡρ̅ᾱ̅ι̅ A.   ὡρῶν ιε ∠'] A, καί B.
7. Αἰγυπτίοις] B, om. A.   ἐργαστής B.   9. ∠'] A, om. B.
10. ἤ] A, om. B.   ἐργαστής B.   11. βρονταί B.   ἀργεστής]
A, om. B.   νότος] A, om. B.   12. ἤ] A, καί comp. B.
13. ιγ ∠'] Wachsmuth, ιε B, ιε ∠' A.   ἡγουμένου B.
14. ὡρῶν ιδ ∠'] A, καί B.   15. Αἰγυπτίοις] B, om. A.   ζεφύρῳ A.   ἤ] addidi, om. AB.   ἐργαστής B.   16. καῦμα] A,
βροντὲ Μητροδώρωι Καλλίππωι νότος B.   18. Ἱππάρχῳ — Κυ-
νός] B, om. A.   Κυνός] Petauius, Κύνες B.   19. ὡρῶν ιδ ∠']
Wachsmuth, ῷ̅ ιε B, om. A.

ιε΄. ὡρῶν ιε ∟· ὁ ἐν τῷ ἑπομένῳ ὤμῳ τοῦ Ὠρίωνος
ἐπιτέλλει. Αἰγυπτίοις ἀργεστὴς ἢ ζέφυρος. Εὐκτήμονι καὶ Φιλίππῳ νοτία καὶ προδρόμων ἀρχή.

ις΄. ὡρῶν ιδ ∟· ὁ ἐπὶ τῆς καρδίας τοῖ Λέοντος
κρύπτεται. Αἰγυπτίοις ἐπισημαίνει, δυσαερία.   5

ιζ΄. ὡρῶν ιε· ὁ κοινὸς Ἵππου καὶ Ἀνδρομέδας ἑσπέριος ἀνατέλλει, καὶ ὁ μέσος τῆς ζώνης τοῦ Ὠρίωνος
ἐπιτέλλει. ὡρῶν ιε ∟· ὁ ἐπὶ τῆς κεφαλῆς τοῦ ἑπομένου
Διδύμου ἐπιτέλλει.

ιη΄. ὡρῶν ιδ· ὁ ἐπὶ τῆς καρδίας τοῦ Λέοντος κρύ-   10
πτεται. ὡρῶν ιε· ὁ λαμπρὸς τοῦ βορείου Στεφάνου
ἑῷος δύνει, καὶ ὁ κοινὸς Ποταμοῦ καὶ ποδὸς Ὠρίωνος
ἐπιτέλλει. Αἰγυπτίοις πρόδρομος ὥρα α΄ πνεῖ. Μητροδώρῳ ζέφυρος ἢ ἀργεστής.

ιθ΄. ὡρῶν ιγ ∟· Προκύων ἐπιτέλλει. Ἱππάρχῳ   15
ἀνέμων ἀκρισία.

κ΄. Αἰγυπτίοις καῦμα. Καίσαρι ἄνεμος πολύς.
Ἱππάρχῳ βορέας ἄρχεται πνεῖν.

κα΄. ὡρῶν ιγ ∟· ὁ ἐπὶ τῆς καρδίας τοῦ Λέοντος
κρύπτεται.   20

κβ΄. ὡρῶν ιγ ∟· Κύων ἐπιτέλλει. ὡρῶν ιδ· Προκύων ἐπιτέλλει. ὡρῶν ιδ ∟· ὁ ἔσχατος τοῦ Ποταμοῦ

1. ∟΄] Wachsmuth, om. AB.   ἐν — ὤμῳ] A, ἐπὶ τοῦ ἑπομένου ὤμου B.   2. ἐργαστής B.   ἢ ζέφυρος] scripsi, καὶ ζέφυρος
A, om. B.   3. καὶ προδρόμων ἀρχή] A, om. B.   4. ∟] A, om. B.
5. ἐπισημαίνει] A, om. B.   7. καί] B, ͨΦ ιε καί A.   8. ὡρῶν —
9. ἐπιτέλλει] A, om. B.   11. ὡρῶν ιε] A, om. B.   12. καί] B,
ͨΦ ιε A.   Ποταμοῦ] in ras. minore A.   13. πρόδρομος] A,
προδρόμους B, πρόδρομοι Petauius.   ὥρα α΄] ͨΦ x̄ A, om. B.
πνεῖ] A, om. B.   14. ἢ ἀργεστής] A, om. B.   15. ιγ ∟΄] A,
ιδ B.   16. ἀκρισία] A, ἀκρασία B.   17. Post πολύς supra scr. πνεῖ
m. 1 B.   18. βορέας — πνεῖν] A, βόρειαι ι.ρχονται B.   21. ἐπιτέλλει. ὡρῶν ιδ] A, καί B.   22. ὡρῶν ιδ ∟΄] A, καί B.   τοῦ] om. B.

ἐπιτέλλει. Αἰγυπτίοις ἄνεμος πολὺς καὶ ὑετία ἐνίοτε.
Δημοκρίτῳ ὕδωρ, καταιγίδες.

κγ΄. ὡρῶν ιε· ὁ λαμπρὸς τοῦ Περσέως ἑσπέριος ἀνατέλλει. ὡρῶν ιε ʟ· ὁ μέσος τῆς ζώνης τοῦ Ὠρίωνος
5 ἐπιτέλλει. Αἰγυπτίοις καὶ Δοσιθέῳ νότος καὶ καῦμα.
κδ΄. ὡρῶν ιδ ʟ· Προκύων ἐπιτέλλει. ὡρῶν ιε ʟ·
ὁ κοινὸς Ποταμοῦ καὶ ποδὸς Ὠρίωνος ἐπιτέλλει. Ἱππάρχῳ ἐτησίαι ἄρχονται πνεῖν.
κε΄. Αἰγυπτίοις ζέφυρος ἢ ἀργεστὴς καὶ καῦμα.
10 κϛ΄. ὡρῶν ιδ ʟ· ὁ κοινὸς Ἵππου καὶ Ἀνδρομέδας
ἑσπέριος ἀνατέλλει. ὡρῶν ιε· Προκύων ἐπιτέλλει. Αἰγυπτίοις ἀργεστὴς ἢ ζέφυρος.
κζ΄. ὡρῶν ιγ ʟ· ὁ λαμπρὸς τοῦ Ἀετοῦ ἑῷος δύνει.
ὡρῶν ιε ʟ· ὁ λαμπρὸς τοῦ νοτίου Ἰχθύος ἑῷος δύνει.
15 Μητροδώρῳ καὶ Εὐκτήμομι καὶ Φιλίππῳ ἐτησίαι
πνέουσι, καὶ ὀπώρας ἀρχή. Καίσαρι πρόδρομοι πνέουσιν.
κη΄. ὡρῶν ιδ· Κύων ἐπιτέλλει. ὡρῶν ιε ʟ· ὁ λαμπρὸς
τοῦ βορείου Στεφάνου ἑῷος δύνει, καὶ Προκύων ἐπιτέλλει. Αἰγυπτίοις δι' ἡμέρας ζέφυρος καὶ καῦμα.
20 Εὐκτήμονι καὶ Φιλίππῳ δυσαερία, πρόδρομοι πνέουσιν.
κθ΄. ὡρῶν ιδ· ὁ ἐν τῷ ἐμπροσθίῳ δεξιῷ βατραχίῳ
τοῦ Κενταύρου κρύπτεται. Αἰγυπτίοις ἐτησίαι ἄρχον-

---

1. πολύς] A, om. B.   ἐνίοτε — 2. καταιγίδες] A, om. B.
3. ὡρῶν — ἀνατέλλει] B, om. A.   4. ὡρῶν ιε ʟ΄] A, καί B.
5. νότος] B, νοτία A.   6. ʟ΄] A, om. B.   ὡρῶν ιε ʟ΄] A,
om. B.   7. Ποταμοῦ] A, Ἵππου B.   8. αἰτησίαι A.   9. ἢ] B,
om. A.   ἐργαστής B.   καί] B, om. A.   10. ʟ΄] A, om. B.
12. ἐργαστής B.   13. ἑῷος] om. A, post δύνει add. mg. m. 1.
14. ὡρῶν ιε ʟ΄] A, om. B.   15. καί (pr.)] A, om. B.   καί
Φιλίππῳ] A, om. B.   16. πνεῖ B.   καί — πνέουσιν] A, om. B.
17. ὡρῶν ιε ʟ΄] A, καί B.   18. ἑῷος δύνει] A, om. B.   καί] B,
ῷ ιε ʟ΄΄ καί A.   19. καί — 20. Εὐκτήμονι] B, om. A.   20. καί]
Wachsmuth, om. AB.   Φιλίππῳ] A, om. B.   πρόδρομοι πνέ-
ουσιν] A, om. B.   22. αἰτησίαι A.

ται πνεῖν. Μητροδώρῳ καὶ Καλλίππῳ ἀνεμώδης κατάστασις. Εὐκτήμονι χειμὼν κατὰ θάλασσαν.
λ'. Εὐδόξῳ ἐτησίαι πνέουσιν. Μητροδώρῳ καὶ Καλλίππῳ ἀνεμώδης κατάστασις.

ΜΕΣΟΡΙ

α'. Αἰγυπτίοις ζέφυρος ἢ νότος. Εὐδόξῳ καὶ Καίσαρι νότος.
β'. ὡρῶν ιδ· ὁ λαμπρὸς τοῦ Ἀετοῦ ἑῷος δύνει.
ὡρῶν ιε· ὁ λαμπρὸς τοῦ νοτίου Ἰχθύος ἑῷος δύνει.
Μητροδώρῳ καὶ Καλλίππῳ καὶ Κόνωνι καὶ Δημοκρίτῳ 10 καὶ Ἱππάρχῳ νότος καὶ καῦμα.
γ'. Εὐκτήμονι καὶ Δοσιθέῳ νοτία καὶ πνίγη.
δ'. ὡρῶν ιγ ∠'· ὁ λαμπρὸς τῆς Λύρας ἑῷος δύνει.
ὡρῶν ιδ· ὁ κοινὸς Ἵππου καὶ Ἀνδρομέδας ἑσπέριος ἀνατέλλει. ὡρῶν ιδ ∠'· Κύων ἐπιτέλλει. 15
ε'. Αἰγυπτίοις καῦμα. Εὐδόξῳ νοτία καὶ ὀπώρας ἀρχή. Δοσιθέῳ ἐτησίαι ἄρχονται.
ϛ'. ὡρῶν ιδ ∠'· ὁ λαμπρὸς τοῦ Ἀετοῦ ἑῷος δύνει,

1. πνεῖν — ἀνεμώδης] A, om. B.   κατάστασις] Wachsmuth, om. AB.   3. πνέουσι A.   Μητροδώρῳ — 4. κατάστασις] A, om. B.   5. αὐγουσέτ mg. m. rec. B.   μεσωρί A.   6. α'] μεσωρὶ α' A.   Εὐδόξῳ — 7. νότος] A, om. B.   6. καί] Wachsmuth, om. A.   7. νο̇ ι A.   8. ὡρῶν ιδ] A, om. B.   9. ὡρῶν ιε — δύνει] postea add. mg. sup. m. 1 A.   10. καὶ Καλλίππῳ] A, om. B.   καί] om. B et initio pagin. A. ·   καὶ Δημοκρίτῳ καί] A, om. B.   11. καὶ καῦμα] A, om. B.   12. γ'] in ras. A.   καὶ Δοσιθέῳ] A, Εὐδόξῳ B.   νοτία καὶ πνίγη] A, νότος πνεῖ B.   13. δ'] e corr. A.   ιγ ∠'] Wachsmuth, ιγ B, ιδ ∠' A.   14. ε' ins. m. 1 A.   ὡρῶν ιδ] A, om. B.   15. ὡρῶν ιδ ∠'] Wachsmuth, om. AB.   Κύων ἐπιτέλλει] B, om. A.   16. ε'] B, om. A.   νοτία καί] A, om. B.   17. Δοσιθέῳ — ἄρχονται] A, om. B.   ἐτησίαι] Wachsmuth cum Bonaventura, om. A.   18. ϛ'] in ras. A.   ∠'] A, om. B.   ἑῷος] supra scr. m. 1 A.

καὶ ὁ λαμπρὸς τοῦ νοτίου Ἰχϑύος ἑῷος δύνει. Αἰγυπτίοις ἀργεστὴς ἢ ζέφυρος καὶ καῦμα. Εὐδόξῳ ἐτησίαι
πνέουσιν.

ζ΄. Καίσαρι νότος πνεῖ.

5   η΄. Ἱππάρχῳ καῦμα.

ϑ΄. ὡρῶν ιδ· ὁ λαμπρὸς τοῦ νοτίου Ἰχϑύος ἑῷος
δύνει. ὡρῶν ιε· Κύων ἐπιτέλλει.

ι΄. ὡρῶν ιε· ὁ λαμπρὸς τοῦ Ἀετοῦ ἑῷος δύνει. ὡρῶν
ιε ∠· ὁ καλούμενος Αἲξ ἑσπέριος ἀνατέλλει. Καίσαρι
10   ἐπισημασία. Εὐδόξῳ καὶ Δοσιϑέῳ νοτία.

ια΄. ὡρῶν ιδ ∠· ὁ λαμπρὸς τοῦ Περσέως ἑσπέριος
ἀνατέλλει. ὡρῶν ιε· ὁ ἔσχατος τοῦ Ποταμοῦ ἐπιτέλλει.
Εὐδόξῳ καῦμα μέγα.

ιβ΄. ὡρῶν ιγ ∠· ὁ λαμπρὸς τοῦ νοτίου Ἰχϑύος ἑῷος
15   δύνει. Αἰγυπτίοις καῦμα. Δοσιϑέῳ πνίγη καὶ μετὰ
ταῦτα ἐτησίαι.

ιγ΄. ὡρῶν ιγ ∠· ὁ κοινὸς Ἵππου καὶ Ἀνδρομέδας
ἑσπέριος ἀνατέλλει. ὡρῶν ιδ· ὁ λαμπρὸς τῆς Λύρας
ἑῷος δύνει.

20   ιδ΄. ὡρῶν ιε ∠· Κύων ἐπιτέλλει.

---

1. καί — δύνει] mg. m. 1 A.   2. ἐργαστής B.   Εὐδόξῳ —
3. πνέουσιν] A, om. B.   2. αἰτησίαι A.   5. αυϑ⁰ˢ α΄ mg. A.
η΄] post ras. A.   6. ιδ] Wachsmuth, ιδ ∠΄ AB.   ὁ — Ἰχϑύος]
supra scr. m. 1 A.   ἑῷος δύνει] Fabricius, om. AB.   7. ὡρῶν
ιε] Wachsmuth, om. AB.   8 ι΄] in ras. A.   ὡρῶν — δύνει]
om. A; cfr. ad lin. 10.   ιε] Wachsmuth, ιε ∠΄ B.   ὡρῶν ιε ∠΄]
A, om. B.   9. ὁ καλούμενος] A, om. B.   10. ἐπισημαίνει B.
καὶ Δοσιϑέῳ] A, om. B.   νοτία] A, νότος B.   Deinde in
spatio uacuo postea add. καὶ ὁ λαμπρὸς τοῦ Ἀετοῦ ἑῷος δύνει
A m. 1, sed mutato calamo; eadem specie scripturae reliqua
pars operis scripta est.   11. ∠΄] Wachsmuth, om. AB.   12. ὡρῶν
ιε] Wachsmuth, om. AB.   τοῦ] A, om. B.   14. ∠΄] Ideler,
om. AB.   16. αἰτησίαι A.   18. Ante ὡρῶν supra scr. ιδ A.
ιδ] Halma, ιδ ∠΄ AB.   20. ιδ΄] ιε, -ε in ras., A.   ὡρῶν
ιε ∠΄] Wachsmuth, om. AB.   ἐπιτέλλει] Ideler, ἀνατέλλει AB.

ιε΄. Αἰγυπτίοις ἀργεστής, καῦμα μέγα καὶ πνιγετός.

ιϛ΄. Αἰγυπτίοις ἀργεστὴς ἢ νότος, ἀὴρ ὀμιχλώδης.

ιζ΄. Αἰγυπτίοις καῦμα μέγα καὶ πνιγετός.

ιη΄. ὡρῶν ιγ̄ ∟· ὁ ἐπὶ τῆς καρδίας τοῦ Λέοντος ἐπιτέλλει. Αἰγυπτίοις βρονταί. Εὐδόξῳ ἄνεμος μέγιστος. 5 Ἱππάρχῳ ἀνέμων ταραχή.

ιϑ΄. φθινοπώρου ἀρχή. ὡρῶν ιγ̄ ∟· ὁ λαμπρὸς τοῦ νοτίου Ἰχθύος ἑσπέριος ἀνατέλλει. ὡρῶν ιδ̄ ∟· ὁ ἐπὶ τῆς καρδίας τοῦ Λέοντος ἐπιτέλλει. Αἰγυπτίοις καῦμα.

κ΄. ὡρῶν ιε̄· ὁ ἐπὶ τῆς καρδίας τοῦ Λέοντος ἐπι- 10 τέλλει. Καίσαρι ἐπισημαίνει.

κα΄. Καίσαρι ἐπισημαίνει, πνιγετός.

κβ΄. ὡρῶν ιγ̄ ∟· ὁ ἐπὶ τῆς οὐρᾶς τοῦ Λέοντος κρύπτεται, καὶ ὁ λαμπρὸς τοῦ Ὕδρου ἐπιτέλλει.

κγ΄. ὡρῶν ιγ̄ ∟· ὁ ἐν τῷ ἐμπροσθίῳ δεξιῷ βα- 15 τραχίῳ τοῦ Κενταύρου κρύπτεται. ὡρῶν ιδ̄· ὁ ἐπὶ τῆς οὐρᾶς τοῦ Λέοντος κρύπτεται. Καίσαρι περίστασις.

κδ΄. ὡρῶν ιδ̄· ὁ λαμπρὸς τοῦ Ὕδρου ἐπιτέλλει. Εὐδόξῳ ἐπισημαίνει.

κε΄. ὡρῶν ιε̄ ∟· ὁ ἐπὶ τῆς οὐρᾶς τοῦ Λέοντος κρύπτεται. 20

κϛ΄. ὡρῶν ιδ̄· ὁ λαμπρὸς τοῦ νοτίου Ἰχθύος ἑσπέριος ἀνατέλλει. Αἰγυπτίοις νότος ἢ ζέφυρος. Δημοκρίτῳ ἐπισημαίνει ὕδασι καὶ ἀνέμοις.

1. ιε΄] B, om. A.   ἀργεστής] Petauius, ἐργαστής AB.
2. ἀργεστής] Petauius, ἐργαστής AB.   4. ∟] Ideler, om. AB.
5. Post ἐπιτέλλει add. ὥρα ιδ̄ τὸ αὐτό Wachsmuth.   7. ὡρῶν
ιγ̄ ∟] Wachsmuth, καί AB.   8. ὡρῶν ιδ̄ ∟] Wachsmuth, καί AB.
9. ἐπιτέλλει] Bonaventura, lac. 2 litt. B, om. A.   14. καί]
Bonaventura, om. AB.   15. ἐν] scripsi, ἐπί AB.   ἐμπροσθίῳ δεξιῷ] Wachsmuth, δεξιῷ ἐμπροσθίῳ AB.   βατραχ B.
16. ὡρῶν ιδ̄] Wachsmuth, καί AB.   18. κδ΄] prorsus euan. A.
ιδ̄] Wachsmuth, ιδ̄ ∟ AB.   20. ιε̄] ιδ̄ Ideler.   21. ιδ̄] Wachsmuth, ιγ̄ ∟ AB.

κϛ΄. ὡρῶν ιδ ∟΄· ὁ λαμπρὸς τοῦ Ὕδρου ἐπιτέλλει.
Αἰγυπτίοις καῦμα καὶ ὁμίχλη.

κη΄. ὡρῶν ιδ· ὁ λαμπρὸς τοῦ Περσέως ἑσπέριος
ἀνατέλλει.

5   κθ΄. ὡρῶν ιε· ὁ λαμπρὸς τοῦ Ὕδρου ἐπιτέλλει.
Αἰγυπτίοις καὶ Καίσαρι ἐπισημαίνει, δυσαερία. Εὐδόξῳ
βροντᾶν εἴωθεν.

λ΄. ὡρῶν ιε ∟΄· ὁ ἐν τῷ ἑπομένῳ ὤμῳ τοῦ Ἡνιόχου
ἑσπέριος ἀνατέλλει. Αἰγυπτίοις ζέφυρος ἢ ἀργεστής.

10   ΕΠΑΓΟΜΕΝΩΝ

α΄. ὡρῶν ιε· ὁ λαμπρὸς τῆς Λύρας ἑῷος δύνει.
ὡρῶν ιε ∟΄· ὁ λαμπρὸς τοῦ Ὕδρου ἐπιτέλλει. Εὐδόξῳ
καὶ Μητροδώρῳ ἐπισημαίνει.

β΄. ὡρῶν ιδ· ὁ καλούμενος Κάνωβος ἐπιτέλλει.
15 ὡρῶν ιδ ∟΄· ὁ λαμπρὸς τοῦ νοτίου Ἰχθύος ἑσπέριος
ἀνατέλλει. Αἰγυπτίοις καῦμα. Εὐδόξῳ καὶ Καίσαρι
ἐπισημαίνει. Ἱππάρχῳ νότος, καὶ ἐτησίαι παύονται.

γ΄. ὡρῶν ιδ ∟΄· Στάχυς κρύπτεται. ὡρῶν ιε ∟΄· ὁ
ἐπὶ τῆς οὐρᾶς τοῦ Λέοντος ἐπιτέλλει. Ἱππάρχῳ ἀνέ-
20 μων συστροφή.

---

1. ∟΄] Wachsmuth, om. AB.   2. Seq. κη mg. B loco 2
lin. relicto.   3. κη΄] -η in ras. A, κθ mg. B.   ιδ] Wachsmuth, ιδ ∟΄ AB.   4. ἀνατέλλει] Petauius, ἐπιτέλλει AB.   5. κθ΄]
supra add. m. 1 A, om. B.   ὡρῶν ιε] Wachsmuth, om. AB.
6. καί] Wachsmuth, om. AB.   7. βρονταί Petauius, qui
deinde ἔωθεν coniecit.   9. ἢ] addidi, om. AB.   ἀργεστής]
Petauius, ἐργαστής AB.   11. ιε] Wachsmuth, ιε ∟΄ AB.   λαμ-
πρός] Bonaventura, ἐπί AB.   12. ὡρῶν ιε ∟΄] Wachsmuth,
om. AB.   14. β΄] in ras. A.   ιδ] Ideler, ιδ ∟΄ AB.   15. ὡρῶν
ιδ ∟΄] Wachsmuth, om. AB.   16. καί] Wachsmuth, om. AB.
18. ιδ] Wachsmuth, ιγ AB.   19. οὐρᾶς] Bonaventura, κεφαλῆς AB.

δ΄. ὡρῶν ιε̅· ὁ ἐπὶ τῆς οὐρᾶς τοῦ Λέοντος ἐπιτέλλει.
Καλλίππῳ ἐπισημαίνει.
ε΄. ὡρῶν ιγ̅ ∠΄· ὁ λαμπρὸς τοῦ Ὄρνιθος ἑῷος δύνει.
Αἰγυπτίοις ζέφυρος ἢ ἀργεστής.

Ἡ μὲν οὖν ἀναγραφὴ τοῦ προχείρου χάριν τοι- 5
αύτης ἔτυχεν τῆς κατὰ τὴν ἔκθεσιν τάξεως· οὐκ ἄτοπον δὲ ἴσως καὶ συγκεφαλαιώσασθαι τὸν τῶν κατα-
τεταγμένων ἀπλανῶν ἀστέρων ἀριθμὸν μετὰ τοῦ
τῶν συνηγμένων φάσεων πρὸς ἔλεγχον τῶν ἐν ταῖς
γραφικαῖς ἁμαρτίαις παραλειφθησομένων καὶ ἔτι τῶν 10
τὰς περιστάσεις ἐπισημαινομένων ἀνδρῶν, ἐν αἷς τε
χώραις ἕκαστοι τυγχάνουσι τετηρηκότες, ἵνα ταῖς περὶ
τὸν αὐτὸν παράλληλον τὰς ὁμοίας τῶν ἀφωρισμένων
οἰκειότερόν πως ἐφαρμόζωμεν.

Εἰσὶ δὴ τῶν ἀστέρων α΄ μεγέθους ιε̅· 15
ὁ καλούμενος Αἴξ, ὁ λαμπρὸς τῆς Λύρας, Ἀρκτοῦρος, ὁ ἐπὶ τῆς καρδίας τοῦ Λέοντος, ὁ ἐπὶ τῆς
οὐρᾶς τοῦ Λέοντος, ὁ λαμπρὸς τῶν Ὑάδων, Προκύων,
ὁ ἐν τῷ ἑπομένῳ ὤμῳ τοῦ Ὠρίωνος, ὁ Στάχυς, ὁ κοινὸς
Ποταμοῦ καὶ ποδὸς Ὠρίωνος, Κύων, ὁ λαμπρὸς τοῦ 20
νοτίου Ἰχθύος, ὁ ἔσχατος Ποταμοῦ, ὁ καλούμενος

---

1. ιε̅] Wachsmuth, lac. 3 litt. AB.   2. Καλίππῳ A   3. ιγ̅]
Wachsmuth, ιε̅ AB.   4. ἢ] om. AB.   ἀργεστής] Petauius, ἐργαστής AB.   5. τοῦ αὐτοῦ Πτολεμαίου rubr. colore add. A.   7. τόν]
Hercher, om. AB.   8. ἀριθμόν] Petauius, om. AB.   τοῦ τῶν] A,
τούτων B.   10. παραλειφθησομένων] B supra -ει- add. η, παραλη-
φθησομένων A.   ἔτι] Petauius cum Bonaventura, ≽ B, εἰσί A.
11. ἐπισςμαινομένων A.   13. ἀφωρισμένων] C, Petauius,
ἀφορισμῶν AB.   15. δή] scripsi, δέ AB.   ιε̅] des. fol. 271ᵛ B,
fol. 272ʳ add.   πρῶτου μεγέθους ἀστέρες ιε̅ m. rec.   17. καρδίας — τῆς] Wachsmuth, om. AB.   19. ὁ (sec.)] del. Hercher.
τοῦ Ποταμοῦ Wachsmuth cum Laur. 28, 1.

Κάνωβος, ὁ ἐν τῷ ἐμπροσθίῳ δεξιῷ βατραχίῳ τοῦ
Κενταύρου.

β΄ μεγέθους ἕτεροι ιε·

ὁ λαμπρὸς τοῦ Περσέως, ὁ ἐν τῷ ἑπομένῳ ὤμῳ τοῦ
5 Ἡνιόχου, ὁ λαμπρὸς τοῦ Ὄρνιθος, ὁ λαμπρὸς τοῦ
βορείου Στεφάνου, ὁ ἐπὶ τῆς κεφαλῆς τοῦ ἡγουμένου
Διδύμου, ὁ ἐπὶ τῆς κεφαλῆς τοῦ ἑπομένου Διδύμου,
ὁ κοινὸς Ἵππου καὶ Ἀνδρομέδας, ὁ λαμπρὸς τοῦ Ἀετοῦ,
ὁ ἐν τῷ ἡγουμένῳ ὤμῳ τοῦ Ὠρίωνος, ὁ λαμπρὸς τοῦ
10 Ὕδρου, ὁ λαμπρὸς τῆς βορείου Χηλῆς, ὁ μέσος τῆς
ζώνης τοῦ Ὠρίωνος, ὁ λαμπρὸς τῆς νοτίου Χηλῆς,
Ἀντάρης, ὁ κατὰ τὸ γόνυ τοῦ Τοξότου.

Τούτων δ᾽ ἑκάστου καθ᾽ ἕνα τῶν παραλλήλων,
ἐν οἷς ἀνατέλλουσι καὶ δύνουσιν, ἃ φάσεις τοῦ ἔτους
15 ποιουμένου τὸν μὲν καλούμενον Κάνωβον καὶ τὸν ἐν
τῷ ἐμπροσθίῳ δεξιῷ βατραχίῳ τοῦ Κενταύρου συμβέβηκεν ἐν μόνοις γ̅ τοῖς πρώτοις ἀπὸ μεσημβρίας
τῶν ἐκκειμένων ε̅ παραλλήλων ἑκάτερον ποιεῖσθαι
δύσεις τε καὶ ἀνατολάς, τὸν δὲ ἔσχατον τοῦ Ποταμοῦ
20 λαμπρὸν ἐν τέτρασι μόνοις τοῖς πρώτοις, τοὺς δὲ
λοιποὺς κϛ τὰς ἐν τοῖς ε̅ παραλλήλοις, ὡς συνάγεσθαι
πλῆθος φάσεων φπ.

Καὶ τούτων ἀνέγραψα τὰς ἐπισημασίας καὶ κατέταξα

---

1. δεξιῷ] Unger, om. AB.   βατραχίῳ] supra -χ- postea
add. κ m. 1 B.   3. β΄ μεγέθους] mg. rubro colore A.   ἕτεροι]
A, ἄλλοι B.   7. ὁ — Διδύμου] Wachsmuth cum Bonaventura,
om. AB.   13. ἑκάστου] Petauius, ἕκαστος AB, ἕκαστον m. rec. B.
14. δύνουσι A.   δ] Δ̅ʹ B, δ̅ʹʹ A.   15. ποιουμένου] Petauius,
ποιουμένους B supra alt. v postea add. ⸴ m. 1, ποιουμέ̅ν̅ A.
16. δεξιῷ] Unger, om. AB.   βατραχίῳ] supra -χ- postea
add. κ m. 1 B.   17. μεσημβρίας] Wachsmuth cum Ungero, μ̅ B
(ʲ postea add. m. 1), μέν A.   23. ἀνεγράψα B postea mutat.

κατά τε Αἰγυπτίους καὶ Δοσίθεον, Φίλιππον, Κάλλιππον,
Εὐκτήμονα, Μέτωνα, Κόνωνα, Μητρόδωρον, Εὔδοξον,
Καίσαρα, Δημόκριτον, Ἵππαρχον. τούτων δὲ Αἰγύπτιοι
ἐτήρησαν παρ᾽ ἡμῖν, Δοσίθεος δ᾽ ἐν Κῷ, Φίλιππος
ἐν Πελοποννήσῳ καὶ Λοκρίδι καὶ Φωκίδι, Κάλλιππος 5
ἐν Ἑλλησπόντῳ, Μέτων καὶ Εὐκτήμων Ἀθήνησιν καὶ
ταῖς Κυκλάσι καὶ Μακεδονίᾳ καὶ Θράκῃ, Κόνων δὲ
καὶ Μητρόδωρος ἐν Ἰταλίᾳ καὶ Σικελίᾳ, Εὔδοξος ἐν
Ἀσίᾳ καὶ Σικελίᾳ καὶ Ἰταλίᾳ, Καῖσαρ ἐν Ἰταλίᾳ,
Ἵππαρχος ἐν Βιθυνίᾳ, Δημόκριτος ἐν Μακεδονίᾳ καὶ 10
Θράκῃ. διὸ δὴ μάλιστα ἄν τις ἐφαρμόζοι τὰς μὲν τῶν
Αἰγυπτίων ἐπισημασίας ταῖς περὶ τοῦτον τὸν παράλληλον χώραις, τουτέστι καθ᾽ ὃν ἡ μεγίστη τῶν ἡμερῶν
ὡρῶν ἐστιν ιδ̅ ἰσημερινῶν, τὰς δὲ Δοσιθέου καὶ
Φιλίππου, καθ᾽ ὃν ἐστιν ἡ μεγίστη τῶν ἡμερῶν ὡρῶν 15
ιδ̅ L̅', τὰς δὲ Δημοκρίτου καὶ Καίσαρος καὶ Ἱππάρχου,
καθ᾽ ὃν ἡ μεγίστη τῶν ἡμερῶν ὡρῶν ἐστιν ἰσημερινῶν ιε̅, τὰς δὲ Καλλίππου καὶ Εὐδόξου καὶ Μέτωνος
καὶ Εὐκτήμονος καὶ Μητροδώρου καὶ Κόνωνος κοινῶς,
καθ᾽ οὓς ἀπὸ ιδ̅ L̅' ὡρῶν ἰσημερινῶν ἕως ιε̅ διατείνει 20
τὸ μέγεθος τῶν μεγίστων ἡμερῶν.

in ἀνέγραψά m. 1. καί] Petauius, om. AB; praetulerim: καὶ
ταύτας ἀναγράψας τὰς ἐπισημασίας κατέταξα.
2. Μέτωνα, Εὐκτήμονα Wachsmuth. 3. Ἵππαρχον, Δημόκριτον Wachsmuth. 4. δ᾽] B, δέ A. Κῷ] Bcnaventura,
Κολωνείᾳ B, Ko‖ A (in Ko des. fol. 135ᵛ) postea addito λωνεία.
5. Πελοποννήσῳ A. 6. Ἑλησπόντῳ A. Ἀθήνησιν B, Ἀθήνησι A.
καί (alt.)] καὶ ἐν Boeckh, κἄν Unger. 9. Καῖσαρ] Wachsmuth,
Μητρόδωρος ἐν Μακεδονίᾳ καὶ Θράκῃ, Καῖσαρ AB. 14. ὡρῶν] B,
om. A. ἰσημερινῶν] comp. A. 20. καθ᾽ οὓς] Petauius, καθώς
AB. ἰσημερινῶν] comp. A. 21. τέλος comp. m. rec. B.
Fol. 136ʳ mg. sup. alio atramento: εἰσὶ δὲ μέγιστοι κύκλοι ζ̅·
ἰσημερινός, ζωδιακὸς καὶ (scr. ꝯ) ὁ διὰ μέσων τῶν ζῳδίων, ὁ διὰ
τῶν πόλων, ὁ καθ᾽ ἑκάστην οἴκησιν, ὁρίζων, ὁ μεσημβρινός, ὁ
τοῦ γάλακτος A.

ΚΛΑΥΔΙΟΥ ΠΤΟΛΕΜΑΙΟΥ
ΥΠΟΘΕΣΕΩΝ
ΤΩΝ ΠΛΑΝΩΜΕΝΩΝ
⟨Α´⟩

ΥΠΟΘΕΣΕΩΝ ΤΩΝ ΠΛΑΝΩΜΕΝΩΝ

⟨Α′⟩

1   Τὰς ὑποθέσεις, ὦ Σύρε, τῶν οὐρανίων φορῶν ἐν
μὲν τοῖς τῆς μαθηματικῆς συντάξεως ὑπομνήμασιν
5 ἐφωδεύσαμεν διὰ λόγων ἀποδεικνύντες καθ᾽ ἑκάστην
τό τε εὔλογον καὶ τὸ πανταχοῦ πρὸς τὰ φαινόμενα
σύμφωνον πρὸς ἔνδειξιν τῆς ὁμαλῆς καὶ ἐγκυκλίου
κινήσεως, ἣν ἀναγκαῖον ἦν ὑπάρχειν τοῖς τῆς ἀιδίου
καὶ τεταγμένης κινήσεως κεκοινωνηκόσιν καὶ κατὰ
10 μηδένα τρόπον τὸ μᾶλλον καὶ τὸ ἧττον ἐπιδέξα-
σθαι δυναμένοις· ἐνταῦθα δὲ προήχθημεν αὐτὸ μόνον
ἐκθέσθαι κεφαλαιωδῶς καὶ ὡς ἂν μάλιστα προ-
χειρότερον κατανοηθεῖεν ὑπό τε ἡμῶν αὐτῶν καὶ
τῶν εἰς ὀργανοποιίαν ἐκτάσσειν αὐτὰ προαιρουμένων,
15 ἐάν τε γυμνότερον διὰ χειρὸς ἑκάστης τῶν κινήσεων
ἐπὶ τὰς οἰκείας ἐποχὰς ἀποκαθισταμένης τοῦτο δρῶ-
σιν, ἐάν τε διὰ τῶν μηχανικῶν ἐφόδων συνά-
πτωσιν αὐτὰς ἀλλήλαις τε καὶ τῇ τῶν ὅλων. οὐ
μὴν ὃν εἰώθασι τρόπον σφαιροποιεῖν· ὁ γὰρ τοιοῦτος
20 καὶ χωρὶς τοῦ διημαρτῆσθαι τὰς ὑποθέσεις τὸ φαινόμενον παρίστησι μόνον καὶ οὐ τὸ ὑποκείμενον, ὥστε
τῆς τέχνης καὶ μὴ τῶν ὑποθέσεων γίνεσθαι τὴν ἔν-
δειξιν· ἀλλὰ καθ᾽ ὃν ἥ τε τάξις ὁμοῦ καὶ ἡ διαφορὰ

---

1. Κλαυδίου Πτολεμαίου praemittunt AB. Ὑποθέσεων] A,
περὶ ὑποθέσεων B. α′] om. AB. 9. κεκοινωνηκόσι A.

SCHRIFT DES PTOLEMAEUS CLAUDIUS ÜBER DIE DARLEGUNG DES GESAMTEN VERHALTENS DER PLANETEN

ERSTES BUCH

Wir haben, o Syrus, die Grundlagen, auf denen die himm- 1
lischen Bewegungen sich aufbauen, in den Lehren, die wir über
die mathematischen Dinge niedergelegt haben, beschrieben und
haben dafür Beweisschlüsse beigebracht, und das bewiesen,
worin jede von ihnen notwendigerweise mit dem, was sich uns
zeigt, übereinstimmt, und das, worin sie nicht damit übereinstimmt, um dadurch das Wesen der drehenden Bewegung zu
zeigen, die notwendigerweise den Dingen anhaftet, denen die
in demselben Zustande bleibende, gleichmäßig geordnete Natur
insgemein zukommt und daß es bei ihr auf durchaus keine
Weise möglich ist, eine Vermehrung oder Verminderung anzunehmen.

In der vorliegenden Schrift nun ist es unser Ziel nur das
Allgemeine dieser erwähnten Dinge niederzulegen, damit sie
sich in unserem Geiste und dem Geiste derer, die dafür Instru-
mente bauen wollen, leicht vorstellen lassen und ebenso wenn
jemand an der Hand rechnen will, um den Ort zu erfahren,
bis an den eine jede einzelne Bewegung gelangte; und ebenso,
wenn man die Bewegungen miteinander und mit der Bewegung
des Alls verbinden will auf dem Wege der Mechanik, nämlich
durch Maschinen, aber nicht indem man eine Kugel macht,
nach dem geläufigen Beispiel — denn bei dieser Art von Kugeln
wird, abgesehen davon, daß sie das über die Bewegungen Nieder-
gelegte und Behauptete ungenau erkennen läßt, nur das Äußer-
liche der Sache klar und es zeigt sich nicht der wahre Grund,
so daß man hierbei nur die Kunst sieht, aber nicht das wirklich zugrunde Liegende —, sondern indem man es so macht,
daß in die Augen springt die Ordnung der Bewegungen, ihre

τῶν κινήσεων ὑπ' ὄψιν ἡμῖν μετὰ τῆς διὰ τῶν ὁμαλῶν
καὶ ἐγκυκλίων παρόδων ὑποπιπτούσης τοῖς ὁρῶσιν
ἀνωμαλίας, κἂν μὴ πάσας οἷόν τ' ᾖ τῆς εἰρημένης
προθέσεως ἀξίως συμπλέκειν, ἀλλὰ χωρὶς ἑκάστην οὕ-
5 τως ἔχουσαν ἐπιδεικνύειν.

2   ποιησόμεθα δὲ τὴν ἔκθεσιν ἐπὶ μὲν τῶν καθόλου
λαμβανομένων ἁρμόζουσαν τοῖς ἐν τῇ Συντάξει διωρισ-
μένοις, ἐπὶ δὲ τῶν κατὰ μέρος ἀκόλουθον ταῖς πολλαχῇ
γεγενημέναις ἡμῖν ἀπὸ τῆς συνεχεστέρας παρατηρήσεως
10 διορθώσεσιν ἤτοι τῶν ὑποθέσεων αὐτῶν ἢ τῶν ἐπ'
εἴδους λόγων ἢ τῶν περιοδικῶν ἀποκαταστάσεων, ἔτι
δὲ τῆς αὐτῶν τῶν ὑποθέσεων ἐνδείξεως ἐχομένην,
τουτέστιν ἐπὶ μὲν τῶν ὁμαλῶν κινήσεων διαιροῦντες,
ὅπου δεῖ, καὶ πάλιν συνάπτοντες τὰς ἐκείνῃ οὕτως
15 ἀναδεδομένας ἕνεκεν τοῦ πρὸς τὰ τοῦ ζῳδιακοῦ μέρη
καὶ τὰς ἀρχὰς τοὺς ἀφορισμοὺς αὐτῶν γεγονέναι διὰ
τὴν ἐν τοῖς ἐπιλογισμοῖς εὐχρηστίαν, ὅπως ἐνθάδε
τὸ καθ' ἑκάστην πάροδον ἴδιον, κἂν ἐπὶ τὰ αὐτὰ
συντελῶνται πλείους, ἐμφαίνηται· ἐπὶ δὲ τῶν θέσεων
20 καὶ τάξεων τῶν τὰς ἀνωμαλίας ποιούντων κύκλων ταῖς
ἁπλουστέραις τῶν ἀγωγῶν καταχρώμενοι πρὸς τὸ
εὐμεθόδευτον τῆς ὀργανοποιίας, κἂν μικρά τις ἐπα-
κολουθῇ παραλλαγή, καὶ ἔτι τοῖς κύκλοις αὐτοῖς ἐπὶ
τοῦ παρόντος ἐφαρμόζοντες τὰς κινήσεις ὡς ἀπολελυ-
25 μένοις τῶν περιεχουσῶν αὐτοὺς σφαιρῶν, ἵνα ψιλαῖς
καὶ ὥσπερ ἀνακεκαλυμμέναις ἐπερείδωμεν ταῖς τῶν
ὑποθέσεων προσβολαῖς. ἀρξόμεθα δὲ ἀπὸ τῆς τῶν
ὅλων φορᾶς, ὅτι καὶ προηγεῖται πασῶν καὶ περιέχει

---

5. κἂν] scripsi, καί AB.   ἦ] B; ἐκ A, m. 2 B.   8. πολ-
λαχῇ] AC, πολαχῇ B.   15. ἀναδιδομένας B, sed corr. in
scrib.   22. τῆς] B, τε τῆς A.   25. αὐτά(ς) A.

Unterschiede und die Verschiedenheit, die an ihnen wahrge-
nommen wird durch die Betrachtung derer, die sie beobachten,
während sie sich in einer gleichmäßigen, drehenden Bewegung
befinden. Wenn es uns auch nicht möglich ist, alle Bewegungen
so zusammenzusetzen, wie es dem Zweck, den wir verfolgen,
entspricht, so werden wir doch auf diese Weise des Verfahrens
das Verhalten jeder einzelnen von ihnen für sich zeigen.

Das Allgemeine, das wir hier darlegen wollen, bringen wir 2
in Übereinstimmung mit dem, was wir in dem Buche Syntaxis,
d. i. dem Almagest, definiert haben. Bei der Darlegung der
Einzelheiten aber folgen wir den Ergebnissen aufeinander-
folgender Beobachtungen, die wir an vielen Orten angestellt
haben, und die wir berichtigten; daraus lernten wir ihre Grundlage kennen oder ihr Verhalten, wenn sie zu irgend einer Ebene
in Beziehung treten, oder die Perioden ihrer Umdrehungen.
Auch bringen wir das Allgemeine, das wir darlegen werden,
in Einklang mit dem bereits von uns Bewiesenen; die miteinander verbundenen gleichmäßigen Bewegungen werden wir
trennen und zerlegen, wo es nötig ist, sie zu zerlegen, und die
Bewegungen, die wir noch nicht vereinigt hatten, werden wir
vereinigen, so daß die Ausgangspunkte und Teile der Bewegungen
sind wie die Anfangspunkte und Teile des Tierkreises, wegen
der Erleichterung, die darin liegt für das Trennen und Zerlegen,
und damit hierbei das Wesen jeder einzelnen Bewegung und
ihre Eigentümlichkeiten deutlich zu erkennen seien, auch wenn
die Bewegungen nach jenen selbigen Richtungen gehen, die wir
an andrer Stelle erwähnt haben. Auch werden wir für die Lage
und Anordnung der Sphären, um derentwillen Unregelmäßig-
keiten in den Bewegungen entstehen, die einfachste Methode
anwenden, damit das Verfahren bei der Herstellung von Instrumenten leicht werde, auch wenn ihr wirkliches Verhalten davon
ein wenig abweichen sollte. Die Lehre von den Bewegungen
werden wir hier gerade nur mit Kreisen darstellen, als wären
sie getrennt von den Sphären, die sie umgeben, so daß wir
hierbei auf der bereits früher gelegten Grundlage stehen, und es
einfach, deutlich und unverhüllt ist. Beginnen wir hierbei mit
der allgemeinen Bewegung, weil sie allen anderen vorausgeht

74 ΚΛΑΥΔΙΟΥ ΠΤΟΛΕΜΑΙΟΥ

τὰς ἄλλας καὶ γένοιτ' ἂν ἡμῖν παράδειγμα πρὸς [τὰ]
πλεῖστα τῆς θαυμασιωτάτης φύσεως τὰ παραπλήσια
τοῖς ὁμοίοις ἀπονεμούσης, ὡς ἀπ' αὐτῶν τῶν ἐπι-
δειχθησομένων ἔσται δῆλον.

3 νοείσθω μέγιστος κύκλος περὶ τὸ κέντρον τῆς τοῦ
6 κόσμου σφαίρας μένων καὶ καλείσθω ἰσημερινός, διαιρεθείσης δὲ τῆς περιφερείας αὐτοῦ εἰς ἴσα τμήματα
τξ̄ καλείσθω τὰ τμήματα ἰδίως χρόνοι. ἔπειτα ἕτερος
κύκλος ὁμόκεντρος αὐτῷ περιφερέσθω ἐν τῷ αὐτῷ
10 ἐπιπέδῳ καὶ περὶ τὸ αὐτὸ κέντρον ἰσοταχῶς ὡς ἀπὸ
ἀνατολῶν ἐπὶ δυσμὰς καὶ καλείσθω φέρων· φερέτω
δὲ ἕτερον μέγιστον κύκλον ἐγκεκλιμένον πρὸς αὐτὸν
περὶ τὸ αὐτὸ κέντρον ἀμεταστάτως, ὃς καλείσθω ζῳδιακός. ἡ δὲ κλίσις τῶν ἐπιπέδων τούτων περιεχέτω
15 γωνίαν τοιούτων κ̄γ̄ ν̄ᾱ κ̄, οἵων ἐστὶν ἡ μία ὀρθὴ q̄,
διαιρεθείσης τε καὶ τῆς τοῦ ζῳδιακοῦ περιφερείας
εἰς ἴσα τμήματα τξ̄ καλείσθω καὶ ταῦτα τὰ τμήματα
ἰδίως μοῖραι, καὶ τὰ μὲν σημεῖα, καθ' ἃ τέμνουσιν
ἀλλήλους δίχα ὅ τε φέρων καὶ ὁ ζῳδιακός, ἰσημερινά,
20 τὰ δὲ τεταρτημόριον αὐτῶν ἑκατέρωθεν ἀπέχοντα
τροπικά, καὶ τούτων τὸ μὲν πρὸς ἄρκτους ἐγκεκλιμένον
σημεῖον θερινὸν καὶ βόρειον πέρας, τὸ δ' ἀντικείμενον
χειμερινὸν καὶ νότιον πέρας, ὁμοίως δὲ καὶ τῶν ἰσημερινῶν τὸ μὲν τοῦ θερινοῦ τροπικοῦ ἡγούμενον κατὰ
25 τὴν ἐκκειμένην περιφορὰν ἐαρινόν, τὸ δὲ τοῦ χειμερινοῦ
μετοπωρινόν.

4 κόσμου δὴ γίνεται μία περιστροφή, ὅταν τι τῶν

---

1. τά] deleuerim.   2. θαυμασιωτάτης] A, -ω- corr. ex o C,
θαυμασιοτάτης B.   10. ὡς] B, om. A.   20. αὐτῶν] ἴσον αὐτῶν A.   ἀπέχοντα] ἴσον ἀπέχοντα B.   Glossema ἴσον non
habuit Arabs.

und dieselben umfaßt; so wird uns dies ein Beispiel sein für viele Vorgänge dieser höchst wunderbaren Natur, die den ihr ähnlichen Dingen das ihrem Verhalten Ähnliche gewährt. Dies wird aus dem, was wir gleich beweisen werden, klar werden.

Denken wir uns einen größten festen Kreis durch den 3 Mittelpunkt der Welt gelegt, und werde er „Sphäre des Tagesgleichers" (Äquator) genannt. Wird nun die Umfangslinie dieses Kreises in dreihundertundsechzig gleiche Teile geteilt, so mögen die Teile mit einem ihnen eigentümlichen Namen, nämlich „Zeiten", benannt werden. Ziehen wir hierauf einen Kreis, dessen Mittelpunkt der Mittelpunkt dieser Sphäre ist, der in der Ebene derselben liege und sich um ihren Mittelpunkt drehe in gleichmäßig schneller Bewegung von Osten nach Westen zu, und nennen wir diesen Kreis „die bewegende Sphäre" Sei ferner ein andrer größter Kreis vorhanden, den diese Sphäre bewege, und sei er gegen dieselbe geneigt, während er um den Mittelpunkt derselben gelegen ist, ohne sich in derselben zu verschieben; er werde „Tierkreis" genannt. Die Neigung dieser Ebenen gegen einander schließe einen Winkel von 23° 51′ 20″ ein, in dem Maßstabe, in welchem der rechte Winkel 90 Teile hat. Wird nun der Tierkreis ebenfalls in 360 gleiche Teile geteilt, so mögen wir diese Teile mit einem ihnen eigentümlichen Namen, nämlich „Grade", benennen. Mögen ferner die beiden Punkte, in welchen sich die bewegende Sphäre und der Tierkreis halbieren, Äquinoktialpunkte, und die beiden Punkte, auf deren beiden Seiten zwischen ihnen selbst und zwischen den Äquinoktialpunkten ein Vierteil der Sphäre liegt, Wendepunkte heißen. Der nach Norden zu liegende von diesen beiden Punkten heiße der Sommerwendepunkt oder auch Nordgrenze, und der diesem entgegengesetzte Punkt heiße Winterwendepunkt oder auch Südgrenze. Ebenso heiße von den beiden Äquinoktialpunkten der dem Sonnenwendepunkt in der Bewegung des Alls vorhergehende Frühlingsäquinoktialpunkt, und der dem Winterwendepunkt vorhergehende Herbstäquinoktialpunkt.

Die Welt macht eine Umdrehung, wenn irgend ein Punkt 4

τοῦ φέροντος σημείων ἀπό τινος ἀρξάμενον σημείου
φέρεσθαι τῶν τοῦ μένοντος ἰσημερινοῦ ἐπὶ τὸ αὐτὸ
πρώτως ἀποκατασταθῇ· καὶ περιέχει δηλονότι ἡ τοιαύτη
ἀποκατάστασις χρόνους τξ. ἀλλ᾽ ἐπειδήπερ αἱ μὲν
5 τῶν τοῦ κόσμου περιστροφῶν ἀποκαταστάσεις οὐ συναπ-
αρτίζονται φανερῶς, αἱ δὲ τῶν νυχθημέρων ἀπὸ
τοῦ ἡλίου, διὸ ταύταις παραμετροῦμεν πρώταις τὰς
ἄλλας κινήσεις, ἔστι τε νυχθήμερον χρόνος, ἐν ᾧ ὁ
ἥλιος πρὸς τὸν μένοντα ἰσημερινὸν ἐκ τῆς τοῦ κόσμου
10 περιφορᾶς ποιεῖται μίαν περίοδον, δῆλον, ὅτι, εἰ μὲν
μὴ ἐκινεῖτο περὶ τὸν ζῳδιακὸν ὁ ἥλιος, ταὐτὸν ἂν
ἦν τῇ τοῦ κόσμου περιστροφῇ τὸ νυχθήμερον, ἐπειδὴ
δὲ ὑπόκειται κινούμενος πρὸς ἀνατολάς, πολυχρονιώτε-
ρόν τέ ἐστι τὸ νυχθήμερον τῆς τοῦ κόσμου περιστρο-
15 φῆς καὶ περιέξει τὸ ἓν μίαν, τουτέστι χρόνους τξ, καὶ
ἔτι τοσοῦτον τοῦ ἰσημερινοῦ μέρος, ὅσον ὁ ἥλιος ἐν
τῷ νυχθημέρῳ δίεισι τοῦ ζῳδιακοῦ, τῶν παρόδων
ὁμαλῶν ὑποτιθεμένων.

5   τούτων ὑποτυπωθέντων ἑξῆς ἐπελευσόμεθα καὶ τὰς
20 τῶν πλανωμένων ὑποθέσεις προεκθέμενοι τὰς ἁπλᾶς
καὶ ἀμιγεῖς αὐτῶν περιόδους, ἀφ᾽ ὧν αἱ κατὰ μέρος
καὶ ποικίλαι συνίστανται, τὰς εἰλημμένας ἡμῖν κατὰ
συνεγγισμὸν τῶν ἐκ τῆς διορθώσεως ἐπιλελογισμένων
ἀποκαταστάσεων.

25   ἐν μὲν τοίνυν Αἰγυπτιακοῖς ἔτεσι τ καὶ νυχθημέροις
οδ ὁ μὲν ἥλιος ὑποκείσθω ποιούμενος περιόδους τὰς
πρὸς τὰ τροπικὰ καὶ ἰσημερινὰ σημεῖα τοῦ ζῳδιακοῦ
λαμβανομένας τ, ἡ δὲ τῶν ἀπλανῶν σφαῖρα καὶ ἔτι
τὰ ἀπόγεια τῶν ε πλανωμένων μιᾶς περιόδου τῆς
30 ὁμοίας μέρος εἰκοστὸν καὶ ἑκατοστόν, τουτέστι μοίρας
γ, οἵων ὁ κύκλος τξ· ὥστε καὶ ἐν ἔτεσιν ἡλιακοῖς τοῖς

der bewegenden Sphäre beginnt und sich von einem Punkte des festen Äquators wegbewegt, bis er zu jenem selben Punkt zum erstenmal zurückkehrt; und es ist klar, daß diese Periode 360 Zeiten des Äquators umfaßt. Da aber die Perioden der Bewegung der Welt zur Zeit ihrer Vollendung nicht sichtbar sind, während die Vollendung der Tage und Nächte durch das Verhalten der Sonne erkennbar ist, so zählen und berechnen wir nach dieser Bewegung zunächst die übrigen Bewegungen.

Ein Tag mit seiner Nacht ist die Zeit, in welcher die Sonne auf dem festen Äquator eine Umdrehung durch die Umdrehung der Welt macht. Es ist klar, daß der Tag mit seiner Nacht, wenn die Sonne nicht eine andre Bewegung als der Tierkreis hätte, eine einmalige Umdrehung der Welt wäre; da ihr aber eine Bewegung nach Osten zukommt, so ist der Tag mit seiner Nacht länger als die Zeit der Umdrehung der Welt, und es umfaßt also ein Tag mit seiner Nacht eine Umdrehung, nämlich 360 „Zeiten", indem noch dazukommt der Betrag der Äquatorstrecke, die der Lauf der Sonne in einem Tag und einer Nacht auf dem Tierkreis einholt, wenn wir die Bewegungen als gleichmäßig annehmen.

Da wir diese Dinge auseinandergesetzt haben, so kommen 5 wir jetzt zur Lehre von den Planeten. Wir legen zuerst ihre einfachen Bewegungen dar, mit denen keine anderen vermischt sind, nämlich diejenigen, aus denen die Teilbewegungen mannigfacher Art entstehen und welche wir möglichst angenähert an ihre wirkliche Wiederkehr nehmen, gemäß unseren Überlegungen, Berichtigungen und Erläuterungen.

In 300 ägyptischen Jahren und 74 Tagen mit ihren Nächten wird — nehmen wir dies als Grundlage — die Sonne 300 mal zu den Orten der Äquinoktial- und Wendepunkte im Tierkreise zurückkehren, während die Sphäre der Fixsterne und die Apogeen der fünf Planeten sich um $^1/_{120}$ einer dieser Perioden weiterbewegen, nämlich um drei Teile in dem Maßstabe, in

---

3. δῆλον ὅτι περιέχει A.   7. πρώταις] B, om. A.   21. καί] A, καὶ μή B.   23. τῶν] A, τόν B.

εἰρημένοις τρισμυρίοις ἑξακισχιλίοις, ἅ ἐστιν Αἰγυπτιακὰ
τρισμύρια ἑξακισχίλια κδ καὶ νυχθήμερα ϱκ, μίαν
μὲν περίοδον συντελεῖσθαι τῆς τῶν ἀπλανῶν σφαίρας, περικαταλήψεις δὲ πρὸς αὐτὴν τοῦ ἡλίου τρισ-
5 μυρίας ͵εϞϟθ, κόσμου δὲ περιστροφὰς τοῖς τε ὑπὸ
τοῦ προκειμένου χρόνου περιεχομένοις νυχθημέροις
ἰσαρίθμους καὶ ἔτι ταῖς ἐν αὐτῷ τοῦ ἡλίου περιό-
δοις.

6 ἡ δὲ σελήνη ἐν ἔτεσιν ἡλιακοῖς τοῖς πρὸς τὰ τρο-
10 πικὰ καὶ ἰσημερινὰ σημεῖα θεωρουμένοις ͵ηϟκησιν, ἅ
ἐστιν Αἰγυπτιακὰ ͵ηϟκη καὶ νυχθήμερα σοξ κ κδ, περικαταλήψεις τοῦ ἡλίου ποιείσθω, τουτέστιν ὅλους μῆνας,
δεκακισμυρίους ͵ευις καὶ πάλιν ἐν μὲν μησὶν ὅλοις
͵γσοξ ἀνωμαλίας ἀποκαταστάσεις ͵γϟιβ, ἐν δὲ μησὶν
15 ὅλοις ͵ευνη πλάτους ἀποκαταστάσεις ͵εϞκγ.

7 ὁμοίως δὲ καὶ ὁ μὲν τοῦ Ἑρμοῦ ἀστὴρ ἐν ἔτεσιν
ἡλιακοῖς τοῖς πρὸς τὰ ἀπόγεια καὶ τὴν τῶν ἀπλανῶν
σφαῖραν μεταλαμβανομένοις Ϟϟγσιν, ἅ ἐστιν Αἰγυπτιακὰ Ϟϟγ καὶ νυχθήμερα σνε ο νδ μϛ να ἔγγιστα,
20 ἀνωμαλίας ἀποκαταστάσεις ποιείσθω ͵γϟν· ὁ δὲ τῆς
Ἀφροδίτης ἀστὴρ ἐν ἔτεσιν ἡλιακοῖς τοῖς ὁμοίοις Ϟξδ,
ἅ ἐστιν Αἰγυπτιακὰ Ϟξδ καὶ νυχθήμερα σμϛ λγ β
μϵ κγ μ κη ἔγγιστα, ἀνωμαλίας ἀποκαταστάσεις ποιείσθω χγ, ὁ δὲ τοῦ Ἄρεως ἀστὴρ ἐν ἔτεσιν ἡλιακοῖς τοῖς
25 ὁμοίοις ͵αι, ἅ ἐστιν Αἰγυπτιακὰ ͵αι καὶ νυχθήμερα
σνθ κβ ν νϛ ιϛ κϛ ν ἔγγιστα, ἀνωμαλίας ἀποκαταστάσεις υογ, ὁ δὲ τοῦ Διὸς ἀστὴρ ἐν ἔτεσιν ἡλιακοῖς τοῖς ὁμοίοις ͵ψοα, ἅ ἐστιν Αἰγυπτιακὰ ͵ψοα καὶ
νυχθήμερα ϱϙη ο θ ιη ο κϛ νζ ἔγγιστα, ἀνωμαλίας
30 ἀποκαταστάσεις ͵ψϛ, ὁ δὲ τοῦ Κρόνου ἀστὴρ ἐν ἔτεσιν
ἡλιακοῖς τοῖς ὁμοίοις τκδσιν, ἅ ἐστιν Αἰγυπτιακὰ τκδ

dem der Kreis 360 Teile hat; also wird in 36000 der erwähnten
Sonnenjahre, das sind 36024 ägyptische Jahre und 120 Tage,
die Sphäre der Fixsterne eine Umdrehung machen, während
sie die Sonne um 35999 Umläufe übertrifft. Die Umdrehungen
der Welt sind gleich der Zahl der Tage mit ihren Nächten,
die der erwähnte Zeitraum umfaßt, vermehrt um die Zahl der
Umläufe der Sonne, die sie in dieser Zeit macht.

Was nun den Mond angeht, so übertrifft er in 8523 Sonnen- **6**
jahren, d. i. die Rückkehr der Sonne zu den Äquinoktial- und
Wendepunkten, welche gleich sind 8528 ägyptischen Jahren,
277 [1]) Tagen, 20 Minuten und 24 Sekunden, die Sonne um soviel
Umläufe, als die Zahl der gesamten Monate beträgt, nämlich
106 416. Ferner vollendet der Mond in 3277 Monaten 3512 anomalistische Umläufe und in 5458 Monaten 5923 Breitenumläufe.

Das Gestirn Merkur vollendet in 993 Sonnenjahren, ge- **7**
nommen von ihrer (der Sonne) Rückkehr zu den Apogeen und
zu ihren Orten in der Sphäre der Fixsterne, d. s. 993 ägyptische
Jahre, 255 Tage mit ihren Nächten, $0'\,54''\,0'''\,4^{IV}\,46^{V}\,51^{VI}$ [2]) annähernd, 3150 anomalistische Umläufe.

Das Gestirn Venus vollendet in 964 Sonnenjahren, wie die
bereits erwähnten, d. s. 964 ägyptische Jahre, 247 Tage mit
ihren Nächten und $34'\,2''\,45'''\,23^{IV}\,40^{V}\,28^{VI}$ [3]) annähernd, 603 anomalistische Umläufe.

Das Gestirn Mars vollendet in 1010 Sonnenjahren, wie die
erwähnten, d. s. 1010 ägyptische Jahre und 259 Tage mit ihren
Nächten und $22'\,50''\,56'''\,16^{IV}\,27^{V}\,50^{VI}$ annähernd, 473 anomalistische Umläufe.

Das Gestirn Jupiter vollendet in 770 Sonnenjahren, wie
die erwähnten, d. s. 770 ägyptische Jahre und 198 Tage samt
ihren Nächten, $0'\,9''\,18'''\,0^{IV}\,26^{V}\,57^{VI}$ annähernd, 706 anomalistische Umläufe.

Das Gestirn Saturn vollendet in 324 Sonnenjahren, wie die
genannten, d. s. 324 ägyptische Jahre, 83 Tage samt ihren

1) 257 B.
2) $54'\,0''\,4'''\,46^{IV}\,51^{V}$ A, $0'\,54''\,0'''\,4^{IV}\,40^{V}\,51^{VI}$ B.
3) $34'\,2''\,45'''\,23^{IV}\,57^{V}\,28^{VI}$ A.

---

2. νυχθήμερα] A, ἡμέραι B.   7. ἰσαρίθμους] A, ἰσαρί-
θμοις B.   13. $\overline{\varepsilon v_{\overline{\iota}\varsigma}}$] Bainbridge, $\overline{\vartheta v_{\overline{\iota}\varsigma}}$ AB, 106416 Arabs.
16. Ἑρμοῦ] comp. AB, ut semper in planetis.   22. λγ] 34 Arabs.
23. $\overline{\mu}$] 57 uel 48 Arabs.   28. $\overline{\psi o \alpha}$] $\overline{\psi o}$ B, Arabs; $\overline{\psi o}$ καὶ ἑνί A.

καὶ νυχθήμερα $\overline{πγ}$ $\overline{ιβ}$ $\overline{κϛ}$ $\overline{ιϑ}$ $\overline{ιδ}$ $\overline{κε}$ $\overline{μη}$ ἔγγιστα, ἀνωμαλίας ἀποκαταστάσεις $\overline{τιγ}$.

8   ἐπὶ μὲν δὴ τῆς ἡλιακῆς σφαίρας νοείσθω ἐν τῷ
τοῦ ζῳδιακοῦ ἐπιπέδῳ κύκλος ἔκκεντρος οὕτως ἔχων,
5 ὥστε τὴν μὲν ἐκ τοῦ κέντρου αὐτοῦ πρὸς τὴν μεταξὺ
τῶν κέντρων αὐτοῦ τε καὶ τοῦ ζῳδιακοῦ λόγον ἔχειν,
ὃν τὰ $\overline{ξ}$ πρὸς τὰ $\overline{β}$ L', τὴν δὲ δι' ἀμφοτέρων τῶν
κέντρων καὶ τοῦ ἀπογείου τοῦ ἐκκέντρου ἐκβαλλομένην
εὐθεῖαν ἀπολαμβάνειν τοῦ ζῳδιακοῦ πάντοτε περι-
10 φέρειαν ἀπὸ τῆς ἐαρινῆς ἰσημερίας ὡς εἰς τὰ ἑπόμενα
τοῦ κόσμου $\overset{o}{μ}$ $\overline{ξε}$ L'. τὸ δὴ τοῦ ἡλίου κέντρον κινείσθω
κατὰ τὸν εἰρημένον ἔκκεντρον κύκλον ὡς ἀπὸ δυσμῶν
πρὸς ἀνατολὰς περὶ τὸ κέντρον αὐτοῦ ἰσοταχῶς, ὥστε
ἐν ὅλοις πρώτοις νυχθημέροις $\overline{λϛ}$ πρὸς Αἰγυπτιακοῖς
15 ἔτεσιν $\overline{ρν}$ ἀποκαταστάσεις ποιεῖσθαι τὰς πρὸς τὸ ἀπόγειον τοῦ ἐκκέντρου θεωρουμένας $\overline{ρν}$, καὶ ἡ τῶν
ἀπλανῶν σφαῖρα περὶ τὸ τοῦ ζῳδιακοῦ κέντρον καὶ
τοὺς πόλους αὐτοῦ κινείσθω πρὸς ἀνατολὰς ἰσοταχῶς
ἐν τῷ προκειμένῳ χρόνῳ $\overset{o}{μ}$ $\overline{α}$ L', οἵων ἐστὶν ὁ ζῳδια-
20 κὸς $\overline{τξ}$.

ἐν μέντοι τῷ πρώτῳ ἔτει τῆς Ἀλεξάνδρου τοῦ κτί-
στου τελευτῆς κατ' Αἰγυπτίους Θὼθ α' τῆς ἐν Ἀλεξανδρείᾳ μεσημβρίας ὁ μὲν ἥλιος ἀπεῖχεν τοῦ ἀπογείου
τοῦ ἐκκέντρου ὡς εἰς τὰ ἑπόμενα τοῦ κόσμου $\overset{o}{μ}$ $\overline{ρξβ}$
25 καὶ $ξ'ξ'$ $\overline{ι}$, ὁ δὲ ἐπὶ τῆς καρδίας τοῦ Λέοντος ἀστὴρ
ἀπὸ τῆς ἐαρινῆς ἰσημερίας ὁμοίως εἰς τὰ ἑπόμενα τοῦ
κόσμου $\overset{o}{μ}$ ἐπὶ τοῦ ζῳδιακοῦ $\overline{ριζ}$ καὶ $ξ'ξ'$ $\overline{νδ}$.

9   ἐπὶ δὲ τῆς σεληνιακῆς σφαίρας νοείσθω πάλιν κύκλος ὁμόκεντρος τῷ ζῳδιακῷ φερόμενος ἐν τῷ ἐπιπέδῳ
30 αὐτοῦ καὶ περὶ τὸ αὐτὸ κέντρον ἰσοταχῶς ὡς ἀπὸ

Nächten, 12′ 26″ 19‴ 14^{IV} 25^{V} 48^{VI} annähernd, 313 anomalistische Umläufe.

Das Verhalten der Sphäre der Sonne. Denken wir 8 uns für die Sphäre der Sonne einen Kreis, der in der Ebene des Tierkreises liegt, aber exzentrisch, und sei das Verhältnis der von seinem Mittelpunkt zur Peripherie gehenden Linie zu der durch seinen Mittelpunkt und den Mittelpunkt des Tierkreises bestimmten Linie gleich dem Verhältnis von 60 zu 2$^1/_2$, und schneide die Linie, die durch diese beiden Mittelpunkte und das Apogeum des exzentrischen Kreises geht, immer von dem Tierkreise bei dem Frühlingsäquinoktialpunkte in der Aufeinanderfolge der Zeichen einen Bogen im Betrage von 65$^1/_2$° ab. Der Mittelpunkt der Sonne bewege sich auf dem erwähnten exzentrischen Kreise von Westen nach Osten in gleichmäßiger Bewegung um den Mittelpunkt dieses Kreises; so wird man sehen, daß die Sonne in 150 ägyptischen Jahren und 37 Tagen mit ihren Nächten 150 mal zu dem Apogeum des exzentrischen Kreises zurückkehrt, während die Sphäre der Fixsterne sich in der erwähnten Zeit um den Mittelpunkt des Tierkreises und seine beiden Pole von Westen nach Osten in gleichmäßiger Bewegung um 1$^1/_2$ Grad fortbewegt, in dem Maßstabe, in welchem der Tierkreis 360 Grade hat.

Die Entfernung der Sonne auf dem exzentrischen Kreise von dem Apogeum des exzentrischen Kreises gemäß der Reihenfolge der Zeichen war im ersten Jahre nach dem Tode Alexanders des Erbauers am ersten Tage des ägyptischen Monats Thoth um Mittag in Alexandrien 162° 10′, und die Entfernung des Sternes im Herzen des Löwen von dem Frühlingspunkt gemäß der Reihenfolge der Zeichen 117° 54′.

Das Verhalten der Sphären des Mondes. Ferner 9 denken wir uns für die Sphäre des Mondes einen Kreis, dessen Mittelpunkt der Mittelpunkt des Tierkreises ist, und der sich in der Ebene desselben und um seinen Mittelpunkt in gleich-

3. τῷ] τῶ^ι B.   5. Mg. ☾ B.   7. ὄν] corr. ex ὤν B.
9. ἀπολαβεῖν A.   21. τῆς] A B, ἀπὸ τῆς Bainbridge.
23. ἀπεῖχε A.   28. ☾ mg. B.
Ptolemaeus, ed. Heiberg. III.   6

ἀνατολῶν ἐπὶ δυσμὰς τὴν ὑπεροχήν, ᾗ ὑπερέχει ἡ πρὸς
τὸν ζῳδιακὸν ἐκβαλλομένη κατὰ πλάτος πάροδος τῆς
ἰσοχρονίου τοῦ τε ἡλίου καὶ τῆς ἀποχῆς, ὥστε ἐν
ὅλοις νυχθημέροις πρώτοις πῇ πρὸς Αἰγυπτιακοῖς ἔτεσιν
5 λζ τὰς πρὸς τὸν ζῳδιακὸν ἀποκαταστάσεις ποιεῖσθαι
δύο ἔγγιστα· ἐπιλαμβάνεται γὰρ εἰς τὸν ἀκριβῆ λογισμὸν
μιᾶς μ̅ ξ̅' ᾱ. φερέτω δὲ οὗτος ὁ κύκλος ἕτερον κύκλον
ἐγκεκλιμένον πρὸς αὐτὸν περὶ τὸ αὐτὸ κέντρον ἀμεταστάτως τῆς ἐγκλίσεως περιεχούσης γωνίαν τοιούτων ε̅,
10 οἵων ἐστὶν ἡ μία ὀρθὴ ϟ̅. ἐν δὴ τῷ εἰρημένῳ τοῦ
λοξοῦ κύκλου ἐπιπέδῳ ὑποκείσθω κύκλος ἔκκεντρος,
ὥστε τὴν ἐκ τοῦ κέντρου αὐτοῦ πρὸς τὴν μεταξὺ τῶν
κέντρων αὐτοῦ τε καὶ τοῦ ζῳδιακοῦ λόγον ἔχειν, ὃν
τὰ ξ̅ πρὸς τὰ ι̅β̅ Ɫ', καὶ κινείσθω περὶ τὸ τοῦ ζῳδιακοῦ
15 κέντρον ἰσοταχῶς τὸ μὲν τοῦ ἐκκέντρου κέντρον ὡς
ἀπὸ ἀνατολῶν ἐπὶ δυσμὰς ἀπὸ τοῦ βορείου πέρατος
τὴν ὑπεροχήν, ᾗ ὑπερέχει ἡ τῆς μέσης ἀποχῆς τοῦ
ἡλίου πάροδος διπλωθεῖσα τῆς ἰσοχρονίου κατὰ πλάτος
παρόδου τῶν πρὸς τὸν ζῳδιακὸν κύκλον ἐκβαλλομένων,
20 ὥστε ἐν ὅλοις πρώτοις νυχθημέροις τ̅μ̅η̅ πρὸς Αἰγυπτιακοῖς ἔτεσι ι̅ζ̅ τὰς πρὸς τὸν λοξὸν κύκλον ἀποκαταστάσεις ποιεῖσθαι σ̅γ̅ ἔγγιστα· λείπει γὰρ εἰς τὸν
ἀκριβῆ λογισμὸν μιᾶς μ̅ ξ̅'ξ̅' β̅· τὸ δὲ κέντρον τοῦ
ἐπικύκλου ὡς ἀπὸ δυσμῶν πρὸς ἀνατολὰς ἀπὸ τοῦ
25 ἀπογείου τῆς ἐκκεντρότητος, ἐπὶ μέντοι τοῦ ἐκκέντρου
πάντοτε τὴν θέσιν ἔχον, αὐτὴν τὴν μέσην ἀποχὴν
διπλωθεῖσαν, τουτέστιν συναμφοτέρας τὰς προκειμένας,
ὥστε ἐν ὅλοις πρώτοις νυχθημέροις τ̅ πρὸς Αἰγυπτιακοῖς ἔτεσι ι̅θ̅ τὰς πρὸς τὸν ἔκκεντρον ἀποκαταστάσεις
30 ποιεῖσθαι υ̅ϟ̅ ἔγγιστα· ἐπιλαμβάνεται γὰρ εἰς τὸν
ἀκριβῆ λογισμὸν μιᾶς μ̅ ξ̅'ξ̅' δ̅. λοιπὸν δὲ περὶ τὸ

mäßiger Bewegung von Osten nach Westen beweg3, im Maße
des Überschusses, den der Lauf des Mondes, am T:erkreis genommen, über den mittleren Lauf der Sonne und die mittlere
Bewegung, welche dem Abstand der beiden Gestirn3 zukommt,
zusammen, hat, so daß diese Sphäre in 37 ägyptischen Jahren
und 88 Tagen mit ihren Nächten zwei Umdrehunʒen macht,
genähert, weil es bei genauer Rechnung eine Minute mehr
macht, als wir gesagt haben. Es bewege dieser Kreis einen
anderen, gegen ihn geneigten, dessen Mittelpunkt der Mittelpunkt dieses Kreises ist, und welcher mit diesem Kreise fest
verbunden ist, ohne sich gegen ihn zu bewegen; die Neigung
desselben umfasse einen Winkel von fünf Teilen in dem Maßstabe, in welchem der rechte Winkel 90 Teile hat. In der
Ebene dieses geneigten Kreises, den wir erwähnt haben, befinde
sich ein exzentrischer Kreis, dessen Halbmesser sich zu der
Linie zwischen seinem Mittelpunkte und dem Mittelpunkt des
Tierkreises verhalte wie 60 zu 12½. Der Mittelpunkt dieses
exzentrischen Kreises bewege sich um den Mittelpunkt des Tierkreises in gleichmäßiger Bewegung von Osten nach Westen
vom Nordpunkte aus im Maße des Überschusses der doppelten
mittleren Bewegung der Entfernung zwischen den beiden Gestirnen über die Breitenbewegung am Tierkreis :n gleichen
Zeiten; so wird er in 17 ägyptischen Jahren und 348 Tagen
mit ihren Nächten in seinem geneigten Kreise 203 Umdrehungen
machen, annähernd, denn es macht bei genauer Rechnung
2 Minuten weniger, als wir gesagt haben.

Es bewege sich der Mittelpunkt des Epizyklus von Westen
nach Osten von dem Apogeum des exzentrischen Kreises aus
im Maße der doppelten mittleren Bewegung der Entfernung
zwischen den beiden Gestirnen, und sei er immer auf dem exzentrischen Kreise gelegen, während diese Bewegung gleich den
vorgenannten beiden Bewegungen zusammen ist; so wird er in
19 ägyptischen Jahren und 300 Tagen mit ihren Nächten auf
dem exzentrischen Kreise 490 Umdrehungen machen, annähernd,
weil es bei genauer Rechnung vier Minuten mehr macht, als
wir gesagt haben.

---

4. ἔτεσι A.   23. ξ´ξ´] ξ´ B, ξ$^{\overline{H}^a}$ A.   27. τοτέστι A.

εἰρημένον τοῦ ἐπικύκλου κέντρον τοῦ ὄντος ἐν τῷ
τοῦ λοξοῦ κύκλου ἐπιπέδῳ καὶ τῆς εὐθείας τῆς δι'
ἀμφοτέρων τῶν κέντρων αὐτοῦ τε καὶ τοῦ ζῳδιακοῦ,
περὶ ὃ κινεῖται ἰσοταχῶς, τὰ αὐτὰ σημεῖα πάντοτε τοῦ
5 κυκλίσκου καταλαμβανούσης, ἃ καλοῦμεν ἀπόγειόν τε
καὶ περίγειον, ὥστε μέντοι τὴν ἐκ τοῦ κέντρου τοῦ
ἐκκέντρου πρὸς τὴν ἐκ τοῦ κέντρου τοῦ ἐπικύκλου
λόγον ἔχειν, ὃν τὰ $\overline{\xi}$ πρὸς τὰ $\overline{\varsigma}$ γ', ὑποκείσθω τὸ
κέντρον τῆς σελήνης φερόμενον ἰσοταχῶς ὡς πρὸς
10 δυσμὰς τοῦ ἀπογείου τμήματος αὐτὴν τὴν τῆς ἀνωμαλίας πάροδον, ὥστε ἐν ὅλοις νυχθημέροις ϙϑ πρὸς
Αἰγυπτιακοῖς ἔτεσιν $\overline{\varkappa\varsigma}$ τὰς πρὸς τὸν ἐπίκυκλον ἀποκαταστάσεις ποιεῖσθαι $\overline{\tau\mu\eta}$ ἔγγιστα· λείπει γὰρ πρὸς
τὸν ἀκριβῆ λογισμὸν μιᾶς $\overset{\circ}{\mu}$ ξ' ᾱ.

15 ἐν δὲ τῷ αὐτῷ πρώτῳ ἔτει ἀπὸ τῆς Ἀλεξάνδρου
τελευτῆς κατ' Αἰγυπτίους Θὼθ α' τῆς ἐν Ἀλεξανδρείᾳ
μεσημβρίας τὸ μὲν βόρειον πέρας τοῦ λοξοῦ κύκλου
ἀπεῖχεν τῆς ἐαρινῆς ἰσημερίας ὡς εἰς τὰ προηγούμενα
τοῦ κόσμου $\overset{\circ}{\mu}$ σλ' καὶ ξ'ξ' ῑγ, τὸ δὲ κέντρον τοῦ ἐπι-
20 κύκλου ἀπὸ τοῦ ἀπογείου τῆς ἐκκεντρότητος ὡς εἰς
τὰ ἑπόμενα τοῦ κόσμου $\overset{\circ}{\mu}$ σξα καὶ ξ'ξ' λβ, τὸ δὲ
κέντρον τῆς σελήνης ἀπὸ τοῦ ἀπογείου τοῦ ἐπικύκλου
εἰς τὰ προηγούμενα τοῦ κόσμου $\overset{\circ}{\mu}$ πε καὶ ξ'ξ' λϛ.

10 ἐπὶ δὲ τῆς τοῦ Ἑρμοῦ σφαίρας νοείσθω κύκλος
25 ὁμόκεντρος τῷ ζῳδιακῷ φερόμενος ἐν τῷ ἐπιπέδῳ
αὐτοῦ καὶ περὶ τὸ αὐτὸ κέντρον ὡς ἀπὸ δυσμῶν πρὸς
ἀνατολάς, ὅσον καὶ ἡ τῶν ἀπλανῶν σφαῖρα, φερέτω
δὲ οὗτος ὁ κύκλος ἕτερον κύκλον ἐγκεκλιμένον πρὸς
αὐτὸν καὶ περὶ τὸ αὐτὸ κέντρον ἀμεταστάτως τῆς
30 κλίσεως τῶν ἐπιπέδων περιεχούσης γωνίαν ἐκτημορίου

Es ist also der Mittelpunkt des Epizyklus, den wir erwähnt
haben, in der Ebene des geneigten Kreises und ebenso die Gerade zwischen seinem Mittelpunkt und dem Mittelpunkt des
Tierkreises, um welchen dieser Kreis immer umläuft, während
er sich in gleichmäßiger Bewegung bewegt, indem diese Gerade
auf genau denselben Punkten des Epizyklus bleibt, nämlich
den Apogeum und Perigeum genannten, und sich der Halbmesser des exzentrischen Kreises zu dem des Epizyklus verhält
wie 60 zu $6^{1}/_{3}$.

Der Mittelpunkt des Mondes geht in gleichmäßigem Laufe
von der Gegend des Apogeums aus von Westen nach Osten,
während seine Bewegung die anomalistische ist; er wird also
in 26 ägyptischen Jahren und 99 Tagen mit ihren Nächten auf
dem Epizyklus 347 Umläufe machen, annähernd, denn es macht
bei genauer Rechnung eine Minute weniger.

Es war die Entfernung des Nordpunktes des geneigten
Kreises von dem Frühlingspunkte in der umgekehrten Reihenfolge der Zeichen in demselben ersten Jahre nach dem Tode
Alexanders, am ersten des ägyptischen Monats Thoth um Mittag
in Alexandrien 230°19′[1]) und die Entfernung des Apogeums des
exzentrischen Kreises von dem Nordpunkt ebenfalls nach Westen
82°40′ und die Entfernung des Mittelpunktes des Epizyklus
von dem Apogeum des exzentrischen Kreises nach der Reihenfolge des Tierkreises 260°40′ und die Entfernung des Mond-
mittelpunktes von dem Apogeum des Epizyklus nach der Reihenfolge der Zeichen 85°17′.

Verhalten der Sphären des Merkur. Was nun den 10
Merkur angeht, so denken wir uns für seine Sphäre einen Kreis,
dessen Mittelpunkt der Mittelpunkt des Tierkreises ist, und der
sich in der Ebene desselben und um seinen Mittelpunkt bewegt in
gleichmäßiger Bewegung von Westen nach Osten, und in gleicher
Bewegung wie die Sphäre der Fixsterne. Dieser Kreis bewege
durch seine Bewegung einen anderen, gegen ihn geneigten
Kreis, dessen Mittelpunkt der Mittelpunkt dieses Kreises sei,

---

1) 230° 19′ 13″ B.

---

1. τοῦ (pr.)] AC, τό B.   τοῦ (alt.)] addidi, om. AB.   5. ᾱ]
m. 2 C, mg. F, ὄῦ B, ὅ A.   18. ἀπεῖχε A.   19 ῑγ] ῑϑ F,
Arabs. Deinde add. τὸ δὲ ἀπόγειον τοῦ ἐκκέντρου ἀπὸ βορείου
πέρατος ὡς εἰς τὰ προηγούμενα τοῦ κόσμου μοίρας ῑιβ καὶ ἑξ.
ῑ Bainbridge cum Arabe (82° 40′).   21. σ̄ξ̄ᾱ] 260 Arabs.   λ̄β̄]
40 Arabs.   23. εἰς] ὡς εἰς D.   λ̄ς̄] 19 uel 17 Arabs.
24. ŏ mg. B, sed eras.

μιᾶς μ̣, οἵων ἐστὶν ἡ μία ὀρθὴ Ϟ̄. ἐν δὴ τῷ τοῦ λοξοῦ
κύκλου ἐπιπέδῳ ὑποκείσθω διάμετρος ἡ διὰ τοῦ βορείου
καὶ τοῦ νοτίου πέρατος, καὶ ἐπ' αὐτῆς μεταξὺ τοῦ κέντρου
τοῦ ζῳδιακοῦ καὶ τοῦ νοτίου πέρατος εἰλήφθω δύο ση-
5 μεῖα πρὸς τῷ κέντρῳ τοῦ ζῳδιακοῦ, καὶ περὶ μὲν τὸ ἀπογειότερον αὐτῶν κινείσθω ἰσοταχῶς τὸ κέντρον τοῦ ἐκκέντρου κύκλου ὡς εἰς τὰ προηγούμενα τοῦ κόσμου ἀπὸ
τοῦ ἀπογείου τῆς ἐκκεντρότητος τὴν ὑπεροχήν, ᾗ ὑπερέχει ἡ τοῦ ἡλίου πάροδος τῆς ἰσοχρονίου τῶν ἀπλανῶν
10 παρόδου, ὥστε ἐν ὅλοις πρώτοις νυχθημέροις λ̄ξ̄ πρὸς
Αἰγυπτιακοῖς ἔτεσιν ρ̄μ̄δ̄ ἀποκαταστάσεις ποιεῖσθαι
ρ̄μ̄δ̄ ἔγγιστα· ἐπιλαμβάνεται γὰρ εἰς τὸν ἀκριβῆ λογισμὸν μιᾶς μ̣ ξ̄'ξ̄' β̄· περὶ δὲ τὸ περιγειότερον κινείσθω τὸ κέντρον ἀεὶ τοῦ. ἐπικύκλου ὡς εἰς τὰ ἑπόμενα
15 τοῦ κόσμου ἀπὸ τοῦ ἀπογείου τῆς ἐκκεντρότητος, ἐπὶ
μέντοι τοῦ ἐκκέντρου πάντοτε τὴν θέσιν ἔχον, τὴν
ἴσην τῇ εἰρημένῃ πάροδον, ὥστε ἐν ὅλοις πρώτοις
νυχθημέροις λ̄ξ̄ πρὸς Αἰγυπτιακοῖς ἔτεσιν ρ̄μ̄δ̄ ἀποκαταστάσεις ποιεῖσθαι τὰς πρὸς τὴν ἐκκεντρότητα ρ̄μ̄δ̄
20 ἔγγιστα· ἐπιλαμβάνεται γὰρ εἰς τὸν ἀκριβῆ λογισμὸν
μιᾶς μ̣ ξ̄'ξ̄' β̄. ὑποκείσθω δέ, οἵων ἐστὶν ἡ ἐκ τοῦ
κέντρου τοῦ ἐκκέντρου ξ̄, τοιούτων ἡ μὲν μεταξὺ τοῦ
κέντρου τοῦ ζῳδιακοῦ καὶ τοῦ περιγειοτέρου τῶν δύο
σημείων γ̄, ἡ δὲ μεταξὺ τοῦ κέντρου τοῦ ζῳδιακοῦ
25 καὶ τοῦ ἀπογειοτέρου τῶν δύο σημείων ε̄ Ϛ', ἡ δὲ
μεταξὺ τοῦ ἀπογειοτέρου σημείου καὶ τοῦ κέντρου τοῦ
ἐκκέντρου β̄ Ϛ'. πάλιν δὴ νοείσθω κυκλίσκος περὶ τὸ
κέντρον τῆς ἐπικύκλου σφαίρας ἐν τῷ τοῦ λοξοῦ κύκλου
ἐπιπέδῳ τῆς δι' ἀμφοτέρων τῶν κέντρων εὐθείας αὐτοῦ
30 τε καὶ τοῦ περιγειοτέρου τῶν σημείων, περὶ ὃ κινεῖται
ἰσοταχῶς, τὰ αὐτὰ σημεῖα πάντοτε τοῦ κυκλίσκου κατα-

ohne sich von ihm zu entfernen. Die Neigung dieser beiden Kreise gegen einander schließe einen Winkel von $\frac{1}{3}^{\,0}$ ein, in dem Maßstabe, in dem der einzelne rechte Winkel 90 hat. In der Ebene dieses geneigten Kreises gehe ein Durchmesser von dem Nordpunkt nach dem Südpunkt, und auf diesem Durchmesser nehmen wir zwischen dem Mittelpunkt des Tierkreises und dem Südpunkt in der Nähe des Mittelpunktes des Tierkreises zwei Punkte an. Der Mittelpunkt des exzentrischen Kreises bewege sich um denjenigen dieser beiden Punkte, der am weitesten vom Mittelpunkt der Erde entfernt ist, in der umgekehrten Reihenfolge der Zeichen, in gleichmäßiger Bewegung von dem Apogeum des exzentrischen Kreises, dessen Mittelpunkt dieser Punkt ist, im Maße des Überschusses des Laufs der Sonne über den Lauf der Fixsterne; wenn die beiden Bewegungen in gleichen Zeiten geschehen, so wird er in 144 ägyptischen Jahren und 37 Tagen mit ihren Nächten 144 Umläufe machen, annähernd, da es bei genauer Rechnung zwei Minuten mehr macht.

Der Mittelpunkt des Epizyklus bewege sich um den anderen der beiden erwähnten Punkte, nämlich den der Erde am nächsten befindlichen, in der Reihenfolge des Tierkreises von dem Orte des Apogeums der Exzentrizität aus, während er immer auf dem exzentrischen Kreise liegen bleibt, und seine Bewegung der genannten Bewegung gleich ist; so wird er in 144 ägyptischen Jahren und 37 Tagen mit ihren Nächten 144 mal zu dem Orte der Exzentrizität zurückkehren, annähernd, weil es bei genauer Berechnung zwei Minuten mehr macht als dies.

Es sei der Abstand des Mittelpunktes des Tierkreises und des der Erde am nächsten befindlichen jener beiden Punkte 3 Teile, der Abstand des Mittelpunktes des Tierkreises und des von der Erde entfernteren jener beiden Punkte 5$\frac{1}{2}$ Teile, in dem Maßstab, in welchem der Halbmesser des exzentrischen Kreises 60 Teile hat und der Abstand des von der Erde entfernteren jener beiden Punkte und des Mittelpunktes des exzentrischen Kreises 2$\frac{1}{2}$ Teile.

Denken wir uns ferner einen kleinen Kreis um den Mittelpunkt der Sphäre des Epizyklus in der Ebene des geneigten Kreises, und gehe die Linie, welche den Mittelpunkt dieses Kreises mit dem der Erde am nächsten befindlichen jener beiden erwähnten Punkte, das ist der Punkt, um den sich dieser Kreis

---

1. $\overset{o}{\mu}$] μοίρας mg. E, ὀρϑῆς A B.   13. κινείσϑω] A C, κινε_ras. B.   21. μιᾶς $\overset{o}{\mu}$] B, $\overset{o}{\mu}$ μιᾶς A.   24. $\overline{γ}$] A, τριῶν B. 26. τοῦ (tert.)] om. B?   27. τό] F, om. A B.

λαμβανούσης, ἃ καλοῦμεν ἀπόγειόν τε καὶ περίγειον,
καὶ ἕτερος κυκλίσκος ὁμόκεντρος αὐτῷ φερόμενος ἐν
τῷ αὐτῷ ἐπιπέδῳ καὶ περὶ τὸ αὐτὸ κέντρον ἰσοταχῶς,
ὡς τῆς κατὰ τὸ ἀπόγειον διαστάσεως ἐπὶ τὰ αὐτὰ τῇ
5 τοῦ κόσμου περιστροφῇ συντελουμένης, τὴν ἴσην πάροδον τῇ εἰρημένῃ τοῦ κέντρου τοῦ ἐκκέντρου ἢ τοῦ
ἐπικύκλου, φερέτω δὲ οὗτος ὁ κυκλίσκος ἕτερον ἐγκεκλιμένον πρὸς αὐτὸν καὶ περὶ τὸ αὐτὸ κέντρον ἀμεταστάτως τῆς μὲν ἐγκλίσεως περιεχούσης γωνίαν τοιού-
10 των Ⳟ 𝘓′, οἵων ἐστὶν ἡ μία ὀρθὴ Ϙ͞, τῆς δὲ ἐκ τοῦ
κέντρου τοῦ ἐκκέντρου πρὸς τὴν ἐκ τοῦ κέντρου τοῦ
κυκλίσκου λόγον ἐχούσης, ὃν τὰ ⲝ͞ πρὸς τὰ κ̅β̅ δ′, καὶ
ἐπὶ τούτου τοῦ κυκλίσκου κινείσθω ὁ ἀστὴρ περὶ τὸ
κέντρον αὐτοῦ ἰσοταχῶς, ὡς τῆς κατὰ τὸ ἀπόγειον
15 μεταστάσεως ἐπὶ τὰ ἐναντία τῇ τοῦ κόσμου περιστροφῇ
συντελουμένης, τὴν ἴσην πάροδον συναμφοτέραις τῇ
τε τοῦ κέντρου τοῦ ἐκκέντρου ἢ τοῦ ἐπικύκλου καὶ
τῇ τῆς ἀνωμαλίας τοῦ ἀστέρος, ὥστε ἐν ὅλοις πρώτοις
νυχθημέροις ρο͞δ πρὸς Αἰγυπτιακοῖς ἔτεσι σ͞η ἀπο-
20 καταστάσεις ποιεῖσθαι τὰς παρὰ τὸν λοξὸν ἐπίκυκλον
ω͞ξε ἔγγιστα· ἐπιλαμβάνεται γὰρ πρὸς τὸν ἀκριβῆ
λογισμὸν μιᾶς μ̅ ξ′ ξ′ δ.

ἐν δὲ τῷ πρώτῳ πάλιν ἔτει ἀπὸ τῆς Ἀλεξάνδρου
τελευτῆς κατ' Αἰγυπτίους Θὼθ α′ τῆς ἐν Ἀλεξανδρείᾳ
25 μεσημβρίας τὸ μὲν ἀπογειότατον τῆς ἐκκεντρότητος
ἀπεῖχεν τῆς ἐαρινῆς ἰσημερίας ὡς εἰς τὰ ἑπόμενα τοῦ
κόσμου μ̅ ρ͞πε καὶ ξ′ ξ′ κ͞δ, τὸ δὲ βόρειον πέρας ὁμοίως
μ̅ ε̅ καὶ ξ′ ξ′ κ͞δ, τὸ δὲ κέντρον τοῦ ἐκκέντρου ἀπὸ
τοῦ ἀπογείου τῆς ἐκκεντρότητος ὡς εἰς τὰ προηγούμενα
30 τοῦ κόσμου μ̅ ν͞β καὶ ξ′ ξ′ ι͞ϛ, τὸ δὲ κέντρον τοῦ

in gleichmäßiger Bewegung bewegt, immer durch dieselben
Punkte dieses Kreises, nämlich das Apogeum und das Perigeum.
Denken wir uns weiter noch einen kleinen Kreis, dessen Mittelpunkt der Mittelpunkt des erwähnten Kreises ist, und der sich
in der Ebene des erwähnten Kreises und um seinen Mittelpunkt
in gleichmäßiger Bewegung dreht, so wird, wenn er sich vom
Orte des Apogeums aus bewegt, seine Bewegung in derselben
Richtung geschehen, wie die der Welt, und dieselbe wird gleich
sein der Bewegung des exzentrischen Kreises, den wir erwähnt
haben, oder derjenigen des Epizyklus. Dieser Kreis bewege
durch seine Bewegung einen anderen Kreis, der gegen ihn geneigt ist und um seinen Mittelpunkt geht. Er sitze fest auf
diesem Kreise, ohne sich von ihm zu entfernen, und die Neigung
schließe einen Winkel von 6½° ein, in dem Maßstabe, in welchem
der rechte Winkel 90 hat. Es verhalte sich der Halbmesser
des exzentrischen Kreises zu dem Halbmesser dieses kleinen
Kreises wie 60 zu 22¼. Denken wir uns nun das Gestirn auf
diesem Kreise und um seinen Mittelpunkt in gleichmäßiger
Bewegung vom Apogeum aus entgegengesetzt der Bewegung
der Welt laufen, und sei seine Bewegung darauf gleich der
Bewegung des Mittelpunktes des Epizyklus und der anomalistischen Bewegung des Gestirns zusammen; so wird das Gestirn
in 250 ägyptischen Jahren und 174 [1]) Tagen mit ihren Nächten
auf seinem geneigten Epizyklus 865 Umläufe machen, annähernd,
denn es macht bei genauer Rechnung 4 Minuten darüber.
    Die Entfernung des Apogeums des exzentrischen Kreises
von dem Frühlingspunkte in der Aufeinanderfolge der Zeichen
war im ersten Jahre nach dem Tode Alexanders am ersten
des ägyptischen Monats Thoth um Mittag in Alexandrien 185° 24′.
Die Entfernung des Nordpunktes von diesem Punkte war 5° 24′.
Die Entfernung des Mittelpunktes des exzentrischen Kreises
von dem Apogeum des Ortes der Exzentrizität in der umgekehrten Reihenfolge der Zeichen 42° 16′. Die Entfernung

1) 194 A.

11. ἐκ τοῦ κέντρου] A, ἐκκέντρου B.   13. κινείσθω] Bainbridge, νοείσθω AB et Arabs.   14. κατὰ τὸ ἀπόγειον] AC,
e corr. m. 2 B.   15. μεταστάσεως] AC, in ras. m. 2 B.   ἐναν
τία] AC, -ι- in ras. m. 2 B.   19. σ̄η̄] 250 Arabs.   26. ἀπεῖχε A.
    27. τὸ δὲ — 28. κδ̄] om. A.   30. ν̄β̄] 42 Arabs.

ἐπικύκλου ἀπὸ τοῦ ἀπογείου τῆς ἐκκεντρότητος ὡς
εἰς τὰ ἑπόμενα τοῦ κόσμου μ̅ ὁμοίως ν̅β̅ καὶ ξ´ ξ´ ι̅ϛ̅,
καὶ πάλιν τὸ μὲν βόρειον πέρας τοῦ λοξοῦ κυκλίσκου
ἀπὸ τοῦ ἀπογείου τοῦ ἐπικύκλου ὡς εἰς τὰ προηγού-
5 μενα τοῦ κόσμου μ̅ ρ̅λ̅β̅ καὶ ξ´ ξ´ ι̅ϛ̅, ὁ δὲ ἀστὴρ ἀπὸ
τοῦ βορείου πέρατος τοῦ λοξοῦ κυκλίσκου ὡς εἰς τὰ
ἑπόμενα τοῦ κόσμου μ̅ τ̅μ̅ϛ̅ καὶ ξ´ ξ´ μ̅α̅.

11 ἐπὶ δὲ τοῦ τῆς Ἀφροδίτης ἀστέρος νοείσθω πάλιν
κύκλος ὁμόκεντρος τῷ ζῳδιακῷ κύκλῳ φερόμενος ἐν
10 τῷ ἐπιπέδῳ αὐτοῦ καὶ περὶ τὸ αὐτὸ κέντρον ἰσοταχῶς
ὡς ἀπὸ δυσμῶν πρὸς ἀνατολάς, ὅσον καὶ ἡ τῶν ἀπλανῶν
σφαῖρα, φερέτω δὲ οὗτος ὁ κύκλος ἕτερον κύκλον ἐγκεκλιμένον πρὸς αὐτὸν καὶ περὶ τὸ αὐτὸ κέντρον ἀμεταστάτως τῆς ἐγκλίσεως τῶν ἐπιπέδων περιεχούσης
15 γωνίαν ἑκτημορίου μιᾶς μ̅, οἵων. ἐστὶν ἡ μία ὀρθὴ ϛ̅.
ἐν δὴ τῷ τοῦ λοξοῦ κύκλου ἐπιπέδῳ ὑποκείσθω διάμετρος
ἡ διὰ τοῦ βορείου καὶ νοτίου πέρατος καὶ ἐπ᾽ αὐτῆς
μεταξὺ τοῦ κέντρου τοῦ ζῳδιακοῦ καὶ τοῦ βορείου πέρατος
δύο σημεῖα ἴσην ἀπολαμβάνοντα εὐθεῖαν τὴν μεταξὺ
20 τοῦ κέντρου τοῦ ζῳδιακοῦ καὶ τοῦ πρὸς αὐτῷ τῶν
δύο σημείων καὶ περὶ μὲν τὸ περιγειότερον σημεῖον
κύκλος ἔκκεντρος καὶ ἀμετάστατος τῆς ἐκ τοῦ κέντρου
αὐτοῦ πρὸς τὴν μεταξὺ τῶν κέντρων αὐτοῦ τε καὶ
τοῦ ζῳδιακοῦ λόγον ἐχούσης, ὃν τὰ ξ̅ πρὸς τὰ α̅ ι̅ε̅,
25 περὶ δὲ τὸ ἀπογειότερον κινούμενον ἰσοταχῶς τὸ τοῦ
ἐπικύκλου κέντρον τὴν θέσιν ἔχον πάντοτε ἐπὶ τοῦ
ἐκκέντρου κύκλου ὡς εἰς τὰ ἑπόμενα τοῦ κόσμου καὶ
περὶ τὴν εἰρημένην διάμετρον τὴν ὑπεροχήν, ᾗ ὑπερέχει
ἡ τοῦ ἡλίου πάροδος τῆς ἰσοχρονίου τῶν ἀπλανῶν
30 παρόδου. πάλιν δὴ νοείσθω καὶ ἐν τῇ ἐπικύκλῳ σφαίρᾳ

des Mittelpunktes des Epizyklus von dem Apogeum des Ortes
der Exzentrizität in der Reihenfolge der Zeichen war ebensogroß, nämlich 42° 16'. Ferner war der Abstand des Nordpunktes des kleinen geneigten Kreises von dem Apogeum
des Epizyklus in der umgekehrten Reihenfolge der Zeichen
132° 16'; endlich die Entfernung des Gestirns von dem Nordpunkte des kleinen geneigten Kreises in der Reihenfolge der
Zeichen 346° 41'.

Verhalten der Sphären der Venus. Was nun das 11
Gestirn Venus angeht, so denken wir uns, daß es ebenfalls
eine Sphäre habe, deren Mittelpunkt der Mittelpunkt des Tierkreises ist, in dessen Ebene und um dessen Mittelpunkt sie
sich in gleichmäßiger Bewegung von Westen nach Osten bewege, wie die Bewegung der Sphäre der Fixsterne. Dieser
Kreis bewege durch seine Bewegung einen anderen, gegen ihn
geneigten Kreis um seinen Mittelpunkt, der sich nicht von ihm
entfernt. Die Neigung seiner Ebene umschließe einen Winkel
von ⅙°, in dem Maßstabe, in dem der rechte Winkel 90 hat.
In der Ebene des geneigten Kreises sei ein Durchmesser von
dem Nordpunkt nach dem Südpunkt. Auf diesem nehmen wir
zwischen dem Mittelpunkt des Tierkreises und dem Nordpunkt
zwei Punkte an. Die Gerade zwischen diesen beiden Punkten
sei gleich der Geraden zwischen dem Mittelpunkt des Tierkreises und dem ihm nächstgelegenen der beiden Punkte. Ein
exzentrischer Kreis sei um den der Erde nächstgelegenen der
beiden Punkte gezogen, der sich nicht verschiebt und nicht
bewegt. Es verhalte sich sein Halbmesser zu der Geraden
zwischen seinem Mittelpunkt und dem Mittelpunkt des Tierkreises wie 60 zu 1. Der Epizyklus bewege sich um den von
der Erde entfernteren der beiden Punkte in gleichmäßiger Bewegung, während sein Mittelpunkt immer auf dem exzentrischen
Kreise gelegen ist, in der Reihenfolge des Tierkreises, an dem
erwähnten Durchmesser im Maße des Überschusses der Bewegung der Sonne über die Bewegung der Fixsterne in gleichen
Zeiten.

Denken wir uns ferner in der Sphäre des Epizyklus einen
kleinen Kreis um den Mittelpunkt desselben und in der Ebene

---

2. $\overline{\nu\beta}$] 42 Arabs.   8. ⦵ mg. B.   15. γωνίαν] A, γὰρ
γωνίαν B.   24. $\overline{\alpha}$ $\overline{\iota\varepsilon}$] m. 2 C, $\overline{\iota\varepsilon}$ AB, 1 Arabs.

κυκλίσκος περὶ τὸ κέντρον αὐτῆς ἐν τῷ τοῦ λοξοῦ
κύκλου ἐπιπέδῳ τῆς εὐθείας τῆς δι' ἀμφοτέρων τῶν
κέντρων αὐτοῦ τε καὶ τοῦ ἀπογειοτέρου τῶν δύο τῶν
εἰρημένων, περὶ ὃ κινεῖται ἰσοταχῶς, τὰ αὐτὰ σημεῖα
5 πάντοτε τοῦ κυκλίσκου καταλαμβανούσης, ἃ καλοῦμεν
ἀπόγειόν τε καὶ περίγειον, καὶ ἕτερος κυκλίσκος ὁμόκεντρος αὐτῷ φερόμενος ἐν τῷ αὐτῷ ἐπιπέδῳ καὶ
περὶ τὸ αὐτὸ κέντρον ἰσοταχῶς, ὡς τῆς κατὰ τὸ ἀπόγειον διαστάσεως ἐπὶ τὰ αὐτὰ τῇ τοῦ κόσμου περιστροφῇ
10 συντελουμένης, τὴν ἴσην πάροδον τῇ εἰρημένῃ τοῦ
κέντρου τοῦ ἐπικύκλου, φερέτω δὲ οὗτος ὁ κυκλίσκος
ἕτερον ἐγκεκλιμένον πρὸς αὐτὸν καὶ περὶ τὸ αὐτὸ
κέντρον ἀμεταστάτως τῆς μὲν ἐγκλίσεως περιεχούσης
γωνίαν τοιούτων γ̅ L′, οἵων ἐστὶν ἡ μία ὀρθὴ q̅, τῆς
15 δὲ ἐκ τοῦ κέντρου τοῦ ἐκκέντρου πρὸς τὴν ἐκ τοῦ
κέντρου τοῦ κυκλίσκου λόγον ἐχούσης, ὃν τὰ ξ̅ πρὸς
τὰ μ̅γ̅ ϛ′, καὶ ἐπὶ τούτου τοῦ κυκλίσκου κινείσθω ὁ
ἀστὴρ περὶ τὸ κέντρον αὐτοῦ ἰσοταχῶς, ὡς τῆς κατὰ
τὸ ἀπόγειον μεταστάσεως ἐπὶ τὰ ἐναντία τῇ τοῦ κόσμου
20 περιστροφῇ συντελουμένης, τὴν ἴσην πάροδον συναμφοτέραις τῇ τε τοῦ ἐπικύκλου καὶ τῇ τοῦ ἀστέρος,
ὥστε ἐν ὅλοις πρώτοις νυχθημέροις λγ̅ πρὸς Αἰγυπτιακοῖς ἔτεσι λε̅ ἀποκαταστάσεις ποιεῖσθαι νζ̅ ἔγγιστα·
ἐπιλαμβάνεται γὰρ εἰς τὸν ἀκριβῆ λογισμὸν μιᾶς
25 μ̇ ξ′ α̅.

ἐν δὲ τῷ πρώτῳ ἔτει τῆς Ἀλεξάνδρου τελευτῆς
κατ' Αἰγυπτίους Θὼθ α′ τῆς ἐν Ἀλεξανδρείᾳ μεσημβρίας τὸ μὲν ἀπογειότατον τῆς ἐκκεντρότητος ἀπεῖχεν
τῆς ἐαρινῆς ἰσημερίας εἰς τὰ ἑπόμενα τοῦ κόσμου μ̇ ν̅
30 καὶ ξ′ ξ′ κδ̅, τοσαῦτα δὲ καὶ τὸ βόρειον πέρας, τὸ δὲ
κέντρον τοῦ ἐπικύκλου ἀπὸ τοῦ ἀπογείου τῆς ἐκκεν-

des geneigten Kreises, und gehe die Gerade, welche seinen
Mittelpunkt und den von der Erde entfernteren der beiden erwähnten Punkte verbindet, um welch letzteren sich dieser Kreis
in gleichmäßiger Bewegung bewegt, von diesem kleinen Kreise
aus immer durch dieselben Punkte, nämlich die Apogeum und
Perigeum genannten. Denken wir uns ferner einen anderen
kleinen Kreis, dessen Mittelpunkt der Mittelpunkt dieses Kreises
ist, und der in seiner Ebene in gleichmäßiger Bewegung von
dem Apogeum in der Richtung, in der sich die Welt bewegt,
läuft, in gleicher Bewegung wie der Epizyklus, den wir erwähnt
haben Es bewege dieser Kreis in seiner Bewegung einen
anderen gegen ihn geneigten Kreis, dessen Mittelpunkt sein
Mittelpunkt ist und der sich nicht von diesem Kreis entfernt;
die Neigung dieses Kreises schließe einen Winkel von $3\frac{1}{2}°$ ein,
in dem Maßstabe, in dem der rechte Winkel 90 hat, und es
verhalte sich der Halbmesser des exzentrischen Kreises zu dem
Halbmesser des Epizyklus wie 60 zu $43\frac{1}{6}$. Das Gestirn bewege
sich um den Mittelpunkt dieses Kreises in gleichmäßiger Bewegung von dem Apogeum nach der entgegengesetzten Richtung als sich die Welt bewegt, mit einer Bewegung, die derjenigen des Epizyklus und des Gestirnes zusammengenommen
gleich ist; so wird es in 35 ägyptischen Jahren und 33 Tagen
mit ihren Nächten 57 Umdrehungen machen, annähernd, weil
es bei genauer Rechnung eine Minute mehr macht, als wir gesagt haben.

Es war die Entfernung des Apogeums des Ortes der Exzentrizität von dem Frühlingspunkte nach der Aufeinanderfolge
des Tierkreises im ersten Jahre nach dem Tode Alexanders,
am ersten des ägyptischen Monats Thoth um Mittag in Alexandrien 50° 24′, und ebensogroß war der Abstand des Nordpunktes
von demselben Punkte. Der Abstand des Mittelpunktes des
Epizyklus von dem Apogeum des Ortes der Exzentrizität in

---

17. τά] F, om. AB.   28. ἀπεῖχε A.

τρότητος ὡς εἰς τὰ ἑπόμενα τοῦ κόσμου μ̅ ο̅ ρ̅ξ καὶ
ξ'ξ' ι̅β̅, καὶ πάλιν τὸ μὲν βόρειον πέρας τοῦ λοξοῦ
κυκλίσκου ἀπὸ τοῦ ἀπογείου τοῦ ἐπικύκλου ὡς εἰς τὰ
προηγούμενα τοῦ κόσμου μ̅ π̅ξ καὶ ξ'ξ' ι̅ϛ, ὁ δὲ ἀστὴρ
5 ἀπὸ τοῦ βορείου πέρατος τοῦ λοξοῦ κυκλίσκου ὡς
εἰς τὰ ἑπόμενα τοῦ κόσμου μ̅ ρ̅ξη καὶ ξ'ξ' λ̅ε̅.

12 ἐπὶ δὲ τῆς τοῦ Ἄρεως σφαίρας νοείσθω κατὰ τὰ
αὐτὰ κύκλος ὁμόκεντρος τῷ ζῳδιακῷ φερόμενος ἐν τῷ
ἐπιπέδῳ αὐτοῦ καὶ περὶ τὸ αὐτὸ κέντρον ἰσοταχῶς
10 ἀπὸ δυσμῶν πρὸς ἀνατολάς, ὅσον καὶ ἡ τῶν ἀπλανῶν
σφαῖρα, φερέτω δὲ οὗτος ὁ κύκλος ἕτερον κύκλον
ἐγκεκλιμένον πρὸς αὐτὸν καὶ περὶ τὸ αὐτὸ κέντρον
ἀμεταστάτως τῆς ἐγκλίσεως τῶν ἐπιπέδων περιεχούσης
γωνίαν τοιούτων α̅ ∠ γ', οἵων ἐστὶν ἡ μία ὀρθὴ ϙ̅.
15 ἐν δὴ τῷ τοῦ λοξοῦ κύκλου ἐπιπέδῳ ὑποκείσθω διάμετρος ἡ διὰ τοῦ βορείου καὶ νοτίου πέρατος καὶ ἐπ'
αὐτῆς μεταξὺ τοῦ κέντρου τοῦ ζῳδιακοῦ καὶ τοῦ
βορείου πέρατος δύο σημεῖα ἴσην ἀπολαμβάνοντα εὐθεῖαν
τὴν μεταξὺ τοῦ κέντρου τοῦ ζῳδιακοῦ καὶ τοῦ πρὸς
20 αὐτῷ τῶν δύο σημείων, καὶ περὶ μὲν τὸ περιγειότερον
σημεῖον κύκλος ἔκκεντρος καὶ ἀμετάστατος τῆς ἐκ τοῦ
κέντρου αὐτοῦ πρὸς τὴν μεταξὺ τῶν κέντρων αὐτοῦ
τε καὶ τοῦ ζῳδιακοῦ λόγον ἐχούσης, ὃν τὰ ξ̅ πρὸς τὰ
ἕξ, περὶ δὲ τὸ ἀπογειότερον κινούμενον ἰσοταχῶς τὸ
25 τοῦ ἐπικύκλου κέντρον τὴν θέσιν ἔχον πάντοτε ἐπὶ
τοῦ ἐκκέντρου κύκλου ὡς εἰς τὰ ἑπόμενα τοῦ κόσμου
καὶ περὶ τὴν εἰρημένην διάμετρον τὴν ὑπεροχήν, ᾗ
ὑπερέχει ἡ τοῦ ἡλίου πάροδος συναμφοτέρων τῶν
ἰσοχρονίων παρόδων τῆς τε τῶν ἀπλανῶν καὶ τῆς τοῦ
30 ἀστέρος, ὥστε ἐν ὅλοις πρώτοις νυχθημέροις τ̅ξ̅α̅ πρὸς
Αἰγυπτιακοῖς ἔτεσιν ϙ̅ε̅ ἀποκαταστάσεις ποιεῖσθαι ν̅α̅

der Aufeinanderfolge des Tierkreises war 177⁰ 16′. Ferner war
der Abstand des Nordpunktes des kleinen geneigten Kreises
von dem Apogeum des Epizyklus in der umgekehrten Reihenfolge der Zeichen 87⁰ 16′, endlich der Abstand des Gestirnes
von dem Nordpunkt des kleinen geneigten Kreises in der Reihenfolge des Tierkreises 168⁰ 35′.

Verhalten der Sphären des Mars. Was nun das Ge- 12
stirn Mars angeht, so denken wir uns für seine Sphäre ebenfalls einen Kreis, dessen Mittelpunkt der Mittelpunkt des Tierkreises ist und der sich in der Ebene desselben und um seinen
Mittelpunkt bewegt, in gleichmäßiger Bewegung von Westen
her nach Osten zu und in gleicher Bewegung wie die Sphäre
der Fixsterne. Dieser Kreis bewege in seiner Bewegung einen
anderen, gegen ihn geneigten Kreis, dessen Mittelpunkt der
Mittelpunkt dieses Kreises sei, ohne sich gegen denselben zu
verschieben. Die Neigung dieses Kreises schließe einen Winkel
von 1 + ½ + ⅓ ⁰ ein, in dem Maßstabe, in welchem der rechte
Winkel 90 hat. In der Ebene des geneigten Kreises gehe ein
Durchmesser von dem Nordpunkte nach dem Südpunkte. Auf
diesem Durchmesser liegen zwei Punkte zwischen dem Mittelpunkt des Tierkreises und dem Nordpunkte. Die Gerade zwischen
beiden sei gleich der Geraden zwischen dem Mittelpunkt des
Tierkreises und dem ihm nächstgelegenen dieser beiden Punkte.
Der der Erde nächstgelegene Punkt sei der Mittelpunkt eines
exzentrischen Kreises, der sich nicht verschiebe und nicht bewege. Das Verhältnis seines Halbmessers zu der Geraden
zwischen seinem Mittelpunkte und dem Mittelpunkt des Tierkreises sei wie 60 zu 6. Der Mittelpunkt des Epizyklus bewege
sich um den von der Erde entfernteren der beiden Punkte in
gleichmäßiger Bewegung in der Aufeinanderfolge des Tierkreises
an dem Orte des erwähnten Durchmessers im Maße des Überschusses der Bewegung der Sonne über die Bewegung des Gestirns und die Bewegung der Fixsterne zusammen in gleichen
Zeiten, und er liege bei seiner Bewegung immer auf dem exzentrischen Kreis; so wird er in 95 ägyptischen Jahren und
361 Tagen mit ihren Nächten 51 Umläufe machen, annähernd,

---

2. ιβ̄] 16 Arabs.   4. ιϛ] ιβ΄ F, ἐν ἄλλῳ ιϛ΄ mg.   7. φ
mg. m. 2 B.   14. ἡ] AC, post ras. 1 litt. B.

ἔγγιστα· λείπει γὰρ εἰς τὸν ἀκριβῆ λογισμὸν μιᾶς $\overset{\circ}{μ}$
ξ'ξ' γ. πάλιν δὴ νοείσθω καὶ ἐν τῇ ἐπικύκλῳ σφαίρᾳ
κυκλίσκος περὶ τὸ κέντρον αὐτῆς ἐν τῷ τοῦ λοξοῦ
κύκλου ἐπιπέδῳ τῆς εὐθείας τῆς δι' ἀμφοτέρων τῶν
5 κέντρων αὐτοῦ τε καὶ τοῦ ἀπογειοτέρου τῶν δύο τῶν
εἰρημένων, περὶ ὃ κινεῖται ἰσοταχῶς, τὰ αὐτὰ σημεῖα
πάντοτε τοῦ κυκλίσκου καταλαμβανούσης, ἃ καλοῦμεν
ἀπόγειόν τε καὶ περίγειον, καὶ ἕτερος κυκλίσκος ὁμόκεντρος αὐτῷ φερόμενος ἐν τῷ αὐτῷ ἐπιπέδῳ καὶ περὶ
10 τὸ αὐτὸ κέντρον ἰσοταχῶς, ὡς τῆς κατὰ τὸ ἀπόγειον
μεταστάσεως ἐπὶ τὰ ἐναντία τῇ τοῦ κόσμου περιστροφῇ
συντελουμένης, τὴν ἴσην πάροδον τῇ εἰρημένῃ τοῦ
κέντρου τοῦ ἐπικύκλου, φερέτω δὲ καὶ οὗτος ὁ κυκλίσκος
ἕτερον ἐγκεκλιμένον πρὸς αὐτὸν καὶ περὶ τὸ αὐτὸ
15 κέντρον ἀμεταστάτως τῆς μὲν ἐγκλίσεως περιεχούσης
γωνίαν τοιούτων πάλιν ā ∟ γ', οἵων ἐστὶν ἡ μία
ὀρθὴ q̄, τῆς δὲ ἐκ τοῦ κέντρου τοῦ ἐκκέντρου πρὸς
τὴν ἐκ τοῦ κέντρου τοῦ κυκλίσκου λόγον ἐχούσης,
ὃν τὰ ξ̄ πρὸς τὰ λθ̄ ∟', καὶ ἐπὶ τούτου τοῦ κυκλίσκου
20 κινείσθω ὁ ἀστὴρ περὶ τὸ κέντρον αὐτοῦ ἰσοταχῶς,
ὡς τῆς κατὰ τὸ ἀπόγειον μεταστάσεως ἐπὶ τὰ ἐναντία
τῇ τοῦ κόσμου περιστροφῇ συντελουμένης, τὴν ἴσην
πάροδον συναμφοτέραις τῇ τε τοῦ ἐπικύκλου καὶ τῇ
τοῦ ἀστέρος, τουτέστι τὴν ὑπεροχήν, ᾗ ὑπερέχει ἡ
25 τοῦ ἡλίου πάροδος τῆς ἰσοχρονίου τῶν ἀπλανῶν
παρόδου.

ἐν δὲ τῷ α' ἔτει ἀπὸ τῆς Ἀλεξάνδρου τελευτῆς
κατ' Αἰγυπτίους Θὼθ α' τῆς ἐν Ἀλεξανδρείᾳ μεσημβρίας τὸ μὲν ἀπογειότατον τῆς ἐκκεντρότητος ἀπεῖχεν
30 τῆς ἐαρινῆς ἰσημερίας ὡς εἰς τὰ ἐπόμενα τοῦ κόσμου
$\overset{\circ}{μ}$ ρ̄ι καὶ ξ'ξ' μ̄δ, τοσαῦτα δὲ καὶ τὸ βόρειον πέρας,

denn es macht bei genauer Rechnung drei Minuten weniger,
als wir gesagt haben.

Denken wir uns ferner in der Sphäre des Epizyklus einen
kleinen Kreis um den Mittelpunkt desselben in der Ebene des
geneigten Kreises, und gehe die Gerade, die den Mittelpunkt
dieses Kreises und den von der Erde entfernteren der beiden
erwähnten Punkte, das ist derjenige, um welchen sich der Epizyklus in gleichmäßiger Bewegung bewegt, verbindet, immer
durch dieselben Punkte dieses kleinen Kreises, nämlich die
Apogeum und Perigeum genannten; sei ferner ein andrer kleiner
Kreis, der sich in der Ebene dieses Kreises und um den Mittelpunkt desselben bewege in gleichmäßiger Bewegung von dem
Apogeum nach der Richtung, in der sich die Welt bewegt,
und sei dieselbe gleich der Bewegung des Mittelpunktes des
erwähnten Epizyklus. Dieser kleine Kreis bewege einen anderen
gegen ihn geneigten Kreis um seinen Mittelpunkt, der auf
diesem Kreise unbeweglich festsitze. Seine Neigung schließe
einen Winkel von ebenfalls $4 + \frac{1}{2} + \frac{1}{3}^{0}$ ($= 4^0 50'$) ein, in dem
Maßstabe, in welchem der rechte Winkel 90 hat. Das Ver-
hältnis des Halbmessers des exzentrischen Kreises zu dem Halbmesser des kleinen Kreises sei wie 60 zu $39\frac{1}{2}$. Das Gestirn
bewege sich auf diesem kleinen Kreise um den Mittelpunkt desselben in gleichmäßiger Bewegung, so daß, wenn es sich vom
Apogeum aus bewegt, seine Bewegung der Bewegung der Welt
entgegengesetzt und gleich ist der Bewegung des Epizyklus und
der Bewegung des Gestirnes zusammen; das ist aber der Überschuß der Bewegung der Sonne über die Bewegung der Fixsterne
in gleichen Zeiten.

Es war der Abstand des Apogeums des Ortes der Exzentrizität von dem Frühlingspunkte in der Reihenfolge des Tierkreises im ersten Jahre nach dem Tode Alexanders am ersten
des ägyptischen Monats Thoth um Mittag in Alexandrien $110^0 54'$.
Die Entfernung des Nordpunktes ebensogroß. Die Entfernung

6. ἰσοταχῶς] -ο- corr. ex ω in scrib. B.   11. ἐναντία] αὐτά
Bainbridge cum Arabe.   16. πάλιν τοιούτων A.   ᾱ] 4 Arabs.
19. τοῦ] A, om. B.   21. ὡς] B, om. A.   27. ἀπό] B, om. A.
29. ἀπεῖχε A.   31. μδ̄] 54 Arabs.   τοσαύτας A.

Ptolemaeus, ed. Heiberg. III.   7

τὸ δὲ κέντρον τοῦ ἐπικύκλου ἀπὸ τοῦ ἀπογείου τῆς
ἐκκεντρότητος ὡς εἰς τὰ ἑπόμενα τοῦ κόσμου μ̅ τ̅ν̅ς̅
καὶ ξ'ξ' κ̅, καὶ πάλιν τὸ μὲν βόρειον πέρας τοῦ λοξοῦ
κυκλίσκου ἀπὸ τοῦ ἀπογείου τοῦ ἐπικύκλου ὡς εἰς τὰ
5 προηγούμενα τοῦ κόσμου μ̅ ρ̅ο̅ς̅ καὶ ξ'ξ' κ̅, ὁ δὲ
ἀστὴρ ἀπὸ τοῦ βορείου πέρατος τοῦ λοξοῦ κύκλου ὡς
εἰς τὰ ἑπόμενα τοῦ κόσμου μ̅ σ̅ς̅ς̅ καὶ ξ'ξ' μ̅ς̅.

13 ἐπὶ δὲ τῆς τοῦ Διὸς σφαίρας νοείσθω κύκλος ὁμόκεντρος τῷ ζῳδιακῷ φερόμενος ἐν τῷ ἐπιπέδῳ αὐτοῦ
10 καὶ περὶ τὸ αὐτὸ κέντρον ἰσοταχῶς ἀπὸ δυσμῶν πρὸς
ἀνατολάς, ὅσον καὶ ἡ τῶν ἀπλανῶν σφαῖρα, φερέτω
δὲ οὗτος ὁ κύκλος ἕτερον κύκλον ἐγκεκλιμένον πρὸς
αὐτὸν καὶ περὶ τὸ αὐτὸ κέντρον ἀμεταστάτως τῆς
ἐγκλίσεως τῶν ἐπιπέδων περιεχούσης γωνίαν τοιούτων
15 ᾱ ∠', οἵων ἐστὶν ἡ μία ὀρθὴ ϟ̅, ἐν δὲ τῷ τοῦ λοξοῦ
κύκλου ἐπιπέδῳ νοηθείσης εὐθείας ἀπὸ τοῦ κέντρου
τοῦ ζῳδιακοῦ ἐπὶ τὸ προηγούμενον τοῦ βορείου πέρατος
μ̅ κ̅ ὑποκείσθω ἐπ' αὐτῆς δύο σημεῖα ἴσην ἀπολαμβάνοντα εὐθεῖαν τὴν μεταξὺ τοῦ κέντρου τοῦ ζῳδιακοῦ
20 καὶ τοῦ πρὸς αὐτῷ τῶν δύο σημείων, καὶ περὶ μὲν
τὸ περιγειότερον τῶν δύο σημείων κύκλος ἔκκεντρος
καὶ ἀμετάστατος τῆς ἐκ τοῦ κέντρου αὐτοῦ πρὸς τὴν
μεταξὺ τῶν κέντρων αὐτοῦ τε καὶ τοῦ ζῳδιακοῦ λόγον
ἐχούσης, ὃν τὰ ξ̅ πρὸς τὰ β̅ ∠' δ', περὶ δὲ τὸ ἀπο-
25 γειότερον ἰσοταχῶς κινείσθω τὸ τοῦ ἐπικύκλου κέντρον τὴν θέσιν ἔχον πάντοτε ἐπὶ τοῦ εἰρημένου ἐκκέντρου ὡς εἰς τὰ ἑπόμενα τοῦ κόσμου καὶ περὶ τὴν
εἰρημένην διάμετρον τὴν ὑπεροχήν, ᾗ ὑπερέχει ἡ τοῦ
ἡλίου πάροδος συναμφοτέρων τῶν ἰσοχρονίων παρόδων
30 τῆς τε τῶν ἀπλανῶν καὶ τοῦ ἀστέρος, ὥστε ἐν ὅλοις

des Mittelpunktes des Epizyklus von dem Apogeum des Ortes
der Exzentrizität in der Reihenfolge des Tierkreises 356° 7'
Die Entfernung des Nordpunktes des kleinen geneigten Kreises
von dem Apogeum des Epizyklus in umgekehrter Reihenfolge
der Zeichen 176° 20'. Die Entfernung des Gestirnes von dem
Nordpunkt des kleinen geneigten Kreises in der Reihenfolge
des Tierkreises 296° 46'.

Verhalten der Sphären des Jupiter. Was nun die 13
Sphäre des Jupiter-Gestirns angeht, so denken wir uns einen
Kreis, dessen Mittelpunkt der Mittelpunkt des Tierkreises ist
und der sich in der Ebene desselben und um seinen Mittelpunkt
in gleichmäßiger Bewegung bewegt von Westen nach Osten,
während seine Bewegung gleich ist der Bewegung der Sphäre der
Fixsterne. Dieser Kreis bewege auch in seiner Bewegung einen
anderen gegen ihn geneigten Kreis, dessen Mittelpunkt der Mittelpunkt dieses Kreises ist; derselbe sei unverschiebbar gegen ihn.
Die Neigung dieser beiden Ebenen gegeneinander schließe einen
Winkel von $1\frac{1}{2}$° ein, in dem Maßstabe, in welchem der rechte
Winkel 90 enthält. Denken wir uns in der Ebene dieses geneigten Kreises eine Gerade, die vom Mittelpunkt des Tierkreises ausgeht nach einem Punkt, der 20° vor dem Nordpunkt
liegt; auf dieser Linie mögen sich zwei Punkte befinden, derart,
daß die Verbindungslinie der beiden Punkte gleich der Geraden
zwischen dem Mittelpunkt des Tierkreises und dem ihm am
nächsten gelegenen von diesen beiden Punkten ist. Der der
Erde am nächsten gelegene dieser beiden Punkte sei der Mittelpunkt eines exzentrischen Kreises, der sich nicht verschiebt
und nicht bewegt. Es verhalte sich sein Halbmesser zu der
Geraden zwischen seinem Mittelpunkte und dem Mittelpunkt
des Tierkreises wie 60 zu $2\frac{3}{4}$. Der Mittelpunkt des Epizyklus
laufe um den von der Erde entfernteren der beiden Punkte in
gleichmäßiger Bewegung in der Reihenfolge des Tierkreises,
und es liege der Mittelpunkt des Epizyklus immer auf dem
exzentrischen Kreise, und seine Bewegung an dem Orte des
Durchmessers, den wir erwähnt haben, geschehe in dem Maße
des Überschusses der Bewegung der Sonne über die Bewegung
dieses Gestirns und die Bewegung der Sphäre der Fixsterne

---

3. $\overline{x}$] 7 Arabs.   7. $\overline{\sigma\overline{q}\varsigma}$] Bainbridge cum Arabe, $\overline{q\varsigma}$ AB.
8. ξ mg. m. 2 B.   10. καί — κέντρον] om. A.   12. κύκλος]
comp. A, κυκλίσκος B.   ἐγκεκλιμένον κύκλον A.

πρώτοις νυχθημέροις σλη πρὸς Αἰγυπτιακοῖς ἔτεσι σιγ
ἀποκαταστάσεις ποιεῖσθαι ιη ἔγγιστα· ἐπιλαμβάνεται
γὰρ πρὸς τὸν ἀκριβῆ λογισμὸν μιᾶς μ̅ ξ' α̅. πάλιν
καὶ ἐν τῇ ἐπικύκλῳ σφαίρᾳ νοείσθω κυκλίσκος περὶ
5 τὸ κέντρον αὐτῆς ἐν τῷ τοῦ λοξοῦ κύκλου ἐπιπέδῳ
τῆς εὐθείας τῆς δι' ἀμφοτέρων τῶν κέντρων αὐτοῦ
τε καὶ τοῦ ἀπογειοτέρου τῶν δύο τῶν εἰρημένων,
περὶ ὃ κινεῖται ἰσοταχῶς, τὰ αὐτὰ σημεῖα πάντοτε τοῦ
κυκλίσκου καταλαμβανούσης, ἃ καλοῦμεν ἀπόγειόν τε
10 καὶ περίγειον, καὶ ἕτερος κυκλίσκος ὁμόκεντρος αὐτῷ
φερόμενος ἐν τῷ αὐτῷ ἐπιπέδῳ καὶ περὶ τὸ αὐτὸ
κέντρον ἰσοταχῶς, ὡς τῆς κατὰ τὸ ἀπόγειον μεταστάσεως ἐπὶ τὰ αὐτὰ τῇ τοῦ κόσμου περιστροφῇ συντελουμένης, τὴν ἴσην πάροδον τῇ εἰρημένῃ τοῦ κέντρου
15 τοῦ ἐπικύκλου, φερέτω δὲ καὶ οὗτος ὁ κυκλίσκος
ἕτερον ἐγκεκλιμένον πρὸς αὐτὸν καὶ περὶ τὸ αὐτὸ
κέντρον ἀμεταστάτως τῆς μὲν ἐγκλίσεως περιεχούσης
γωνίαν τοιούτων α̅ ∠', οἵων ἐστὶν ἡ μία ὀρθὴ ϙ̅, τῆς
δὲ ἐκ τοῦ κέντρου τοῦ ἐκκέντρου πρὸς τὴν ἐκ τοῦ
20 κέντρου τοῦ κυκλίσκου λόγον ἐχούσης, ὃν τὰ ξ̅ πρὸς
τὰ ῑα̅ ∠', καὶ ἐπὶ τούτου τοῦ κυκλίσκου κινείσθω ὁ
ἀστὴρ περὶ τὸ κέντρον αὐτοῦ ἰσοταχῶς, ὡς τῆς κατὰ
τὸ ἀπόγειον μεταστάσεως ἐπὶ τὰ ἐναντία τῇ τοῦ κόσμου περιστροφῇ συντελουμένης, τὴν ἴσην πάροδον
25 συναμφοτέραις τῇ τε τοῦ ἐπικύκλου καὶ τῇ τοῦ ἀστέρος,
τουτέστι τὴν ὑπεροχήν πάλιν, ᾗ ὑπερέχει ἡ τοῦ ἡλίου
πάροδος τῆς ἰσοχρονίου τῶν ἀπλανῶν παρόδου.

ἐν δὲ τῷ α' ἔτει ἀπὸ τῆς Ἀλεξάνδρου τελευτῆς
κατ' Αἰγυπτίους Θὼθ α' τῆς ἐν Ἀλεξανδρείᾳ μεσημ-
30 βρίας τὸ μὲν ἀπογειότατον τῆς ἐκκεντρότητος ἀπεῖχε
τῆς ἐαρινῆς ἰσημερίας ὡς εἰς τὰ ἐπόμενα τοῦ κόσμου

zusammen in gleichen Zeiten; so wird er in 213 ägyptischen
Jahren und 240 Tagen mit ihren Nächten 18 Umläufe machen,
annähernd, weil es bei genauer Rechnung eine Minute mehr
macht, als wir gesagt haben.

Denken wir uns ferner in der Sphäre des Epizyklus einen
kleinen Kreis um den Mittelpunkt desselben in der Ebene des
geneigten Kreises, und gehe die Linie, die den Mittelpunkt
dieses Kreises und den von der Erde entfernteren der beiden
erwähnten Punkte, nämlich denjenigen, um welchen der Epizyklus in gleichmäßiger Bewegung läuft, schneidet, immer durch
dieselben Punkte dieses kleinen Kreises, nämlich die Apogeum
und Perigeum genannten; sei ferner ein andrer kleiner Kreis
vorhanden, dessen Mittelpunkt der Mittelpunkt dieses Kreises
ist, und bewege er sich in der Ebene desselben und um seinen
Mittelpunkt in gleichmäßiger Bewegung von dem Apogeum aus
in der Richtung, in der sich die Welt bewegt, die gleich ist
der Bewegung des Mittelpunktes des Epizyklus, den wir erwähnt haben; bewege dieser kleine Kreis einen andern gegen
ihn geneigten um seinen Mittelpunkt, und sitze er fest auf ihm,
ohne sich von ihm zu entfernen, und schließe seine Neigung
einen Winkel von $1\frac{1}{2}^{0}$ ein, in dem Maßstabe, in welchem der
rechte Winkel 90 hat; es verhalte sich der Halbmesser des
exzentrischen Kreises zu dem Halbmesser des kleinen Kreises
wie 60 zu $11\frac{1}{2}$. Dieses Gestirn bewege sich nun auf diesem
kleinen Kreise und um den Mittelpunkt desselben in gleichmäßiger Bewegung von dem Apogeum aus in der entgegengesetzten Richtung wie die Welt, während seine Bewegung
gleich ist der Bewegung des Epizyklus und der Bewegung des
Gestirns zusammen, das ist ebenfalls der Überschuß der Bewegung der Sonne über die Bewegung der Fixsterne in gleichen
Zeiten.

Es war die Entfernung des Apogeums des Ortes der Exzentrizität von dem Frühlingspunkte in der Reihenfolge des
Tierkreises im ersten Jahre nach dem Tode Alexanders am ersten
des ägyptischen Monats Thoth um Mittag in Alexandrien $156^{0} 24'$.

---

1. $\overline{\sigma\lambda\eta}$] Bainbridge, $\overline{\sigma\mu}$ AB et Arabs.   30. $\overline{\alpha\pi\varepsilon\tilde{\imath}\chi\varepsilon}$ A.

μ ϱνϛ καὶ ξ'ξ' κδ, τὸ δὲ κέντρον τοῦ ἐπικύκλου ἀπὸ
τοῦ ἀπογείου τῆς ἐκκεντρότητος ὡς εἰς τὰ ἑπόμενα
τοῦ κόσμου μ σϙβ καὶ ξ'ξ' μγ, καὶ πάλιν τὸ μὲν
βόρειον πέρας τοῦ λοξοῦ κύκλου ἀπὸ τοῦ ἀπογείου
5 ὡς εἰς τὰ ἑπόμενα τοῦ κόσμου μ ϙβ καὶ ἑξηκοστὰ μγ,
ὁ δὲ ἀστὴρ ἀπὸ τοῦ βορείου πέρατος τοῦ λοξοῦ κυκλίσκου ὡς εἰς τὰ ἑπόμενα τοῦ κόσμου μ σλα καὶ
ξ'ξ' λα.

14   ἐπὶ δὲ τῆς τοῦ Κρόνου σφαίρας νοείσθω κύκλος
10 ὁμόκεντρος τῷ ζῳδιακῷ φερόμενος ἐν τῷ ἐπιπέδῳ αὐτοῦ
καὶ περὶ τὸ αὐτὸ κέντρον ἰσοταχῶς ἀπὸ δυσμῶν πρὸς
ἀνατολάς, ὅσον καὶ ἡ τῶν ἀπλανῶν σφαῖρα, φερέτω
δὲ οὗτος ὁ κύκλος ἕτερον κύκλον ἐγκεκλιμένον πρὸς
αὐτὸν καὶ περὶ τὸ αὐτὸ κέντρον ἀμεταστάτως τῆς
15 ἐγκλίσεως τῶν ἐπιπέδων περιεχούσης γωνίαν τοιούτων
β ∠', οἵων ἐστὶν ἡ μία ὀρθὴ ϙ. ἐν δὴ τῷ τοῦ λοξοῦ
κύκλου ἐπιπέδῳ νοηθείσης εὐθείας ἀπὸ τοῦ κέντρου
τοῦ ζῳδιακοῦ ἐπὶ τὸ ὑπολειπόμενον σημεῖον τοῦ
βορείου πέρατος μ μ ὑποκείσθω ἐπ' αὐτῆς δύο σημεῖα
20 ἴσην ἀπολαμβάνοντα εὐθεῖαν τὴν μεταξὺ τοῦ κέντρου
τοῦ ζῳδιακοῦ καὶ τοῦ πρὸς αὐτῷ τῶν δύο σημείων,
καὶ περὶ μὲν τὸ περιγειότερον τῶν δύο σημείων κύκλος
ἔκκεντρος καὶ ἀμετάστατος τῆς ἐκ τοῦ κέντρου αὐτοῦ
πρὸς τὴν μεταξὺ τῶν κέντρων αὐτοῦ τε καὶ τοῦ ζῳδια-
25 κοῦ λόγον ἐχούσης, ὃν τὰ ξ πρὸς τὰ γ γ', περὶ δὲ τὸ
ἀπογειότερον ἰσοταχῶς κινείσθω τὸ κέντρον τοῦ ἐπικύκλου τὴν θέσιν ἔχον πάντοτε ἐπὶ τοῦ εἰρημένου
ἐκκέντρου ὡς εἰς τὰ ἑπόμενα τοῦ κόσμου καὶ περὶ τὴν
εἰρημένην διάμετρον τὴν ὑπεροχήν, ᾗ ὑπερέχει ἡ τοῦ
30 ἡλίου πάροδος συναμφοτέρων τῶν ἰσοχρονίων παρόδων

Die Entfernung des Nordpunktes davon 176° 24′. Die Entfernung des Mittelpunktes des Epizyklus von dem Apogeum des Ortes der Exzentrizität in der Reihenfolge des Tierkreises 292° 23′. Die Entfernung des Nordpunktes des kleinen geneigten Kreises ebenfalls von dem Apogeum des Epizyklus in der umgekehrten Reihenfolge der Zeichen 92° 43′ und die Entfernung des Gestirns von dem Nordpunkt des kleinen geneigten Kreises in der Reihenfolge des Tierkreises 231° 16′.

Verhalten der Sphären des Saturn. Für die Sphäre **14** des Saturn denken wir uns einen Kreis, dessen Mittelpunkt der Mittelpunkt des Tierkreises ist, der sich in der Ebene desselben und um seinen Mittelpunkt bewegt in gleichmäßiger Bewegung von Westen nach Osten, während seine Bewegung der Bewegung der Sphäre der Fixsterne gleich ist. Dieser Kreis bewege gleichfalls einen gegen ihn geneigten Kreis um seinen Mittelpunkt. Dieser sei gegen ihn unverschiebbar. Die Neigung dieser beiden Ebenen gegeneinander schließe einen Winkel von 2 ½° ein, in dem Maßstabe, in dem der rechte Winkel 90 hat. Denken wir uns ferner in der Ebene des geneigten Kreises eine gerade Linie, die von dem Mittelpunkt des Tierkreises nach einem von dem Nordpunkt um 40° verschiedenen Punkte geht; auf dieser Linie mögen sich zwei Punkte befinden, deren Verbindungslinie gleich der Geraden zwischen dem Mittelpunkt des Tierkreises und dem ihm am nächsten gelegenen von jenen beiden Punkten sei. Der der Erde am nächsten befindliche von jenen beiden Punkten sei der Mittelpunkt eines exzentrischen, unverschiebbaren und unbeweglichen Kreises. Das Verhältnis seines Halbmessers zu der Geraden zwischen seinem Mittelpunkt und dem Mittelpunkt des Tierkreises sei wie 60 zu 3 + ⅓ + 1/12 (= 3 5/12). Es bewege sich der Mittelpunkt des Epizyklus um den von der Erde entfernteren jener beiden Punkte in gleichmäßiger Bewegung in der Reihenfolge des Tierkreises. Der Mittelpunkt des Epizyklus sei immer auf dem exzentrischen Kreise gelegen und seine Bewegung an der Stelle des erwähnten Durchmessers geschehe in dem Maße des Überschusses der Bewegung der

---

1. ρ̄ν̄ς — 3. μ̄ᵒ] om. A.   1. Post κδ add. Arabs: Die Entfernung des Nordpunktes davon 176° 24′.   3. μ̄γ̄] 23 Arabs.
5. ἐπόμενα] προηγούμενα Bainbridge cum Arabe.   7. ο̄λ̄α]
Arabs, λ̄ᾱ A B.   8. λ̄ᾱ] 16 Arabs.   9. mg. m. 2 B.   19. μ̄] mut.
in ν̄ m. 2 C.   21. αὐτῷ] corr. ex αὐτό A.   25. γ´] ⅓ + 1/12 Arabs.

τῆς τε τῶν ἀπλανῶν καὶ τοῦ ἀστέρος, ὥστε ἐν ὅλοις
πρώτοις νυχθημέροις τ̄λ̄ πρὸς Αἰγυπτιακοῖς ἔτεσιν ρ̄ιζ̄
ἀποκαταστάσεις ποιεῖσθαι δ̄ ἔγγιστα· ἐπιλαμβάνεται
γὰρ πρὸς τὸν ἀκριβῆ λογισμὸν μιᾶς μ̣̅ ξ′ ᾱ. πάλιν
5 καὶ ἐν τῇ ἐπικύκλῳ σφαίρᾳ νοείσθω κυκλίσκος περὶ
τὸ κέντρον αὐτῆς ἐν τῷ τοῦ λοξοῦ κύκλου ἐπιπέδῳ
τῆς εὐθείας τῆς δι' ἀμφοτέρων τῶν κέντρων αὐτοῦ τε
καὶ τοῦ ἀπογειοτέρου τῶν δύο τῶν εἰρημένων, περὶ
ὃ κινεῖται ἰσοταχῶς, τὰ αὐτὰ σημεῖα πάντοτε τοῦ
10 κυκλίσκου καταλαμβανούσης, ἃ καλοῦμεν ἀπόγειόν τε
καὶ περίγειον, καὶ ἕτερος κυκλίσκος ὁμόκεντρος αὐτῷ
φερόμενος ἐν τῷ αὐτῷ ἐπιπέδῳ καὶ περὶ τὸ αὐτὸ
κέντρον ἰσοταχῶς, ὡς τῆς κατὰ τὸ ἀπόγειον μεταστάσεως
ἐπὶ τὰ αὐτὰ τῇ τοῦ κόσμου περιστροφῇ συντελουμένης,
15 τὴν ἴσην πάροδον τῇ τοῦ κέντρου τοῦ ἐπικύκλου,
φερέτω δὲ καὶ οὗτος ὁ κυκλίσκος ἕτερον ἐγκεκλιμένον
πρὸς αὐτὸν καὶ περὶ τὸ αὐτὸ κέντρον ἀμεταστάτως
τῆς μὲν ἐγκλίσεως περιεχούσης γωνίαν τοιούτων πάλιν
β̄ L′, οἵων ἐστὶν ἡ μία ὀρθὴ q̄, τῆς δὲ ἐκ τοῦ κέν-
20 τρου τοῦ ἐκκέντρου πρὸς τὴν ἐκ τοῦ κέντρου τοῦ
κυκλίσκου λόγον ἐχούσης, ὃν τὰ ξ̄ πρὸς τὰ s̄ L′, καὶ
ἐπὶ τούτου τοῦ κυκλίσκου κινείσθω ὁ ἀστὴρ περὶ τὸ
κέντρον αὐτοῦ ἰσοταχῶς, ὡς τῆς κατὰ τὸ ἀπόγειον
μεταστάσεως ἐπὶ τὰ ἐναντία τῇ τοῦ κόσμου περιστροφῇ
25 συντελουμένης, τὴν ἴσην πάροδον συναμφοτέραις τῇ
τε τοῦ ἐπικύκλου καὶ τῇ τοῦ ἀστέρος, τουτέστι τὴν
ὑπεροχὴν πάλιν, ᾗ ὑπερέχει ἡ τοῦ ἡλίου πάροδος τῆς
ἰσοχρονίου τῶν ἀπλανῶν παρόδου.

ἐν δὲ τῷ α′ ἔτει ἀπὸ τῆς Ἀλεξάνδρου τελευτῆς
30 κατ' Αἰγυπτίους Θὼθ α′ τῆς ἐν Ἀλεξανδρείᾳ μεσημβρίας τὸ μὲν ἀπογειότατον τῆς ἐκκεντρότητος ἀπεῖχε

Sonne über die Bewegung dieses Gestirns und die Bewegung
der Sphäre der Fixsterne zusammen in gleichen Zeiten; so
wird er in 117 (119) ägyptischen Jahren und 350 Tagen
mit ihren Nächten vier Umläufe machen, annähernd, weil es
bei genauer Rechnung eine Minute mehr macht, als wir gesagt
haben.

Denken wir uns ferner in der Sphäre einen kleinen Kreis
um den Mittelpunkt desselben in der Ebene des geneigten
Kreises. Die Gerade, die den Mittelpunkt dieses Kreises und
den von der Erde entfernteren jener beiden Punkte, die wir
erwähnt haben, nämlich denjenigen, um welchen sich der Epizyklus in gleichmäßiger Bewegung dreht, schneidet, gehe immer
durch dieselben Punkte dieses kleinen Kreises, d. s. die Apogeum
und Perigeum genannten. Sei weiter noch ein kleiner Kreis
vorhanden, dessen Mittelpunkt der Mittelpunkt dieses Kreises
ist, und bewege er sich in der Ebene desselben und um seinen
Mittelpunkt in gleichmäßiger Bewegung von dem Apogeum aus
in der Richtung, in der sich die Welt bewegt, und die gleich
ist der Bewegung des Mittelpunktes des erwähnten Epizyklus.
Dieser kleine Kreis bewege einen anderen kleinen, gegen ihn
geneigten Kreis um seinen Mittelpunkt, der auf diesem Kreise
unbeweglich festsitze; die Neigung desselben schließe einen
Winkel von 2½° ein, in dem Maßstabe, in dem der rechte
Winkel 90 hat. Es verhalte sich der Halbmesser des exzentrischen Kreises zu dem Halbmesser dieses kleinen Kreises wie
60 zu 6½. Das Gestirn bewege sich auf diesem kleinen Kreise
um seinen Mittelpunkt in gleichmäßiger Bewegung vom Apogeum aus in der entgegengesetzten Richtung wie die Welt,
während seine Bewegung gleich ist der Bewegung des Epizyklus
und der Bewegung des Gestirns zusammen, d. i. ebenfalls dem
Überschuß der Bewegung der Sonne über die Bewegung der
Fixsterne in gleichen Zeiten.

Es war die Entfernung des Apogeums des Ortes der Exzentrizität von dem Frühlingspunkte in der Reihenfolge des
Tierkreises im ersten Jahre nach dem Tode Alexanders am
ersten des ägyptischen Monats Thoth um Mittag in Alexandrien

---

14. περιστροφῇ συντελουμένης] F, συμπεριστροφῇ τελουμένης
AB.   15. τῇ] τῇ εἰρημένη F, om. AB.   23. ἰσοταχῶς] hic
des. B, ceteris omissis.

τῆς ἐαρινῆς ἰσημερίας ὡς εἰς τὰ ἑπόμενα τοῦ κόσμου
μ̊ σκη καὶ ξ'ξ' κδ, τὸ δὲ κέντρον τοῦ ἐπικύκλου ἀπὸ
τοῦ ἀπογείου τῆς ἐκκεντρότητος ὡς εἰς τὰ ἑπόμενα
τοῦ κόσμου μ̊ σι καὶ ξ'ξ' λη, καὶ πάλιν τὸ μὲν βόρειον
5 πέρας τοῦ λοξοῦ κυκλίσκου ἀπὸ τοῦ ἀπογείου ὡς εἰς
τὰ ἑπόμενα τοῦ κόσμου μ̊ ο καὶ ξ'ξ' λη, ὁ δὲ ἀστὴρ
ἀπὸ τοῦ βορείου πέρατος τοῦ λοξοῦ κυκλίσκου ὡς εἰς
τὰ ἑπόμενα τοῦ κόσμου μ̊ σιθ καὶ ξ'ξ' ιϛ.

---

2. σκη] Arabs, lac. 3 litt. A.   κδ] Arabs, lac. 3 litt. A.
Deinde add. Arabs: Die Entfernung des Nordpunktes davon
188⁰ 24'.   4. σι] Arabs, lac. 3 litt. A.   λη] Arabs, lac. 3 litt. A.
6. ἑπόμενα] προηγούμενα Bainbridge cum Arabe.   ο] Arabs,
lac. 3 litt. A.   λη] Arabs, lac. 3 litt. A.   8. σιθ] Arabs, lac. 3
litt. A.   ιϛ] Arabs, om. A.

228⁰ 24′. Die Entfernung des Nordpunktes davon 1£8⁰ 24′. Die
Entfernung des Mittelpunktes des Epizyklus von dem Apogeum
des Ortes der Exzentrizität in der Reihenfolge des Tierkreises
210⁰ 38′. Die Entfernung des Nordpunktes des kleinen geneigten
Kreises von dem Apogeum des Epizyklus in der umgekehrten
Reihenfolge der Zeichen 70⁰ 38′. Die Entfernung des Gestirns
von dem Nordpunkt des geneigten kleinen Kreises in der Reihenfolge des Tierkreises 219⁰ 16′.

ΥΠΟΘΕΣΕΩΝ
ΤΩΝ ΠΛΑΝΩΜΕΝΩΝ

⟨Β΄⟩

EX ARABICO INTERPRETATUS EST
LUDOVICUS NIX

De libro altero, qui Graece non exstat, cfr. Simplicius in Aristotelem de caelo p. 456, 22 ed. Heiberg: ἀκοῦσαι δὲ χρὴ καὶ τοῦ ἀρίστου τῶν ἀστρονόμων τοῦ Πτολεμαίου λέγοντος ἐν τῷ δευτέρῳ βιβλίῳ τῶν Ὑποθέσεων· Ὥστε εὐλογώτερον εἶναι τὸ κινεῖν μὲν τῶν ἄστρων ἕκαστον, ὅτι τοῦτό ἐστι καὶ δύναμις καὶ ἐνέργεια αὐτῶν, κατὰ τὸν ἴδιον μέντοι τόπον καὶ περὶ τὸ αὐτοῦ μέσον ὁμαλῶς πάλιν καὶ ἐγκυκλίως· ὑπάρχειν γὰρ αὐτῷ πρώτῳ δίκαιον, ὃ καὶ ἐν ταῖς περιεχούσαις αὐτὸ συστάσεσι περιποιεῖ (u. infra p. 131, 9 sq.).

Proclus in Platonis Rempublicam II p. 230, 14 ed. Kroll: ταῦτα μὲν οὖν καὶ ὁ Πτολεμαῖος ἐν τοῖς τῶν Ὑποθέσεων βιβλίοις ἐπραγματεύσατο.

Proclus in Timaeum 258 a: ἐν δὲ ταῖς Ὑποθέσεσιν ἐκ τῶν ἀποστημάτων [Lunae, Mercurii, Veneris] οὐ πάνυ διατεινόμενος οὐδὲ ἐν τούτοις οὐδὲ ἐν ταύταις συλλογίζεται περὶ αὐτῶν (u. infra p. 118, 10 sq.).

ZWEITES BUCH

Die Beziehungen der Bewegungen der Sphären, die **1**
durch Beobachtungen, die bis auf diese unsere Zeit reichen,
festgestellt wurden, haben wir zum größten Teil dargelegt.
Indessen, da wir die Beispiele für ihre Bewegungen und **5**
die Stufen ihrer Anordnung auf einfache Weise in den
größten Kreisen, die sie in ihren Bewegungen beschreiben,
gegeben haben, bleibt uns noch übrig, die Formen der
Körper, in welchen wir jene Sphären denken, zu beschreiben;
dabei halten wir uns an das der Natur der Sphärenkörper **10**
Passende und das, was den Prinzipien, die dem ewig un-
veränderlichen Wesen geziemen, notwendig zukommt.

Was nun die Aufzählung der Ansichten der Alten und **2**
ihre Lehren über diese Dinge sowie die Berichtigung
der darin auftretenden Fehler angeht, so ist das nicht **15**
unsre Sache; denn das sind Dinge, die für Leute bereit
liegen, die das, was einzig als Hypothese aufgestellt wird,
nach den Dingen beurteilen wollen, die wirklich sind, und
nach dem, was richtig ist und feststeht, sofern es sich
der Methode, die wir für die ewige, drehende Bewegung **20**
eingeschlagen haben, anschließt.

Was nun die Zustände der Körper, in denen das, was
wir gesagt haben, sich befindet, und ihr gegenseitiges
Verhältnis angeht, so wollen wir das jetzt hier auseinander-
setzen, nachdem wir zuerst die allgemeinen Erscheinungen, **25**
die bei ihnen insgemein in physikalisch-mathematischer
Hinsicht auftreten, unterschieden und vorausgeschickt
haben.

Die physikalische Beurteilung nun führt uns dahin zu **3**
behaupten, daß die ätherischen Körper keine Beeinflussung **30**

zulassen und sich nicht verändern, — wenn sie auch in
der ganzen Zeit von einander verschieden sind —, gemäß
dem, was ihrem wunderbaren Wesen zukommt, und der
Ähnlichkeit mit der Kraft der Gestirne, die darin sind,
5 deren Strahlen deutlich alle die rings um sie zerstreuten[1])
Dinge unbehindert und unbeeinflußt durchdringen; ebenso
ist auch das ihnen Gleichartige in uns, der Blick und der
Verstand, durchdringend. Ferner bringt uns zu der Behauptung, daß die ätherischen Körper sich nicht verändern,
10 das was wir bereits gesagt haben, daß nämlich ihre Formen
rund und ihre Tätigkeiten Tätigkeiten von Dingen seien,
die in ihren Teilen sich einander ähnlich sind. Für jede
dieser der Quantität oder der Art nach verschiedenen Bewegungen gibt es einen Körper, der sich um Pole, in
15 Zeit und in Raum, die ihm eigentümlich sind, in einer
Eigenbewegung und gemäß der Kraft jedes einzelnen Gestirns bewegt, aus welcher der Beginn der Bewegung
stattfindet, die aus den Hauptkräften entspringt, welche
den in uns befindlichen Kräften gleich sind, und die ihnen
20 gleichartigen Körper bewegen, welche ähnlich sind den
Teilen eines Gesammttiers[2]), nach Maßgabe der Beziehungen,
die jedem einzelnen von ihnen zukommen, und zwar geschieht dies bei ihnen ohne Zwang oder Gewalt, die von
außen her sie nötigte; denn es gibt nichts Stärkeres als
25 das, was keine Beeinflussung, die es zwingen könnte, zuläßt.
Auch ist dies bei ihnen, wegen des Verhaltens einer natürlichen Schwere und einer nicht selbständigen Bewegung,
nicht gleich den Erscheinungen an solchen Körpern, die
im Zustande ihrer natürlichen Bewegung aufsteigen und
30 fallen. Denn erstens kommen diese Bewegungen den
Körpern, die sich in denselben bewegen, nicht von Natur
zu, sondern jeder von ihnen steht still und ruht, wenn er
in etwas, das ihm verwandt ist, kommt; wird er aber in
etwas, das ihm nicht ähnlich und nicht verwandt ist,
35 übertragen, und sind die Hindernisse behoben, so strebt

---

1) u. l. befestigten.   2) Cfr. Plato, Tim..32 d.

er zu dem ihm eigentümlichen Platz. Ferner, wenn diese
ganze angenommene Substanz belebt ist, so ist sie der
körperlichen Bewegung ledig, das ist derjenigen, die in
gerader Richtung und in veränderlicher Weise stattfindet,
und es wohnt in ihr die gleichmäßige drehende Bewegung 5
in ihrer Reinheit mit absoluter Selbstbestimmung, wofür
es kein Hindernis gibt, wie es dem wunderbaren Verstande
und ungehinderten Wollen zukommt, bei dem keine Ver-
schiebung und Veränderung der Absicht vorkommt, während
jene eine Bewegung in solcher Anordnung ist, daß sie nach 10
den drei örtlichen Richtungen gegensätzlich vorhanden ist.

Was nun die mathematische Beurteilung angeht, so 4
findet man, daß, bei Anwendung der beschriebenen Dinge
und bei Verbindung jeder einzelnen der Bewegungen, die
sich uns zeigen, mit ihnen, dies auf zwei Arten[1]) möglich 15
ist. Die erste ist die, daß man für jede Bewegung eine voll-
kommene Sphäre festsetzt, entweder hohl, wie die Sphären,
deren eine die andere oder die Erde umschließt, oder massiv,
nicht hohl, wie diejenigen, die nichts für sich Bestimmtes
umschließen, d. s. diejenigen, die die Gestirne bewegen und 20
Epizyklen genannt werden. Die andre Art ist die, daß man
nicht für jede einzelne der Bewegungen eine ganze Sphäre
bestimmt, sondern nur ein Stück einer solchen, indem dieses
Stück zu beiden Seiten des größten der Kreise, die sich auf
jener Sphäre befinden, liegt, nämlich auf dem sich die 25
Längenbewegung vollzieht, und indem das ihn zu beiden
Seiten einschließende Stück dem Betrag der Breite entspricht, so daß die Form dieses Stückes, wenn es von einem
Epizyklus ist, einem Tamburin, wenn es aber von einer
hohlen Sphäre ist, einem Gürtel oder einem Ring ähnlich 30
ist oder einem Wirtel, wie Plato sagt.[2]) Die mathematische Betrachtung weist darauf hin, daß zwischen den
beiden beschriebenen Arten kein Unterschied ist; denn die
Bewegungen, die bei vollständigen Sphären angenommen

---

1) Seq. titulus huius capitis: Von den Arten der ersten
Anomalien.   2) U. De republ. X 616 d.

wurden, können, auf diese Weise verbunden und mit den
Bewegungen der ausgesägten Stücke, die wir erwähnt
haben, verglichen, wegen der Gleichartigkeit der Bewegungen
in bezug auf die Erscheinungen an ihnen in Überein-
5 stimmung gebracht werden.

5 Diejenigen nun, die den Anfang ihrer Vergleichung
bei den Sphärenbewegungen, wie wir sie ansehen, machten,
führen die Annahme vollständiger Sphären auf physikalische Betrachtung zurück; denn sie haben gesehen, daß
10 bei den Sphären, die wir konstruieren, die Sphärenbewegung
notwendigerweise zwei Punkte, die die Sphäre berühren,
hat, nämlich die sogenannten Pole, und dasselbe vermutete
man bei der Annahme ausgesägter Stücke. Bei den vollständigen Sphären versteht es sich von selbst. So stützten
15 sie sich auf die Behauptung davon, wie es Aristoteles[1])
auch tat, daß die Pole der eingeschlossenen Sphären
auf den umgebenden Sphären festsäßen. Da aber kein
Zusammenhang zwischen den inneren Sphären und den
ersten äußeren bleibt, auch die Bewegung aller Sphären
20 nicht gleichmäßig schnell ist, sondern in mannigfacher
Weise verschieden, so waren sie gezwungen die Kenntnis
der Art zu suchen, in der sich jedes einzelne Gestirn in
der ersten Bewegung bewegt, wie wir sie sehen und sie
sich uns zeigen, weil die Sphären, die zwischen uns und
25 ihnen, verschieden in ihrer Lage und ihrer Bewegung sind.
Deshalb benutzte Aristoteles[2]) die Bewegungen, die dem
sich Aufwickeln ähnlich sind. Wir haben aber nicht nötig
dem ätherischen Körper Dinge zuzuschreiben, die wir notwendig an den bei uns befindlichen Körpern annehmen,
30 und brauchen nicht zu denken, daß etwas, was dem entspricht, das bei uns befindliche Gegenstände hemmt, auch
die himmlische Natur hemme, die dem Wesen und der
Wirkung nach so ganz von ihnen verschieden ist. Ferner
finden wir nicht, daß die Pole, die wir kennen, die erste

---

1) De caelo II 287ᵃ 10 sqq., cfr. Metaph. Λ 1073ᵇ 28 sqq.
2) Metaph. Λ 1074ᵃ 1 sqq.

Ursache für die drehende Bewegung sind; denn es macht
keine Schwierigkeit anzunehmen, daß die Sphäre sich in
andrer Art bewege, etwa wie die Sphären, die rotieren,
ohne sich auf ein und denselben Gegenstand außen zu
stützen. Die Pole bewirken also nicht die drehende Be- 5
wegung an dem ihnen eigentümlichen Orte, sondern sie
tragen nur das Gewicht der Sphäre. Auch sind nicht jene
Punkte Ursache des Anfangs der Bewegung (denn es ist
nicht möglich, daß ein ruhender Gegenstand die Ursache
einer Bewegung sei), sondern die Ursache ist immer etwas 10
andres als diese Punkte. Wenn wir uns auch eine Sphäre
denken, die sich nicht bewegt und nicht durch die Natur
oder durch einen sie umgebenden Gegenstand wie diese
Natur getrieben wird, so brauchen wir auch hierbei keine
Pole weder für die Bewegung der Sphäre noch dafür, 15
daß sie sich dreht und an denselben Ort zurückkehrt.
Ferner, hätte die Sphäre den Anfang der Bewegung aus
sich selbst, so ist die Behauptung, sie stütze sich auf
etwas andres, ohne daß dieses in ihrem Innern ist, eine
Behauptung, über die man lachen muß. Das ist derselbe 20
Fall wie bei der Bewegung der Sphäre der ganzen Welt;
denn das Innere ist hier der Anfang. Das Innere ist entweder das Innere; dann geschieht, weil es das Innere des
Wesens ist, auch zu ihm und durch es die Bewegung;
oder Anfang, so daß es, weil es der Anfang dieser ewigen 25
und drehenden Bewegung ist, auch das ist, woher sie
kommt. Denn der Grund in beiden Fällen ist der, daß
die bewegende Kraft unveränderlich und ein und dieselbe
ist. Aber nicht dies allein, sondern auch wenn die Entfernungen in beiden Richtungen, nach denen die Dinge gehen, 30
gleich sind, wie bei den aufgehängten [d. h. schwebenden?]
Dingen, so thun sie bei der Gleichheit der Neigung ein
und dasselbe, wenn ihre Entfernung von den Orten, nach
denen sie streben, ein und dieselbe ist. Kurz, wenn es schwer
ist sich zu denken, daß die himmlischen Bewegungen nicht 35
um feste Pole geschehen, so ermesse man daran, daß es
noch viel schwerer ist sich die Art dieser Pole vorzustellen,

8*

und wie an diesen Polen die ausgedehnten Flächen der
außen damit in Verbindung stehenden Sphären angebunden
sind und die darin eingeschlossenen Sphären anziehen,
und wodurch diese Pole mit jeder einzelnen davon Ver-
5 bindung bekommen. Denn setzen wir sie als Punkte an,
so binden wir Körper an Dinge, die keine Körper sind,
und bringen Dinge, die eine solche Größe und Kraft haben,
mit etwas zusammen, das keine Größe hat und überhaupt
nichts ist. Setzen wir sie aber als Körper, und sind
10 diese Körper ähnlich den Holzzapfen oder unseren Warzen,
und sind sie nicht verschieden und nicht im Gegensatz
zu den Dingen, die um sie herum befestigt[1]) sind, die
wir sehen, so können wir diese ihren Eigentümlichkeiten
keiner Natur zuschreiben. Sind sie aber entgegengesetzt
15 dem um sie herum Befindlichen, etwa durch die Dichte,
die sich an den Zapfen, die im Holze sind, befindet, so
müssen wir hierbei unumgänglich das Bleiben an ihrem
Platze verneinen, weil die Körper, je dichter sie werden,
sich immer mehr senken als diejenigen von größerer Fein-
20 heit und nach dem Mittelpunkt der Welt streben. Sind
die Gestirne beseelt, und bewegen sie sich willkürlich,
und ist die willkürliche Bewegung auch die Ursache dafür,
daß von den Tierarten die Vögel eine Kraft haben, mittels
deren sie sich bewegen und in der Höhe kreisen, während
25 sie zu dem sie Umgebenden in betreff der Dichte im
Gegensatz stehen, so dürfen wir von den Gestirnen nicht
denken, daß sie in der Dichte zu den sie umgebenden
Dingen im Gegensatz stehen, sondern nur in der Kraft, die
die Strahlen in ihnen erhält, verschieden sind, wie auch die
30 Wolke nur in der Farbe im Gegensatz zu der sie umgebenden Luft steht, solange sie trocken bleibt, und wie
gefärbte Flüssigkeiten von andren nicht gefärbten in der
Dichte ⟨nicht⟩[2]) verschieden sind, wenn jene Flüssigkeiten
in der Dichte einander ähnlich sind. Geben wir aber allge-
35 mein zu, daß die Pole feststehen können, an welcher Sphäre

---

1) U. l.: ausgestreut.   2) om. codd.

sind dann die Pole von jenen beiden zusammengefügten
Sphären befestigt? Denn unmöglich sind sie an beiden
zugleich befestigt, wegen des Zustandes der Bewegung.
Sind sie aber nur an einer befestigt, so sind sie [nicht][1])
an dieser befestigt, ohne an der andern fest zu sein. und was 5
von den Polen ist es denn, das die in ihr lose Sphäre bewegt?
Also befinden wir uns auch hierbei in einer Verlegenheit.

Wenn nun ein Freund der Natuwissenschaft sagt, die 6
Ursache des Verweilens der Körper, die sich bewegen, sei
die eine oder die andre der beiden erwähnten Arten, so 10
bringt das keine Sonderung und keinen Unterschied mit
sich; ich meine, ob er sagt, die Ursache dafür seien die
ganzen Sphären oder die Stücke, die in ihnen dazwischen
sind, so besteht auf Grund davon doch keine Sonderung
und kein Unterschied, ebensowenig wie ein Unterschied 15
auf Grund dessen besteht, daß eine Sphäre mit Ausschluß
der andern hohl, und eine nicht hohl ist. Der Freund
der Naturwissenschaft könnte auch sagen, wenn er will,
es geschehe durch die Art der Bewegung, die sich auf
Stücken vollzieht, die Ringen oder Tamburins gleichen, 20
aus vielen Gründen. Erstens weil die Dinge am Himmel
nicht viele Bewegungen haben wegen des Verhaltens der
Sphären, welche sich einander drehen, da es wohl möglich
ist sich vorzustellen, dies geschehe in wenigen Bewegungen.
Denn bei allen sphärischen Körpern in der Art der aus- 25
gesägten Stücke ist die Bewegung, die eine drehende ist,
gleich der Bewegung des Äthers, die in der Urbewegung
vor sich geht, da sie nichts darin hindert, so daß diese
sie in Drehung versetzt durch ihre eigne Umdrehung und
durch die Kraft, die ihr innewohnt zu ihren ihr eigen- 30
tümlichen Bewegungen; wie es bei Dingen vorkommt, die
sich in einer einzigen Bewegung bewegen, während diese
trotzdem jenen Bewegungen in mannigfacher Art entgegengesetzt ist, oder wie Dinge, die in fließenden Gewässern
schwimmen. Ferner ist es angemessen ⟨ nicht⟩[2]) zu denken, 35

---

1) Delendum.   2) add. Nix, om. codd.

es sei etwas in der Natur vorhanden, das sinnlos und
unnütz wäre, nämlich die vollständigen Sphären bei den
Bewegungen, für die es genügte, wenn sie auf einem
kleinen Teil derselben stattfänden, was genau dasselbe ist
5 wie bei der Sphäre, die eigentümlich in ihrer Gesamtheit
ihre Sterne bewegt, nämlich die Sphäre der Fixsterne,
von der man wegen dessen, was von ihrem Verhältnis
beobachtet ist, genötigt ist dies zu behaupten, während
wir dadurch nicht genötigt sind dasselbe von anderen
10 Gegenständen zu behaupten. Aus demselben Grunde haben
wir gesehen, daß notwendigerweise Merkur und Venus
nicht oberhalb der Sonne gelegen sind, sondern zwischen
der Sonne und dem Monde, damit nicht dieser nach dem
Anschein und nach dem aus den Abständen Bewiesenen so
15 große Raum leer bleibe, als ob ihn die Natur vergessen
und verlassen hätte, so daß sie ihn nicht benutzt, während er
doch imstande ist die Entfernungen jener beiden erwähnten
Gestirne, die der Erde näher sind als die andren, zu fassen,
so daß dieser Raum durch die beiden allein gerade aus-
20 gefüllt wird. Dieselbe Unsinnigkeit und Ungereimtheit
ergibt sich auch für Sphären, die sich aneinander auf-
rollen, ganz abgesehen von der gewaltigen Steigerung der
Zahlen; denn sie nehmen im Äther einen großen Raum
ein und sind bei den Bewegungen, die sich an den Ge-
25 stirnen zeigen, nicht nötig, sondern wälzen sich zusammen
nach einer Richtung hin, so daß daraus eine einzige Bewegung entsteht. Das wunderbarste hierbei ist aber, daß
sie die letzten Sphären die ersten bewegen lassen und die
umschlossenen die sie umschließenden, die mehrfach ano-
30 malistischen die einfachen, ganz im Gegensatz zur natürlichen Lehre. Ferner gehen von jeder einzelnen Sphäre
die Bewegungen aller Sphären aus, die über ihr sind,
zugleich mit der ihr eigentümlichen Bewegung. Sie bewegt
sich also nicht allein mit der ihr eigentümlichen, sondern
35 auch mit den fremden, die ihr nicht zugehören. Welche
der dem Saturn eigentümlichen Bewegungen findet man
also am Jupiter, oder, um weiter auseinanderstehende zu

nennen, welche dem Saturn eigentümliche Bewegung hat
der Mond? Ferner haben wir keine Möglichkeit die Kraft
zu finden, die die erste von den sich aufrollenden und
um einander laufenden[1]) Sphären bewegt, in der Einrichtung aller Sphären. Denn der Anfang der Bewegung, 5
die von den Sternen ausgeht, erstreckt sich durch Verbindung, so daß er in den größten seiner Entfernungen
die ihm eigentümlichen Dinge von außen bewegt, ohne
Verbindung zu haben mit der ersten der Sphären unter
den Sternen, die sich umeinander drehen. Würde er die 10
letzte Sphäre berühren, um die er sich oberhalb derselben
dreht, so stimmt dies nicht überein in betreff seiner der Urbewegung ähnlichen Bewegung; sondern die Sache liegt um-
gekehrt, weil er sich in ihr bewegt, obgleich es sich für
diese Eigenschaften keine Ursache findet, wodurch der Anfang 15
dieser Bewegung entstehen konnte, da dies für die Sphäre,
die sich mit ihm dreht, nicht nachgewiesen werden kann.

Wenn sich nun jemand vorstellt, daß die Erde und 7
die Luft[2]) sich drehen mit der Drehung dessen, das sie
beide umgibt, und daß es die beiden zur Bewegung zwingt, 20
und nimmt man die Vögel, die wir wahrnehmen, als ein
Beispiel für die Bewegung der am Himmel befindlichen
Dinge (und derartige Vergleiche sind natürlich nicht un-
bekannt), so dürfen wir, wie bei den Vögeln von den bei
uns gewöhnlichen Tieren, wenn sie sich bewegen in einer 25
ihnen eigentümlichen Bewegung, der Anfang jener Bewegung
in der in ihnen liegenden Lebenskraft ist, dann ein Impuls
von dieser Lebenskraft eintritt, der sich dann in die Muskeln
zieht, dann von den Muskeln in die Füße beispielshalber
oder in die Vorderfüße oder die Flügel, und hier zu 30
Ende kommt, und diese Dinge aufhören sie eins dem
andern zu geben, ohne daß die ihnen eignen Bewegungen
zu den Dingen, die zwischen ihnen sind, passen, während
sie aber auch selbst nicht zu den Bewegungen der sie

---

1) U. l.: übereinander geschichteten.   2) U. l.: daß die
Erde der Mittelpunkt ist, während die Luft und das Feuer.

umgebenden Dinge passen, und kein zwingender Grund
vorhanden ist anzunehmen, die Bewegungen aller oder
der meisten Vögel geschähen durch ihre Berührung mit
einander, sondern gerade die notwendige Forderung besteht,
5 daß sie sich gar nicht berühren, wenn wir nicht wollen,
daß einer den andern hindere, — so dürfen wir uns die
Sache bei den himmlischen Wesen ebenso denken und
der Ansicht sein, daß jedes Gestirn in seiner Klasse eine
Lebenskraft hat und sich selbst bewegt und den Körpern,
10 die durch ihre Natur mit im vereint sind, eine Bewegung
verleiht, deren Anfang in dem ihm nächstgelegenen ist,
und deren Verbreitung zu dem sich daran anschließenden
geschieht, wie es selbst die Bewegung zuerst dem Epizyklus, dann dem exzentrischen Kreise, dann dem Kreise,
15 dessen Mittelpunkt der Mittelpunkt der Welt ist, gegeben
hat, während aber diese Bewegung, die sie gibt, an verschiedenen Orten verschieden ist. Denn die Kraft des
Verstandes in uns ist nicht gleich der Kraft des Impulses
selbst, und diese wieder nicht gleich der Kraft der Muskeln,
20 noch diese gleich der Kraft des Fußes; sondern sie sind
in gewisser Beziehung verschieden, in ihrer Neigung nach
Außen.

8   Was nun die allgemeine drehende Bewegung des Äthers
angeht, so steht sie in Berührung mit allen von ihr ge-
25 trennten Substanzen; sie stimmt aber nicht überein mit
den Bewegungen jener ihr eigentümlichen, noch stimmen
jene mit dieser in ihrer drehenden Urbewegung überein,
und die Körper, die jedem einzelnen der Gestirne zukommen,
nehmen gegenüber dem Äther nur eine Stellung ein, nur
30 für sich selbst und für die Gestirne, an welcher es möglich
ist jene Bewegung in der Höhe zu empfangen, und der
Äther versetzt sie in Drehung, weil ihr Platz in demselben
ist. Was ihre Teile anlangt, so sind sie frei und los, um
sich zu verschieben und zu drehen an einem Orte in der
35 Ganzheit jenes Körpers, in verschiedenen Arten und mancher-
lei Zweigen, nur daß ihre Bewegung eine gleichmäßig
drehende ist, wie der Kreis der zum Tanze verbundenen

Hände oder der Kreis der Leute, die Waffenspiele ausführen,
indem einer den andern beim Handeln unterstützt, und sie
ihre Kräfte miteinander verbinden, ohne daß ihre Leiber
zusammenkommen, damit sie sie nicht am Tun hindern,
noch von ihnen gehindert werden zu tun. Es ist auch 5
möglich, diese Lehre zu erläutern und sie einfach zu machen
durch die Konstruktion eines Instruments, durch das die
Bewegungen der exzentrischen Kreise erklärt werden, und
die der Epizyklen, die angenommen werden für das Ge-
schäft der Bewegungen, die sich durch sie zeigen. Wenn 10
aber jemand Pole benutzen will für die Bewegungen, und
an der besonderen Anbringung derselben festhält, so wird
er weder das Prinzip dieser Sache, noch die Art ihres
Wirkens und ihrer Anordnung verstehen können, während
einer, der es anfaßt, es erkennen kann. 15
    Wenn man dafür eine Analogie von den einfachen
Kreisen oder von der Bewegung von Dingen, die die Form
eines Tamburins haben, in der Ebene des Tierkreises annimmt, und wenn man daraus auf die Orte der Gestirne
in der Reihenfolge schließt, so macht man dies zu einer 20
allen Menschen klaren Sache und erkennt daraus, ob sie
für das sich uns Zeigende passen und für die Rechnung,
die angestellt wurde gemäß den Grundlagen, die wir erwähnt haben, oder nicht.
    Für die Dinge, die wir aus dem bereits früher Be- 25
schriebenen auswählten, und deren Erwähnung wir voraus-
schicken mußten, gemäß der gesunden natürlichen Betrachtungsweise, mag dies genügen.
    Gehen wir nun an die Rede über die Erläuterung der 9
Lage und Anordnung der Körper, die jeder einzelnen von 30
den Bewegungen zukommen, so werden wir eine allgemeine Darlegung geben, damit wir nicht nötig haben,
etwas zu wiederholen und zu repetieren oder bei der Darlegung, die wir geben wollen, Vermischtes zu sagen über
Bewegungen, Größe der Entfernungen, Neigung, Exzen- 35
trizität und Epizyklen. Wir machen unsre Lehre darüber
so, daß sie beiden Wegen auf einmal folgt, damit wir

auch die partiellen Anomalien und die Vielheit der Bewegungen, nach denen wir forschen, und ihre einfachste
Lehre verstehen können. Dabei beginnen wir von oben,
ich meine bei der Rede von der Sphäre der Fixsterne,
5 weil sie die erste ist, die in wahrnehmbarer Bewegung
sich bewegt, und weil bei ihr nur eine von den beiden
erwähnten Arten für die Bewegung möglich ist. Denn
die Gestirne sind über ihre ganze Ausdehnung verteilt und
zerstreut, und sie bewahren dieselbe Lage und heften daran,
10 nicht allein was die Lage und Anordnung gegeneinander,
sondern auch was die Kraft betrifft, die sich über die
Sphäre erstreckt, die sie umschließt und bewegt.

10   Körper, die sich von Osten nach Westen um die Pole
des Äquators bewegen und notwendigerweise mit allem,
15 was sie umgibt, nach der Richtung der Bewegung des
Alls gehen, heißen mit einem sie allgemein betreffenden
Namen „Beweger". Der erste dieser Körper ist derjenige,
der die Sphäre der Fixsterne bewegt; der zweite, der die
äußere Sphäre des Saturn bewegt; der dritte, der die
20 äußere Sphäre des Jupiter bewegt, und so fort in der
Reihenfolge. Jeder von den Körpern, die unter diesem
Körper liegen, wird gemäß den Erscheinungen benannt,
die bei jedem einzelnen von ihnen eintreten, d. h. je nach
seiner Lage gegen den Tierkreis. Denn manche von den
25 die Erde umgebenden derselben dreht sich um die Achse
des Tierkreises selbst, und diese werden „ähnlich angeordnete"
genannt; andre haben den Mittelpunkt dieser Sphäre zum
Mittelpunkt, drehen sich aber nicht um ihre Achse; diese
heißen „geneigte Kreise"; wieder andre sind nicht um den
30 Mittelpunkt jener gelagert und drehen sich auch nicht um
ihre Achse; einige von diesen drehen sich um eine der Achse
des Tierkreises parallele Achse und heißen mit speziellem
Namen „exzentrische Kreise", andre von ihnen drehen sich
um eine der Achse des Tierkreises nicht parallele und
35 heißen mit einem dem ersten entgegengesetzten Namen
„nicht ähnlich angeordnete". Von denjenigen, die nicht
die Erde umschließen — sie werden mit einem ihnen

gemeinsamen Namen „Epizyklen" genannt —, drehen sich
einige um eine dem erwähnten geneigten Kreise parallele Achse
und heißen „nicht geneigte", andre bewegen sich um eine
ihm nicht parallele Achse und heißen „verschieden geneigte."
Diejenigen, die die leuchtenden Körper umgeben, heißen   5
„Beweger der Gestirne".

Da wir nun die Darlegung dieser Dinge vorausgeschickt   11
haben, so ziehen wir zuerst vier Sphären, deren Mittel-
punkt der Mittelpunkt der Welt ist, nämlich $\alpha\beta$, $\gamma\delta$, $\varepsilon\zeta$ 10
und $\eta\vartheta$, und nehmen die Punkte α, η, ϑ, β auf der Achse
des Äquators an und die
beiden geraden Linien $\gamma\varepsilon$
und $\zeta\delta$ auf der Achse des
Tierkreises. Ferner denken   15
wir uns, daß die von den
Kreisen α und γ eingeschlossene Sphäre diejenige
ist, die die Sphäre der Fixsterne bewegt, und die von   20
den beiden Kreisen γ und ε
eingeschlossene die der Fix-
sterne, die von den Kreisen
ε und η eingeschlossene die-

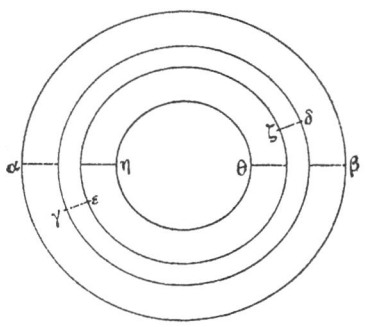

jenige, die die äußere Sphäre des Saturn bewegt. Es   25
berühre $\alpha\gamma$ $\gamma\varepsilon$ in γ und δ, und es berühre $\gamma\varepsilon$ $\varepsilon\eta$ in ε
und ζ. Wenn nun $\alpha\gamma$ sich von Osten nach Westen be-
wegt um die festen Punkte α und β, so werden die
anderen Punkte darauf, soweit sie nicht auf der Achse $\alpha\beta$
liegen, sich ebenso wie erwähnt bewegen, so daß sich auch   30
die beiden Punkte γ und δ, sowie die sich anschließende
Sphäre, welche den Fixsternen gehört, nämlich $\gamma\varepsilon$, sich
ebenso bewegen. Und es bewegt sich die Sphäre $\gamma\varepsilon$ um
die Achse $\gamma\delta$, im Gegensatz zur Bewegung von $\alpha\gamma$, nach
Osten; dann bewegt sich $\varepsilon\eta$ nach derselben Richtung und   35
mit ihrer Geschwindigkeit. Dann bewahrt sie aber nicht
die Lage, die $\alpha\gamma$ inne hat, was eine notwendige Sache

ist, dafür, daß sie die äußere Sphäre des Saturn bewegt,
wie sie $\alpha\gamma$ bewegen würde, wenn die beiden zusammen-
hingen; dann müßte die Bewegung von $\varepsilon\eta$, die mit der
Bewegung von $\gamma\varepsilon$ gehen würde, verschieden davon werden
5 und ihr gleich an Schnelligkeit werden; denn auf diese
Weise werden nicht nur die beiden Punkte γ, δ und die
Punkte ε, ζ von der äußeren Sphäre auf derselben Linie
sein, nämlich der Achse des Tierkreises, sondern auch α, β
und η, ϑ auf derselben Linie, welche die Achse des Äquators
10 ist. Dann wäre es klar, das alles was in der Sphäre $\alpha\gamma$
samt dem was in der Sphäre $\varepsilon\eta$ ein und dieselbe Lage
einnähme. Daß die Behauptung, Kugeln gingen umeinander und rollten sich aneinander auf, eine Annahme ist,
die man bei diesen Zusammenhängen nicht nötig hat, ich
15 meine, wo die Pole der Kugeln auf einer und derselben
Achse liegen, wird aus dem, was ich jetzt sagen werde,
klar werden. Nämlich, wären die Pole der Sphäre $\varepsilon\eta$
nicht auf $\varepsilon\zeta$ gelegen, sondern lägen sie auf anderen Punkten
der Sphäre $\gamma\varepsilon$, die sie bewegt, so müßte sich diese [sc. $\varepsilon\eta$]
20 ebenfalls mit ihren Polen in der Bewegung der Sphäre $\gamma\varepsilon$
bewegen, und es wäre die Bewegung nötig, die durch das
Aufwickeln entsteht. Sind aber die beiden Punkte ε und ζ
fest, so hat die Sphäre $\varepsilon\eta$ nicht den Anschein, sich mit
der Kugel $\gamma\varepsilon$ zu bewegen, auch nicht ihr ähnlich; denn
25 es ist möglich, daß, wenn sich die Sphäre $\gamma\varepsilon$ in unmittel-
barer Nähe von $\alpha\gamma$ bewegt, dieselbe [sc. $\varepsilon\eta$] stehen bleibt,
und daß die beiden festen Punkte, nämlich ε und ζ, beiden
Sphären gemeinsam sind. Dies wäre dann ebenso, wie
wenn die durch γ, ε und ζ, δ gehende Achse mit den
30 beiden außen befindlichen Kugeln verbunden, in der mittleren
Kugel aber los und frei wäre, so daß jene beiden Sphären
immer gegeneinander dieselbe Einrichtung hätten, während
diese mittlere Kugel neben jenen beiden die entgegengesetzte
Bewegung ausführte, so daß es richtiger wäre, diese Kugeln
35 stehende zu nennen anstatt sich aufrollende. Und in der
gesamten Einrichtung der Kugeln findet sich eine Kugel,
deren Lage diese ist, nämlich die erste äußere von den

sich aneinander aufwickelnden Sphären. Und es ist ebenfalls notwendig, daß diese Kugel nach der zweiten der beiden erwähnten Betrachtungsweisen gelagert ist. Sie ist aber nicht wie die sich aufwickelnde, sondern wie diejenige, die mit der außerhalb befindlichen durch eine und dieselbe 5 Kugel in irgend einer Weise verbunden ist, so wie hier die Kugel εη mit der Kugel αγ verbunden ist.

Gemäß der Darstellung über die vollständigen Kugeln sind die bewegenden Sphären drei, nämlich diese erste derselben, die Sphäre der Fixsterne, und die zweite der 10 bewegenden Sphären; aber auch diese ist getrennt und umfaßt nur die Sphäre des Saturn. Nach der Lehre über die ausgesägten Stücke bleiben die beiden erwähnten Sphären, wie sie waren, während die dritte dem Äther gemeinsam ist, den die Sphäre der Fixsterne ganz umgibt, 15 der aber selbst alle übrigen Sphären umgibt und umschließt. Wenn daher jemand die erste Substanz nicht Äther nennen will, sondern Substanz an und für sich, so muß der Name „Himmel" der die Fixsterne umschließenden[1]) Sphäre zukommen, die ihr zugewandt ist mit sehr vielen Lichtern. 20 Was die übrigen Körper[2]) anlangt, so sind sie entweder nicht fähig für etwas davon, oder sie können nur eins, nämlich daß in ihnen nur ein Gestirn sich befindet.

Was nun diese Dinge angeht, so durfte es mit dem, 12 was wir davon gesagt haben, genug sein. Hierauf wollen 25 wir erläutern, was nötig ist für die Lage und Anordnung der Sphären des Saturn.

Es befinde sich um α, welches der Mittelpunkt des Tierkreises ist, die zweite der bewegenden Sphären, d. i. diejenige, die den Kreis βγ umschließt, wie der „Beweger" 30 um ihn läge und ihn umschlösse, wenn wir ihn von seinem höchsten Platze wegbrächten und ihn ganz außerhalb des unter ihm befindlichen setzten. Dann legen wir durch den Punkt α in der Ebene des Tierkreises die Linie δα und ebenfalls durch denselben in der Ebene des geneigten 35

---

1) H. e. enthaltenden.   2) H. e. Sphären.

Kreises, der die Erde umgibt, und durch den Mittelpunkt
des exzentrischen Kreises die Linie $\varepsilon\zeta\alpha$ und denken uns
darauf als Mittelpunkt des exzentrischen Kreises, auf
welchem sich der Epizyklus bewegt, den Punkt ζ; der
5 Mittelpunkt der Sphäre des Epizyklus sei η. Ziehen wir
um den Mittelpunkt η die beiden Kreise $\vartheta\varkappa$ und $\lambda\mu$ und
in der Ebene des gegen den Epizyklus geneigten Kreises
die Linie $\lambda\eta\mu$, und um den Mittelpunkt ζ zeichnen wir

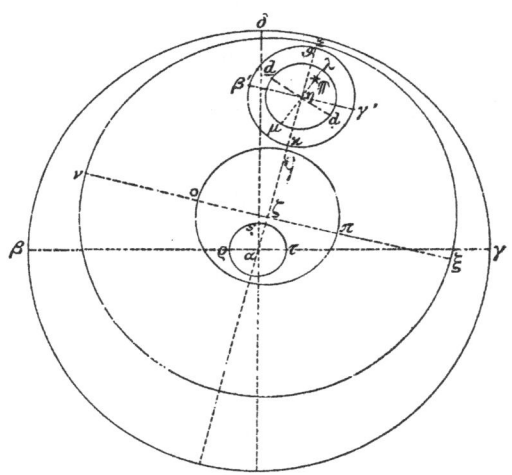

die Figuren, welche die Epizyklen einschließen, nämlich $\nu\varepsilon\xi$,
10 $o\pi$ϛ, und um den Mittelpunkt α den Kreis ϱϛτ und den
darunter liegenden Kreis; denken wir uns ferner die
Punkte τ, ϱ, β, γ auf der durch den Punkt α gehenden
Achse, der Achse des Tierkreises, ferner die Punkte ν, o, π, ξ
auf der durch den Punkt ζ gehenden Achse, d. i. der Achse
15 der drehenden Bewegung der Exzentrizität. Denken wir
uns weiter die Punkte β', γ' auf der Achse, die durch
den Mittelpunkt η geht, die auf εϛ senkrecht steht, weiter
die beiden Punkte $\underline{d}$, $\d{d}$ auf der durch η gehenden Achse,

die auf $\lambda\mu$ senkrecht steht, und den Punkt ♄ für das
Gestirn, und die Linien, die das dem Gestirn eigentümliche
Verhältnis bestimmen, $\alpha\zeta$ und $\eta\xi$, und die Linie, die den
Punkt η mit dem Mittelpunkt des Gestirns verbindet, η ♄.
Nun ist es nach dem, was wir zuerst vorausgesetzt haben,   5
klar, daß die den Kreis $\beta\gamma$ umgebende Sphäre, wenn sie
sich von Osten nach Westen bewegt, auch die von den
Kreisen $\beta\gamma$ und $\nu\xi$ umschlossene Sphäre, nämlich die erste
des Saturn mitbewegt. Weil sich aber diese bewegende
Bewegung um die Achse des Äquators vollzieht, und die   10
beiden Pole der Sphäre $\beta\nu$, $\gamma\xi$, nämlich β und γ. auf der
Achse des Tierkreises liegen, so wird die Sphäre $\beta\nu$,
wenn sie mit der Sphäre verbunden ist, die sie von[1])
Westen nach Osten bewegt mit der Bewegung des Apogeums des exzentrischen Kreises, mit sich auch die von den   15
Kreisen $\nu\xi$, $o\pi$ umschlossene Sphäre bewegen. Weil aber
hier zwei andre Pole, nämlich ν, ξ, vorhanden sind, diese
aber auf einer andern Achse als der durch β, γ gehenden
liegen, so dreht auch sie sich nach β q[2]) nach Osten wie
der Epizyklus. Es bewegt sich aber die von den Kreisen $o\pi$ 20
und $\varrho\tau$ eingeschlossene Sphäre nicht in der Bewegung der
Sphäre νo, sondern sie behält die Lage, welche $\beta\nu$ hat,
weil die Pole der Sphäre νo, nämlich ν, ξ, und die Pole
der Sphäre $o\pi$, nämlich o und π, ebenfalls auf derselben
Achse liegen. Mit der Sphäre $o\varrho$ bewegt sich auch die   25
von $\varrho\tau$ eingeschlossene, weil die Pole von $o\varrho$, nämlich o
und π, nicht mit den Punkten ϱ und τ auf dieselbe Achse
fallen. Dreht sich nun die von $\varrho\tau$ umschlossene Sphäre
um diese Punkte der Hauptachse, auf der β und γ liegen,
von Osten nach Westen um denselben Betrag, um den   30
sich die Sphäre $\beta\nu$ von Westen nach Osten bewegt, die
sich mit dem Beweger bewegt, so hat die den Kreis $\beta\gamma$
umschließende Sphäre mit der den Kreis $\varrho\tau$ umschließenden
dieselbe Lage. Die vom Kreise $\beta\gamma$ eingeschlossene Sphäre
war aber die zweite von den Bewegenden und gehört zu   35

---

1) Imo : so wird die Sphäre $\beta\nu$ s i c h von Westen cet.   2) Imo εq.

den Sphären des Saturn; also wird die von $\varrho\tau$ eingeschlossene
zur dritten der bewegenden Sphären und gehört zu den
Sphären des Jupiter.

Was nun die Epizyklen angeht, so bewegt sich die
5 von den Kreisen $\vartheta\varkappa$ und $\lambda\mu$ eingeschlossene Epizyklus-
sphäre, welche hohl ist, auf der Achse $\beta'\gamma'$ mit der Bewegung der sie umschließenden Sphäre nämlich $\varepsilon\pi$, nur
daß sie sich entgegengesetzt bewegt; denn sie bewegt das
Stück, das dem Apogeum nahe liegt, nach Westen, und
10 das dem Perigeum nahe liegende nach Osten. Die vom
Kreise $\lambda\mu$ eingeschlossene Sphäre, die mit dem Gestirn ♃
zusammenhängt, wird von der Sphäre $\vartheta\underline{d}$ [1]) nach der
Richtung bewegt, nach der sie sich selbst bewegt, weil
ihre Pole nicht auf der Achse jener sind; sie selbst aber
15 bewegt sich mit dem Gestirn in einer derselben entgegengesetzten Richtung um $\underline{d}\underline{d}$, ich meine: sie bewegt das dem
Apogeum benachbarte Stück derselben nach Osten und
das dem Perigeum benachbarte nach Westen. Alle not-
wendigen Bewegungen der umfassenden Sphären und der
20 Sphäre des Gestirns selbst lassen für uns die Sphären
des Saturn fünf sein; drei davon sind Sphären, die die
Erde umschließen, nämlich $\beta\nu$ [2]), welche der Anordnung nach
dem Tierkreis gleicht, weil sie um seine Achse sich dreht,
dann νo, welche in der Anordnung nicht dem Tierkreis
25 gleicht, weil sie nicht um seinen Mittelpunkt sich dreht
noch um eine der seinigen parallele Achse, und die
Sphäre $o\varrho$, deren Lage immer der Lage der Sphäre $\beta\nu$
entspricht, von der die dritte bewegende Sphäre immer in
die Lage der ihr vorhergehenden bewegenden Sphäre zurück-
30 kehrt. Wir haben also nicht nötig, diese bewegenden
Sphären nach den Sphären zu zählen, die ihre Zwischen-
räume trennen, weil sie nicht irgend einem Gestirn eigentümlich zukommen; um so weniger brauchen wir sie
zweimal mitzuzählen. Wir brauchen dies aber auch nicht
35 bei ihnen zu tun, weil sie sowohl umschließen als um-

---

1) In codd. $\tau\delta$ uel $\nu\delta$.   2) In codd. $\beta\xi$.

schlossen werden; denn das kommt auch bei anderen
Sphären vor als bei ihnen; auch deshalb nicht, weil sie
einigen Gestirnen vorangehen, hinter anderen zurückbleiben;
denn jede einzelne von ihnen ist einzig der Zahl und Art
nach; was aber die Kraft angeht, so sind sie alle eins. 5
Ferner haben wir von den Epizyklen zwei Sphären, die
Sphäre des Epizyklus ϑϰ, die hohl ist und keine Neigung
hat, weil die Achse β′γ′¹) der Achse νξ parallel ist, und
die von derselben umschlossene Sphäre, nämlich diejenige,
die das Gestirn trägt; diese ist gegen jene geneigt, weil 10
die Achse d̲d̲ der Achse νξ nicht parallel ist.

Was nun die Lage der ausgesägten Sphärenstücke betrifft, so denken wir uns um den Kreis βγ und unterhalb
des Kreises ϱτ die Sphäre des Äthers angebracht, und
denken wir uns, er bewege durch seine Drehung die von 15
ihm umschlossenen Sphärenstücke in Umkreisung von Osten
nach Westen. Das erste Stück an dieser Stelle sei aus
der von den Kreisen βγ und ϱτ eingeschlossenen Sphäre
ausgesägt, und sei dieses Stück aus dem genommen, was
zwischen ϱγ²) und seinem Gegenstück der Lage nach 20
liegt. Es stehe senkrecht auf der Achse βγ, der Achse
des Tierkreises. Das zweite Stück sei aus der von den
Kreisen νξ und οπ eingeschlossenen Sphäre geschnitten,
und auch dieses liege zwischen εϛ³) und seinem Gegenstück der Lage nach; es stehe senkrecht auf der Achse νξ. 25
Dasselbe werde ganz umschlossen von dem ersten Stück.
Sei ferner ein drittes Stück ausgesägt in dessen Inneren;
es gehöre zu der hohlen Sphäre des Epizyklus, die von
den Kreisen β′γ′ und d̲d̲ eingeschlossen ist; auch dieses
liege zwischen ϑ, ϰ und stehe senkrecht auf der Achse β′γ′. 30
Sei ferner ein viertes Stück ausgesägt, das ganz von dem
zuletzt erwähnten Stück umschlossen werde; es sei ein
Stück von der das Gestirn bewegenden Sphäre, welche
massiv ist; es liege zwischen λ, μ und stehe senkrecht

---

1) In codd. λγ.   2) Scribendum uidetur δϛ.   3) In
codd. εγ.

auf der Achse $\underline{d}\,\underline{\dot{d}}$. Bei dieser Anordnung haben wir mit
vier Stücken schon genug; drei davon gleichen Rädern,
und eins davon, das letzte, gleicht einem Tamburin. Nun
müssen wir uns die Bewegung bei jedem einzelnen von
5 ihnen vorstellen nach der Lehre, die bei den Kugeln, von
denen sie Stücke sind, zu verstehen war, und ihre Breite
zu beiden Seiten ihrer mittelsten Flächen im Verhältnis
zu dem verstehen, was zur Umschließung der von ihnen
umschlossenen Stücke genügt, mögen die Stücke dem
10 Tierkreis parallel sein oder gegen ihn geneigt, so daß die
Stücke dadurch immer mit denjenigen, von denen sie umschlossen werden, zusammenhängen und sich mit der Bewegung des Umschließenden bewegen, während sie auf
der Außenseite den Äther berühren, und die Breitengrenze
15 ist entweder, bei der Form des kleinen Tamburins zwischen μ, λ,
im Betrag der Größe des Gestirns, das umschlossen wird,
oder, bei derjenigen, die diesen umschließt und $\vartheta\varkappa$ be-
nachbart ist, im Betrag der Größe der Neigung des
Tamburins $\lambda\mu$. Ferner ist die Grenze des Stücks, das
20 dieses umschließt, nämlich das zwischen $o\pi$[1]), die Größe
dieser Neigung; denn die Lage dieser beiden Stücke ist
parallel und in derselben, die Mitte für beide bildenden
Ebene. Die Grenze für das außerhalb des Ganzen liegenden
Stückes, nämlich das zwischen β, ϱ, ist der Betrag der
25 Größe der Neigung des abgesägten Stückes εq. Wir
haben also gezeigt, daß entweder, wenn das Gestirn sich
in einer Sphäre oder einem ausgesägten Stück nicht bewegt, einer von den für dieses Gestirn angenommenen
Körpern überflüssig wird, nämlich der dem Kreis $\lambda\mu$ be-
30 nachbarte, der in seiner Bewegung der Bewegung des
ersten Epizyklus entgegengesetzt ist, oder, wenn die Zu-
lassung der anderen Ansicht besser für uns ist, so sind
wir nach dem über die übrigen Körper Gesagten imstande
anzunehmen, daß auch das Gestirn an seinem Platze ein-
35 geschlossen ist wie jeder von jenen übrigen Körpern, aber

---

1) Scrib. ε, γ.

nicht an einem Platze, der einem anderen zukommt, in
zusammenhängender Einschließung eingeschlossen ist, gleich
als ob es rolle oder anstieße, ähnlich wie Dinge, die
einander treiben. Denn Bewegungen, die in dieser Art
vor sich gehen, deuten hierdurch darauf hin. daß der 5
Anfang ihrer Bewegung von wo anders herrührt, und
zwar durch Zwang. Das Rollen tritt aber aus dem Ge-
biet der ewigen Bewegung, die um eine Mitte vor sich
geht, heraus. Es ist also richtiger, daß jedes einzelne
Gestirn auch etwas bewege, weil dies die Kraft und das 10
Wirken des Gestirns an seinem ihm eigentümlichen Platze
und um seine Mitte ist, nämlich die zusammenhängende
drehende Bewegung. Es ist also notwendig, daß der
Anfang der Sache vom Gestirn ausgeht, indem es sie durch
die Körper ausführt, die sie umgeben.   15
    Da wir nun die Lage der erwähnten Dinge für das 13
Gestirn Saturn dargelegt haben, müssen wir nun feststellen
und festhalten, daß dieselbe Lage und dieselbe Anordnung
auch für die Sphären und ausgesägten Sphärenstücke der
Gestirne Jupiter, Mars und Venus gelten. Was aber 20
die besonderen Beziehungen jedes einzelnen von ihnen
angeht, so unterlassen wir deren Erwähnung, da sie bereits
anderswo[1]) erwähnt wurden, und beginnen mit der Erwähnung allgemeiner Dinge. Davon verdient Erwähnung,
daß die Sphären und Stücke, die dem Körper νo gleichen, 25
ihren Mittelpunkt immer im Punkte ζ haben. Mit demselben ist weder die Gleichmäßigkeit der Bewegung
noch die Neigung des Epizyklus bestimmt, sondern es
verhält sich damit, wie wir in bezug auf die Bewegung
der Sphären gesagt und bewiesen haben, daß sie nämlich 30
nur in einem Punkte auf $\alpha\eta$ geschieht, der gleichweit
von α und ζ entfernt ist[2]); denn wenn der Mittelpunkt
des Epizyklus im Nordpunkte der Neigung des die Erde
umgebenden Kreises ist, so ist der Nordpunkt der Neigung
gegen den Epizyklus bei Saturn, Jupiter und Mars im 35

----

1) Syntax. X et XI 1—4.   2) Hic aliquid deesse uidetur.

Perigeum des Epizyklus, bei der Venus und beim Merkur
aber in einem Punkte, dessen Entfernung von dem Apogeum
des Epizyklus nach Osten 90⁰ beträgt, d. i. einen Quadranten.
14 Gehen wir jetzt an die Rede von der Sonne und
5 ihrer Lage folgendermaßen:

Legen wir um α, den Mittelpunkt des Tierkreises, die
beiden Kreise βγ und δε, und ziehen wir die Linie αδγ
senkrecht auf die Ebene des Tierkreises, und denken wir
uns den Punkt ζ als Mittelpunkt des exzentrischen Kreises
10 der Sonne; legen wir um diesen Mittelpunkt die beiden
Kreise ϰϑ und λμ
und um den Punkt η
den Kreis νξ; denken
wir uns ferner, die
15 den Kreis βγ um-
schließende Sphäre
sei die die Sonne be-
wegende — sie ist
aber die fünfte von
20 der ersten bewegen-
den Sphäre aus —,
und die vom Kreise δε
eingeschlossene sei
die die Venus be-
25 wegende, welche die

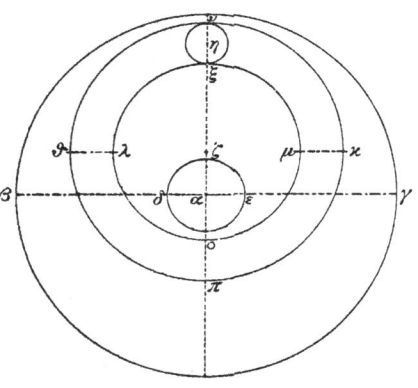

sechste von der ersten aus ist. Setzen wir weiter die Punkte β, γ
auf der Achse des Tierkreises an, die durch den Punkt α
geht, ϑ, ϰ und λ, μ aber auf der Achse des exzentrischen
Kreises, die durch den Punkt ζ geht und der Achse des Tier-
30 kreises parallel ist, und sei das ihm eigentümliche Verhältnis das von αζ zu ζη. Bewegt sich nun die Sphäre βϑ
von Osten nach Westen, so bewegt sich mit ihr die Sphäre ϑλ,
weil die Sphäre βϑ sich um die Achse des Äquators dreht,
die Sphäre ϑλ aber um eine der Achse des Tierkreises
35 parallele. Wenn sich nun diese Bewegung in entgegengesetzter Richtung vollzieht, und die Sonne ihre ihr eigentümliche Bewegung von Westen nach Osten macht und

zwar um die Achse, die durch ϑλ und μκ geht, so bleibt
die Sphäre λδ in Verbindung mit der Sphäre βϑ, weil
ihrer beider Pole, nämlich λ, μ und ϑ, κ, auf derselben
Achse liegen, nämlich der Achse der Sphäre ϑλ, so daß λδ
die Lage wie βϑ einnimmt[1]) und wie die erste Sphäre von 5
den bewegenden.

Ebenso verhält es sich mit der Lage der Sphärenstücke. Denn die Stücke βϑ und λδ denken wir uns in
Berührung mit der Sphäre des Äthers, und sie bewegen
sich mit ihm mit dem Sphärenstück, das sie einschließen, 10
von Osten nach Westen, so daß hier die ganze Sphäre
eine einzige ist, und das Stück zu der Sphäre, die die
zwei Kreise κϑ und λμ einschließen, gehört, indem es genommen wird zwischen νξ und οπ und senkrecht steht auf
der Achse βγ, der Achse des Tierkreises, und seine Breite 15
gleich ist dem Betrag des Umfanges des Sonnenkörpers.[2])

Für die Lage der Sphäre des Gestirns Merkur nehmen 15
wir nun, als siebente der bewegenden Sphären. die den
Kreis βγ um den Mittelpunkt α umschließende, legen
durch den Punkt α die Linie δα in der Ebene des Tier- 20
kreises und durch denselben Punkt die Linie εα in der
Ebene des geneigten Kreises, der die Erde umschließt;
darauf nehmen wir den Mittelpunkt des exzentrischen
Kreises, nämlich ζ, an; dieser Mittelpunkt bewege sich um
den Mittelpunkt η. Der Mittelpunkt der Sphären der 25
Epizyklen sei der Punkt ϑ. Legen wir um den Mittelpunkt ϑ die beiden Kreise κλ und μν und ziehen in der
Ebene des geneigten Epizyklus, auf welchem sich das Gestirn bewegt — nämlich ληϑ[3]) — μϑν, und legen wir
um den Mittelpunkt ζ die beiden Kreise, welche die Epi- 30
zyklen umschließen, nämlich ξεο, πϙ; um den Mittelpunkt η
schlagen wir zwei Kreise, welche die beiden erwähnten

---

1) Hic de epicyclo et de numero sphaerarum nonnulla desunt.
2) Hic in cod. A add.: Wir müssen aber die Achse (scr. Sphäre)
für die Sonne nach beiden Auffassungen einen und denselben
Körper sein lassen, hohl und unbeweglich und exzentrisch, weil
seine Achse der Achse des Tierkreises parallel ist.   3) Uix sana.

Kreise einschließen, nämlich στ und τ'η', ferner um
den Mittelpunkt α den Kreis d̲d̲ und den unter ihm
befindlichen Kreis; diese mögen sich unterhalb aller er-

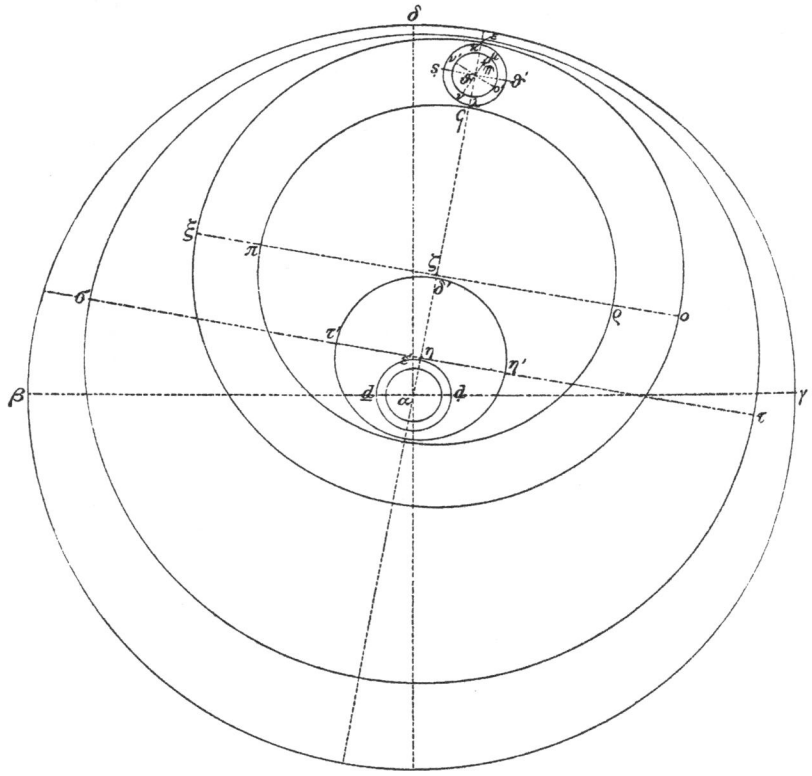

wähnten Kreise befinden. Denken wir nun die Punkte β,
5 d̲, d̲, γ auf der Achse des Tierkreises und die Punkte σ,
τ, η', τ' auf der Achse des geneigten Kreises, der die Erde
umschließt, welche durch den Punkt η geht, und seien die
Punkte ξ, π, ϱ, o auf der Achse des exzentrischen Kreises,

die durch den Punkt ζ geht und der durch den Punkt η
gehenden Achse parallel ist; denken wir uns weiter die zu
den Punkten auf dem Epizyklus gehörigen beiden Punkte ϛ ϑ′
auf der durch ϑ gehenden Achse, welche auf κλ senkrecht
steht, ferner die beiden Punkte ν′, ο′ auf der durch ϑ 5
gehenden Achse, welche auf μν senkrecht steht; sei endlich
das dem Gestirn eigentümliche Verhältnis genommen auf
den Linien αη, ηζ, ζϑ, und νϑ[1]) die durch den Punkt ϑ
nach dem Mittelpunkt des Gestirns gehende Linie; so wird
wegen dieser Ursachen und wegen des bereits früher Er- 10
wähnten die dem Kreise βγ benachbarte Sphäre, wenn
sich das sie Umgebende von Osten nach Westen dreht,
nämlich die Sphäre βσ, welche um die Achse des Tierkreises,
nämlich βγ, geht, sich nach den vorangegangenen Zeichen,
nämlich nach Osten, bewegen, und zwar wie das Apogeum[2]), 15
indem sich diese Sphäre nach dem ihr vorangehenden
Teil bewegt, nämlich nach Westen, um die Achse στ wie
die Bewegung des Epizyklus, indem sich ξπ mit ihr bewegt, und der Unterschied in ihren Polen einer und derselbe
ist. Was nun πξ anlangt, so bewegt es sich entgegen- 20
gesetzt dieser Sphäre nach Osten um die Achse ξο, wie
sich σξ bewegt, mit einer Zunahme der Bewegung, die
gleich ist dieser Bewegung, die σξ macht, d. i. das doppelte
der gleichmäßigen Bewegung. Die Neigung des Epizyklus
ist nicht nach dem Punkte ζ gerichtet, dem Mittelpunkt 25
des exzentrischen Kreises, sondern nach η, und die Sphäre ξπ
bewegt durch ihre Bewegung nicht die Sphäre πτ′, da ihrer
beider Achsen zusammenfallen, sondern sie hält πτ′ fest und
[πτ′] verharrt in einer Lage, in der sie mit der Lage von
σξ verbunden ist.   30
    Die Sphäre τ′d, die mit der Sphäre τ′π verbunden ist,
bewegt sich mit ihr nach Osten, und wie σξ mit der Bewegung von βσ nach Westen um die Achse βγ[3]), d. i. immer

---

    1) Imo ℞ ϑ.   2) Hic deest aliquid; nam diese Sphäre
lin. 16 est σξ.   3) Corrupta; dicendum erat, sphaeram τ′π
ut σξ ad occidentem uersus, τ′d uero cum ea coniunctam ut βσ
circum axem βγ ad orientem uersus moueri.

dieselbe Achse, die durch σι geht und die Sphäre τ'δ immer
in ihrer Lage hält wie die Lage von βσ. Ebenso bewegt
sich die vom Kreise d̠d̠ eingeschlossene Sphäre neben τ'δ
nach Westen um die Achse d̠d̠, die durch β, γ geht, wie
5 sich σβ nach dem Vorangehenden, ich meine nach Osten,
bewegt, so daß auch diese Kugel in derselben Lage verharrt, wie die den Kreis βγ umschließende, welche die
siebente der bewegenden Kugeln ist. Daher ist diese
Sphäre die achte der bewegenden Sphären. Ebenso ver-
10 hält es sich mit den Epizyklen. Die von den beiden
Kreisen κλ und μν eingeschlossene Sphäre, die ebenfalls
hohl ist, bewegt sich um die Achse ϛϑ' mit der Sphäre,
die sie einschließt, in gleicher Bewegung wie der Epizyklus,
und zwar bewegt sie sich in der Richtung, in der ihr
15 Apogeum liegt, nach Westen, und in derjenigen, in der
ihr Perigeum liegt, nach Osten. Die vom Kreise μν eingeschlossene Sphäre, die mit dem Gestirn, das im Punkte ☿
ist, zusammenhängt, wird von der Sphäre κμ bewegt wegen
der Verschiedenheit ihrer Pole. Diese selbst bewegt sich
20 in entgegengesetzter Richtung mit dem Gestirn; denn das
dem Apogeum benachbarte Stück bewegt sich nach Osten
um die durch die beiden Punkte ν', ο' gehende Achse, wie
die Bewegung der sie umschließenden Sphäre[1]) mit der
des Gestirns zusammen. Wir haben also bei dem Merkur
25 sieben Sphären; fünf davon sind solche, die die Erde umschließen, nämlich βγ, die gleichmäßig angeordnet ist, weil
sie sich um die Achse des Tierkreises bewegt, und die beiden
Sphären σξ und ξπ — diese beiden sind nicht ähnlich
angeordnet wie die vorige, weil ihre Achsen, wenn sie auch
30 einander parallel sind, doch nicht durch den Mittelpunkt
des Tierkreises gehen noch der Achse desselben parallel
sind —, ferner die Sphäre πτ', welche mit der Sphäre σξ
zusammenhängt, und τ'd̠, die mit βγ[2]) zusammenhängt;
endlich zwei Sphären für die Epizyklen, nämlich κμ, welche
35 hohl und nicht geneigt ist — denn ihre Achse, die durch

---

1) Obscura.   2) Imo βσ.

die Punkte ς, ϑ΄, ϑ geht, ist parallel der Achse des geneigten
Kreises, der die Erde umschließt —, und die Sphäre,
welche diese einschließt und das Gestirn bewegt, deren
Neigung aber von der ihrigen verschieden ist; denn die
Achse derselben, welche durch ν΄, ο΄ geht, ist der Achse des   5
erwähnten geneigten Kreises nicht parallel.

Für die Lage von Sphärenstücken denken wir uns die
Sphäre des Äthers immer nahe verbunden um den Kreis βγ
und unterhalb des Kreises d d, und daß dieselbe die von
ihm eingeschlossenen Sphärenstücke bewegt in einer von   10
Osten nach Westen gehenden Bewegung. Das erste der
Stücke an dieser Stelle ist das Stück der hohlen Sphäre,
welche die beiden Kreise βγ und d d einschließen, und
zwar wird es umschlossen zwischen δε΄ und der ihm entsprechenden Partie; es steht senkrecht auf der durch die   15
beiden Punkte β, γ gehenden Achse. Das zweite Stück
nach ihm ist ganz im Inneren des ersten und wird abgeschnitten von der hohlen Sphäre, welche die beiden
Kreise στ und η΄τ΄ [1]) umschließen, und es wird eingeschlossen zwischen δ΄ε΄ [2]) und der entsprechenden Partie;   20
es steht senkrecht auf der durch die beiden Punkte σ
und τ gehenden Achse. Das dritte, folgende Stück liegt
ganz im zweiten; es wird abgeschnitten von der hohlen
Sphäre, welche die beiden Kreise ξο und πϱ [3]) einschließen,
und es wird eingeschlossen zwischen εϚ und der ent-   25
sprechenden Partie; es steht senkrecht auf der durch die
beiden Punkte ξ, ο gehenden Achse. Das vierte Stück liegt
gleichfalls ganz innerhalb des dritten; es wird abgeschnitten
von dem hohlen Epizyklus, den die beiden Kreise λκ und
μν in der Höhlung des Kreises κλ, der ihn umgibt, ein-   30
schließen, und es steht senkrecht auf der durch die beiden
Punkte ς, ϑ΄ gehenden Achse. Das fünfte Stück liegt gleichfalls ganz innerhalb des vierten; es ist abgeschnitten von
der dem Gestirn benachbarten Sphäre, die dasselbe bewegt —

---

1) In codd. βγ.   2) ε, quod in ξο positum est, hic in στ
sumitur.   3) πν A; in B hic folium euulsum est.

und zwar ist es die vom Kreise $\mu\nu$ eingeschlossene —,
und liegt zwischen μ, ν; es steht senkrecht auf der durch
die Punkte ν', o' gehenden Achse. Nach dieser Betrachtungsweise der Lage haben wir nur fünf Teile; vier davon
5 sind Rädern und einer davon dem Tamburin ähnlich.
Wenn man nämlich die Bewegung jedes einzelnen der
Stücke als der Bewegung der Sphären ähnlich annimmt,
von denen diese Stücke Teile sind, in bezug auf Richtung,
Benennung und Gleichmäßigkeit der Bewegung, wie wir
10 bei den Sphären erwähnt haben, und in bezug auf die
Breite zu beiden Seiten der Flächen bei jeder der beiden
Betrachtungsweisen, wie wir im vorhergehenden Teil der
Abhandlung bewiesen haben.[1])

16   Es bleibt uns noch übrig die Lage der Dinge bei dem
15 Monde zu erwähnen.

Denken wir uns die Lage der achten bewegenden
Sphäre um den Punkt α, den Mittelpunkt des Tierkreises;
es ist die den Kreis $\beta\gamma$ umschließende Sphäre. Ziehen
wir nun durch den Punkt α in der Ebene des Tierkreises
20 die Linie $\alpha\delta$ und in der Ebene des geneigten Kreises die
Linie $\alpha\varepsilon$ und nehmen auf dieser den Mittelpunkt des exzentrischen Kreises, nämlich ζ, und den Mittelpunkt der
Sphäre des Epizyklus, nämlich η, ziehen um den Mittelpunkt η den Epizyklus $\vartheta\varkappa$ und denken uns den Mond im
25 Punkte ϑ. Um den Punkt ζ denken wir die beiden Kreise,
welche den Epizyklus einschließen, nämlich $\lambda\mu\nu$ und $\xi o\pi$;
um den Mittelpunkt α legen wir die beiden Kreise, welche
die beiden letzteren einschließen, nämlich $\mathrm{q}\varepsilon\underline{d}$, $\varrho\sigma\tau$; wir
nehmen die beiden Punkte β, γ auf der Achse des Tierkreises
30 an, die durch den Punkt α geht, und die beiden Punkte q, ϱ
auf der Achse des geneigten Kreises, die durch den Punkt α
geht; die Punkts λ, ξ, π, ν nehmen wir auf der Achse des
exzentrischen Kreises an, die durch den Punkt ζ geht,
die Punkte τ', η' auf der durch den Punkt η gehenden
Achse, die der Achse des geneigten Kreises parallel ist. Die

---

1) Deest apodosis.

dem Mond eigentümlichen Verhältnisse mögen die Linien $\alpha\zeta$
und $\zeta\eta$ bestimmen und die von η nach dem Mittelpunkt
des Mondes gehende Linie. Die den Kreis $\beta\gamma$ einschließende
Sphäre, die das, was sie einschließt, von Osten nach Westen
bewegt in einer der ersten Bewegung ähnlichen Be- 5
wegung, bewegt mit sich[1]) die Sphäre $\beta\varsigma$ nach Westen
um die Achse des Tierkreises, die durch β, γ geht, und

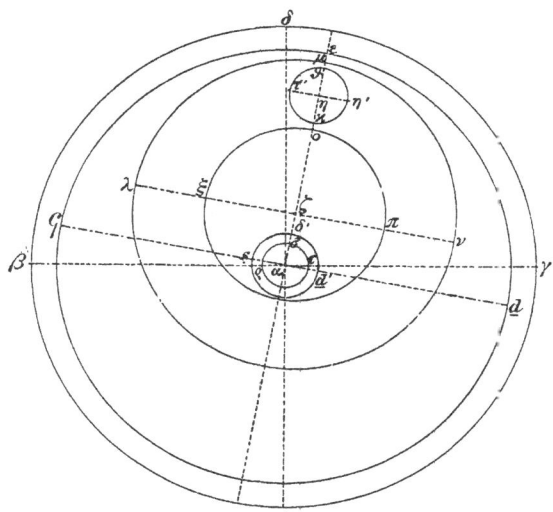

sie bleibt nur um den Betrag der Bewegung der Knoten
hinter ihr zurück. Weiter bewegt diese [sc. $\beta\varsigma$] mit sich
die Sphäre $\varsigma\lambda$ wegen der Verschiedenheit der Achsen; die 10
Sphäre $\varsigma\lambda$ selbst bewegt sich in der Richtung von $\pi\nu$[2])
nach Westen um die durch π, ν[3]) gehende Achse mit der
Bewegung des Apogeums des exzentrischen Kreises von
den Knoten; sie bewegt mit sich die Sphäre $\lambda\nu\xi$ wegen
der Verschiedenheit der Achsen, so daß auch $\lambda\nu\xi$ sich in 15

---

1) Minus adcurate dictum.   2) Subobscurum.   3) Imo $\varsigma\underline{d}$.

der Richtung von ϛλ[1]) nach Osten bewegt um die durch
λ, ν, ξ gehende Achse mit der Bewegung des Mittelpunkts
des Epizyklus von dem Apogeum des exzentrischen Kreises.
Sie bewegt mit sich die Sphäre ϑκ des Epizyklus; diese
5 aber bewegt sich mit dem Monde von dem Orte des
Apogeums um die Achse τ′η′ wie der Mond selbst, so daß
das Apogeum nach Westen, das Perigeum nach Osten
fortschreitet. Es dreht sich aber nicht mit ihr der Äther,
der unterhalb der Sphäre λξ ist, weil es nicht nötig ist,
10 daß die beiden Pole der Sphäre λξ in den zwei Punkten ξ,
π mit ihr zusammenhängen; denn wir haben hier nicht
nötig, daß Sphären vorhanden sind, die sich um[2]) das
über ihnen Befindliche aufwickeln, weil die Sphäre der
Luft den Äther im Kreise στ berührt, und hier die Gleich-
15 heit der Bewegung der Sphäre λξ eintritt. Die Neigung
des Epizyklus geschieht nicht nach dem Punkte ζ, welcher
ebenfalls der Mittelpunkt der Figur dieser Kugel ist, sondern
im Punkte α, wie es auch sonst allgemein vorkommt.
Wir haben also bei dem Mond vier Sphären; drei davon
20 umschließen die Erde, nämlich βγ, welche gleichmäßig angeordnet ist — denn sie bewegt sich um die Achse des
Tierkreises —, dann die Sphäre ϛλ, welche geneigt ist —
denn sie bewegt sich um den Mittelpunkt des Tierkreises,
aber nicht um die Achse desselben —, endlich die Sphäre λξ,
25 welche nicht ähnlich angeordnet ist — denn sie bewegt
sich weder um den Mittelpunkt des Tierkreises noch um
eine der Achse desselben parallele Achse —, und eine, welche
die Sphäre des Epizyklus ist, nämlich ϑκ; sie ist massiv
und nicht geneigt; denn dem Mond kommt ihretwegen
30 keine Neigung zu.
Für die Lage der ausgesägten Sphärenstücke denken
wir uns um den Kreis βγ die Sphäre des Äthers angelegt,
der durchgeht bis zum Kreise στ, welcher mit der Luft
sich berührt, wie gesagt. Das erste der Stücke, das von
35 dieser Sphäre eingeschlossen ist, und das sie mit sich

---

1) Subobscurum.   2) sich um melius deessent.

dreht, ist das Stück der hohlen Sphäre, die von den beiden
Kreisen $\beta\gamma$ und $\sigma\tau$ eingeschlossen ist; dieses Stück wird
eingeschlossen zwischen $\delta\sigma$ und der ihm entsprechenden
Partie; es steht senkrecht auf der durch β, γ gehenden
Achse. Das zweite Stück liegt nun ganz innerhalb des 5
ersten Sphärenstücks; es wird abgesägt von der hohlen
Sphäre, die von dem Kreise $\varsigma \underline{d}$¹) eingeschlossen wird und
dem um den Mittelpunkt dieses letzteren gelegten Kreise,
der ein wenig größer ist als $\sigma\tau$, wie der Kreis $\underline{d}'\varsigma$. Auch
dieses Stück liegt zwischen $\varepsilon\delta'$ und der entsprechenden 10
Partie und steht senkrecht auf der durch ς, ϱ gehenden
Achse. Das dritte Stück wird ganz vom zweiten umschlossen;
es wird abgeschnitten von der hohlen Sphäre, welche die
beiden Kreise $\lambda\nu$ und $\xi\pi$ umgeben; es liegt zwischen μo²)
und der entsprechenden Partie und steht senkrecht auf 15
der durch λ, ζ gehenden Achse. Das vierte Stück liegt
ganz innerhalb des dritten; es ist ein Abschnitt der von
$\varkappa\vartheta$ umschlossenen Sphäre, nämlich der Sphäre des Epizyklus;
es liegt zwischen ϑ, $\varkappa$ und steht senkrecht auf der durch
τ', η' gehenden Achse. Wir haben also auch nach dieser 20
Betrachtungsweise der Lage vier Stücke derselben Sphären,
weil hier nicht wie anderswo etwas nötig ist, das sich
aneinander aufwickelt. Drei von diesen Stücken sind
Ringen ähnlich und eins einem Tamburin. Das Verhalten
der Bewegungen bei den Körpern nach den beiden Be- 25
trachtungsweisen ist nicht verschieden.

Die Gesamtzahl der Sphären nach der ersten Be- 17
trachtungsweise ist also einundvierzig. Davon sind 8 bewegende, eine für die Fixsterne, eine für die Sonne, vier
für den Mond und für jedes einzelne von den Gestirnen 30
Saturn, Jupiter, Mars und Venus fünf; unter diesen ist für
jedes einzelne der Gestirne eine begleitende und eine, die sich
ihr entgegengesetzt bewegt. Merkur hat sieben Sphären,
darunter eine begleitende und eine sich ihr entgegengesetzt
bewegende. Das sind also im ganzen einundvierzig Sphären. 35

---

1) In codd. $\varsigma\varrho$ uel $\varsigma\nu$.   2) In codd. $\varepsilon\delta$ uel $\varepsilon\underline{d}$.

Nach der zweiten Art der Lage ist die Gesamtzahl der Körper neunundzwanzig. Davon sind drei hohle Sphären, nämlich die die Fixsterne bewegende Sphäre, diejenige für die Fixsterne und die Sphäre für den Rest

5 des Äthers, und sechsundzwanzig Sphärenstücke. Auch hierbei hat die Sonne ein Sphärenstück, der Mond vier, Saturn, Jupiter, Mars und Venus je vier, und Merkur fünf; im Ganzen also neunundzwanzig Körper. Wenn wir nun annehmen, daß die Bewegungen der

10 Gestirne ihnen selbst zukommen, nicht etwa anderen Körpern, die sie bewegen, so wird sich die erwähnte Zahl der Körper nach jeder der beiden Betrachtungsweisen um je eins verringern bei jedem von den Planeten, so daß von der Summe sieben abgehen; es sind also nach der

15 ersten Art vierunddreißig Sphären, nach der zweiten aber gleichfalls drei Sphären und neunzehn Sphärenstücke, die Gesamtzahl der Körper mithin zweiundzwanzig. Es gibt nun gar kein Vorkommnis, das dieser Erscheinung entgegengesetzt wäre, wenn wir nach der zweiten Art an-

20 nehmen, daß die Körper, welche die Bewegungen umfassen, nicht Scheiben ähnlich sind, sondern Armbändern oder Halbmonden, indem wir auch so daran festhalten, daß die umfassenden größeren Dinge die kleineren als sie ganz umfassen, nicht nur, wenn ihre Lage parallel ist, sondern

25 auch, wenn sie exzentrisch oder geneigt sind, wie wir es von ihnen gesagt haben.

Ferner werden wir natürlicherweise nur einen dieser beiden Fälle wählen, entweder Ähnlichkeit mit den Scheiben, weil sie nämlich Sphärenstücke umschließen, auch wenn

30 die Rippen, die durch die tiefe Seite gehen, nicht überall rund sind, oder mit den Armbändern, weil wir sie ebenfalls als rund angenommen haben, auch wenn sie die ausgesägten Stücke der ganzen Sphäre nicht vollständig umschließen, sondern nur etwas der Stücke, das den Dresch-

35 zähnen ähnlich ist, deren Formen der Krümmung des Regenbogens gleichen; denn es gibt in der Luft viele derartige Formen. .

Wenn es nun die Körper der Scheiben der umgebenden
Epizyklen sind, welche die Gestirne selbst bewegen, so
können wir sie uns massiv oder hohl vorstellen. Daß
ihr Inneres und ihre Umhüllung ganz zu einem zusammen-
hängenden Stück wird, ist wohl möglich bei den Sphären- 5
stücken. Wenn wir uns ihre Formen im Innern ähnlich
wie Scheiben vorstellen und uns ihre Formen, wenn sie
massiv sind, ähnlich wie Tamburinen vorstellen, so ist es
einleuchtend. Bei den Formen, die Armbändern ähnlich
sind, geht dies aber nicht an, weil bei diesen Formen es 10
nur möglich ist sie uns hohl vorzustellen, und daß sie in
ihrer Höhlung etwas einschließen; denn das ist die Defi-
nition dieser Formen, die wir erwähnt haben.

Daß wir den Unterschied der Bewegungen viel ein- 18
facher und kleiner gesetzt haben, als sie unsre Vorgänger 15
festgesetzt hatten, in den Ursachen für die Erscheinungen,
das wird einleuchten, wenn man es vergleicht mit dem,
was sie darüber gesagt und dabei angewandt haben.
Was dabei notwendig ist, wird aber gerade allen durch
unsre Darlegungen vollständig, ich meine, es werden da- 20
durch vollkommen die Erscheinungen betreffs der Bewegungen der Gestirne, die allgemeinen sowohl als die
partiellen, bei den vermuteten und den sichtbaren. Denn
wer darnach forscht, kann es verstehen und erkennen,
wenn er die hypothetischen Lagen derselben sammelt und 25
vergleicht mit den Beobachtungen, inbetreff derer nicht zu
zweifeln ist, daß die Beurteilung (der Beobachter) dessen,
wonach sie forschen, durch Beispiele an Instrumenten
geschehen und nach einer Methode, welche die Tabellen
umfaßt, deren man sich für die Kanones bedient. Damit 30
nun die Berechnung dergleichen Bewegungen, deren man
sich bei den Instrumenten, die den Tamburins ähnlich
sind, bedient, leicht und nicht schwer sei für einen An-
fänger der Wissenschaft, haben wir in dem Tabellenwerk[1]),
das auf diese unsre Schrift folgt, die Bewegung jedes 35

---

1) „Richtschnur" codd., h. e. κανόνες.

einzelnen Planeten gemäß den Grundlagen und den Metho-
den, die wir befolgten, niedergelegt und auch die Gesamt-
bewegung in den Gesamtjahren, nämlich je fünfundzwanzig—
der Anfang ist das nach dem Tode Alexanders zur Tag-
5 und Nachtgleiche —, in Jahren, Monaten, Tagen und
Stunden, und zwar für die Sonne in einer Tabelle, für
alles andre aber in je vier, und für jedes einzelne nachdem
die Kolumnen für die angenommenen Jahre mit unsrem
jetzigen Jahr zusammengenommen wurden und Monaten
10 und Tagen; ebenfalls nehmen wir die mittleren Stunden,
die seit Mittag unsres jetzigen Tages vergangen sind.
Bei der Sonne finden wir durch Addieren der Zahl, die
durch Nebeneinanderstellung dieser Kolumnen entsteht,
die Entfernung ihres Mittelpunktes von dem Apogeum
15 ihres exzentrischen Kreises in der Reihenfolge des Tierkreises. Bei dem Monde wird durch die Addition aus
den ersten Tabellen die Entfernung des Nordpunktes des
geneigten Kreises vom Frühlingspunkte in der umgekehrten
Reihenfolge des Tierkreises bestimmt, aus der Addition
20 der zweiten Tabellen ergibt sich die Entfernung des
Apogeums des exzentrischen Kreises von dem Nordpunkt
des geneigten Kreises in der umgekehrten Reihenfolge des
Tierkreises, aus der Addition der dritten Tabellen ergibt
sich die Entfernung des Mittelpunktes des Epizyklus vom
25 Apogeum des exzentrischen Kreises in der Reihenfolge des
Tierkreises, durch Addition der vierten Tabellen ergibt
sich die Entfernung des Mittelpunktes des Mondes vom
Apogeum des Epizyklus in der umgekehrten Reihenfolge
des Tierkreises, im höchsten Bogen. Für die fünf Planeten
30 gilt die Zahl, die sich aus der ersten Tabelle ergibt, für
die Entfernung des Apogeums des exzentrischen Kreises
von dem Frühlingspunkte in der Reihenfolge des Tierkreises, die aus der zweiten Tabelle für die Entfernung
des Mittelpunktes des Epizyklus vom Apogeum des exzen-
35 trischen Kreises in der Reihenfolge des Tierkreises — bei
dem Merkur wird außerdem noch die Entfernung des
Mittelpunktes des exzentrischen Kreises vom Apogeum der

Exzentrizität in der umgekehrten Reihenfolge des Tierkreises gegeben —; aus der dritten Tabelle ergibt sich
die Entfernung des Nordpunkts des vom Epizyklus weg
geneigten Kreises vom Apogeum des Epizyklus im höchsten
Bogen in der umgekehrten Reihenfolge [des Tierkreises]; 5
aus den vierten Tabellen ergibt sich die Entfernung des
Mittelpunktes des Gestirns von dem Nordpunkte des gegen
den Epizyklus geneigten Kreises im höchsten Bogen in
der Reihenfolge [des Tierkreises].

Ende des zweiten Buches der Schrift des Ptolemäus 10
Claudius über die Astronomie betitelt „Über die Darlegung
des gesamten Verhaltens der Planeten".

INSCRIPTIO CANOBI

Olympiodorus in Platonis Phaedonem p. 47, 18 ed.
Finckh: ὃ καὶ περὶ Πτολεμαίου φασίν· οὗτος γὰρ ἐπὶ τεσσαράκοντα ἔτη ἐν τοῖς λεγομένοις Πτεροῖς τοῦ Κανώβου ᾤκει ἀστρονομίᾳ σχολάζων, διὸ καὶ ἀνεγράψατο τὰς στήλας ἐκεῖ τῶν εὑρημένων αὐτῷ ἀστρονομικῶν δογμάτων.

Proclus in Timaeum 238b: ἔδειξε γὰρ ὁ Πτολεμαῖος, ὅτι κατὰ τοὺς ἁρμονικοὺς λόγους ἔστι τὰ ἀποστήματα.

ΩΣ ΕΝ ΤΗΙ ΕΝ ΚΑΝΩΒΩΙ ΣΤΗΛΗΙ

Θεῷ σωτῆρι Κλαύδιος Πτολεμαῖος ἀρχὰς
καὶ ὑποθέσεις Μαθημάτων

Ἡ μεταξὺ τοῦ ἰσημερινοῦ κύκλου καὶ τοῦ ἡλιακοῦ
διὰ τῶν πόλων αὐτῶν περιφέρεια τοιούτων ἐστὶν $\overline{κγ}$ 5
$\overline{να}$ $\overline{κ}$, οἵων ὁ μέγιστος κύκλος $\overline{τξ}$.

τὸ ὁμαλὸν νυχθήμερον χρόνων ἐστὶ $\overline{τξ}$ $\overline{νϑ}$ $\overline{η}$ $\overline{ιζ}$ $\overline{ιγ}$
$\overline{ιβ}$ $\overline{λα}$, οἵων ἡ μία τοῦ τροπικοῦ περιστροφὴ $\overline{τξ}$.

λόγοι ὑποθέσεως

οἵων ἡ ἐκ τοῦ κέντρου τοῦ ἐκκέντρου $\overline{ξ}$, ἡ μεταξὺ 10
τῶν κέντρων

ἀπλανῶν σφαίρας, ὄψεως καί κέντρου $\overset{ο}{}$ $\overset{ο}{}$
Κρόνου . . . . $\overline{γ}$ $\overline{κε}$
Διὸς . . . . $\overline{β}$ $\overline{με}$

---

1. Ὡς — στήλη] AC, om. B. 2. Θεῷ] ϑῶ B, ϑ- postea add.
5. διά] AC, διὰ τήν B. περιφέρειαν B, περιφέρις C. τοιοῦτον C. ἐστι C. 6. $\overline{να}$] $\overline{ν}$ α´ (corr. ex κ) C,
να´ AB. κ´´ AB, et similiter semper. οἵων]
corr. ex οἷον C. ὁ] om. C. $\overline{τξ}$] in ras. C.
7. $\overline{η}$] om. B. 8. $\overline{τξ}$] λ´ ς C. 9. λόγοι ὑπο-
θέσεως] om C. Initio col. 2 adponitur in A: δια-
γραφὴ | ὑποθέ[σε]ως ὁ|μαλῆς καὶ | ἐγκυκλίου |
κινήσεως, in fig. adscriptum: κέντρον τῆς τῶν
πέντε πλανήτων περιαγωγῆς — κέντρον ἐκκέντρων
καὶ ἡλιακὴ περίοδ/ — κέντρον ὄψεως (($\overset{s}{x}$ καὶ
περιαγωγῆς. 10. $\overline{ξ}$] $\overline{ξ}$ $\overline{α}$ ἀπλανῶν σφαίρας AC,
$\overline{ξα}$ | ἀπλανῶν σφαι B. 12. ἀπλανῶν σφαίρας]
om. ABC. ὂ ὂ] Bullialdus, om. ABC. 13. $\overline{κε}$] B?. Bulliald.;
$\overline{ιε}$ AC. 14. με] μ- in ras. B. nomina planetarum semper
siglis scribuntur in BC.

Ἄρεως . . . . ϛ̄

♃ . . . . β̄ λ̄

Ἀφροδίτης . . . . ᾱ ιε̄

Ἑρμοῦ . . . . β̄ λ̄

5 ☾ . . . . ιβ̄ κη̄

αἱ ἐκ τῶν κέντρων τῶν ἐπικύκλων

    Κρόνου . . . . . . ϛ̄ λ̄

    Διὸς . . . . ῑα λ̄

    Ἄρεως . . . . λϑ̄ λ̄

10   Ἀφροδίτης . . . . μγ̄ ῑ

    Ἑρμοῦ . . . . . . κβ̄ λ̄

    ☾ . . . . ϛ̄ κ̄

τοῦ ὁμαλοῦ νυχθημέρου μέσα κινήματα, οἵων ὁ τροπικὸς τξ̄,

15 ἀπλανῶν σφαίρας . . . . . . ο̆ ο̆ ο̆ ε̄ νε̄ δ̄ ξ̄

    Κρόνου ἐπικύκλου . . . . ο̆ β̄ ο̆ λγ̄ λᾱ κη̄ νᾱ

    Κρόνου αὐτοῦ ἀστέρος . . . . . ο̆ νξ̄ ξ̄ μγ̄ μᾱ μγ̄ μ̄

    Διὸς ἐπικύκλου . . . . ο̆ δ̄ νϑ̄ ιδ̄ κϛ̄ μϛ̄ λγ̄

    Διὸς αὐτοῦ ἀστέρος . . . . . . ο̆ νδ̄ ϑ̄ β̄ μϛ̄ κϛ̄

20 Ἄρεως ἐπικύκλου . . . . . . ο̆ λᾱ κϛ̄ λϛ̄ νγ̄ νᾱ λγ̄

    Ἄρεως αὐτοῦ ἀστέρος . . . . . ο̆ κξ̄ μᾱ μ̄ ιϑ̄ κ̄ νη̄

---

2. λ̄] δ̄ C.   3. ᾱ] δ̄ C.   6. αἱ] A C, οἱ τῶν B.   τοῦ ἐπικύκλου B.   7 Hinc siglis utitur planetarum etiam A. In C numeri lin. 7—12 numeris p. 149, 13 — p. 150, 5 opponuntur, ita ut nomina planetarum semel tantum posita utrisque respondeant.   8. ῑα λ̄] in ras. B, β̄ α′ λ″ A C.   9. Ἄρεως λϑ̄ λ̄] om. A.   λ̄] in ras. B.   10. μγ̄] νγ̄ A et in ras. C.   11. κβ̄] -β in ras. B, κδ′ C.   λ̄] in ras. B, δ′ A C.   15. ἀπλανοῦς C.   νε̄] ν″″ B.   δ̄ ξ̄] δ̄ ϛ̄ Bulliald., λζ″″ A B C.   16. β̄] Bulliald., ο̆ A B C.   17. μγ̄] Bulliald., νγ‴ A B C.   19. ϑ̄] Bulliald., ο̆ A B C.   μϛ̄] -ϛ e corr. C.   κϛ̄] κϛ̄ ο Bulliald., κη″″ A B C.   20. λᾱ — λγ̄] in ras. C.   λᾱ] λδ′ B.   21. κξ̄] Bulliald., κ′ A B C.

ᛏ αὐτοῦ . . . . ŏ νϑ̄ η̄ ιϛ ῑγ ῑβ λᾱ

Ἀφροδίτης ἐπικύκλου . . . . . ŏ νϑ̄ η̄ ιϛ ῑγ ῑβ λᾱ

Ἀφροδίτης αὐτοῦ ἀστέρος . . . ŏ λϛ νϑ̄ κε ῡγ ῑα κη

Ἑρμοῦ ἐπικύκλου . . . . ŏ νϑ̄ η̄ ιϛ ῑγ ῑβ λᾱ

Ἑρμοῦ αὐτοῦ ἀστέρος . . . . . γ̄ ϛ̄ κδ̄ ϛ̄ νϑ̄ λε ν̄ 5

☾ συνδέσμου εἰς τὰ προηγούμενα ŏ γ̄ ŏ μᾱ μη̄ κ̄ νᾱ

☾ ἐπικύκλου . . . . ῑγ ῑγ με̄ μ̄ κᾱ νᾱ κᾱ

☾ ἐκκέντρου εἰς τὰ προηγούμενα ῑα ϑ̄ ζ̄ μβ̄ ϑ̄ ῑη μδ̄ λϛ

☾ αὐτοῦ ἀστέρος . . . . ῑγ ῑγ νγ̄ νϛ ιϛ νᾱ νϑ̄

ἐγκλίσεων λόγοι πρὸς τὸ τοῦ διὰ μέσων ἐπίπεδον 10

ἀπλανῶν σφαίρας . . . . ŏ ŏ

Κρόνου ἐκκέντρου . . . . . . ŏ ŏ

Κρόνου ἐπικύκλου . . . . . . ϑ̄ ε̄ ŏ

Διὸς ἐκκέντρου . . . . ᾱ λ̄ ŏ

Διὸς ἐπικύκλου . . . . ᾱ ŏ 15

Ἄρεως ἐκκέντρου . . . . ᾱ ŏ

Ἄρεως ἐπικύκλου . . . . β̄ ῑε

ᛏ ἐκκέντρου . . . . ŏ ŏ

Ἀφροδίτης ἐκκέντρου . . . . . ῑε

Ἀφροδίτης ἐπικύκλου . . . . . β̄ λ̄ 20

Ἀφροδίτης λοξώσεως . . . . β̄ λ̄

Ἑρμοῦ ἐκκέντρου . . . . ŏ μ̄

Ἑρμοῦ ἐπικύκλου . . . . ζ̄ ŏ

Ἑρμοῦ λοξώσεως . . . . . . β̄ λ̄

σεληνιακοῦ ἐπιπέδου . . . . . ε̄ ŏ 25

---

1. η̄] C, Bulliald., corr. ex ν″ A, κ″ B. 6. τά] τ̈ B.
8. ☾ — προηγούμενα] bis, priore loco adpositis numeris ŏ γ′
ŏ μα‴ μη‴′ (corr. ex μα‴′ C) κ‴‴′ να‴‴‴ ABC. μβ̄] μα‴ C.
μδ̄] μα‴‴‴′ C. 9. νϛ] νβ‴ B. νϑ̄] ηϑ‴‴‴ C. 10. μέ-
σων] C, comp. B, μέσον A. 13. ϑ̄ ε̄] e corr. B. 15. ᾱ] ᛏ C.
16. ᾱ] ᛏ C. 22. μ̄] λα′ C. 25. ἐπίπεδον C.

152   INSCRIPTIO CANOBI

ἐποχαὶ ὁμαλαὶ εἰς τὸ α΄ ἔτος τῆς Αὐγούστου βασιλείας
Θὼθ α΄ τῆς μεσημβρίας ἐπὶ ἐαρινῆς ἰσημερίας·
ἀπλανῶν τοῦ ἐπὶ τῆς καρδίας τοῦ Λέοντος $\overline{ϱκ}$ $\overline{η}$
Κρόνου ἐπικύκλου . . . . $οβ$ $ιβ$
5   Διὸς ἐπικύκλου . . . . $\overline{η}$ $\overline{λε}$
Ἄρεως ἐπικύκλου . . . . $\overline{ϱπγ}$ $\overline{νβ}$
ᛡ ἀπογείου . . . . $ξε$ $λα$
Ἀφροδίτης ἐπικύκλου . . . . $\overline{ϱνς}$ $\overline{ια}$
Ἑρμοῦ ἐπικύκλου . . . . $\overline{ϱνς}$ $\overline{ια}$
10   ☾ ἐκκέντρου ἀπογείου . . . . · . $\overline{σνς}$ $\overline{μβ}$
☾ ἐπικύκλου . . . . $νε$ $\overline{μ}$
☾ ἀναβιβάζοντος συνδέσμου . . . . . . $\overline{ϱιε}$ $λα$

ὁμοίως τῶν ἀπὸ τῶν ἀπογείων
Κρόνου . . . . . . $\overline{πγ}$ $\overline{λς}$
15   Διὸς . . . . $\overline{ϱμξ}$ $\overline{λς}$
Ἄρεως . . . . . . $τλβ$ $ιϑ$
ᛡ . . . . $\overline{ς}$ $\overline{μα}$
Ἀφροδίτης . . . . $τνϑ$ $\overline{λδ}$
Ἑρμοῦ . . . . . . $σλδ$ $\overline{λβ}$
20   ☾ . . . . $\overline{σμη}$ $\overline{μ}$

ὁμοίως αἱ διαστάσεις ἀπὸ τοῦ ἐν τῇ καρδίᾳ τοῦ
Λέοντος
Κρόνου ἀπὸ τοῦ ἀπογείου . . $\overline{ϱι}$ $\overline{λ}$
καὶ ἀναβιβάζοντος . . $\overline{τνγ}$ $\overline{λ}$

_____

1. ποχαί B.   α΄ ἔτος] $\bar{α}$ ᛂ AB, $\overline{Δυ}$ C.   2. α΄] $\bar{α}$ A,
δ΄ C, ἀπό B.   τῆς] om. B.   3. ἐπί] CB, ἐκ A.   τῆς] om. B.
τοῦ] om. B. $\bar{η}$] BC, ν΄ A.   9. $\overline{ϱνς}$] $\overline{ϱχς}$ C.   10. $\overline{μβ}$]
λαβ΄ C.   11. $\overline{μ}$] λμ΄ C.   13. τῶν (pr.)] A, αὐτῶν C, om. B.
14. $\overline{λς}$] -ς e corr. C.   17. $\overline{ς}$ $\overline{μα}$] in ras. C.   18. $\overline{τνϑ}$] $\overline{ταϑ}$ C.
19. $\overline{σλδ}$] C, supra add. α B, $\overline{σλα}$ A.   20. $\overline{μ}$] λα΄ C.   21. δια-
στάσεις] Bulliald., διοι ABC.   24. $\overline{τνγ}$] $\overline{ταγ}$ C.

Διὸς ἀπογείου . . . . λη̅ λ̅
  καὶ ἀναβιβάζοντος . . τκη̅ λ̅
Ἄρεως ἀπογείου . . . . . τνγ̅ ŏ
  καὶ ἀναβιβάζοντος . . ξγ̅ ŏ
Ἀφροδίτης ἀπογείου. . . . . ϙβ̅ λ̅   5
  καὶ ἀναβιβάζοντος . . σβ̅ λ̅
Ἑρμοῦ ἀπογείου . . . . . . ξγ̅ λ̅
  καὶ ἀναβιβάζοντος . . ρξγ̅ λ̅

φάσεων ἀποστάσεις ἐπὶ τοῦ διὰ τῶν πόλων καὶ τοῦ
ἡλίου γραφομένου κύκλου   10

   Κρόνου . . . ια̅ ŏ
   Διὸς . . . . ι̅ ŏ
   Ἄρεως. . . . ια̅ λ̅
   Ἀφροδίτης . . ε̅ ŏ
   Ἑρμοῦ. . . . ι̅ λ̅   15

ἐπὶ τῶν ἐν ταῖς συζυγίαις ἡλίου καὶ σελήνης μέσων
ἀποστημάτων

ἡ μὲν ἑκατέρου τοῦ φωτὸς διάμετρος ἀπολαμβάνει πρὸς
τῇ ὄψει γωνίας ὀρθῆς ρ̅ξ̅β̅´,
ἡ δὲ τοῦ κώνου τῆς σκιᾶς διάμετρος ξε´.   20
καί, οἵων ἐστὶν ἡ ἐκ τοῦ κέντρου τῆς γῆς α̅, τοιούτων
ἐστὶ
τὸ μὲν τῆς σελήνης ἀπόστημα ξ̅δ̅, τὸ δὲ τοῦ ἡλίου ψ̅κ̅θ̅,
πρώτων κύβων ἅμα καὶ τετραγώνων ὅροι.

---

3. τ̅ν̅γ̅] τ̅α̅γ̅ C.   5. ϙβ̅] ϱ̅β̅ C.   9. φάσεων ἀποστάσεις]
om. B.   10. ἡλι|ο A, ἥλιο AC.   15. λ̅] Bulliald., λα´ AC,
λ´δ B.   16. μέσων] μ̊ AC.   19. ὀρϑ꙼ B, ὀρϑάς C.   ϱ̅ξ̅β̅´A.
21. οἷον A.   ἐστί C.   23. ἀπόστημα] ἀπὸ τῇ C, ⁻ eras.
24. πρώτων (ϱώτων B) — ὅροι] cum seqq. coniunxerunt AB.

συστήματος κοσμικοὶ φθόγγοι ἑστῶτες

σφαίρας ἀπλανῶν	μέση ὑπερβολαίων	λϛ
Κρόνου	νήτη ὑπερβολαίων	λβ
Διὸς	διεζευγμένων	κδ
5 Ἄρεως	νήτη συνημμένων	κα γ΄
♃	παραμέση	ιη
Ἀφροδίτης καὶ Ἑρμοῦ	μέση	ιϛ
☾	ὑπάτη μέσων	ιβ
πυρὸς ἀέρος	ὑπάτη ὑπάτων	ϑ
10 ὕδατος γῆς	προσλαμβανόμενος	η

περιέχουσιν οἱ ἀριθμοὶ μεσότητας μὲν ἀριθμητικὰς ε̄,
γεωμετρικὰς ϛ̄, ἁρμονικὰς ε̄, συμφωνιῶν δὲ ἐν λόγοις
ἐπιμορίοις καὶ πολλαπλασίοις

	διὰ τεσσάρων	ἐν ἐπιτρίτοις	ε̄
15	διὰ πέντε	ἐν ἡμιολίοις	δ̄
	διὰ πασῶν	ἐν διπλασίοις	ε̄
	διὰ πέντε καὶ διὰ πασῶν ἐν τριπλασίοις	β̄

---

1. συστήματος] scripsi coll. Harmon. III 14 p. 268, 3, συστήματα ΑΒC. 2. σφαίρας] cum antecedentt. coniunxit B, σφαῖραι item AC. ἀπλανῶν] om. ABC. ὑπερβολέων A et C, sed corr., ὑπερβολ⌒´ B. 3. Κρόνου] ἀπλανῶν ABC (cum lin. 3—7 cfr. Harmon. III 16). ὑπερβολέων AB et C, sed corr. 4. Διός] Κρόνου ABC. 5. Ἄρεως] Διός ABC. 6. ♃] Ἄρεως ABC. παραμέση] Bulliald., παραμέσης AC, παρ^α μ̣ ᵉ͵ˢ B. 7. Ἀφροδίτης καὶ Ἑρμοῦ] ἡλίου ABC. μέσης ABC. 8. ☾] Ἀφροδίτης καὶ Ἑρμοῦ ABC. 9. πυρὸς ἀέρος] σελήνης ABC. 10. ὕδατος γῆς] πυρὸς (νρός B) ἀέρος ABC. προσλαμβανόμενος] C, προσλαμβανομένͦ A, προσλαμβανόμενα B. η] in ras. B. 11. περιέχουσιν] | † ὕδατος γῆς περιέχ A, | ὕδατος γῆς | περιέχουσιν BC. μεσότητος A. μέν] om. C. 12. | υμφωνιῶν A. 14. ἐν] C², Bulliald., om. ABC. 17. τριπ̄ A.

δὶς διὰ πασῶν ἐν τετραπλασίοις β̄
καὶ ἔτι τόνους ἐν ἐπογδόοις γ̄
ἀνετέθη ἐν Κανώβῳ ι΄ ἔτει Ἀντωνίνου.

1. τετραπ̄ A. 2. γ̄] β̄ ABC. 3. ι΄ ἔτει] ῑς ABC. Ἀντωνίνῳ C. Seq. in ABC: ὡς μέντοι οἱ προειρημένοι ἀριθμοὶ περιέχουσι (περιέχει C) τὰς εἰρημένας (Μ̅ʹ AB, μεσημβρινάς C) μεσότητας καὶ τοὺς λόγους τοὺς ἐπιμορίους καὶ πολλαπλασίους, οὕτως ἐξέθετο

ἀπλανῶν Κρόνου Διός Ἄρεως (Ἄρεος C) ἡλίου Ἀ. καὶ Ἑʹ) (²)

| | λ̄ς | λ̄β | κ̄δ | κ̄α γ΄ | ῑη | ῑς | ῑβ³) |

ἀριθμητικὴ μεσότης⁴) γεωμετρικὴ μεσότης⁵) ἁρμονικὴ μεσότης⁶)

λ̄ς	κ̄δ	ῑβ	λ̄ς	κ̄δ⁷)	ῑς	λ̄ς	κ̄δ	ῑη⁸)
λ̄β	κ̄δ	ῑς	λ̄ς	ῑη	ϑ̄⁹)	λ̄β	κ̄α γ΄¹⁰)	ῑς
κ̄δ¹¹)	ῑη	ῑβ	λ̄β	κ̄δ	ῑη	κ̄δ	ῑς	ῑβ
κ̄δ	ῑς	η̄	λ̄β¹²)	ῑς	η̄	κ̄δ	ῑβ	η̄
ῑς¹³)	ῑβ	η̄	ῑη	ῑβ	η̄	ῑη	ῑβ	ϑ̄
			ῑς	ῑβ	ϑ̄			

τῶν δὲ συμφωνιῶν οἱ λόγοι εἰσὶν οἱ ὑποκείμενοι¹⁴)

ἐπίτριτοι λόγοι διὰ πέντε διὰ ε̄ καὶ δὶς διὰ¹⁶) τόνοι¹⁷) ἐν¹⁶)
διὰ τεσσάρων ε̄ ἐν ἡμιολί- διὰ πασῶν πασῶν ἐπογδόοις
ἐν τριπλα- ἐν τετρα- γ̄¹⁸)

λ̄β	κ̄δ	οις δ̄	σίοις β̄¹⁵)	πλασίοις β̄	λ̄ς λ̄β
κ̄δ¹⁹)	ῑη²⁰)	λ̄ς κ̄δ	λ̄ς ῑβ	λ̄ς²²) ϑ̄	ῑη ῑς
κ̄α γ΄²¹)	ῑς	κ̄δ ῑς	κ̄δ η̄	λ̄β η̄	ϑ̄ η̄
ῑς	ῑβ	ῑη ῑβ			
ῑβ²³)	ϑ̄²⁴)	ῑβ η̄			

1) αεισι A, Δμς/ B, δεισι C. 2) om. A, σελήνης C. 3) om. A, ῑε BC. 4) μεσότητος A. 5) γεωμετρῐ͗ μεσ̅ A. 6) om. A. 7) ex κ̄ς C. 8) has tres columnas om. A. 9) β̄ ABC. 10) κ̄γ BC. 11) om. BC. 12) λ- e corr. C. 13) om. A, κ̄δ B, δ̄ C. 14) hanc lin. om. B, -κείμενοι recisum in A. 15) nonnulla recisa in A. 16) has columnas om. A. 17) τ̅ʹ B, τοὺς C. 18) β̄ BC. 19) κ̄η B. 20) η̄ ABC. 21) κ̄δ γ΄ C. 22) λ̄ C. 23) ῑξ ABC. 24) ε̄ ABC. Infra add. AC: ἐπίτριτοι (ἐπίτριτον A) — ἡμιόλιοι — τριπλάσιοι — τετραπλάσιοι (om. A) — ἐπόγδοοι (om. A). In fine: Πτολεμαίου ἀρχαὶ καὶ ὑποθέσεις BC et ultimis recisis A.

ΚΛΑΥΔΙΟΥ ΠΤΟΛΕΜΑΙΟΥ

ΠΡΟΧΕΙΡΩΝ ΚΑΝΟΝΩΝ
ΔΙΑΤΑΞΙΣ ΚΑΙ ΨΗΦΟΦΟΡΙΑ

ΠΡΟΧΕΙΡΩΝ ΚΑΝΟΝΩΝ ΔΙΑΤΑΞΙΣ ΚΑΙ ΨΗΦΟΦΟΡΙΑ

Ἡ μὲν σύστασις, ὦ Σύρε, τῆς εἰς τὰς παρόδους 1
τῶν πλανωμένων προχείρου κανονοποιίας γέγονεν ἡμῖν
ἀκολούθως πως ταῖς ὁμαλαῖς καὶ ἐγκυκλίοις αὐτῶν 5
ὑποθέσεσιν ἕνεκεν τοῦ δύνασθαι καὶ διὰ τῶν ἐπιπέδων
καταγραφομένων ἐκκέντρων τε καὶ ἐπικύκλων ἐν τοῖς
διὰ τῆς συντάξεως ἀποδεδειγμένοις λόγοις τὰς πρὸς
τὸν ζῳδιακὸν θεωρουμένας αὐτῶν κατὰ μῆκος παρόδους
συμφώνους ταῖς ἐκ τῆς ψηφοφορίας συναγομέναις ἐπι- 10
δεικνύειν τῶν κατὰ πλάτος παραχωρήσεων εἰς μὲν τὰς
τοιαύτας καταγραφὰς πεσεῖν μὴ δυναμένων, μεθοδευο-
μένων δὲ διὰ τῆς τῶν οἰκείων κανόνων εἰσαγωγῆς·
περιέχουσι δὲ οἱ μὲν πρῶτοι κανόνες τῆς καθ᾽ ἡμᾶς
οἰκουμένης ἐπισημοτέρων πόλεων τὰς κατὰ μῆκος καὶ 15
πλάτος ἐποχάς, οἱ δὲ ἐφεξῆς αὐτοῖς τάς τε ἐπ᾽ ὀρθῆς
τῆς σφαίρας συναναφορὰς τοῦ τε διὰ μέσων τῶι ζῳδίων
κύκλου καὶ τοῦ ἰσημερινοῦ παρακειμένων ἑκάστῃ μοίρᾳ
τοῦ διὰ μέσων τῶν τῆς μιᾶς ἰσημερινῆς ὥρας ἑξηκοστῶν,

---

1. Προχείρων — 2. ψηφοφορία] om. A, Κλαυδίου Πτολεμαίου
σαφήνεια καὶ διάταξις τῶν προχείρων κανόνων τῆς ἀστρονομίας
καὶ ὅπως χρηστέον αὐτοῖς μέθοδος ἐναργής 𝔅, Πτολεμαίου περὶ
προχείρων κανόνων F², Πτολεμαίου DG.   3. τῆς] A𝔅, τοῦ 𝔅².
4. κανονοποιίας] scripsi, κανόνος ὁ πᾶς A, κανόνος (-ος e corr.
m. 2) ὅπως 𝔅.   8. τάς] 𝔅², τοῖς A𝔅.   13. κανονίων DG.
εἰσαγωγῆς] 𝔅DG, in ras. A.   15. ἐπισημοτέρων] 𝔅, διασημο-
τέρων A.

οἷς διοίσει τὰ ἀπὸ τῆς ἐποχῆς εἰς ἐκεῖνον τὸν χρόνον
ὁμαλὰ νυχθήμερα τῶν φαινομένων, καὶ ἔτι τούτων
μεταξύ πως τῆς οἰκησίμου παραλλήλων ἑπτὰ παρακειμένων ἑκάστῃ μοίρᾳ τοῦ διὰ μέσων τῶν ἐκείνης τῆς
5 ἡμέρας ὡριαίων χρόνων ἔνεκεν τοῦ δύνασθαι μεταλαμβάνειν τὰς τῶν χρόνων διαφορὰς κατὰ τὸν ἐφεξῆς ὑπο-
δειχθησόμενον τρόπον. οἱ δὲ μετὰ τοὺς εἰρημένους
κανόνας καὶ τὸ ἐπ' αὐτοῖς προκανόνιον τῆς τῶν ἀπὸ
τῆς ἐποχῆς βασιλέων χρονογραφίας περιέχουσι τὰς ὁμα-
10 λὰς παρόδους ἡλίου τε καὶ σελήνης καὶ ἔτι τήν τε τοῦ
ἐπὶ τῆς καρδίας τοῦ Λέοντος ἀπλανοῦς ἀστέρος καὶ
τὰς τῶν πέντε πλανωμένων εἰκοσαπενταετηρίδων τε
καὶ ἐνιαυτῶν καὶ μηνῶν καὶ ἡμερῶν καὶ ὡρῶν συνημ-
μένων αὐτοῖς τῶν περιεχόντων τὰς διαστάσεις τῶν περὶ
15 αὐτὸν τὸν ζῳδιακὸν ἀπλανῶν τῶν μέχρι δεκαμοίρου
πλάτους καὶ τετάρτου μεγέθους, ἃς ἀεὶ συντηροῦσι
πρὸς τὸν ἐπὶ τῆς καρδίας τοῦ Λέοντος· οἱ δ' ἐφεξῆς
τούτοις τὰς διὰ τῆς ψηφοφορίας τῶν κατὰ μῆκος παρόδων ἑκάστου τῶν πλανωμένων διακρίσεις.

20 συνεστάθησαν μὲν οὖν αἱ ἐποχαὶ πάντων ἐνταῦθα
εἰς τὴν ἐν Ἀλεξανδρείᾳ τῇ πρὸς Αἴγυπτον μεσημβρίαν
τῆς κατ' Αἰγυπτίους Θὼθ νεομηνίας τοῦ πρώτου ἔτους
Φιλίππου τοῦ μετὰ Ἀλέξανδρον τὸν κτίστην καὶ ὡς
τῶν ἀρχῶν τῶν δωδεκατημορίων ἀπὸ τῶν τροπικῶν
25 καὶ ἰσημερινῶν σημείων λαμβανομένων· ἐπεὶ δὲ τῶν
ὑποτιθεμένων χρόνων ὁ μέν ἐστιν ἁπλοῦς, ὁ δὲ δια-
κεκριμένος, ὧν ἡ διαφορὰ διά τε τῆς ἡλιακῆς μοίρας
καὶ τῶν προτεταγμένων κανονίων λαμβάνεται, πρότερον
ἐπισκεψώμεθα τὴν ἡλιακὴν μοῖραν κατὰ τὸ ὁλοσχερέ-

στερον οὕτως· τὰ γὰρ αὐτοῖς τοῖς ἐνεστηκόσι χρόνοις
εἰκοσαπενταετηρίδων τε καὶ ἐνιαυτῶν καὶ μηνῶν καὶ
ἡμερῶν καὶ ταῖς ἀπὸ μεσημβρίας τῆς εἰσενεχθείσης
ἡμέρας ὥραις παρακείμενα μέσα δρομήματα τῆς ἡλιακῆς
παρόδου συναγαγόντες καὶ ἐκβαλόντες, οὓς ἔχομεν 5
κύκλους, τὰς λοιπὰς μοίρας εἰσοίσομεν εἰς τὸν τῆς
ἀνωμαλίας αὐτοῦ κανόνα, καὶ τὴν παρακειμένην προσθαφαίρεσιν ἕως μὲν ρπ μοιρῶν ὄντος τοῦ εἰσενεχθέντος
ἀριθμοῦ ἀφελόντες αὐτοῦ, ὑπερπίπτοντος δὲ τὰς ρπ
μοίρας προσθέντες αὐτῷ καὶ τὰ συναχθέντα ἐκβαλόντες 10
εἰς τὰ ἑπόμενα τῶν ζῳδίων ἀπὸ τοῦ ἡλιακοῦ ἀπογείου,
ὃ ἐπέχει πάντοτε Διδύμων μοίρας ε καὶ ξ´ ξ´ λ, εἰς ἣν
ἂν ὁ ἀριθμὸς ἐμπέσῃ μοῖραν, ἐκείνην ἐκθησόμεθα πρὸς
τὴν διάκρισιν τῶν χρόνων ἐν τρισὶ διαφοραῖς συνιστα-
μένην, τουτέστιν ἔν τε τῇ τῶν καιρικῶν ὡρῶν πρὸς 15
τὰς ἰσημερινὰς καὶ ἐν τῇ τῶν ἀπὸ ἑτέρας οἰκήσεως
εἰς τὴν ἐν Ἀλεξανδρείᾳ μεσημβρίαν καὶ ἐν τῇ τῶν
ὁμαλῶν νυχθημέρων πρὸς τὰ φαινόμενα.

Περὶ καιρικῶν ὡρῶν.   2

Ἐὰν μὲν οὖν τὰς καιρικὰς ὥρας ἀναλύειν θέλωμεν 20
εἰς ἰσημερινάς, ἐπισκεψάμενοι διὰ τῶν ἐν τῷ πρώτῳ
κανονίῳ παρακειμένων τῷ ὑποκειμένῳ τόπῳ τῆς κατὰ
πλάτος τοῦ ἰσημερινοῦ ἀποχῆς μοιρῶν τὸν ἔγγιστα τούτων ἐρχόμενον παράλληλον τῶν ζ τῶν ἐφεξῆς εἰς τὰς

---

1. Mg. περὶ τῆς ὁλοσχεροῦς τοῦ 𝟦 ψηφοφορίας 𝔅.   5. συν-
αγαγόντες] ℭ Α², συνάγοντες Α 𝔅.   ἐκβάλλοντες 𝔅.   10. προσ-
θέντες] 𝔅, προστεθέντες Α.   12. ξ´ ξ´] 𝔅 D G, ἐξηκοστὰ πρῶτα Α.
16. τῶν — 17. τῇ] 𝔅, om. Α.   19. περί — ὡρῶν] Α D G (και-
ριακῶν D G), πῶς αἱ καιρικαὶ ὥραι ἰσημεριναὶ γίνοντχι καὶ τὸ
ἀνάπαλιν 𝔅.   22. παρακειμένων] 𝔅, παρακειμένῳ Α.   ὑπο-
κειμένῳ] Α, οἰκείῳ 𝔅.

Ptolemaeus, ed. Heiberg. III.   11

ἀναφορὰς ἐκτεθειμένων ἀπὸ τῆς προτεταγμένης ἑκάστου
ἐπιγραφῆς εἰς τοῦτον εἰσοίσομεν τὴν εἰλημμένην τοῦ
ἡλίου μοῖραν καὶ τοὺς μὲν αὐτῇ τῇ μοίρᾳ παρακειμένους ὡριαίους χρόνους πολυπλασιάσαντες ἐπὶ τὰς ἡμερι-
5 νὰς ὥρας, τοὺς δὲ τῇ διαμετρούσῃ τὸν ἥλιον ἐπὶ τὰς
νυκτερινάς, τοῦ συναχθέντος ἀριθμοῦ τὸ πεντεκαιδέ-
κατον ἕξομεν ὥρας ἰσημερινάς. ἐὰν δὲ ἀνάπαλιν τὰς
ἰσημερινὰς ἀναλύειν θέλωμεν εἰς τὰς καιρικάς, τὸ
πλῆθος τῶν ἰσημερινῶν ὡρῶν ἐπὶ τὸν ι̅ε̅ πολυπλασιά-
10 σαντες καὶ τὸν γενόμενον ἀριθμὸν παραβαλόντες παρὰ
τοὺς οἰκείους τῶν ὡριαίων χρόνων ἕξομεν τὸ τῶν καιρικῶν ὡρῶν πλῆθος πᾶν.
     ἐὰν δὲ τὰς ἐν τῷ ὑποκειμένῳ τόπῳ δοθείσας ὥρας
ἰσημερινὰς πρὸς τὴν ἀποχὴν τῆς μεσημβρίας καὶ τοῦ
15 μεσονυκτίου θεωρουμένας μεταλαμβάνειν θέλωμεν εἰς
τὰς κατὰ τὸν δι᾽ Ἀλεξανδρείας μεσημβρινὸν ἢ τὸ ἀνάπαλιν, ὅσαις ἂν οἱ δύο τόποι διαφέρωσι μοίραις ἐν τῇ
κατὰ μῆκος αὐτῶν παραθέσει, τοσούτοις ἰσημερινοῖς
χρόνοις τὸ αὐτὸ σύμπτωμα ἕξομεν, ἐὰν μὲν πλείους
20 ὦσιν αἱ τοῦ ὑποκειμένου μοῖραι τῶν τῆς Ἀλεξανδρείας,
κατὰ τὰς προτερούσας ὥρας φανησόμενον ἐν Ἀλεξανδρείᾳ, ἐὰν δὲ ἐλάττους, κατὰ τὰς ὑστερούσας.
     καὶ τὰ παρακείμενα δὲ τῇ ἡλιακῇ μοίρᾳ ἐν τῷ

---

4. πολυπλασιάσαντες] 𝔅DG, πολλαπλασιάσαντες A.   6. πεν-
τεκαιδέκατον] A, ιε΄ 𝔅.   7. τάς] A, θέλωμεν τάς 𝔅.   8. θέ-
λωμεν] A, om. 𝔅.   τάς] A, om. 𝔅.   9. τόν] ℭ, corr. in
scrib. ex τω 𝔅, τῶν A.   πολυπλασιάσαντες] 𝔅DG, πολλαπλασιάσαντες A.   10. παραβαλόντες] 𝔅DG, -β- et -λ- in ras. A².
12. πᾶν] A, om. 𝔅.   Deinde ins. πῶς τὰς ἐν οἱαδηποτοῦν οἰκήσει δοθείσας ὥρας ἰσημερινὰς εἰς τὸν δι᾽ Ἀλεξανδρείας μεσημβρινὸν μεταβάλωμεν καὶ τὸ ἀνάπαλιν 𝔅.   13. δέ] 𝔅, μέν A.
14. καί] 𝔅, ἤ A²G², ἡ ADG.   18. τοσούτοις] 𝔅DG, corr. ex
τοσούτους Λ.   23. καί] Aℭ, om. 𝔅.   τά] |ά 𝔅.   δέ] Aℭ,
om. 𝔅.

κανόνι τῶν ἐπ' ὀρθῆς τῆς σφαίρας ἀναφορῶν ἐν τοῖς
δευτέροις ξ' ξ' μιᾶς ὥρας ἰσημερινῆς, ἐὰν μὲν ἀπὸ τῶν
φαινομένων νυχθημέρων τὰ ὁμαλὰ προαιρώμεθα λαμβάνειν, προσθήσομεν πάντοτε ταῖς φαινομέναις ὥραις,
ἐὰν δὲ ἀπὸ τῶν ὁμαλῶν τὰ φαινόμενα, ἀφελοῦμεν πάν- 5
τοτε τῶν ὁμαλῶν.

ἐὰν μὲν οὖν δοθέντος τινὸς χρόνου κατὰ τὸν ἁπλοῦν
τρόπον τὰς ἐν αὐτῷ παρόδους ἡλίου τε καὶ σελήνης
καὶ τῶν πέντε ἀστέρων ἐπιλογίζεσθαι δέῃ, τὰς προκειμένας τῶν χρόνων ἀναλύσεις ποιησόμεθα τῶν τε και- 10
ρικῶν ὡρῶν εἰς τὰς ἰσημερινάς, εἶτα τῶν τοῦ ὑποκειμένου τόπου εἰς τὰς ἐν τῷ δι' Ἀλεξανδρείας μεσημβρινῷ,
καὶ ἐφεξῆς τὰς τῶν φαινομένων νυχθημέρων εἰς τὰς
τῶν ὁμαλῶν· ἐὰν δὲ παρόδου τινὸς ἢ συζυγίας καθ'
αὑτὴν ἐπιλογισθείσης τὸν χρόνον, καθ' ὃν οἱ ἀριθμοὶ 15
συνήχθησαν, ἀναλύειν θέλωμεν εἰς τὸν τῆς ἁπλῆς τηρήσεως, ἀνάπαλιν καὶ τῇ τάξει χρησόμεθα καὶ τῇ δυνάμει,
τουτέστι τὰς καταλαμβανομένας παρὰ τὸν μεσημβρινὸν
ὥρας ἰσημερινὰς πρότερον μὲν ἀπὸ τῶν πρὸς τὰ ὁμαλὰ
νυχθήμερα μεταφέροντες εἰς τὰς τῶν φαινομένων, εἶτα 20
τὰς πρὸς τὸν δι' Ἀλεξανδρείας μεσημβρινὸν εἰς τὰς πρὸς
τὸν διὰ τοῦ ὑποκειμένου τόπου, καὶ ἐφεξῆς αὐτὰς τὰς
ἰσημερινὰς ὥρας εἰς τὰς ἐν τῷ ὑποκειμένῳ τόπῳ καιρικάς.

Περὶ ἀνατέλλοντος σημείου. 3

Τούτοις δὲ ἀκολούθως καὶ τὸ μὲν ἀνατέλλον σημεῖον 25
τοῦ ζῳδιακοῦ λαμβάνεται τῶν ἀπὸ τῆς προγενομένης

2. δευτέροις] scripsi, δυσί A G, δυσίν 𝕭 ℭ D. ϛ. δέῃ] 𝕭 ℭ,
δὲ εἰ A. 10. ποιησόμεθα] 𝕭 A², ποιησώμεθα A. 11. τῶν]
scripsi, τ᾽ A, τόν 𝕭 et supra scripto τάς ℭ. 12. μεσημβρινῷ]
𝕭 D G, μεσημβρινῶν A. 13. τάς (pr.)] τῶν? 18. παρά] A ℭ,
περί 𝕭.

ἀνατολῆς τοῦ ἡλίου καιρικῶν ὡρῶν πολυπλασιαζομένων
ἐπὶ τοὺς παρακειμένους ἐν τῷ κανόνι τοῦ ὑποκειμένου
κλίματος ὡριαίους χρόνους, τῶν μὲν ἡμερινῶν τῇ ἡλιακῇ
μοίρᾳ, τῶν δὲ νυκτερινῶν τῇ διαμέτρῳ, καὶ τῶν συν-
5 αχθέντων χρόνων προσεκβαλλομένων τοῖς παρακειμένοις
τῇ τοῦ ἡλίου μοίρᾳ χρόνοις ἀναφορικοῖς.

4   Περὶ μεσουρανοῦντος σημείου.

Τὸ δὲ μεσουρανοῦν τῶν ἀπὸ τῆς προγενομένης μεσημβρίας ἐπὶ τὴν δοθεῖσαν καιρικὴν ὥραν πολυπλασιαζο-
10 μένων ἐπὶ τοὺς ἐν τῷ οἰκείῳ κανόνι παρακειμένους
ὡριαίους χρόνους, τῶν μὲν ἡμερινῶν πάλιν τῇ ἡλιακῇ
μοίρᾳ, τῶν δὲ νυκτερινῶν τῇ διαμέτρῳ, καὶ τῶν συναχθέντων χρόνων προσεκβαλλομένων τοῖς παρακειμένοις
τῇ τοῦ ἡλίου μοίρᾳ κατὰ τὰς ἐπ᾽ ὀρθῆς τῆς σφαίρας
15 ἀναφοράς. ἰσημερινῶν μὲν τυγχανουσῶν τῶν διδομένων
ὡρῶν ἤτοι τῶν ἀπὸ τῆς προγενομένης ἀνατολῆς ἢ τῶν
ἀπὸ τῆς προγενομένης μεσημβρίας τὸ πλῆθος αὐτῶν
ἐπὶ τὸν ιε πολυπλασιάσαντες τὰς ἀπὸ τῆς ἡλιακῆς μοίρας προσεκβολὰς ἀκολούθως ποιησόμεθα ταῖς ἐκτεθει-
20 μέναις. λαμβάνεται δὲ καὶ ἀπὸ μὲν τοῦ ἀνατέλλοντος
σημείου τοῦ διὰ μέσων τὸ μεσουρανοῦν τῶν παρακειμένων ἐν τῷ κανόνι τοῦ οἰκείου κλίματος τῇ ἀνατελ-
λούσῃ μοίρᾳ χρόνων ἀναφορικῶν, οἵ εἰσιν ἀπὸ Κριοῦ
ἀρχῆς, ἐκβαλλομένων εἰς τοὺς ἐπ᾽ ὀρθῆς τῆς σφαίρας,
25 οἵ εἰσιν ἀπὸ Αἰγόκερω ἀρχῆς· ἀπὸ δὲ τοῦ μεσουρα-

---

1. πολυπλασιαζομένων] 𝔅 D G, πολλαπλασιαζομένων A. 2. παρακειμένους — κανόνι] A, ἐν τῷ οἰκείῳ κανόνι παρακειμένους 𝔅.
9. πολυπλασιαζομένων] 𝔅 D G, πολλαπλασια ̓ομένων A. 16. προσ-
γενομένης D G. 18. τόν] E, τῶν A 𝔅. ιε] 𝔅 G, δεκαπέντε A D.
πολυπλασιάσαντες] 𝔅 D G, πολλαπλασιάσαντες A. 23. Κριοῦ]
comp. A 𝔅; similiter semper fere.

νοῦντος τὸ ἀνατέλλον ἀνάπαλιν τῶν τῇ μεσουρανούσῃ
μοίρᾳ παρακειμένων ἐπ' ὀρθῆς τῆς σφαίρας ἀναφορῶν
ἐκβαλλομένων εἰς τὰς ἀπὸ Κριοῦ τοῦ οἰκείου κλίματος
ἀναφοράς. πρὸς δὴ τὸν διακεκριμένον, ὡς ὑπεδείξαμεν,
χρόνον συναχθέντων καθ' ἑκάστην τῶν παρόδων τῶν   5
τοῖς οἰκείοις στίχοις παρακειμένων τῆς ὁμαλῆς κινήσεως
ἀριθμῶν, καθ' ὃν εἴπομεν ἐπὶ τοῦ ἡλίου τρόπον, αὐτοῦ
τε καὶ τῶν ἐπιζητουμένων, μάλιστα δὲ τῶν τῆς σελήνης,
ἀπὸ τῶν αὐτῶν λαμβανομένων, τὰς κατὰ μῆκος αὐτῶν
ἀκριβεῖς ἐποχὰς διακρινοῦμεν ἀπό τε τῆς τῶν ὑποθέ-   10
σεων καταγραφῆς ἐν μέρει καὶ τῶν τῆς κατὰ μῆκος
ἀνωμαλίας κανόνων τὸν τρόπον τοῦτον·

Ἡλίου ψηφοφορία γραμμικῶς.   5

Ἐπὶ μὲν τοίνυν τῆς ἡλιακῆς ὑποθέσεως· ἡ γὰρ τῆς
ἐκ τοῦ κανόνος ψηφοφορίας αὐτοῦ διάκρισις ὑποδέ-   15
δεικται· τὸν συναχθέντα ἀριθμὸν ἐκ τῶν μέσων αὐτοῦ
παρόδων διεκβαλόντες ἐπὶ τῆς κατατομῆς τοῦ ἐκκέντρου
αὐτοῦ κύκλου καὶ διὰ τοῦ ἐκπίπτοντος σημείου καὶ
τοῦ κέντρου τοῦ διὰ μέσων, τουτέστιν τῆς ὄψεως, διαγαγόντες εὐθεῖαν ἐπὶ τὴν τοῦ διαμεμερισμένου ζῳδιακοῦ   20
περιφέρειαν εὑρήσομεν τὴν ἀφοριζομένην ἐπ' αὐτοῦ
μοῖραν ὑπὸ τῆς διηγμένης εὐθείας.

Σεληνιακὴ ψηφοφορία γραμμικῶς.   6

Ἐπὶ δὲ τῆς σελήνης κατὰ μὲν τὴν ὑπόθεσιν τὸν
ἀπὸ τῶν πρώτων σελιδίων συναγόμενον ἀριθμὸν τῆς   25
ὁμαλῆς τοῦ ἐκκέντρου κινήσεως ἐκβαλοῦμεν ἐπὶ τοῦ

14. τῆς ἐκ] scripsi, ἐκ τῆς ΑΒ.   15. κανόνος] scripsi,
κανόνος τῆς ΑΒ.   16. συναχθέντα] ΒDG, ante χ ras. 2 litt. A.
17. ἐπί] A, ἀπό Β.   19. τουτέστιν] ΒD, comp. A.

διὰ μέσων ἀπὸ τῆς κατὰ τὸν Κριὸν ἀρχῆς, τουτέστιν
ἀπὸ τῆς ἐαρινῆς ἰσημερίας, εἰς τὰ προηγούμενα τῶν
ζῳδίων, καὶ ὅπου ἐὰν ἐκπέσῃ, ἀποκαταστήσομεν τὸ
ἀπόγειον τοῦ ἐκκέντρου αὐτῆς κύκλου· ἔπειτα τὸν ἐκ
5 τῶν δευτέρων σελιδίων τοῦ ἐπικύκλου ἀριθμὸν διεκ-
βαλοῦμεν ἐπὶ τοῦ ὁμοκέντρου τῷ ζῳδιακῷ σεληνιακοῦ
κύκλου καὶ διὰ τοῦ καταλήξαντος σημείου καὶ τοῦ
κέντρου τοῦ διὰ μέσων διαχθείσης εὐθείας ἐπὶ τὴν
γινομένην ὑπ' αὐτῆς τομὴν τοῦ ἐκκέντρου καταστή-
10 σομεν τὸ κέντρον τοῦ ἐπικύκλου τῆς διὰ τοῦ ἀπογείου
αὐτοῦ διαμέτρου νευούσης ἐπὶ τὸ σημεῖον τὸ ἴσην
ἀπέχον διάστασιν τοῦ κέντρου τοῦ διὰ μέσων καὶ ἐπὶ
τὰ ἐναντία τοῦ ἐκκέντρου, καὶ λοιπὸν τὸν ἐκ τῶν τρί-
των αὐτῆς τῆς σελήνης ἀριθμὸν διεκβαλόντες ἐπὶ τοῦ
15 ἐπικύκλου καὶ διὰ τοῦ καταλήξαντος σημείου καὶ τοῦ
κέντρου τοῦ διὰ μέσων διαγαγόντες εὐθεῖαν ἐπὶ τὴν
τοῦ ζῳδιακοῦ περιφέρειαν ἕξομεν τὴν ἀφοριζομένην ὑπ'
αὐτῆς ἀκριβῆ τοῦ κέντρου τῆς σελήνης ἐποχήν.

7   Σελήνης ψηφοφορία ἀριθμητικῶς.

20   Κατὰ δὲ τὴν ἐκ τοῦ κανόνος ψηφοφορίαν τὸν τοῦ
ἐπικύκλου ἀριθμὸν εἰσενεγκόντες εἰς τὸν τῆς σεληνιακῆς
ἀνωμαλίας κανόνα τὰ παρακείμενα αὐτῷ ἐν τῷ τρίτῳ
σελιδίῳ μέχρι μὲν ρπ̄ μοιρῶν ὄντος τοῦ εἰσενεχθέντος
ἀριθμοῦ προσθήσομεν τῷ κέντρῳ τῆς σελήνης, ὑπὲρ
25 δὲ τὰς ρπ̄ ἀφελοῦμεν τοῦ κέντρου τῆς σελήνης, καὶ
τὸν οὕτω διακριθέντα τῆς σελήνης ἀριθμὸν εἰσενεγκόν-

---

3. ἐάν] A𝕮G, ἄν 𝕭D.   ἐκπέσῃ] 𝕭DG, ἐμπέσῃ A.   8. δι-
αχθείσης] 𝕭, δειχθείσης A.   13. τρίτων] scripsi, τριῶν A𝕭.
14. διεκβαλόντες] ADG, διεκβάλλοντες 𝕭.   20. τόν] 𝕭DG,
om. A.   21. εἰσενεγκόντες] 𝕭DG, εἰσαγαγόντες A.   25. κέν-
τρου] 𝕭, ☉ A.   26. τὸν οὕτω] F², τούτῳ AF, τόν A²𝕭.

τες εἰς τὸν κανόνα τὰ παρακείμενα αὐτῷ ἐν τῷ ε΄ σελιδίῳ καὶ ἔτι τῶν ἐν τῷ ς΄ τὰ τοσαῦτα ἑξηκοστά, ὅσα
ἐστὶ τὰ παρακείμενα ἐν τῷ δ΄ σελιδίῳ τῷ τοῦ ἐπικύκλου ἀριθμῷ συνθέντες τὰ γενόμενα ἕως μὲν ρπ
μοιρῶν ὄντος τοῦ διακεκριμένου τῆς σελήνης ἀριθμοῦ 5
ἀφελοῦμεν τοῦ τοῦ ἐπικύκλου, ὑπὲρ δὲ τὰς ρπ προσθήσομεν αὐτῷ, καὶ ἀπὸ τοῦ οὕτω διακριθέντος τοῦ
ἐπικύκλου ἀριθμοῦ ἀφελόντες πάντοτε τὸν ἀπὸ τῶν
πρώτων σελιδίων τῆς ἐκκεντρότητος ἀριθμὸν καὶ τὸν
λοιπὸν ἐκβαλόντες ἀπὸ τῆς τοῦ Κριοῦ ἀρχῆς εἰς τὰ 10
ἑπόμενα τῶν ζῳδίων ἕξομεν τὴν ἀκριβῆ τοῦ κέντρου
τῆς σελήνης κατὰ μῆκος ἐποχήν.

Περὶ τοῦ ἐπὶ τῆς καρδίας τοῦ Λέοντος. 8

Ἐπὶ δὲ τῶν περὶ αὐτὸν τὸν ζῳδιακὸν ἀπλανῶν τὸν
τοῦ ἐπὶ τῆς καρδίας τοῦ Λέοντος συναγόμενον ἀριθμὸν 15
καὶ τὸν παρακείμενον πάντοτε κατὰ μῆκος τῷ ἐπιζητου-
μένῳ τῶν ἀπλανῶν συνθέντες καὶ τὸν γενόμενον ἐκβαλόντες ἀπὸ τῆς τοῦ Κριοῦ ἀρχῆς εἰς τὰ ἑπόμενα
τῶν δωδεκατημορίων ἕξομεν τὴν τότε τοῦ ἀπλανοῦς
κατὰ μῆκος ἐποχὴν τῆς κατὰ πλάτος ἀεὶ τῆς αὐτῆς 20
συντηρουμένης.

Περὶ τῶν πέντε ἀστέρων γραμμικῶς. 9

Ἐπὶ δὲ τῶν πέντε πλανωμένων κατὰ μὲν τὴν ὑπόθεσιν τὸ ἐν τῇ σφαίρᾳ αὐτῶν σημεῖον τοῦ ἐπὶ τῆς
καρδίας τοῦ Λέοντος προσοίσομεν πρὸς τὴν τότε τοῦ 25

---

7. τοῦ (alt.)] 𝔅, τοῦ τοῦ A ℭ.   8. ἀφελόντες] A 𝔅, ἀφαι-
ροῦντες ℭ.   10. ἐκβαλόντες] D, e corr. A, ἐκβάλλοντες A¹𝔅G.
14. τόν (alt.)] C, om. A𝔅.   20. μῆκος] 𝔅DG, μῆκος ἀστέρος A.
ἀεί] 𝔅, εἰ A.   23. πλανωμένων] A, ἀστέρων 𝔅.

168 ΚΛΑΥΔΙΟΥ ΠΤΟΛΕΜΑΙΟΥ

πλάτους ἐποχὴν εἰς τὴν τῶν ἀπογείων τῶν ἐκκέντρων
ἀποκατάστασιν, ἔπειτα ἐπὶ μὲν τοῦ τοῦ Ἑρμοῦ ποιήσομεν οὕτως· τὸν ἀπὸ τῶν πρώτων σελιδίων τοῦ ἐπικύκλου ἀριθμὸν διεκβαλόντες ἀπὸ τοῦ ἐκκέντρου αὐτοῦ
5 κύκλου διὰ τοῦ κέντρου τοῦ ἐκκέντρου διάξομεν εὐθεῖαν, ἔπειτα τὸν αὐτὸν ἀριθμὸν διεκβαλόντες ἐπὶ τοῦ
βραχέος κυκλίσκου, οὗ ἡ πρὸς τῷ κέντρῳ τοῦ ζῳδιακοῦ
περιφέρεια διὰ τοῦ κέντρου γράφεται τοῦ ἐκκέντρου,
καὶ κέντρῳ τῷ καταλήξαντι σημείῳ γράψαντες κύκλον
10 ἴσον τῷ μείζονι ἐκκέντρῳ, καθ' ὃ τέμνει οὗτος ὁ κύκλος
τὴν διηγμένην εὐθεῖαν, καταστήσομεν τὸ κέντρον τοῦ
ἐπικύκλου τῆς διὰ τοῦ ἀπογείου αὐτοῦ διαμέτρου νευούσης πρὸς τὸ κέντρον τοῦ μείζονος ἐκκέντρου, καὶ
λοιπὸν τὸν ἀπὸ τῶν δευτέρων σελιδίων αὐτοῦ τοῦ
15 ἀστέρος ἀριθμὸν διεκβαλόντες ἐπὶ τοῦ ἐπικύκλου καὶ
διὰ τοῦ καταλήξαντος σημείου καὶ τοῦ κέντρου τοῦ
ζῳδιακοῦ διαγαγόντες εὐθεῖαν ἐπὶ τὴν τοῦ ζῳδιακοῦ
περιφέρειαν ἕξομεν τὴν ἀφοριζομένην ὑπ' αὐτῆς τοῦ
ἀστέρος θέσιν. ἐπὶ δὲ τῶν λοιπῶν τεσσάρων ἀστέρων
20 ἁπλῶς τὸν τοῦ ἐπικύκλου ἀριθμὸν διεκβαλόντες κατὰ
τὸν οἰκεῖον τῶν διῃρημένων ἐκκέντρων καὶ διὰ τοῦ
καταλήξαντος σημείου καὶ τοῦ κέντρου τοῦ αὐτοῦ ἐκκέντρου διαγαγόντες εὐθεῖαν ἐφαρμόσομεν αὐτῇ τὴν
διὰ τοῦ ἀπογείου τοῦ ἐπικύκλου διάμετρον, ὥστε μέντοι
25 τὸ κέντρον αὐτοῦ ἐπὶ τοῦ διαιρετοῦ ἐκκέντρου καθί-

---

4. διεκβαλόντες] Α℃, διεκβάλλοντες 𝔅. 6. διεκβαλόντες]
Α℃D, διεκβάλλοντες 𝔅G. 7. βραχέος] Α℃G, βραχέως 𝔅D.
κυκλίσκου] Α𝔅, κυκλίσκων D, κυκλίσκῳ G. τῷ κέντρῳ] Α,
τὸ κέντρον 𝔅. 14. δευτέρων] Α, δύο 𝔅. 15. διεκβαλόντες]
e corr. Α, διεκβάλλοντες Α¹𝔅G, διεκβά|λοντες D. 16. τοῦ (tert.)]
𝔅, in ras. D, om. ΑG. 17. ζῳδιακοῦ] om. Α𝔅, lac. 11 litt. ℃.
διαγαγόντες — τοῦ] ℃, om. Α𝔅. 20. τοῦ] addidi, om. Α𝔅.
διεκβαλόντες] Α, διεκβαλλόντες 𝔅, διεκβάλλοντες ℃.

στασθαι· ἔπειτα τὸν τοῦ ἀστέρος ἀριθμὸν διεκβαλόντες
κατὰ τὸν ἐπίκυκλον καὶ διὰ τοῦ καταλήξαντος σημείου
καὶ τοῦ κέντρου τοῦ διὰ μέσων διαγαγόντες εὐθεῖαν
ἐπὶ τὴν τοῦ ζῳδιακοῦ περιφέρειαν ἕξομεν τὴν ἀφοριζομένην ὑπ᾽ αὐτῆς τοῦ ἀστέρος θέσιν. 5

Περὶ τῶν πέντε ἀστέρων ἀριθμητικῶς. 10

Κατὰ δὲ τὴν ἐκ τοῦ κανόνος ἑκάστου τῶν πλανωμένων ψηφοφορίαν τῷ συναγομένῳ τότε τοῦ ἐπὶ τῆς
καρδίας τοῦ Λέοντος ἀριθμῷ προσθέντες πάντοτε, ὅσον
ἑκάστου τὸ ἀπόγειον ἀπέχει τοῦ ἀπλανοῦς, τουτέστιν 10
ἐπὶ μὲν Κρόνου μοίρας ρ̅ι̅ λ, ἐπὶ δὲ Διὸς λ̅η λ, ἐπὶ
δὲ Ἄρεως τ̅ν̅γ 0, ἐπὶ δὲ Ἀφροδίτης σ̅q̅β λ, ἐπὶ δὲ
Ἑρμοῦ ξ̅ξ λ, τὸν συναχθέντα ἀριθμὸν ἐξ ἀμφοτέρων
ἐκθησόμεθα· ἔπειτα τὸν τοῦ ἐπικύκλου ἀριθμον εἰσενεγκόντες εἰς τὸν οἰκεῖον τῆς ἀνωμαλίας κανόνα τὴν 15
παρακειμένην αὐτῷ ἐν τῷ τρίτῳ σελιδίῳ προσθαφαι-
ρεσιν ἕως μὲν ρ̅π μοιρῶν ὄντος τοῦ εἰσενεχθέντος
ἀριθμοῦ αὐτοῦ μὲν ἀφελοῦμεν, προσθήσομεν δὲ τῷ
τοῦ ἀστέρος ἀριθμῷ, ὑπὲρ δὲ τὰς ρ̅π αὐτῷ μὲν προσθήσομεν, ἀφελοῦμεν δὲ τοῦ τοῦ ἀστέρος, ἵν᾽ ἔχωμεν ἀμ- 20
φοτέρους τοὺς ἀριθμοὺς διακεκριμένους, ἐφεξῆς δὲ τὸν
διακεκριμένον τοῦ ἀστέρος ἀριθμὸν εἰσενεγκόντες εἰς
τὸν κανόνα τὴν παρακειμένην αὐτῷ ἐν τῷ ς΄ σελιδίῳ
προσθαφαίρεσιν ἀπογραψόμεθα, τὸν δὲ διακεκριμένον

1. διεκβαλόντες] A ℭ, διεκβαλλόντες 𝔅. 3. τοῦ (pr)] 𝔅 D G,
seq. ras. 2 litt. A. 3. διαγαγόντες] 𝔅, ἀγαγόντες A. 8. τότε] D,
τῷ τε A 𝔅 G. 12. τ̅ν̅γ] 𝔅, μ^οι τ̅ν̅γ A. σ̅q̅β] 𝔅, μ^ϲι σ̅q̅β A.
14. τόν] supra add. E, om. A 𝔅. 22. εἰσενεγκ⸉ντες] 𝔅,
εἰσενέγκαντες A. 24. δέ] 𝔅, om. A.

τοῦ ἐπικύκλου ἀριθμὸν ὁμοίως εἰσενεγκόντες ἐπισκεψόμεθα τὰ παρακείμενα αὐτῷ ἑξηκοστὰ ἐν τῷ τετάρτῳ
σελιδίῳ, κἂν μὲν εἰς ἀφαίρεσιν ᾖ, τοσαῦτα ἑξηκοστὰ
λαβόντες τῶν τῷ διευκρινημένῳ τοῦ ἀστέρος ἀριθμῷ
5 παρακειμένων ἐν τῷ ε΄ σελιδίῳ ἀφελοῦμεν, ἐὰν δὲ εἰς
πρόσθεσιν ᾖ, τοσαῦτα ἑξηκοστὰ λαβόντες τῶν ἐν τῷ ζ΄
σελιδίῳ προσθήσομεν τῇ ἀπογεγραμμένῃ προσθαφαιρέσει
καὶ τὴν οὕτως συναχθεῖσαν ἕως μὲν ρπ μοιρῶν ὄντος
τοῦ διακεκριμένου τοῦ ἀστέρος ἀριθμοῦ προσθήσομεν
10 τῷ διακεκριμένῳ τοῦ ἐπικύκλου ἀριθμῷ, ὑπὲρ δὲ τὰς
ρπ ἀφελοῦμεν αὐτοῦ καὶ τὸν γενόμενον τοῦ ἐπικύκλου
ἀριθμὸν ἐξ ἀμφοτέρων τῶν διακρίσεων συνθέντες μετὰ
τοῦ ἐξ ἀρχῆς ἐκτεθειμένου καὶ τὸν συναχθέντα ἐκβαλόντες ἀπὸ τῆς τοῦ Κριοῦ ἀρχῆς ἕξομεν τὴν τοῦ
15 ἀστέρος ἐποχήν.

11   Περὶ λοξώσεως ἡλίου.

Ἡ δὲ εἰς τὰς κατὰ πλάτος παρόδους ψηφοφορία
συνίσταται ἐφεξῆς τοῖς εἰρημένοις κανονίοις κατὰ τὴν
γεγενημένην ἡμῖν διόρθωσιν τῶν περὶ τοὺς πέντε ἀστέ-
20 ρας κατὰ πλάτος ὑποθέσεων. ἐπὶ μὲν οὖν τῆς τοῦ
ἡλίου πρὸς τὸν ἰσημερινὸν παραχωρήσεως τὰς ἀπὸ τῆς
ἀρχῆς τοῦ Καρκίνου, τουτέστιν ἀπὸ θερινῆς τροπῆς,
μέχρι τῆς ἀκριβοῦς αὐτοῦ ἐποχῆς μοίρας εἰσενεγκόντες
εἰς τοὺς ἐν τοῖς πρώτοις δυσὶ σελιδίοις τοῦ κανόνος

---

1. εἰσενεγκόντες] 𝔅, εἰσενέγκαντες Α.   2. παρακείμενα] 𝔅,
προκείμενα Α.   4. διευκρινημένῳ] ℭ, ᴰ̄ εὐκρινημένῳ Α, ᴰ̄ διευκρινημένῳ Α², Δι͞ εὐκρινημένῳ 𝔅.   5. ε΄— 6. τῷ] om. Α𝔅ℭ,
ε^ωΤ ἀφελοῦμεν εἰ δὲ εἰς πρόσθεσιν ℭ².   8. οὕτως] DG, οὕτ⁺
Α𝔅, οὕτ⁺⁵ Α², οὕτω ℭ.   18. κανονίοις] ℭ, κανόνος Α, τοῦ
κανόνος 𝔅Ε, κανόσι Ε².   20. οὖν] 𝔅G, comp. ins. postea Α,
supra scr. D.

ἀριθμοὺς τὰς παρακειμένας αὐταῖς ἐν τῷ γ' σελιδίῳ
τῆς τοῦ ζῳδιακοῦ λοξώσεως ἕξομεν, ὅσας ὁ ἥλιος ἀφέξει
τοῦ ἰσημερινοῦ ἐπὶ τοῦ διὰ τῶν πόλων αὐτοῦ κύκλου,
ἐν μὲν τοῖς προτεταγμένοις λ̄ στίχοις ὄντος τοῦ εἰσενεχθέντος ἀριθμοῦ πρὸς ἄρκτους, ἐν δὲ τοῖς ὑποτε- 5
ταγμένοις λ̄ στίχοις πρὸς μεσημβρίαν.

Σελήνης πλάτος. 12

Ἐπὶ δὲ τῆς σεληνιακῆς πρὸς τὸν διὰ μέσων τῶν
ζῳδίων παραχωρήσεως τὸν συναχθέντα τοῖ βορείου
πέρατος τῆς σελήνης ἀριθμὸν ἀπὸ τῶν τεττάρων σελι- 10
δίων τῆς ὁμαλῆς κινήσεως καὶ τὸν ἀπὸ τῆς ἀρχῆς τοῦ
Κριοῦ μέχρι τῆς ἀκριβοῦς αὐτῆς ἐποχῆς συνθέντες τὸν
γενόμενον ἀριθμὸν εἰσοίσομεν εἰς τὰ αὐτὰ τῶν ἀριθμῶν
σελίδια καὶ τὰς παρακειμένας αὐτῷ μοίρας ἐν τῷ τετάρτῳ σελιδίῳ τοῦ σεληνιακοῦ πλάτους ἕξομεν, ὅσας 15
ἀφίσταται τὸ κέντρον τῆς σελήνης τοῦ διὰ μέσων ἐπὶ
τοῦ διὰ τῶν πόλων αὐτοῦ κύκλου, ἐν μὲν τοῖς προτεταγμένοις πάλιν λ̄ στίχοις ὄντος τοῦ εἰσενεχθέντος
ἀριθμοῦ ὡς πρὸς τὰς ἄρκτους, ἐν δὲ τοῖς ὑποτεταγμένοις πρὸς μεσημβρίαν. 20

Πλάτος τῶν πέντε πλανωμένων. 13

Ἐπὶ δὲ τῶν πέντε ἀστέρων τὸν διακεκριμένον τοῦ
ἀστέρος ἀριθμὸν εἰσενεγκόντες εἰς τὰ πρῶτα δύο σελίδια τὰ παρακείμενα αὐτῷ ἐν τοῖς οἰκείοις τοῦ ἀστέρος
μετὰ τὸ πρῶτον γ̄ σελιδίοις ἐκθησόμεθα χωρίς· ἔπειτα 25

---

7. (′ πλάτος A, περὶ πλάτους σελήνης ℭ, om. 𝔅.   9. παρα-
χωρήσεως] 𝔅, παρωχήσεως A.   16. ἀφίσταται] 𝔅, ἐξίσταται A,
ἐξαφίσταται D, ἀφίστατο G.   19. τάς] A, om. 𝔅.   21. περὶ
πλάτους τῶν πέντε ἀστέρων ℭ, om. 𝔅.   22. δέ] 𝔅 om. A.

τὸν διακεκριμένον τοῦ ἐπικύκλου ἀριθμὸν εἰσενεγκόντες
τὰ παρακείμενα αὐτῷ ἑξηκοστὰ ἐν τῷ α' τοῦ ἀστέρος
σελιδίῳ ἐπισκεψόμεθα, κἂν μὲν πρὸς ἀφαίρεσιν ᾖ τὰ
ἑξηκοστά, τοσαῦτα λαβόντες τῶν ἐκ τοῦ β' σελιδίου
5 ἐκτιθεμένων ἀφελοῦμεν τῶν ἐκ τοῦ γ', ἐὰν δὲ εἰς
πρόσθεσιν ᾖ τὰ ἑξηκοστά, τοσαῦτα λαβόντες τῶν ἐκ
τοῦ δ' σελιδίου ἐκτεθειμένων προσθήσομεν τοῖς ἐκ τοῦ
γ', καὶ τὰ γενόμενα ἀπογραψόμεθα, ἑξῆς δὲ τῷ ἐξ ἀρχῆς
τοῦ ἐπικύκλου ἀριθμῷ προσθέντες ἐπὶ μὲν Κρόνου
10 μοίρας σ̅κ̅, ἐπὶ δὲ Διὸς ϱ̅ξ̅, ἐπὶ δὲ Ἄρεως ϱ̅π̅, ἐπὶ δὲ
Ἀφροδίτης σ̅ο̅, ἐπὶ δὲ Ἑρμοῦ ϙ̅, καὶ τῷ γενομένῳ
προσθέντες τὸν ἐξ ἀρχῆς τοῦ ἀστέρος ἀριθμὸν τὸν
συναχθέντα εἰσοίσομεν εἰς τοὺς αὐτοὺς ἀριθμούς, καὶ
ὅσα ἂν ᾖ τὰ παρακείμενα αὐτῷ ἑξηκοστὰ ἐν τῷ ε'
15 σελιδίῳ τῶν κοινῶν ἑξηκοστῶν, τὰ τοσαῦτα λαβόντες
τῶν ἀπογεγραμμένων τὰ γενόμενα ἐκθησόμεθα, ἐν μὲν
τοῖς προτεταγμένοις λ̅ στίχοις ὄντος τοῦ εἰσενεχθέντος
ἀριθμοῦ ὡς πρὸς τὰς ἄρκτους, ἐν δὲ τοῖς ὑποτεταγμένοις πρὸς μεσημβρίαν· λοιπὸν δὲ τὰς ἀπὸ τοῦ τότε
20 ἀπογείου τῆς ἐκκεντρότητος μοίρας ἐπὶ τὴν φαινομένην
τοῦ ἀστέρος κατὰ μῆκος ἐποχήν, ἐπὶ μὲν Κρόνου μετὰ
προσθήκης μ̅ μ̅, ἐπὶ δὲ Διὸς μετὰ προσθήκης μ̅ τ̅μ̅,
ἐπὶ δὲ Ἄρεως καὶ Ἀφροδίτης αὐτὸν καθ' ἑαυτόν, ἐπὶ
δὲ Ἑρμοῦ μετὰ προσθήκης μ̅ ϱ̅π̅, πάλιν εἰσοίσομεν εἰς

4. τοσαῦτα] A³, τοιαῦτα ΑΒ.   10. σ̅κ̅] ΑΒ, seq. lac. 1 litt.
extr. lin. ℭ, σ̅κ̅ε̅ DFG.   ϱ̅ξ̅] Βℭ, -ξ in ras. A, ϱ̅π̅ DFG.
11. ϙ̅] Β, μοίϱ̣ ϙ̅ A.   18. τάς] A, om. Β.   21. ἐποχήν]
om. A, ἐποχὴν μετὰ προσθήκης Β.   ἐπί — 22. δέ] Β, om. A,
mg. A².   21. μετὰ προσθήκης] A², om. Β.   22. μετὰ προσθή-
κης] A, om. Β.   24. μ̅ ϱ̅π̅] om. A, mg. A², ϱ̅π̅ μ̅ Β.   πάλιν —
p. 173, 1. ἀριθμούς] Β, om. A.

τοὺς αὐτοὺς ἀριθμοὺς καὶ τὰ παρακείμενα τούτοις ἑξηκοστὰ ἐν τῷ ε´ σελιδίῳ ἐπὶ μὲν Κρόνου δὶς καὶ ἡμισάκις ποιήσομεν, ἐπὶ δὲ Διὸς ἅπαξ καὶ ἡμισάκις, ἐπὶ δὲ
Ἄρεως ἐάσομεν αὐτὰ καθ᾽ αὑτά, ἐπὶ δὲ Ἀφροδίτης καὶ
Ἑρμοῦ τὰ ἕκτα αὐτῶν ληψόμεθα, καὶ τὰ γενόμενα ἐκ-   5
θησόμεθα, ἐν μὲν τοῖς προτεταγμένοις λ στίχοις πίπτον-
τος τοῦ ἀριθμοῦ ὡς πρὸς τὰς ἄρκτους, ἐν δὲ τοῖς
ὑποτεταγμένοις ὡς πρὸς μεσημβρίαν, καὶ μίξαντες ἀμφο-
τέρας τὰς ἐκθέσεις τὰ συναγόμενα ἐκ τῆς παραβολῆς
αὐτῶν ἕξομεν τῆς κατὰ πλάτος τοῦ ἀστέρος παραχω-   10
ρήσεως.

Περὶ στηριγμῶν.   14

Τῶν δὲ ἐφεξῆς ἐκτεθειμένων κανονίων τὸ μὲν πρῶτον συνεστάθη τῆς λήψεως ἕνεκεν τῶν χρόνων, ἐν οἷς
ἕκαστος τῶν πέντε ἀστέρων φαίνεται στηρίζων. καθ᾽   15
ὃν γὰρ ἂν χρόνον οἱ ἐκ τῆς πρώτης διακρίσεως τῆς
κατὰ μῆκος ἀνωμαλίας ἀριθμοὶ τοῦ τε ἐπικύκλου καὶ
τοῦ ἀστέρος κατὰ τῶν αὐτῶν πίπτωσι στίχων ἢ τῶν
αὐτῶν μερῶν τοῦ κανόνος, ὁ μὲν τοῦ ἐπικύκλου τῶν
πρώτων καὶ κοινῶν δύο σελιδίων, ὁ δὲ τοῦ ἀστέρος   20
τῶν ἐν τοῖς ἐφεξῆς οἰκείων αὐτοῦ δύο σελιδίων, κατ᾽
ἐκεῖνον τὸν χρόνον φανήσεται ὁ ἀστὴρ ἐστηριγμένος,
καὶ εἰ μὲν εἰς τὸ πρότερον σελίδιον τῶν δύο τῶν τοῦ
ἀστέρος ὁ ἀριθμὸς αὐτοῦ ἐκπίπτοι, ὁ πρῶτος ἔνι στη-
ριγμός, εἰ δὲ εἰς τὸ δεύτερον, ὁ δεύτερος.   25

---

1. καὶ τὰ παρακείμενα] ℬ, om. A, mg. A². 4. ἐάσομεν] A,
om. ℬℭ. αὐτά] αὐτὰ ἐάσομεν ℭ. 6. προτεταγμένοις] ℬD,
προγεγραμμένοις AG. 7. τάς] A, om. ℬ. 14. ἕνεκεν]
ℬDGA³, ἕνεκε A. 16. γάρ] ℬDG, om. A. 18. τῶν
αὐτῶν] A, τὸν αὐτὸν ℬ. στίχων] A, στίχον ℬ. 22. ὁ]
ℬDG, om. A.

15   *Φάσεις τῶν πέντε ἀστέρων.*

Τὰ δὲ λοιπὰ κανόνια περιέχει τὰς φάσεις τῶν πέντε
ἀστέρων καὶ τὰς μεγίστας ἀφ' ἡλίου διαστάσεις Ἀφροδίτης τε καὶ Ἑρμοῦ. αἱ μὲν οὖν τῶν φάσεων ἐποχαὶ
5 πρὸς ἑπτὰ παραλλήλους εἰσὶν αἱ πραγματευόμεναι τοὺς
αὐτοὺς τοῖς περιέχουσι τὰς τῶν τοῦ ζῳδιακοῦ τμημάτων
παρὰ τὸν ἰσημερινὸν ἀναφορὰς ἀκολούθως, ᾗ πεποιή-
μεθα τοῦ πλάτους διορθώσει τῇ περὶ τὰ ἀπόγεια καὶ
τὰ περίγεια τῶν ἐπικύκλων συνισταμένῃ· ἔκκεινται δὲ
10 αἱ πηλικότητες αὐτῶν τε καὶ τῶν μεγίστων ἀποστάσεων
Ἀφροδίτης καὶ Ἑρμοῦ πρός τε τὰς ἀκριβεῖς τοῦ ἡλίου
καὶ τῶν ἀστέρων ἐποχὰς καὶ ὡς αὐτῶν τῶν ἀστέρων
ἐν ἀρχαῖς τῶν δωδεκατημορίων ἐκτεθειμένων.

16   *Περὶ παραλλάξεως σελήνης.*

15   Οἱ δὲ μετὰ τὰ εἰρημένα κανόνια συνημμένοι κανόνες
περιέχουσι τὰς γινομένας τῆς σελήνης παραλλάξεις ἐν
τοῖς αὐτοῖς ἑπτὰ παραλλήλοις καθ' ἑκάστην θέσιν ἐπὶ
τοῦ μήκους καὶ ἐπὶ τοῦ πλάτους. τὰ μὲν οὖν πρῶτα
σελίδια περιέχει τὰς ἀπὸ τοῦ μεσουρανήματος ἰσημερι-
20 νὰς ὥρας, τὰ δὲ δεύτερα τὰς ἀπὸ τοῦ μεγίστου ἀποστήματος κατὰ μῆκος παραλλάξεις, τὰ δὲ τρίτα τὰς ἐπὶ
τοῦ αὐτοῦ ἀποστήματος κατὰ πλάτος παραλλάξεις, παρακειμένων ἐν τοῖς ἐσχάτοις σελιδίοις τῶν εἰς τὰς ἐκλειπτι-
κὰς προσνεύσεις ὀφειλόντων παραλαμβάνεσθαι τοῦ ὁρί-
25 ζοντος τμημάτων· περιέχουσι γὰρ αἱ ἐν αὐτοῖς μοῖραι

---

1. φάσεις] A, περὶ φάσεων ℭ.   τῶν πέντε] ℭ, om. A
(φάσεις — ἀστέρων om. 𝔅, ut solet).   6. τοῦ] 𝔅DG, om. A,
supra scr. ℭ.   11. καί] Aℭ, τε καί 𝔅.   13. δωδεκατημορίων]
ℭ, ι̅β̅τημορίων 𝔅, ιβ μ̅ A, ut saepius.   24. τοῦ] 𝔅, post ras. 2
litt. A, δὲ τοῦ DG.   13. δωδεκατημορίων]

τὰς ἀπολαμβανομένας τοῦ ὁρίζοντος περιφερείας ὑπὸ
τῶν πρὸς αὐτὸν γινομένων τομῶν τοῦ τε δύνοντος
σημείου τοῦ διὰ μέσων καὶ τῆς μεσημβρινῆς περιφερείας
τοῦ διὰ τῆς ἀρχῆς ἐκείνου τοῦ δωδεκατημορίου πρὸς
ὀρθὰς τῷ ζῳδιακῷ γραφομένου μεγίστου κύκλου. λαμβά- 5
νεται δὲ ἡ φαινομένη τοῦ κέντρου τῆς σελήνης ἀπὸ
τῆς ἀκριβοῦς ἐποχῆς τὸν τρόπον τοῦτον· τὸ γὰρ πλῆθος
τῶν ἰσημερινῶν ὡρῶν, ἃς ἀπέχει τοῦ μεσουρανήματος
ἤτοι πρὸς ἀνατολὰς ἢ πρὸς δυσμὰς ἡ ἀκριβὴς πάροδος
τοῖς μέσοις, εἰσοίσομεν εἰς τὰς παραλλάξεις τοῦ οἰκείου 10
κλίματός τε καὶ δωδεκατημορίου καὶ τὰς παρακειμένας
αὐτῷ παραλλάξεις μήκους τε καὶ πλάτους ἀπογραψόμεθα χωρίς· ἔπειτα τὸν διακεκριμένον αὐτῆς τῆς σελήνης ἀριθμὸν εἰσενεγκόντες εἰς τὸ ἐπὶ ταῖς παραλλάξεσιν
τῆς διορθώσεως κανόνιον, ὅσα ἐὰν ᾖ τὰ παρακείμενα 15
αὐτῷ ἑξηκοστὰ ἐν τῷ τρίτῳ σελιδίῳ, τὰ τοσαῦτα ἑκατέρας τῶν ἀπογεγραμμένων παραλλάξεων προσθέντες χωρὶς ἑκάτερα τὰς ἐπὶ τοῦ τότε ἀποστήματος ἕξομεν παραλλάξεις. ἐπὶ μὲν οὖν τῶν ἡλιακῶν ἐκλείψεων ἀρκέσουσιν
αἱ οὕτως ληφθεῖσαι μόναι, ἐπὶ δὲ τῶν ἄλλων σημείων 20
μετὰ προσθήκης τοῦ εἰκοστοῦ αὐτῶν μέρους. ἐπὶ δὲ
τῶν ἄλλων παρόδων ἔτι καὶ τὸν τοῦ ἐπικύκλου τῆς
σελήνης ἀριθμὸν εἰσενεγκόντες εἰς τὸ αὐτὸ τῆς διορθώσεως κανόνιον, ὅσα ἐὰν ᾖ τὰ παρακείμενα ἐν τῷ δ'
σελιδίῳ, τὰ τοσαῦτα τῶν συνηγμένων παραλλάξεων ἐπι- 25
προσθήσομεν αὐτοῖς οἰκείως καὶ ταῖς οὕτως εὑρεθείσαις

---

8. τοῦ] ΑΒ, τοῦτο DG.   9. ἡ] ΒD, ἐν AG.   10. τοῖς]
ΑΒ, ἐν τοῖς ℭ.   εἰσοίσομεν] scripsi, μὲν ΑΒ.   τοῦ — 12. παραλ-
λάξεις] Αℭ, om. Β.   14. παραλλάξεσι Β.   15. κανόνιον]
ΒDG, κανό|νόνιον Α.   τά] addidi, om. ΑΒ.   16. ἑκατέρας]
ΒDG, ἑκάτερα Α.   18. τότε] Ε, τε ΑΒDG, lac. 7 litt. ℭ.
22. τόν] ΑΒ, τῶν DG.   24. τά] Α, om. Β.   26. οὕτως] Ε, οὕτω Α.

εἰς τὴν προσθαφαίρεσιν τῶν φαινομένων παρόδων παρὰ
τὰς ἀκριβεῖς χρησόμεθα καὶ τὰς παρακειμένας αὐταῖς
ἐν τοῖς κανονίοις πρὸς ἀνατολὰς ἢ δύσεις καὶ ἄρκτους
4 ἢ μεσημβρίαν διασημασίας.

17   Περὶ συνόδων καὶ πανσελήνων.

Τὰ δὲ λοιπὰ καὶ ἐπὶ πᾶσι κανόνια μετὰ τῆς τῶν
ὁριζόντων καταγραφῆς τέτακται τῶν ἐκλειπτικῶν συζυγιῶν ἡλίου τε καὶ σελήνης περιέχοντα τὴν ἐπίσκεψιν
τοιαύτην· ὅταν μὲν τοίνυν ὁ ἐξ ἀρχῆς τοῦ ἐπικύκλου
10 τῆς σελήνης ἀριθμὸς ἀπαρτίσῃ κύκλους ὅλους, ἕξομεν
τὴν μέσην συζυγίαν ἤτοι συνοδικὴν ἢ πανσεληνιακὴν
τὴν ἐπὶ τοῦ δι' Ἀλεξανδρείας μεσημβρινοῦ λαμβανομέ-
νην, κατὰ δὲ τὸν εὑρισκόμενον τῆς μέσης συζυγίας
χρόνον διακρίναντες τὰς ἀκριβεῖς παρόδους τοῦ τε
15 ἡλίου καὶ τῆς σελήνης ληψόμεθα πρότερον τὸν τότε
τῆς σελήνης δρόμον εἰσενεγκόντες τὸν διακεκριμένον
αὐτῆς τῆς σελήνης ἀριθμὸν εἰς τὸ προκανόνιον καὶ τῶν
παρακειμένων αὐτῷ ἐν τῷ γ' σελιδίῳ ἑξηκοστῶν τὸ
δέκατον προσθέντες τοῖς τοῦ ἐλαχίστου δρόμου λ̄ ἔγ-
20 γιστα ἑξηκοστοῖς. ἐὰν μὲν οὖν καὶ μετὰ τὴν διάκρισιν
τῶν ἀκριβῶν παρόδων τὴν αὐτὴν ἢ τὴν διάμετρον
καταλαμβάνωσιν ἐποχήν, τὸν αὐτὸν πάλιν ἕξομεν χρόνον
τῆς ἀκριβοῦς συζυγίας, ἐὰν δὲ μή, τὸ δ' καὶ λ' τῶν
τῆς διαστάσεως μοιρῶν, ἐὰν μὲν πλειόνων ᾖ μοιρῶν
25 ὁ ἥλιος, προσθήσομεν τῷ ἐξ ἀρχῆς ἀριθμῷ τῆς σελήνης,
ἐὰν δὲ ἐλαττόνων, ἀφελοῦμεν αὐτοῦ, καὶ τῇ παρακειμένῃ αὐτῷ προσθαφαιρέσει χρησόμεθα ἀντὶ τῆς προτέ-
ρας ἐπί τε τοῦ μήκους καὶ τοῦ πλάτους, ἵνα καὶ τὴν

παρὰ τὸν ἔκκεντρον ἔχωμεν διαφοράν· ἔπειτα τὰς ἐκ
τῆς τοιαύτης διορθώσεως συναγομένας τῆς διαστάσεως
μοίρας μετὰ τοῦ δωδεκάτου αὐτῶν παραβαλόντες παρὰ
τὸν τότε δρόμον τῆς σελήνης, ἵνα ποιήσωμεν ὥρας
ἰσημερινάς, ταῖς γινομέναις ὥραις ἔξομεν τὸν τῆς ἀκρι-   5
βοῦς συζυγίας χρόνον τοῦ περιοδικοῦ προτεροῦντα μέν,
ὅταν πλείους ἔχῃ μοίρας ἡ τῆς σελήνης κατὰ τὸν περι-
οδικὸν χρόνον ἀκριβὴς πάροδος τῆς ἡλιακῆς ἢ τῆς
διαμηκιζούσης, ὑστεροῦντα δέ, ὅταν ἐλάττους. καὶ
αὐτὰς δὲ τὰς παραβληθείσας μοίρας, ὅταν μὲν πλείους 10
ὦσιν, ὡς εἴπομεν, αἱ μοῖραι τῆς σελήνης, ἀφελόντες
αὐτῶν, ὅταν δὲ ἐλάττους, προσθέντες αὐταῖς κατά τε
μῆκος καὶ πλάτος ἔξομεν τὰς ἐν τῷ χρόνῳ τῆς ἀκριβοῦς
συζυγίας παρόδους τῆς σελήνης καὶ τὴν ἀκόλουθον
αὐταῖς δηλονότι τοῦ ἡλίου.   15

Περὶ σεληνιακῶν ἐκλείψεων.   18

Ἐπὶ μὲν οὖν τῆς τῶν σεληνιακῶν ἐκλείψεων διακρίσεως, αἳ ἁπλούστερον λαμβάνονται τῶν ἡλιακῶν,
ἐπισκεψόμεθα κατὰ τὸν ὑποδεδειγμένον τρόπον. πόσαις
μοίραις τὸ κέντρον τῆς σελήνης ἐν τῷ τῆς ἀκριβοῦς 20
πανσελήνου χρόνῳ κατὰ τὸν δι᾽ Ἀλεξανδρείας μεσημβρινὸν βορειότερον ἢ νοτιώτερον γίνεται τοῦ διὰ μέσων,
καὶ τὰς εὑρεθείσας εἰσενεγκόντες εἰς τὰ τῶν σεληνιακῶν
ἐκλείψεων δύο κανόνια, ἐὰν ἐμπίπτωσι τοῖς τῶν σελιδίων ὅροις, τὰ παρακείμενα αὐτῷ καθ᾽ ἑκάτερον κανό- 25
νιον ἔν τε τοῖς τῶν δακτύλων σελιδίοις καὶ ἐν τοῖς

---

3. παραβαλόντες] ⅭD, corr. ex παραλαβόντες AG, παραβαλλόντες Ⅎ.   6. συξυγίας] ℬDG, ℘Ⅎ Α.   8. ἢ τῆς διαμη-
κιζούσης] ADG, -ηκιζούσης in ras. A; ἤτοι διαμετρούσης ℬℭ,
mg. ἕτερον ἀντίγρ. οὕτως· ἢ τῆς διαμηκιζούσης ℭ. Sequentia ad
lin. 21 in ras. A (non DG).   14. παρόδους] ℬDG, παρόδου Α.

178   ΚΛΑΥΔΙΟΥ ΠΤΟΛΕΜΑΙΟΥ

τῶν παρόδων ἀπογραψόμεθα χωρίς· ἔπειτα τὸν διακεκριμένον αὐτῆς τῆς σελήνης ἀριθμὸν εἰσενεγκόντες
εἰς τὸ προκανόνιον, ὅσα ἂν ᾖ τὰ παρακείμενα αὐτῷ
ἑξηκοστὰ ἐν τῷ γ΄ σελιδίῳ, τὰ τοσαῦτα λαβόντες τῶν
5 ὑπεροχῶν τῆς καθ᾽ ἑκάτερον κανόνιον οἰκείας ἀπογρα-
φῆς προσθήσομεν τοῖς ἐκ τοῦ προτέρου κανονίου κατειλημμένοις, ἐὰν δὲ εἰς τὸ δεύτερον κανόνιον ἐμπίπτωσιν
αἱ τοῦ πλάτους μοῖραι, τῶν ἐν αὐτῷ μόνῳ παρακειμένων τὰ εὑρισκόμενα ἑξηκοστὰ ἐκθησόμεθα, καὶ ὅσους
10 μὲν ἐὰν εὕρωμεν ἐκ τῆς τοιαύτης διορθώσεως ἐκβεβη-
κότας δακτύλους, τοσαῦτα δωδέκατα περιέξειν φήσομεν
τὴν πλείστην ἐπισκότησιν τῆς σεληνιακῆς διαμέτρου·
τοῖς δὲ ἐκ τῆς αὐτῆς διορθώσεως ἑξηκοστοῖς τῶν παρόδων προσθέντες πάλιν τὸ δωδέκατον αὐτῶν καὶ παρα-
15 βαλόντες εἰς τὸν τότε τῆς σελήνης δρόμον χωρὶς ἑκάτερον τὰς μὲν ἐκ τῶν ἐν τῷ τρίτῳ σελιδίῳ συναγομένας
ὥρας ἰσημερινὰς ἕξομεν τῆς τε ἐμπτώσεως χωρὶς καὶ
τῆς ἀνακαθάρσεως, τὰς δὲ ἐκ τῶν ἐν τῷ δ΄ σελιδίῳ
τοῦ ἡμίσεος τῆς μονῆς, ἐφ᾽ ὧν ἔνεστιν, ὧν προσεκβαλ-
20 λομένων ἀπὸ τοῦ μέσου χρόνου καὶ τῶν λοιπῶν ἕκαστον
ἕξομεν καὶ ἀπὸ τούτων τοὺς ἐν τοῖς ἄλλοις τόποις, ἐὰν
ἕτεροι ὦσιν, κατὰ τὸν ὑποδεδειγμένον τρόπον.

19   Περὶ σεληνιακῶν προσνεύσεων.

Τοὺς δὲ τῶν προσνεύσεων τόπους ἐπισκεψόμεθα
25 οὕτως· ληψόμεθα πρότερον ἐπὶ τῶν μὴ ὁλοκλήρων ἐκλείψεων τὸ ἀνατέλλον ἢ δῦνον μέρος τοῦ ζῳδιακοῦ ἐν

4, τῶν] ΑΒ, del. Α² et pro eo in mg. add. καὶ πολλαπλασιάσαντες ἐφ᾽ ἑκάστην τῶν ἀπογεγραμμένων. 5. Ante τῆς ins. τὰ
γενόμενα ἐκ mg. Α². 14. παραβαλόντες] CDGA², παραλαβόντες Α, παραβαλλόντες Β. 19. ἡμίσεος] Β, ἡμίσους Α. 22. ὦσιν]
DG, ὦσι ΑΒ. 26. τό] Α, τό τε Β. τοῦ ζῳδιακοῦ μέρος Β.

τῷ μέσῳ χρόνῳ τῆς ἐκλείψεως, καὶ πόσας ἀπολαμβάνει
τοῦ ὁρίζοντος μοίρας ἀπὸ τοῦ ἰσημερινοῦ ἤτοι πρὸς
ἄρκτους ἢ μεσημβρίαν, ἐκ τῆς τῶν ὁριζόντων καταγραφῆς ἐπὶ τοῦ οἰκείου κλίματος· εἶτα ἐπισκεψόμεθα τὰς
παρακειμένας μοίρας ταῖς μετὰ τὸ μεσονύκτιον ἢ πρὸ 5
τοῦ μεσονυκτίου ὥραις ἰσημεριναῖς κατὰ τὸν συγκεί-
μενον τρόπον ἐν τῷ δ΄ σελιδίῳ τῶν παραλλάξεων καὶ
ταύτας προσεκβαλοῦμεν, ἐὰν μὲν βορειότερον ᾖ τοῦ
διὰ μέσων τὸ κέντρον τῆς σελήνης, ἀπὸ τῆς ἀνατολικῆς
τομῆς ὡς πρὸς μεσημβρίαν, ἐὰν δὲ νοτιώτερον, ἀπὸ 10
τῆς δυτικῆς τομῆς πρὸς τὰς ἄρκτους, καὶ ἐκεῖ ἡ πρόσ-
νευσις ἔσται τῆς μεγίστης ἐπισκοτήσεως. ὁμοίως δὲ
καὶ ἐφ᾽ ἑκάστου χρόνου τῶν ἄλλων ἐπισημασιῶν ἐκθησόμεθα κατὰ τὸν ὑποδεδειγμένον τρόπον τάς τε
τομὰς τοῦ ὁρίζοντος καὶ τοῦ ζῳδιακοῦ καὶ τὰς ἐν τῷ 15
δ΄ σελιδίῳ τῶν παραλλάξεων μοίρας χωρὶς καὶ ἔτι τοὺς
παρακειμένους ἀριθμοὺς τῷ πλήθει τῶν δακτύλων ἐν
τῷ γ΄ καὶ δ΄ σελιδίῳ κατὰ τὸ τῶν προσνεύσεων κανόνιον. ἐὰν μὲν οὖν βορειότερον ᾖ τὸ κέντρον τῆς σελήνης τοῦ διὰ μέσων, ποιήσομεν οὕτως· ἐπὶ μὲν τοῦ 20
πρώτου τὸν ἐν τῷ γ΄ σελιδίῳ τῶν προσνεύσεων πολυπλασιάσαντες ἐπὶ τὸν λείποντα εἰς τὰς ρ̅π̅ μοίρας τῶν
ἐν τῷ δ΄ σελιδίῳ τῶν παραλλάξεων τὸ ἐνενηκοστὸν
τῶν γενομένων προσεκβαλοῦμεν ἀπὸ τῆς ἀνατολικῆς
τομῆς ὡς πρὸς μεσημβρίαν, ἐπὶ δὲ τοῦ ἐσχάτου ἐκλεί- 25
ποντος τὸν ἐν τῷ δ΄ σελιδίῳ τῶν προσνεύσεων ἀριθμὸν

---

6. κατὰ τόν] 𝔅DG, κα͞τ` A.   11. τάς] A𝔅²ℭ, om. 𝔅.
21. τόν] e corr. ℭ, τῶν A𝔅.   Post προσνεύσεων ɔostea ins.
ἀριθμόν comp. ℭ.   πολυπλασιάσαντες] 𝔅DG, πολλαπλασιάσαντες A.   23. ἐνενηκοστόν] 𝔅, ἐννενηκοστόν A, ϙ΄DG.   26. τὸν
ἐν] 𝔅, τὸν μὲν ἐν A, τὸν μέν D, τὸν μ̅ ἐν G.

12 *

πολυπλασιάσαντες ἐπὶ τὸν λείποντα εἰς τὰς ϱπ μοίρας
τῶν ἐν τῷ δ΄ σελιδίῳ τῶν παραλλάξεων τὸ ϛ΄ τῶν
γενομένων προσεκβαλοῦμεν ἀπὸ τῆς δυτικῆς τομῆς ὡς
πρὸς τὰς ἄρκτους· ἐπὶ δὲ τοῦ πρώτου ἀναπληρουμένου
5 τὸν ἐν τῷ δ΄ σελιδίῳ τῶν προσνεύσεων ἀριθμὸν πολυπλασιάσαντες ἐπ᾽ αὐτὸν τὸν ἐν τῷ δ΄ σελιδίῳ τῶν
παραλλάξεων τὸ ϛ΄ τῶν γενομένων προσεκβαλοῦμεν
ἀπὸ τῆς ἀνατολικῆς τομῆς ὡς πρὸς τὰς ἄρκτους, ἐπὶ
δὲ τοῦ ἐσχάτου ἀναπληρουμένου τὸν ἐν τῷ γ΄ σελιδίῳ
10 τῶν προσνεύσεων πολυπλασιάσαντες ἐπ᾽ αὐτὸν τὸν ἐν
τῷ δ΄ σελιδίῳ τῶν παραλλάξεων τὸ ϛ΄ τῶν γενομένων
προσεκβαλοῦμεν ἀπὸ τῆς δυτικῆς τομῆς ὡς πρὸς μεσημβρίαν. ἐὰν δὲ νοτιώτερον ᾖ τὸ κέντρον τῆς σελήνης
τοῦ διὰ μέσων, ἐπὶ μὲν τοῦ πρώτου ἐκλείποντος τὸν
15 ἐν τῷ γ΄ σελιδίῳ τῶν προσνεύσεων ἀριθμὸν πολυπλασιάσαντες ἐπ᾽ αὐτὸν τὸν ἐν τῷ δ΄ σελιδίῳ τῶν
παραλλάξεων τὸ ϛ΄ τῶν γενομένων προσεκβαλοῦμεν ἀπὸ
τῆς ἀνατολικῆς τομῆς ὡς πρὸς τὰς ἄρκτους, ἐπὶ δὲ τοῦ
ἐσχάτου ἐκλείποντος τὸν ἐν τῷ δ΄ σελιδίῳ τῶν προσνεύ-
20 σεων ἀριθμὸν πολυπλασιάσαντες ἐπ᾽ αὐτὸν τὸν ἐν τῷ
δ΄ σελιδίῳ τῶν παραλλάξεων τὸ ϛ΄ τῶν γενομένων
προσεκβαλοῦμεν ἀπὸ τῆς δυτικῆς τομῆς ὡς πρὸς μεσημ-
βρίαν· ἐπὶ δὲ τοῦ πρώτου ἀναπληρουμένου τὸν ἐν τῷ δ΄

---

1. πολυπλασιάσαντες] BDG, πολλαπλασιάσαντες A. 4. τάς]
A, om. B. 5. τῶν — 6. σελιδίῳ] BDG, om. A. 8. τάς] A,
om. B. 9. ἒ ⚹ mg. AG. τόν] C, τῶν B, om. A. 10. τῶν
προσνεύσεων] B, supra scr. comp. G², τῶν ⚹̃ A, om. DG. πολυ-
πλασιάσαντες] CDG, πολλαπλασιάσαντες AB. 14. ᾱ ⚹ mg. AG.
15. γ΄] A; τρίτῳ, supra scr. Δ^ω, B; ᾱ^ω C. ἀριθμόν] BDG,
om. A. 18. τάς] A, om. B. 19. β̄ ⚹ mg. AG. 20. ἀριθ-
μόν] scripsi, καί A, om. B. 21. τό] AB, ἀριθμὸν τό C.
23. δ̄ ⚹ mg. AG.

σελιδίῳ τῶν προσνεύσεων ἀριθμὸν πολυπλασιάσαντες
ἐπὶ τὸν λείποντα εἰς τὰς ρπ μοίρας τῶν ἐν τῷ δ΄ σελιδίῳ τῶν παραλλάξεων τὸ ϛ΄ τῶν γενομένων προσεκβαλοῦμεν ἀπὸ τῆς ἀνατολικῆς τομῆς ὡς πρὸς μεσημβρίαν,
ἐπὶ δὲ τοῦ ἐσχάτου ἀναπληρουμένου τὸν ἐν τῷ γ΄ σελι- 5
δίῳ τῶν προσνεύσεων ἀριθμὸν πολυπλασιάσαντες ἐπὶ
τὸν λείποντα εἰς τὰς ρπ μοίρας τῶν ἐν τῷ δ΄ σελιδίῳ
τῶν παραλλάξεων τὸ ϛ΄ τῶν γενομένων προσεκβαλοῦμεν
ἀπὸ τῆς δυτικῆς τομῆς ὡς πρὸς ἄρκτους.   9

Περὶ ἡλιακῶν ἐκλείψεων.   20

Ἐπὶ δὲ τῆς τῶν ἡλιακῶν ἐκλείψεων διακρίσεως πρότερον ἐπισκεψόμεθα ἐν τῷ χρόνῳ τῆς ἀκριβοῦς συνόδου
τὸ πλάτος τῆς σελήνης, κἂν μὲν πλεῖον ἀπέχῃ πως τὸ
κέντρον αὐτῆς τοῦ διὰ μέσων ἤτοι πρὸς ἄρκτους μοίρας
ᾱ καὶ ἑξηκοστῶν λ̄ϛ ἢ πρὸς μεσημβρίαν ἑξηκοστῶν μ̄ζ, 15
ἐν οὐδενὶ τῶν ἐκκειμένων παραλλήλων δυνατόν ἐστι
γενέσθαι τὴν σύνοδον ἐκλειπτικήν, ἐὰν δὲ ἐντὸς πίπτῃ
τῶν ἐκκειμένων ὅρων, ἐπὶ τὴν τοῦ ἐνδεχομένου διάκρισιν ἐλευσόμεθα τὸν τρόπον τοῦτον· ἐπισκεψάμενοι
τὸν ἐν τῷ ὑποκειμένῳ τόπῳ τῆς ἀκριβοῦς συνόδου 20
χρόνον, ὅταν ἕτερος ᾖ ἀπὸ τοῦ κατὰ τὸν δι᾽ Ἀλεξανδρείας μεσημβρινόν, τὰς ἰσημερινὰς ὥρας, ὅσας ἐκεῖ
διέστηκε τῆς μεσημβρίας ἡ ἀκριβὴς θέσις τῆς σελήνης
ἤτοι πρὸς ἀνατολὰς ἢ δυσμάς, εἰσοίσομεν εἰς τὸ οἰκεῖον
τῶν παραλλάξεων κανόνιον καὶ τὴν συναγομένην κατὰ 25
μῆκος παράλλαξιν ἐκ τῆς παρὰ τὸ ἀπόστημα μόνον

---

5. ε̄ ✕ mg. AG.   10. περί] ℭDG, seq. ras. 2 litt. A.   13. τό
(pr.)] 𝔅A², om. A.   14. μοίρας] μ⁰ι A𝔅, μοῖραν ℭ.   15. ἑξη-
κοστῶν] ξ̄ξᵃ 𝔅, ξ̄ξ ℭ, ut solent.   22. ἡμερινάς 𝔅.   26. παρά]
A, περί ℭ et e corr. 𝔅.

182   ΚΛΑΥΔΙΟΥ ΠΤΟΛΕΜΑΙΟΥ

διορθώσεως παραυξήσομεν τῇ παρακειμένῃ ἐν τῷ ἐφεξῆς
καὶ περιγειοτέρῳ στίχῳ τῶν παραλλάξεων ὑπεροχῇ κατὰ
τὸ ἐπιβάλλον ταῖς περιεχομέναις ὑπ' αὐτῆς ὥραις ἰσημεριναῖς καὶ ἔτι τῷ τοσούτῳ μέρει τῆς παραυξήσεως,
5 ὅσον ἦν καὶ αὐτὴ μέρος τῆς πρώτης, καὶ τοῖς οὕτω
καταχθεῖσι διὰ τὴν ἐπιπαράλλαξιν ἑξηκοστοῖς προσθέντες πάλιν τὸ δωδέκατον αὐτῶν καὶ τὸν συναχθέντα
παραβαλόντες παρὰ τὸν δρόμον τῆς σελήνης ἕξομεν
ὥρας ἰσημερινάς, ὅσαις ὁ τῆς φαινομένης συνόδου χρό-
10 νος τοῦ τῆς ἀκριβοῦς πρὸς ἀνατολὰς μὲν γινομένης
τῆς παραλλάξεως προτερήσει, πρὸς δυσμὰς δὲ ὑστερήσει·
καὶ αὐτὰ δὲ τὰ παραβληθέντα μόρια πρὸς ἀνατολὰς
μὲν γινομένης τῆς παραλλάξεως ἀφελόντες τῆς ἐκτεθειμένης κατὰ μῆκος θέσεως τῆς σελήνης ἐν τῷ χρόνῳ
15 τῆς ἀκριβοῦς συνόδου, πρὸς δυσμὰς δὲ συνθέντες αὐτῇ,
τὸ ἐπιβάλλον τῇ γενομένῃ θέσει πλάτος ἐκθησόμεθα,
ἔπειτα τῆς φαινομένης συνόδου τὰς ἀπὸ τῆς μεσημβρίας
ὥρας ἰσημερινὰς εἰσενεγκόντες εἰς τὰς παραλλάξεις τὴν
παρακειμένην κατὰ πλάτος παράλλαξιν μετὰ τῆς παρὰ
20 τὸ ἀπόστημα διορθώσεως προσεκβαλοῦμεν οἰκείως ἀπὸ
τῆς ἐκτεθειμένης καὶ τὰ γενόμενα ἑξηκοστὰ τῆς φαινομένης κατὰ πλάτος τοῦ διὰ μέσων ἀποχῆς εἰσενεγκόντες
εἰς τὰ τῶν ἡλιακῶν ἐκλείψεων δύο κανόνια καὶ σκεψά-
μενοι τοὺς ἐπιβάλλοντας αὐτοῖς δακτύλους μετὰ τῶν
25 τῆς ἐμπτώσεως ἢ τῆς ἀνακαθάρσεως παρακειμένων

1. παρακειμένη] ADG, supra scr. γρ. εἰλημμένη A, εἰλημμένη
𝔅ℭ, mg. γρ. *}η ℭ.   3. ἡμεριναῖς 𝔅.   5. αὐτή] αὕτη Α𝔅.
7. πάλιν] 𝔅DG, om. A.   8. παραβαλόντες] ℭ, παραβάλλοντες
e corr. 𝔅, παραβαλλόντες 𝔅D, παραβάλλοντες Α.   9. ἡμερινάς 𝔅.
φαινομένης] 𝔅DGA², φαινομένου A.   13. γινομένης] 𝔅G,
γενομένης D, γιγνομένης A.   18. ἡμερινάς 𝔅ℭ, corr. B².   εἰσε-
νεγκόντες] 𝔅DG, εἰσενέγκαντες A.   22. εἰσενεγκόντες] 𝔅DG,
εἰσενέγκαντες A.   25. τῆς] 𝔅DG, om. A.

μορίων ἐκ τῆς παρὰ τὸ ἀπόστημα τῆς σελήνης διορθώσεως τοὺς μὲν δακτύλους ἕξομεν, ἐφ᾽ ὅσα δωδέκατα
τῆς ἡλιακῆς διαμέτρου ἡ πᾶσα ἐπισκότησις ἔσται, τοῖς
δὲ ἑκατέρας τῆς παρόδου μορίοις προσθέντες πάντοτε
χωρὶς καὶ ἐν μέρει τὰς ἐπιβαλλούσας τῷ περιεχομένῳ   5
ὑπ᾽ αὐτῶν χρόνῳ κατὰ μῆκος ἐπιπαραλλάξεις ἐκ τῶν
ἐφ᾽ ἑκάτερα τῆς ὁμαλῆς καὶ πρώτης δύο ὑπερςχῶν καὶ
ἔτι τοῖς συναχθεῖσιν τὸ δωδέκατον αὐτῶν τοὺς γινομέ-
νους ἐφ᾽ ἑκάτερα χρόνους ἐκ τῆς παρὰ τὸν δρόμον
τῆς σελήνης παραβολῆς ἐκβαλοῦμεν ἀπὸ τοῦ τὴν φαινο- 10
μένην σύνοδον περιέχοντος ἐφ᾽ ἑκάτερα τὸν μὲν μείζονα, ἐὰν ἄνισοι ὦσιν, ἐπὶ τὴν ἐγγυτέραν τοῦ μεσημβρινοῦ πάροδον, τὸν δὲ ἐλάττονα ὡς ἐπὶ τὴν ἐγγυτέραν
τοῦ ὁρίζοντος, ἵνα καὶ τοὺς ἄκρους τῶν ἐπισκοτήσεων
χρόνους ἔχωμεν εἰλημμένους.   15

Περὶ ἡλιακῶν προσνεύσεων.   21

Καὶ τοὺς τόπους δὲ τῶν προσνεύσεων ἐπισκεψόμεθα
κατὰ τὸν παραπλήσιον τρόπον ἐκθέμενοι τὰς γινομένας
ἐν τοῖς τρισὶ χρόνοις τομὰς τοῦ τε ζῳδιακοῦ καὶ τοῦ
ὁρίζοντος καὶ τοὺς ἐν τῷ δ᾽ σελιδίῳ τῶν παραλλάξεων 20
ἀριθμοὺς χωρὶς ἕκαστον καὶ ἔτι τὰς παρακειμένας μοίρας τῷ πλήθει τῶν δακτύλων ἐν τῷ β᾽ σελιδίῳ τοῦ
τῶν προσνεύσεων κανονίου. ἐπὶ μὲν οὖν τοῦ μέσου
χρόνου πάλιν τὰς ἐν τῷ δ᾽ σελιδίῳ μοίρας προσεκβαλοῦμεν, ἐὰν μὲν βορειότερον ᾖ τοῦ διὰ μέσων τὸ φαινό- 25
μενον κέντρον τῆς σελήνης, ἀπὸ τῆς ἀνατολικῆς τομῆς
ὡς πρὸς τὰς ἄρκτους, ἐὰν δὲ νοτιώτερον, ἀπὸ τῆς δυτι-

---

1. μορίων] A, ὁρίων B.   παρά] A, π̄ερί C et ε corr. B.
8. συναχθεῖσιν] B, συναχθεῖσι A C.   11. μέν] BDG, om. A.
20. τούς] BDG, τοῦ A.   22. β᾽] BG, δευτέρῳ AD.   23. οὖν]
A, om. B.   27. τάς] A, om. B.

κῆς τομῆς ὡς πρὸς μεσημβρίαν· ἐπὶ δὲ τοῦ τῆς πρώτης
ἐμπτώσεως, ἐὰν μὲν βορειότερον ᾖ τὸ φαινόμενον κέντρον τῆς σελήνης τοῦ διὰ μέσων, τὸν ἐν τῷ β΄ σελιδίῳ
τῶν προσνεύσεων ἀριθμὸν πολυπλασιάσαντες ἐπὶ τὸν
5 λείποντα εἰς τὰς ρπ̄ μοίρας τῶν ἐν τῷ δ΄ σελιδίῳ τῶν
παραλλάξεων τὸ ϛ΄ τῶν γενομένων προσεκβαλοῦμεν
ἀπὸ τῆς δυτικῆς τομῆς ὡς πρὸς τὰς ἄρκτους, ἐὰν δὲ
νοτιώτερον, τὸν ἐν τῷ β΄ σελιδίῳ τῶν προσνεύσεων
ἀριθμὸν πολυπλασιάσαντες ἐπ᾽ αὐτὰς τὰς ἐν τῷ δ΄
10 σελιδίῳ τῶν παραλλάξεων μοίρας τὸ ϛ΄ τῶν γενομένων
προσεκβαλοῦμεν ἀπὸ τῆς δυτικῆς τομῆς ὡς πρὸς μεσημ-
βρίαν· ἐπὶ δὲ τοῦ τῆς ἐσχάτης ἀναπληρώσεως, ἐὰν μὲν
βορειότερον ᾖ τὸ φαινόμενον κέντρον τῆς σελήνης τοῦ
διὰ μέσων, τὸν ἐν τῷ β΄ σελιδίῳ τῶν προσνεύσεων
15 ἀριθμὸν πολυπλασιάσαντες ἐπ᾽ αὐτὰς τὰς ἐν τῷ δ΄
σελιδίῳ τῶν παραλλάξεων μοίρας τὸ ϛ΄ τῶν γενομένων
προσεκβαλοῦμεν ἀπὸ τῆς ἀνατολικῆς τομῆς ὡς πρὸς
τὰς ἄρκτους, ἐὰν δὲ νοτιώτερον, τὸν ἐν τῷ β΄ σελιδίῳ
τῶν προσνεύσεων ἀριθμὸν πολυπλασιάσαντες ἐπὶ τὸν
20 λείποντα εἰς τὰς ρπ̄ μοίρας τῶν ἐν τῷ δ΄ σελιδίῳ τῶν
παραλλάξεων τὸ ϛ΄ τῶν γενομένων προσεκβαλοῦμεν
ἀπὸ τῆς ἀνατολικῆς τομῆς ὡς πρὸς μεσημβρίαν, καὶ
πρὸς τὰ ἐκπίπτοντα μέρη τοῦ ὁρίζοντος αἱ προσνεύσεις
ἔσονται.

25 ἐπὶ μὲν οὖν τῶν ἄνευ μονῆς ἐκλείψεων τοῦ χρόνου
τοῦ ἀπὸ τῆς ἀρχῆς ἢ τοῦ τέλους μέχρι τοῦ μέσου τῷ
μὲν ἀπὸ τῆς ἀρχῆς ἢ τοῦ τέλους τριτημορίῳ τὸ ἥμισυ

4. ἀριθμόν] BDG, ἀριθμῶν A.　πολυπλασιάσαντες] BDG,
πολλαπλασιάσαντες A.　7. τάς] A, om. B.　13. ᾖ] B, εἴη A.
14. ἐν] B, ἐπί A.　18. τάς] A, om. B.　19. πολυπλασιά-
σαντες] A C, πολλαπλασιάσαντες B.

εἴτε εἰς τὰ τῆς ὅλης ἐπισκοτήσεως ἐπιβάλλει. τῷ δὲ
ἐφεξῆς τριτημορίῳ τὸ τρίτον, τῷ δὲ λοιπῷ τὸ ἕκτον·
ἐπὶ δὲ τῶν μετὰ μονῆς ἀνάλογον ἔγγιστα γίνεται τοῖς
μέρεσι τοῦ μέχρι τῆς ὅλης ἐμπτώσεως χρόνοι καὶ τὰ
μέρη τῶν ὅλων ἐπισκοτήσεων.   5

τὸ τοιοῦτο μὲν οὖν ἡμῖν προσπαραμεμύθηται διὰ
τὰς ἐν ταῖς ἐκλείψεσιν ἀπολαμβανομένας ὑπὸ γῆν ἐπι-
σκοτήσεις· καὶ τῶν δακτύλων δὲ τῆς ὅλης ἐπιπροσθή-
σεως προσφερομένων εἰς τὸ τῶν μεγεθῶν βραχὺ κανόνιον λαμβάνεται καὶ τὰ τῶν ὅλων ἐμβαδῶν περιεχόμενα   10
δωδέκατα, τὰ μὲν τοῦ ἡλιακοῦ διὰ τῶν ἐν τῷ β΄ σελιδίῳ
παρακειμένων, τὰ δὲ τοῦ σεληνιακοῦ διὰ τῶν ἐν τῷ
γ΄ σελιδίῳ παρακειμένων.

---

5. ἐπισκοτήσεων] A B, ἐπισκοτίσεων D G.   6. τοιοῦτο] B D,
τοιοῦτον A, τοιοῦτ᾿ G.   προσπαραμεμύθηται] A B C², προσπαρα-
μεμάθηται C.   7. ἐπισκοτήσεις] A C, ἐπισκοτίσεις B.   8. ἐπι-
προσθήσεως] A B, ἐπιπροσθέσεως D G. In fine: Κλαυδίου Πτολεμαίου προχείρων κανόνων διάταξις καὶ ψηφοφορία A, om. B.

ΠΕΡΙ ΑΝΑΛΗΜΜΑΤΟΣ

Consideranti mihi, o Syre, angulorum acceptorum in 1
locum gnomonicum quod rationale et quod non habitum
quidem virorum illorum in lineis accidit admirari etiam
in hiis et ualde acceptare, non coattendere autem ubique
et eam que secundum naturam in metodis consequentiam 5
ipsarum rerum non solum clamantium, quod e⁚ naturali
theorie opus est aliqua coassumptione magis mathematica
et mathematice magis naturali, nullatenus exprobrauimus;
non enim licitum est quod tale uiro amanti addiscere
pure, sed obseruare, ut non propter dictam cogitationem 10
unumquemque tractatuum aliqualiter imperfectiorem accidat
fieri. qve itaque certitudinaliter deprehensa sunt michi
secundum expositum locum, misi tibi consideraturo summatim, si quid tibi uidemur ad intellectum coauxisse et
ad rationabilitatem suppositionum et ad promptitudinem 15
usus eius qui per
    Qvoniam igitur eas que secundum unamquamque molem 2
dimensiones consequens est determinatas esse et positione
et multitudine sicut et magnitudine, declinationum autem
que ad rectos angulos sole hunc habent modum; omnes 20
enim alie et indeterminate secundum speciem ⸱t infinite
secundum numerum; consequtum est tres solas esse tales
secundum unamquamque molem dimensiones, quoniam et
solas tres rectas ad rectos angulos inuicem constitui possibile est, plures autem hiis est impossibile; propter quod 25
quidem et in spera sole tres diametri construuntur ad

Titulus est: Claudii Ptolemei liber de analemmate incipit.
    12. michi] seq. misi tibi, sed del.   16. per] seꝗ. lac., in
m g. ἀναλήμματ̊.

rectos angulos inuicem, et maximi circuli soli tres in recto
angulo faciunt declinationes ad inuicem acceptorum in
spera mundi, et uno quidem ipsorum intellecto secundum
distinguentem quod sub terra emisperium ab eo quod super
5 terram, uocatum autem orizontem, secundo autem penes
distinguentem orientale emisperium ab occidentali, uocatum
autem meridianum, reliquus et tertius erit penes separan-
tem boreale emisperium ab eo quod ad meridiem, uocatum
autem secundum verticem. et dictarum autem diametro-
10 rum communis quidem orizontis et meridiani uocatur meri-
diana, communis autem sectio meridiani et eius qui secundum verticem uocatur gnomon, communis autem sectio eius
qui secundum verticem et orizontis uocetur equinoctialis,
quoniam et ipsius equinoctialis ad ipsos fit communis
15 sectio. simul translatis itaque cum sole hiis circulis circa
manentes communes sectiones ut circa axes duas quidem
possibile est intelligere lationes, orizontis quidem circa
equinoctialem diametrum ut ad id quod super terram et
sub terra et circa meridionalem ut ad orientem et occa-
20 sum, meridiani autem circa meridionalem diametrum ut
ad ortus et occasus et circa diametrum gnomonis ut ad
aquilonem et meridiem, eius autem qui secundum verticem
circa diametrum gnomonis ut ad aquilonem et meridiem
et circa. equinoctialem ut ad id quod super terram et sub
25 terra. sed quoniam non est possibile eundem simul duabus
ferri lationibus, conuenientiorem et priorem duarum dictarum assignandum unicuique, hoc est orizonti quidem eam
que circa equinoctialem diametrum, ut rursum determinet
positionem ad id quod sub terra et super terram, meridiano
30 autem eam que circa meridianum, ut notet distinctionem
que ad ortum et occasum, ei autem qui secundum verticem eam que circa gnomonem, ut insinuet transitum ad
aquilonem et meridiem. facit autem orizontis quidem
latio circulum, quem uocamus ektimoron*), id est sex

---

*) Cfr. Olympiodorus in Aristotelis Meteora p. 261, 34 sqq.
ed. Stüve.

partium, quia altitudinem usque ad sextam horam mani-
festat, latio autem meridiani circulum, quem uocamus
horarium, quia longitudini que secundum unamquamque
horam comprogreditur, latio autem eius qui secundum
verticem circulum, quem uocamus katauaticum, id est de-   5
scensiuum, quia notificat descensionem ab altissimo ad
humillimum. rursum unusquisque dictorum circulorum in
coexaltatione cum solari radio super terram facit duas declinationes, quibus datis et positio radii determinatur,
quoniam una ad tale non sufficit, harum autem alteram   10
quidem a rectis contentam, scilicet a delata et manente,
hoc est a radio et a diametro, circa quam fertur, alteram
autem ab ipsis planis similiter a moto et a manente, ita
ut duorum circulorum utriusque una sola declinationum
data determinetur et positio radii. et eorum quidem qui   15
ab ektimoro circulo fiunt angulorum consistentem quidem
apud radium et apud diametrum equinoctialem non uidemus ab antiquis acceptum in locum gnomonicum, eum
autem, qui ab ipsius declinatione ad orizontem fit, uocant
ektimoron. factorum autem a circulo horario duorum   20
angulorum eum quidem, qui apud radium et apud diametrum equinoctialem consistit, uocant horarium, eum
autem qui ab ipsius declinatione ad meridianum in plano
eius qui secundum verticem. factorum autem a circulo
descensiuo duorum angulorum hic quidem apud radium et   25
apud gnomonem consistit iterum, hic autem ab ipsius declinatione ad eum qui secundum verticem; utuntur autem
non hiis, sed pro angulo quidem, qui a gnomone et a
radio continetur, utuntur deficiente ad unum rectum et
uocant ipsum descensiuum, pro angulo autem, qui ab ipsius   30
declinatione ad eum qui secundum verticem continetur,
utuntur eo, qui constituitur a declinatione ipsius ad meridianum, vocant autem et hunc antiskion, id est contraumbralem. sextum autem angulum inserunt pro relicto
eum, qui fit ab equinoctiali diametro et a communi sectione   35

---

13. similiter] bis, sed prius del.   16. Post ab del. ex.

circuli horarii et equinoctialis, quem uocant, in equinoctialis
plano, et quidem equinoctiali non in omni climate eandem
seruante positionem aliter passus est et orizon et meri-
4 dianus et qui secundum verticem.

3   Ut autem sub uisu nobis magis cadat consequentia
angulorum et quod supponitur, sit meridianus quidem circulus qui *abgd*, recti autem super ipsum et orientales
semicirculi orizontis quidem qui *aeb*, eius autem qui secundum verticem qui *ged*, et supposita positione radii ali-
10 cuius penes *z* describantur per ipsum trium circulorum

orientales semicirculi circum-
delati cum radio circa proprias diametros, ipsius quidem orizontis *aeb* facti
15 ektimori semicirculus *hzet*
circa diametrum que apud *e*
et per oppositum sibi dia-
metraliter, ipsius autem meridiani *agb* facti horarii semi-
20 circulus *azkb* circa diametrum
que per *a* et *b*, ipsius autem
ged qui secundum verticem
facti descensiui semicirculus

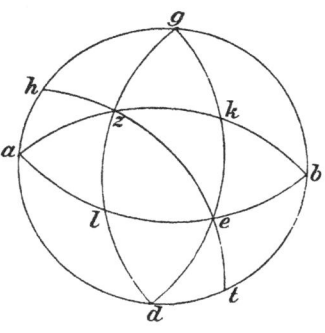

gzd circa diametrum que per *g* et *d*.   et accipiantur diffe-
25 rentie angulorum in periferiis propriorum circulorum sub-
tensis unicuique propter simpliciorem ostensionem. angulis
quidem itaque, quos dicebamus constitui a radio et ab axe,
periferie subtenduntur que *ze* ektimori periferia et que *za*
horarii et que *zg* descensiui, angulis autem, qui fiunt a
30 declinationibus planorum manentis circuli et transcidentis
ipsum, subtenduntur que *ah* meridiani periferia continens
declinationem orizontis et ektimori et que *gk* eius qui
secundum verticem periferia continens declinationem meridiani et horarii et que *el* orizontis periferia continens
35 declinationem eius qui secundum verticem et descensiui.

4   Huius itaque consequentie subicientis angulosque et
periferias conuenientes nature circulorum unam secundum

unumquemque manentium et motorum antiqui ipsam quidem *ez* ektimori praetermiserunt, ut diximus, ponentes
pro ipsa, quem uocant in equinoctialis plano, ipsam autem
az seruant et uocant proprie horariam, pro ipsa autem *zl*
assumpserunt nominantes ipsam descensiuam et rursum 5
ipsam quidem *ah* seruant et uocant ektimoron, similiter
autem et ipsam *gl* uocantes ipsam in plano eius qui secundum verticem, pro ipsa autem *el* assumunt ipsam *al*
uocantes ipsam antiskion id est contraumbralem. differentia quidem igitur rationabilitatis penes id, quod sup- 10
ponitur, ad eos qui ante nos manifesta.

Qvoniam autem omnis angulus facit aliquas magnitu- 5
dines ex utraque parte declinationis et quandoque quidem
equales, ut in positione recta, quandoque autem inequales,
ut in reliquis, necessarium utique erit et in angulis ex- 15
positis aut periferiis condeterminari principium secundum
unamquamque speciem, a quo acceptio et contrarietates
declinationum earum que ad ortus uel occasus et earum
que ad aquilonem uel meridiem. proposito igitur nobis
existente acceptiones et expositiones et appellationes peri- 20
feriarum facere secundum ordinem a ratione productum
consequens erit et suppositionibus determinatio propria
secundum unamquamque speciem. nominationes enim facimus ab ipsis circulis, quorum sunt periferie, et uocamus
eas quidem que in motis ektimoriales et horarias et de- 25
scensiuas, eas autem que in manentibus similiter meridio-
nales et secundum verticem et orizontes. et in magnitu-
dinibus semper eligimus acutum angulum consistentium ex
utraque parte, si non sint recti, et principia acceptionum
facimus earum quidem que in circulis motis ab altero 30
polorum circulationis, ad quam declinatio, hoc est in hiis
quidem que ipsius ektimori a termino diametri equinoctialis
ante mediationem quidem celi ab orientali, post mediationem autem ab occidentali, in hiis autem que horarii

5. Post assumpserunt in fine lineae locus est 2 litt.;
scr. autem *zg* assumpserunt *zl*.   32. ektimori] corr ex ekti-
morii.

Ptolemaeus, ed. Heiberg. III.   13

a termino diametri meridiani, quando quidem positio radii
fuerit borealior circulo qui secundum verticem, ab arctico,
quando autem australior, a meridiano, quod et ipsum
oportet obseruare, quoniam non eandem habet determina-
5 tionem; in hiis uero que descensiui solum a termino gnomonis qui super terram. earum autem que in circulis
manentibus ab altero termino tanquam communi sectione
uniuscuiusque et suppositi plani, ad quem faciens angulum
declinatio, hoc est in hiis quidem que meridiani a termino
10 recte meridiane, radio quidem existente boreali oriquam
circulus qui secundum verticem ab arctico, australiori autem
a meridiano; et hoc enim rursum oportebit determinare;
in hiis que eius qui secundum verticem a termino qui
super terram gnomonis solum, in hiis autem que orizontis
15 a termino diametri equinoctialis ante mediationem quidem
celi ab orientali, post mediationem autem celi ab occidentali, vel boreaiori quidem existente radio quam circulus
qui secundum verticem ut ad aquilonem, australiori autem
ut ad meridiem; quod et ipsum oportebat obseruare, et
20 quia uniuersaliter eas que ex utraque parte positiones
earum, que in ortibus uel occasibus determinantur, dico
autem earum que horarii et earum que descensiui et earum
que eius qui secundum verticem, mediatio celi simpliciter
designat, earum autem que versus aquilonem aut meridiem,
25 dico autem earum que descensiui rursum et earum que
ektimori et earum que meridiani et earum que orizontis,
positio radii ex utraque parte circuli qui secundum verticem,
et has ipsas non habentes unum et eundem terminum.

6   Premissis itaque hiis exponemus instrumentales accep-
30 tiones secundum unamquamque speciem subiacentium nobis
angulorum exempli gratia, ut promptam habeamus metho-
dum, que erit in   prius autem secundum se super-
119 δὲ ...   ueniemus super anguli prae-
τ⟨ή⟩(ν) τῆς παραλελειμμέ-   termissi ab antiquis, quem

9. a] ab.   19. oportebat] corr. ex oportet.   32. Post in
lac. relicta, mg. ἀναλημμᾶτε.   33. anguli] seq. ras. 1 litt.

νης τοῖς παλαιοῖς γωνίας, ||
120 ⟨ἣν⟩ (ἡ)μ(εῖς) καλοῦμεν
ἐκτήμορον, λῆψιν ⟨ὀρη⟩α-
ν⟨ι⟩|κ⟨ήν⟩, ⟨ἐπει⟩δὴ καὶ
5 τὴν ἀπόδειξιν ταύτης ἀναγκαῖον ἂν εἴη συνάψα(ι)
τ⟨οῖς⟩ ἄλλως ἐκείνοις
ἐ(φ)ω|δευμέν⟨οις⟩.

Ὅτι μὲν οὖν ἐν ταῖς
10 ἰσημε|ρίαις αἱ ἐπιζητούμε-
ναι γωνίαι αἰεὶ αἱ αὐταὶ |
(γ)ί(γ)νονται ταῖς ἐν τῷ
τοῦ ἰσημερινοῦ ἐπιπέ|δῳ,
δῆλον αὐτόθεν· ἐφαρμόζει
15 γὰρ αὐτῷ τό|τε δι' ὅλης τῆς
ἐπιφορᾶς καὶ ὁ ἐκτήμορος
κύκλος ἴσας δὲ ἀλλήλαις
ποιοῦντι τάς τε καθ' ἑ|κά-
στην ἰσημερινὴν ὡριαίαν
20 περιφερείας |⟨ἐκ⟩πεντεκαί-
δεκα χρόνων συνισταμέ-
να(ς καὶ) | τὰς ἀκολούθους
αὐταῖς γωνίας ἐκτημόρια
πε|ριεχούσας μιᾶς ὀρθῆς.
25 Ἕνεκεν δὲ τῶν λοιπῶν |
μηνιαίων ἔστω μεσημβρι-
νὸς κύκλος ὁ ΑΒΓΔ, | ἐν
ᾧ ὁρίζοντος μὲν διάμετρος
ἡ ΑΒ, πρὸς ὀρθὰς | δὲ
30 αὐτῇ καὶ κατὰ τὸν γνώ-
μονα ἡ ΓΔ, καὶ κέν|τρον

nos uocamus ektimorum, ac-
ceptionem instrumentalem,
quoniam et demonstrationem
huius necessarium utique erit
coniungere hiis, que ab illis 5
aliter tractata sunt. quod
quidem igitur in equinoctiis
anguli inquisiti semper iidem
fiant hiis qui in plano equinoctialis, palam ex se; con- 10
gruit enim ipsi quod per
totam circulationem et circulus ektimorus facienti equales inuicem periferias que secundum unamquamque equi- 15
noctialem horam ex 15 gradibus consistentes et angulos
ipsi consequentes continentes
ektimoria, id est sextas partes, unius recti. 20

Gratia autem reliquorum
mensilium esto meridianus
circulus qui *abgd*, in quo
orizontis quidem diametrus
qui *ab*, ad angulos autem 25
rectos ipsi et secundum gnomonem que *gd*, et centrum

6. trasctata.

1. γωνιᾱ.   3. ληψειν.
5. αποδιξιν.   7. τοις] των?
15. αυτων?   17. ισαις.
δέ] delendum.   19. ὡρι-
αίαν] scr. ὥραν?   20. περι-
φερειαν.   25. λοιπω̄.
13*

μὲν τῆς ἡλιακῆς σφαίρας
τὸ Ε, ἑνὸς δὲ | τῶν βορειο-
τέρων τοῦ μεσημβρινοῦ
μηνι|αίων παραλλήλων ἡ
5 ΖΗΘ διάμετρος, ἐφ᾽ ἧς
ἀ|νατολικὸν ἡμικύκλιον ἐν
τῷ αὐτῷ ἐπιπέδῳ | νοεί-
σθω τὸ ΖΚΘ, καὶ ἤχθω
πρὸς ὀρθὰς τῇ ΖΘ|ἡ ΚΗ,
10 ὥστε τὸ ΖΚ τμῆμα τοῦ
παραλλήλου ποιεῖν | ὑπὲρ
γῆς, καὶ ἀποληφθείσης τῆς
ΚΛ περιφερεί|ας ἤχθω κά-
θετος ἀπὸ τοῦ Λ ἐπὶ τὴν
15 (Ζ)Θ ἡ ΛΜ, | καὶ κέντρῳ
τῷ Μ, διαστήματι δὲ τῷ
ΜΛ εἴ|λήφθω σημεῖον ἐ⟨πὶ⟩
(τ)οῦ μεσημβρινοῦ τὸ Ξ,
καὶ ἐπεζεύχθωσαν ἡ ΕΛ
20 καὶ ἡ ΜΝ καὶ ἡ ΕΞ | καὶ
ἡ ΜΞ, ἀνήχθω τε τῇ ΕΝ
139 πρὸς ὀρθὰς ἡ ΕΟ. ‖ λέγω,
ὅτι ἡ ὑπὸ τῶν (Ο)ΕΞ γω-
νία ἴση ἐστὶν τῇ γωνίᾳ |
25 τῇ ζητουμένῃ. νοείσθω γὰρ
ἐπεστραμμένον | τὸ ΖΛΘ

---

2. βορειωτερων.   7. νοει-
σθαι. 11. παραλλου. 12. απο-
λειφθισης. 19. ἡ] αι. 20. ΜΝ]
scr. ΕΜΝ.   23. οεξ] potest
etiam legi εξο. 24. γωνίᾳ] $\overset{m}{\gamma}$.

quidem solaris spere *e*, unius
autem parallelorum mensi-
lium magis borealium quam
equinoctialis diametrus sit
que *zht*, super quam orien- 5
talis semicirculus in eodem
plano intelligatur qui *zkt*,
et ducatur ad rectos angulos
ipsi *zt* que *kh*, ita ut *zk*
portio parallelli sit super 10
terram, et absumpta peri-

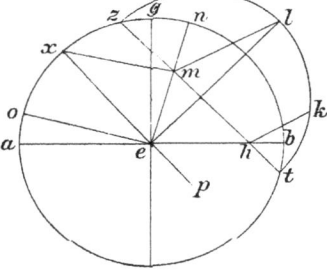

feria *kl* ducatur perpendicularis ab *l* super *zt* que *lm*,
et centro quidem *m*, distantia
autem que *ml*, accipiatur 15
signum in meridiano, quod
sit *x*, et copulentur que *el*,
emn et *ex* et *mx*, ducatur
autem ipsi *en* ad rectos
angulos que *eo*. dico, quod 20
angulus qui sub *xeo* est
equalis quesito. intelligatur
enim semicirculus *zlt* con-

---

18. *ex*] sic, mg. *tz*.

ἡμικύκλιον ἐπὶ τὴν οἰκείαν
θέσιν |, τουτέστιν τὴν ὀρ-
θὴν πρὸς τὸ τοῦ μεσημ-
βρι|νοῦ ἐπίπεδον, καὶ ἀνή-
5 χθω ἀπὸ τοῦ E ὀρθὴ πρὸς |
τὸ αὐτὸ ἐπίπεδον ἀντὶ τῆς
ἰσημερινῆς διαμέ|τρου ἡ
ΕΠ. ὅτι μὲν οὖν ὀρθῆς οὔ-
σης καὶ τῆς ΛΜ | (π)ρὸς τὸν
10 μεσημβριν(ὸ)ν αἱ ΕΝ καὶ
ΜΛ καὶ ΕΠ ⟨εὐθεῖαί⟩ | ⟨εἰ-
σιν⟩ ἐν ἑνὶ ἐπιπέδῳ ⟨ὀρθῷ⟩
(π)ρ(ὸ)ς τὸ τοῦ (ΑΒΓΔ) |
ἐπίπεδον, δῆλον. ⟨ὁμοίως⟩
15 δέ, ὅτι καὶ ἡ ΕΝ κ(ο)ι|νὴ
τομή ἐστιν τοῦ ἐκτημόρου
κύκλου καὶ | τοῦ ἰσημερι-
νοῦ, ἡ δὲ ΛΕ ἐπ’ εὐθείας
τῇ ἡλια|κῇ ἀκτῖνι, ἡ δὲ
20 ἐπιζητουμένη γωνία, πε|ριε-
χομένη δὲ ὑπὸ τῆς ἀκτῖνος
καὶ τῆς ἰσημε|ρινῆς διαμέ-
τρου, ἡ ὑπὸ ΛΕΠ. δει-
κτέον (δέ, ὅ|τι) ἴση ἐστὶν
25 ἡ ὑπὸ ΞΕΟ γωνία (τῇ ὑπὸ)
⟨ΛΕΠ⟩. | ἐπεὶ γὰρ ἴση
ἐστὶν ἡ μὲν ΕΛ τῇ ⟨Ε⟩Ξ,
⟨ἡ⟩ δὲ ⟨ΜΛ τῇ | ΜΞ⟩,
κοινὴ δὲ ἡ ΕΜ, κ(αὶ γωνία
30 ἄρα ἡ ὑπὸ | ΜΕΛ⟩ τῇ ὑπὸ
ΜΕΞ ἴση ἐστίν. ὀρθὴ δὲ

uersus ad propriam posi-
tionem, hoc est rectam ad
planum meridiani, et pro-
ducatur ab e recta ad idem
planum pro equinoctiali dia- 5
metro que ep. quod quidem
igitur et ipsa lm existente
recta ad meridianum que en
et ml et ep recte sunt in
uno plano recto ad abgd, 10
palam. similiter autem, quod
et que quidem en est com-
munis sectio circuli ektimori
et meridiani, que autem el
in recta ad solarem radium, 15
quesitus autem angulus, con-
tentus autem a radio et a
diametro equinoctiali, qui sub
lep. demonstrandum igitur,
quod angulus qui sub xeo 20
est equalis ei qui sub lep.
quoniam enim equalis est
que quidem el ipsi ex, qve
autem ml ipsi mx, communis
autem que em, et angulus 25
ergo qui sub mel est equalis
ei qui sub mex. rectus autem

11. quod] supra scr.
13. Post circuli del. ex.
22. est] ēi.

3. τό] τον.   14. επιπεδω.
15. ἡ] scr. ἡ μὲν.   19. αχ-
τεινη.   24. δέ] incertum; scr.
δή.   29. κ⟨αὶ γωνία ἄρα⟩] ad
uestigia codicis parum apta.
31. μεξ] μξ(ε).

ἡ ὑπὸ ΜΕΠ | καὶ ἡ ὑπὸ
τῶν ΜΕΟ, ἐπεὶ καὶ ἡ ὑπὸ
τῶν ΕΜΛ· | καὶ λοιπὴ ἄρα
ἡ ὑπὸ τῶν ΛΕΠ λοιπῇ τῇ
5 ὑπὸ ΜΕΞ, | τουτέστιν τῇ
ὑπὸ τῶν ΞΕΟ, ἴση ἐστίν·
ὅπερ | ἔ(δ)⟨ει δεῖξαι⟩.

β. Ἑξῆς δὲ καὶ τὰς κοι-
νὰς | αὐτῶν λήψεις ἐκθη-
10 σό|μεθα τὰς γινομένας χω-
ρὶς ἐπί τε τοῦ ἰση-‖
140 μερινοῦ καὶ πάλιν ἐπί
τινος τῶν βορειοτέρων|
ἢ νοτιωτέρων αὐτοῦ
15 παραλλήλων. ἔστω (τοί-
νυν) | μεσημβρι(ν)ὸς
κύκλος ὁ ΑΒΓΔ, ἐν
ᾧ ὁρίζοντο(ς) | μὲν διά-
μετρος ἡ ΑΒ, πρὸς
20 ὀρθὰς δὲ αὐτῇ καὶ |
κατὰ τὸν γνώμονα ἡ
⟨ΓΔ⟩, καὶ κέντρον (τῆς) |
ἡλιακῆς σφαίρας τὸ Ε, ἡ δὲ
τοῦ (κλίμ)⟨ατος⟩ | περιφέ-
25 ρεια ἡ ΓΖ, καὶ διήχθω πρό-
τερον| ἰσημερινὴ διάμετρος
ἡ ΖΕΗ, ἐφ' ἧς τὸ ⟨ΖΘΗ⟩|

qui sub *mep* et qui sub *meo*,
quoniam et qui sub *eml*; et
reliquus ergo qui sub *lep*
reliquo ei qui sub *mex*, hoc
est ei qui sub *xeo*, equalis 5
est; quod quidem oportebat
demonstrare.

Consequenter autem et 7
communes ipsorum acceptiones exponemus, que fiunt 10

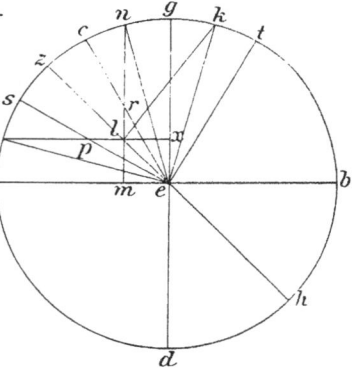

seorsum super equinoctialem
et rursum super aliquem
borealiorem aut australiorem
ipso parallelorum mensilium.
sit igitur meridianus circulus 15
qui *abgd*, in quo orizontis
quidem diameter qui *ab*, ad
rectos autem ipsi et secundum gnomonem que *gd*, et
centrum quidem solaris spere 20
e, climatis autem periferia
que *gz*, et producatur prius

2. μεο] μεξ   7. Hic fig.
p. 196 (ϑ = t).   10. γενομε-
νας.   14. νοτειοτερων.   αὐ-
τοῦ] ων.

ἡμικύκλιον (κεί)σθω μὲν
ἐν τῷ τοῦ μεσημ|βρινοῦ
ἐπιπέδῳ, νοείσθω δὲ ἐν
τῷ πρὸς ἀ|νατολὰς ἡμι-
5 σφαιρίῳ, γραφέτω τε ὁ
ἥλιος | πρὸς αἴσθησιν ἐν
τῇ μιᾷ περιπολήσει τού-
των | τε καὶ τῶν ἄλλων
μηνιαίων (ἕκασ)τον, καὶ
10 ἀνα|χθείσης (τ)ῆς Ε⟨Θ⟩
καθέτου πρὸς τὴν ΖΗ, ὥστε
(τὸ) Ζ(Θ) τεταρτημόριον
ποιεῖν ὑπὲρ γῆ(ν), ἀπει-
λήφθ(ω) | (ἡ) Θ(Κ) περι-
15 φέρεια δοθεισῶν ὡρῶν, καὶ
προ|κείσθω τὰς ἐν τῇ θέσει
ταύτῃ γωνίας λαβεῖν. | ἤχ-
θωσαν μὲν δὴ κάθετοι ἀπὸ
μὲν τοῦ Κ ἐπὶ | τὴν ΖΗ ἡ
20 ΚΛ, ἀπὸ δὲ τοῦ Λ ἐπὶ μὲν
τὴν Ε(Α) | ἡ ΜΛΝ, ἐπὶ
δὲ τὴν ΕΓ ἡ ΞΛΟ, καὶ
τῇ (Λ)Κ ἴσαι | κείσθωσαν
ἥ τε ΞΠ καὶ ἡ ΡΜ, καὶ
25 ἐπεζεύχθωσαν | ἡ ΕΚ καὶ
ἡ ΕΝ καὶ ἡ ΕΟ καὶ ἔτι
ἡ ΕΠΣ καὶ Ε(ΡΤ). | ὅτι
μὲν οὖν (ν)οτιωτέρα ἐστὶν
ἡ ἀκ(τ)ὶς τοῦ | κατὰ κορυ-
30 φὴν κύκλου δι’ ὅλης τῆς
ὑπὲρ γῆν | περιφορᾶς ἐπί

equinoctialis diameter que
zeh, super quam semicirculus
zth iaceat quidem in plano
méridiani, intelligatur autem
in emisperio ad orientem, 5
describaturque sol ad sensum
in una circur i oluzione horum et alio u n mensilium
parallelorum, et producta
que *et* perp n iculari ad *zh*, 10
ita ut quod *z* tetartimorion,
id est qua ta pars, sit supra
terram, a u natur que *tl*
periferia datarum horarum,
et intendatur angulos qui in 15
hac positione accipere. ducantur itaque perpendiculares a *k* quidem super *zh*
que *ek*, ab *l* autem super *eh*
que *mln*, super *eg* autem que 20
xlo, et ipsi *lk* equales iaceant
que *xp* et que *rm*, et copulentur que *ek* et *en* et *eo*
et adhuc que *eps* et *erc*.
quod quidem igitur austra- 25
lior est radius circulo qui
secundum verticem per totam
circulationem supra terram

---

9. Mg. ἑκας΄.

---

7. τουτῶ. 17. λαβεῖ.
21. ἐπί] επει. 22. ξλο] ξολ.
25. επεξευχθωσα. 26. εο]
uel εθ. 31. γη.

τε τοῦ ἰσημερινοῦ καὶ τῶν |
νοτιωτέρων αὐτοῦ παραλ-
λήλων διὰ τὸ | τὴν κλίσιν
τῆς σφαίρας ἐν τῇ καθ'
5 ἡμᾶς | οἰκουμένῃ τετράφθαι
πρὸς μεσημβρίαν, | καὶ δεῖ
τὰς προσνεύσεις ἀκολού-
θους αὐτῆς ||

in equinoctiali et in parallelis borealioribus ipso, quia
inclinatio spere in habitata
secundum nos versa est ad
meridiem, et oportet adnui- 5
tiones consequentes positioni
ipsius determinare, mani-
festum.

continet autem angulus qui sub *ekl*, hoc est qui sub
10 *tek*, angulum circuli ektimori, qui sit idem, ut diximus,
hic ei qui in plano
equinoctialis, angulus
autem qui sub *aen*
eum qui horarii, qui
15 autem sub *geo* eum
qui descensiui, et rur-
sum qui quidem sub
aez eum qui meri-
diani, qui autem sub
20 *gec* eum qui orizontis.

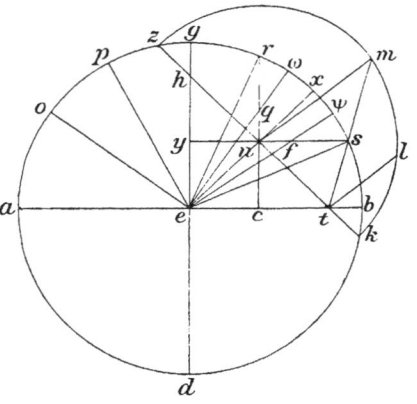

8   Exponatur itaque
rursum qui *abgd* me-
ridianus cum diame-
tris *ab* et *gd*, et
25 protrahantur in ipso
diametri parallelorum
mensilium borealiorum equinoctiali *zhtk*, super quam similiter describatur semicirculus orientalis qui *zlk*, et ad rectos
angulos ipsi *zk* ducatur que *tl*, ita ut *zl* portio paralleli
30 sit super terram. absumpta autem *lm* periferia datarum
horarum ducatur ab *m* perpendicularis super *zt* que *mn*

---

1. τῶν] τω̄.   2. νοτ(ει)-   2. Mg. australioribus in
οτερων (scr. βορειοτέρων).   greco.   3. spere] ſpe.

10. Post angulum del. qui.

ipso *n* faciente uidelicet positionem radii borealicrem quidem circulo qui secundum verticem, quando fuerit super *ht*,
australiorem autem, quando fuerit super *zh*. protrahatur
etiam rursum que *enx*, et recta ad ipsam erigatur que *eo*.
accipiantur igitur in meridiano signa tria, centro quidem *n*,　5
distantia autem *mn* quod *p*, centro autem *t*, distantia uero
tm quod *r*, centro etiam *h*, distantia autem *hm* quod
deinde productis *rnc* et *sny* — ipse enim sunt per *n*
accepte perpendiculares ad *eb* et *eg* — absumantur in
ipsis similiter equales ipsi *mn* que *ynf* et *cnq*, et copu-　10
lentur que *ep* et *er* et *es* et *mt* et adhuc que *efψ* et
que *eqω*. continet itaque et hic angulus quidem qui sub
peo angulum circuli ektimori, qvi autem sub *ber* eum qui
horarii, qvi uero sub *geo* eum qui descensiui, et rursum
qui quidem sub *bex* eum qui meridiani, qvi autem sub　15
geψ eum qui eius qui secundum verticem, qvi vero sub
geω eum qui orizontis, angulo qui sub *tmn* faciente eum
qui in plano equinoctialis.

Instrumentales quidem igitur acceptiones hunc con-　9
tinent modum assumpta simili consequentia in omnibus　20
positionibus; in expositione autem quantitatum consistentium secundum unumquodque clima et signum et
gradum sufficient quidem in ipsis solis periferiis sub-
tendentibus angulos facere mensurationes, ut promptas
ipsas habeamus in numeris　25
et non descriptiones determinatas nec secundum semel
cogimur negotiari per
inquisitos angulos rectarum
fere ubique confusarum, sed　30
in unaquaque oportunitatum
una quadam quarta parte cir-

157 *καταγραφὰς διωρισμένας*
μηδὲ καθάπαξ | *ἀναγκα-*
(ζ)ώμεθ⟨α⟩⟨πραγματεύσα-
σθαι⟩ ἀπὸ τοῦ ἀ|ναλήμμα-
5 *τος τὰς ⟨ἐπιζητου⟩μένας*
γωνίας | *τῶν εὐθειῶν σχε-*
δὸν πάν⟨τη συγχυ⟩νομέ-
νων, | *ἀλλ' ἐφ' ⟨ἑκάστου*
καιροῦ⟩ ἑνί τινι τεταρτη-|

―――――

2. *μηδέ*] *τη δε*. 7. ...(*v*)*νο-*
μενω̄.

7., quod] seq. lac. parva,
mg. *ε̣ψ*. 28. per] seq. lac.,
mg. *αναλημμα̈τ̇*. 32. quadam]
-d- corr. ex l.

μορίῳ κύκλου διῃρημένῳ
εἰς τὰ⟨ϛ⟩ τῆς (μι)ᾶς |
⟨ὀρθῆς μοίρας⟩ τὰ⟨ϛ⟩ ἐνε-
νήκοντα τὸ ἴσον ἐνγρά-|
5 φοντες ἢ περιγράφοντες
ὁμόκεντρον τῷ | δεδομένῳ
πρὸς τὴν κατασκευὴν καὶ
λαμβά|νοντ(ες) ἀπὸ τοῦ διῃ-
ρημένου τὰς τὸν οἰκεῖον |
10 ἀριθμὸν τῶν ... ορισμ ...
...... ⟨με⟩ ταφέρωμεν
ἐπὶ τὸ ἴσον αὐ⟨τῷ τεταρ-
τημόρι⟩|ον καὶ διὰ τῶν
λαμβαν⟨ομένων περάτων⟩ |
15 καὶ τοῦ κοινοῦ κέντρου τῶν
κύκλων ἄγοντες | εὐθείας
εὑρίσκωμεν τὰς τῶν δεδο-
μένων | μειζόνων ἢ ἐλατ-
τόν⟨ων⟩ κύκλων γωνίας
20 τε | καὶ περιφερείας. ἡ δὲ
τοιαύτη λῆψις ὑ|πάρχ(ο)ι
(μὲν) ἂν καὶ διὰ τῶν γραμ-
μῶν ἐπὶ | τὸ ἀκριβέστατον
τοῖς προαιρουμένοις, γέ-
25 νοι|το δ' ἂν εὐποριστοτέρα
καὶ δι' αὐτοῦ τοῦ ἀνα-|
λήμματος, κἂν μὴ ἀπαράλ-
λακτο(ς) τῇ ⟨διὰ⟩ γραμμι-
κ⟨ῶν ἀποδείξεων ἀλλὰ μέ-
30 χρι τῆς πρὸς | αἴσθησιν θε-
ωρίας, πρὸς ἣν τὸ χρη⟩στι-

culi diuisa in unius recti portiones 90 equale inscribentes
et circumscribentes concen-
tricum cum dato ad et ac-
cipientes a diuiso distantias 5
continentes numerum con-
uenientium graduum trans-
ferimus ad equalem sibi
quartam partem et per de-
prehensos terminos et per 10
commune centrum circulorum
producentes rectas inueniamus
mus angulos et periferias in
datis circulis maioribus uel
minoribus. talis autem ac- 15
ceptio exstabit quidem utique et per lineas ad certissimum uolentibus, fiet autem
utique facilius acquisibilis et
per ipsum , et si non sit 20
eque inuiciabilis ei que per
lineares demonstrationes, tamen usque ad examinationem
que ad sensum, ad quam
reducitur finis usualis sup- 25
positi negotii. qvo autem
qvo modo uterque processuum ad
promptissimum nobis acci-
pietur, ostendemus in parte

17. ευρισκομεν. 21. λη-
ψεις. 22. μέν] (ημιν)?

4. ad] seq. lac., mg. κατα-
σκεφμ.ᵛᴴᴵ 20. ipsum] seq. lac.,
mg. αναλημματ.ᵒ 21. Mg.
απαραλ|λακτ.

κὸν (τ)⟨έ⟩|⟨λος⟩ ἀνάγεται
⟨τῆς⟩προκειμένης πραγμα-
τεί|ας. ὃν δὲ τρόπον ἑκα-
τέρα τῶν ἐφόδων ἐπὶ | τὸ
5 προχειρότατον ἡμῖν ἐκλη-
φθήσεται,δεί|ξομεν ἐν μέρει
κεφαλαιωδῶς προτάξαν|τες
τὴν διὰ τῶν γραμμῶν ἐπί-
σκεψιν ἔχου(σ)|⟨αν οὕτως·
10 κείσθω⟩ ὁ ΑΒΓΔ μεσημ-
158 βρινὸς περὶ ‖ κέντρον τὸ Ε,
ἐν ᾧ διάμετροι πρὸς ὀρθὰς
ἀλλή|λαις τῆς κοινῆς
τομῆς ⟨αὐτοῦ⟩ καὶ
15 τοῦ ὁρίζον|τος ἡ ΑΒ,
⟨τοῦ δὲ γνώμονος ἡ
ΓΔ, ἔστω τε δοθὲν
τὸ ἔ⟩|ξαρμα τ⟨οῦ πό-
λου καὶ περιεχέσθω
20 ὑπὸ τῆς ΑΖ⟩ περι-
φερε⟨ίας, καὶ ἤχθω
ἄξων μὲν ὁ ΖΕΗ,
ἰσημερινὴ⟩ | (δ)ὲ
(πρό)⟨τερον⟩ διάμε-
25 τρο⟨ς ἡ ΘΕΚ, καὶ
ἀπειλή⟩φ⟨θω⟩ | δο-
θεῖσα περιφέρεια ⟨ἡ ΖΛ,
καὶ ἀπὸ τοῦ Λ ἤχθωσαν⟩
κάθετοι ἐπὶ μὲν τὴν ΕΖ ἡ
30 (ΜΛ), ἐπὶ δὲ τὴν ⟨ΕΚ
ἡ ΛΝ⟩, | ὁμοίως δὲ καὶ

summatim premissa conside-
ratione que per numeros ita
se habente.

Exponatur meridianus qui
abgd circa centrum e, in quo 5
diametri ad rectos angulos
inuicem, communis quidem

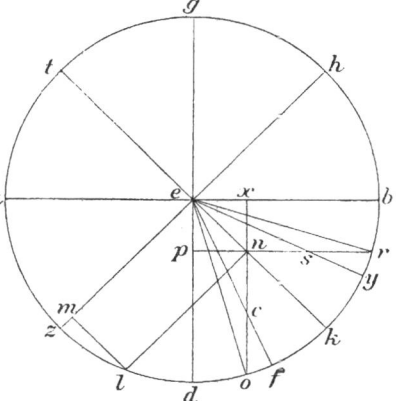

sectionis ipsius et orizontis
que ab, gnomonis autem que
gd, sitque data eleuatio poli 10
et contineatur a periferia az,
et protrahatur axis quidem
qui zeh, equinoctialis autem

ἀπὸ τοῦ Ν ἐπὶ μὲν τὴν (ΕΒ)
ἡ ΞΝ⟨Ο⟩, | ἐπὶ δὲ τὴν ΕΔ
ἡ ΠΝΡ. ἐπεὶ ⟨τοί⟩νυ⟨ν⟩
δέδοται ἡ ΑΖ | περιφέρεια,
5 τουτέστιν ἡ (Δ)Κ, δοθεῖσα
ἔσται | καὶ ἡ ὑπὸ τῶν ΠΕΝ
γωνία. ὀρθὴ δὲ (ἡ) πρὸς
τῷ Π· | δέδοται ἄρα καὶ
⟨ὁ τῆς ΕΝ ὑποτεινούσης
10 λόγος⟩ | πρὸς ἑκατέραν τῶν
περὶ τὴν ὀρθήν, τουτέστιν |
τὰς (Ε)Π καὶ ΠΝ, καὶ τὰς
⟨ἴσας αὐταῖς τὰς ΝΞ καὶ
ΕΞ⟩. | καὶ πάλιν, ἐπεὶ δέ-
15 δοται ἡ Λ⟨Ζ⟩ περιφέρε⟨ια,
τεταρ⟩|τημορίου δέ ἐστιν
⟨ἡ ΚΖ, ὥστε καὶ τὴν⟩ |
λοιπὴν τὴ⟨ν⟩ ΚΛ δεδόσθαι,
ὑπο(τεί)ν(ει) ⟨δὲ⟩ τὴν μὲν |
20 διπλῆν τῆς ΖΛ περιφερείας
ἡ διπλῆ τῆς ⟨ΛΜ⟩ | εὐ-
θείας, τὴν δὲ διπλῆν τῆς
ΛΚ περιφερείας | ⟨ἡ⟩ δι-
πλ⟨ῆ τῆς ΛΝ⟩ εὐθείας,
25 δοθήσεται καὶ ὁ λόγος | ἑκα-
τέρας τῶν ΛΜ καὶ ⟨ΛΝ⟩
πρὸς τὴν τοῦ μεσ⟨ημ⟩-|
βρινοῦ διάμετρον. (ὥσ)τε
καὶ ὁ τῆς ΕΝ, ⟨ἥ ἐστιν
30 ἴση⟩ | τῇ ΛΜ, καὶ ὁ τῶν
τοῦ ΕΠ⟨ΝΞ⟩ τετραγώνου

prius diameter que *tek*, et
absumatur data periferia que
zl, et ab *l* ducantur perpendiculares super *ez* quidem
que *lm*, super *ek* autem que 5
ln, similiter autem et ab *n*
super *eb* quidem que *xno*,
super *ed* autem que *pnr*.
quoniam igitur data est periferia *az*, hoc est que *dk*, 10
datus erit et angulus qui sub
pen. rectus autem qui apud
p; data est ergo et ipsius *en*
subtense proportio ad utramque earum que circa rectum, 15
hoc est ad ipsas *ep* et *pn*,
et ad equales ipsis scilicet
nx et *ex*. rursum, quoniam
data est que *lz* periferia,
qvarte autem partis est que 20
kz, quare et reliqua que *kl*
data est, subtenditur autem
duple ipsius *lz* periferie dupla
ipsius *lm* recte, duple autem
ipsius *lk* periferie dupla ipsius 25
ln recte, data erit et proportio utraque ipsarum *lm*
et *ln* ad diametrum meridiani. quare et proportio
ipsius *en*, que est equalis 30
ipsi *lm*, et proportio ipsarum
ep, *nx* laterum tetragoni.

---

11. datus] corr. ex data.

3. ἐπεί] επι. 6. πεν]
corr. ex πνε. 14. ἐπεί] επι.
16. Ante δέ del. ορθη. 31. τε-
τραγώνου] κυκλ(ου)?

⟨πλευρῶν⟩.|ἀπειλήφθωσαν
δὴ τῇ ΑΝ ἴσαι ἥ (τε) Π(Σ)
καὶ ⟨ἡ ΞΤ⟩, καὶ διήχθωσαν
(α)ἱ ΕΟ καὶ Ε(Ρ)καὶ ΕΣΤ
5 καὶ ΕΤΦ. | ἡ μὲν τοίνυν
ΖΛ περιφέρεια ἴση οὖσα
τῇ | τοῦ ἑκτημορίου καὶ ἔτι
τῇ ἐν τῷ τοῦ | ἰσημερι⟨νο⟩ῦ
ἐπιπέδῳ αὐτ(όθεν)δέδοται.|
143 ⟨ἐπεὶ δὲ καὶ τοῦ ΕΞΟ
11 ὀρθο⟩γωνίου τριγώνου| δέ-
δοται ἡ ⟨ΕΞ καὶ ἡ ΞΟ⟩,
καὶ ἡ ⟨ΕΟ⟩ ὑποτείνουσα
δοθήσε(ται) | ⟨καὶ ἡ ὑπὸ
15 ΟΕΞ γωνία· ὥστε⟩ καὶ ἡ
ΒΟ περιφέρει|(α) περιέ-
χουσα ⟨τὴν τοῦ ὡριαίου
κύ⟩κλου. ὁμοίως ! ⟨δέ, ἐπεὶ
καὶ τοῦ ΕΠΡὀρθογωνίου⟩
20 δέδοται ἥ τε ΕΠ | καὶ ἡ
⟨ΠΡ⟩, δοθήσεται καὶ ἥ τε
⟨ΕΡ⟩ ὑπο⟨τείνουσα καὶ⟩ |
⟨ἡ ὑπὸ ΕΡΠ γωνία καὶ
λοιπὴ ἡ ὑπὸ⟩ (Π)ΕΡ αὐτή
25 τε καὶ | ἡ ΔΡ περιφέρεια
ἴση οὖσα τῇ τοῦ καταβατι-|
κοῦ. πάλιν ἡ μὲν ΗΚ περι-
φέρεια ποιοῦσα τὴν | τοῦ
μεσημβρινοῦ αὐτόθεν δέ-
30 δοται. ἐπεὶ δὲ καὶ | τοῦ
Π⟨ΕΣ⟩ ὀρθογωνίου δέ-

sumantur itaque ipsi *ln* equales que *ps* et que *xc*, et
protrahantur que *oe* et *er*
et *esy* et *ecf*. qᵛe quidem
igitur *zl* periferie existens 5
equalis ei que circuli ektimori et adhuc ei que in plano
equinoctialis ex se data est.

quoniam et ipsius *exo*
rectanguli trigoni data est 10
que *ex* et que *xo*, et que *ro*
subtendens dabitur et angulus
qui sub *oex* et reliquus qui
sub *oex*. quare et que *bo* periferia continens eum qui cir- 15
culi horarii. similiter autem,
quoniam et ipsius *epr* rectanguli data est que *ep* et que
pr, et que *er* subtendens
dabitur et angulus qui sub 20
erp et reliquus qui sub *per*,
simul cum ipso et que *dr*
periferia existens equalis ei
que circuli descensiui. rursum que quidem *hk* peri- 25
feria faciens eum qui meridiani ex se data est. quoniam
et ipsius *eps* rectanguli que

---

21. *erp*] *epr p*.

---

2. Π(Σ)] πε? 4. Ε(Ρ)]
εκ? 13. υποτινουσα. 16. ΒΟ]
αο? 21. ΠΡ] locus plurium
litt., ut uidetur. 27. ΗΚ] α κ?

δοται ἥ τε ΕΠ καὶ ἡ Π(Σ), |
δοθήσεται καὶ ἥ τε ΕΣ
ὑποτείνουσα καὶ ἡ ὑπὸ |
⟨ΠΕΣ γωνί⟩α αὐτή τε καὶ
5 ἡ (Δ)Υ περιφέρεια ἴση
οὗ ⟨σα τῇ⟩ (τοῦ) κατὰ κορυ-
φήν. ὁμοίως δέ, ἐπεὶ καὶ
τοῦ (Τ)Ξ(Ε) ὀρθογωνίου
δέδο⟨ται ἥ τε⟩ ΕΞ καὶ ἡ
10 Ξ(Τ), δοθή|σεται καὶ ἥ τε
Ε(Τ) ὑποτείνουσα καὶ ἡ
ὑπὸ ΤΕΞ | γωνία, (τουτ-
έσ)τιν ἡ ὑπὸ τῶν ΔΕ(Τ)
αὐτή τε καὶ ἡ | (Δ)Φ περι-
15 φέρεια ἴση οὖσα τῇ τοῦ
ὁρίζοντος.» —

ε̅. κ(αὶ) τῶν ἄλλων δὲ
μη|νιαίων ἕνεκεν ἐκκεί-|
⟨σ⟩θω ὁ ΑΒ(ΓΔ) μεσημ-
20 βρι|νὸς μετὰ τῶν πρὸς ὀρ-
θὰς | ἀλλήλα(ι)ς διαμέτρων |
καὶ τοῦ ΕΖ ἄξονος, καὶ
δι|ήχθω τινὸς τῶν νοτιω-|
τέρων τοῦ ἰσημερινοῦ | μη-
25 νιαίων παραλλήλων | διά-
μετρος ἡ ΗΘΚ, (ἐ)φ' ἧς |
⟨τὸ⟩ πρὸς ἀνατολὰς νοού-
μενον ἡμικύκλιον γεγρά-||

---

7. ἐπεί] επι. 13. δε ζ?
16. Seq. fig. p. 203. 18. εκ-
κ(η)⟨σ⟩θω. 23. τινός] supra

ep et que ps, dabitur et que
es subtensa et angulus qui
sub pse ipseque et que dy
periferia existens equalis ei
que circuli qui secundum 5
verticem. similiter autem,
quoniam et ipsius exc rectanguli data est que ex et que
xc, dabitur et subtensa que
ec et angulus qui sub cex, 10
hoc est qui sub dec ipseque
et que df periferia existens
equalis ei que orizontis.

Et aliorum autem men- 10
silium gratia exponatur qui 15
abgd meridianus cum dia-
metris ad rectos inuicem et
cum axe ez, et producatur
unius rursum australiorum
equinoctiali mensilium paral- 20
lelorum diameter que htk,
super quam ad orientem in-
tellectus semicirculus descri-

---

3. Post pse deest: et reliquus pes. 10. cex] debuit
esse ecx.

---

scr.; in linea est εως (fort. ἑνός).
25. παραλληλῶ. In mg. sup.
fol. 144 hoc scholium legitur:
Ϥ εαν ᾖ προσεκβληθῇ επ' ευθ
η⟨ζ⟩ε εως τ̄ π' φερειας ⚹ ⚹
και ε'ξευ⟨χθη η⟩ηκ ευθ τις ορ
θο͞γ γινεται Δ . . . . κι ως η . . .
ηκη . . . τ̄ς εγγυτ . . . . | ημισια
δε η ηθ της ηκ ημισ⟨εια αρα
και⟩ η γε . . . . νης.

144 φθω τὸ ΗΛΚ, καὶ προσ-
εκβεβλήσθω ὁ ΕΖΛ ἄξων |
διχοτομῶν δηλονότι καὶ τὴν
ΗΘΚ διάμε|τρον κατὰ τὸ
5 (Θ) ⟨καὶ τὸ ΗΚ ἡμι⟩κύ-
κλιον κατὰ τὸ | ⟨Λ, διήχθω
δὲ καὶ ἡ ΜΝ εὐθεῖα ἐπὶ
τὴν ΗΘ⟩ (δι-
ορί)|ζουσα τὸ
10 ΗΝ ὑπὲρ γῆν
τ⟨μῆμα τοῦ ἡμι-
κυκλίου⟩ | ἀπὸ
τοῦ ὑπὸ γῆν,
καὶ ληφθείσης
15 τῆς ΝΞ περι-|
φερείας ⟨δοθ⟩-
εισῶν ὡρῶν
⟨ἤχθω⟩ ἀπὸ
τοῦ Ξ κά|θετος
20 (ἐ)πὶ τὴν Η⟨Μ⟩
ἡ ΞΟ, καὶ διὰ
τοῦ Ο (δι)ή-
χθω|σαν κάθετ⟨ο⟩ι πρὸς
μὲν τὴν (ΑΕ) ἡ ΠΟΡ, πρὸς
25 δὲ | τὴν ΓΕ ἡ ΣΟΤ. ἐπεὶ
τοίνυν δέδοται ἡ ⟨ΗΘΚ⟩
τοῦ | μεσημβρινοῦ περιφέ-
ρεια, τὴν δὲ λείπουσ⟨αν⟩ |
εἰς τὸ ἡμικύκλιον ὑποτείνει

batur qui *hlk*, et usque ad
ipsum educatur axis *ezl* in
duo equa uidelicet secans
ipsam *htk* diametrum penes *t*
et semicirculum *hk* penes *l*. 5
producatur autem et que *mn*
recta super *ht* determinans *hn*
portionem semicircali super

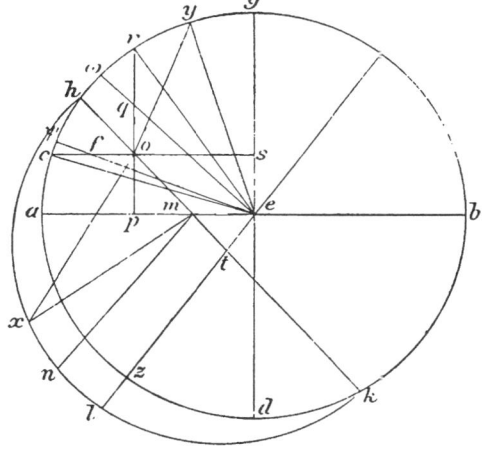

terram ab ea que sub terra.
et accepta ipsa *nx* periferia 10
datarum horarum ducatur ab
x perpendicularis super *hm*
que *xo*, et per *o* producantur
perpendiculares super *ae* quidem que *por*, super *ge* autem 15
que *soc*. quoniam igitur

29. υποτινει.

7. Post *hn* del. s (uole-
bat: segmentum).

(ἡ διπ)λῆ τῆς | ΕΘ εὐ-
⟨θε⟩ίας, δεδομένος ⟨ἔσται
ὁ τῶν ΗΘΚ καὶ ΕΘ λό⟩-|
⟨γος πρὸς τὴν διάμετρον
5 τοῦ μεσημβρινοῦ. ὁμοίως⟩, |
⟨ἐπεὶ δο⟩θεῖσά⟨ἐστιν ἡ ΑΖ
περιφέρεια τοῦ | ἐξάρματος,
δοθεῖσα ἔσται καὶ τοῦ ΜΕΤ
τρι|γώνου ὀρθογωνίου ἡ
10 ὑπὸ τῶν ΜΕΤ γωνία⟩· ὥσ-
τε | δοθήσεται καὶ ὁ τῆς ΕΘ
λόγος πρὸς ἑκατέραν τῶν |
ΕΜ καὶ ΜΘ καὶ ἔτι ὁ τῆς
ΗΚ διαμέτρου πρὸς ἑκά-
15 σ|την αὐτῶν. ἀλλὰ ἡ τῆς
ΜΘ εὐθείας διπλῆ ὑπο|τεί-
νει τὴν τῆς ΛΝ περιφε-
ρείας διπλῆν· ὥστε | καὶ
ἥ τε ΛΝ περιφέρεια ⟨δο-
20 θήσεται καὶ ἡ λοιπὴ⟩ | ⟨εἰς
τὸ τεταρτημόριον ἡ Ν⟩Ξ
⟨Η. δέδο⟩(ται) δὲ καὶ ⟨ἡ |
Ν⟩Ξ· δ⟨οθήσεται ἄρα ἥ
τ⟩ε ⟨Λ⟩Ξ καὶ ἡ Ξ⟨Η.
25 ὑποτείνει | δὲ τὴν⟩ μὲν δι-
πλῆν τῆς (Η)Ξ περιφε-
ρείας | ἡ διπλῆ τῆς (ΞΟ)
εὐθείας, τὴν δὲ διπλῆν τῆς
⟨ΞΛ⟩ | περιφερείας ἡ δι-
πλῆ τῆς ΟΘ εὐθείας· ὥστε
δε|δομένος ἔσται καὶ ὁ τῶν

data est *zl* meridiani periferia, residue autem in semicirculum subtenditur dupla
ipsius *et* recte, data erit proportio ipsius *htk* et proportio
ipsius *et* ad diametrum meridiani. similiter, quoniam data
est que *az* periferia eleuationis, datus erit et ipsius
met trigoni rectanguli angu- 10
lus qui sub *met*. qvare data
erit proportio ipsius *et* ad
utramque ipsarum *em* et *mt*
et adhuc proportio ipsius *ek*
diametri ad unamquamque 15
ipsarum. sed ipsius *mt* recte
dupla subtenditur duple ipsius *ln* periferie. qvare et
que *ln* periferia data erit et
residua in quartam partem 20
que *nxh*. data est autem
et que *nx*. data ergo erit
et que *lx* et que *xh*. subtenditur autem duple quidem
ipsius *nx* periferie dupla 25
ipsius *xo* recte, duple autem
ipsius *xa* periferie dupla
ipsius *ht* recte. qvare data
erit ipsarum *xo* et *ot* pro-

1. *zl*] *htk* Command.
14. *ek*] mg.!; scr. *hk*. 25. *nx*]
scr. *hx*. 27. *xa*] mg.!; scr.
xl. 28. *ht*] mg.!; scr. *ot*.

7—9. In media linea legi-
tur τε, quod ad supplementum
adcommodari nequit. 12. τῷ.
16. υποτινει. 26. ηξ] νεξ?

ΞΟ καὶ Ο⟨Θ⟩ λόγος πρὸς |
τὴν ΗΚ διάμετρον, διὰ τοῦ-
τ⟨ο δὲ καὶ πρὸς τὴν τοῦ⟩ ‖

portio ad diametrum *hk*,
propter hoc autem et ad eam
que

meridiani.   quoniam autem et ipsius *tm* data est proportio, data erit et proportio ipsius *mo*. et est, ut que 5
em ad *mo*, ita que *tm* ad *mp* et que *et* ad *op*; equi-
angula enim sunt trigona *emt* et *opm*. data ergo erit et
ipsarum *mp* et *op* proportio ad diametrum meridiani.
propter hoc autem et proportio ipsius *es* et proportio ipsius
emp totius, hoc est ipsius *os*. hiis igitur demonstratis 10
sumatur centro *o* et distantia *ox* signum in meridiano
scilicet *g*, et absumantur rursum ipsi *ox* equales que *pq*
et que *sf*, et copulentur que *ey* et *er* et *et* et *xm* et
adhuc que *eo* et *efψ* et *eqω*. quoniam igitur in praecedentibus angulus qui sub *eoy* demonstratus est esse 15
rectus, data est autem et que *ey* subtensa existens ex centro
meridiani et que *oy* existens equalis ipsi *ox*, data erit et
angulus qui sub *eyo* continens eum qui circuli ektimori.
similiter autem, quoniam et rectanguli *xmo* data est que
xo et que *om*, data erit et que *mx* subtensa et angulus 20
qui sub *mxo* faciens eum qui in plano equinoctialis. rursum, quoniam ipsius *epr* rectanguli date sunt que *cp* et
pr, data erit et que *er* subtensa et angulus qui sub *per*
et que *gr* periferia. rursum, quoniam ipsius *esc* rectanguli
date sunt que *es* et que *ec* subtensa, data erit et angulus 25
qui sub *ces* et que *cg* periferia descensiui. consequenter
autem, quoniam et ipsius *eop* rectanguli date sunt que *op*
et que *ep*, data erit et que *eo* subtensa et angulus qui
sub *oep* faciens meridiani periferiam. rursum, quoniam
ipsius *sfe* rectanguli date sunt que *es* et que *sf*, data 30
erit et que *ef* subtensa et adhuc angulus qui sub *sef* et
que *gψ* periferia eius qui secundum verticem. restat autem,
quoniam et ipsius *epq* rectanguli date sunt que *ep* et
que *pq*, data erit et que *eq* subtensa et adhuc angulus

---

12. *g*] scr. *y*.   13. Ante *sf* del. f.   24. *gr*] scr. *ar*.
26. Mg. *ģs* in greco.   34. Post et del. *ah*.

qui sub *epq*, hoc est qui sub *qeg* et que *gω* periferia orizontis.

11 Qve quidem igitur per lineas acceptiones angulorum et subtensarum ipsis periferiarum sic utique nobis ad manum fient. in hiis autem, que negociantur ex ipso , maxime 5 utique facile acquisibilis fiet expositionum unaqueque hoc modo. predemonstratur quidem igitur, quoniam eorum que inscribuntur in haec quidem in omni climate seruantur eadem, alia autem variantur; in hiis quidem igitur, que seruantur, 10

129 ἀρκεσθησόμεθα τῷ τε με-
σημβρινῷ κύκλῳ | καὶ τῇ
τοῦ ἰσημερινοῦ διαμέτρῳ
καὶ ταῖς ἑτέραις μ(ό)ναις
5 τῶν μηνιαίων παραλλήλων|
σὺν τοῖς περιγραφομένοις
αὐταῖς ἡμικυκλί,οις, τὴν
μέντοι τῶν τροπικῶν καὶ
τὴν τοῦ | μετὰ τὸν ἰσημε-
10 ρινὸν μηνιαίου κατατάσ-
σον|(τε)ς ὡς πρὸς τὸν αὐτὸν
πόλον, τὴν δὲ μετὰ τὸν |
τροπικὸν ὡς πρὸς τὸν ἀντι-
κείμενον πόλον', | ἵνα μὴ
15 πλησίον (ο)ῦσ(α) τῆς τοῦ
τροπικοῦ συν'χ(ύ)νῃ τὰς
ἐπί τε αὐτῶν καὶ τῶν περι-
γραφο μένων αὐτ(οῖ)ς ἡμι-
κυκλίων σημειώσεις· διὸ καὶ
20 τυμπανοειδεῖ χρησόμεθα

contenti erimus meridiano circulo et diametro equinoctialis et alteris solis mensilium parallelorum cum cir- 15 cumscriptis ipsorum semicirculis, ipsam tamen tropicorum et eam que mensilis post equinoctialem ordinantes ut ad eundem polum, eam autem que eius qui post tropicum 20 ut ad oppositum polum, ne existens tropicum prope confundat eas que in ipsis notas semicirculorum ipsis circumscriptorum; propter quod et 25 utemur tympanoydali plano suscepturo descriptionem, ad

---

12. δέ] scr. δὲ τοῦ. 16. συν-
χ(υ)ν(αι)η. 17. ἐπί] επει.
19. σημιωσις.

1. *epq*] scr. *eqp*. Post et del. perifer. 5. ipso] seq. lac., mg. αναλημμα(τος). 8. in] seq. lac., mg. αναλημμ... 20. tropicōs. 22. Ante tropicum del. post; mg. cum tropicis. 23. eas que in ipsis] mg.

τῷ δεξομένῳ | ⟨τὴν⟩ κατα-
γραφὴν ἐπιπέδῳ πρὸς τὸ
ἐπιστρε|φομένου τοῦ τυμ-
πάνου ⟨τ⟩ὰ⟨ς⟩ (εἰ)ρημένας
5 τῶν | ⟨μηνιαίων διαμέ-
τρους⟩ μετὰ τῶν ἡμικυ-
κλί|ων καὶ ⟨ταῖς⟩ (τῶν)
κατὰ διάμετρον θέσ(ε)-
⟨σιν⟩ | ἐφαρμόζειν δύνα-
10 σθαι. ἐπὶ δὲ τῶν καθ'
ἕκαστον κλῖμα προτεθὲν
τασσομένων μόναις πάλιν
ἀρκεσθησόμεθα δυσὶ δια-
μέτροις τῇ τε κατὰ | τὴν
15 (κοινὴν) τομὴν τοῦ μεσημβρινοῦ καὶ τοῦ ⟨ὁρίζοντος
καὶ τῇ⟩ κατὰ τὸν γνώμονα,
χρησόμε(θ)α δὲ (καὶ) πλατ-
(ύ)μματι λεπτοτέρῳ πάνυ
20 καὶ | ἀκριβῶς ὀρθογωνίῳ
μὴ ἐλάττους ἔχοντι τὰς
περὶ τὴν ὀρθὴν γωνίαν τῆς
ἐκ τοῦ κέντρου | (τ)οῦ με-
σημβρινοῦ ἕνεκεν τοῦ τά
25 τε (ἄ)λλα σημ|εῖα καὶ τὰς
καθέτους δι' αὐτοῦ ῥαδίως
λαμ|βάνειν τῆς μὲν ἑτέρας
τῶν περὶ τὴν ὀρθὴν πλ(ε)υ-
ρῶν ἐφαρμοζομένης τῇ εὐ-
30 θείᾳ, πρὸς | ἣν ἡ κάθετος,
τῆς δὲ ἑτέρας προσαγομέ-

hoc quod verso tympano dicte
mensilium diametri cum semicirculis possint adaptari et
positionibus eorum que ex
opposito uel secundum dia-   5
metrum. in hiis autem, que secundum unumquodque clima
ordinantur, rursum contenti
erimus solis duabus diametris,
ea uidelicet que secundum 10
communem sectionem meri-
diani et orizontis et ea que
secundum gnomonem, utemur
autem et quodam lato subtili
ualde et examinate rectan-   15
gulo non habente eas que
circa rectum latus minores
quam ea que ex centro meridiani gratia sumendi alia
signa et perpendiculares per 20
ipsum de facili altera quidem earum que circa rectum
latus adaptata recte ad quam
perpendicularis, altera autem
adducta ad signum per quod 25
perpendicularis. et totaliter
autem faciemus acceptiones

21. facili] corr. ex facile.

1. δεξ α)μενω. καταγρα-
φ(ε)ν. 5. τῶν] τῶ̄. 11. (προ)-
θεν. 12. παλῑ. 28. πλ(ε,ν-
ραν. 29. της ευθειας.

14*

130 νη⟨ϛ⟩ ‖ τῷ σημείῳ, δι οὖ
⟨ἡ⟩ κάθετος. καὶ ὅλως δὲ
ποιησό|μεθα τὰς λήψεις τῶν
ἐπὶ τοῦ μεσημβρινοῦ περι-
5 φε ρειῶν διὰ μόνου τοῦ τε
καρκίνου καὶ τοῦ ὀρθο|γω-
νίου πλατύσματος μηδαμῆ
προσπαραγράφοντες ἑτέραν
εὐθε(ῖα)ν τῶν προειρημέ-
10 νων, | ἀλλὰ γυμνὴν τηροῦν-
τες τὴν καταγραφὴν | εἰς τὸ
εὔληπτον τῶν ἐφεξῆς τῶν
πρώτων | ὑ(πὸ) χ(εῖρ)α,
καθ' ὃν εἰρήκαμεν τρόπον,
15 (εἰς τὴν) | ἔκ⟨θεσιν μετα⟩-
φ⟨ερομένων⟩. ἐκ(κ)είσθω
γὰρ (αὐ) τῆς π⟨αραδεί⟩ξ⟩εως
ἕνε(κεν) τὸ τυμπανοειδὲς |
ἐπίπεδον περὶ διάμετρον
20 (τὴν) (Α)Β καὶ κέντρον |
τὸ Γ, καὶ τῆς ΑΓ τρίτου
μέρους ἔγγιστα πρὸς τῷ |
Α ληφθέντος ὡς κατὰ τὸ
Δ κέντρῳ τῷ Γ | καὶ δια-
25 στήματι τῷ ΓΔ γεγράφθω
(ἐπὶ) τοῦ ἀνα|λήμματος με-
σημβρινὸς κύκ(λος) ⟨ὁ ΔΕ
τῆς ΔΓΕ | διαμέτρου κατὰ
τὴν τοῦ ἰσημερινοῦ νοου-⟩|
30 μένης. ἔπειτα καὶ ⟨τῆς ΓΔ
τοῦ⟩ τρίτου μέρους | ἔγ-

earum que in meridiano periferiarum per solum cancrum
et per latum illud rectangulum nusquam conscribentes
alteram rectam predictarum, 5
sed nudam seruantes de-
scriptionem ad facilitatem acceptionis eorum que deinceps
primis secundum modum,
quem diximus in expositione, 10
translatis. exponantur enim
ipsius ostensionis gratia planum tympanoydale circa diametrum ab et centrum g,
et ipsius ag tertia parte pro- 15
xime versus a accepta ut
penes d centro g distantia
autem gd describatur qui
de meridianus circulus ipsa
dgc diametro secundum eam 20
que equinoctialis intellecta.
deinde et ipsius gd tertia

---

4. Mg. πρπ𝒵γραφοντ . . .
9. Post primis lac., mg. υπο-
χειρα. 18. Ante qui del. circuli equalis meridiano quarta
pars. 19. Ante meridianus
lac., mg. αναλημματ́. In fig.
ad sinistram partem cir-
culi interioris adscr. in
greco hic erat iste semicirculus qui non ex alia parte.

---

4. περι/φε|ριων. 20. κεντρο̄.

γιστα πρὸς τῷ Γ ληφθέν-
τος ὡς κατὰ τ⟨ὸ⟩ (Ζ) | κέν-
τρῳ τῷ Ζ διαστήματι δὲ
τῷ ΓΔ γεγράφθω | τοῦ ἴσου
5 τῷ μεσημβρινῷ κύκλου τε-
ταρτη|μόριον διχοτομούμε-

parte proxime versus g accepta ut penes g centro z
distantia autem gd describatur circuli equalis meridiano quarta pars secta in 5
duo equa ab ag cue htk et
diuidatur in 90 portiones

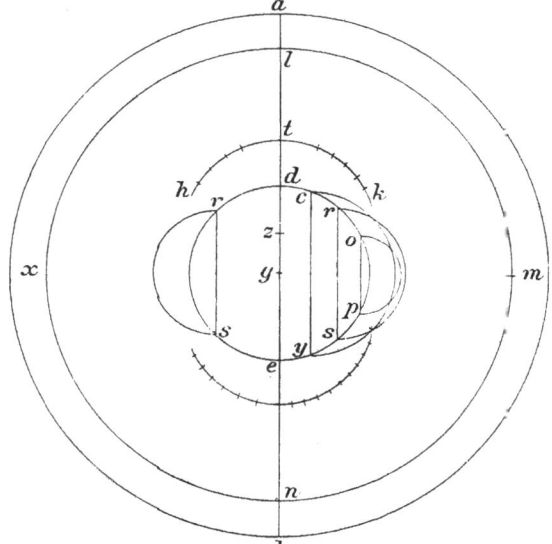

ν⟨ον⟩ ὑπὸ ⟨τῆς ΑΓ τὸ⟩ |
ΗΘΚ καὶ διῃρήσθω εἰς
ἴσα⟨ς⟩ τὰ⟨ς⟩ ⟨q̄ μο⟩ί(ρας)
10 ἀκρι|βῶς. οὐδὲν δὲ ⟨κωλύει
καὶ κατὰ⟩ τὰ ἕτερα (μέ)|ρη
τῆς διαμέτρου τὸ αὐτὸ ποι-
εῖν ἕνεκεν τῆς | τοῦ τυμ-
πάνου ἐπιστροφῆς. ὁμοίως

equales diligenter.   nichil
autem prohibet et super alias
partes diametri idem facere 10
gratia conuersionis tympani.

2. τό] post τ loeus 3 litt.
(ζ)] (ξ).   3. δέ] o m.   4. τω
ισω.   5. κυκλω τεταρτημο-
ριω.   6. διχοτομουμενη(ν).
9. μο⟩ί(ρας)] . . ι(χια).

δὲ καὶ κέν|τρῳ τῷ Γ δια-
στήματι δὲ τῷ ἀπὸ τοῦ Γ
ἐπὶ | τὴν διχοτομίαν ἔγγιστα
τῆς Α Θ κύκλον | γράψομεν
5 ὡς τὸν διὰ τῶν ⟨ΑΜ⟩ΝΞ
τεταρτη⟨μο⟩ ρίων, ὧν τὸ ἓν
διελόντες ὁμοίως εἰς τὰ⟨ς⟩ ‖
117 ⟨ҁ⟩ μοί(ρας καὶ) (ἐκ)βάλ-
λοντες ἐν αὐτῷ τὰς καθ᾽
10 ἕ᾽ καστ(ο)⟨ν κ⟩λῖμα δια-
στάσει(ς) τῶν τοῦ ἐξάρ-
ματος | ⟨μοιρῶν κ⟩α⟨τα⟩-
γράψομεν τὰς ἴσας καὶ ἐπὶ
τῶν | λοιπῶν τριῶν τεταρ-
15 τημορίων ἀρχόμενοι μὲν |
ἀπὸ τῶν Λ, Μ, Ν, Ξ τομῶν,
ἐκβάλλοντες δὲ ὡς ἐπ᾽ι τὰ
δεξιὰ τῶν πρὸς ἀνατολὰς
ἡμικυκλίων ὑπο|κειμένων
20 αἰεὶ γεγράφθαι πρὸς ἡμᾶς.
περιέ|χει δὲ τὸ ἔξαρμα τοῦ
πόλου, ὅπου (μὲν ἡ με)γί-
στη | ἡμέρα καὶ νὺξ ὡρῶν
ἐστιν ιγ, μοίρας ἔγγιστα
25 ιϛ γ̂ | ιβ′, ὅπου δὲ ιγ ∠′
ὡρῶν, | μ̂ κγ ∠′ γ′, ὅπου δὲ
ιδ ὡρῶν, | μ̂ λ ⟨κ⟩α⟨ι⟩ γ̂,
ὅπου δὲ ιδ ∠′ ὡρῶν, μ̂ λ⟨ϛ⟩,
ὅπου δὲ ιε ὡ|ρῶν, μ̂ μ̄ γ̂
30 δ′ ι′, ὅπου δὲ ιε ∠′ ὡρῶν,

similiter autem et centro g
distantia autem ea que a g
ad sectionem in duo proxime
ipsius at circulum describimus ut eum qui per quartas 5
lmnx, quarum unam diui-
dentes similiter in 90 portiones et excipientes in ipsa
eas que secundum unumquodque clima distantias partium 10
eleuationis asscribemus equales et in reliquis tribus quartis
incipientes quidem a sectioni-
bus lmnx, educentes autem
ut ad dextram eorum qui ad 15
orientem semicirculorum, qui
supponuntur semper descripti
esse ad nos. continet autem
eleuatio poli, ubi quidem
maxima dies et nox est ho- 20
rarum 13, partes proxime
16 tertiam et duodecimam,
ubi autem est horarum 13
et s, partes 23 dimidiam et
tertiam, ubi autem horarum 25
14, partes 36, ubi uero est
horarum 14 et dimidie, partes 43 et quartam, at ubi
est horarum 15, partes   ,

16. Post qui del. sub
24. s] h. e. ½   29. Post
partes lac. relicta.

1. κε|τρω.   7. Post τα lo-
cus plurium litt.   9. αυτου.
15. μέν] με.   21. περιέχει]
tert. ε e corr.   25. ιβ′] ιβ.
27. λ̄] e corr.   30. ∠′] (c).

μ̇ μ̄ε̄, ὅπου δὲ | ῑϛ ὡρῶν,
μ̇ μ̄η̄ ∠'. ἐπιζεύξωμεν δ(ὲ)
καὶ τὰς τῶν | εἰρημένων
μηνιαίων διαμέτρους λα-
5 βόντες | αὐτῶν τὰς οἰκείας
διαστάσεις ἀπὸ τῆς ἰση-
με|ρινῆς ἐπὶ τῆς τοῦ μεσημ-
βρινοῦ περιφερείας | ἑκά-
στης ἴσου ⟨αὐτῶν⟩ τεταρ-
10 τημορίου διαιρέσε|ως. ἀπέ-
χει γὰρ καὶ (ἡ) μὲν τοῦ
τροπικοῦ κύκλου | κατὰ τὴν
ΟΠ τῆς ἰσημερινῆς μ̇ ἔγ-
γιστα κ̄γ̄ ⟨∠' γ'⟩, | ἡ δὲ τοῦ
15 συνεχοῦς τῷ τροπικῷ ⟨μη-
νιαίου κατὰ⟩ | τὴν ΡΣ μ̇
κ̄ ∠', ἡ δὲ τοῦ συνεχοῦς
. . . . | κατὰ τὴν
ΤΥ μ̇ ῑ(α) Γο. (π)ερι-
20 γράφ⟨ομεν οὖν⟩ καὶ τὸ |
ἐφ' ἑκάστ(ης) αὐτῶν ἡμι-
κύκλιον, καὶ ταῦτα | μὲν
μετὰ τῶν οἰκείων διαμέ-
τρων ἐάσο|μεν καθ' αὐτά,
25 τοῦ δὲ μεσημβρινοῦ τῶν
περὶ τὴν | τοῦ ἰσημερι-
νοῦ διάμετρον⟨ἡμικυκλίων
ἑκά|τερον διελόντες εἰς ἴσας
ὡριαίους διαστά|σεις ῑβ̄
30 σημειώσομεν κ⟩ατατομάς.

ubi autem est horarum 15
et dimidie, partes 45, ubi
uero est horarum 16, partes
48 et dimidiam et decimam.
copulabimus autem et dia- 5
metros dictorum mensilium
accipientes proprias ipsorum
distantias ab equinoctiali in
ipsa meridiani periferia uniuscuiusque diuisionis equalis 10
ipsorum quarte. distat enim
et que quidem tropici et secundum *op* ab equinoctiali
partes proxime 23 dimidiam
et tertiam, que autem con- 15
tinui tropico mensilis et secundum *rs* partes 20 et dimidiam, qve autem continui
et secundum *cy* partes 13 et
tertiam. circumscribimus ita- 20
que et semicirculum qui in
unaquaque harum et hos quidem cum propriis diametris
sinemus secundum se, meridiani autem eorum qui circa 25
equinoctialem diametrum semicirculorum utrumque diuidentes in equales horarias
distantias 12 signabimus sectiones. similiter autem et eas, 30
que super *dge* fiunt a per-

---

26. Ante diametrum del.
circulum.

_____

3. τῶν] τῶ.   19. τυ] συ.
24. εασωμεν.   25. τῶν] o m.

216   ΚΛΑΥΔΙΟΥ ΠΤΟΛΕΜΑΙΟΥ

⟨ὁ⟩μ⟨οί⟩⟨ω⟩ς (δ)ὲ ⟨καὶ⟩ |
⟨τὰς ἐπὶ τῆς ΔΓΕ γ⟩ινο-
μένας ὑπ⟨ὸ τῶν ἐπ' αὐ-
118 τὴν⟩‖καθέτων ἀφ' ἑκάστης
5 τῶν ὡριαί⟨ων κατατομ⟩|ῶν,
ἐπειδήπερ ταῦτα⟨τηρεῖται⟩
κατὰ ⟨πάσας⟩ | τὰς ἐγκλί-
σεις. χαλκ⟨οῦ τοίνυν ὄντος
ἢ ψη⟩ι̇φ⟨ί⟩(ν)ου τοῦ τυμ-
10 πάνου οὐ⟨δεμιῶν ἔτι δεή-
σει⟩ | ἀ⟨πο⟩χαρά⟨ξ⟩εω⟨ν
τού⟩των μὲν ⟨ὑπαρχόντων⟩
..... | .... τῶν κατ⟨ὰ κλῖ-
μα⟩ ....
15 ..... ⟨τὰς ἀποχαρά⟩ι̇ξε(ις)
μέλανι ⟨μὲν⟩ ....
⟨ἐρυ⟩|θρῷ δὲ τὴν τοῦ με-
σημβ⟨ρινοῦ καὶ τοῦ ἰση-
μερι⟩ι̇⟨ν⟩οῦ διάμετρ⟨ον⟩
20 .... | ⟨ὅλον⟩ τὸ
τύμπανον κηρῷ ....
..... |

pendicularibus ad ipsam ab
unaquaque diuisionum horariarum, quoniam quidem hec
seruantur secundum omnes
declinationes. tympano qui- 5
dem igitur existente ereo uel
nulla iam opus erit deletione
caracterum hiis quidem ex-
istentibus in superlinitionibus
eorum, que secundum clima 10
ordinantur, ut duabus diametris et horariis diuisionibus; ligneo autem existente
superliniendum   nigro
quidem colore alias omnes, 15
rubeo autem meridianum et
diametrum equinoctialis cum
signis, et super totum tym-
panum cera consimiliter spe-
ris, ut non simul cum vari- 20
andis superliniantur, que de-
bent remanere.

12   Hiis autem suppositis facile in promptu nobis erit
acceptionum unaqueque, si prius quidem ordine assequentes
25 radici supposite eleuationis diametros copulauerimus ori-
zontisque et gnomonis, deinde tropici semicirculi sectionem
distinguentem quod supra terram ab eo quod sub terra et

---

14. Hic aliquid defuisse
uidetur.   17. τήν] τον.
22. In reliqua parte pa-
ginae, quae legi nequit,
fuit fig. p. 213.

2. horariūriarum.   6. uel]
seq. lac., mg. ψηφιὔ.   8. Mg.
αποχαράξε̄.   14. superlini-
endum] seq. lac., mg. ῠ̆ απο-
χαραξεις.

utrarumque harum portionum in sex equalia ciuisiones
acceperimus et in propria ipsius diametro factas a diuisionibus super ipsam perpendiculares. hiis enim solis contenti procedemus secundum modum ostendendum. primas
quidem igitur rursum eas que ektimori circuli secundum   5
quamlibet horam periferias, has quidem ex porticne super
terram consistentes proprii signi ea que mensilis positione,
has autem ex ea que sub terra eius quod ex opposito sibi;
deinde eas que horarii omnium horarum, postea eas que
descensiui et rursum conuenienter eas que meridiani se-   10
orsum; deinde eas que eius qui secundum verticem, post
quas eas que orizontis, et ultimas, si uoluerimus, eas que
in plano equinoctiali. post hoc autem acceptas quidem
designationes liniemus. similia autem faciemus in reliquis
duobus mensilibus utroque in parte et similiter in equi-   15
noctiali. deinde et priores diametros simul ablinientes
copulabimus eas que consequentis climatis et eodem ordine
utentes pertransibimus omnes suppositas differentias. ceterum
autem gratia modi acceptionis periferiarum subtensarum
angulis exponatur meridianus qui in   et sit $abgd$ circa 20
centrum c, et copulentur per regulam examinate rectam
que quidem ab diameter secundum communem sectionem
ipsius et orizontis, qve autem gd secundum gnomonem.
subiaceatque prius que zeh diameter equinoctialis, et sit
que quidem in duo equa sectio semicirculi zth penes t,   25
qve autem super terram quarta zt, horariarum autem que
in ipso sectionum una quidem que penes k, et quod a
perpendiculari per ipsum ad ze fit in ipsa signum, sit l;
hec enim   a principio accepta. eam quidem igitur
que ektimori periferiam ex se ostendit que tk, super quam 30
statuentes cancrum et postponentes super diuisam quartam
exponemus gradus contentos a distantia. continet autem
semper tot, quot multitudo subpositarum ab ortu horarum,

14. abliniemus, mg. $\alpha\pi\alpha\lambda\epsilon\iota$! $\psi o\bar{\mu}$.   20. in] seq. lac., mg.
$\alpha\nu\alpha\lambda\eta\mu\mu\alpha\overset{o}{\tau}$.   27. Post et del. signum.   28. Supra ipsum
add. scilicet k.   29. enim] seq. lac., mg. $\epsilon\chi\,\epsilon\nu$! (h. e. $\check{\epsilon}\chi o\mu\epsilon\nu$).

tempora equinoctialia, eadem existens ei que in plano equinoctialis. eam autem que horarii accipiemus adducentes
lati illius rectanguli alterum laterum ad signum *l*, ita ut
reliquum adaptetur diametro orizontis *a b*, et secetur meri-
5 dianus ab eo quod apud *l* latere penes *m*; qve enim *a m*
periferia faciet dictam. similiter autem, si unum laterum
adduxerimus ad *l*, ita ut alterum adaptetur diametro gnomonis *g d*, et secetur meridianus ab eo quod apud *l* latere
penes *n*, que *g n* periferia faciet eam que descensiui. rursum
10 autem que quidem *a z* ex se facit eam que meridiani. si
autem statuerimus cancrum super signa *k* et *l* et unum
lati illius laterum apposuerimus ad *l* altero adaptato ipsi *g e*,
deinde alterum quidem terminum
cancri apposuerimus ei que secus
15 rectum angulum portioni ipsius
g e, alterum autem apposuerimus
lateri quod apud *l*, et manente
ipso conuerterimus idem latus
counitum similiter ipsi apud cen-
20 trum *e*, ita ut secetur meridianus
ab ipso ut penes *x*, que *g x* periferia faciet eam que eius qui secundum verticem. similiter autem,

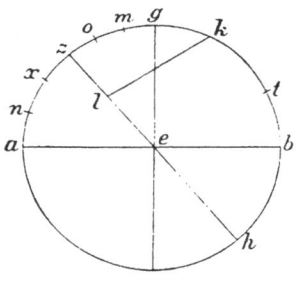

si unum laterum apposuerimus ad *l* altero adaptato ipsi
25 *a e* et cancri eandem ipsi *k l* distensionem habentis alterum
quidem terminum apposuerimus ei que secus rectum angulum portioni ipsius *a e*, alterum autem applicuerimus ei
quod apud *l* lateri, deinde hoc manente conuerterimus rursum idem latus seruata coniunctione super centrum *e*, ita
30 ut secet meridianum ut penes *o*, que *g o* periferia faciet eam
que orizontis. et in hiis quidem periferiis et in omnibus
semper intelligendum, ut non idem repetamus, quod disten-
siones ipsarum simul cum acceptione per cancrum trans-

4. Post secetur del. qui a.   5. quod] corr. ex qui.   14. se-
cus] a sec', sed a del.   21. Ad ipso mg. latere scilicet.
25. cancri] corr. ex cancer, mg. cancri.   habentis] corr. ex
habentes, mg. tis.   32. semper] sīpᵛ.   33. Ante simul del. cum.

ferentes super diuisam quartam deprehense ab ipsis gradus debemus exponere.

Rursum supponatur alicuius aliorum mensilium paralle- **13** lorum diameter et sit que *zhtk*, super quam orientalis semicirculus qui *zlk*, et centro quidem *t* distantia autem *ta* 5 accipiatur signum in semicirculo *zlk* quod *l*, in quo distinguitur quod quidem *zl* super terram semicirculi et quod *lk* sub terra. accipitur autem signum *l* per platinam rectangulam, si angulus adductus fuerit ad *h*, ita ut alterum laterum adaptetur ipsi *zk*. secundum quod enim reliquum 10 secat semicirculum, erit determinatum signum, quoniam qui-

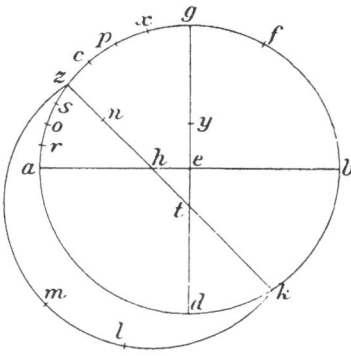

dem que ab *h* ipsi *hk* perpendicularis producta fit sectio planorum orizortis et circuli mensilis. diuidatur ita- 15 que portionum utraque in 6 equalia, et signatis ipsis accipiantur per appositionem platine rectangule et signa super *zk* facta a per- 20 pendicularibus ad ipsam ab acceptis diuisionibus in semicirculo. sit autem una earum que super terram que penes *m* et quod eius- 25 dem ordinis cum ipso signum eorum que super *zh* quod *n*. centro quidem itaque ipso *n* et distantia *nm* accepto secundum meridianum signo *x* et latere adducto ad signa *e* et *h*, ita ut secet meridianum penes *o*, que quidem *zo* periferia faciet residuam in quarta peri- 30 ferie ektimori, que autem ab *x* super sectionem alterius ipsius et meridiani ipsam que ektimori. consequenter

---

1. deprehense] scr. deprehensos.   8. Mg. πλατυσμα͘τ.
10. Mg. ῆο ca.   Ad reliquum mg. ´ scilicet latus.   12. Ad
h mg.   uel *n*. Ad seqq. mg. !.   19. Ante platine del. p.
28. latere] seq. lac., mg. πλατυσμα͘τ.   31. Supra alterius
add. scilicet lateris.   32. ipsius] seq. lac., mg. πλατυσμα͘τ.

autem centro *h* et distantia *hm* accepto secundum meridianum signo *p* que *ap* periferia faciet eam que horarii.
similiter autem centro *t* et distantia *tm* accepto secundum
meridianum signo *r* que *gr* periferia faciet eam que de-
5 scensiui. rursum que quidem *ao* periferia faciet eam que
meridiani. si autem unum laterum   apposuerimus ipsi *n*
reliquo adaptato ipsi *ge*, et cancri distensionem habentis
equalem ipsi *nm* alterum quidem terminum apposuerimus
ei que penes angulum rectum portioni ipsius *ge*, alterum
10 autem apposuerimus ei quod apud *n* lateri, deinde hoc
manente conuerterimus latus quod ad ipsum seruata ipsorum coniunctione ad centrum *e*, ita ut secet meridianum
penes *s*, que *gs* periferia faciet eam que eius qui secundum
verticem. similiter autem rursum, si unum laterum appo-
15 suerimus ipsi *n* altero adaptato ipsi *ae* et cancri distensionem habentis eandem ipsi *nm* alterum quidem apposuerimus ei que secus rectum angulum portioni ipsius *ae*,
alterum autem applicuerimus ei quod apud *n* lateri, deinde
hoc manente conuerterimus id quod apud *n* rursum seruata
20 ipsorum coniunctione ad centrum *e*, ita ut secet meridianum
penes *c*, que *cg* periferia faciet eam que orizontis. ceterum
autem, si ipsam *mn* ponentes equalem ipsi *ey* apposuerimus
ipsi *y* rectum angulum uno laterum adaptato ipsi *ey* et
cancri distensionem habentis eandem ipsi *nm* alterum qui-
25 dem terminum apposuerimus penes *y*, alterum autem applicuerimus recto angulo ad latus *eg* et manente hoc rursum
conuerterimus latus quod apud id ipsum seruata ipsorum
coniunctione ad centrum *e*, ita ut secet meridianum secundum *f*, que *gf* periferia faciet eam que in plano equi-
30 noctialis.

Nunc autem, si diameter *zk* ad sinistras nostri partes
positionem habens sit unius parallelorum mensilium australiorum equinoctiali, transuerso tympano ad positionem ex
opposito et que *zk* et qui super ipsam semicirculus secus

6. laterum] seq. lac., mg. πλατυσ   7. cancri] corr. ex
cancro.   habentis] corr. ex habente.   9. ei] supra scr., in
linea del. portioni.   13. faciet] -t e corr.   23. uno] corr. ex uni.

dextras nostri partes erunt in situ eodem cum mensili
parallelo descripto per opposita signa, borealicra autem
equinoctiali, et que quidem *kl* portio erit super terram,
qve autem *zl* sub terra. qvare nos facientes eadem ostensis
in diuisionibus portionis *kl* inueniamus et eas qua in oppo-   5
sitis signis consistentes periferias. nam secundum quidem
eam que in hyemali diametrum accepta ipsa *zk* quod quidem *zg* faciet eas que a principio capricorni fiunt super
terram angulorum periferias, quod autem *dk* aas que a
principio cancri. secundum eam autem que mensilis con-   10
sequentis hyemali tropico diametrum supposita ipsa *zk*
semicirculus quidem *zl* faciet eas que a principio sagittarii
et aquarii consistentes super terram periferias, qvi autem
lk eas que in principio geminorum et leonis. secundum
eam autem que mensilis contigui equinoctiali diametrum   15
accepta ipsa *zk* qui quidem *zl* semicirculus faciet eas que
in principio scorpionis et piscium factas super terram periferias, qvi autem *lk* eas que in principio tauri et virginis.
eas enim que in principio arietis et libre existentas easdem
in una quacunque quartarum equinoctialis demonstratas   20
esse accidit.

Et angulos uero ab antiquis determinatos, quoscunque   14
non eodem modo nobiscum exposuerunt, ab hiis in promptu
licebit transumere. eum quidem enim qui circul: ektimori
secundum nos, ut diximus, non assumpserunt, aliorum autem   25
qui quidem horarius et qui in plano circuli qui secundum
verticem et qui in plano equinoctialis iidem sunt hiis qui
apud nos, qvi autem ab ipsis uocatur ektimorus, est isdem
cum apud ˙nos meridiano, reliquorum autem descensiuum
quidem facit residuus ad unum rectum eius qui apud nos   30
descensiui, eum autem qui antiskius, id est contraumbralis,
rursum residuus ad unum rectum eius qui apuc nos orizontis. quod autem distracto quidem plano equinoctialis
accipitur, et per tale palam fit. ostendit quidem enim et

---

4. Ad qvare mg. vel ut.   9. *dk*] mg. l'kç in greeo; scr. *lk*.
30. Ad residuus mg. deficiens.   32. Ad residuus mg. uel
deficiens.   33. distracto] distracto p.

hoc eam que circuli horarii positionem. hanc autem continet proprie que eius qui secundum verticem per polos
horarii descriptorum et uno existente eorum qui a principio
necessarie suppositorum trium circulorum seruantium ubi-
5 que ad inuicem positionem ad rectos angulos; propter quod
et ektimori quidem periferia, pro qua eam que equinoctialis
assumpserunt, non solum cum ea que horarii ostendit positionem radii, set et cum ea que meridiani, qve autem equinoctialis cum sola ea que horarii et non adhuc neque cum
10 ea que meridiani neque cum aliqua alia reliquarum. hoc
autem, quia neque secundum proprietatem ferentium radium
comprehendit semper utique aut solum equinoctiis neque
secundum proprietatem manentium eandem ubique seruat
positionem ad reliquos non delatorum. exposuimus autem
15 et non consistentes quantitates secundum illum, quem ostendimus, modum consequentium rationabilitati periferiarum,
in subiectis autem septem parallelis et secundum unumquodque principium signorum et horarum in canonibus
continentibus pertractatum a nobis ordinem in omnibus
20 adiectionibus ad promptitudinem earum que in declinationibus acceptionum. adhuc autem, quoniam periferias quidem
in meridiano circulo determinatas prompte faciunt mani-
festas orientaliores ipso et occidentaliores positiones horarum,
eas autem que in circulo qui secundum verticem borealiores
25 ipso et australiores casus radiorum, in quibus consequentiam diximus oportere coexquirere, asscripsimus singulis
horarum signa, per que eam que ad borealia circuli qui
secundum verticem et rursum ad australia radii positionem
licebit considerare aliqualiter a conuenientibus hiis, que pre-
30 determinata sunt, principium facientes   adiacentium quantitatum expressiones. promptum autem adhuc et coniuga-
tiones, a quibus positio radii determinatur, sex numero esse

3. Ad descriptorum mg. ! ti.   12. Ad utique mg. ! (legit
ἂν ἤ pro ἀλλ ἤ).   16. Mg. !   17. autem] aut.   20. Mg.
επιβολα(ις).   23. Mg. των ρων.   25. quibus] quibus qϙ᾽.
27. Mg. !   30. facientes] seq. lac., mg. faciamus.   31. Mg.
εκβολ᾽.   32. determinatur] incertum, fort. datur.

accidit, tres quidem ab hiis que ad inuicem delatorum trium circulorum ektimorique ad horarium et ektimori ad descensiuum, tres autem eas que ab unoquoque celatorum cum eo, qui inclinationem ipsius continet, manentium, ektimori quidem ad meridianum, horarii autem ad eum qui 5 secundum verticem, descensiui autem ad orizontem. habent autem et canones ita.

Cancri principium horarum 13.

	Hore		ektimori	horarie	descensiue	meridiane	secundum verticem	orizontis 10
	orizontis		24 15	65 5	90 0	0 0	90 C	24 15
bo	1	11	25 15	69 15	75 10	35 15	74 5C	20
bo	2	10	31 20	73 0	60 55	59 5	60 C	18 50
bo	3	9	46 50	76	46 6	72 10	45 E	17 15 15
bo	4	8	60 10	79 10	31	78 30	30 1C	18
bo	5	7	75 0	81 20	17 30	81 30	15 1C	27 0
bo	meridies		90 0	82 35	7 25	82 35	0 C	90 0

1. Post inuicem del. feren.   13. 75] ϙδ (7 alibi est Λ).
20] 20′, mg. Γ́o.   15. 76] 76′, mg. Γ́o.   16. 31] 31˙, mg. Γ́o.
18] 18′, mg. Γ́o.   Mg. inf. F et f͞m puto (h. e. falsum puto).

CLAUDII PTOLEMAEI
PLANISPHAERIUM

Suidas s. u. *Πτολεμαῖος ὁ Κλαύδιος χρηματίσας:* οὗτος
ἔγραψε . . . . . *ἅπλωσιν ἐπιφανείας σφαίρας.*

Cum sit possibile, Jesure, et plerumque necessarium, 1
ut in plano represent. entur circuli in speram corpoream
incidentes, tamquam plana esset, consultum uisum est in
ueritate scientie, ut, qui scire uelit hec, describat demon-
strantem rationem, qua assignari conueniat circulum decliuem 5
ac circulos equidistantes
circulo equinoctiali pariter
et circulos notos per circulum meridianum, et
quicquid intenditur adap- 10
tum ei, quod apparet in
spera corporea. cogit igitur huiusmodi intentio
loco meridiani circuli rectis uti lineis, inter cir- 15
culos uero equidistantes
recto circulo, ut fiat primum circulus magnus de-
cliuem assignars hinc inde
attingens   equidistantes 20

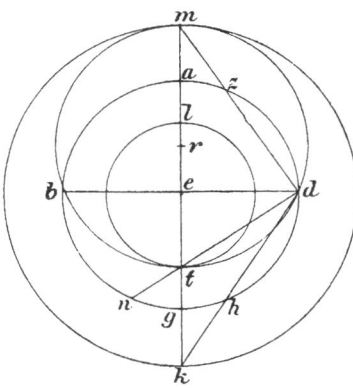

recto pari utrimque distantia, quem medium secet, in
hunc modum. describimus circulum equinoctialem notis
a, b, g, d circa centrum e, cuius diametra ortogonaliter se
inuicem secantia sint ag et bd. intelligemus igitur
alterum diametrum meridianum circulum, punctum uero e 25
polum septemtrionalem; nec enim alterum apponi con-

1. Jesuri CDE.   4. demonstrationem C.   7. pariter]
pait A.   8. notos] motos C, mg. notos.   10. adaptum] ABC,
adaptatum DE.   12. corporea spera B.   cogit] contingit B.
13. huiusmodi] h' C.   19. hinc] huic B.   20. contingens
DE.   24. sint] om. C.   25. diametrūrium A.   e uero B.
26. VIItrionalem polum C.

uenit in planitie spectante ad hunc, quemadmodum in
sequentibus constabit; quorum cum septemtrionalis in parte
nostra perpetuo appareat, is potius accomodus est in planitie, cuius nostra est assignatio. oportet igitur circulorum
5 equidistantium recto septemtrionalem intrinsecus describi,
australem uero extrinsecus. quod ut recte fiat, producimus
lineam *ag* utramque in partem sicque de circulo *abgd*
utraque ex parte *g* duos arcus equales resecamus, desuper *gh*,
infra *gn*, continuamusque rectis lineis *d* cum utrisque notis,
10 ita quidem, ut *dh* usque in lineam *ag* perueniat, locum-
que *k* signabit, *dn* uero ubi lineam *ag* tetigerit, *t* nota-
bitur. quo facto fixo in *e* centro ad mensuram *ek* fiet
circulus super diametro *km*, sicque non moto consequenter
et alter fiet ad mensuram *et* lineae super diametrum *tl*.
15 diuisa deinde *tm* linea per medium circa diuisionis punctum *r*
describetur circulus ad mensuram medietatis. dico igitur
illos duos circulos equidistantes equinoctiali pari utrimque
distantia, tertium uero super *r* centrum decliuem, quem *tm*
linea per equalia secat, quousque utrumque illorum attingat,
20 alterum ad notam *m* alterum ad punctum *t*, equinoctialem
per medium secare, quem ad opposita duo puncta *b* et *d*
intercipit. quod ut ratione constet, continuabit linea
recta *d* cum *m* ad punctum *z* equinoctialem circulum
transiens. quoniam igitur arcus *az* equalis est arcui *gh*,
25 qui equalis datus est arcui *gn*, arcum *zdn* totius circuli
dimidium esse necesse est; unde angulum *mdt* rectum esse
consequens est. quoniam itaque circulus super lineam *tm*
descriptus triangulum rectangulum *mdt* circumscribens
super punctum *d* transit, et super punctum *b* transire
30 necesse habet; consequenter ergo circulum equinoctialem
per equalia secat. hinc itaque constat inter circulos equi-

---

4. est] om. CD.   5. setemtrionalem A.   6. uero australem B.   7. *abgd*] CE, corr. ex *bgd* B, *abdg* A.   8. super C.
9. *gn*] corr. ex *g* enim B.   10. quidem] ꝗ B.   11. uero
ubi] om. C.   18. quem] qui B.   19. contingat C.   21. *d*]
e corr. B.   25. arcum *zdn*] mg. A.   26. *mdt*] -*t* supra
scr. B.   30. necesse habet] BCDE, habet necesse A.

distantes recto, cum duplicamus ex utraque parte puncti g
arcus equales, quantitatem eorum metiri arcum totius
declinationis; quorum fines ubi continuamus rectis lineis
cum puncto d, ponimus, quas resecant lineas rectas de
linea ek, distantias circulorum, quos circa centrum e de- 5
scripsimus, artificio dati exempli, ut sit intrinsecus quidem
tropicus cancri, extrinsecus uero tropicus capricorni attingen-
tis hos zodiaci ysemerinum per equalia secantis, ut descriptum est. metitur igitur deprehensio nostra utrumque
arcuum ng et gh partibus XXIII punctis fere LI ex eis, 10
que CCCLX totum $abgd$ circulum metiuntur, que par est
distantia utriusque tropicorum a circulo equinoctiali. est
igitur hinc inde equidistantium circulorum il quidem
tropicus estiuus, km tropicus hyemalis; ex quo constans
est circulum $mbtd$ medium attingentem circulos tropicos, 15
apud t quidem solstitium estiuum, apud m uero solstitium
hyemale, equinoctialem per equalia secantem, ac si principio a puncto b sumpto per a transiens in d perducatur;
propter quod declinantis circuli partes non conuenit ut
sint equalium arcuum, sed quemadmodum in sequenti 20
exemplo adaptabitur. id autem dico, ut sumamus principia
signorum a punctis, ubi secat circulos equidistantes equinoctiali designatos ratione, qua docuimus, ad distantiam
uniuscuiusque signi a circulo recto, prout est in spera
corporea circuli signorum. hac itaque ratione erit omnis 25

---

1. duplicamus] CDE, duplicamus uel secabimus A, bimus
uel sero duplicamus B.   2. quantitate B.   3. fines] fiñ B.
  4. resecat B.   de linea] d'cliue a· B.   5. quos (e corr.)
circulorum B.   8. hos] om. B.   ysemerinum] y- in ras. B,
ysimerinum ut ait tholomeus E.   9. mentitur B, sed corr.
  igitur] itaque E, igitur ait tholomeus ABCD (ptolomeus B,
itaque CD).   10. arcum C.   punctis] B, mg. A.   Supra
LI add. minuʒ B².   11. $abgd$] BC, abg A.   12. distantia] C,
distantia circuli transeuntis per (om. B) polos (om. B) equatoris
diei AB.   14. yemalis A.   15. medium] medium ut Arabes
uocant signorum circulum ABCE (circulum corr. in cingulum A,
cingulum E).   16. aput A, ut solet.   17. equalia] media C.
  18. perducatur] perducatur recta linea C.   23. ad] om. B.

recta linea, que per polum transierit, loco meridiani circuli deducta per zodiacum in partes denotantes eas, que
per diametrum opponuntur in spera corporea.

2   Designabitur deinde omnis orizon, quemadmodum cir-
5 culum decliuem designauimus, non quia equinoctialem per
equalia secat, quin etiam zodiacum potentia per medium
secet; id autem dico, quoniam designari habet per partes
potentia respicientes eas, que per diametrum opponuntur
in spera corporea. describatur enim circulus equinoctialis
10 ut ante notis a, b, g, d circa centrum e, decliuis uero circulus
notis z, b, h, d medium
equinoctialem secans
ad puncta b et d.
deducemus deinde per
15 polum e loco circuli
meridiani lineam rec-
tam utcunque atque,
si placet, per z, a, e, h, g.
dico itaque, puncta z,
20 h respicientia ea, que
per diametrum oppo-
nuntur in spera; id
autem dico, ut circuli
equidistantes recto ad
25 hec puncta designati
resecent arcus equa-

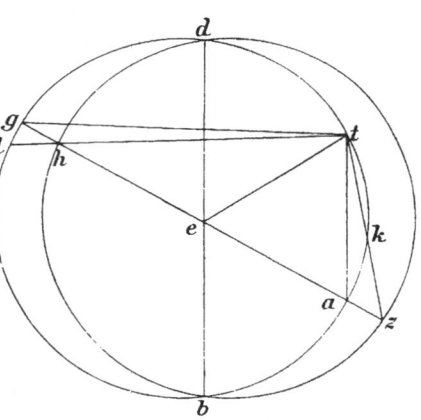

les ex utraque parte circuli equinoctialis, quo modo exposuimus, ac si esset in ipsa spera. quod ut ratum fiat, consurget
a puncto e linea recta perpendicularis super ag usque ad
30 circumferentiam in punctum t; perducentur deinde linee
recte tkz et ta sicque thl et tg. quoniam igitur in semicirculo est angulus atg, rectum esse constans est. at uero,

1. polum] BC, polum e A.   3. diametᵒ B, ut saepius.
proponuntur B.   8. diametron E.   10. notis] om. E.
18. si placet] corr. ex suppleat B².   per] e corr. B.   23. dico]
supra scr. B.   28. si] om. B.   consurgat C.   30. producentur C.   linee] due linee E.   32. atg] ate B.

quoniam, quanta est *ze* in *eh*, tanta *ed* in se ipsam ducta,
erit etiam tanta *et* in se ipsam; unde necesse est, ut, que
fuerit proportio *ze* ad *et*, ea sit *et* ad *eh*; rectus est ergo
et angulus *zth*. constitit autem rectus et *atg*; sublato
igitur communi medio anguli *atk* et *gtl* necessario equales   5
relinquuntur; unde et arcus *ak* et *lg* equos esse consequens
est. ex his igitur, quoniam linee *tk* et *tl* applicant ad
arcus, quorum eadem distantia a puncto de circulo equinoctiali, que educte a puncto *t* equidistante oppositis
punctis *a* et *g* per quadrantes feriunt in linea *zg* puncta *z*   10
et *h*, per que designari habent circuli duo equidistantes
recto pari utrimque distantia, necesse est, lineam *zeh*
continuare puncta potentia diametrum circuli decliuis
terminantia.

Designamus deinde circulum alium decliuem a circulo   **3**
equinoctiali loco orizontis, quousque secet solum equinoc-   16
tialem per medium; unde puncta duo, ubi hic et zodiacus
se inuicem interceperint, potentialiter per diametrum esse
opposita necesse sit; id autem dico, ut linea continuans
ea puncta per centrum equinoctialis transeat. sit enim, ut   20
consueuimus, circulus equinoctialis *abgd* circa centrum *e*,
zodiacus uero *hbtd*, quorum sectionis puncta continuans
diametros *bed*, orizon autem *hatg* equinoctialem per equalia
secans super diametrum *aeg*, cuius et zodiaci communis
sectio ad puncta *h* et *t*. dico igitur, quod si applicuerit   25
punctum *h* cum centro *e* linea recta loco circuli meridiani

---

2. etiam] ACE, et B.   3. *eh*] corr. ex *ez* B.   ergo
est CE.   4. et] om. E.   constat CE.   5. anguli] CE, angulo
AB.   6. *lg*] corr. ex *lc* B, *gl* C.   7. his] AE, proximo hiis B,
ex proximo supra scr. A.   applicantur CE.   10. feriunt]
AE(B?), faciunt C.   puncta] supra scr. B².   11. habent
designari C.   duo circuli E.   13. diametron C, diametn E,
ut saepius.   16. solum] om. CE.   17. duo puncta E.   duo]
om. B, II supra scr. B².   ubi] ubi scilicet E.   18. inter-
ceperint] inuicem secant E.   diametron C, ut saepius.
opposita esse E.   20. ea] illa E.   transeat equinoctialis C.
24. super] BC, supra A.   25. igitur] AC, ergo BE   quod]
B, f q C, om. AE.   26. meridiani circuli CE.

producaturque in directum, necessario per punctum *t*
transibit. applicet igitur *he* linea recta eatque in directum,
quousque orizontem feriat atque interim in puncto *t*.
dico itaque punctum *t* commune quoque circulo zodiaci.
5 quoniam enim in circulo *hatg* linee due se inuicem secant *ag* et *ht*, erit, quanta *ae* in *eg*, tanta *he* in *et*;
igitur et quanta *be* in *ed*; unde et *bd* atque *ht* in eodem
esse circulo necesse est. quapropter et super zodiacum *t*

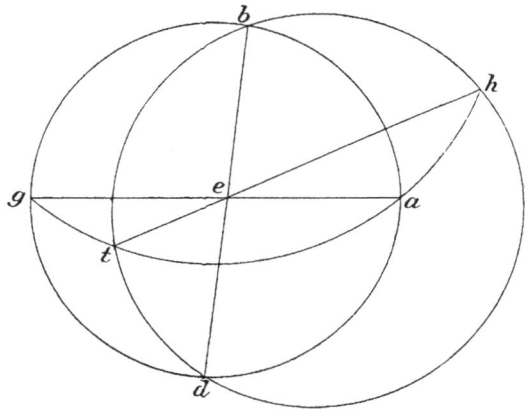

signatum esse consequens est. fuit autem *t* signatum super
10 orizontem, qui est circulus *hatg*; quorum communem
sectionem continuat linea *th*, quam per centrum equinoctialis transire constans est. unde manifestum est, et zodiacum nichilominus ab orizonte secari ad puncta per diametrum opposita.

4   His ita constitutis nunc intuenda est proportio semi-
16 diametrorum equidistantium circulorum, qui designati sunt

1. *t*] *t* cum centro *e* linea recta C.   2. applicetur C.   igi-
tur] ergo CE.   6. in (pr.)] BCE, *τ* (et) A.   8. circulo esse E.
9. *t*] om. CE.   10. qui — *hatg*] om. CE.   *hatg*] corr.
ex hāc g B.   quorum — 14. opposita] om. C.   10. com-
munem] om. E.   13. nichilominus] A, nihilominus BCE.
15. His ita] A, hiis igitur B, (h)iis itaque C, his itaque E.

supra signa circuli decliuis, ad semidiametrum circuli recti,
quousque deprehendamus ortum eorum certoque metiamur
numero, prout apparet in spera corporea applanes et
decliui. describatur itaque circulus equinoctialis *abgd* circa
centrum *e*, cuius diametra ortogonaliter se inuicem se- 5
cantia *ag* et *db*, et protrahemus *ag* secundum rectitudinem
usque ad punctum *z*, deinde circa *g* resecabimus duos
arcus equales *gt* et *gh*, producenturque pariter linee *dkh*

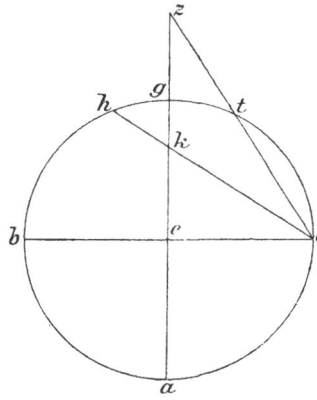

et *dtz* ea quidem ratione, qua
constituimus, equidistantium cir- 10
culorum septemtrionalem quidem fieri circa centrum *e* ad
mensuram *ek*, australem uero
circa idem centrum ad mensuram
ez. dico igitur, quod, que fuerit 15
proportio *ez* ad *ed*, eadem sit
ed ad *ek*. siquidem arcus *gh*
et *gt* equales, arcus *bt* et *bh*
semicirculum equant; unde angulos *bdt* et *bdk* recto equales 20
esse consequens est. sunt autem
et anguli *edk* atque *ekd* recto
equales; sunt ergo similes rect-
anguli duo trianguli *edk* et *edz*; unde necesse est, ut,
que fuerit proportio *ez* ad *ed*, eadem sit *ed* ad *ek*. 25
deinde et arcuum eorumque cordarum proportiones assumimus. manifestum est enim, que proportio est anguli *bdt*
ad angulum *ezd*, eam esse arcus *bt* ad arcum *td*. cum

---

2. eorum ortum deprehendamus C.   Ante metiamur del.
deprehendamus A.   numero metiamur C.   3. applanes] AB,
applanos E, a planis C, supra scr. ⫽. recta A.   4. itaque]
g̣ E.   6. et — 7. z] om. CE.   9. quidem] in qua E.   12. fieri]
fieri intrinsecus E.   15. quod, que] que A, quod BCE.   fuerit]
om. CE.   18. *gt*] *gt* sunt E.   24. ut, que] corr. ex quod B².
    25. eadem — 26. et] et *ed* ad *ek* eadem sit. et deinde E.
    26. earumque B, earundem E.   proportionem E.   27. enim]
om. B.   que] quod B.   28. *edz* B.

equalis sit bh; que nimirum et arcus ez ad arcum ed, de circulo uidelicet designato super triangulum edz. unde consequens est, ut, que fuerit linearum ez et ed atque ed et ek, eadem sit corde bt ad cordam td proportio. his
5 habitis metiemur in primis utrumque arcuum gh et gt partibus XXIII punctis LI secundis XX ex eis, que CCCLX circulum rectum metiuntur; que par est, ut prediximus, utriusque tropicorum ab equinoctiali distantia in spera corporea. erit igitur secundum hanc distantie quantitatem
10 arcus bt gradus CXIII puncta LI secunde XX ex numero eo, qui totum circulum metitur absolutis uidelicet CCCLX gradibus, arcus autem bh residuus de semicirculo gradus LXVI puncta VIII secunde XL, linea uero recta, corda uidelicet arcus bt, partes C puncta XXXIII secunde XXVIII ex eis
15 partibus, que CXX totam circuli diametrum metiuntur, quemadmodum in Almagesti constitutum est, corda uero bh partes LXV puncta XXIX secunde $\overline{0}$ est. ergo que proportio partium C cum punctis XXXIII secundis XXVIII ad partes LXV cum punctis XXIX secundis $\overline{0}$, ea est
20 linee ez ad lineam ed atque ed ad lineam ek. quoniam igitur ed semidiametros circuli recti absolute LX partium est, metiuntur quidem ex eis partibus XCII puncta VIII secunde XV lineam ez semidiametrum hyemalis tropici, semidiametrum autem estiui partes XXXIX puncta IIII
25 secunde XVIIII. ex his consequens est, quoniam hec semidiametra simul iuncta totam zodiaci diametrum faciunt, simul autem accepta sunt partes CXXXI puncta XII se-

---

1. nimirum] A E, minus B, minorem C.   2. super] B C, supra A E.   3. et] ad E.   4. et] om. C, ad E.   Post proportio add. nam trianguli btd et ezd (zed E) sunt similes C E.
his] hiis B, his $\overset{i}{g}$ E.   7. rectum] om. C.   prius diximus E.
8. distantia] A B C, distantie E.   10. CXIII] 100 et 13 B.
secunde] A C, secunda B, ut solent.   eo numero C E.
11. qui] quod B.   15. totam] A B C, totum E.   16. in] A C, in libro B.   17. $\bar{o}$] A, mg. $r\tilde{o}$; $\emptyset$ B, 30 C, o E.   est] C E, $\bar{e}$ A, cū B.   19. $\bar{o}$]δ A, om. B, $\overset{30}{\underset{}{\mathsf{L}}}$ C, o E.   20. ed (alt.)] corr. ex ad B.   24. estiui] existѯiui B.   25. hiis B.   hec] om. C, hae E.

cunde XXXIIII, semidiametrum zodiaci constare ex partibus LXV punctis XXXVI secundis XVII, centrumque eius
ab equinoctiali centro distare partibus XXVI punctis XXXI
secundis LVIII.

Ponemus deinde utrumque arcuum *gh* et *gt* partes XX 5
puncta XXX secundas IX, quanta est distantia inter 6
equinoctialem et equidistantes infra puncta tropica trigenis
gradibus zodiaci, eritque arcus *bt* gradus CX puncta XXX
secunde IX, cuius arcus corda partes XCVIII puncta XXXV
secunde LIX, arcus uero *bh* gradus LXIX puncta XXIX 10
secunde LI, cuius corda partes LXVIII puncta XXIII secunde LI. hic ergo, que fuerit proportio partium XCVIII
cum punctis XXXV secundis LVIIII ad partes LXVIII
puncta XXIII secundas LI, eam esse necesse est linee *ez*
ad lineam *ed* atque *ed* ad lineam *ek*; unde ex partibus, 15
que LX lineam *ed* metiuntur, numerari necesse est in
linea *ez* partes LXXXVI puncta XXIX secundas XLII, in
linea uero *ek* partes XLI puncta XXXVIIII secundas XV.

Nec aliter, si ponamus utrumque arcuum *gh* et *gt* 6
partes XI puncta XXXVIIII secundas LIX, cuanta est 20
distantia inter equinoctialem et equidistantes infra tropica
puncta sexagenis gradibus, erit totus arcus *bt* gradus CI
puncta XXXIX secunde LIX, corda eius partes XCIII
puncta II secunde XIIII, arcus uero *bh* gradus LXXVIII
puncta XX secunda I, corda eius partes LXXV puncta XLVII 25
secunde XXIII. quoniam igitur, que proportio est partium
XCIII cum punctis II secundis XIIII ad partes LXXV cum
punctis XLVII secundis XXIII, eadem linee *ez* ad lineam *ed*

---

1. zodiaci] BCE, circuli zodiaci A.   3. XXVI] XXVI ς A.
   5. Fig. p. 233 repetunt AB.   7. trigenis] ccrr. ex tri-
gonis B².   10. LIX] BC, LXI A.   11. LI] ·5· B.   XXIII]
corr. ex XXXIII A, 23³³ E.   12. hic] -c in ras. A.   13. LVIIII]
corr. ex 58 B.   14. necesse est esse E.   17. Ante XLII
del. L A et XI B.   18. uero] n̄ B.   puncta] p̄c̄m̄ B.   22. CI]
τ (et) B.   23. secunde] ita etiam B, ut posthac saepius.
   25. corda eius] partes 96 eius corda E.   26. igitur que] AB,
ergo E, om. C.   est] om. C.

atque *cd* ad lineam *ek*, necesse est ex eis partibus, que LX
lineam *ed* conplent, lineam *ez* metiri partes LXXIII puncta XXXIX secundas VII, lineam uero *ek* partes XLVIII
puncta LII secundas XLII.

7   Quodsi et utrumque arcuum *gh* et *gt* ponamus partes LIIII,
6 quanta est distantia ab equinoctiali equidistantium, quos
tangit orizon in climate Rhodos, quod clima exempli
gratia assumimus in spera corporea, erit itidem arcus *bt*
gradus CXLIIII, corda eius partes CXIIII puncta VII
10 secunde XXXVII, arcus uero *bh* gradus XXXVl, cuius
corda partes XXXVII puncta IIII secunde LV. sic ergo,
quoniam, que proportio est partium CXIIII cum punctis VII
secundis XXXVII ad partes XXXVII cum punctis IIII secundis LV, eadem linee *ez* ad lineam *ed* atque *ed* ad
15 lineam *ek*, de partibus, que LX lineam *ed* faciunt, habebit
linea *ez* partes CLXXXIIII puncta XXXIX secundas XLVIII,
linea uero *ek* partes XIX puncta XXIX secundas XLII.
ex his constans est, siquidem hee due linee simul iuncte
diametron orizontis faciunt, cuius modo mentionem fecimus,
20 quemadmodum diametrum zodiaci tropicorum semidiametra,
eam diametrum metiri partes CCIIII puncta IX secundas XXX ex eis, que CXX diametrum equinoctialis metiuntur. unde semidiametrum orizontis esse necesse est
partes CII puncta IIII secundas XLV centrique eius ab
25 equinoctiali centro distantiam partes LXXXII puncta XXXV
secundas III.

8   His habitis deinceps metiri conuenit quantitatem ortus
signorum, prout accidit in spera corporea. esto enim, ut

---

3. XLVIII] LXLVIII A.   4. LII] XLII A.   5. Quodsi et]
quod ⊼ corr. in quod si E.   et] A, ⊼ C, om. B.   8. itidem]
A, idem CE, iñ (inde) B.   10. XXXVII] supra scr. B²
XXXVI] XXXVI″ A, mg. ".ō·ō·; *36 66* B, *36* ct E, XXXVI cc C.
11. LV] *42* B.   sic] sitque B.   14. LV] *42* B.   16. partes]
om. CE.   CLXXXIIII] CE; CLXXXIII A, mg. in alio *144*;
183 B.   18. hiis BC.   23. semidiametrum] corr. ex diametrum B².   24. XLV] *42* B.   27. Hiis B.   quantitatem
conuenit E.

solet, circulus equinoctialis *abgd* circa centrum *e*, zodiacus
uero *zbhd* circa centrum *t*, diametrorum ortogonaliter
super *e* deductorum loco meridiani circuli alterum puncta
sectionum continuans *b* et *d*, que et equinoctialia, alterum
per utrumque centrum *gh* et *az*, quorum puncta tropica *h*   5
et *z*. quoniam igitur intentio nostra demonstrandi, quantum in spera recta oriatur de circulo equinoetiali cum
quotlibet partibus zodiaci, orizontis autem in spera recta
positio qualis circuli meridiani potentia quidem linearum

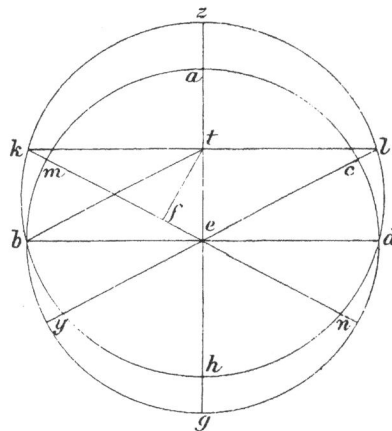

rectarum per polum equi-   10
noctialis circuli, punctum
uidelicet *e*, transeuntium,
que est positio circuli
meridiani, constat igitur,
quoniam arcus *zb* et *hd*   15
quadrantes sunt circuli
decliuis, eos oriri cum
arcubus *ab* et *gd* qua-
drantibus equinoctialis
circuli cum eisque celum   20
mediare pariter et cum
eisdem occumbere; li-
neam siquidem *bd* in circulo *abgd* cum per me-
dium secet semidiametros   25
th et ortogonaliter ad
punctum *e*, equales duos arcus de zodiaco resecari necesse est, *bk* uidelicet et *dl*. perducentur itaque linee *kmen*

2. *t*] *∂τ* B.   super *e* ortogonaliter E.   4. ccntinuat E.
b et *d*] scr. *bd*.   5. et] *e. t.* B, del. A; scr. *ghaz*.   7. cum]
quod cum E.   8. quotlibet] BCE, quolibet A.   partibus] BC,
gradibus AE (fort. scr. quolibet gradu).   13. est positio] DE,
oppositorum ABC, sunt loco supra scr. A.   16. sunt] equinoctiali E, sed del.   17. decliuis] decliuis sunt E.   20. eis-
que] eisdem B.   22. eisdem] eisdem mediare A.   24. *abgd*]
ABE, mg. in alio *zbhd* A, *abzbhbgd* B.   25. diametros B.
28. *dl*] *dli* B.   producentur B.

et *l c e y.* quo facto, quoniam per puncta *k, l* et *y, n* transeunt
circuli equidistantes, quorum par utrimque ab equinoctiali circulo distantia, quousque punctum *k* potentia oppositum sit puncto *n* sicque punctum *l* puncto *y,* si ponamus
5 arcum *b k* signum piscium, erit *l d* signum libre, eodem
modo *b y* loco arietis sicque *d n* loco uirginis. perducta
itaque linea *k t l,* quoniam triangulus *k t e* equalium est et
laterum et angulorum triangulo *l t e,* erit et angulus *k e t*
equalis angulo *l e t* sicque reliqui anguli *k e b* et *l e d* sicque
10 his oppositi. qui quoniam apud centrum equinoctialis
circuli, arcus etiam eiusdem circuli sub his angulis, qui
cum singulis his signis oriuntur, equos esse necesse est, ex
quibus unius ad cuiusque ortum metiendum quantitatem
indagari sufficiat atque, si placeat, *b m.* producimus igi-
15 tur super lineam *k e* perpendicularem *t f.* quo facto, quoniam de eis, que LX semidiametron equinoctialis circuli
continent, lineam quidem *t k* semidiametron zodiaci metiuntur partes LXV puncta XXXVI secunde XVII, lineam
uero *e t* inter circulorum centra partes quidem XXVI
20 puncta XXXI secunde LVIII, lineam autem *e k* semidiametron equidistantis circuli designati ad caput piscium et
caput scorpionis, puncta uidelicet *k* et *l,* partes quidem LXXIII puncta XXXVIIII secunde VII, notus est
triangulus *t k e.* si ergo comparemus ad lineam *k e* tetra-
25 gonum *t k,* subtracto ei tetragono *t e* determinabitur augmentum
linee *k f* super lineam *e f.* quotiens enim duorum se inuicem

1. et] om. B.   *y, n*] corr. ex *y* enim B². 4. *n*] enim B.
5. piscium — signum] mg. A.   eodem] BCE, eodemque A.
6. producta B.   8. et] om. B.   *k e t*] *k* B.   10. hiis BC.
quoniam qui B.   11. etiam] ᵼ B, et ACE.   his]
hiis B.   12. his] cum hiis B, hiis C.   signis] om. E.
13. metiende B.   14. indagare B, corr. B².   atque] at B.
15. supra B.   *k e* lineam E.   quo] corr. ex quanto B².
quoniam] supra scr. B.   16. circuli] om. B.   17. con-
tinent] e corr. B².   quidem] quoque E.   19. *et*] corr. ex
ᴛ B.   20. LVIII] XVII LVIII A.   21. equidistates B.
22. *l*] *la* A.   24. *t k e*] DE, *k t e* C, *t k e* si ergo nos diuiserimus (e corr. A) per lineam AB.   26. quotiens] BCE, quo-
ties A.   se inuicem duorum circulorum secantium B.

secantium circulorum maior minorem per medium secat,
de maioris semidiametro in se ducto si tetragonus distantie
centrorum subtrahatur, relinquitur tetragonus semidiametri
minoris circuli. hic igitur, quoniam in hunc modum
decliuis equinoctialem medium secat, semidiametros maio- 5
ris *tk* in se ducta maior est tetragono *te* centrorum
distantie, quantum semidiametros minoris *eb* ex se ipsa
producit, cum rectus quidem sit angulus *bet* et linea *tb*
equalis linee *tk*. lineam autem *eb* semidiametron equinoctialis circuli quoniam partes LX metiuntur, ex eisdem 10
tetragonum eius continere necesse est $\overline{\text{IIIDC}}$, de quibus
inter supradicta lineam *ek* metiuntur partes quidem LXXIII
puncta XXXVIIII secunde VII; ad quam si differentiam
illam, tetragonum uidelicet *eb*, comparemus, procedet
augmentum linee *kf* super lineam *fc*, que sunt partes 15
quidem XLVIII puncta LII secunde XLII. quod cum
subtractum fuerit de linea *kc*, relinquuntur partes XXIIII
puncta XLVI secunde XXV, cuius dimidium metietur
lineam *fe*, que sunt partes XII puncta XXIII secunde XII,
ex eis scilicet, quarum XXVI cum punctis XXXI secun- 20
dis LVIII lineam *et* metiuntur. ex eis itaque partibus,
que fuerint in linea *et* CXX, opposita scilicet recto
angulo *eft*, necesse est numerari in linea *fe* partes LV
cum punctis fere LIX, arcum uero corde *fe* metiri gradus LV cum punctis XL ex CCCLX totius circuli rectan- 25
gulum triangulum *fet* continentis. ex gradibus igitur, qui

---

1. per medium minorem E.   6. *tk* — 7. minoris] mg. B².
7. minoris] maioris minoris A.   9. semidiametrom A.   11. Mg.
$\overline{\text{III}}$ D C A.   12. inter] int̄ AB, int' C, item inter E.   supra-
dicta] A, supradictam BCE.   13. Supra ad scr. per A.
Supra quam scr. scilicet lineam *ek* AB.   14. Supra comparemus scr. diuiserimus A.   comparemus] C, comparemus
ex 6 sec. A, comparemus ex 6 secundis B.   procedet A, mg.
ex 6. sec. (Eucl. II 6).   19. linea *ef* E.   21. LVIII] 30 B.
et] τ B.   eis] hiis E.   23. *fe*] C, *ft* AB.   24. LIX]
LĪX A, *70³⁰* E.   25. LV] *59* B.   ex] corr. ex τ B².
CCCLX] *360*, -6- supra ras. B².   26. *eft* E.

fuerint in IIII rectis angulis CCCLX, continebit angulus
fte XXVII cum punctis L. hic autem cum angulo *fet*
angulo recto equatur, qui ipse cum angulo *bek* nichilominus angulum rectum complet; subtracto igitur communi
5 medio relinquitur angulus *bek* equalis angulo *fte*; metiuntur
itaque angulum *bek* gradus XXVII puncta L. qui quoniam
apud centrum equinoctialis circuli, et subiectum ei arcum *bm*
metiri necesse est gradus XXVII puncta L ex CCCLX
totius circuli equinoctialis. hii sunt itaque gradus et
10 puncta, prout in spera corporea positum est, ex gradibus
equinoctialis circuli, quibus IIII signa circumposita punctis equinoctialibus in spere aplanes situ oriuntur. possumus autem et leuiori modo ad hoc peruenire. quanta est
enim *ke* in *en*, tanta *be* in *cd*. est autem *be* in *ed*
15 partes $\overline{\text{IIIDC}}$; quod cum diuisum fuerit per lineam *ek*,
colligetur linea *en*; itaque notam esse constans est. quam
quoniam *ke* superat duplo linee *fe*, pariter et *fe* notam
esse consequens est. est autem et *et* nota; que quoniam
recto angulo apud *f* opponitur, erit et angulus *fte* notus,
20 angulo uidilicet *keb* equalis, quem arcus *bm* notitia consequitur.

9   Simili exemplo metiri licet et sequentium ortum, ut
si ponamus arcum decliuis circuli *bk* arcum duorum
signorum, quousque punctum *k* notet principium aquarii
25 punctumque *l* caput sagittarii, quorum opposita per diametron *n* quidem caput leonis, *y* uero principium geminorum. ceteris itaque simili modo perductis remanebunt
quidem *kt* et *te* eiusdem quantitatis, linea uero *ke* ac-

---

1. angulis] BE, in angulis A, om. C.   continebit] B, continebat
A, continebat CE.   8. est necesse B.   gradus] supra scr. B².
14. est autem — *ed*] C, om. AB, mg. E.   15. diuisiuū A.
16. colligetur] BC, corr. ex colligitur A, colligitur E.   quam
quoniam] q̄m̄ q̄m̄ B.   17. *fe* (pr.)] *ef* B.   et] AE, om. BC.
18. consequens] BCE, mg. A, constans A.   et] supra
scr. B.   20. quem] AB², quam BCE.   consequitur] BCE,
con- supra scr. A.   25. punctumque] punctum BE.   *l*]
corr. ex *i* B².   diametrum B.

crescet, prout demonstratum est, semidiametron equidistantis
circuli designati ad principium aquarii et sagittarii metiri
partes quidem LXXXVI puncta XXIX secundas XLII. si
ergo differentia supra dicta, id est $\overline{III}$DC, per eam lineam
diuidatur, colligitur augmentum linee *kf* super lineam *fe*, 5
que sunt partes XLI puncta. XXXVIII secunde XVIII.
quod ubi subtractum fuerit de linea *kc*, remanebunt
partes XLIIII puncta LI secunde XXIIII, cuius cimidium,
id est partes XXII puncta XXV secundas XLII, lineam *fe*
terminare consequens est, ex eis uidelicet partibus, qua- 10
rum XXVI cum punctis XXXI secundis LVIII lineam *et*
numerant. ex eis itaque partibus, que CXX lineam *et* recto
angulo oppositam constituant, erit linea *fe* partium CI
cum punctis XXVIII, arcus corde *fe* gradus CXV puncta XXVIII ex CCCLX totius circuli rectangulum trian- 15
gulum *fet* continentis. ex eis itaque gradibus, qui fuerint
in IIII rectis angulis CCCLX, habebit angulus *ftc* gradus LVII
puncta XLIIII. cui equalis est angulus *bck*; qui quoniam
apud centrum equinoctialis circuli, et arcum *bm* eius
quantitatis esse necesse est. unde portione piscium sub- 20
lata portio aquarii relinquitur partium XXIX cum punctis LIIII. quam eandem esse et reliquorum trium eadem
ab equinoctialibus punctis quantitate distantium, id est
tauri, leonis et scorpionis, supra data necessitate consequitur. unde reliquum de quadrante, id est gradibus XC, 25
reliquorum IIII, geminorum uidelicet et cancri, sagittarii,
capricorni, ortus quantitatem metiri consequens est.

His ita firmatis intuendum est deinceps, idemne sit **10**
ortus signorum in ipsa spera decliui, an alium exigat

1. demonstratum] d'mrant B.   est demonstratum E.
3. quidem partes E. ˙ LXXXVI] *36* B.   XLII] LXLII A,
supra scr. *42*.   4. ergo] ergo est B.   id est] idem A, ide B,
·i· C.   5. colligetur B.   6. XXXVIII] BC, XXXVIIII A.
7. ubi] si E.   9. *ef* E.   11. *et*] om. B.   12. *et*] τ B.
13. opposita B.   17. angulis rectis E.   *fet* E.   19. eiusdem E.   20. portione] porcom B.   21. XXIX] corr. ex XXX A.
23. id est] τ B.   28. Hiis B.   itaque C.   firmatis]
habitis firmiter E.   est] om. E.   29. an] post ras. 1 litt. A.

ratio, quam qui in spera recta constitutus est. sequemur
itaque modum exempli dati in libro Almagesti de circulo
transeunte per Rhodos insulam, cuius orizonti polus septemtrionalis XXXVI gradibus ascendit, cuius semidiametron,
5 ut inter supradicta constitutum est, metiuntur partes CII
puncta IIII secunde XLV, centrique eius ab equinoctiali
centro distantia partes LXXXII puncta XXXV secunde III.

esto itaque, ut mos est,
circulus equinoctialis
10 *abgd* circa centrum *e*,
zodiacus uero *zbhd*
circa centrum *t*; quo
facto intelligemus mo-
tum spere tamquam in
15 puncto *e* fixo septem-
trionali polo a puncto *d*
per puncta *g* et *b* in
punctum *a*. intellige-
mus itaque primum de
20 his orizontum circulis
duos arcus transeuntes
pariter per utrumque
tropicum punctum, que
sunt *z* et *h*, quorum

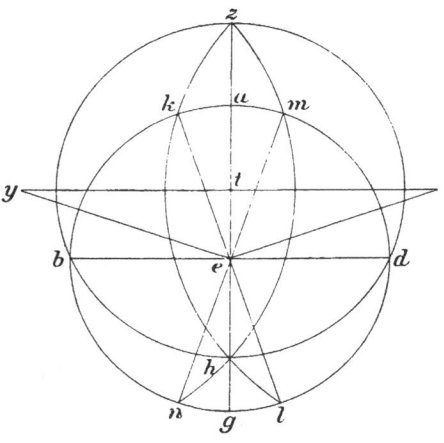

25 alter *zkhl*, alter *zmhn*. constat igitur, cum fuerit orizontis
positio, ut situs est arcus *zkhl*, necessario simul oriri punctum *z* et punctum *k* oppositaque his puncta *h* et *l* eodem
momento occumbere, cum uero, ut situs est arcus *zmhn*,

---

1. recta] om. B.   constitus B.   est] supra scr. A.
sequentur B, sequens E.   2. dati] -i e corr. B.   6. XLV]
405 B.   7. puncta] puncta IIII A.   secunde] AB.   8. mos]
tries? B.   11. *zoh* C, *zbh* E.   13. intelligamus B.   16. a
puncto] a̅p̅ octo B.   18. intelligamus B.   19. primum] a
p̓inū B.   20. hiis B.   21. transeuntes] A, mg. B², om. B,
contingentes C E.   22. per] om. C E.   25. itaque E.   fuerit]
sit E.   26. necesse C.   27. oppositam B.   hiis B C E, ut
solent.   28. occumbere momento C.

conuerso, id est puncta *n* et *h* simul oriri eademque
hora *m* et *z* occumbere, dum motus spere intelligatur,
qualem assignauimus, fixo uidelicet in nota *e* polo septem-
trionali. his constitutis, quoniam, ut supra dictum est,
non solus zodiacus equinoctialem medium secat, uerum 5
etiam orizon omnis tam hunc quam illum, cum eos in
hunc modum signauerimus, necesse est, ut linee recte
puncta sectionum continuantes *kl* et *mn* transeant per
centrum *e*; ex quo constans est, arcum *gl* equalem esse
arcui *ka* sicque arcum *am* equalem arcui *gn*; superest, 10
ut arcus *am* etiam arcui *ak* equalis constituatur. figemus
itaque secundum hos arcus orizontis duo centra in puncto *c* et puncto *y* perducemusque lineas *ct* et *ty* sicque *ce* et *ye*. quoniam igitur, quotiens duo circuli se
inuicem secant, si lineam puncta sectionum continuantem 15
centra continuans linea producta secet, necesse est per
equalia et ortogonaliter secare, unam et rectam esse
lineam *cty* consequens est lineam *zh* medio et ortogonaliter secantem. nec aliter *ce* perpendicularis *kl* sicque *ye*
perpendicularis *mn*. sunt igitur utrique trianguli circa *et* 20
inter *c* et *y* tam lateribus quam angulis, prout sese
respiciunt, equales, angulus uidilicet *cet* angulo *yet*.
sunt autem et anguli *yem* atque *cek* ut qui recti equales;
unde residuos quoque angulos, uidelicet *aem* atque *aek*
equos esse consequens est, sicque et arcus *am* atque *ak* 25

---

1. eandemque horam B.　　2. *z* et *m* C.　　dummodo C.
3. scilicet E.　　5. solum E.　　equinoctialem medium] AB,
equinoctialem circulum C, circulum equinoctialem E.　　6. etiam]
BCE, et A.　　orizon omnis] om. B, supra scr. orizontis B².
7. signauimus B.　　9. *gl*] *mn* AB, *mk* DE, in alio *gl* mg. A.
10. *ka*] *kl* AB, *nl* D, in alio *ka* mg. A.　　*am*] *nᵃn* B.
11. signemus C.　　12. arcus hos B.　　13. perducemus B,
producemusque C, producemus E.　　*ct*] *ec* C.　　14. quotiens]
om. B.　　16. linea] B, lineam A.　　19. aliter] *a*. B　　20. *et*]
ci et B.　　21. *c*] *e* B.　　se E.　　23. autem] om. B.　　et]
om. CE.　　25. equales B.　　consequens — p. 244, 1. est]
mg. B², manifestum B.　　25. sicque] -i- corr. ex u A.　　et]
om. EB².

equales esse manifestum est sicque lg atque gn ipsique
utrique utrisque. quoniam igitur arcus hb oritur cum
arcu nb sicque arcus bz cum arcu bk, qui equalis bn,
rursumque arcus zd cum arcu kd atque arcus dh cum
5 arcu dn, qui equalis dk, ex his constat, arcus decliuis
circuli, ut equaliter utrimque ab equinoctialibus punctis
distant, equali oriri quantitate. amplius, quoniam arcus bz
decrescit ab ortu suo recte spere quantitate arcus ka, op-
positus uero arcus dh tanto acrescit, quantus est arcus gn,
10 equalis uidelicet ka, estiuusque tropicus punctus h, constans
est, signa circa uernale equinoctium tanto quidem ab ortu
suo recte spere decrescere, quanto opposita his ortum suum
spere superant. unde consequens est minimum eius climatis
diem tanto equinoctiali die minorem, quantum conficiunt
15 utrique arcus ak et gn, maximumque tanto maiorem.

11   His quoque cognitis uidendum in primis in hoc climate,
utrumne dierum eius differentia, quam exposuimus, con-
cordet ei, que in spera corporea accidit. describemus
igitur huiusmodi figuram in eaque ut ante orizontem per
20 puncta z, k, h, l singulariter. ut ergo, quod intendimus, deprehendamus, quantitatem uidelicet arcus ak, figemus ut
ante centrum orizontis in puncto c perducemusque lineas ct
et ce perpendiculares lineis zh et kl. quoniam igitur, ut
constitutum est, lineam ce distantiam scilicet centrorum
25 equinoctialis circuli atque orizontis eius climatis metiuntur
partes LXXXII puncta XXXV secunde III ex partibus

1. manistfestum A.   est] om. C. lg] CE, e corr. B, ag A.
gn] post litt. del. B.   3. bn] est bn C.   4. arcus] et
arcus C.   atque] om. B, ac supra scr. B².   6. equinoctio-
alibus A.   7. oriri] om. B.   8. ka] kha C.   10. estiuus E.
  11. uernale] uernale tempus E.   12. opposita] CDE, oppositum A, opposito B.   suum] om. B.   13. spere] recte spere
CE.   14. die] supra scr. E, om. B.   16. quoque] om. E.
  uidendum] uidendum est B.   17. exponimus B.   con-
cordet] om. B.   19. igitur] ergo E.   huius CE.   in eaque
ut] ut in eaque est B.   20. z, k, h, l] $zhnl$ C, zhl E.
  21. figuremus C.   22. ct] et BC.   24. scilicet] ·f· CE,
s B, om. A.   centris A.   26. LXXXII] 85 B.

uidelicet, quarum lineam *et*, distantiam scilicet centrorum equinoctialis et zodiaci, continent XXVI puncta XXXI secunde LVIII, ex partibus, quarum in linea *ec* recto

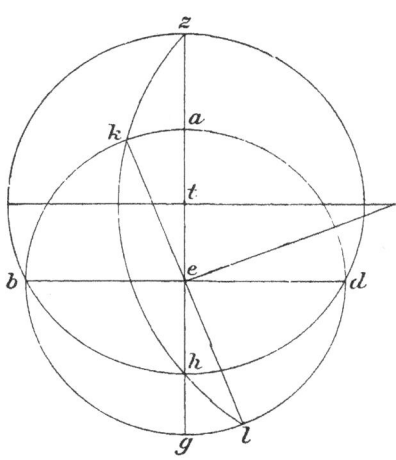

angulo opposita nume- 5
ramus CXX, erunt par-
tes XXXVIII puncta
XXXIII; cuius corde ar-
cus graduum XXXVII
cum punctis XXX ex
CCCLX gradibus to- 10
tius circuli triangulum
ect continentis. ex gradibus itaque CCCLX,
quos in IIII rectis an-
gulis numeramus, con- 15
tinebit angulus *ect*
gradus XVIII puncta
XLV, angulus uero *cet*
rectum cum hoc per-
ficiens gradus LXXI 20
cum punctis XV. ne-
cesse est igitur et angulum *aek* constare ex gradibus XVIII puncta XLV, unde et arcum *ak* eiusdem esse quantitatis consequens est. metiuntur igitur ortum utriusque quadrantis a uernali equinoctio gradus LXXI puncta XV, ab autum- 25 nali uero gradus CVIII puncta XLV; unde dierum longissimi et breuissimi ab equinoctiali die differentia graduum XXXVII cum punctis XXX, que sunt equales horæ II et semis, prout in spera corporea constitutum est.

1. *et*] CE, ⟶ AB.   scilicet centrorum] BCE, centris A.
2. et] om. B.   3. partibus] AC, partibus igitur B, partibus ergo E.   5. partes] in linea *ec* C, in linea *et* partes E.
9. ex] corr. ex *100. 10* B.   12. ex] ⟶ B.   13. CCCLX] corr. ex CCC60 B.   19. perficientis B.   23. punctis] cum punctis C.   24. consequens] necesse C.   igitur] itaque B.
25. equinoctiali BE (corr. m. 1 E).   autonali B.   28. equales horæ] ACE, hor B, mg. *ⁱᵒ⁻* equales B².

12 Deinceps igitur ad metiendum signorum ortum in hoc climate constituemus item equinoctialem circulum *abgd* circa centrum *e*, zodiacum uero *hdzb*. quo facto de zodiaco resecabimus arcum *ht*, primumque ad mensuram unius
5 signi, quod pisces esse constans est, continuabimus[que] *tel* lineam rectam pariterque circinabimus circulum orizontis latitudine graduum XXXVI
10 ut ante per puncta *t* et *l* transeuntem atque equinoctialem ad puncta *m* et *n* secantem perducemusque et
15 lineam *nem* sicque et a centro orizontis ut ante locato *c* lineas rectas *ce* et *ct*, postremo et perpendicula
20 rem linee *tl*, lineam uidelicet *cy*. est igitur, ut supra dictum est, arcus *am* ea differentia,

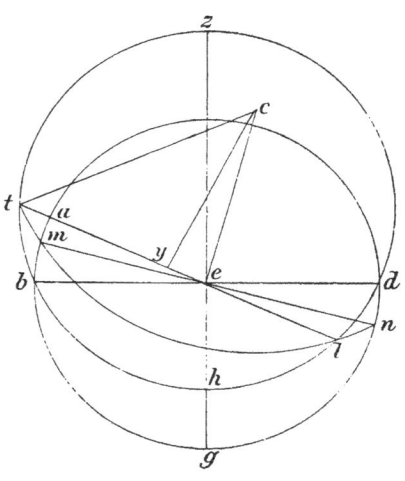

qua aries et pisces utrumque in hoc climate decrescit ab ortu
25 suo recte spere, eademque, qua oppositorum his utrumque super ortum suum spere applanes accrescit. constat autem et lineam *et* semidiametron equidistantis circuli designati ad caput piscium partium quidem LXXIII cum punctis XXXIX secundis VII ex eis scilicet, quarum lineam *ec*,
30 centrorum uidelicet distantiam, continent partes LXXXII

1. metiendum] inueniendum B.   ortus B.   4. arcum] supra scr. B².   primumque] ACE, primum B.   6. lineam] om. B.   pariterque] pariterque lineam B.   7. circinabis E. 10. *t* et *l*] *tl* E.   11. transeuntes B.   14. producemusque B et] om. CE.   15. *men* CE.   17. *c*] del. B, supra scr. im B².   18. Super *ce* add. locus B².   *ct* et *ec* C.   25. sue E. 26. applanes] ACE, aplanes B.   27. *et*] τ B.   30. LXXXII] 72 BC.

puncta XXXV secunde III. quoniam igitur augmentum
tetragoni *tc* super tetragonum *ec* in partibus IIIDC, is
numerus si per lineam *et* diuidatur prosequamurque sequentia per ordinem quemadmodum in spera recta, colligemus lineam *ey* ut ante partium XII cum punctis XXII   5
secundis XII. ex partibus uero, quarum in linea *ec* recto
angulo opposita numeremus CXX, habebit linea *ey* partes XVIII et fere punctum; cuius corde arcus graduum XVII
cum punctis XVI ex CCCLX totius circuli triangulum *ecy*
continentis. ex gradibus igitur, quos in IIII rectis angulis 10
numeremus CCCLX, habebit angulus *ecy* gradus VIII
puncta XXXVIII; qui quoniam equalis angulo *tem*, metiuntur et arcum *am* gradus VIII puncta XXXVIII ex CCCLX
totius circuli equinoctialis. quoniam igitur, ut supra dictum est, unumquodque de IIII signis circa puncta equi- 15
noctialia in spera aplanes oritur cum gradibus XXVII
punctis L, cum de hac summa hos gradus VIII cum
punctis XXXVIII subtraxerimus, relinquetur numerus ortus
arietis ortusque piscium in hoc climate, gradus scilicet XVIIII
puncta XII; si uero eosdem gradus VIII cum suis punctis 20
supra posite summe adiciamus, accrescet numerus ortus
uirginis ortusque libre, gradus uidelicet XXXVI puncta XXVIII.

Simili exemplo metiri licet et sequentium ortum, ut 13
si resecemus arcum *bt* ad quantitatem duorum signorum, 25
piscium scilicet et aquarii, quousque et cetera superiori

---

2. *tc*] A C, *ct* B, *te* E.   IIIDC] uid'l B.   3. si per] A,
super B C E.   prosequemurque B.   5. XII] cum punctis XII B.
XXII] *23* E.   6. lineā A.   recto] corr. ex toto B².
7. CXX] *110* e corr. B.   *ey*] ex B.   10. angulus] om. C.
12. quoniam] c̄m̄ B.   equalis] equalis est E.   *tem*] A E,
tcm C, *etm* B.   metientur C E.   14. dictum] d̄c̄m̄ B C,
datum A E.   18. numerus] mg. e corr. B.   ortus] om. B.
19. ortusque] C E, ortus A B.   XVIIII] *19* corr. ex *18* B².
20. eosdem] eos- in ras. B.   cum] cūi A.   suis] ·ff· B.
22. ortusque] A C E, ortus B.   uidelicet ·f· E.   25. resecemus]
-ce- supra scr. B².   signorum] signorum fig. A.   26. et (pr.)]
om. B.   et (alt.)] om. B.   superiori] separari B.

248 CLAUDII PTOLEMAEI

modo perficiantur. unde lineam *et* utpote semidiametron
equidistantis circuli designati ad caput aquarii accrescere
necesse est, quousque partes quidem LXXXVI puncta XXIX
secundas XLII contineat; per quam ubi diuiserimus supra-
5 dictam differentiam IIIDC sequentiaque per ordinem supra-
dicto modo expleuerimus, colligemus ut ante lineam *ey*
partium XXII cum punctis XXV secundis XLII. ex partibus igitur, quas in linea *ec*
recto angulo opposita nume-
10 remus CXX, continebit linea
ey partes XXXII puncta
XXXVI; cuius corde arcus
gradus XXXI puncta XXXII
ex CCCLX totius circuli
15 triangulum rectangulum *ecy*
continentis; ex gradibus igitur, quos CCCLX in IIII
rectis angulis numeremus,
habebit angulus *ecy* gradus
20 XV puncta XLVI. qui quoniam equalis angulo *tem*,
metientur et arcum *am* gra-
dus XV puncta XLVI, augmentum uidelicet ortus horum duorum signorum super ortum eorum in spera aplanes,
25 quem, ut supra dictum est, metiuntur gradus LVII puncta
XLIIII. de qua summa ubi gradus XV puncta XLVI

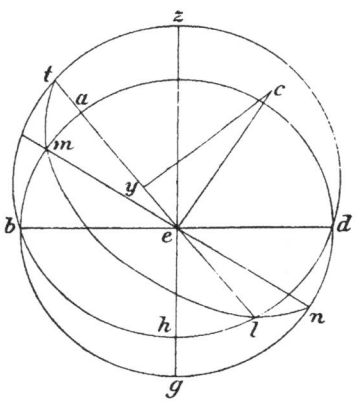

1. lineam] B C, mg. A, litteram A, et lineam E.   4. secunda E.   5. IIIDC] ui*ó*'l' B.   6. expleuerimus] o m. B.
7. XXII] *12* B.   8. *ec*] *et* B.   11. partes] o m. C, m. 2 E.
XXXII] CE, XXXI A, mg. *32* puncta *36*; *31* B.   12. XXXVI]
XXXII A CE, *32* et *32* puncta *36* B.   cuius] supra scr. B².
15. rectangulum] B, mg. A, o m. CE.   16. continentis — 19. an-
gulus] mg. B².   16. igitur, quos] o m. B².   18. numeramus E.
19. *ecy*] CE, *ccy* A, o m. B.   20. XLVI] *45* B.   qui] q̄ B.
21. equalis] equalis est E.   23. duorum horum B.   24. duo-
rum] C, duū A E.   25. quem] D, quam A B E, qua C.   dictum]
B C E, datum A.   LVII] *ó2* B.   26. ubi] u̇. *eg.* B, nisi eos C.
XLVI] *46 · 8 ·* B.

subtraxerimus, relinquitur ortus piscium simul et aquarii
graduum XLI cum punctis LVIII; unde portione piscium
dempta relinquitur ortus aquarii in gradibus XXII punctis XLVI. quodsi predicte summe eos gradus XV cum
suis punctis adiciamus, accrescet ortus leonis simul et 5
uirginis graduum LXXIII cum punctis XXX. unde portione
uirginis dempta relinquitur ortus leonis graduum XXXVII
cum punctis II. constat autem, taurum equaliter oriri
aquario sicque scorpionem leoni; nam geminos et capri-
cornum in residuis temporis spatiis sui utrumque quadrantis, 10
quoniam et cancer atque sagittarius in sui utrumque
quadrantis temporis spatiis residuis oriuntur, que sunt
geminorum quidem et capricorni gradus XXIX puncta XVII,
cancri uero et sagittarii gradus XXXV puncta XV ex CCCLX
equabilis circuli gradibus in IIII uidelicet climate Rhodos 15
insule, quod medium habitabilium climatum exempli causa
in spera corporea assumimus ceteris imitatione eius ad
eundem modum constituendis.

Superior tractatus particula de circulis equidistantibus 14
recto usque ad signorum ortum continet; huius series 20
habet equidistantes zodiaco, quousque assignent loca stellarum fixarum, qua ratione ea contineat id, quod in horo-
scopio instrumento aranea uocatur. assumimus igitur ex
descriptis circulis eum, qui extrinsecus ambiens omnes

1. relinqtur B. 2. XLI] icm XLI B (supra icm ras.).
portionem B. 3. dempta] de B. ortus] dempta ortus B.
4. XLVI] BCE, mg. A, LVI A. eos] AC, eos' B, eosdem E.
5. suis] ff B. acrescit B. 6. LXXXIII C. 7. XXVII C.
8. II] 71 C. taurum] tm B. 10. spatiis temporis B.
sui] que Arabes zernen (zemen B, zemenē C, zemenū E,
zemenon m. rec.; ·i· tempus supra add. A) uocant (uocat B)
sui ABCE. 11. atque] et B. utrumque] B, mg. A, ut^m C.
12. que sunt] om. CE. 13. XVII] 19 B. 14. cancri — XV]
om. B. 15. equalibus BCE. gradibus] partibus E. 17. cor-
porea] om. CE. imitationem B. 19. superioris E. particula de] particulate B. 21. assignet BE, assignat C. 22. ea]
om. B. continet B. horoscopio] ABC, horoscopico A², horo-
scopo E. 23. ex] om. B, hiis E. 24. descriptis] predictis E.
abiens B, arabiens C.

alios infra se continet, eumque describimus notis *a*, *b*, *g*, *d*
circa centrum *e* loco circulorum meridianorum; cuius
diametra ortogonaliter se inuicem secantia *ag* et *bd*. quo
facto resecamus a puncto *d* arcum *dz*, cuius quantitas ad
5 mensuram distantie a circulo equinoctiali circuli equidistantis
ei descripti ex parte poli australis in spera corporea;
producimus deinde lineam a puncto *g* equidistantem
linee *ed* terminatam no-
tis *g*, *h*, descendetque pa-
10 riter ex puncto *h* supra
lineam *ed* perpendicula-
ris *ht*; applicabit etiam
g cum *d* lineam *ht* transiens ad punctum *k*. dico
15 igitur, quod, si de linea
eg recidamus equum *tk*
idque ad punctum *l*, de-
scribamusque circa *e* centrum ad mensuram *el*
20 circulum *clm*, erit distantia *abgd* a circulo
clm designata ad quan-
titatem arcus similis arcui *dz*. quod ut plane constet,
applicabit *g* cum *m* secans circulum *clm* ad punctum *n*,
25 eritque arcus *mn* similis arcui *dz*, sicque arcus *gz*
reliquus de quadrante sui circuli est similis arcui *ln*
remanenti de quarta circuli; quod ita plane sumi pot-

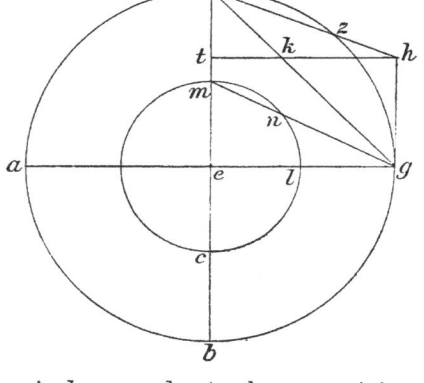

1. eumque] supra scr. B². 2. loco — meridianorum] cum
circulis meridianis E, siue circulus meridianus C. 7. producemus B. 9. *g*, *h*] corr. ex *gk* B. descendetque] descend' B.
10. ex] a CE. supra] ACE, super B. 12. applicabit] BCE,
applicabit A. 15. *g̊* E. 16. recidamus] BC, corr. ex receda-
mus A, rescindamus E. 17. describamus B. 21. *abgd* a] ar B.
22. *elm* B. 23. *dz*] -*z* e corr. B², *gz* Commandinus. 24. apli-
cabit B. *elm* B. 25. *gz*] corr. ex *dz* C, *dz* B. 26. est]
om. CE. 27. remañr B, residuo CE. quarta] quadrante CE.
circuli] sui circuli CE.

est.   est enim, quanta *de* ad lineam *eg*, tanta *dt* ad
lineam *tk*.   est autem *de* equalis *eg*; est igitur et *dt*
equalis *tk*.   at uero *tk* equalis *em*; ergo *em* equalis *td*.
accepta igitur *tm* in commune medium erit *et* equalis *md*.
extitit autem et equalis et equidistans *gh*; sic igitur   5
et *md* equidistans et equalis est eidem *gh*; unde et *hd*
atque *gm* et equales et equidistantes esse necesse est.   est
igitur angulus *gme* equalis angulo *zde*; unde arcum *cln*
arcui *bgz* similem esse consequitur, sicque et residuum
residuo de semicirculis, id est *mn* ei qui est *zd*, similem   10
esse consequens est.   si ergo circulus *clm* statuatur equi-

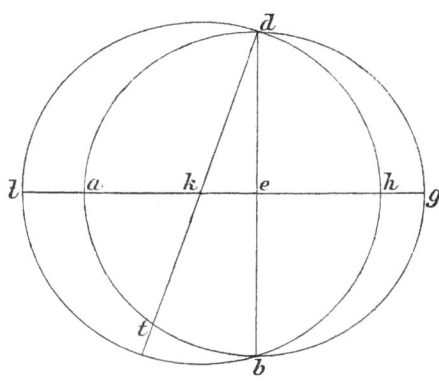

noctialis, erit circulus
abgd designatus ab
eo ad distantiam ar-
cus *ln* arcui *gz* similis.   15

Deinceps conuenit   15
propositum insequi,
designandi uidelicet
circulos, quorum ha-
bitudo ad zodiacum,   20
qualis eorum, qui de-
scripti sunt, ad equi-
noctialem, quousque
pateat nobis positio
stellarum habitudine   25
earum ad hunc cir-
culum preter eam que ad equinoctialem.   esto enim primo loco
circulus equinoctialis de circulis planisperii descriptus notis
a, b, g, d circa centrum *e*, zodiacus uero *lbhd* circa centrum *k*,

1. *de*] BCE, *dc* A.   2. igitur] enim B.   3. equalis (sec.)]
est equalis C.   ergo] ergo est C.   5. et (pr.)] CE, *et* A, om. B.
et (alt.)] om. B.   sic — 6. *gh*] mg. B².   5. sic] *et* sic B².
6. et (pr.)] om. B².   et (sec.)] est et E.   est] om. E.
eadem CB².   8. *cln*] corr. ex *eln* B².   9 simile B.
10. id est] om. E.   11. statuetur B.   15. *gz*] *dz* B.
21. qui] om. B.   26. circulum] locum E.   27. preter
eam] p̄rea B.   29. *k*] *k*˙˙ A, mg. ˙˙in alio non era⁊ circa centrum *k*.

linea recta per utrumque centrum transiens $l\,a\,h\,g$, sectiones
uero circulorum continuans linea $b\,e\,d$. resecamus itaque arcum
$b\,t$ ad quantitatem arcus distantie inter polum equinoctialis
circuli et polum zodiaci; transibit et linea per $d\,k\,t$, punctum
5 uero k potentia erit polus zodiaci. constat igitur, quod,
si hec distantia statuto terminetur compoto, circulus ab
hoc puncto per gemina zodiaci puncta per diametron
opposita transiens secet etiam equinoctialem circulum per
medium; constat enim, omnem circulum, qui alterutrum
10 horum per diametron secuerit, et alterum necessario per
diametron secare; eritque circulus hic magnus ille ambiens
utrumque ortogonaliter intercipiens.

16   Nunc equidistantium zodiaco in planisperio descriptio
notanda. describimus itaque circulum meridianum per
15 utrumque polum transeuntem $a\,b\,g\,d$ circa centrum e, axem
intelligibilem lineam $d\,e\,b$, punctum d polum australem
intelligentes, diametron equinoctialis circuli $a\,e\,g$, diametron
circuli equidistantis zodiaco $z\,h\,t$, quem in planisperio
describere propositum sit. deducimus itaque per punctum h
20 lineam equidistantem linee $a\,g$ notis k,l terminatam, lineas $d\,m\,z$
et $d\,c\,l$ atque $d\,n\,t$ continuantes. dico igitur, circulum, cuius
diametros $z\,t$, designari posse circa diametron $m\,n$. probatio
eius. continget enim hinc inde circulos duos equidistantes
equinoctiali, quorum ab eo distantia in quantitate arcuum $a\,z$
25 et $g\,t$; et idcirco describemus istos duos circulos cum duabus
longitudinibus $e\,m$, $e\,n$; et ipse secabit etiam circulum equidistantem equinoctiali, cuius diametros $l\,k$, per medium

---

1. Supra centrum scr. in alio polum A. $l^a h\,g$ B.
4. transibit — 5. zodiaci] mg. A.   4. et linea] om. B. $d\,k\,t$]
$d\,t\,k\,t$ B.   5. potentia] ponit E.   erit] respiciens CE.   ergo E.
6. ab] ad B.   7. puncto] A, supra scr. $\cdot$ f $\cdot$ k; punctum
f. k B.   8. circulum equinoctialem E.   9. enim] om. C.   om-
nem] om. B.   circulum omnem E.   circulum] om. C.   10. necesse C.   11. mangnus B.   14. describamus E.   17. diametron
(alt.)] diametrum B.   19. deducemus B.   21. $d\,c\,l$] -c- e corr. B.
22. probatio eius] om. CE.   23. contingit E.   24. in quantitate distantia B.   25. et (alt.) — 26. ipse] om. CE.   25. cum]
cum in B.   26. et ipse] om. B.   27. $l\,k$ — p. 253, 1 diametros]
mg. A.   27. $l\,k$] $l\,m\,k$ B.

apud circulum meridianum, cuius diametros bd, quem ad
quantitatem ce describimus inter notas c, y, f, quem per
medium secabit circulus circa mn descriptus per puncta y, f

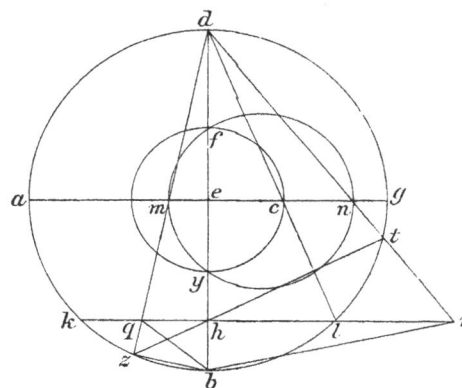

transiens et diuidet
circulum cy in duas   5
medietates,   sicut
contingit   in   spera
corporea.   applica-
bunt   igitur   linee
recte b cum z et b 10
cum q;   procedent
et kl atque dt in
directum, quousque
concurrant ad punc-
tum r, quod pos-   15
tremo cum b appli-
cabit. quoniam igi-
tur anguli duo bzd
et bhq recti sunt,
consequens est puncta b, h, z, q super circumferentiam cir-   20
culi locata; unde angulum bqh equalem esse necesse est
angulo bzh, qui equalis est angulo bdt, quorum eedem
bases; sic igitur angulus bqr equalis est angulo bdr, unde
puncta b, d, r, q super circumferentiam circuli locata constans
est. est igitur, quantum bh in hd, tantum rh in hq ducta.   25
quantum uero bh in hd, tantum est, quod hl ex se ipsa
producit;   est   ergo,   quantum hl in   se   ipsam   ducta,

1. quem] q̄ descp B.   ad] supra scr. A.   2. ce] BCE,
c- in ras. A.   4. et — 8. corporea] om. CE.   5. circulum]
supra scr. B². 9. igitur] itaque CE.   11. procedent] AC,
procedunt BE.   12. et] z̄ E.   14. concurrunt B   ad
punctum] om. C.   15. r] k CE.   quod — 16. applicabit] ABC,
om. E.   16. b] z C.   19. bhq] corr. ex bh B².   recti
sunt] qui transeunt B.   20. est] est z B. bhz quod puncta C,
$bhzq$ puncta E. b,h,z,q] $zbhq$ B, -h- e corr.   super] supra B.
21. unde] unde et E.   necesse est esse equalem C.   22. equa-
lis] -lis in ras. B.   23. sic] corr. ex si B².   25. bh] supra
scr. B². hq] hq q⁻ B.   26. in se ipsam E.

254   CLAUDII PTOLEMAEI

tantum *rh* in *hq*. est autem *rq* equidistans linee *nm*; est igitur, quanta *em* in *en*, tanta *ec* in se ipsam ducta. que quoniam equalis est linee *ey* et *ef*, puncta *n*, *y*, *m*, *f* super circumferentiam circuli locata esse consequens est.

17   Circulorum equidistantium zodiaco in hunc modum
6 designatorum diuersa semper esse centra necesse est. sit enim ut ante circulus meridianus *abgd* circa centrum *e*, axis linea *bed*, diametros circuli equinoctialis linea
10 *ag*, diametra circulorum equidistantium zodiaco linee *zh* et *tk*; producentur et linee *dlz*, *dmh*, *dnt*, *dck*. designamus deinde
15 circa triangulum *dnc* circulum *dyf* perductaque linea *yf* diuidemus lineam *lm* per medium apud punctum *o*. cum igitur con-
20 stans sit, circulum, cuius diametros *zh*, describi posse circa diametron *lm* sicque circulum, cuius

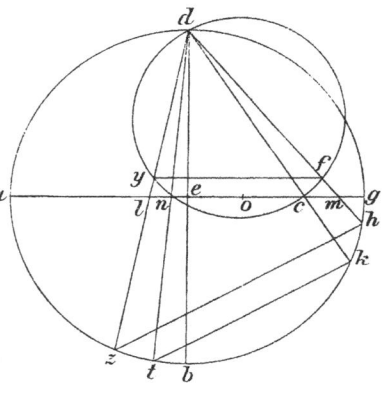

diametros *tk*, circa diametron *nc*, dico, hos duos circulos
25 nequaquam eiusdem esse centri, id est punctum *o* minime in diametro *nc* medium esse. quoniam enim arcus *zt* equalis est arcui *kh*, erit et arcus *yn* equalis arcui *cf*; unde linee *lm* et *fy* equidistantes. igitur, que proportio linee *dl* ad lineam *ly*, eadem linee *dm* ad *mf*. at uero,

---

1. tantum — 2. ducta] mg. A.   1. *rh* in *hq*] in *qh* B.   3. est equalis E.   puncta *n*, *y*, *m*, *f*] mg. B².   6. designatorum] CE, de signorum A B.   semper diuersa B.   sit] si B.   7. *abgd*] *abgt* B.   10. *ag*] *ad* B.   12. producuntur B, producantur E.   13. *dlz*] *dlz* et E.   14. designauimus E.   16. productaque BE, producta C.   17. linea] om. CE.   22. posse] p̄ſce B. diametrum B.   25. esse eiusdem E.   centri] CE, supra scr. B², circuli centri A.   minime] minue B.   28. ergo C. 29. uero] om. CE.

que proportio linee *dl* ad *ly*, eadem linee *dl* in se ducte
ad *dl* in *ly* ductam, eademque linee *dm* in se ducte ad *dm*
in *mf* ductam, que *dm* ad *mf* lineam proportio. quoniam
itaque loco circuli *dl* in *ly* equalis est *lc* in *ln* sicque *dm*
in *mf* equalis *nm* in *cm*, erit, que proportio *dl* in se 5
ducte ad *cl* in *ln*, eadem linee *dm* in se ipsam ad *mn*
in *cm*; permutatim igitur, que proportio tetragoni *dl* ad
tetragonum *dm*, eadem superficiei ex *cl* et *ln* producte ad
superficiem ex *nm* et *cm* constitutam. est autem tetragonus *dm* maior tetragono *dl*, prout *dm* longior quam *dl*; 10
sic ergo *nm* in *cm* maior quam *cl* in *ln*. cum igitur
commune medium *nc* maius sit cum *cm* in *mc* quam
cum *nl* in *ln*, maiorem esse *cm* quam *nl* constans est.
data uero est *mo* equalis *lo*; minorem igitur esse *or*
quam *on* consequens est. nec ergo punctum *o* in dia- 15
metro *nc* medium esse possibile est; quod cum medium
datum sit in diametro *ml*, circulorum equidistantium zodiaco
idem esse centrum impossibile est.

Deinceps, quoniam circulus equidistans zodiaco nec in 18
planisperio descriptus nec in spera designatus, cuius por- 20
tio in parte non apparente secat equidistantes circulo recto
circulos non apparentes penes polum australem, quorum
distantia a zodiaco aut a capite cancri minus altitudine
eius in loco definito aut a capite capricorni minus eius
altitudine in loco determinato, ponemus circulum meri- 25
dianum *abgd* circa centrum *e*. intelligemus itaque punctum *d* polum australem, axem uero *db*, diametron circuli
equinoctialis *ag*, diametron circuli equidistantis ei numquam

1. linee (alt.)] bis B.   2. eademque] eamo̅'que B   4. ita-
que] igitur B.   5. *nm*] *n̄m* A.   6. linee *dm*] linea E.   7. alter-
natim CE.   8. ex *cl* et] Commandinus, *cl* ex ACDE, *dl* ex B.
9. *mn* E.   11. *cm*] *em* B.   *cl*] *eml* B.   13. *nl*] in *nl* B.
14. uero] om. B   15. *on*] *non* A.   16. posibile B.   cum]
cum' B.   18. esse] est B.   centrum esse E.   inpossibile B.
21. equidistates A.   22. circulos] om. C.   24. loco] loco
eius B.   aut] au̅ B.   27. polum australem punctum *d* E.
db] AB, *bd* CE.   diametron] CE, diametrum AB.

apparentis lineam zh, diametron circuli hunc secantis de equidistantibus zodiaco lineam tkl. quibus ita positis designamus supra lineam zh semicirculum zmh erigimusque lineam a puncto k in m equidistantem linee de. ex
5 quo itaque, si produxerimus lineas agn et dhn atque dlc,

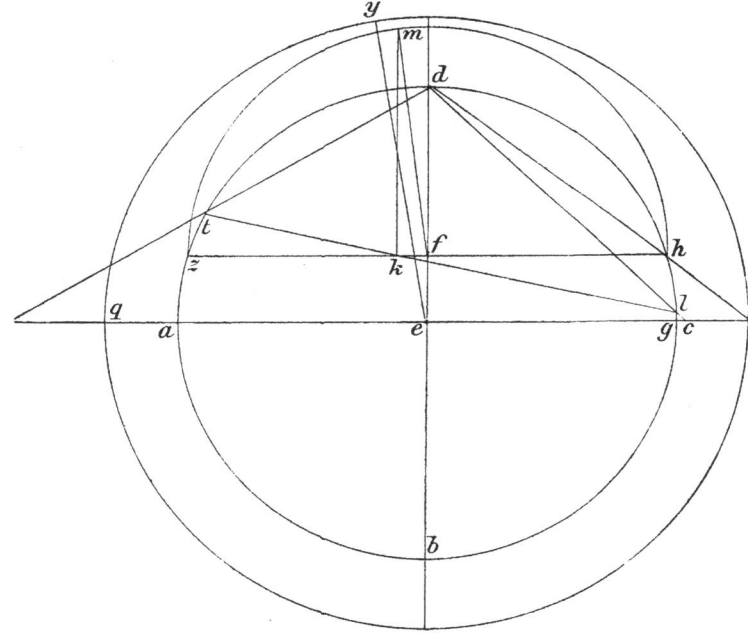

erit circulus, qui describatur ad quantitatem en inter notas n, y, q, de circulis planisperio perpetuo negatis. circulus uero, qui describatur uice circuli, qui super lineam tkl, transire necesse habet per punctum c circulum nyq secans
10 in arcus similes arcubus hm et mz, cum sit linea km

1. de] ab CE.   2. linea CE.   ita] corr. ex in B².
3. erigemusque B.   4. de] ed CE.   5. si] addidi, om.
ABCE. dlc] corr. ex dle B².   6. describitur C.   10. cum] c̄ A.

commune medium superficiebus eorum. applicet igitur f
cum m, fiatque ad punctum e super lineam ea angulus
equalis angulo mfk, qui sit angulus aey; unde linea producta in punctum y perueniens arcum yq similem arcui mz
demonstret. est itaque circulus designatus uice circuli, qui 5
super lineam tkl equidistans zodiaco, cuius distantia ab
equinoctiali in quantitate arcus gl, perpetuo latentes circulos recto equidistantes huiusmodi similitudine secans.
hoc circulo tamquam in descriptione figure apposito intelligendum est, ut per c et y transiens in opposito 10
punctum o deprehendat, qua dt et ea in directum pro-

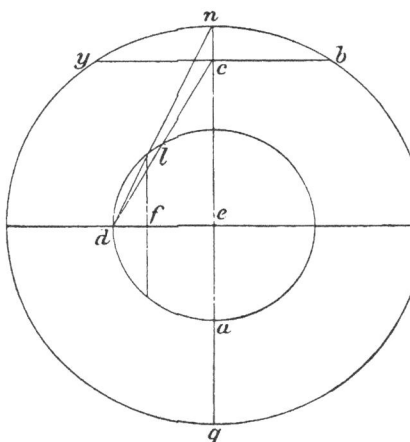

ducte concurrunt ea
ratione, qua dh et eg
ad punctum n con-
ducit.   15

Similis descrip- 19
tionis exemplo nichi-
lominus concipi pot-
est et circulus equi-
distans zodiaco, qui 20
supra diametron dl,
ut dl producamus ad
latitudinem, quam
diximus. usque ad
punctum c educimus, 25
deinde a puncto c
lineam cb perpen-
dicularem linee aen,
que linea in planisperio locum optinet circuli, cuius diametros dl, cum omnes linee recte a puncto d educte uice 30

---

1. m cum f C.   2. fieratque C, eatque E, supra scr. ·f·
fiat. In fig. p. 256 omisi, quae ad notam Maslemi referuntur.   3. qui — aey] om. CE.   6. distantia] differentia E.
ab equinoctiali] om. B.   7. circulo BC.   10. c et] tz B.
in — 11. punctum] in puncto C.   12. concurrant CE.   16. descriptionibus B   22. ut] corr. ex in B².   producamus dl C₆
24. diximus] CE, duximus AB.   usque] supra scr B².   29. optinet locum C.   cuius] om. B, eius E.   30. recte linee C.   educto B.

horum circulorum in eadem sint planicie, que planicies est
circuli; cuius planiciei atque planiciei circuli equinoctialis
commune medium linea *b c y.* planicies quoque circuli meridiani, que super lineam *f d*, eadem et super utramque
5 illarum planicierum ortogonaliter.

20   Hac itaque ratione conuenit in planisperio fieri constitutionem eorum que in spera corporea circulorum, uidelicet quorum inuentio causa circuli equinoctialis, qui eorum
equidistantes ei, qui etiam circuli meridiani, circulorum
10 quoque, quorum inuentio causa zodiaci, et qui eorum
equidistantes ei, qui etiam orizontis; tum quidem in huiusmodi constitutione polus equinoctialis circuli centri locum
optinet et ipsi circulo recto et cunctis recto equidistantibus.
que ratio cogit septemtrionales semper esse minores, australes
15 semper maiores, illos quidem decrescendo ut in spera, hos
uero crescendo conuersa uice atque in spera, pariter et
meridianos omnes in rectum extendens. polus autem zodiaci neque ipsi centrum est neque ulli equidistantium ei;
quibus id euenit, quod unus eorum sine centro est, id est
20 linea fit recta. in circulis uero magnis per hunc polum
transeuntibus aliter; transeuntes enim per utrumque polum
recte fiunt linee, in quibus centra equidistantium zodiaco
locantur minime equalium. unde in assignatione stellarum
utrumlibet fiat positio habitudine ad circulum equinoc-
25 tialem siue habitudine ad zodiacum, in utraque et equi-

---

1. horum] corr. ex eorum B. In fig. omisi, quae ad
notam Maslemi referuntur.   7. uidelicet] om. C.   8. intentio B.   9. ei] om. B.   10. intentio B.   zodiazi A,
circuli zodiaci E.   11. ei] erunt E.   etiam qui C.   orizontes CE.   tum] A B, cum C, τῦſ E.   quidem] q B, quotlibet C, ut saepe.   huius C E.   12. constitutione] C,
constrictione A, constitutionem B, constructione corr. ex constitutione E.   13. cunctis recto] cuitis rectis B.   14. semper]
om. E.   minores] minores esse B.   15. semper] A B, om. CE.
decrescendo] descendendo E, descendentes C.   spera] spera
corporea B.   16. acrescendo B.   uersa B.   17. meridianorum B.   19. sine] s̄n̄ BE.   21. ptranseuntes B.   23. asigna-
tione A E.   24. positio] C, p̄o E, p̊o A, p B.   25. siue] sui B.

noctialem et zodiacum diuidimus; sed si fuerit habitudine ad
equinoctialem, diuidemus cum ipso pariter et equidistantes ei,
si uero habitudine ad zodiacum, cum ipso etiam equidistantes
ei. utrumlibet itaque fiat, positionem stellarum assignat;
certissimum autem inter hec, ut utroque modo adequetur, 5
quod fit in spera corporea; determinatis uidelicet eis,
quorum inuentio propter circulum equinoctialem, hii, qui
propter zodiacum adhibentur, ad exemplum fiant quantum
fieri potest, propinquum Egipto. nec est necesse omnia in
planisperio exsequi, obseruatis tantum circulis transeuntibus 10
gradus binos uel ternos aut etiam senos in positione scilicet
mediocri; qui numeri comunes, trigenis uidelicet signorum
gradibus atque XXIIII fere distantie gradibus, que inter
equinoctialem et utrumque punctum tropicum, quousque
incidant cum ipsis circulis tropicis et cum circulis meri- 15
dianis signa distinguentibus.

3. uero] uero in E.   4. ita B.   5. autem] om E.   hec]
h' A B E, hoc C.   ut] ut in B.   adequetur] B C E, adequatur A.
6. fit] C E, sit A, si B.   uidelicet determinatis B.   9. pot-
est] possunt p̄t̄ B.   Egipto] Egypto C E, ꞓegipto A, m g. in
alio illi loco; egipto illi loco B.   11. aut] uel B.   scilicet]
siuīl'e B.   12. mediari B.   qui] quot C.   comunes] A B,
conueniens C.   uidelicet trigenis B.   gradibus signorum E.
13. XXIIII] 24ᵒʳᵘᵐ B.   que] qui E.   15. cum] c̄ B.
16. singna B.   In fine: explicit liber anno domini MC XLIII
(mᵒcᵒ quadragesimo τᵒ B) kal iunii tolose (toleto B) translatus A B.

17*

FRAGMENTA

ΠΕΡΙ ΡΟΠΩΝ.

Suidas s. u. *Πτολεμαῖος ὁ Κλαύδιος χρηματίσας· οὗτος ἔγραψε μηχανικὰ βιβλία γ̄.*

1. Simplicius in Aristotelem de caelo p. 710, 14 ed. Heiberg:

Πτολεμαῖος δὲ ὁ μαθηματικὸς ἐν τῷ Περὶ ῥοπῶν τὴν ἐναντίαν ἔχων τῷ Ἀριστοτέλει δόξαν πειρᾶται κατασκευάζειν καὶ αὐτός, ὅτι ἐν τῇ ἑαυτῶν χώρᾳ οὔτε τὸ ὕδωρ οὔτε ὁ ἀὴρ ἔχει βάρος. κα͜ ὅτι μὲν τὸ ὕδωρ οὐκ ἔχει, δείκνυσιν ἐκ τοῦ τοὺς καταδύοντας μὴ αἰσθάνεσθαι βάρους τοῦ ἐπικειμένου ὕδατος, καίτοι τινὰς εἰς πολὺ καταδύοντας βάθος ... (24) τὸ δὲ τὸν ἀέρα ἐν τῇ ὁλότητι τῇ ἑαυτοῦ μὴ ἔχειν βάρος καὶ ὁ Πτολεμαῖος ἐκ τοῦ αὐτοῦ τεκμηρίου τοῦ κατὰ τὸν ἀσκὸν δείκνυσιν οὐ μόνον πρὸς τὸ βαρύτερον εἶναι τὸν πεφυσημένον ἀσκὸν τοῦ ἀφυσήτου, ὅπερ ἐδόκει τῷ Ἀριστοτέλει, ἀντιλέγων, ἀλλὰ καὶ κουφότερον αὐτὸν γίνεσθαι φυσηθέντα βουλόμενος ... (p. 711, 1) τῶν δὲ πρὸ ἐμοῦ τις καὶ αὐτὸς πειραθεὶς τὸν αὐτὸν εὑρηκέναι σταθμὸν ἔγραψε, μᾶλλον δὲ πρὶν φυσηθῆναι βαρύτερον ὄντα ἐλαχίστῳ τινί, ὅπερ τῷ Πτολεμαίῳ συμφθέγγεται. καὶ δῆλον, ὅτι, εἰ μέν, ὡς ἐπειράθην ἐγώ, τὸ ἀληθές ἔχει, ἀρρεπῆ ἂν ἐν τοῖς οἰκείοις τόποις εἴη τὰ στοιχεῖα μήτε βάρος ἔχοντα μηδὲν αὐτῶν μήτε κουφότητα,

264   FRAGMENTA

ὅπερ ἐπὶ τοῦ ὕδατος ὁ Πτολεμαῖος ὁμολογεῖ ... (10)
εἰ δέ, ὡς ὁ Πτολεμαῖός φησι, κουφότερος ὁ πεφυση-
μένος ἐστὶν ἀσκὸς τοῦ ἀφυσήτου.
2. Elias in Aristotelis Categorias p. 185, 6 ed. Busse:
Μετὰ τὴν οὐσίαν περὶ ποσοῦ διαλαμβάνει ὁ Ἀριστοτέλης. ἓξ δέ τινα δεῖ ζητῆσαι ἐπὶ τῆς παρούσης
κατηγορίας ... (8) δεύτερον, εἰ γένος τὸ ποσὸν
συνεχοῦς καὶ διωρισμένου, τρίτον, εἰ τούτων ἐστὶ
μόνων γένος ἢ καὶ τῆς ῥοπῆς, ὥς φησι Πλάτων καὶ
Ἀρχύτας καὶ Πτολεμαῖος ὁ ἀστρονόμος.
3. Eutocius in Archimedem III p. 306, 1:
Τὴν ῥοπὴν ... κοινὸν εἶναι γένος βαρύτητος καὶ
κουφότητος Ἀριστοτέλης τε λέγει καὶ Πτολεμαῖος
τούτῳ ἀκολουθῶν ... (5) ὧν ἔξεστι τὰς δόξας τοῖς
φιλομαθέσιν ἀναλέγεσθαι ἔκ τε τοῦ περὶ ῥοπῶν
βιβλίου τῷ Πτολεμαίῳ συγγεγραμμένου.

[ΠΕΡΙ ΤΩΝ ΣΤΟΙΧΕΙΩΝ].*)

4. Simplicius in Aristotelem de caelo p. 20, 10 ed.
Heiberg:
Ἰστέον δέ, ὅτι καὶ Πτολεμαῖος ἐν τῷ περὶ τῶν στοιχείων βιβλίῳ καὶ ἐν τοῖς Ὀπτικοῖς καὶ Πλωτῖνος ὁ
μέγας καὶ Ξέναρχος δὲ ἐν ταῖς Πρὸς τὴν πέμπτην
οὐσίαν ἀπορίαις· τὴν μὲν ἐπ᾽ εὐθείας κίνησιν τῶν
στοιχείων γινομένων ἔτι καὶ ἐν τῷ παρὰ φύσιν ὄντων τόπῳ ἀλλὰ μήπω τὸν κατὰ φύσιν ἀπειληφότων
εἶναί φασι ... (20) δῆλον, ὅτι οὐ κατὰ φύσιν ἔχοντα τελέως κινεῖται, ἀλλ᾽, ὥς φασιν οἱ εἰρημένοι πρό-

*) Propter rerum similitudinem crediderim, librum de ele-
mentis eundem esse ac librum περὶ ῥοπῶν, et his titulis significari partem Mechanicorum, quae citat Suidas.

τερον ἄνδρες, Πτολεμαῖος, Ξέναρχος, Πλωτῖνος, κατὰ
φύσιν ἔχοντα καὶ ἐν τοῖς οἰκείοις τόποις ὄντα τὰ
στοιχεῖα ἢ μένει ἢ κύκλῳ κινεῖται. Cfr.
Proclus in Timaeum 274 c: κρατοῦντος καὶ
ἐκείνου τοῦ λόγου πάντως, ὃν Πτολεμαῖος καὶ Πλωτῖνος ἐξέφηναν, πᾶν σῶμα ἐν τῷ οἰκείῳ τόπῳ ὂν
ἢ μένειν ἢ κυκλοφορεῖσθαι, τὸ δὲ ἀνωφερὲς ἢ κατω-
φερὲς τῶν μὴ ἐν οἰκείοις ὄντων εἶναι τόποις τὸν
οἰκεῖον καταλαβεῖν ἐφιεμένων.

5. Simplicius in Aristotelem de caelo p. 37, 33 ed.
Heiberg:
Κἂν Πτολεμαῖος οὖν κἂν Πλωτῖνος κἂν Πρόκλος
κἂν Ἀριστοτέλης αὐτὸς κινεῖσθαι τὸ ὑπέκκαυμα λέγῃ.
De huius fragmenti cum praecedenti coniunctione
cfr. Simplicius l. c. p. 20, 25 sqq., Prcclus in
Tim. 274 d.

ΠΕΡΙ ΔΙΑΣΤΑΣΕΩΣ.

6. Simplicius in Aristotelem de caelo p. 9, 21:
Ὁ δὲ θαυμαστὸς Πτολεμαῖος ἐν τῷ Περὶ διαστάσεως
μονοβίβλῳ καλῶς ἀπέδειξεν, ὅτι οὐκ εἰσὶ πλείονες
τῶν τριῶν διαστάσεις, ἐκ τοῦ δεῖν μὲν τὰς διαστάσεις
ὡρισμένας εἶναι, τὰς δὲ ὡρισμένας διαστάσεις κατ᾿
εὐθείας λαμβάνεσθαι καθέτους, τρεῖς δὲ μόνας πρὸς
ὀρθὰς ἀλλήλαις εὐθείας δυνατὸν εἶναι λαβεῖν, δύο
μέν, καθ᾿ ἃς τὸ ἐπίπεδον ὁρίζεται, τρίτην δὲ τὴν
τὸ βάθος μετροῦσαν· ὥστε, εἴ τις εἴη μετὰ τὴν
τριχῆ διάστασιν ἄλλη, ἄμετρος ἂν εἴη παντελῶς καὶ
ἀόριστος. τὸ οὖν μὴ εἶναι εἰς ἄλλο μέγεθος μετά-
στασιν ὁ μὲν Ἀριστοτέλης ἐκ τῆς ἐπαγωγῆς ἔδοξε
λαμβάνειν, ὁ δὲ Πτολεμαῖος ἀπέδειξεν.

Cfr. Eustratius in Ethic. Nicomach. p. 322, 4 ed.
Heylbut:

ὡς ὁ Πτολεμαῖος τὸν ὅρον τοῦ τελείου σώματος
ἀπέδειξεν ἔχοντα καλῶς σημεῖον ὑποθέμενος καὶ εἰς
τρία δείξας γινομένην τὴν ῥύσιν αὐτοῦ, τὴν μὲν
κατὰ μῆκος, τὴν δὲ κατὰ πλάτος, τὴν δὲ κατὰ βάθος,
καὶ ἐπεὶ μὴ ἐνδέχεται ἐκ τοῦ αὐτοῦ σημείου πλείους
τῶν τριῶν ἐπινοῆσαι ῥύσεις γινομένας, δῆλον, ὡς
οὐδὲ πλείους τῶν τριῶν ἐνδέχεται διαστάσεις γενέσθαι.
καὶ οὕτω δείκνυται τέλειος ὢν ⟨ὁ⟩ ὅρος τοῦ σώματος
ὁ λέγων εἶναι σῶμα τὸ τριχῇ διαστατόν.

DE RECTIS PARALLELIS.

7. Proclus in Euclidem p. 362, 14 ed. Friedlein:

Πτολεμαῖος δέ, ἐν οἷς ἀποδεῖξαι προέθετο τὰς ἀπ'
ἐλαττόνων ἢ δύο ὀρθῶν ἐκβαλλομένας συμπίπτειν,
ἐφ' ἃ μέρη εἰσὶν αἱ τῶν δύο ὀρθῶν ἐλάσσονες,
τοῦτο πρὸ πάντων δεικνὺς τὸ θεώρημα τὸ δυεῖν
ὀρθαῖς ἴσων ὑπαρχουσῶν τῶν ἐντὸς παραλλήλους
εἶναι τὰς εὐθείας οὕτω πως δείκνυσιν·
ἔστωσαν δύο εὐθεῖαι αἱ ΑΒ, ΓΔ, καὶ τεμνέτω τις
αὐτὰς εὐθεῖα ἡ ΕΖΗΘ, ὥστε τὰς ὑπὸ ΒΖΗ καὶ
ὑπὸ ΖΗΔ γωνίας δύο ὀρθαῖς
ἴσας ποιεῖν. λέγω, ὅτι παράλληλοί εἰσιν αἱ εὐθεῖαι, τουτέστιν ἀσύμπτωτοί εἰσιν. εἰ γὰρ
δυνατόν, συμπιπτέτωσαν ἐκ-

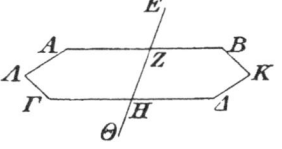

βαλλόμεναι αἱ ΒΖ, ΗΔ κατὰ τὸ Κ. ἐπεὶ οὖν εὐθεῖα
ἡ ΗΖ ἐφέστηκεν ἐπὶ τὴν ΑΒ, δύο ὀρθαῖς ἴσας ποιεῖ
τὰς ὑπὸ ΑΖΗ, ΒΖΗ γωνίας. ὁμοίως δέ, ἐπεὶ ἡ ΗΖ
ἐφέστηκεν ἐπὶ τὴν ΓΔ, δύο ὀρθαῖς ἴσας ποιεῖ τὰς

ὑπὸ ΓΗΖ, ΔΗΖ γωνίας. αἱ τέσσαρες ἄρα αἱ
ὑπὸ ΑΖΗ, ΒΖΗ, ΓΗΖ, ΔΗΖ τέτρασιν ὀρθαῖς
ἴσαι εἰσίν· ὧν αἱ δύο αἱ ὑπὸ ΒΖΗ, ΖΗΔ δύο
ὀρθαῖς ὑπόκεινται ἴσαι· λοιπαὶ ἄρα αἱ ὑπὸ ΑΖΗ,
ΓΗΖ καὶ αὐταὶ δύο ὀρθαῖς ἴσαι. εἰ οὖν αἱ ΖΒ,
ΗΔ δύο ὀρθῶν οὐσῶν τῶν ἐντὸς ἐκβαλλόμεναι
συνέπεσον κατὰ τὸ Κ, καὶ αἱ ΖΑ, ΗΓ ἐκβαλλόμεναι
συμπεσοῦνται· δύο γὰρ ὀρθαῖς καὶ αἱ ὑπὸ ΑΖΗ,
ΓΗΖ ἴσαι εἰσίν. ἢ γὰρ κατ᾽ ἀμφότερα συμπεσοῦνται
αἱ εὐθεῖαι ἢ κατ᾽ οὐδέτερα, εἴπερ καὶ αὗται κἀκεῖναι
δύο ὀρθαῖς εἰσιν ἴσαι. συμπιπτέτωσαν οὖν αἱ ΖΑ,
ΗΓ κατὰ τὸ Δ. αἱ ἄρα ΔΑΖΚ, ΔΓΗΚ εὐθεῖαι
χωρίον περιέχουσιν· ὅπερ ἀδύνατον. οὐκ ἄρα δυνατόν ἐστιν δύο ὀρθαῖς ἴσων οὐσῶν τῶν ἐντὸς συμπίπτειν
τὰς εὐθείας· παράλληλοι ἄρα εἰσίν.

8. Proclus in Euclidem p. 365, 7 ed. Friedlein:
Δοκεῖ δὲ καὶ ὁ Πτολεμαῖος αὐτὸ [Elem. I κίτ. 5]
δεικνύναι ἐν τῷ περὶ τοῦ τὰς ἀπ᾽ ἐλαττόνων ἢ δύο
ὀρθῶν ἐκβαλλομένας συμπίπτειν καὶ δείκνυσι πολλὰ
προλαβὼν τῶν μέχρι τοῦδε τοῦ θεωρήματος [Elem.
I, 29] ὑπὸ τοῦ στοιχειωτοῦ προαποδεδειγμένων ...
(14) ἓν δὲ καὶ τοῦτο τῶν προδεδειγμένων τὸ τὰς ἀπὸ
δυεῖν ὀρθαῖς ἴσων ἐκβαλλομένας μηδαμῶς συμπίπτειν. λέγω τοίνυν, ὅτι καὶ τὸ ἀνάπαλιν ἀληθὲς
[καὶ] τὸ παραλλήλων οὐσῶν τῶν εὐθειῶν καὶ τεμνο-
μένων ὑπὸ μιᾶς εὐθείας τὰς ἐντὸς καὶ ἐπὶ τὰ αὐτὰ
μέρη γωνίας δύο ὀρθαῖς ἴσας εἶναι. ἀνάγκη γὰρ
τὴν τέμνουσαν τὰς παραλλήλους ἢ δύο ὀρθαῖς ἴσας
ποιεῖν τὰς ἐντὸς καὶ ἐπὶ τὰ αὐτὰ μέρη γωνίας ἢ
δύο ὀρθῶν ⟨μείζους ἢ δύο ὀρθῶν⟩ ἐλάσσους. ἔστωσαν
οὖν παράλληλοι αἱ ΑΒ, ΓΔ, καὶ ἐμπιπτέτω εἰς αὐτὰς

ἡ. *HZ*. λέγω, ὅτι οὐ ποιεῖ δύο ὀρθῶν μείζους τὰς ἐντὸς καὶ ἐπὶ τὰ αὐτά. εἰ γὰρ αἱ ὑπὸ *AZH*, *ΓHZ* δύο ὀρθῶν μείζους, αἱ λοιπαὶ αἱ ὑπὸ *BZH*, *ΔHZ* δύο ὀρθῶν ἐλάσσους. ἀλλὰ καὶ

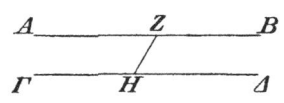

δύο ὀρθῶν μείζους αἱ αὐταί· οὐδέν γὰρ μᾶλλον αἱ *AZ*, *ΓH* παράλληλοι ἢ αἱ *ZB*, *HΔ*, ὥστε, εἰ ἡ ἐμπεσοῦσα εἰς τὰς *AZ*, *ΓH* δύο ὀρθῶν μείζους ποιεῖ τὰς ἐντός, καὶ ἡ εἰς τὰς *ZB*, *HΔ* ἐμπίπτουσα δύο ὀρθῶν ποιήσει μείζους τὰς ἐντός. ἀλλ᾽ αἱ αὐταὶ καὶ δύο ὀρθῶν ἐλάσσους· αἱ γὰρ τέσσαρες αἱ ὑπὸ *AZH*, *ΓHZ*, *BZH*, *ΔHZ* τέτρασιν ὀρθαῖς ἴσαι· ὅπερ ἀδύνατον. ὁμοίως δὴ δείξομεν, ὅτι ⟨ἡ⟩ εἰς τὰς παραλλήλους ἐμπίπτουσα οὐ ποιεῖ δύο ὀρθῶν ἐλάσσους τὰς ἐντὸς καὶ ἐπὶ τὰ αὐτὰ μέρη γωνίας. εἰ δὲ μήτε μείζους μήτε ἐλάσσους ποιεῖ τῶν δύο ὀρθῶν, λείπεται τὴν ἐμπίπτουσαν δύο ὀρθαῖς ἴσας ποιεῖν τὰς ἐντὸς καὶ ἐπὶ τὰ αὐτὰ μέρη γωνίας.

τούτου δὴ οὖν προδεδειγμένου τὸ προκείμενον ἀναμφισβητήτως ἀποδείκνυται. λέγω γάρ, ὅτι, ἐὰν εἰς δύο εὐθείας εὐθεῖα ἐμπίπτουσα τὰς ἐντὸς καὶ ἐπὶ τὰ αὐτὰ μέρη γωνίας δύο ὀρθῶν ἐλάσσονας ποιῇ, συμπεσοῦνται αἱ εὐθεῖαι ἐκβαλλόμεναι, ἐφ᾽ ἃ μέρη εἰσὶν αἱ τῶν δύο ὀρθῶν ἐλάσσονες. μὴ γὰρ συμπιπτέτωσαν. ἀλλ᾽, εἰ ἀσύμπτωτοί εἰσιν, ἐφ᾽ ἃ μέρη αἱ τῶν δύο ὀρθῶν ἐλάσσονες, πολλῷ μᾶλλον ἔσονται ἀσύμπτωτοι ἐπὶ θάτερα, ἐφ᾽ ἃ τῶν δύο εἰσὶν ὀρθῶν αἱ μείζονες· ὥστε ἐφ᾽ ἑκάτερα ἂν εἶεν ἀσύμπτωτοι αἱ εὐθεῖαι. εἰ δὲ τοῦτο, παράλληλοί εἰσιν. ἀλλὰ δέδεικται, ὅτι ἡ εἰς τὰς παραλλήλους

ἐμπίπτουσα τὰς ἐντὸς καὶ ἐπὶ τὰ αὐτὰ μέρη δύο
ὀρθαῖς ἴσας ποιήσει γωνίας· αἱ αὐταὶ ἄρα καὶ δύο
ὀρθαῖς ἴσαι καὶ δύο ὀρθῶν ἐλάσσονες· ὅπερ ἀδύνατον.
ταῦτα προδεδειχὼς ὁ Πτολεμαῖος καὶ καταντήσας
εἰς τὸ προκείμενον ἀκριβέστερόν τι προσθεῖναι βού-
λεται καὶ δεῖξαι, ὅτι, ἐὰν εἰς δύο εὐθείας εὐθεῖα
ἐμπίπτουσα τὰς ἐντὸς καὶ ἐπὶ τὰ αὐτὰ μέρη δύο
ὀρθῶν ποιῇ ἐλάσσονας, οὐ μόνον οὐκ εἰσὶν ἀσύμπτωτοι αἱ εὐθεῖαι, ὡς δέδεικται, ἀλλὰ καὶ ἡ σύμπτωσις αὐτῶν κατ’ ἐκεῖνα γίνεται τὰ μέρη, ἐφ’ ἃ αἱ
τῶν δύο ὀρθῶν ἐλάσσονες, οὐκ ἐφ’ ἃ αἱ μείζονες.

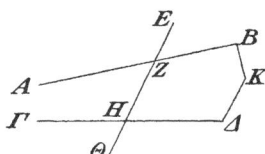

ἔστωσαν γὰρ δύο εὐθεῖαι αἱ
ΑΒ, ΓΔ, καὶ ἐμπίπτοισα εἰς
αὐτὰς ἡ ΕΖΗΘ ποιείτω τὰς
ὑπὸ ΑΖΗ καὶ ὑπὸ ΓΗΖ δύο
ὀρθῶν ἐλάσσονας· αἱ λοιπαὶ
ἄρα μείζους δύο ὀρθῶν. ὅτι
μὲν οὖν οὐκ ἀσύμπτωτοι αἱ εὐθεῖαι, δέδεικται· εἰ δὲ
συμπίπτουσιν, ἢ ἐπὶ τὰ Α, Γ συμπεσοῦνται ἢ ἐπὶ τὰ Β, Δ.
συμπιπτέτωσιν ἐπὶ τὰ Β, Δ κατὰ τὸ Κ. ἐπεὶ οὖν αἱ
μὲν ὑπὸ ΑΖΗ καὶ ΓΗΖ δύο ὀρθῶν εἰσιν ἐλάσσους,
αἱ δὲ ὑπὸ ΑΖΗ, ΒΖΗ δύο ὀρθαῖς ἴσαι, κοινῆς ἀφαι-
ρεθείσης τῆς ὑπὸ ΑΖΗ ἡ ὑπὸ ΓΗΖ ἐλάσσων ἔσται
τῆς ὑπὸ ΒΖΗ. τριγώνου ἄρα τοῦ ΚΖΗ ἡ ἐκτὸς
τῆς ἐντὸς καὶ ἀπεναντίον ἐλάσσων· ὅπερ ἀδύνατον.
οὐκ ἄρα κατὰ ταῦτα συμπίπτουσιν. ἀλλὰ μὴν συμ-
πίπτουσι· κατὰ θάτερα ἄρα ἡ σύμπτωσις αὐτῶν
ἔσται, καθ’ ἃ αἱ τῶν δύο ὀρθῶν εἰσιν ἐλάσσονες.
ταῦτα μὲν οὖν ὁ Πτολεμαῖος.*)

---

*) Sequitur p. 368, 1 sqq. iusta Procli de conatu Ptolemaei
censura.

Cfr. Proclus in Euclidem p. 191, 21 ed. Friedlein: τοῦτο [Elem. I αἴτ. 5] καὶ παντελῶς διαγράφειν χρὴ τῶν αἰτημάτων· θεώρημα γάρ ἐστι πολλὰς μὲν ἀπορίας ἐπιδεχόμενον, ἃς καὶ ὁ Πτολεμαῖος ἔν τινι βιβλίῳ διαλῦσαι προὔθετο.

Anaritius in decem libros priores Elementorum Euclidis comment. p. 65, 24 ed. Curtze: Ptolemaeus quoque supra hanc suam attulit probationem et usus est in probatione eius figura 13ᵃ et 15ᵃ et 18ᵃ primi tractatus de elementis (= Codex Leidensis 399, 1 edd. Besthorn et Heiberg I p. 119, ubi recte „propositiones XIII, XV, XVI libri primi Elementorum" indicantur).

INDEX NOMINUM

Omissa sunt in hoc indice nomina planetarum, stellarum, mensium Aegyptiorum Atheniensiumque. citantur uolumina (I = I¹, II = I², III = II), paginae, uersus.

συζυγιῶν I 475, 9, et συνόδου I 528, 3. ὁ ἐν 'Α. κείμενος χαλκοῦς κρίκος ἐν τῇ τετραγώνῳ καλουμένῃ στοᾷ I 195, 5; cfr. I 196, 8; cfr. οἱ παρ' ἡμῖν ἐν τῇ παλαίστρᾳ χαλκοῖ κρίκοι I 197, 18. 'Αλεξανδρείας III 4, 10; 162, 20. ὁ δι' 'Αλεξανδρείας μεσημβρινός I 188, 12; 364, 10; 475, 11, 19, 21; 528, 8; II 27, 9; 31, 7; 33, 15; III 162, 16; 163, 12, 21; 176, 12; 177, 21; 181, 21; ad eum τὰς ὡριαίας ἐποχὰς συνιστάμεθα I 302, 22 sq. ὁ δι' Ἀ. παράλληλος I 407, 7.

'Ἀλέξανδρος ὁ κτίστης III 80, 21; 160, 23. α' ἔτος ἀπὸ τῆς 'Αλεξάνδρου τελευτῆς (a. 322 a. Chr.) III 84, 15; 88, 23; 96, 27; 100, 28; 104, 29; 144, 4 et omisso ἀπό III 80, 21; 92, 26; μδ' ἔτος ἀπὸ τῆς 'Α. τελευτῆς (a. 279 a. Chr.) I 206, 9; νβ' ἔτος (a. 271 a. Chr.) II 352, 8; πγ' ἔτος (a. 240 a. Chr.) II 386, 20; ροη' ἔτος (a. 145 a. Chr.) I 204, 7, 23; ρϛζ' ἔτος (a. 126 a. Chr.) I 369, 6; 374, 18; υξγ' ἔτος (a. 140 p. Chr.) I 204, 8; 205, 1; 206, 1, 10; 234, 1. 'Α. τελευτή I 256, 11, 12.

'Αντίνοος stella II 74, 9.

'Αντωνῖνος Pius imperator, ἀρχὴ τῆς 'Αντωνίνου βασιλείας (a. 138 p. Chr.) II 36, 15; 184, 4; 353, 1; 418, 22; ἀρχὴ 'Αντωνίνου II 15, 12;

ἡ 'Α. βασιλεία II 311, 5; 352, 15. α' ἔτος 'Αντωνίνου (a. 138 p. Chr.) II 263, 15; 274, 1; 311, 2; 360, 14; 381, 22. β' ἔτος (a. 139 p. Chr.) I 362, 10; II 14, 2; 275. 12; 283, 13; 306, 12; 322, 11; 346, 24; 347, 10; 382, 3; 414, 5. γ' ἔτος (a. 140 p. Chr.) I 204, 8; II 303, 11. δ' ἔτος (a. 141 p. Chr.) II 263 23; 273, 19. ι' ἔτος (a. 147 p. Chr.) III 155, 3. ιδ' ἔτος (a. 151 p. Chr.) II 297, 5 (risi ibi δ' scribendum).

'Απελλαῖος mensis II 268, 1.

'Απολλώνιος ὁ Περγαῖος II 450, 10; λημμάτιον eius II 456, 9 sqq.

'Αρίσταρχος astronomus I 203, 10; 206, 5, 25; obseruauit anno L primae secundum Calippum periodi (a. 281) I 206, 6; 207, 1.

'Αριστοτέλης citatur I 5, 8 (Metaph. E 1); III 114, 15 (De caelo II 287ᵃ 10 sqq., cfr. Metaph. Λ 1073ᵇ 28 sqq.), 26 (Metaph. Λ 1074ᵃ 1 sqq.).

'Αρίστυλλος astronomus, stellas fixas obseruauit II 3, 3; 20, 4, 18, 21; 22, 4, 8, 12, circiter 100 annis ante Hipparchum (u. II 23. 12 sqq.).

'Αρχιμήδης obseruauit I 195, 2: citatur (Κύκλ. μέτρ. 3) I 513, 4.

'Ασία III 67, 9.

Αὐαλίτης κόλπος I 105, 4; 134, 2.

Αὔγουστος, ἡ *Αὐγούστου* βασιλεία Aegypti incipit a. 30
a. Chr. I 256, 13. ἔτος α΄
I 256, 14; III 152, 1.
Ἀψεύδης archon Atheniensium a. 433 I 205, 20; 206, 4.

Βαβυλών, ὁ *διὰ Βαβυλῶνος*
μεσημβρινός I 303, 1. ἐν
Βαβυλῶνι ἐκλείψεις I 303,
11, 22; 330, 8; 332, 10, 19;
340, 12; 341, 18; 343, 6;
418, 10, 15, 19; 419, 15;
iis utitur Ptolemaeus I 329,
7, παλαιαὶ τρεῖς ἐν Β. τετη-
ρημέναι I 302, 13, et Hipparchus, τρεῖς ἀπὸ τῶν ἐκ
Βαβυλῶνος διακομισθεισῶν I
340, 2.
Βερενίκη urbs III 4, 6.
Βιθυνία, ἐν *Βιθυνίᾳ* II 27,15;
ἐν Β. obseruauit Agrippas
II 27, 1, et Hipparchus III
67, 10.
Βορυσθένης flumen, ὁ διὰ
τῶν ἐκβολῶν τοῦ *Βορυσθέ-
νους* παράλληλος I 111, 1,
cfr. I 138, 1; 172, 9; διὰ
Βορυσθένους I 186, 1; Βορυσθένους ὁριξ. καταγρ. 1;
μέχρι Β. I 538, 21; μέχρι
τῶν ἐκβολῶν Β. I 481, 6.
Βρεττανία I 111, 14; 113, 3;
140, 1. ἡ μεγάλη Β. I 112,
11, 17. ἡ μικρὰ Β. I 113,
9, 15; 114, 4.
Βριγάντιον urbs Britanniae
I 112, 11.

Δαρεῖος ὁ πρῶτος, annus eius
λα΄ (a. 491 a. Chr.) I 329, 6;

ὁ μετὰ *Καμβύσην*, annus eius
κ΄ (a. 502) I 332, 15.
Δημόκριτος Ἀβδηρίτης III
15, 20. eius praedictiones
tempestatis III 15, 20; 17,13;
19, 2; 21, 6; 23, 12; 26, 11;
28,14; 29,12; 32,4, 9; 33,12:
36,2,8; 38,5,11; 39,21; 41,8;
42,17;43,17;47,11;53,5,20;
56,12; 57, 5, 6; 60, 2; 61, 10:
63, 22; cfr. III 67, 3, 16; obseruauit in Macedonia et
Thracia III 67, 10.
Διδύμων mensis II 265, 19.
Διονύσιος astronomus, eius
planetarum   obseruationes
ἔτει ιγ΄ κατὰ *Διονύσιον*
(a. 272 a. Chr.) II 352, 5:
ἔτει κα΄ (a. 264) II 288, 9:
ἔτει κγ΄ (a. 262) II 264, 18;
265, 9: ἔτει κδ΄ (a. 261) II
267, 3: ἔτει κη΄ (a. 257) II
265, 19; ἔτει μγ΄ (a. 240) II
386, 18. iis usus erat Hipparchus II 267, 4.
Δῖος mensis II 267, 13.
Δομετιανός, eius annus ιβ΄
(a. 93 p. Chr.) II 27. 2.
Δοσίθεος astronomus, eius
praedictiones tempestatis III
15,9,12; 16,2; 18,18; 19,12,
15; 20,5; 21,6: 22,12; 23,8;
24, 21; 26, 10: 28, 14, 18;
30, 17; 32, 6; 33, 5; 34. 12:
36, 13; 37, 19: 39,1; 40, 4;
41, 16: 42, 9; 44, 2; 45, 4, 20;
49,13,20; 50, 7; 52, 1; 53,16;
55,20; 57, 6; 60, 5; 61, 12. 17;
62, 10, 15; cfr. 67, 1, 14. obseruauit ἐν *Κολωνείᾳ* III 67, 4
(non ἐν Κῷ, u. supra p. CLIII).

Ἔβουδαι νῆσοι I, 114, 8.

Ἑλλάς II 594, 5.

Ἑλλήσποντος, ὁ δι᾽ Ἑλλησπόντου παράλληλος I 109, 20; 182, 1; cfr. I 138, 1; ὁριζ. καταγρ. 1; ὁ διὰ μέσου Ἑ. III 4, 15. ἐν Ἑλλησπόντῳ obseruauit Calippus III 67, 6.

Ἐμπεδοκλῆς not. crit. I 350, 12.

ἔνιοι II 186, 17; 207, 4; cfr. I 22, 12; II 211, 5, 7 sqq. u. τινές.

Ἐρατοσθένης I 68, 3; not. crit. I 350, 12.

Ἑρμείας, Πτολεμαῒς Ἑρμείου I 108, 11.

Εὔανδρος archon Atheniensium a. 382 J 342, 21.

Εὔδοξος, eius praedictiones tempestatis III 14, 3, 9, 19; 15, 1, 15, 19; 16, 14; 17. 5, 9, 22; 18, 7, 18; 19, 9, 12, 15, 19, 21; 20, 9; 21, 18; 22, 5; 24, 3, 11, 17; 25, 6, 11; 26, 10; 27, 11; 28, 9, 17, 21; 29, 3, 8, 14; 30, 2, 17, 19; 31, 16; 32, 3; 33, 20; 34, 7, 12; 36, 4, 13; 37. 5, 14; 38, 10, 14; 39, 17; 41, 10; 43, 3, 11, 17; 44, 8, 11, 16; 45, 7, 15; 46, 1, 9; 47, 4, 13; 48, 6; 49, 11, 20; 50, 14, 20; 51, 2, 8; 53, 16; 57, 11; 61, 3, 6, 16; 62, 2, 10, 13; 63, 5. 19; 64, 6, 12, 16; cfr. III 67, 2. 18; μετόπωρον μέσον III 16, 12; χειμῶνος ἀρχή III 23, 11; ἔαρος ἀρχή III 38, 8; θέρους ἀρχή III 51, 12. obseruauit in Asia, Sicilia, Italia III 67, 8.

Εὐκτήμων de anri magnitudine obseruauit I 203, 9; 205, 15; 206, 12; 207, 9. eius praedictiones tempestatis III 14, 21; 17, 12, 15, 22; 18, 5, 7; 20, 14, 18; 21, 10, 13; 22, 6, 8, 19, 22; 23, 7; 24, 21; 27, 11, 16; 28, 9; 29, 2, 8, 11; 32, 8, 15; 33, 16; 34, 2; 35, 14, 18; 36, 2, 8; 39, 1, 11; 40, 19; 41, 12, 15; 42, 5, 8, 11; 43, 8, 17; 45, 12; 46, 1. 5; 47, 18; 48, 14; 50, 4; 52, 9, 12, 18; 59, 2; 60, 20; 61. 2, 12; cfr. III 67, 2, 19. μετοπώρου ἀρχή III 16, 2; ὀπώρας ἀρχή III 60, 15. obseruauit Athenis III 67, 6, anno 433 I 205, 20.

Θέων ὁ μαθηματικός II 296, 14. de planetis obseruationes fecit annis 129—132, ἐν ταῖς παρὰ Θέωνος δοθείσαις ἡμῖν τηρήσεσιν II 296, 14 (a. 132); 299, 12 (a. 129); cfr. II 275, 4 (a. 130); 297, 21.

Θηβαΐς prouincia Aegypti I 108, 11.

Θούλη ἡ νῆσος I 114, 11.

Θρᾴκη III 67, 7, 11.

Ἵππαρχος laudatur I 191, 19: II 210, 8. Eratosthenem sequitur I 68, 4. de anni magnitudine inquisiuit I 194, 3, 15; 198, 2; 200, 17; 202, 1; 203, 15, 18; 204, 3. 19; 206. 7, 23; 233, 1; 238, 4; 270, 19; 272, 13; 276, 5; 277, 7; de luna I 294, 23; 327, 1; 331. 6: 332, 14; 338, 3, 6; 339, 13;

18*

342, 16; 344, 3; 346, 10;
347,12; 351,7; 355,1; 363,13;
365, 3, 5; 388, 27; 402, 8;
525, 15; 527, 15. eius me-
thodus parallaxin corrigendi
uituperatur I 450, 11. de
stellis fixis II 2, 22; 3, 14, 19;
15, 11; 16, 8; 19, 13, 18, 21;
20, 2, 6, 9, 13, 16, 19; 21, 1,
18; 22, 1, 6, 9, 13, 16, 19;
23, 1, 6, 16, 20; 24, 4, 10, 17;
25, 2, 8. de praecessione II
13, 11; 15, 17; cfr. II 17, 13.
αἱ περὶ τῶν ἀπλανῶν ἀνα-
γραφαί II 3, 8; cfr. II 16, 11;
18, 13, 19 et II 37, 17; 84, 18.
τῆς στερεᾶς σφαίρας ἀστε-
ρισμός II 11, 23. de solis
distantia I 421, 19. de planetis II 213, 17; 267, 4. ἡ
ὑπὸ τοῦ Ἱππάρχου διὰ τοῦ
τετραπήχους κανόνος ὑποδε-
δειγμένη διόπτρα I 417, 2; ὄρ-
γανα eius I 369, 5. obseruauit
Alexandriae I 344, 12; cfr. I
196,8; Rhodi I 363,25; 369,4;
374,16; in Bithynia III 67,10.
τῆς τρίτης κατὰ Κάλιππον
περιόδου ἔτει ιζ' (a. 161 a.
Chr.) I 195, 11; ἔτει κ' (a. 158)
I 195,14; κα' (a. 157) I 195,16;
λβ' (a. 146) I 195, 18; 196, 6?
199, 5, 15; 204, 2, 19; λγ'
(a. 145) I 195, 20; λς' (a. 142)
I 196, 2; λζ' (a. 141) I 196,12;
526, 4; μγ' (a. 135) I 196, 13;
199, 8, 16; 207, 3; ν' (a. 128)
I 196, 17; 363, 16; II 15, 7;
ϱϛ' ἔτει ἀπὸ τῆς Ἀλεξάν-
δρου τελευτῆς (a.127) I 369,6;
374, 18; cfr. II 15, 11 sqq.

obseruationibus utitur Baby-
loniis I 340, 1 sqq.; β' ἔτει
Mardocempadi I 526, 3; Ale-
xandrinis I 196, 8 (an suis);
344, 12 sqq. (νδ' ἔτει τῆς
δευτέρας κατὰ Κάλιππον
περιόδου siue a. 201 a. Chr.);
345, 12; 346, 13 (νε' eiusdem
siue a. 200); Atticis I 341, 10
sqq. (a. 383 a. Chr.); 342, 20
(a. 382); Aristylli et Timo-
charidis II 3, 1 sqq.; 12, 24
sqq.; 17, 16; 18, 2. opera:
Περὶ τῆς μεταπτώσεως τῶν
τροπικῶν καὶ ἰσημερινῶν
σημείων I 194, 17; II 12, 21;
17, 14; ad uerbum citatur
I 194, 23 sqq., II 13, 3 sqq.
Περὶ ἐνιαυσίου μεγέθους I
206, 24; II 17, 21; ad uerbum
citatur I 207, 4 sqq., II 15, 18
sqq.; ab ipso Hipparcho uocatur Περὶ τοῦ ἐνιαυσίου
χρόνου βιβλίον ἕν I 207, 20.
Περὶ ἐμβολίμων μηνῶν τε
καὶ ἡμερῶν I 207, 7; ad
uerbum citatur I 207, 12 sqq.
Ἀναγραφὴ τῶν ἰδίων συνταγ-
μάτων ad uerbum citatur
I 207, 18 sqq. u. praeterea
supra Αἱ περὶ τῶν ἀπλανῶν
ἀναγραφαί. eius praedic-
tiones tempestatis III 14, 3,
6, 10,19; 16, 5; 17, 6, 18, 22;
19, 6, 9, 23; 21, 6; 22, 1, 6,
14, 23; 25, 10; 28, 20; 29, 19;
30, 11; 31, 10, 17; 33, 20;
34, 13, 19; 35, 4; 36, 1, 7, 10,
18; 38, 10, 16, 22; 39, 9, 11,
20; 40, 11, 14; 41, 17; 42, 10,
20; 43, 6, 8; 45, 1, 4, 10, 13;

46, 20; 50, 14; 51, 9, 16; 53, 6;
56, 14; 58, 12, 18; 59, 15, 18;
60, 7; 61, 11; 62, 5; 63, 6;
64, 17, 19; cfr. III 67, 3, 16.
φθινοπώρου ἀρχή III 16, 5.
χειμῶνος ἀρχή III 23, 4. ἔαρος
ἀρχή III 38, 14; 41, 13 (in
diuersis regionibus? cfr. I
204, 21). θέρους ἀρχή?
III 50, 14.
Ἴστρος ποταμός I 110, 16.
Ἰταλία III 67, 8, 9 bis.

Καῖσαρ, eius praedictiones
tempestatis III 14, 10; 15, 4,
14; 18, 14; 19, 16; 20, 10;
21, 14; 22, 1; 23, 16, 21; 24, 4,
22; 27, 11; 28, 5, 8; 29, 2, 7;
30, 7; 31, 9, 13; 34, 8; 35, 12,
17; 38, 5; 40, 4; 41, 1; 43, 1,
6; 45, 21; 46, 9; 47, 4; 48, 11;
50, 13; 51, 4, 7; 52, 1; 53, 10;
54, 3, 7; 58, 4; 59, 17; 60, 16;
61, 6; 62, 4, 9; 63, 11, 12, 17;
64, 6, 16; cfr. III 67, 3, 16.
μετοπώρου ἀρχή III 16, 7.
ἔαρος ἀρχή III 38, 12. obseruauit in Italia III 67, 9.
Κάλ(λ)ιππος, eius periodi primae annus λϛ' (a. 295 a. Chr.)
II 28, 12; 31, 19; 32, 5; annus μζ' (a. 284) II 25, 17;
annus μη' (a. 283) II 29, 13;
31, 21; annus ν' (a. 280)
I 206, 7; 207, 2; secundae
annus νδ' (a. 201) I 344, 14;
annus νε' (a. 200) I 345, 12
(errore, sed Ptolemaei); 346,
14; tertiae annus ιζ' (a. 161
a. Chr.) I 195, 12; annus κ'
(a. 158) I 195, 14; annus κα'

(a. 157) I 195, 16; annus λβ'
(a. 146) I 195, 18; 196, 7;
199, 5, 15; 204, 2, 20; annus
λγ' (a. 145) I 195, 20; annus
λϛ' (a. 142) I 196, 2; annus
λζ' (a. 141) I 196, 12; 477, 25;
526, 4; annus μγ' (a. 135)
I 196, 13; 199, 8, 16; 207, 4;
annus ν' (a. 128) I 196, 17;
363, 17; II 15, 6. de magnitudine anni I 207, 11, 17.
eius praedictiones tempestatis III 14, 13, 21; 15, 16; 16, 18;
18, 4; 19, 16; 20, 13, 14, 18;
21, 13, 18; 22, 8; 23, 5; 25, 12;
27, 11, 17; 29, 3, 8, 11, 14;
31, 12; 34, 3; 36, 2, 8; 38, 11,
15; 39, 15; 41, 19; 42, 2, 16;
43, 8, 14, 16; 44, 3; 46, 5;
47, 11; 48, 2; 51, 2; 52, 18;
53, 2; 57, 6; 58, 11; 61, 1,
4, 10; 65, 2; cfr. III 67, 1, 18.
obseruauit ad Hellespontum
III 67, 5. — in forma nomi-
nis mire uariant codices. in
Adparitionibus semper praebent Καλλ., nisi quod A
p. 65, 2 Καλ. habet. in
Syntaxi uero, cuius memoria
longe meliore fundamento
nititur, Καλλ. in omnibus
codd. duobus tantum locis
exstat (I 477, 25; II 32, 5).
Καλ. in omnibus I 195, 12;
196, 7; cfr. II 25, 17, ubi C
solus Καλλ. habet; ceteris
locis codd. meliores ABC
(I 199, 5; 344, 14; 363, 17;
526, 4) uel, ubi A deest, BC
(I 204, 2, 20; 206, 7; 207, 2,
4, 11, 17) Καλ., D solus Καλλ.

cfr. III 143, 34; citantur I 391
not. crit. cod. A. *λημμάτιον*
μαθηματικόν II 540, 7.
Πτολεμαίς urbs Thebaidis,
καλουμένη Ερμείου I 108, 11.

'*Ρῆνος* flumen I 111, 21.
'*Ρόδος* I 363, 25; 369, 4, 15;
374, 17; 375, 4, 11; 478, 1,
5; 494, 23. *ὁ διὰ Ρόδου*
μεσημβρινός I 364, 10. *ὁ διὰ*
'*Ρόδου παράλληλος* I 89, 20;
109, 8; 121, 4; 131, 2; 180,
1: 494, 21; cfr. I 136, 1;
ὁριξ. καταγρ. 1; *κλῖμα διὰ*
'*Ρόδου* III 4, 13; 236, 7;
242, 3; 249, 15; cfr. III 244,
16, 25; 246, 1, 24.
'*Ρώμη* II 30, 18.

Σικελία III 67, 8, 9.
Σκορπιῶν mensis II 288, 10;
289, 3.
*Σκυθικός, διὰ Σ. ἐθνῶν ἀγνώ-
στων* I 114, 14.
Σμύρνη I 109, 14.
Σοήνη I 107, 13; 136, 1; 176,
1; *ὁριξ. καταγρ.* 1; *Συήνη*
III 4, 6.
Στίλβων Mercurius planeta
II 264, 19; 288, 11.
Συήνη u. *Σοήνη.*
Σύρος, ὦ Σύρε, ad eum misit
Ptolemaeus Syntaxin I 4, 7;
II 2, 4; 608, 3, Hypotheses
III 70, 3, Introductionem ad
Προχ. κανόνας III 159, 3,
libellum de analemmate III
189, 1 (cfr. 13), Planisphae-
rium III 227, 1 (Iesure).
Σωτὴρ θεός, Ptolemaeus I,
III 149, 2.

Τάναις flumen I 112, 4; 140,
1.
Ταπροβάνη ἡ νῆσος I 104,
11.
Ταυρῶν mensis II 265, 9.
Τιμόχαρις astronomus, de
stellis fixis II 3, 3; 12, 24;
13, 2; 17, 16; 19. 16, 20;
20, 1, 8, 11, 15; 21, 17, 20;
22, 14, 18, 21; 23, 5; 31,
17; 311, 13; *οἱ περὶ τὸν Τ.*
II 18, 2, 21; 19, 13. obseruauit Alexandriae anno 295
a. Chr. II 28, 11; 32, 4,
anno 284 II 25, 11, anno
283 II 29, 13, anno 271 II
310, 22.
τινές I 11, 16; 24, 5; II 533,
1. cfr. *ἔνιοι.*
Τραιανός imperator, eius
α' ἔτος (a. 98 p. Chr.) II 30,
19; 33, 4.
'*Υδρῶν* mensis II 264, 18.

Φανόστρατος archon Atheniensium a. 383 a. Chr. I
340, 4; 341, 11.
Φιλάδελφος Ptolemaeus II,
eius *ιγ' ἔτος* (a. 271 a. Chr.)
II 310, 22.
Φίλιππος Arrhidaeus, *ὁ μετ'*
Ἀλέξανδρον, eius *α' ἔτος* (a.
322 a. Chr.) III 160, 23.
Φίλιππος astronomus, eius
praedictiones tempestatis
III 15, 1, 9: 17, 15; 18, 5;
21, 10: 22, 6, 22; 27, 16;
32, 9; 33, 16; 34, 3; 35, 14:
39, 1, 15; 41, 12; 42, 5;
43, 7: 45, 13; 46, 6; 47. 19;
48, 14: 50, 5; 52, 10, 12: